国家出版基金项目
NATIONAL PUBLICATION FOUNDATION

SYNTHETIC BIOLOGY ENGINEERING TECHNOLOGY SERIES

合成生物学工程技术丛书

李春 丛书主编

合成生物系统调控与优化技术

刘立明 高聪 等◎编著

SYNTHETIC BIOLOGICAL SYSTEM REGULATION AND OPTIMIZATION TECHNOLOGY

化学工业出版社

·北京·

内容简介

《合成生物系统调控与优化技术》基于作者团队多年研究成果撰写，系统介绍合成生物系统调控与优化的各个关键领域，涵盖合成生物系统绪论、细胞分裂的光遗传调控技术、细胞寿命的逻辑门调控技术、微生物群落工程调控细胞命运、靶蛋白降解调控代谢流分布、区室化工程实现代谢路径隔离、能量系统调控代谢路径效率、细胞膜工程提高细胞 pH 耐受、细胞进化工程优化细胞产物耐受、中介体工程改善细胞渗透压耐受。全书深入探讨了不同工业微生物的细胞生长、代谢调控和环境耐受性机制，并介绍了不少实际应用案例。

《合成生物系统调控与优化技术》可供合成生物学、发酵工程、生化工程等专业的研究生和相关领域研究人员阅读参考。

图书在版编目（CIP）数据

合成生物系统调控与优化技术 / 刘立明等编著. 北京 : 化学工业出版社, 2025. 6. --（合成生物学工程技术丛书）. -- ISBN 978-7-122-47980-8

Ⅰ. Q503

中国国家版本馆CIP数据核字第2025HE0576号

责任编辑：傅四周　赵玉清
文字编辑：李宁馨
责任校对：赵懿桐
装帧设计：王晓宇

出版发行：化学工业出版社
（北京市东城区青年湖南街 13 号　邮政编码 100011）
印　　装：北京瑞禾彩色印刷有限公司
787mm × 1092mm　1/16　印张 22¾　字数 498 千字
2026 年 1 月北京第 1 版第 1 次印刷

购书咨询：010-64518888
售后服务：010-64518899
网　　址：http://www.cip.com.cn
凡购买本书，如有缺损质量问题，本社销售中心负责调换。

定　　价：199.00元　

《合成生物学工程技术丛书》
编 委 会

《合成生物系统调控与优化技术》
分 册 编 委

序言

Forword

合成生物学、人工智能及其赋能的生物制造发展得如火如荼。合成生物学是一个融合理论与方法论的学科领域，涵盖合成生物学基础理论原理和技术研发策略，其核心理念是：以工程化思想开展生命系统自下而上或自上而下的理性设计，通过标准化生物元件、基因线路、底盘生物重编程，构建可定量、可预测和可工程化的合成生物系统，赋予其全新功能或对已有功能进行变革性优化。合成生物系统可以是细胞、组织或生物个体，也可以是生物大分子、无细胞体系和人工类细胞等。合成生物系统的应用涉及物质加工制造、生物医学诊疗、农业、食品、能源、环境保护、信息科学、国防科技等领域。近年来，合成生物学发展迅速，颠覆性技术创新层出不穷，受到各国政府、学术界、产业界的高度关注。

目前，已有清华大学李春教授主编的《合成生物学》《细胞工程设计原理》，以及中国科学院深圳先进技术研究院、深圳理工大学合成生物学院张先恩教授领衔组织编写的《合成生物学丛书》，系统论述和阐明了合成生物学的基本理论和应用，对高校及相关研究院所的合成生物学人才培养和全社会科学普及起到了重要作用。然而，以“建物致知、建物致用”为理念的合成生物学，系统开展合成生物系统工程设计与构建所需的工具和方法却零散分布在科研文献和部分教科书中，不便于查询和应用。为此，我们组织了来自清华大学、天津大学、中国科学院深圳先进技术研究院、中国农业科学院基因组研究所、浙江大学、江南大学、北京化工大学等国内合成生物学研究优势团队的一线青年学者，编著了这套《合成生物学工程技术丛书》，将开发合成生物系统涉及的生物元件设计、基因线路与基因组设计、底盘生物设计、快速构建与高通量检测以及合成系统调控优化等技术归纳总结，结合自身实践与创新经验，为合成生物学研究一线科技工作者提供快捷、方便的工程技术查询手册。

《合成生物学工程技术丛书》聚焦合成生物学自下而上或自上而下的工程设计理念与工程学特性，重点围绕如何实现合成生物系统“设计—构建—测试— 学习”的迭代循环，从可操作、可实现的层面，对“基因组设计合成与功能化技术”“基因线路设计与构建技术”“细胞工厂设计与应用技术”“无细胞合成生物学技术”“合成生物系统调控与优化技术”“细胞特性表征与高通量筛选技术”等的发展历程、核心原理、技术操作规程、操作常见问题与解决方案进行整理总结。同时，对同一内容衍生的不同技术进行对比，通过成功案例强化技术操作规程的实践价值。编者作为合成生物学领域的一线实践者和创新者，在合成生物系统设计与构建层面拥有亲身体验，尤其将技术操作层面的常见问题分析与解决方案纳入书中，这是本丛书的最大亮点之一，也是未来读者最能受益之处之一。

《合成生物学工程技术丛书》由若干分册组成，李春教授、戴俊彪研究员、刘立明教授、张翀教授、卢元副教授、司同研究员等分别担任分册主编。内容除涵盖基因、基因线路、基因组、细胞系统和无细胞系统的设计与全自动构建技术，以及合成生物系统的高通量快速检测等实验技术和相关模拟计算技术外，还包括技术发明者的创新思路与逸闻趣事，增强了工程技术丛书的趣味性。党的二十大报告指出：“加快实现高水平科技自立自强。以国家战略需求为导向，集聚力量进行原创性引领性科技攻关，坚决打赢关键核心技术攻坚战。”《合成生物学工程技术丛书》正是由多项国家重点研发计划项目、国家自然科学基金重点项目及国家级、省部级奖励等成果孕育，经编者深度分析、提炼与总结而成，具有突出的原创性特点。

诚然，合成生物学及其工程技术发展迅速，特别是新概念、新技术不断涌现。尽管编者已精心总结，但由于时间紧迫、学识有限，不妥之处在所难免，恳请读者在使用过程中多提宝贵意见。最后，特别感谢国家出版基金项目的资金支持！特别感谢化学工业出版社的大力支持！

李 春

2025 年 6 月

前言

Preface

随着我国生物经济的迅速发展，生物制造等战略性新兴产业逐渐成为国家重点发展的方向之一。2022 年，国家发展和改革委员会发布了《“十四五”生物经济发展规划》，2024 年，《工业和信息化部等七部门关于加快推动制造业绿色化发展的指导意见》发布。这些文件强调，生物制造具有选择性强、生产效率高、废弃物少等环境友好优势，特别是在轻工发酵、医药、化工、农业和食品等领域需重点突破，并建立生物制造核心菌种和关键酶的创制技术体系。这些政策表明，生物制造产业已成为中国经济发展的新热点，且产业发展的内在驱动力不断增强。

合成生物学作为一门新兴学科，许多同行专家已出版了多部具有重要学术价值的著作，例如李春教授主编的《合成生物学》、刘建忠教授主编的《合成生物学》以及雷长海教授等主编的《合成生物学：理论、方法与应用》。这些著作不仅推动了科技进步，还为产业发展提供了理论支撑。然而，合成生物系统在实际工业生产应用中仍面临诸多挑战，特别是细胞生长能力不足、产品产量低、环境耐受性差等问题。而且以合成生物系统为基础单元的调控与优化的专门著作尚未出版，因此编写一本助力解决这些问题的专著显得尤为重要和迫切。

本书的编写得益于作者所在学院长期以来在发酵工程领域的积累与探索。江南大学生物工程学院拥有发酵工程国家重点学科。经过多年的发展，学院在合成生物系统调控与优化技术方面积累了丰富的经验。团队在研究过程中，深入探讨了不同工业微生物的细胞生长、代谢调控和环境耐受性机制，积累了大量实际应用案例。此外，作者所在的微生物制造工程研究中心汇聚了一批年轻的博士生和硕士生，他们与作者共同完成了多项国家级和省部级科研项目，包括国家自然科学基金创新研究群体项目（32021005）、国家自然科学基金重点项目（22038005）、国家自然科学基金项目（32470059）以及江苏省农业科技自主创新资金项目 [CX(22)1012]。这些科研成果为本书的编写提供了坚实的理论和实践基础。在编写过程中，作者广泛参考了近年来国内外学术期刊、行业期刊、相关专著以及互联网新媒体上发表的研究论文、综述文章和市场分析报告。在此，作者向所有为本书提供支持和帮助的专家学者表示诚挚感谢。

本书由江南大学刘立明教授和高聪副研究员共同草拟内容框架并统稿。全书分为 10 章，涵盖了合成生物系统调控与优化的各个关键领域，具体内容及写作分工如下：第 1 章 合成生物系统绪论，由刘立明教授和高聪副研究员共同编写；第 2 章 细胞分裂的光遗传调控技术，由王明、仇崇、褚如寅共同编写；第 3 章 细胞寿命的逻辑门调控技术，由高聪副研究员与张少伦、倪平共同编写；第 4 章 微生物群落工程调控细胞命运，由刘立明教授、周强、王子豪编写；第 5 章 靶蛋白降解调控代谢流分布，由高聪副研究员与郑翔宇共同编写；第 6 章 区室化工程实现代谢路径隔离，由盛琦、刘存萍、刘洁编写；第 7 章 能量系统调控代谢路径效率，由刘源、丁俊杰、杨硕编写；第 8 章 细胞膜工程提高细胞 pH 耐受，由陈城虎、王雨欣编写；第 9 章 细胞进化工程优化细胞产物耐受，由徐彬兵、王家皓、袁炜佳编写；第 10 章 中介体工程改善细胞渗透压耐受，由刘立明教授和宋龙飞、程金宇编写。

最后，特别感谢恩师中国工程院院士、江南大学生物工程学院陈坚教授的悉心指导与培养，也感谢微生物制造工程研究中心各位博士生和硕士生在本书编写过程中所给予的帮助。

本书力求在理论和实践方面并重，突出系统性和科学性，同时体现前沿性和创新性。由于作者的学术功底、研究经验和写作能力有限，加之各领域技术更新迅速，书中可能存在不足之处，若蒙赐教，不胜感激！

编著者

2025 年 6 月

目录

Contents

第 6 章

区室化工程实现代谢路径隔离

第 7 章

能量系统调控代谢路径效率 207

第 8 章

第 9 章

第 1 章
合成生物系统绪论

1.1
合成生物系统的关键调控范围

合成生物系统是指通过人工手段改造的生命系统或非生命系统。随着分子生物学的发展和测序技术的进步，大量工程化研究平台被建立，实现了多种元件、线路和底盘组合的规模化测试。这些海量的实验数据能够指导合成生物系统的工程优化和理性设计，并取得了一些标志性的成果（表 1-1）。目前，为了获得所需的表型，必须对合成生物系统进行调控。根据研究对象的作用尺度，可以将调控分为四个层级：合成生物系统调控元件、调控开关与基因线路系统、合成体系与底盘细胞，以及合成群落系统。

表1-1　合成生物系统调控的标志性工作（2000—2022）

年份	成就	调控范围	文献
2000	合成细菌双稳态开关	调控开关与基因线路系统	(Gardner et al., 2000)
2000	合成阻遏振荡器	调控开关与基因线路系统	(Elowitz et al., 2000)
2001	基于群体效应的细胞间通信线路	合成多细胞与群落系统	(Dong et al., 2001)
2002	工程细胞-细胞之间通信	合成多细胞与群落系统	(Bassler, 2002)
2003	大肠杆菌合成青蒿素前体	合成体系与底盘细胞	(Martin et al., 2003)
2004	细胞命运控制	合成多细胞与群落系统	(You et al., 2004)
2005	大肠杆菌光传感回路设计	调控开关与基因线路系统	(Levskaya et al., 2005)
2008	可用于逻辑运算的 RNA 装置	合成生物系统调控元件	(Win et al., 2008)
2008	快速可调节的合成基因振荡器	调控开关与基因线路系统	(Stricker et al., 2008)
2009	图形边缘检测基因回路设计	调控开关与基因线路系统	(Tabor et al., 2009)
2010	利用基因时钟同步细胞群	合成多细胞与群落系统	(Danino et al., 2010)
2012	多层基因回路的设计	调控开关与基因线路系统	(Callura et al., 2012)
2014	扩展生命遗传密码	合成生物系统调控元件	(Malyshev et al., 2014)
2014	人工合成酵母染色体	合成生物系统调控元件	(Annaluru et al., 2014)
2016	合成重组酶为基础的细胞状态机器	调控开关与基因线路系统	(Roquet et al., 2016)
2016	计算机辅助的基因回路设计软件	调控开关与基因线路系统	(Nielsen et al., 2016)
2018	可组合蛋白质调控回路设计	调控开关与基因线路系统	(Gao et al., 2018)
2020	从头设计蛋白质逻辑门	调控开关与基因线路系统	(Chen et al., 2020)
2021	工程蛋白质磷酸化拨动回路	调控开关与基因线路系统	(Mishra et al., 2021)
2022	合成哺乳动物信号回路控制鲁棒细胞群	合成多细胞与群落系统	(Ma et al., 2022)

1.1.1 合成生物系统调控元件

元件是工程系统中常用的物理单元，生物元件是指具有特定功能的核酸或蛋白质成分，常用的元件类型包括 DNA 元件、RNA 元件和蛋白质元件。

（1）DNA 元件

DNA 元件是一段特定的核苷酸序列，能够被细胞内的转录机器准确识别并行使生物学功能。例如，一个功能基因通常由启动子、翻译起始位点、编码蛋白质的开放阅读框（ORF）、终止子及其他调控元件（如上下游调节元件、内含子、RNA 折叠基序）组成。在合成生物系统中，常用的启动子元件包括组成型启动子和诱导型启动子。组成型启动子无需诱导剂即可启动下游基因的持续表达，有助于降低生产成本；而诱导型启动子则能够根据温度、化学小分子等不同输入信号，实现基因表达的定时、定量控制。获得合成启动子元件的一个重要途径是构建启动子突变库，并从中筛选出所需的启动子。

（2）RNA 元件

RNA 元件是由 RNA 分子组成的遗传成分，能够行使基本的生物功能，如基因调控、指导构象改变和配体结合。RNA 功能可分为编码蛋白质功能和非编码蛋白质功能。非编码 RNA 具有基因调节、酶促活性和配体结合等多种功能。此外，RNA 分子表现出结构柔性，能够采取各种构象，从而展现出变构特性。RNA 通过氢键、碱基堆积和静电相互作用形成二级结构，目前已有一些 RNA 折叠程序能够预测 RNA 的二级结构和结合自由能。RNA 的结构和功能关系较为可预测，这使其成为合成生物学中的强大设计元件。一般而言，根据功能不同，RNA 元件可分为传感器和调节器。

RNA 传感器能够检测多种信号，如温度和分子配体，以及各种结合（包括杂交和三级相互作用）。通常，RNA 传感器编码的结合事件是可传导的，因此，典型的 RNA 传感器常与其他 RNA 元件偶联使用。天然 RNA 序列对微小的温度变化表现出敏感性。温度敏感的 RNA 元件与各种 RNA 调节元件组合使用时，可以将温度信号与基因调节联系起来。RNA 适体具有高亲和性和特异性，可结合配体，通常通过体外选择策略或指数富集配体系统进化（SELEX）技术生成。RNA 适体的配体包括糖类、蛋白质和其他小分子物质。RNA 还可以通过沃森-克里克（Watson-Crick）碱基配对与核酸结合，从而可以设计 RNA 传感器来检测特定的核酸。

RNA 调节器能够控制其他生物分子的活性，进而影响生命系统的反应。RNA 调节器的功能包括基因表达调控、后转录调节和定向定位。RNA 调节器通过不同机制实现基因表达的调控，如转录、翻译、剪接和稳定性调控。这些调节可以是顺式的（元件嵌入在靶转录物内）或反式的（元件作用于独立的靶 RNA）。在原核生物中，转录衰减通常由顺式作用的 RNA 元件调控。

（3）蛋白质元件

蛋白质元件通过调节目标蛋白质的丰度来影响细胞的整体代谢。在微生物中，不同酶的半衰期不同，即便关闭了目标基因的表达，已存在的活性蛋白质仍可能在细胞内存在较长时间，这取决于细胞的稀释率。为了更精准地进行代谢调控，需要开发能够调控胞内蛋白质丰度的蛋白质元件。在原核细胞中，蛋白质调控元件可以根据位置分为两类：基于 N 端的调控元件和基于 C 端的调控元件。这些元件能够结合现有的转录或翻译系统进行高精度调控或动态调控，以适应微生物细胞工厂的具体需求。在真核细胞中，主要有两种途径调控蛋白质丰度：①泛素-蛋白酶体系统，这是一种复杂的蛋白质降解机制，通过特定途径降解并循环利用细胞内蛋白质；②自噬途径，通过溶酶体介导的方式降解蛋白质。这两种途径在维持细胞稳态中起着关键作用。

1.1.2 生物网络与基因线路系统

在一个细胞中，生物网络通常可以分为两个子网：调控网络和代谢网络。调控网络主要负责信息处理和交换（信息流），而代谢网络则主要涉及物质的交换（物质流）。这两种子网络并非孤立存在，而是相互联系的。

基因线路是指通过理性或非理性地组合不同调控元件，实现复杂生物学功能的生物调控系统。基因线路与电子线路有许多相似之处。借鉴电子线路的概念，研究人员提出了基因线路的思想，这是合成生物学领域的一个重要贡献。基因线路通常是具有特定输入信号和输出反应的遗传装置或动态网络，可以类似于计算装置的行为。遗传装置和网络之间没有严格的区分。

根据功能，基因线路可以分为两大类：①逻辑门基因线路，模拟逻辑关系和数字元件线路，如“与”（AND）、“或”（OR）和“非”（NOT）等逻辑门的基因线路；②基因表达控制线路，包括各种“开关”线路，如核糖开关（riboswitch）、阻遏振荡器和脉冲发生器等。第一个合成基因线路——基因开关（genetic toggle switch）和阻遏振荡器的开发，展示了工程学方法可以用于构建复杂且类似电子行为的生物网络。这为合成基因线路的设计和分析奠定了基础。这种设计框架的核心思想是，合成基因网络与电子控制系统之间的相似性，可以应用控制论原理进行分析。这一方法已经被用于构建遗传开关、级联系统、脉冲发生器、时间延迟线路、振荡器、空间模式和逻辑公式等。这些系统可以调节基因表达、蛋白质功能、代谢以及细胞间通信。

合成生物学家通过扩展现有的基因工程技术，开发了新的线路设计原理：重复理性设计（iterative rational design），该方法包括建立计算模型、构建遗传线路、评估线路性能、精炼设计，直到达到预期性能目标；组合突变体筛选，通过组合不同构型的元件来构建线路突变体，并选择表现出所需性能的变体；定向进化，优化元件和线路以提高性能。

构建工程基因网络的步骤通常包括：①在目标机体中构建一个具有特定功能的概念化基因网络，这些网络通常不在自然界中存在平行结构；②使用简单的布尔逻辑（如 AND、OR、NOT）或更精确的生物化学动力学模型来提取和建模期望的功能；③鉴定物理 DNA 片段库中的遗传成分，并在目标机体中表达期望的行为；④将基因网络构建在宿主细胞中的独立质粒上或整合到宿主染色体中；⑤通过实验验证设计和模型的正确性，重复验证，直到基因线路表现出预期的功能。

为了设计更大且更复杂的基因线路，需要使用标准化的生物模块（如“生物砌块”，biobrick）。然而，与电子线路不同，理想的基因网络模块并不存在。由于对成分、宿主或合成系统不完全清楚，预测特定宿主内合成网络的精确行为仍然具有挑战性。

近年来，随着模块和线路设计能力的提高，基因逻辑线路的优化逐渐以单基因簇为单位进行。原核生物的基因线路已能够移植到真核细胞中。此外，通过细胞间信号转导机制，可以调节多种细胞的基因表达，实现正、负反馈的双信号偶联。合成线路赋予了细胞更强大的功能，显著推动了蛋白质线路在生物技术中的应用。通过在细胞内定量设计可组合的反馈回路时序逻辑，合成生物学向实现细胞内高级计算的研究迈出了重要一步。

1.1.3 合成体系与底盘细胞

合成体系通常包括生命体系和非生命体系两套系统，代表性的有无细胞合成系统和微生物合成底盘。

（1）无细胞合成系统

与细胞合成体系不同，无细胞合成系统可以将细胞的生长与蛋白质合成过程分开，从而减轻细胞的代谢负担，提高生产效率。此外，无细胞合成系统还具有以下优势。

① 系统开放性：可以绕过传质限制，解决蛋白质毒性的耐受问题。

② 无细胞膜限制：操作、调控和优化更为便捷。

③ 设计灵活：无需考虑模块与宿主代谢网络的匹配及化合物毒性，使得途径评价更加简单高效。

在无细胞合成系统的途径设计中，当获得若干条候选途径后，需要综合评价途径的热力学可行性、途径长度和酶的可获得性，以减少实验压力。热力学评价以标准吉布斯自由能变化为指标，当值小于零时，反应可自发正向进行。目前常用的热力学评价指标有以下两种。

最大驱动力（MDF）：用于评估整条反应途径的热力学可行性。MDF 值越大，目标途径在热力学上越有利；当 MDF 值小于 0 时，途径被视为不可行。

eQuilibrator 在线工具：可直接计算级联反应的整体热力学可行性。该工具能方便地计算途径中每一步反应的热力学自由能，并识别潜在的热力学瓶颈。

从途径长度的角度来看，优先选择较短的途径，这样可以降低成本并简化体系。此外，所选途径中的每一步反应都需要有适合的酶元件，并且这些酶应易于异源表达和纯化。在化学品生物合成途径及模块设计的基础上，无细胞蛋白质合成体系的构建以及代谢酶、生物合成模块和快速原型技术的开发和应用已经取得了一定成效，但仍面临以下挑战。

无细胞蛋白质合成体系绕过细胞生长的固有限制，将“设计-构建-测试”循环中的基本单元从细胞改为细胞提取物。通过添加蛋白质合成底物和酶催化的底物，可一步实现酶同系物的快速筛选。然而，以往体系中难以对酶表达进行定量，导致酶同系物筛选结果容易产生偏差。

随着基因组学的发展，越来越多生物物种的基因组已经被测序并拼接完成，使得代谢网络构建和反应模块提炼成为可能。结合无细胞蛋白质合成体系的体外代谢工程，由于其操作简单、模块化程度高且适合快速试错实验，因此成为化合物生物合成途径设计和构建的重要平台技术。尽管一些已经构建的辅因子或能量因子再生模块实现了“即插即用”的尝试，但当前仍面临不同代谢模块难以直接组装，以及体外基因与体内基因表达差异等问题。

（2）微生物合成底盘

底盘微生物通常需要具备清晰的遗传背景、简单的分子操作方法和便捷的培养条件，同时还应具有较强的基因表达能力。目前，在原核生物中，枯草芽孢杆菌（革兰氏阳性菌）和大肠杆菌（革兰氏阴性菌）是最常用的底盘微生物。从物质转运代谢的角度来看，影响微生物合成底盘生产效率的因素主要包括：底物摄取调控、胞内代谢调控和产物转运调控。

微生物新陈代谢的第一步是底物的吸收，这通常依赖于嵌入质膜中的特定转运蛋白。摄入碳水化合物、脂类、有机酸或其他碳源底物的能力可能成为微生物生产的限制因素之一。例如，一些木质纤维素衍生物（如木糖、阿拉伯糖和纤维二糖）是自然界中丰富的可再生原料。因此，识别和改造底物转运蛋白对发展低成本微生物工厂至关重要。例如，在酿酒酵母 *Saccharomyces cerevisiae* 中表达来源于粗糙链霉菌的纤维二糖转运蛋白，工程菌株可以利用纤维二糖作为唯一的生长碳源。此外，一些代谢交换辅因子在不同亚细胞区室之间的跨膜转运也非常重要。这些过程可能会造成代谢瓶颈，然而，通过过度表达特定的细胞器转运蛋白，可以有效缓解这些瓶颈问题。

1.1.4 合成群落系统

合成微生物群落属于合成生物学和微生物组学的交叉领域，是新兴的研究方向。合成微生物群落是人工合成的多个物种共培养的微生物体系，具有组成明确、可操控性高等特点，在研究微生物组的功能和生态机制方面有着明显的优势。

人工微生物多细胞体系的研究主要面对两个方面的问题：设计和构建新型的微生物多细胞体系以及细胞群体之间如何适配。新型微生物多细胞体系的人工构建可参考自然条件下形成的偏利共生、协作、互惠共生、竞争、拮抗等多种细胞间的关系，设计构建出新型关系的合成微生物生态体系（Jaramillo, 2017）。合成微生物多细胞体系中不同的细胞群体之间的适配关系在微观上可从以下 3 个方面进行。

① 细胞-细胞间代谢物质传递的适配。主要需要通过适配平衡代谢功能模块与细胞-细胞物质传递及多细胞体系间的适配关系。

② 细胞-细胞间能量传递的适配。细胞-细胞间在某些化学反应上的配合关系使其能够实现电子传递、突破能量壁垒，但电子传递途径和方向的变化会对细胞整个能量流产生影响，细胞内部电子传递、氧化还原电势和胞外电子传递（细胞呼吸链）等均相应地产生变化，从

而影响功能模块的功能发挥和细胞-细胞系统的稳定性，因此需要通过适配调控细胞-细胞间的能量传递数量和速率，保证多细胞体系完成代谢功能的能量利用达到最优化。

③ 细胞-细胞间信息物质交流的调控。需要通过信号分子等在细胞间的传递，建立细胞-细胞间感应系统，建立人工微生物多细胞体系的细胞间交流的调控基础，提高细胞-细胞间的适配效率。

合成微生物群落在多个领域有着广阔的应用空间。例如，在大宗化学品合成领域，通过联合工程谷氨酸棒状杆菌和大肠杆菌，可将渔业废弃物几丁质转化为赖氨酸（Vortmann et al., 2021），构建恶臭假单胞菌和凝固芽孢杆菌的合成微生物群落可将木质纤维素生物质转化为乳酸（Zou et al., 2021）；在生物能源领域，通过构建由运动发酵单胞菌 *Zymomonas mobilis* 和热带假丝酵母 *Candida tropicalis* 组成的合成菌群，可将来自果蔬的废弃物转化为乙醇，乙醇得率高达 97.7%；在天然产物合成领域，利用酿酒酵母和大肠杆菌分工合成了抗癌药物紫杉醇前体（Zhou et al., 2015a），同样的方法也用于合成丹参酮前体和功能化倍半萜；在环境治理和生态恢复领域，农药的过度使用已经对环境造成了严重破坏甚至威胁到公众健康。为了降解农药利谷隆，可以科学地设计微生物菌群，其中贪噬菌 WDL1 可以以利谷隆为碳氮源生长，并将其降解为中间产物，然后食酸戴尔福特菌 WDL34 和睾丸酮丛毛单胞菌 WDL7 可以降解这些中间产物。通过设计具有特定污染物降解功能的合成菌群，可以对环境污染进行原位治理或异位治理。

1.2 合成生物系统调控层次

细胞的代谢活动受到严格控制，引入外源途径通常会导致胞内酶表达量和中间代谢物的波动，进而严重影响细胞自身的代谢活动。因此，需要对合成生物系统进行优化。目前，技术手段从调控层面上可以分为以下六级：DNA 水平调控与优化、RNA 水平调控与优化、蛋白质水平调控与优化、代谢物水平调控与优化、代谢网络水平调控与优化以及细胞整体水平调控与优化。

1.2.1 DNA 水平调控与优化

（1）启动子

启动子是一段特殊的非编码 DNA 序列，负责 RNA 聚合酶的识别、结合和转录起始。其结构、稳定性以及与 RNA 聚合酶的亲和力在很大程度上影响基因表达。转录是基因表达的第一步，因此，利用启动子调控特定基因的转录是调节代谢通量最直接、最有效的方式之一（图 1-1）。

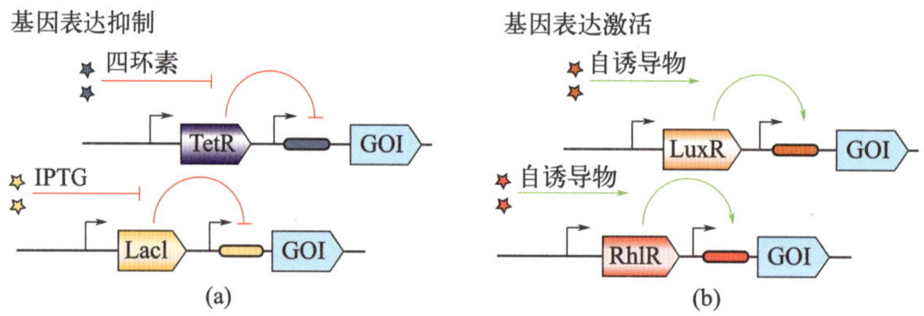

图 1-1　启动子对基因表达的控制

在原核生物中，启动子的共有结构包括 −35 区（TTGACA）和 −10 区（TATAAT），它们被可变区分隔和包围。保守区域在转录中起着重要作用。首先，−35 区被 RNA 聚合酶识别，然后 −10 区弯曲以打开双链 DNA 并启动转录。在整个转录过程中，双链 DNA 的退火过程是瓶颈步骤（Zhou et al., 2017）。

在真核生物中，有三种 RNA 聚合酶参与基因表达的调节：聚合酶 Ⅰ 负责调节核糖体 RNA 前体的表达；聚合酶 Ⅱ 调节蛋白质编码基因和一些核内小 RNA（snRNA）基因的表达；聚合酶 Ⅲ 调节 5S rRNA 和 tRNA 基因的表达。RNA 聚合酶 Ⅱ 识别的启动子是最常见的形式，可以分为两部分：核心区和上游增强区。核心区用于启动转录，而上游增强区则可以与转录因子（TF）结合，发挥不同的启动子功能。不同基因的核心元件结构可能有所不同。一些常见的核心结构包括 TATA 框（TATA-box）（TATAAA）、起始元件和转录因子 Ⅱ B（TF Ⅱ B）识别元件。真核生物启动子的上游增强区含有各种 TF，用于招募激活蛋白或抑制蛋白，以协助下游基因的表达。

长期以来，微生物代谢工程的应用一直依赖于有效启动子的发现和表征。传统的天然启动子筛选方法是将推定的启动子序列克隆到报告基因的上游，报告基因可以是荧光蛋白基因、氯霉素乙酰转移酶基因、*β*-内酰胺酶基因或 *β*-半乳糖苷酶基因等。通过测量这些报告基因在细胞不同生长阶段的表达状态，可以确定启动子的相对强度。

目前大肠杆菌常用的天然启动子包括 P_{lac}、P_{trp}、P_{L} 等；酿酒酵母常用的天然启动子包括 P_{TEF1}、P_{TDH3}、P_{PDC1} 等；枯草芽孢杆菌常用的天然启动子包括 P_{43}、P_{xyl} 等；谷氨酸棒状杆菌常用的天然启动子包括 P_{cspB}、P_{gdh}、P_{tac} 等。除了对天然启动子进行挖掘和对生物功能特性表征外，启动子工程还包括对启动子进行人工改造。例如，Alper 等人通过突变来源于酿酒酵母的启动子 P_{TEF1} 和大肠杆菌启动子 $P_{L\text{-}\lambda}$，构建了梯度启动子文库，并成功应用这些启动子库，研究番茄红素生物合成中的限速步骤（Alper et al., 2005）。

（2）终止子

终止子是调控基因表达的重要组件，位于基因编码框下游，负责基因转录的终止、释放新生的 mRNA，并调节 mRNA 的稳定性和半衰期。终止子主要通过调控 mRNA 的稳定性和半衰期，间接影响靶蛋白的产量。

在细菌中，转录终止有两种机制：Rho 因子依赖型和非 Rho 因子依赖型（也称为内在终止子）。Rho 因子依赖型终止需要 RNA 转移酶 Rho，它结合到新生的 RNA 链上，并解离延伸的复合物，促使RNA聚合酶从新生模板链上脱落。这一过程需要ATP的辅助，约20%的原核生物采用这种机制。大多数细菌则使用内在终止子，其通过自身序列形成RNA发卡结构，导致RNA聚合酶暂停或减慢速度，并在终止子3′端的A配对处脱落，停止转录。内在终止子通常由富含GC的茎部和包含3～6个核苷酸的环结构组成，并且在3′端含有U-tract。在细菌中，翻译与转录紧密偶联，这会影响终止子发卡结构的形成，进而影响终止效果。因此，许多终止子并不直接位于终止密码子之后，且终止子的长度一般小于50 bp。

酵母的终止子形成需要的最小结构，包括效率元件（efficiency element, EE）、位置元件（positioning element, PE）、poly(A)位点以及围绕poly(A)位点的富T区域。将这些元素组合在一起，可以有效发挥酵母3′末端的转录终止功能（Guo et al., 1996）。酿酒酵母中，每个基因的表达都受终止子元件的调控。当转录进行到3′末端时，终止子通过其富含GC的区域形成稳定的发卡结构，阻碍RNA聚合酶Ⅱ在模板链上移动，从而导致转录终止。终止子对于基因的准确表达和RNA聚合酶的去除至关重要，并且终止子还具有提高mRNA稳定性和促进上游基因表达的作用。在酵母中，通过改变终止子两端的序列来调节其终止效率，可以有效调节番茄红素的合成，这表明利用终止子进行基因精准调控是可行的。同时，终止子也可以与启动子组合，调控目标基因的表达强度。例如，Rajkumar表征了30多个组成型和诱导型的启动子和终止子，并将这些元件组合，调控报告基因*GFP*的表达，从而构建了可应用于马克斯克鲁维酵母*Kluyveromyces marxianus*的多基因调控工具（Rajkumar et al., 2019）。

（3）质粒拷贝数

质粒是游离于基因组之外的环状DNA分子。质粒的拷贝数越高，外源基因的复制就越多，从而增加了外源蛋白的表达量。通过调节质粒的拷贝数，可以在多酶合成体系中优化不同酶的通量，进而优化目标产物的代谢途径。

在工程细胞中，质粒拷贝数需要控制在合理范围内。若拷贝数过高，质粒可能占用过多的细胞资源并消耗过多能量，从而给宿主带来负担。另一方面，拷贝数过低可能导致质粒在宿主的后代中消失。根据调控机制的不同，质粒可以分为低拷贝、中拷贝和高拷贝数质粒（表1-2）。

表1-2　常用质粒的拷贝数

质粒	拷贝数	质粒	拷贝数
pUC19	约500	ColE1	约24
pGEM	约500	pRK248	约8
pACYC184	约18	RK6	15～20
pBR322	约18	pSC101	约6

高拷贝数质粒的适用情况包括：①蛋白质表达，虽然高拷贝数质粒在蛋白质产量上相比于基于pBR322的载体优势不显著，但在蛋白质产量较低的情况下，使用高拷贝数质粒能够提高蛋白质的表达水平；②克隆，高拷贝数质粒通常能够获得更高的质粒制备产量。

低拷贝数质粒的适用情况包括：①表达有毒产品，在表达对宿主有毒的蛋白质时，低拷贝数质粒能减少副作用，降低对宿主细胞的毒害，并提高目标蛋白质的合成量；② 突变研究，在比较突变体酶和野生酶的催化特性时，低拷贝数质粒通常是评估体内表型的更好选择。高拷贝数质粒可能导致人工表型、错误的蛋白质-蛋白质相互作用或蛋白质结构问题，从而产生混淆和不可靠的结果。

如果质粒具有相同的复制控制机制，它们可能不兼容。在这种情况下，两种质粒都会贡献总拷贝数，并一起调节拷贝数。因此，其中一个质粒可能会在细胞分裂过程中被另一个质粒取代或丢失。

（4）转录因子

转录因子（transcription factor, TF）是一类能够结合在启动子序列上并调节启动子转录的反式作用因子，通常为蛋白质。与真核细胞不同，原核细胞的转录因子并不是转录起始所必需的。然而，在细菌中，相当一部分启动子的转录需要转录因子的激活，因此，转录因子仍然是细菌在不同环境和生长条件下调节基因表达的核心元件。

按照作用方式，转录因子可以分为两类：阻遏型转录因子和激活型转录因子。转录因子通常通过变构效应与目标 DNA 序列结合，并与 RNA 聚合酶相互作用，从而调节转录过程。能够引起转录因子变构效应的因素有很多，如小分子配体的结合、温度变化或磷酸化修饰等。由于配体诱导型转录因子的功能受特定分子的调控，这类转录因子及其靶标启动子常用于构建诱导型表达系统和生物传感器。

目前，借助蛋白质工程的策略和手段，可以对转录因子进行分子改造，从而提高其对基因线路的调控精准性、增强响应配体的性能，并拓展响应配体分子的类型，以满足构建多信号输入基因线路的需求。

（5）CRISPR 转录调节

CRISPR 转录调节作用根据实际调控效果主要包括两大类：CRISPR 干扰（CRISPR interference, CRISPRi）和 CRISPR 激活（CRISPR activation, CRISPRa）（图 1-2）。CRISPRi 是在基因编辑系统 CRISPR-Cas9 的基础上，通过对 Cas9 蛋白进行突变（D10A/H840A）获得的，这种突变使得 Cas9 失去了切割活性，但保留了 DNA 结合活性，形成了 dCas9。该蛋白质在指导 RNA（gRNA）的引导下会结合到与其序列碱基互补配对的靶基因上，从而干扰基因的正常转录活动（Liu et al., 2020）。在真核生物中，通过 dCas9 复合物与特定 DNA 序列结合，往往

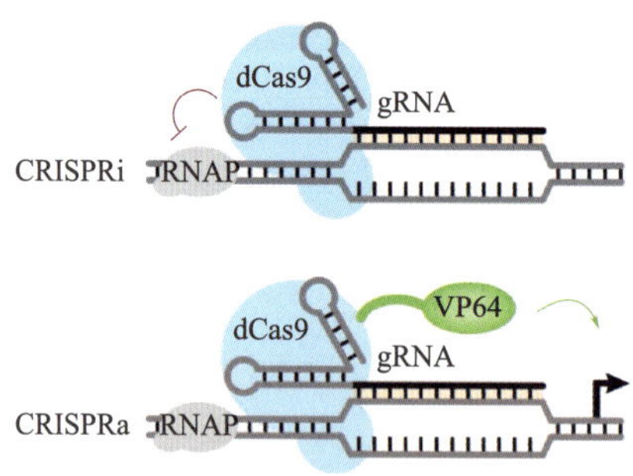

图 1-2　CRISPR 转录调控系统

很难完全阻断 mRNA 的转录。为了提高抑制效率，dCas9 蛋白通常与多种转录因子的融合效应域结合，从而对目标基因施加双重抑制作用。

另一种调控方法是 CRISPRa，其原理是将激活域直接融合到 dCas9 中。当转录激活域靠近启动子区域时，会大量招募 RNA 聚合酶（RNAP），进而增强目标基因的转录活动。当前，CRISPR 转录调节技术已在多种微生物中展现出广泛的应用价值。

1.2.2 RNA 水平调控与优化

由于 RNA 在感知分子配体方面具有多功能性，而且与蛋白质相比，RNA 元件可以更容易地建模和进行设计，越来越多的研究专注于利用 RNA 对生物合成系统的基因进行表达调控。目前报道的调控技术主要包括：RNA 干扰、核糖开关和反义 RNA 等技术。

（1）RNA 干扰

小 RNA (sRNA) 是原核生物中的非编码短 RNA，可以有效地在翻译水平调控靶基因的表达，实现代谢过程的调控。合成 sRNA 的序列包含支架序列和靶标结合序列，这种双重结构使其可以在招募 Hfq 蛋白的同时，完成与目标 mRNA 的杂交，促使目标 mRNA 降解，实现表达抑制。sRNA 调节生物合成系统的方法主要有两类：①基于 sRNA 文库进行大范围筛选，例如，以 1858 个合成 sRNA 文库为基础，利用高通量筛选技术快速获得了高产 5.19 g/L 紫丁香素和 135 mg/L 靛蓝的菌株；同时，利用 sRNA 文库筛选获得提高大肠杆菌中丙二酰辅酶 A 浓度的关键基因后，分别构建获得了可积累 440.3 mg/L 6-甲基水杨酸、30.9 mg/L 芦荟酮、51.8 mg/L 白藜芦醇和 103.8 mg/L 柚皮素的细胞工厂。②不同强度 sRNA 组合优化。为了调节 sRNA 对靶标 mRNA 的作用强度，可使用不同启动子调节合成 sRNA 的丰度，从而实现对基因表达敲低系统的精细调控。选择热通量响应计算分析和与产品生物合成相关的靶基因，通过 sRNA-启动子组合文库转化菌株的筛选来提高日标产物的产量。利用这种方法，对基因 *argF* 和 *glnA* 进行微调，降低该基因表达水平，通过补料分批培养分别实现 42.3 g/L 腐胺和 33.8 g/L L-脯氨酸的高水平合成（Na et al., 2013）。

（2）核糖开关

核糖开关（riboswitch）可以感知各种生化和物理信号，大幅度提高对复杂细胞行为进行编程的能力。核糖开关通过特异性结合代谢物，可对 mRNA 分子 5′ 非翻译区进行调控表达，使 RNA 结构重排，从而调控转录的翻译起始或过早终止，是工业微生物中代谢通量调控的有效工具（图 1-3）。细菌体内的天然核糖开关还可作为氨基酸生产的感应元件。比如，大肠杆菌和枯草芽孢杆菌中存在天然的赖氨酸核糖开关，它们均可控制柠檬酸合酶的表达，从而调控三羧酸循环中的代谢通量。例如，通过将大肠杆菌来源的天然“赖氨酸-关闭”核糖开关改造成“赖氨酸-打开”核糖开关，可用来调控赖氨酸的合成。将选定的“赖氨酸-打开”核糖开关导入谷氨酸棒状杆菌中，用于调控 *lysE* 基因（编码赖氨酸转运蛋白）的表达，在重组谷氨酸棒状杆菌中实现赖氨酸转运的动态调控，赖氨酸产量比出发菌株提高了 21%(Zhou et al., 2015b)。

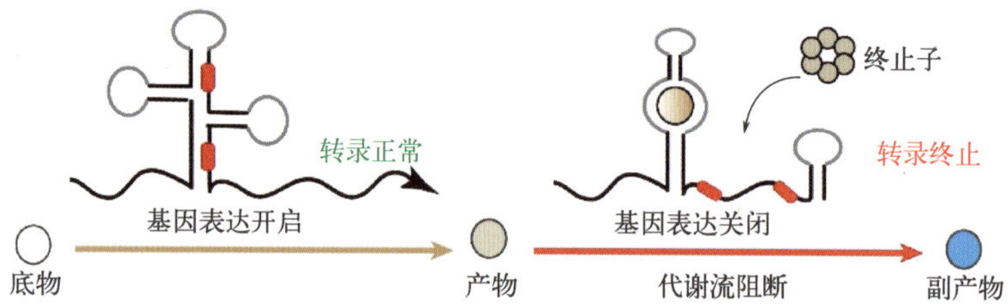

图 1-3　核糖开关控制代谢流的分布

（3）反义 RNA

反义 RNA（antisense RNA, asRNA）是一种研究比较深入的 RNA 调控元件。asRNA 可以通过与目标基因的 mRNA 形成互补双链而抑制基因的表达。asRNA 调节已用于许多代谢工程研究中，以优化靶基因的表达水平。asRNA 也是研究必需基因的有效工具。

（4）核糖体工程

在翻译起始阶段被核糖体覆盖的 mRNA 片段被称为核糖体结合位点（RBS）。在细菌中，RBS 通过互补配对与 16S rRNA 的 3′ 末端序列相互作用。参与此相互作用的碱基对的数量以及这些碱基对相对于起始密码子的位置决定了翻译效率。进一步研究认为，通过二级结构的形成来增强 RBS 区域的稳定性会对翻译效率产生负面影响。对 RBS 二级结构如何决定翻译效率的定量分析结果表明，仅暴露 RBS 区域或起始密码子都不会被核糖体优先识别，核糖体也不能识别 RBS 区域和起始密码子之外的核苷酸，翻译效率与未折叠 RBS 的 mRNA 分子的比例密切相关。核糖体结合位点计算器（RBS calculator）是一种用于预测和调控细菌翻译起始和蛋白质表达的设计方法。该方法可以预测 mRNA 转录本中每个起始密码子的翻译起始率，还可以优化合成 RBS 序列以获得目标翻译起始率。利用 RBS 计算器，蛋白质编码序列的翻译率可以理性调控在 0.001 ～ 10 万倍的比例范围内。

1.2.3　蛋白质水平调控与优化

（1）蛋白质工程

蛋白质在生物技术、工业生产、医药食品、基因治疗和环境保护等领域扮演着越来越重要的角色。但作为生物催化剂，天然酶经常存在包括立体 / 区域选择性差、底物谱窄、催化效率低、稳定性差及产物抑制性等问题，严重阻碍了生物催化剂的广泛应用。因此，对于蛋白质（如酶）的分子改造，已经成为合成生物学的重要研究领域。近 20 年来，涌现了一系列蛋白质定向进化技术，如饱和突变、易错 PCR 和 DNA 混组等。通过在实验室条件下模拟自然进化过程，从构建的突变体文库中筛选到能满足特定需求的目标突变体，大大拓展了酶的应用范围（Song et al., 2020）。

根据目标酶突变体文库构建方法的不同，定向进化可分为非理性设计、半理性设计和理性设计 3 种策略。非理性设计即随机进化策略，优点是不需要对酶序列及结构有深入了解，仅需通过随机突变和片段重组的方法模拟自然进化。半理性设计主要借助生物信息学方法，基于同源蛋白质序列比对、三维结构或已有知识，理性选取多个氨基酸残基作为改造靶点，结合有效密码子的理性选用，通过构建高质量突变体文库，有针对性地对蛋白质进行改造。理性设计是一种智能改造手段，依赖计算机技术模拟自然界蛋白质的进化轨迹，通过计算机虚拟突变、筛选，可快速准确预测目标突变体。通过一系列基于生物信息学开发的算法和程序，预测蛋白质活性位点并考察特定位点突变对其稳定性、折叠方式及与底物结合等方面的影响，从而对蛋白质进行针对性的改造和模拟筛选。

（2）蛋白质丰度调控

蛋白质降解是调节细胞内信息的一种有效的天然机制，在维持细胞内稳态中起着至关重要的作用。根据宿主的差异，真核细胞蛋白质丰度控制主要依赖泛素化修饰系统，而原核细胞主要依赖蛋白质质量控制系统。例如，在大肠杆菌中，根据蛋白质降解的方式，可以分为C端降解和N端降解两种（图1-4）。蛋白质降解系统不仅能单独调控某一蛋白质的特定降解，还能在合成生物学基础上开发可编辑的工具来执行复杂的功能。

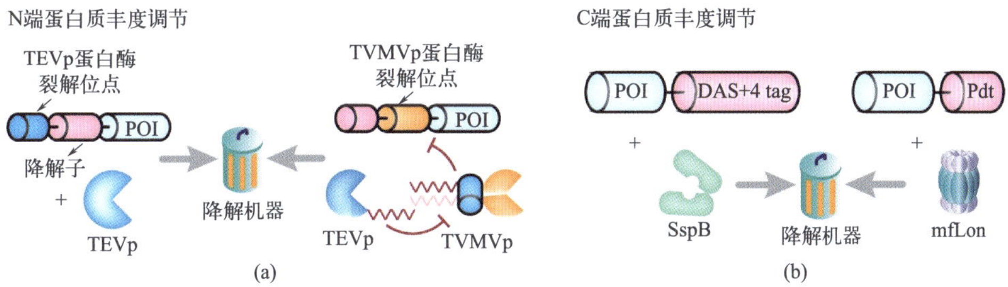

图1-4　蛋白质丰度调控技术

（3）蛋白质构象调节

相较于传统的转录和翻译过程，直接调节目标酶的构象以改变酶的活性具有更短的调节响应时间。变构酶的主要特征是它们至少具有两个立体特异性不同的配体结合位点，分别是底物所在的活性位点和变构效应物结合的变构位点。通过在蛋白质变构效应物结合位点处结合调节分子，改变蛋白质特定性质。例如，当在活性位点激活蛋白质时，可能会导致酶活性的增加，而结合抑制剂时，则会降低酶活性。在变构蛋白存在的调节结构域中，ACT结构域是在许多不同基因中首次被确定为调节模块的基序蛋白质。该名称来源于域家族中的三种蛋白质：天冬氨酸激酶（aspartokinase）、分支酸变位酶（chorismate mutase）和预苯酸脱氢酶TyrA（prephenate dehydrogenase）。

1.2.4　代谢物水平调控与优化

（1）代谢物浓度

微生物在发酵生产目标化学品时，通常会涉及中间代谢物的过量积累。这些代谢物主要以两种形式参与到代谢流的调控中：①反馈调控，在氨基酸等化学品的生产过程中，中间代谢物或者终产物浓度对于途径酶的活性影响很大，为了解除这种负反馈调控作用，需要对途径酶进行蛋白质突变，优化途径合成效率；②某些中间代谢物可以与启动子或转录因子结合，影响下游基因的转录活性。这类启动子或转录因子可以被筛选或改造后，用作生物传感器，用于检测与调节关键酶的表达水平和表达时间。

（2）辅因子工程

辅因子包括还原力 NADH/NAD$^+$、NADPH/NADP$^+$ 及能量 ATP/ADP 等。它们为生物合成与分解反应提供氧化还原载体，是细胞内能量传递的重要代谢因子。辅因子在胞内的形式及浓度，会影响代谢网络、信号转导和物质转运，进而影响细胞全局的生理功能。通过改造细胞内辅因子的再生途径，调控辅因子的形式和浓度，以定向改变和优化微生物细胞代谢功能。常用的辅因子工程技术策略包括以下两种。

① 调节辅因子供给与平衡。对于有氧生长、三羧酸循环和一些脱氢酶催化的反应，过表达亚磷酸脱氢酶（PtxD）可以增加 NADH 和 ATP 的供应。例如，枯草芽孢杆菌中过表达可溶性转氢酶，增加了细胞内 NADH 和 ATP 的供应，从而使细胞比生长速率和异丁醇产量分别增加了 83% 和 24%。对于厌氧条件和缺乏替代氧化剂的情况，醛脱氢酶（ALDH）的失活增强了 NADH 的供应，并使肺炎克雷伯菌中的 1,3-丙二醇产量显著增加了 32.8%。综上所述，增加供应 NADH 不仅可以直接用作细胞的代谢能量，还可以通过氧化磷酸化产生大量的 ATP 来增加能量供应。然而，增加 NADH 水平以增加能量的供应是一把双刃剑。过量的细胞内 NADH 水平有利于富马酸盐和苹果酸盐的生物生产，但在产生非还原产物时，可能导致代谢网络中还原力的不平衡，不利于细胞生长和生物生产。

② 改变辅因子的偏好性。代谢途径中，还原力供给或需要类型的转化还可以通过酶工程的手段实现。通过对相关的氧化还原酶进行定点突变或随机突变，改变其对辅因子的偏好性（从 NADH 到 NADPH 或反之），从而实现代谢途径还原力的平衡。随着计算机科学的发展，酶工程辅因子改造的效率得以极大提升。目前已经实现了利用计算机程序化的模拟、计算和分析，自动化高通量地设计出辅因子偏好性改变的酶。

1.2.5 代谢网络水平调控与优化

（1）转录因子工程

在优化合成生物体系时，很多情况下无法准确明确靶基因和调控因子。转录因子是一类能与目标基因的 5′ 端上游特定序列特异性结合，从而保证目的基因以特定的强度在特定的时间与空间表达的蛋白质分子。细胞全局转录机器工程（global transcription machinery engineering, gTME）通过对负责 DNA 序列识别从而决定 RNA 聚合酶结合偏好性的转录因子进行定性进化，对细胞整体的转录产生扰动，以优化合成细胞的代谢分布，筛选获得相应的目标表型。该策略可以有针对性地在细胞基因组上造成改变，获得遗传背景清晰的代谢工程菌。

（2）模块路径工程

一条长合成路径中，每种酶的表达水平、催化性能和变构调节作用不同，均会影响整体路径的合成效率。为了解决这一问题，可采用模块路径工程直接优化下游合成路径中多个酶的表达水平，提高限速酶的相对丰度，以提高合成路径催化效率。

1.2.6 细胞整体水平调控与优化

（1）进化工程

进化工程（evolutionary engineering），又称实验室进化，涉及在特定选择压力下促进微生物种群的不断进化，是优化菌株表型和生理特性的一种有价值的方法。经典的进化工程策略主要包括诱变技术、适应性实验室进化和基因组进化，这些策略在进化实验中得到了广泛应用。

诱变育种是通过物理诱变剂、化学诱变剂或生物诱变剂在人为条件下诱发微生物遗传物质发生突变，以获得突变菌株，并通过筛选得到目的菌株。诱变剂分为三类：物理诱变剂（如紫外线、超声波、α 射线、γ 射线）、化学诱变剂（如烷化剂、碱基类似物、移码诱变剂、脱氨剂、金属盐类、羟化剂）和生物诱变剂（如噬菌体）。

适应性实验室进化（adaptive laboratory evolution, ALE）通过特定或逐渐增加的胁迫来筛选性能优良的突变体，这种方法模拟了自然进化的过程，并获得在特定条件下表现出较好鲁棒性的突变体。ALE 方法从特定的亲本菌株出发，在基因组水平上对遗传物质进行突变或重组，创建群体多样性文库，然后在特定的培养条件下筛选具有目标性状的菌株。根据进化时间的长短，ALE 技术可分为长期模式（通常经历数百次传代）和短期模式（通常仅需几十次传代或数十小时）。

由于生物系统的复杂性，诸如胁迫耐受性等复杂表型通常由多基因调控，单基因改造方法往往难以实现预定目标。为克服这一限制，研究人员逐渐转向使用基因组进化这类强大的多功能工具，以构建满足工业生产需求的微生物细胞工厂。常见的基于随机突变的基因组进化方法包括以下几类。

① 转座子插入诱变。这种方法通过使用转座子这一可移动的基因元件，在基因组范围内创建突变文库。与传统的基因删除策略不同，转座子插入诱变能够在全基因组范围内进行突变。例如，利用细菌来源的 Tn7 系统，在酵母中生成 Tn7 插入突变文库，证明了转座子不仅可以快速鉴定目标突变体，还可以研究酵母的基因功能。使用这一技术成功构建了木糖利用效率提高的酿酒酵母菌株，并发现 *PHO13* 和 *TAL1* 两个基因与木糖特异性生长相关。

② 全局转录机器工程（gTME）。这一方法通过易错 PCR 对全局转录组的关键蛋白质进行定向进化，使细胞在转录水平上产生全基因组规模的多样性。转录因子可以迅速调控大量基因的表达，从而引发全局范围内的基因组转录重排。例如，将 TATA 结合蛋白 SPT15 和 TATA 结合蛋白相关因子 TAF25 进行突变，最佳突变体（SPT15 含有 3 个氨基酸突变）的乙醇生产率提高了 70%。

③ 重组酶介导的基因组进化。重组酶可以催化短同源区域（30 ～ 40 bp）的 DNA 片段交换，实现 DNA 片段的缺失、重复、移位和反转等基因组结构变异，是基因组进化的重要驱动力之一。Cre 和 FLP 是目前常用的两种重组酶，分别识别 loxP 位点和 FRT 位点（Gao et al., 2020)。例如，利用 Cre 介导的同源重组建立了一种基于染色体重排和修饰的进化方法——SCRaMbLE。通过在酵母染色体上的每个非必需基因后添加 loxP 位点，并通过表达 Cre 重组酶实现多个 loxP 位点之间的随机重组，创建随机的遗传多样性文库。利用 SCRaMbLE 技术，经过 5 个迭代循环和筛选，类胡萝卜素的产量提高了 38.8 倍（Jia et al., 2018）。

（2）群落工程

工业微生物在合成化学品时，以单菌株培养为主，即单一细胞携带完整的代谢途径。目前通过单菌株培养已实现许多化学品的工业化生产，但在合成长途径及复杂途径化学品时还存在较大挑战，生产性能往往达不到工业应用要求。主要的挑战包括：①化学品长合成途径的引入，可能会打破宿主原有的物质能量代谢平衡，造成细胞负荷和代谢压力；②终产物及中间体的积累可能会产生细胞毒性；③部分宿主细胞缺乏内膜结构及翻译后修饰系统，无法为某些外源酶的功能表达提供合适的细胞微环境。为了解决这些挑战，可以发展多菌共培养为基础的合成群落工程。

1.3 合成生物系统调控面临的挑战

随着合成生物学技术的深入发展，越来越多的合成生物系统被设计、构建出来。但是，在设计和构建可执行复杂生物学功能系统的过程中，也伴随着诸多挑战。

1.3.1 高性能元件的挖掘

生物元件是借用工程学的概念来描述具有最基本、最简单生物学功能的基本单元。在生命系统中，构成生命系统的天然生物元件可以是蛋白质、核酸，也可以是有功能的蛋白质结构域，或是能形成特异结构的核酸序列。常见的元件按照功能可以划分为非催化元件和催化元件两类。非催化元件有启动子、终止子、转录单元、质粒骨架、核糖体结合位点等；催化元件则是经过定向改造或重新设计合成的酶类。

高性能的生物元件对于提高合成生物学效率具有重要价值。为获得高性能元件，可以从下面两个角度着手。

第一，对现有生物元件的结构进行改造以获得目标功能。该方法涉及的主要技术手段包括：①生物信息学软件和在线网站预测，目前已有超过 1000 个微生物的全基因组得到了分析，对这些基因组数据库的注释与功能验证将为合成生物学提供丰富的生物元件信息资源；②元基因组技术，通过测序可以得到未培养生物中的基因信息，获得许多未知的生物元件信息，另外可以通过功能筛选，得到许多具有各种用途的功能基因；③ 改造已有生物元件，利用 DNA 合成与蛋白质工程技术，可以构建大量生物元件文库，利用报道蛋白质和高通量筛选技术，快速获得目标高性能元件。

第二，开发自然界中本不存在的新型生物元件。天然蛋白质由20种天然氨基酸组成，迄今已有超过150种非天然氨基酸可以被引入生物体内，其中大多数非天然氨基酸是天然氨基酸的衍生物。非天然氨基酸中根据目的需求可以引入烯基、酮基、醛基、酰氨基等功能基团，调控蛋白质的结构与功能。遗传密码拓展技术是非天然氨基酸引入的重要手段，主要是通过控制终止密码子的读取，进而通过氨酰-tRNA合成酶/tRNA对的改造实现。

1.3.2 元件标准化与模块化

标准化元件在机械、电子和计算机工程等工业领域早有广泛的应用。标准化元件的应用，使得不同功能的元器件和不同公司的产品能够方便地集成，从而使工业界能够生产出复杂而可靠的产品。不同分子元件由于研究者测定方法和表征检测手段的不同，输出结果差异巨大。在这种情况下，国内外不同研究小组之间所报道的生物元件难以直接组合使用，阻碍了合成生物系统的快速构建。标准化生物元件的使用可以让不同实验室构建的标准生物元件都按照相同的规则进行组装，从而可以避免大量的重复劳动，从而缩短合成复杂的生物装置或者生命系统所需的时间。这些标准化元件以及由它们相互连接所组成的标准生物模块称为“生物砌块”。元件标准化的一项代表性工作是美国标准生物元件注册库（Registry of Standard Biological Parts），该数据库主要用于收集包括结构域、蛋白质编码序列、启动子、终止子、核糖体结合位点等非编码序列的生物元件，目前该网站收录注册的元件已经超过20000个。

1.3.3 系统输出噪声处理

生物噪声有许多的来源，包括外在的环境变化、基因的表达波动、细胞循环变化、代谢物浓度的差别等。这些噪声对合成系统的表型有重要的影响。例如在生命调控领域，一方面，基因表达噪声会影响下游基因的功能，增加细胞表型的异质性；但同时，基因表达的随机性在细胞分化、机体发育等过程中发挥着重要作用，适当强度的基因表达噪声可以增强生命体的适应能力（魏磊等，2017）。

基因表达噪声按照其产生机理，可以划分为内源噪声和外源噪声。生化反应存在的随机性会在基因的转录、翻译过程中产生噪声，这部分噪声被称为内源噪声。例如，启动子在开启和关闭状态之间的随机转换会使转录过程间歇进行，这会使不同细胞之间的转录活动产生较大差异。而参与化学反应的其他物质、能量的异质性引起的细胞间的异质性被称为外源噪声。例如，细胞体积、线粒体数量和细胞密度等均会在基因表达的过程中引入噪声（魏磊等，2017）。目前解决系统噪声的方法有以下几种：①提高系统的信噪比，通过增加基因表达强度，提高系统的信号-噪声比例，以实现预期的生物学输出，但是这种方法往往会造成基因回路竞争细胞内有限的资源和能量；②使用数字电路而不是模拟电路来衰减噪声和传输；③基于网络拓扑分析设计鲁棒系统，对基因线路的结构进行重设计；④通过设计遗传带通过滤系统噪声，仅保留目标信号传输。

1.4
参考文献

魏磊，袁野，汪小我，2017. 合成基因线路规模化设计面临的挑战 . 生物工程学报，33(3): 372-385.

Alper H, Fischer C, Nevoigt E, et al, 2005. Tuning genetic control through promoter engineering. Proc Natl Acad Sci U S A, 102(36): 12678-12683.

Annaluru N, Muller H, Mitchell L A, et al, 2014. Total synthesis of a functional designer eukaryotic chromosome. Science, 344(6179): 55-58.

Bassler B L, 2002. Small Talk: Cell-to-Cell Communication in Bacteria. Cell, 109(4): 421-424.

Callura J M, Cantor C R, Collins J J, 2012. Genetic switchboard for synthetic biology applications. Proc Natl Acad Sci U S A, 109(15): 5850-5855.

Chen Z, Kibler R D, Hunt A, et al, 2020. De novo design of protein logic gates. Science, 368(6486): 78.

Danino T, Mondragon-Palomino O, Tsimring L, et al, 2010. A synchronized quorum of genetic clocks. Nature, 463(7279): 326-330.

Dong Y H, Wang L H, Xu J L, et al, 2001. Quenching quorum-sensing-dependent bacterial infection by an N-acyl homoserine lactonase. Nature, 411(6839): 813-817.

Elowitz M B, Leibler S, 2000. A synthetic oscillatory network of transcriptional regulators. Nature, 403(6767): 335-338.

Gao C, Guo L, Ding Q, et al, 2020. Dynamic consolidated bioprocessing for direct production of xylonate and shikimate from xylan by *Escherichia coli*. Metabolic Engineering, 60: 128-137.

Gao X J, Chong L S, Elowitz M, et al, 2018. Programmable protein circuits in living cells. Science, 361(6408): 1252-1258.

Gardner T S, Cantor C R, Collins J J, 2000. Construction of a genetic toggle switch in *Escherichia coli*. Nature, 403(6767): 339-342.

Guo Z, Sherman F, 1996. Signals sufficient for 3′-end formation of yeast mRNA. Molecular and Cellular Biology, 16(6): 2772-2776.

Jaramillo A, 2017. Synthetic biology: Engineered stable ecosystems. Nature Microbiology, 2: 17119.

Jia B, Wu Y, Li B Z, et al, 2018. Precise control of SCRaMbLE in synthetic haploid and diploid yeast. Nature Communications, 9(1): 1933.

Levskaya A, Chevalier A A, Tabor J J, et al, 2005. Synthetic biology: engineering *Escherichia coli* to see light. Nature, 438(7067): 441-442.

Liu Y, Chen J, Crisante D, et al, 2020. Dynamic cell programming with quorum sensing-controlled CRISPRi circuit. Acs Synthetic Biology, 9(6): 1284-1291.

Ma Y, Budde M W, Mayalu M N, et al, 2022. Synthetic mammalian signaling circuits for robust cell population control. Cell, 185(6): 967-979 e12.

Malyshev D A, Dhami K, Lavergne T, et al, 2014. A semi-synthetic organism with an expanded genetic alphabet. Nature, 509(7500): 385-388.

Martin V J, Pitera D J, Withers S T, et al, 2003. Engineering a mevalonate pathway in *Escherichia coli* for production of terpenoids. Nature Biotechnology, 21(7): 796-802.

Mishra D, Bepler T, Teague B, et al, 2021. An engineered protein-phosphorylation toggle network with implications for endogenous network discovery. Science, 373(6550): eaav 0780.

Na D, Yoo S M, Chung H, et al, 2013. Metabolic engineering of *Escherichia coli* using synthetic small regulatory RNAs. Nature Biotechnology, 31(2): 170-174.

Nielsen A A, Der B S, Shin J, et al, 2016. Genetic circuit design automation. Science, 352(6281): aac7341.

Rajkumar A S, Varela J A, Juergens H, et al, 2019. Biological parts for *Kluyveromyces marxianus* synthetic biology. Front Bioeng Biotechnol, 7: 97.

Roquet N, Soleimany A P, Ferris A C, et al, 2016. Synthetic recombinase-based state machines in living cells. Science, 353(6297): aad8559.

Song W, Xu X, Gao C, et al, 2020. Open gate of *Corynebacterium glutamicum* threonine deaminase for efficient synthesis of bulky α-keto acids. Acs Catalysis, 10(17): 9994-10004.

Stricker J, Cookson S, Bennett M R, et al, 2008. A fast, robust and tunable synthetic gene oscillator. Nature, 456(7221): 516-519.

Tabor J J, Salis H M, Simpson Z B, et al, 2009. A synthetic genetic edge detection program. Cell, 137(7): 1272-1281.

Vortmann M, Stumpf A K, Sgobba E, et al, 2021. A bottom-up approach towards a bacterial consortium for the biotechnological conversion of chitin to L-lysine. Applied Microbiology and Biotechnology, 105(4): 1547-1561.

Win M N, Smolke C D, 2008. Higher-order cellular information processing with synthetic RNA devices. Science, 322(5900): 456-460.

You L, Cox R S, Weiss R, et al, 2004. Programmed population control by cell-cell communication and regulated killing. Nature, 428(6985), 868-871.

Zhou K, Qiao K, Edgar S, et al, 2015a. Distributing a metabolic pathway among a microbial consortium enhances production of natural products. Nature Biotechnology, 33(4): 377-383.

Zhou L B, Zeng A P, 2015b. Engineering a lysine-ON riboswitch for metabolic control of lysine production in *Corynebacterium glutamicum*. Acs Synthetic Biology, 4(12): 1335-1340.

Zhou S, Du G, Kang Z, et al, 2017. The application of powerful promoters to enhance gene expression in industrial microorganisms. World Journal of Microbiology & Biotechnology, 33(2): 23.

Zou L, Ouyang S, Hu Y, et al, 2021. Efficient lactic acid production from dilute acid-pretreated lignocellulosic biomass by a synthetic consortium of engineered *Pseudomonas putida* and *Bacillus coagulans*. Biotechnology for Biofuels, 14(1): 227.

SYNTHETIC
BIOLOGY
ENGINEERING
TECHNOLOGY
SERIES

合成生物学
工程技术丛书

第 2 章

细胞分裂的光遗传调控技术

合成生物系统调控与优化技术
SYNTHETIC BIOLOGICAL SYSTEM REGULATION AND OPTIMIZATION TECHNOLOGY

2.1 光遗传调控元件概述

光遗传学技术是近年来在生命科学领域迅速发展的新型技术。其核心在于使用光（来自紫外-可见光谱的特定波长）作为扰动信号，操控细胞中遗传编码的光传感机制。由于光的正交性和高度可调节性，光可以在时间和空间上快速、精确地输送到目标细胞，从而选择性地干扰信号通路或生物过程。因此，光遗传学技术能够实现对细胞活动的精准时空控制，其时间准确性可达到毫秒级别，空间上则可实现对单一细胞乃至亚细胞范围的精确控制。

光遗传学的核心部件是可以响应光信号的光敏蛋白。与其他涉及化学合成光敏化合物的光学策略不同，光遗传学使用的是自然进化得到的光敏蛋白，这些蛋白质在遗传上可以编码于任何生命系统中。光敏蛋白是指在接受特定波长光刺激后能够改变自身结构的蛋白质分子，它们使生物体能够对环境中的光照变化做出反应。这类蛋白质在植物、动物和微生物等多种生物体中广泛存在。有些光敏蛋白在接受特定波长的光刺激后，会与另一个蛋白质发生异源二聚化，而有些则会发生同源二聚化或多聚化。这两类光调节的蛋白质-蛋白质相互作用被广泛用于光遗传学技术中，以实现对各种细胞行为的光控。

目前，大多数光遗传学研究主要集中在哺乳动物系统以及使用视蛋白光感受器的生物医学应用上。视蛋白光感受器是膜通道蛋白，可分为Ⅰ型（离子通道）和Ⅱ型（G 蛋白偶联受体，GPCR）。这两类视蛋白都与视网膜发色团辅助因子相关联，以感知 400 ～ 600 nm 范围内的光子（魏琪瑶等 , 2019）。由于这些蛋白质是天然存在的光调制离子通道和 GPCR，控制着细胞膜上的离子电导和信号转导，因此它们被优先用作工具，甚至用于疗法中，可以选择性地干预神经元活动或信号通路（Chia et al., 2022）。

近年来，研究者设计能够扩展到更广泛细胞类型和生化信号的光遗传学工具的兴趣日益增加。迄今为止，基于对非视蛋白光感受器［如光氧电压（LOV）域、光敏色素、蓝藻色素、隐花色素及使用黄素腺嘌呤二核苷酸蛋白的蓝光传感器（BLUF）］的理解，包括其光谱多样性、模块化拓扑结构、可调性和各种分子响应，已开发出多种光活化蛋白元件（即蛋白质活性诱导而非基于荧光），见表 2-1。这些元件为光遗传学工具的设计和开发提供了机会，使其可以在分子生物学的中心法则基础上进行可逆的、定量的、精确的时空控制，包括酶活性、蛋白质-蛋白质相互作用、蛋白质易位以及细胞和整个动物中的基因转录（Yin et al., 2013）。

2.1.1 LOV 结构域

LOV 结构域是一种光敏蛋白，分子质量约为 14 kDa，广泛存在于植物、藻类、真菌和细菌中（Chia et al., 2022）。LOV 结构域最早在植物的光传感器向光素中被发现。植物向光

表2-1　部分光遗传学元件的基本原理

元件	结合半衰期	解离半衰期	启动波长 /nm	关闭波长 /nm	氨基酸数量	生色团	机制
ChR2	0.2ms	15ms	470 ~ 480	—	737	视网膜①	离子通道
Bphp1	3 ~ 30s	15min	740 ~ 780	640 ~ 660	732	胆绿素①	二聚化
PpsR2	3 ~ 30s	15min	740 ~ 780	640 ~ 660	465	胆绿素①	二聚化
CRY2	10s	12min	420 ~ 490	—	498	黄素腺嘌呤二核苷酸①	二聚化
CIBN	10s	12min	420 ~ 490	—	170	黄素腺嘌呤二核苷酸①	二聚化
pMag	1.5s	6.8s	< 500	—	150	黄素单核苷酸①	二聚化
nMag	1.5s	6.8s	< 500	—	152	黄素单核苷酸①	二聚化
AsLOV2	秒级	0 ~ 50s	< 500	—	143	黄素腺嘌呤二核苷酸①	闭锁
PhyB	1.3s	4s	650	760	908	藻蓝蛋白	二聚化
PIF	1.3s	4s	650	760	100	藻蓝蛋白	二聚化
CRY2（修饰）	30s	5.5min	420 ~ 490	—	498	黄素腺嘌呤二核苷酸①	二聚化
UVR8	数小时	不可逆	280 ~ 315	—	440	内源性	二聚化
COPI	数小时	不可逆	280 ~ 315	—	675	内源性	二聚化

①代表内源性组分。

素是一种丝氨酸/苏氨酸激酶，介导向光性、叶绿体与叶片运动，以及生物钟维持和形态发生等各种光响应事件（Yin et al., 2013）。其激酶活性被N端的LOV结构域自动抑制。

LOV结构域属于Per-ARNT-Sim (PAS) 域的一个子家族，通过黄素基发色团吸收蓝光（440～450 nm），例如黄素单核苷酸（FMN）、黄素腺嘌呤二核苷酸（FAD）或核黄素（图2-1）。PAS结构域最初在果蝇蛋白PER和ARNT中被发现，是所有物种中普遍存在的模块。PAS结构域的典型结构包括一个由5链反向平行的β片层和几个交错的保守α螺旋组成的中心口袋。在植物LOV蛋白质中，黄素单核苷酸因子FMN结合在该口袋中。在蓝光照射下，FMN与LOV中的半胱氨酸发生共价结合，引起结构域的构象变化，这一过程是LOV作为光遗传工具进行光信号转导的基础。在没有蓝光的情况下，光反应会恢复到基态（Tootle et al., 2003）。

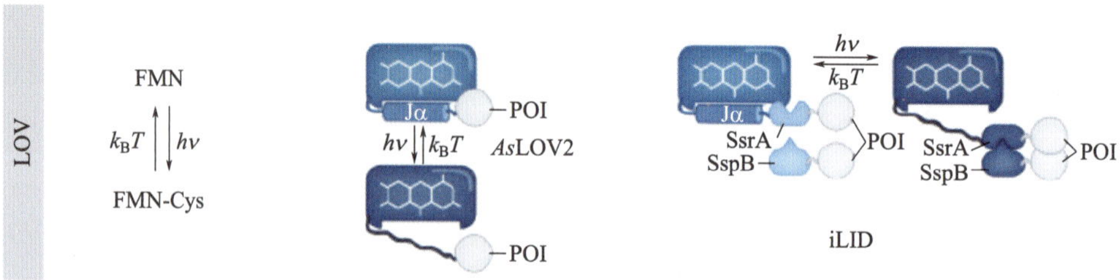

图2-1 LOV二聚化与解聚的示意图

LOV结构域在不同生物中的差异不大，但其功能却各异。2002年，Losi等（2002）首次在原核生物枯草芽孢杆菌中发现了LOV结构域的YtvA蛋白，该蛋白质同高等植物中与向光性相关的蓝光感光细胞中向光素的LOV结构域高度同源，并能够结合黄素单核苷酸（FMN）。拟南芥F盒蛋白ZEITLUPE（ZTL）家族中的LOV蛋白FKF1对蓝光有响应，并与GIANTEA形成复合物，这是维持生物钟的关键步骤（Sawa et al., 2007）。在粗糙脉孢菌*Neurospora crassa*中，含有光感受器的LOV域Vivid（VVD）和White Collar-1（WC-1）调节蓝光反应和生物钟的相位重置。与植物光敏蛋白类似，WC-1和VVD结合FAD作为光感受元件。除了LOV结构域外，WC-1还包含另外两个PAS结构域、一个DNA结合区、一个核定位序列和一个转录激活基序。WC-1与另一种DNA结合蛋白White-Collar-2（WC-2）结合，形成白领复合体（WCC），这是粗糙脉孢菌生物钟中的主要激活元件。VVD是一种比WC-1（含一个LOV结构域和一个70残基的N端延伸）小得多的蛋白质，它通过拮抗WCC对蓝光做出反应。在光激活后，VVD形成快速交换的二聚体，促进光调节基因的转录（Zoltowski et al., 2008）。

同样，黄绿藻和褐藻中的LOV结构域转录因子金黄色素在蓝光照射下表现出增加的DNA结合亲和力，这可能是由于金黄色素基本拉链结构域的构象变化诱导的二聚化。来自海岸红杆菌的EL222光感受器蛋白和来自真菌粗糙脉孢菌的VVD光感受器蛋白均属于LOV结构域光感受器家族，对蓝光刺激有反应，它们共享类似的光诱导反应，包括暴露相互作用表面进行同源二聚化（Chia et al., 2022）。

LOV 结构域具有一个可启动激酶活性调节开关的化合物和配体结合区域，能够作为感受氧张力、氧化还原电势或光强度的模块。当受到刺激时，该结构域会介导蛋白质间的相互作用，或结合其疏水核心中的辅因子，以调节蛋白质间的相互作用。此外，LOV 蛋白所需的辅因子 FMN 广泛存在于各种细胞中，因此在设计光遗传元件时无需额外合成，这使得基于 LOV 的光遗传工具具有广阔的发展前景。

通过对 LOV 结构域序列的工程改造，研究人员已经基于 LOV 结构域的结合动力学设计出了具有不同结合亲和力的光遗传学工具（Zoltowski et al., 2009）。这些能够进行自身同源二聚化或异源二聚化的 LOV 结构域已经在各种光遗传学技术中得到了广泛应用。

2.1.2 光敏色素

光敏色素最初被发现为调节植物避阴反应的光感受器，后来在细菌中也鉴定出了类似的色素。光敏色素利用线性四吡咯胆碱发色团来感知红光和远红外光谱。1959 年，光敏色素首次在植物中被发现，作为一种光感受器，它调节植物在长波长可见光下的生长和发育（Rockwell et al., 2006）。在植物中，光敏色素以吸收红光（Pr）的非活性形式存在，并可转化为吸收远红外光（Pfr）的活性形式。这种转化使植物能够测量红光（R）与远红外光（FR）的比值，从而评估光合活性光的数量，并触发避阴反应。Pfr 形式可以在吸收远红外光时恢复为 Pr 形式。

光敏色素的 N 端光敏单元包含 PAS、GAF 和植物色素特异性 PHY 结构域，而 C 端含有组氨酸激酶或组氨酸激酶相关结构域。PAS、GAF 和 PHY 结构域各自由一个中央的五股反向平行 β 折叠和一个 α 螺旋连接两条链组成。这三个结构域以串联方式连接，通过 PAS 结构域的 N 端扩展和 PHY 结构域的臂扩展紧密集成。它们在发色团结合位点附近汇聚。红光吸收（Pr）和远红外光吸收（Pfr）状态之间的可逆转化是通过双蛋白发色团中 C 环和 D 环之间的 C15═C16 双键的异构化介导的。植物中的 phyA 和 phyB 在红光照射后形成 Pfr，并迅速转移到细胞核中，与光敏色素相互作用因子（PIF）的转录因子结合并磷酸化，从而导致转录调节（Yin et al., 2013）。

1997 年，Yeh 等（1997）在集胞藻 *Synechocystis* sp. PCC 6803 中发现了光敏色素蛋白 Cph1。Cph1 在红光与远红外光的调控下实现可逆磷酸化调节，从而实现信号转导。作为光敏色素超家族的成员之一，Cph1 具有典型的蛋白质结构，包括结合胆色素发色团的感光域和负责信号转导的效应域。N 端的感光域包括 PAS（Per/ARNT/Sim）、GAF（cGMP 磷酸二酯酶 / 腺苷酸环化酶 /FhlA）和 PHY 三个结构域，其中 GAF 结构域可与发色团共价结合；C 端的效应域为组氨酸激酶域（HKD），负责信号转导。此外，还有以 GAF-PHY 结构为感光域的光敏色素蛋白，如 Cph2 和 RfpA 等。

蓝细菌光敏色素（cyanobacteriochromes, CBCRs）具有更为简单的感光域，仅由 GAF 结构域构成，能够感受从紫外光到近红外光谱的所有光谱，因此在感光蛋白的开发中备受关注。1999 年，通过基因序列分析发现，非光合细菌如耐辐射奇球菌 *Deinococcus radiodurans*

和铜绿假单胞菌 *Pseudomonas aeruginosa* 中也存在类似光敏色素的感受器，并将其命名为细菌光敏色素光受体（bacteriophytochrome photoreceptor, BphP）。这些细菌编码的 *Dr*BphP 和 *Pa*BphP 蛋白通过与发色团 BV 结合实现失活态（Pr，最大吸收峰约 700 nm）与激活态（Pfr，最大吸收峰约 750 nm）之间的相互转化，为长波长光遗传元件的开发奠定了基础。

2.1.3 隐花色素

隐花色素（CRY）是一类广泛存在于生物界的蓝光感应蛋白。隐花色素在所有主要的进化谱系中都有被发现，从古菌、细菌到藻类、陆生植物，从海绵到人类，它们是植物中最早进化的光感受器之一。隐花色素最早在拟南芥中被发现，当时研究人员发现，负责蓝光抑制拟南芥幼苗下胚轴伸长的 *HY4* 基因编码了一种与 DNA 光解酶同源的蛋白质（Wang et al., 2020）。光解酶是一种光响应性 DNA 修复酶，主要用于修复紫外（UV）辐射导致的环丁烷嘧啶二聚体或 6-4 嘧啶-嘧啶酮光产物。HY4 蛋白，后来被称为隐花色素 1 或 CRY1，含有黄素腺嘌呤二核苷酸（FAD），这是光解酶和隐花色素的主要发色团，但通常缺乏光解酶的 DNA 修复酶活性（图 2-2）。

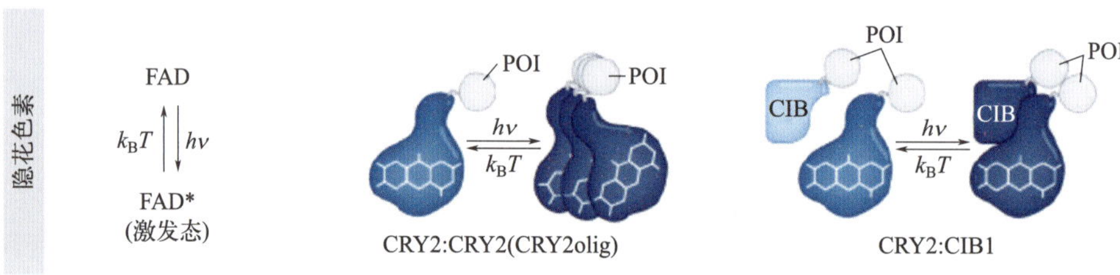

图 2-2 CRY2 的二聚化与解聚过程

在拟南芥中发现第一个隐花色素后不久，隐花色素也被发现在其他生物谱系中，如昆虫和哺乳动物，作为光感受器、转录调节剂或昼夜节律振荡器的组成部分。隐花色素由其共同的双结构域定义：高度保守的 FAD 结合光解酶同源区域（PHR）结构域，其长度约为 500 个残基，以及各种长度的发散 CRY C 端扩展（CCE）结构域，通常包含本质无序区域。来自苔藓、蕨类植物和被子植物的隐花色素的 CCE 结构域都包含进化上保守的 DQXVP 酸性-STAES（DAS）特征。研究人员假设，祖先植物的隐花色素是通过将祖先光解酶序列与含有 DAS 序列的序列融合而产生的，该序列在进化过程中可能丢失或未丢失。

尽管以前认为隐花色素的 PHR 结构域和 CCE 结构域分别作为光传感域和效应域，但目前已知的大多数隐花色素相互作用蛋白，除了本构光形态 1（COP1）外，均与隐花色素的 PHR 结构域物理相互作用，这表明隐花色素的 PHR 结构域和 CCE 结构域都可以作为效应域（Wang et al., 2020）。

根据序列分析，隐花色素可分为三大类：植物型、动物型和 CRY-DASH 型（来自果蝇、拟南芥、集胞藻属和人类）。这些隐花色素广泛存在（Wang et al., 2020），并且不同谱系中的隐花色素，如植物的和动物的，被认为是独立进化的。不同生物体中隐花色素的数量各异，从拟南芥和人类的两种，到大豆和斑马鱼的六到七种。在研究的高等植物中，几乎所有植物都有两个系统发育上可区分的隐花色素分支，即 CRY1 和 CRY2，这与最初发现的两种拟南芥隐花色素相对应。大多数植物隐花色素，包括绿藻、苔藓植物和被子植物中的隐花色素，主要充当感光感受器。而动物隐花色素则作为光响应性光感受器（Ⅰ型）或无光响应转录共调节因子（Ⅱ型）。无论其光响应性如何，大多数生物体中的隐花色素都作为基因表达的调节因子，特别是转录调节因子。

植物隐花色素通常是核细胞质蛋白。例如，拟南芥的 CRY1 在细胞核和细胞质中均有定位和功能，而 CRY2 似乎是独特的核蛋白，在细胞核中完成其生命周期。尽管隐花色素最初被定义为没有 DNA 修复活性的光解酶样蛋白，但根据 CRY-DASH 和藻类隐花色素的新发现，这一定义可能需要修订，这些隐花色素显示出了 DNA 修复和转录调节的活性。

拟南芥 CRY1 的 PHR 结构域晶体结构是首个被解析的隐花色素结构。尽管 CRY1 与大肠杆菌 DNA 光解酶的结构存在显著的进化差异，但它们之间表现出惊人的结构相似性。然而，由于 CCE 结构域较大且具有内在无序性，植物隐花色素的全长晶体结构尚未被报道。相反，果蝇和小鼠全长隐花色素的晶体结构已被确定，这些结构具有相对较小的 CCE 结构域。通过这些研究，FAD 结合口袋的关键作用以及 PHR 和 CCE 结构域之间的物理相互作用在动物隐花色素功能中的作用得到了验证（Wang et al., 2020）。

2.1.4 BLUF 结构域

BLUF 结构域的多功能性使其成为光遗传学应用的理想选择，与 LOV 结构域类似。BLUF 结构域在原核生物中广泛存在，并与多种效应器结构域相关，如腺苷酸环化酶、环状二鸟苷酸磷酸二酯酶，以及参与 DNA 结合和氧传感的基序。BLUF 结构域通常结合 FAD 作为发色团，并经历不同于 LOV 结构域的光化学模式（图 2-3）。尽管 LOV 和 BLUF 结构域的蛋白质结构有所不同，BLUF 结构域似乎与 LOV 结构域共享一个共同的特征：光激发时的信号传播是通过 β 折叠界面上的光驱动结构变化介导的（Christie et al., 2012）。

BLUF 结构域的最小结构由一个类似铁硫蛋白折叠组成，其中两个 α 螺旋夹在 β 折叠的一侧。FAD 的异咯嗪环被结构域一侧的两个 α 螺旋夹在裂缝中，而腺苷部分则延伸至蛋白质表面。蓝光作用于 FAD 的 N5 和 O4 位置与附近保守的酪氨酸和谷氨酰胺残基之间的氢键网络，引起重排。BLUF 结构域的光化学特性一直是研究的重点，这些特性可以通过发色团在光谱中的 10 nm 红移来监测。回到黑暗后，信号状态会自发地衰变回基态，这一过程的动力学从秒到分钟不等。这种独特的光循环首次在来自类球红细菌 *Rhodobacter sphaeroides* 的蓝光受体 AppA 中被发现。AppA 能够调节转录因子 PpsR 的 DNA 结合活性来控制光合作用基因的表达。随后，其他细菌的 BLUF 蛋白显示了相似的光化学行为，如蓝藻蛋白 PixD/Slr1694 和大肠杆菌蛋白 YcgF，它们控制宿主外环境中的生物膜形成。BLUF 结构域内黄素附近的酪氨酸和谷氨酰胺的突变会抑制其在体内外的光化学反应性，这证明了 Tyr-Gln-FAD 氢键网络的重要性（Christie et al., 2012）。

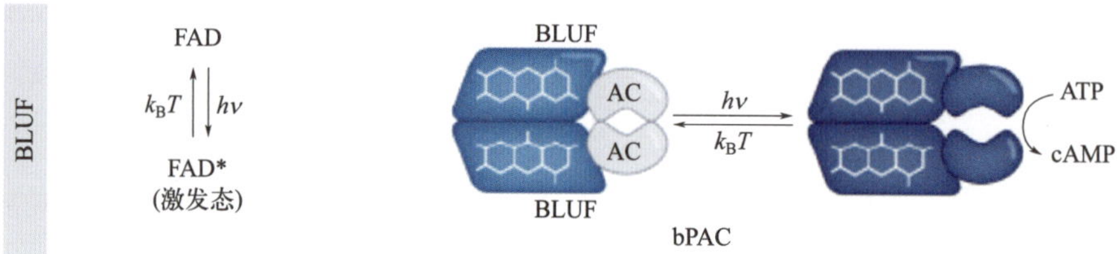

图 2-3　BLUF 结构域的二聚化与解聚原理

生化研究表明，BLUF 结构域的信号转导特征之一是响应光激发而调节蛋白质-蛋白质相互作用。BLUF 蛋白质如 AppA、PixD 和 YcgF 在黑暗中与它们的信号转导伙伴结合，而在光照下，这些复合物会解离。肺炎克雷伯菌的 BlrP1（蓝光调节磷酸二酯酶 1）的晶体结构和溶液中该蛋白质区域的结构研究，为 BLUF 结构域作为调节光开关提供了进一步的见解。BlrP1 包含一个 N 端 BLUF 结构域和一个磷酸二酯酶 EAL 结构域，后者通过催化降解来调节 cGMP（一种常见的细菌第二信使）的细胞水平。在 BlrP1 中，BLUF 结构域的光激活导致磷酸二酯酶活性的增加。EAL 结构域的调节由 BLUF 结构域的光诱导变化触发，这些变化通过 β 折叠传播，并用于锚定存在于许多 BLUF 结构域中的 C 端 α 螺旋帽（Ccap）。结构研究表明，类似于 LOV 结构域中的“谷氨酰胺翻转”机制在这些变化的传播中起作用。BLUF-Ccap 相互作用中的光诱导变化会传递到 EAL 催化结构域，与 Ccap 的特定序列元件直接接触。因此，BLUF 结构域中光诱导的构象变化可以传递到效应器结构域，导致结构和酶活性的变化，从而以蓝光依赖的方式调节转录因子的活性，控制各种生理过程（Christie et al., 2012）。

2.2 光遗传调控的应用场景

随着对微观世界的发掘以及对微生物研究的深入，人们发现，细胞内一切催化过程、成键与断键均在基因线路的调控下有条不紊地进行，是最为精密的物质合成工厂。在工厂的运作过程中，需要信号交流以保证物质合成过程的高效可控。随着光遗传学在微生物系统中的应用受到越来越多的关注，不同的非视蛋白光感受器可以通过多种机制调节生物过程，光遗传因其高时空分辨率、即时可逆等优势，在生产目标代谢产物、开发治疗方法、控制肠道细菌代谢、诱导病原体的凋亡，以及调控微生物的活性中已有了广泛应用（魏琪瑶等 , 2019）。

2.2.1 调节细胞信号通路

细胞不断感知并响应其所处环境中的细胞外刺激，这是细胞生物学中的一个核心问题。如何解码细胞内信号通路以对外部环境做出适当反应，是研究的关键。光遗传学技术结合了蛋白质的遗传表达与激光的光控和成像，为细胞生物学研究提供了新的视角。传统的信号转导研究方法主要依赖药理学和遗传学手段。这些方法通过化学（激活剂或拮抗剂）或遗传（功能获得或丧失突变）干扰信号组分，表征细胞的响应。这些方法对识别信号通路中的组分至关重要，但在解码动态信息方面存在空间和时间控制的限制。虽然化学遗传学方法已被开发，可通过化学诱导剂激活工程蛋白来提高信号控制的灵活性，但化学品的扩散性仍限制了其精确的时空控制能力。光遗传学技术具备无损、非侵入、高时空分辨率和高度可逆等优点，并结合显微成像手段，实现了对信号通路分子及其细胞生命活动的高时空分辨率记录，从而揭示了信号通路的传递及其时空调节机制。

丝裂原活化蛋白激酶（MAPK）信号通路在调控细胞增殖、分化、存活和凋亡中发挥重要作用。MAPK 信号级联可被多种细胞表面受体激活，如受体酪氨酸激酶（RTK）、细胞因子受体和 G 蛋白偶联受体（GPCRs），主要由 MAP3K、MAP2K 和 MAPK 之间的相互激活来实现信号放大（Turjanski et al., 2007）。MAPK 信号通路的光控激活首先通过支架蛋白 Ste5 在酵母中得到了验证。蓝光调控膜招募支架蛋白 Ste5，从而激活下游的 MAPK 信号级联，并在生物功能上表现为抑制酵母生长。

在哺乳动物细胞中，基于 PhyB-光敏色素相互作用因子（PIF）系统构建了光诱导的 MAPK（Ras/Raf/MEK/ERK 模块）激活系统。PhyB 被锚定在质膜上，同时鸟苷酸交换因子 GEF 的催化域 SOScat 与 PIF6 融合表达。红光诱导 PhyB-PIF6 结合和 SOS 膜招募，从而激活 Ras/Raf/MEK/ERK 信号通路（Toettcher et al., 2013）。类似地，基于 CRY2/CIBN（CIB 的 N 端）光基因元件也实现了对哺乳动物细胞中 Raf/MEK/ERK 信号通路的光控。CIB1 被锚定到细胞膜上，CRY2 与 Raf1 结合。当有蓝光刺激时，细胞质中的 CRY2 会迁移到细胞膜附近与 CIB1 结合，并将 Raf1 运输到膜上，从而激活下游的 MEK 和 ERK 分子，实现了在缺少神经生长因子刺激条件下对 PC12 细胞神经突生长的精确时间控制（Zhang et al., 2014）。

磷脂酰肌醇-3-激酶（PI3K）具有磷脂酰肌醇激酶活性，能够使磷脂酰肌醇磷酸化，生成 PI-3,4,5-P3（PIP3），为多种信号转导蛋白提供锚定位点，进而介导 PI3K 的下游信号通路，如激活 AKT、PKC 和 Rac/actin，调节细胞生长、生存、迁移和细胞周期等过程（Leopold et al., 2018）。例如，AKT 信号通路控制多条重要的生存信号级联反应。AKT 的 PH 结构域响应膜上 PIP3 水平的变化，随着 PIP3 水平的上升，PKB 被激活，引发细胞迁移、极化、增殖和分化等效应。有研究者利用 CRY2/CIBN 光基因元件来调控 PI3K/PIP3/Akt 信号通路。他们将 CIBN 与细胞膜定位序列 CAAX 融合，使其表达在膜上，同时将 PI3K 的 iSH2（intra-Scr homolog 2）结构域与 CRY2 融合表达在细胞质中。蓝光照射下，CRY2-iSH2 会迅速转位到膜上，激活内源性的 PI3K，并通过磷酸化生成 PIP3，进而激活下游的 Akt、Rac/actin 和 PKC 等。红光调控的 PI3K/AKT 通路也利用光遗传学元件 PhyB-PIF6，引入 PIF6 因子与 PI3K 结合蛋白 p85α 的 SH2 结构域，红光下膜招募 SH2 结构域，从而招募 PI3K 激酶，上调 PIP3 水平并激活下游 AKT 通路。

Rho 家族 GTP 酶是调控多条信号转导通路的关键分子开关，能够诱导细胞极化、调控微管动力学、膜运输通路和细胞器发育，其中最主要的功能是调控肌动蛋白细胞骨架的形成

（魏琪瑶等，2019）。三种研究最广泛的 GTP 酶分别是 Rac1、Cdc42 和 RhoA，它们之间的调控关系密切——Cdc42 可激活 Rac1, Rac1 与 RhoA 互相拮抗，这三种酶对细胞骨架动力学调控具有重要影响。光控 Rho GTP 酶系统的激活主要依赖于鸟苷酸交换因子（GEFs）的光响应膜招募过程。通过将光敏蛋白 PhyB 锚定于膜上，并融合表达 PIF 与多种 GEFs（Rac1/Cdc42/Rho），可以构建 Opto-GTPase，在红光调控下产生一定的生物效应，如 Tiam 蛋白（Rac GEF）和交叉蛋白（Cdc42 GEF）的招募促进细胞产生板状和丝状伪足，Tim 蛋白（Rho GEF）的膜招募可诱导细胞体积收缩。利用拟南芥的 FKF1-GI 蛋白建立了蓝光激活二聚化系统（BLAD），可以将小 G 蛋白 Rac1 招募至膜上，诱导光照区域形成板状伪足。在黑暗中，LOV 结构域抑制 Rac1 的活性，蓝光照射下，LOV 结构域吸收光能使 Jα 结构解旋，释放 LOV 蛋白的空间抑制，激活 Rac1。光控系统对细胞的局部区域实施光激活后，能观察到细胞膜的褶皱和突出，且膜的动态变化具有可逆性。这一实验展示了光遗传学技术的高时空分辨率，有助于理解局部信号通路如何影响细胞整体功能。类似地，Dronpa 和 LOVpep-ePDZ 等元件也被用于研究光控 Rho GTPase 活性。

2.2.2 建立精准基因编辑

基因编辑（gene editing）是一种针对基因组中特定目标基因进行定向修饰的技术。通过插入、删除或替换基因片段，可以改变生物体的某一特性或性状（Lan et al., 2022）。高效的基因组编辑是在目标染色体序列中引发 DNA 双链断裂（double strand breakage, DSB），触发 DNA 损伤反应（DNA damage response, DDR），并启动非同源末端连接（nonhomologous end joining, NHEJ）或同源定向修复（homology directed repair, HDR）程序，最终实现基因敲除（gene knock-out）或基因敲入（gene knock-in）。

在基因编辑技术出现之前，自然诱变、物理或化学诱变以及随机插入转基因 DNA 是产生靶细胞突变的主要方法。然而，由于这些方法的随机性，它们难以在特定位点进行精确编辑，效率较低，且常伴有不利后果。迄今为止，基因编辑技术主要包括三类强效核酸酶系统：锌指核酸酶（zinc finger nuclease, ZFN）、转录激活因子样效应物核酸酶（transcription activator-like effector nuclease, TALEN）和 CRISPR-Cas 系统。这些核酸酶能够在基因组的特定位点引发 DSB。

ZFN 和 TALEN 分别是第一代和第二代基因编辑技术的重要组成部分，两代基因编辑技术均使用包含 DNA 识别结合域和 DNA 切割结构域的核酸酶。这些技术中，DNA 结合结构域被专门设计用于靶向由 DNA 切割结构域作用的特定 DNA 序列。然而，第一代和第二代基因编辑技术的广泛应用面临靶标识别率低、成本高、脱靶概率高以及结构复杂等挑战。这些不足促使了第三代基因编辑技术——CRISPR-Cas 系统的发展，该系统源自细菌的适应性免疫系统。

CRISPR 基因编辑依赖于两个关键组成部分：Cas 蛋白和向导 RNA（sgRNA）。Cas9 是一种核酸酶，它与 sgRNA 结合，并通过 sgRNA 中的 20 bp 核苷酸序列靶向指定的基因组位点

（即原间隔相邻基序，PAM 位点）。Cas9 随后在 PAM 位点附近催化产生 DSB，NHEJ 的低保真修复过程会在切割位点形成小的插入 / 缺失（indel），从而在目标位点引入突变。CRISPR-Cas 系统已成为广泛用于基因编辑的强大工具。

为了进一步提高 CRISPR-Cas 系统的精确性，研究者们正在探索对该系统进行时空光调控的可能性。通过为传统的 CRISPR-Cas 系统增加光控“开关”，该系统仅在光照下工作，从而显著降低脱靶效应，并利用光控技术的优势，实现时空特异性的精准基因编辑。

早期的 TALEN 工程尝试促成了光诱导转录效应器（LITE）的开发。LITE 由与 CRY2 偶联的可定制 TALE DNA 结合域（DBD）和 CIB1 融合效应结构域（如 VP64）组成。光依赖性 CRY2-CIB1 异二聚化能够将 VP64 募集到目标基因组位点，进而激活转录。通过用激活剂、抑制剂或组蛋白修饰剂替换效应结构域，LITE 可以对同一内源性基因组位点进行多功能的转录控制和表观遗传修饰。

类似的方法还催生了 Magnet 系统，这是一种光诱导异二聚化模块，用于设计可光活化的 Cas9（paCas9），实现基因组编辑的光遗传学控制（Nihongaki et al., 2015a）。基于 LITE 系统的双组分模块化设计，研究者通过将催化失活的 Cas9（dCas9）替换为 TALE DBD，并使用优化的 CRY2-CIB1 模块，开发了两种基于光诱导的 dCas9 转录激活剂——CRISPR-Cas9 光活化转录系统（CPTS）和光激活 CRISPR-Cas9 效应器（LACE）。CPTS 和 LACE 都能够可逆地激活内源基因表达。后续的研究进一步改进了这些系统，开发出 CPTS2.0 和 Split-CPTS2.0。CPTS2.0 展示了更快的光诱导基因激活和衰减动力学，而 Split-CPTS2.0 在 mRNA 诱导水平方面具有更高的效率（相较于 CPTS 提高了 22 倍，较 LACE 提高了 9 倍，较 Split-CPTS2.0 提高了 1200 倍）。

为了进一步将光激活波长红移至 600 ～ 800 nm，研究者们开发了一种基于 PhyA 的 REDMAP 系统，并将其与基因组工程工具相结合，实现对内源基因和治疗性转基因（如糖尿病啮齿动物模型中的胰岛素基因）的远程控制。此外，BphS 是一种由类球红细菌 *R. sphaeroides* 的 BphG1 蛋白改造而来的细菌光敏色素环二鸟苷酸（c-di-GMP）合成酶，在远红外光（FRL）刺激下将鸟苷三磷酸（GTP）转化为 c-di-GMP。利用 BphS 构建的 FRL 激活的 CRISPR-dCas9 效应器装置在 FRL 刺激下，通过 c-di-GMP 响应性转录共激活因子实现外源基因的表达。当与 Cas9 等工程化 CRISPR-Cas 系统结合时，BphS 被进一步改造，开发出一种拆分 Cas9（split-Cas9, FAST）的系统，其中 BphS-PFRL 盒驱动 Cas9 N 端片段的表达，并与组成型表达的 Cas9 C 端片段互补，从而在小鼠体内实现诱导基因编辑。类似地，将 BphS-PFRL 与 Cas12a 及其催化失活型（dCas12a）结合，开发出 FRL 诱导的 CRISPR-Cas12a（FICA）和 CRISPR-dCas12a（FIdCA）装置，分别用于基因组精确编辑和内源基因激活。

与光诱导的二聚化相对，光解离的二聚化系统 pdDronpa1 也被用于设计单链光激活的 Cas9 或 dCas9（ps-Cas9/ps-dCas9）蛋白。在黑暗中，pdDronpa1 二聚体阻碍 ps-Cas9 与 DNA 的结合，而在蓝光（500 nm）刺激下，ps-Cas9 从封闭的笼状构象转变为开放的线性构象，从而暴露出 DNA 结合位点。当 ps-dCas9 与 VPR（一种以转录激活蛋白 VP64 为起始支架，进一步融合转录激活蛋白 p65 和 Rta 构成的复合激活元件）融合时，在低强度光刺激

（100 ~ 1000 μW/cm²）下能够实现 58 倍的转录激活。该策略已应用于化脓性链球菌（SpCas9）和金黄色葡萄球菌（SaCas9）来源的光工程 Cas9 蛋白。所得的 VPR-ps-dSpCas9 和 ps-SaCas9 可以导入同一个细胞中，用于正交控制一个基因的转录，并同时编辑另一个基因。

通过使用 AsLOV2 作为模块化光开关来控制来源于单核细胞增生李斯特菌基因编码的 CRISPR-Cas9 抑制剂 AcrIIA4，可以实现单组分设计策略。AcrIIA4 以亚纳摩尔的亲和力结合 Cas9-sgRNA 复合物，从而有效抑制 Cas9-DNA 结合和核酸酶活性。将 AsLOV2 插入 AcrIIA4 的外露环中，构建了一个光激活的 AcrIIA4，命名为 CASANOVA(通过 AcrIIA4 的一个新的光遗传学变异体实现 CRISPR-Cas9 活性转换)。CASANOVA 在黑暗中捕获 Cas9-sgRNA 复合物，并在蓝光照射下释放，从而实现光介导的基因组 / 表观基因组编辑。通过将 AsLOV2 替换为 LOV2 环状突变体（cpLOV2），设计了光激活的抗 Cas9 抑制剂（LiCASINO），实现了光诱导的转录调控和基因组编辑。

2.2.3 改变目标蛋白质活性

蛋白质是细胞内必不可少的生物大分子，具有广泛的生物学功能，包括提供结构支持、调节机制和催化合成转化。在自然界中，蛋白质功能通过多种复杂机制进行精确调节，其中无数效应分子以精确的时空方式相互作用来控制蛋白质的活性。为了更好地了解特定蛋白质的功能及其调节机制，研究人员希望能够外部调节蛋白质活性，以观察其激活或失活所带来的效果。

光作为一种外部控制手段，具有独特优势。它的强度可以通过高时空分辨率精确控制。研究人员开发了一种系统，将自然界中存在的光反应蛋白（如 LOV 结构域和植物光敏色素）与目标蛋白质结合，通过光照射实现蛋白质活性的可逆调节。这些系统的优点在于它们不需要化学修饰。

光遗传学控制蛋白质功能的方法多种多样，通常分为对蛋白质定位、降解、聚集、笼化以及变构功能的控制。目前，研究者已开发出基于植物光感受器的基因编码二聚体，通过光控制蛋白质-蛋白质相互作用。这种光学控制使得在亚细胞层面实现高时空分辨率控制蛋白质相互作用成为可能。

一个经典系统基于拟南芥光敏色素 B 和 PIF6，这两者在红光下结合，在远红外光下分离。当这些二聚体模块与目标蛋白质融合时，靶蛋白的活性就可以通过光照进行控制。尽管该系统提供了快速（亚秒级）刺激和可逆性，但它依赖于只存在于植物和某些光感细菌、真菌及黏菌中的胆素辅助因子。因此，在其他生物中使用该系统具有一定挑战性，因为需要外源添加该辅助因子。

另一种系统使用了拟南芥的 LOV 结构域蛋白 FKF1 及其相互作用伙伴 GIGANTEA。这一系统无需外源发色团，但其光引发的二聚反应动力学较慢，需耗时数十分钟。此外，FKF1 和 GIGANTEA 在光照后数小时内仍保持结合状态，导致相互作用一旦诱导便几乎不可逆。

为了解决这些问题，研究者开发了基于拟南芥CIB1和隐花色素2的新型二聚模块。CIB1是一种基本的螺旋-环-螺旋（bHLH）蛋白，隐花色素2是一种蓝光吸收光传感器，与CIB1在光激发状态下结合。这些模块无需外源发色团，且能够在几分钟内可逆，并在亚秒级时间尺度内触发蛋白质的易位。它们还可以通过双光子显微镜激活，允许在整个生物体内使用。此外，作者还通过酵母双杂交试验，确定了光诱导CRY2-CIB1相互作用的最小结构域。

CRY2结构域以其蓝光触发的均聚体形成而闻名，是光调节蛋白聚集的有效融合模块。因此，它被用于多种反应，如蛋白质的光诱导信号和蛋白质功能的光诱导失活。此外，CRY2/CRY2和CRY2/CIB1的相互作用可以在同一系统内结合，用于蛋白质笼化，从而实现可逆的蛋白质失活。

植物行为的光调节主要通过关键调节因子的蛋白质水解实现，其中泛素-蛋白质连接酶COP1在这一过程中起到核心作用。COP1是多个光感知途径的负调控因子，其活性状态下会靶向多种蛋白质，通过泛素-蛋白酶体系统进行降解。

LOV2结构域因其广泛应用于光控蛋白质活性调节和蛋白质-蛋白质相互作用调节而备受关注。该结构域由黄素单核苷酸结合核心和羧基端Jα螺旋组成。在蓝光照射下，核心区域的半胱氨酸与激发态黄素单核苷酸（FMN）形成共价加合物，引发核心构象变化，随后Jα螺旋解离和展开。通过这一构象变化，揭示了被称为降解决定子（degron）的降解诱导序列，从而实现光控蛋白质的稳定。

与这一机制相兼容的脱羧酶之一是小鼠鸟氨酸脱羧酶（ODC）。如果ODC的degron附着在蛋白质的羧基端，则会诱导不依赖泛素的蛋白酶体降解。研究人员通过将植物光敏蛋白中的LOV结构域融合到目标蛋白质上，实现了蛋白质功能的可逆光化学切换。当LOV结构域与FMN辅因子结合，并暴露在蓝光（约450～470 nm）下时，辅因子会触发蛋白质构象变化。构象变化发生在LOV结构域附近的Jα螺旋域的展开过程中，进而将信号传递给附着的效应蛋白。蓝光停止照射后，蛋白质恢复到非活性构象。

将LOV结构域与效应蛋白融合，可以实现对组氨酸激酶、GTP酶和二氢叶酸还原酶的光调节。LovTAP（LOV-色氨酸激活蛋白）系统是一个成功的例子，该系统通过将LOV结构域与大肠杆菌色氨酸抑制蛋白融合，在L-色氨酸存在和蓝光照射下产生活性。在LovTAP中，LOV结构域和色氨酸抑制子区域由变构Jα区域分开，其构象决定了抑制子区域是否能与DNA结合。在黑暗中，由于Jα与LOV结构域相关，抑制子区域扭曲，无法与DNA结合。当暴露在蓝光下时，LOV结构域的FMN辅因子诱导蛋白质构象变化，Jα从LOV结构域解离，恢复色氨酸抑制蛋白的活性，并使其能够结合DNA。

将*Rsa* I裂解位点插入质粒的色氨酸操作位点，进行了DNA保护实验。结果表明，在蓝光照射下，LovTAP会与色氨酸操作位点结合，阻止*Rsa* I限制性内切酶的切割。随着LovTAP浓度的增加，被消化的DNA比例下降。然而，在黑暗中，裂解位点未被保护，导致DNA切割增加。LovTAP对色氨酸操作位点的成功保护表明，色氨酸抑制子区域保持了其固有活性，而LOV结构域的光活性特性使该系统能够实现光调节。

2.2.4 调控细胞生理活动

细胞是动态且非平衡的系统，复杂的生物分子相互作用网络（或信号网络）在其中调节着细胞的代谢、运动和分化，协调多细胞结构的组装，并使复杂的生物行为如认知和记忆成为可能。这些网络的维持对于生命系统发挥正常功能至关重要，其调节异常可能导致死亡和疾病。光遗传学提供了一种通过光控制基因编码的细胞成分的能力，从而最终实现对信号通路或生物过程的调控。

目前，已开发出多种光控制的蛋白质定位系统。在典型设置中，光诱导的二聚体模块的一个组分固定在目标位置，另一组分与目标蛋白质融合。当光照射时，这两部分形成二聚体，从而将目标蛋白质聚集到指定位置。例如，在蓝光照射下，CRY2 融合的 cofilin 通过 CRY2/CIB1 异二聚化被募集到含有 CIB1 的 F-actin 上，触发细胞骨架重塑，最终引导细胞运动。

蛋白质还可以通过光依赖的方式在细胞间转运。不同的光遗传系统通过调控核易位控制蛋白质功能。这些系统大多基于目标蛋白质与 AsLOV2 的融合。AsLOV2 能够在蓝光的作用下嵌入或暴露核定位信号（NLS）或核输出信号（NES），从而触发核易位。此外，利用类似设计，将核运输信号替换为过氧化物酶体靶向信号（PTS1），可以实现蛋白质的光诱导导入过氧化物酶体中。

对细胞黏附和迁移的远程、时空和可逆控制在生物技术应用和细胞疗法中具有重要意义。有研究表明，在表面修饰了插入 Arg-Gly-Asp（RGD）配体的光响应蛋白 LOV2 后，可以通过光调控细胞的黏附和迁移。蓝光照射引起 LOV2 结构变化，暴露 RGD 序列，导致蛋白质黏附和迁移增强。当表面回到黑暗环境时，配体会重新“笼住”，细胞从表面分离。通过精确控制光照位置，可以实现细胞的定向迁移。利用光控蛋白质结构控制配体的展示来实现细胞黏附和迁移的可逆和时空控制，为在体外和体内准确定义和调节细胞-材料相互作用提供了广阔前景。

此外，通过光控制细菌分裂的细胞周期可以提高代谢性能。在细胞分裂过程中，C 期负责 DNA 复制，D 期进行细胞分裂。通过蓝光和近红外光分别激活核糖核苷酸还原酶 NrdAB 和分裂蛋白 FtsZA 的表达，可以缩短 C 期和 D 期，增加细胞的比表面积，并将合成的 3-羟基丁酮产量提高到 67.2 g/L，相比野生型提高了 39.19%。而通过激活核糖核苷酸还原酶 NrdA 和分裂蛋白抑制剂 SulA 的表达，可以延长 C 期和 D 期，增加细胞体积，并将合成的聚乳酸-*co*-羟基丁酸的产量提高到 14.31 g/L，相比野生型提高了 137.71%(Ding et al., 2020)。

2.2.5 调节基因转录起始

基因转录是指以 DNA 的一条链为模板，根据碱基互补配对原则合成 RNA 的过程，是基因表达的第一步。在生物体发育过程中，不同细胞中特定基因的表达建立了不同类型的细胞。这一过程需要对基因表达进行复杂调控，且主要发生在基因转录成 RNA 的过程中。因此，理解基因调控机制需要深入研究转录过程。转录由RNA聚合酶催化，该酶促进了RNA的DNA依赖性合成。为了启动转录，RNA聚合酶识别基因起始位置的启动子区域，随后打开DNA双链，开始合成RNA并从启动子脱离。随后的伸长复合物延伸RNA链，直到遇到终止信号，并释放DNA和RNA。

在真核生物中，转录调控是基因表达调控的重要环节。真核生物的基因转录需要多种转录因子和辅助因子，形成复杂的转录装置。在转录起始阶段，通用转录因子帮助RNA聚合酶与启动子结合，在反式作用因子（基因特异性转录因子）的协助下，RNA聚合酶Ⅱ与TFⅡ形成转录起始复合物。

EL222和Vivid（VVD）是来自不同生物的光感受器蛋白，均属于LOV结构域光感受器家族，对蓝光刺激有反应。它们具有相似的光诱导反应，通过暴露相互作用表面进行同源二聚化。由于许多转录因子以二聚体形式起作用，EL222和VVD被广泛用于通过同源二聚化调节基因转录。EL222是一种天然进化的转录因子，包含N端的LOV光感结构域和C端的螺旋-转螺旋（HTH）DNA结合域。在黑暗条件下，EL222的4α-螺旋基序与LOV表面之间的抑制性接触阻止了其与DNA的结合。当暴露于蓝光时，构象发生重排，抑制相互作用解除，允许HTH结构域二聚化并与启动子区域中的特定EL222结合基序结合，从而启动转录。

EL222在基因调控中的应用只需将其结合基序整合到所选的启动子中，利用其天然的转录激活功能。通过调整EL222结合基序在启动子区域中的位置，启动子可以设计为诱导性或抑制性，从而实现与RNA聚合酶结合序列的远离或重叠。由于EL222光遗传系统的简单性和紧凑性，诱导性和抑制性EL222系统甚至可以在单个细胞内同时表达，实现双向基因调控。EL222基因调控系统已被应用于多种工业微生物宿主中，包括大肠杆菌和酵母，其泄漏表达较低。

此外，EL222因其快速的光环动力学和恢复基态后可多次再刺激的能力，能够以剂量依赖方式精细调节基因表达。这一特性在实际工业规模应用中，对于实现对细胞或无细胞系统中生物过程的动态控制至关重要，可以作为研究基因表达随机过程的工具或模型。

在代谢通路光调控方面，研究者改造了EL222光控基因表达系统，并将其应用于酿酒酵母中，通过光照控制代谢酶的表达，优化代谢途径，从而提高目标产物的生产量（图2-4）。在蓝光条件下，OptoEXP启动负责丙酮酸脱羧作用的*PCD1*基因表达，使酿酒酵母进入生长

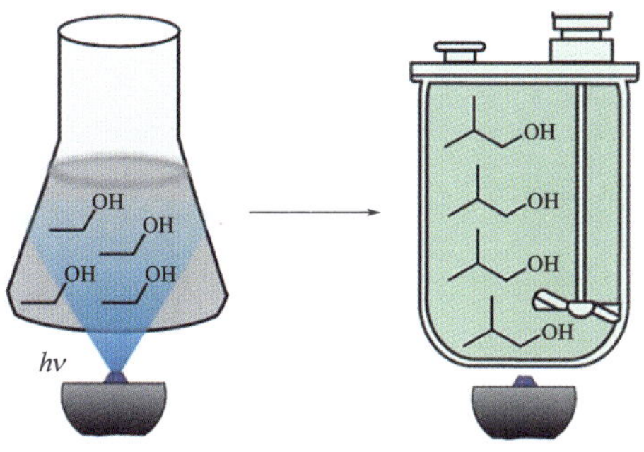

图2-4　光调控细胞生长与异丁醇合成

繁殖阶段，代谢产物为乙醇；在黑暗条件下，OptoINVRT 启动乙酰乳酸合成酶基因 *Ilv2* 表达，使酿酒酵母进入生产阶段，合成大量异丁醇。通过这种方法，酿酒酵母可以生产高达 8.49 g/L 的异丁醇和 2.38 g/L 的 2-甲基-1-丁醇（Zhao et al., 2018）。

研究表明，VVD 在酵母中的应用表现出强大的性能。VVD 的结构包含一个 N 端 α 螺旋帽（Ncap），在暗适应状态下，该螺旋帽与 LOV 结构域的核心相互对接。类似于 EL222，光诱导引发结构重新定向，消除了 LOV 核心的空间位阻，暴露出两个 VVD 之间的 LOV-LOV 二聚化界面。为了使用 VVD，研究者将其与相同的目标蛋白（POI）融合，使其在蓝光照射下能够重新组装为同源二聚体，从而特异性激活蛋白质功能。基于这一原理，构建了一个可实现超过 10000 倍抑制的光调控基因表达系统。此外，VVD 还可用于将非光响应的同源二聚体转化为光响应型，用 VVD 的天然二聚结构域替换其天然结构域，使其响应蓝光。

原核生物基因表达受多种因素调控，而在大多数细菌中，关键的调控步骤是启动子识别和 RNA 聚合酶启动转录。在细菌细胞中，可以通过调节 RNA 聚合酶的活性或改变其对启动子的结合来优化基因转录，以适应环境变化。根据系统结构，目前开发的光控基因表达系统主要分为单组分和双组分系统两大类。其中，双组分系统是最早开发的，主要由光敏组件和基因调节组件组成。

2005 年，Levskaya 等（2005）在大肠杆菌中首次构建了基于 Cph1 光敏蛋白的光控基因表达系统 Cph8。通过外源引入藻青素合成酶 PcyA 和 Ho1 酶，将血红素代谢为藻青素（PCB）作为发色团。在黑暗条件下，Cph8 发生磷酸化，并将磷酸基团转移至 OmpR，启动 OmpC 启动子下游基因的转录和翻译；而在红光条件下，磷酸化被抑制，基因表达终止。类似的光控系统还包括基于 CBC Rs 的 CcaS/CcaR 系统，在 535 nm 绿光下启动下游基因表达，在 672 nm 红光下抑制表达；以及 UirS/UirR 系统，在紫外线下启动基因表达，在 535 nm 绿光下抑制表达。

基于 BphPs 的光控转录系统在近红外光照射下，BphP1 被激活，并通过结合转录抑制因子 PpsR2 激活下游基因的转录。由于该系统不需要磷酸基团的信号转导过程，因此反应速率更快（Ong et al., 2018）。多波长、多机制的光控基因表达系统为不同条件和需求的细菌控制提供了选择。然而，在实际生产中常用的工程细菌通常是非光敏的，自身无法合成发色团，因此需要引入外源酶基因。然而，在细菌改造过程中，可接受的外源基因载体总量有限，酶的引入将减少目的基因的插入空间。

为解决这一问题，Opto-Cre-Vvd 系统（Sheets et al., 2020）在首个应用于原核生物的光控系统 YF1/FixJ 的基础上，进一步优化了这一技术。Cre 是从 P1 噬菌体中分离的酪氨酸重组酶，能够识别 DNA 中的 loxP 位点并进行酶切。通过结构解析，研究者将 Cre 分为两部分（nCre/cCre）并融合至 VVD 蛋白。在蓝光照射下，VVD 发生二聚化，促使 nCre 与 cCre 结合，对特定 DNA 序列进行酶切，从而激活目标基因表达。

2019 年，Tandar 等人利用 CcaS/CcaR 系统，通过控制 *pgi* 基因的表达，调节大肠杆菌中 EMP 和 oxPP 两种糖酵解途径的通量分布（图 2-5）。在绿光和红光照射下，这两条途径的通量比分别为 50∶49 和 0.5∶99。oxPP 代谢途径通量的提高提供了更多的 NADPH，进而提高了大肠杆菌还原性代谢产物（如甲羟戊酸、异丁醇等）的产量（Tandar et al., 2019）。

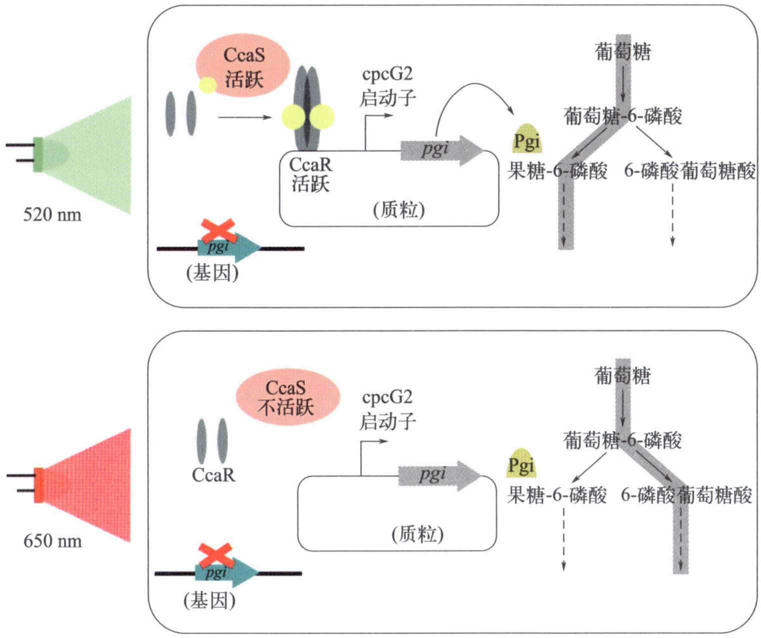

图 2-5　CcaS/CcaR 系统的糖酵解途径光诱导代谢开关设计

2.3 光遗传调控策略及原理

天然光感受器的光感知功能主要归因于其光感觉模块内结合的发色团辅助因子。这些辅助因子在紫外-可见光谱（UV-vis）中吸收特定波长的光子，使光感受器能够响应特定波长的光并发挥生物活性。尽管不同的发色团辅助因子在吸收光子时的光谱特性不同，但所有光感受器的光周期都涉及一系列构象变化，这些变化在光刺激下会导致功能和动力学的改变。一旦发色团辅助因子被光激活，它会启动光感应模块的构象重排，并将信号传递到效应模块，从而引发相关的光依赖功能。目前，已经开发了多种光遗传学系统，并有多种方法可以创建光遗传学工具。本节将概述这些系统的策略和原理。

2.3.1 光控 Cre/loxP

环重组酶（Cre）起源于噬菌体 P1，该系统包含两种组分：loxP 位点和 Cre 重组酶。loxP 位点是一段 34 bp 的 DNA 序列，含有两个 13 bp 的反向重复序列和一个 8 bp 的核心序列，作为重组酶的识别位点。Cre 重组酶是一种由 343 个氨基酸组成的单体蛋白，生物活性稳定，能够在不同组织和生理条件下引发 loxP 位点的 DNA 重组。Cre/loxP 系统无需额外的辅助因子，重组酶的编码基因受响应启动子调控。该系统的多功能性已被应用于特异性靶向定义的 loxP 位点，以在特定时间和地点操纵基因组。近年来，为了实现时空特异性的精准基因重组，研究者们开发了蓝光和远红外光调控的 Cre/loxP 系统。

2010 年，Chandra L. Tucker 领导的研究团队（Kennedy et al., 2010）开发了首个基于隐花色素 CRY2-CIBN 蛋白的蓝光调控分割型 Cre 系统。该系统将 Cre 重组酶分割成 N 端（CreN，第 19 ～ 104 个氨基酸）和 C 端（CreC，第 106 ～ 343 个氨基酸）两部分，并分别与光敏隐花色素 2（CRY2）及其配体蛋白 CIBN 融合，形成 CRY2-CreN 和 CIBN-CreC 两种融合蛋白。只有在蓝光照射下，CRY2 发生构象变化并与 CIBN 蛋白结合，才使 CreN 和 CreC 结合形成完整的 Cre 重组酶，从而执行基因重组功能。然而，该系统的基因重组效率较低。随后，研究团队继续提高 CRY2-CIB 二聚化系统的多功能性和可调性，以适应特定应用。首先，通过截断 CRY2，发现这些截断体显示出更佳的光响应动态范围，并且 CIB1 的截断体最小。随后，研究者通过遗传筛选鉴定出具有改变光环的 CRY2 信号突变体，这些突变体导致 CIB1 结合的半衰期更长或更短。最后，他们在两个验证系统［光活化转录系统和光活化 Cre 重组酶（PA-Cre）］中测试了这些突变。

然而，蓝光的毒性和透皮性问题限制了这些系统在转化研究和临床应用中的使用。因此，研究者们致力于开发更先进的光控 Cre 重组酶系统。2020 年，叶海峰团队基于他们在 2017 年开发的 BphS-BldD 远红外光调控转基因表达系统开发了一个远红外光调控的 Cre/loxP 重组酶系统（命名为 FISC）。FISC 系统包括响应远红外光的光敏蛋白 BphS、响应 c-di-GMP 的 BldD 蛋白，以及来自热纤梭菌的自发相互作用蛋白 Coh2 和 DocS 与 Cre 重组酶。Cre 重组酶被分割成 CreN59（第 1 ～ 59 个氨基酸）和 CreC60（第 60 ～ 343 个氨基酸）两部分，其中 CreN59 与 Coh2 蛋白融合，由组成型启动子表达，CreC60 与 DocS 蛋白融合，则由远红外光诱导表达。在 Coh2 与 DocS 蛋白的自发相互作用下，分割的 Cre 重组酶重新形成有功能的完整 Cre 重组酶，进而诱导基因重组。该系统利用远红外光的低毒性、高度时空特异性和强组织穿透性优势，成功实现了小鼠体内基因的精确改造，并表现出更高的重组效率（Wu et al., 2020）。

近期，有研究团队设计了一种新的红光诱导系统，称为 CreLite，为活体组织中的遗传操作提供精确的空间和时间控制。CreLite 系统由光传感模块和重组酶模块组成（Yen et al., 2020）。光传感模块基于红光诱导的 PhyB 和 PIF6 蛋白结合，在拟南芥中，PhyB 在其辅基存在下与 PIF6 结合，响应红光（约 650 nm）。这些蛋白质充当靶基因的共转录激活剂。重组酶模块中，Cre 被分为 N 端和 C 端区域，分别缺乏 Cre 活性。当这些区域在物理上聚集时，Cre 活性恢复。研究者在斑马鱼中测试了 CreLite 系统的功能。携带多色荧光 Cre 报告基因并注射 CreLite mRNA 和 PCB 的转基因斑马鱼胚胎在红光照射下表现出 Cre 活性，在各种组织中产生多光谱细胞标记。结果表明，CreLite 可在发育过程的不同时间点精确控制全胚胎或特定细胞群的基因表达，为细胞培养、离体器官培养和发育生物学研究提供了新工具。

2.3.2 光控 CRISPR-Cas9

近年来，CRISPR-Cas9 基因编辑技术因其高效、操作简便、成本低廉而备受瞩目。该系统由 Cas9 核酸酶和单链指导 RNA（sgRNA）组成，两者形成复合物后，在 sgRNA 的引导下识别目标 DNA 序列并引发 DNA 双链断裂，随后机体通过非同源末端连接（NHEJ）或同源定向修复（HDR）方式对断裂的 DNA 进行修复。然而，CRISPR-Cas 系统在时间和空间上的可控性非常有限。在各种调控策略中，光调控已被证明是一种理想的非侵入性调控方式，具有高时空精度，能够轻松监测生物活性分子的释放。将光引入 CRISPR-Cas 系统可以有效改善系统中可能存在的脱靶效应和潜在的致癌风险。这种通过光来操纵基因编辑技术的新方法，为基因编辑技术在生命活动调控和疾病治疗中的应用提供了新思路。

目前，大多数研究主要围绕 Cas 蛋白、指导 RNA 以及递送系统的光诱导来实现 CRISPR-Cas 系统的光控。这些研究开发出了一系列精准、时空可控的基因编辑技术平台，将 CRISPR-Cas 系统发展为精确的时间和空间控制工具，展现出低脱靶效应、低毒性和高时空特异性等优势，有望应用于基因功能研究及遗传病、肿瘤等疾病的精准治疗。Cas 蛋白的光学控制通常通过光控蛋白质-蛋白质相互作用的光遗传学工具或掺入光笼化的氨基酸来实现，而指导 RNA 的光学控制则主要通过修饰光笼核苷酸的方式完成。

2015 年，东京大学的 Moritoshi Sato 研究团队（Nihongaki et al., 2015b）开发了一种蓝光调控的分割型 CRISPR-Cas9 系统（称为 pa-Cas9）。该系统将 Cas9 蛋白分为 N 端（NCas9，第 2 ～ 713 个氨基酸）和 C 端（CCas9，第 714 ～ 1368 个氨基酸）两部分，并分别与蓝光响应的二聚化蛋白 pMag 和 nMag 融合。在蓝光照射下，pMag 和 nMag 结合，从而实现高度时空特异性的基因编辑。

2016 年，Sangeeta N. Bhatia 研究团队（Jain et al.,2016）开发了一个紫外光调控的 CRISPR-Cas9 系统。该系统设计了一种寡核苷酸链，在非激活状态下与 sgRNA 的种子序列互补结合，阻止其与目标 DNA 结合。紫外光照射时，该寡核苷酸链被切割，释放出 sgRNA 的种子序列，从而引导 Cas9 对目标 DNA 进行切割。

2021 年，另一研究团队（He et al., 2021）构建了蓝光控制的 CRISPR Cas9 抑制系统（LiCASINO）。该系统将 Cas9 抑制蛋白 AcrIIA4 融合到 cpLOV2 的 N 端。在黑暗状态下，cpLOV2 阻碍 AcrIIA4 的功能；在蓝光照射下，AcrIIA4 暴露，从而抑制 Cas9 的切割功能。

然而，蓝光和紫外光因波长较短，透皮性差，难以在体内有效应用。为解决这一问题，研究者们开发了具有深层组织穿透性的近红外光和远红外光调控的 CRISPR-Cas9 系统。有研究团队（Chen et al., 2020）开发了一个近红外光（980 nm）调控系统。该系统借助 UCNPs 将近红外光转换为紫外光，从而释放 Cas9 和 sgRNA 复合物，执行基因编辑功能。

2020 年 2 月，平渊研究团队（Chen et al.,2020）开发了一个基于第二近红外窗口光（NIR-Ⅱ，1064 nm）的基因编辑系统。该系统包含阳离子包被的金纳米颗粒（APC）和热诱导启动的 Cas9 质粒。APC 通过静电作用与 Cas9 质粒形成复合物，并被高效递送至细胞内。1064 nm 激光照射产生的热量激活热诱导 Cas9 表达，从而实现基因编辑。

尽管纳米材料在一定程度上解决了光的组织透性问题，其光转化效率和潜在生物毒性仍限制了进一步应用。为此，2020 年，叶海峰团队（Yu et al.,2020）开发了一种远红外光调控的分割型 Cas9 基因编辑系统（称为 FAST）。该系统原理类似于 FISC 系统，将 Cas9 的 N 端

（第 2 ～ 713 个氨基酸）与 Coh2 蛋白融合，C 端（第 714 ～ 1368 个氨基酸）与 DocS 蛋白融合。NCas9-Coh2 融合蛋白由远红外光诱导表达，而 DocS-CCas9 融合蛋白由 CMV 启动子启动表达。仅在远红外光照射下，Cas9 核酸酶形成完整结构，发挥基因编辑功能。该系统不需要纳米材料，仅通过低强度的远红外光 LED 灯照射即可激活，具有远程控制、无痕操作、安全性高和时空特异性强等优点，适用于体内应用。

2.3.3 光控 CRISPRi

全基因组范围内的靶向基因调控是一种强有力的策略，可用于扰动和工程化细胞系统。为了将 CRISPR-Cas9 技术应用于基因调控而非基因编辑，研究人员开发了 CRISPR 干扰（CRISPRi）系统。该系统使用了一种无催化活性的 Cas9 蛋白，能够作为 RNA 引导的转录调控平台。当与 sgRNA 共表达时，突变体 Cas9 形成 DNA 识别复合物，特异性地干扰转录延伸、RNA 聚合酶结合或转录因子结合，从而在不改变目标序列的情况下调控基因转录。

最初，CRISPRi 系统在大肠杆菌中进行了测试。研究人员构建了一个 RNA 引导的 DNA 识别平台，通过表达失活的 Cas9 蛋白和设计有 20 个碱基对互补区域的 sgRNA，成功抑制了大肠杆菌中靶基因的表达，并且没有产生脱靶效应。CRISPRi 通过阻断转录实现基因沉默，抑制效率高达 1000 倍。CRISPRi 还可以同时抑制多个靶基因，包括敲低哺乳动物细胞中的基因表达，且这种抑制是可逆的。

2015 年，有研究报告显示，dCas9 介导的蓝光响应系统被用于靶向内源基因组位点并调控其转录。在这种系统中，融合了 CIB1 的 dCas9 在 sgRNA 引导下靶向特定基因组位点，而融合了转录激活子的 CRY2 在蓝光照射下与 CIB1 结合，从而实现目标基因的转录调控。

在生物过程中，乙酸是常见的副产物。研究人员利用 CRISPRi 系统通过 RGB 光控系统调节大肠杆菌中乙酸合成的通量。他们设计了靶向 3 个乙酸生成相关基因（*pta*、*ackA* 和 *poxB*）的 sgRNA，并将其置于红光、绿光和蓝光激活的启动子下。催化失活的 dCas9 则以低水平组成型表达。通过单独或组合使用不同颜色的光，可以在不影响生物量积累的情况下，显著降低乙酸的产量（Fernandez-Rodriguez et al., 2017）。

此外，袁吉峰课题组选择了基于 Cas12a 核酸酶的 V-A 型 CRISPR 系统。该系统更紧凑，具有比 Cas9 更高的遗传稳定性。通过使用催化失活的 Cas12a（dCas12a）和光敏蛋白 EL222，在蓝光照射下调控黏康酸生物合成途径中的基因，从而提高微生物的生产力。研究人员构建了多个 crRNA 阵列，第一个 CRISPRi 模块靶向糖酵解途径中的 *pykA*、*pykF* 和 *ppC* 基因，以减少进入三羧酸循环（TCA 循环）的代谢通量。第二个模块靶向芳香族氨基酸合成途径中的 *aroE* 和 *ydiB* 基因。第三个设计结合了上述两个模块，同时调节中心代谢和竞争性代谢途径。

在蓝光照射下，CRISPRi 系统关闭，允许细胞生长；在黑暗中，CRISPRi 系统抑制靶基因，使碳代谢通量主要重定向至黏康酸合成。通过调节蓝光频率，研究人员能够在细胞生长和黏康酸合成之间重新分配代谢通量。这个名为 Opto-CRISPRi 的光遗传系统提供了 CRISPRi 活性的动态调节，从而使黏康酸的产量提高了 130%(Wu et al., 2021)。

2.3.4 光控 Opto-T7RNAP

RNA 聚合酶（RNAP）的浓度会随生长阶段、营养条件和其他外部因素的变化而波动，每个细胞中的含量从 1800 到 10200 个分子不等。由于核糖体浓度的变化，这种波动会导致基因表达水平的不稳定，从而降低组成型启动子的性能。这对那些在表达水平上需要精确平衡的系统构成了挑战，特别是在培养基和生长条件发生变化时，如工业放大过程中。

为了将目的基因的表达与细胞内 RNAP 浓度解耦，研究人员通常使用源自 T7 噬菌体的异源 T7 DNA 依赖的 RNA 聚合酶（T7RNAP）来过表达蛋白质。T7RNAP 对 T7 启动子具有高度选择性，并且不转录内源性大肠杆菌 DNA。由于 T7RNAP 驱动的转录过程独立于大肠杆菌的天然 RNAP，它可以在不干扰天然转录机制的情况下，实现 T7 启动子驱动基因的专属表达。

有研究表明，T7RNAP 可以通过裂解并二聚化来增强和控制其功能。基于 T7RNAP 的结构信息，研究人员将聚合酶拆分为两个片段，并将其融合到可光激活的二聚化结构域中，使 T7RNAP 能够在光照下被激活。他们使用来自丝状真菌粗糙脉孢菌的小型同源二聚光受体 Vivid（VVD），构建了一个基于信号响应的 T7RNAP 基因开关。T7RNAP 在多个位置被分成 N 端和 C 端片段，并与 VVD 结构域融合，生成两个融合蛋白，分别在光照和黑暗条件下共同转录绿色荧光蛋白（GFP）基因。实验表明，T7RNAP 对这种工程具有高度可塑性，不同位置的分裂导致了显著的转录活性差异。多个位置展示了优异的亮 / 暗切换性能。

为了进一步优化系统，研究人员对多个突变体进行了探究，以研究光传感与聚合酶活性恢复之间的耦合机制。他们发现，在特定位置，分裂的聚合酶可以通过光诱导的蛋白质-蛋白质相互作用或光诱导的变构效应来稳定调控。为了测试分裂的 T7RNAP 片段与额外调节结构域的结合是否具有模块化特性，研究人员将 VVD 结构域替换为化学诱导相互作用的蛋白质结构域，并研究了所得系统对相应化学信号的响应。

为拓展 T7RNAP 光诱导的应用，研究人员改造了 VVD 结构域，使其由 nMag 和 pMag 异源二聚化蛋白结构域组成，这些结构域在光照下特异性结合，从而实现了光调控。基于这一原理，他们在大肠杆菌中开发并测试了一种独立于细胞调节的光诱导转录系统（Opto-T7RNAPs）(Baumschlager et al., 2017)。该系统的特点包括在黑暗状态下低泄漏的基因表达、在蓝光诱导时高表达强度，以及超过 300 倍的诱导范围。此外，研究人员还通过构建突变体优化了系统，以减少表达变异性，并确保在蓝光关闭后几分钟内恢复到非活动状态。该系统可以实现对基因表达的精确动态控制。Opto-T7RNAPs 拓展了使用光作为基因表达诱导剂的适用性，允许对合成和天然基因网络进行更可靠的动态控制。

2.3.5 光控 OptoLAC

大肠杆菌作为模式生物的悠久历史，使其成为代谢工程和重组蛋白生产的首选宿主。丰富的遗传工具以及对其生理、遗传和代谢的深入了解，使大肠杆菌成为代谢工程的理想生物。然而，大肠杆菌的代谢工程仍面临重大挑战，特别是在工程途径引发细胞毒性、代谢负担或与细胞生长竞争时，这些问题会导致生产力下降。通过在生长阶段抑制工程途径集中生物质积累，而在生产阶段诱导工程途径用于产品生物合成，动态控制发酵过程是解决这一问题的方法之一。

大肠杆菌中最常用的诱导系统是基于 lac 操纵子的系统。在没有乳糖的情况下，LacI 阻遏因子与 lac 操纵子（LacO）位点结合并抑制相关基因的表达。异乳糖与 LacI 结合，使其从 lacO 位点解离，允许基因转录。几十年来，该系统已用于大肠杆菌基因表达的动态控制，通过在多个启动子中使用 lacO 位点来募集 LacI，并以非代谢性异乳糖模拟物异丙基硫代-β-D-半乳糖苷（IPTG）作为诱导剂。然而，使用 IPTG 作为诱导剂时，发酵体系可能变得难以控制，因为不同的诱导时间、速率和水平会显著影响途径的生产率。然而，这些特性也为利用光遗传学回路控制大肠杆菌中的基因表达提供了机会。

通过将光遗传学与经典的 IPTG、阿拉伯糖或 T7 调节系统相结合，研究人员在大肠杆菌中实现了光遗传调控。Lalwani 等人将 LacI 置于 pDawn 系统的控制之下，使蓝光诱导 LacI 表达，从而抑制目标基因。相反，在无光条件下，LacI 的表达受到抑制，激活了 IPTG 诱导的启动子。该系统经过优化，以减少泄漏。尽管表达动力学比 IPTG 诱导系统慢（2 h 延迟），但最终诱导水平更高，产量超过了 IPTG 诱导系统。因此，pDawn 系统成为 IPTG 诱导的成功替代方案，并已在生物生产中应用，规模可放大至 2 L(Lalwani et al., 2021)。

pDawn 系统中的光受体信号级联系统与 lac 操纵子具有高度兼容性。pDawn 系统源自大豆根瘤菌的蓝光响应型组氨酸激酶 YF1 及其同源反应调节因子 FixJ。在黑暗条件下，YF1 磷酸化 FixJ，激活 PFixK2 启动子表达 λ 噬菌体阻遏子 cI，阻止 PR 启动子的转录并控制目标基因的表达。相反，在蓝光照射下，YF1 磷酸酶活性被诱导，停止 FixJ 的磷酸化，进而阻止 cI 的表达，从而解除对 PR 启动子控制基因的抑制。

在 pDawn 系统基础上，研究人员开发了 OptoLAC 光遗传控制系统（Lalwani et al., 2021）。该系统通过将光遗传学电路设计应用于原本由 IPTG 诱导的启动子，实现了对 lac 操纵子的光遗传控制，其中 *lacI* 基因的表达由 pDawn 系统的 PR 启动子控制。研究表明，OptoLAC 电路可以在实验室规模的生物反应器中，用光代替 IPTG 来控制代谢途径，提高甲羟戊酸和异丁醇的产量。此外，OptoLAC 电路在大肠杆菌中也可用于控制重组蛋白的光合成。OptoLAC 电路不仅为大肠杆菌中的代谢工程和蛋白质生产打开了利用光控制的可能性，还可能应用于目前使用 IPTG 的其他生物技术领域。

2.4 光遗传调控线路目前存在的技术问题与解决思路

天然光感受器的多样性和模块化特性使得可以通过光精确调控多种生物过程。然而，微生物光遗传学目前主要应用于小规模研究，并且多集中在两种最常用的模式生物：大肠杆菌和酵母。这些物种仅占自然界微生物多样性的一小部分。实际上，许多其他微生物在极端环境中进化出独特的表型和特性，这些特性有可能通过合成生物学手段用于解决现实世界中的问题，如食品、健康、能源和环境领域的问题。因此，开发精确而有效的工具至关重要。

尽管像链霉菌这样的非模式微生物是天然产物的重要来源，并因作为细胞工厂受到广泛关注，但由于缺乏全面的生理学信息和合成生物学工具，其应用受到限制。在此背景下，光遗传学展现出巨大的潜力，因为其可调控性允许研究生物网络的复杂性并操控其生物功能，应用于合成生物学。然而，光遗传调控技术的广泛应用仍面临多个挑战。

2.4.1 光响应元件与宿主的兼容性

不同光响应元件的来源导致感光蛋白在不同宿主中的异源表达难度较大。此外，这些光感受器蛋白在目标宿主中的生物环境中可能不兼容，影响其操作性能。因此，需要对光感受器或光遗传学回路进行工程化改造，以确保其控制的可行性和有效性。这要求对光感受器激活及其信号转导机制有深入理解。

尽管光遗传系统已被成功应用于多个领域，但感光蛋白结构变化如何精确诱导生物功能的机制仍不完全明了。随着未来更多研究和计算工具的应用，获取这些结构和机制的更详细信息将有助于合理设计出在不同宿主中表现优异的变体。未来，如果能够开发出一套对应不同光波长且在广泛宿主中兼容的通用光遗传系统，将极大地推动其应用。

2.4.2 光穿透性和光毒性问题

在大规模应用中，光遗传学还面临两个主要问题：光在培养介质中的穿透性和光对细胞的毒性。尽管实验室规模的光控发酵已经取得成功，但高密度微生物培养物的光遮挡效应仍会阻碍光的有效传递，使生物过程难以完全激活。大型生物反应器的低表面积体积比使得光穿透问题更加突出。

尽管在小规模反应器中可以通过添加光板或内部照明解决这些问题，但更大规模的生物反应器需要进一步建模、重新设计或调整。藻类光生物反应器或光化学反应器的设计可能提供一些参考。

此外，长时间光照可能导致微生物细胞的光毒性和过热，特别是短波长的高能光（如紫外线和蓝光），对真核细胞和许多细菌物种具有破坏性影响。为应对这些挑战，研究人员可以采用低占空比的光刺激策略，从而减少光毒性并提高能量效率。这需要高敏感性、快速响应的光感受器来处理短脉冲光，并确定成功感应所需的最低光剂量。光生物反应器设计和内部照明系统也可能需要通过建模优化，以解决光分布问题（Chia et al., 2022）。

2.4.3 系统泄漏表达和响应速度慢问题

另一个限制光遗传学广泛应用的因素是高背景活性，即系统的泄漏表达问题。在培养和处理过程中，环境光可能部分激活光遗传学系统，导致不必要的基因表达。即使是低水平的实验室光线也可能对敏感系统造成残留激活。

尽管有些系统如 iLID 和 VVD 在环境光下的激活程度较低，但其他系统如 LOVTRAP 表现出较高的背景激活率。设计动态范围大且背景活性低的光感受器是确保其在体内稳健应用的关键挑战。

例如，杨弋课题组开发的 LightOff 系统通过使用单组分光敏转录因子实现了低泄漏、高诱导倍数的光控基因表达。然而，该系统仍然面临光抑制基因表达的不便之处，例如无法在细菌培养或发酵过程中实时监测生长状态。虽然可以通过引入转换“开关”将系统从光抑制转变为光激活，但转变后的系统响应速度较慢，表达量偏低。

此外，为实现多维生物网络的动态调节，亟需开发响应不同波长光的多路复用平台。这涉及复杂的电路设计，需要在同一细胞中集成多组光遗传系统，并避免光感受器之间的交叉相互作用。然而，由于代谢负担和系统容量的限制，这种异源表达在目标宿主中可能不可行。

目前的研究主要集中在利用天然光感受器的基本架构和功能，进行有限的工程化改造。随着酶定向进化、从头蛋白质设计、人工智能及蛋白质结构预测技术的进步，未来有望开发出具有不同波长特异性或新功能模式的光感受器，从而丰富光遗传学工具箱，推动微生物合成生物学的发展，助力实现更可持续的目标。

2.5
应用案例：光遗传调控细胞形态用于化学品的生产

微生物细胞工厂提供了一种经济高效且环保的方式，利用可再生原料生产高价值的工业化学品，包括生物燃料、精细化学品和药品。为了最大限度地提高这些微生物细胞工厂的效率，研究人员开发了多种策略，涵盖传统的诱变育种、合成生物学和代谢工程。这些策略涉及在 DNA、RNA、蛋白质和细胞层次上进行调控，以优化微生物细胞工厂的生产能力。其中，细胞形态调控影响细胞密度、溶解氧传质、细胞尺寸和细胞裂解，是提高微生物工厂效率的重要因素。

细胞形态通常受到培养条件、营养成分、细胞分裂和代谢活动的影响。以往的研究可分为以下三类：①营养调控，通过改变碳源、氮源和金属离子等必需成分的比例来调节细胞生长和生物量；②机械调节，微颗粒培养和发酵罐压力会改变培养基的流体力学特性，进而改变营养吸收和溶解氧传质；③骨架蛋白调控，通过干扰细胞膜合成，骨架蛋白能够改变细胞宽度和裂解情况。

另一方面，细菌通过在细胞周期中协调各种事件来控制其形态。细胞分裂的 C 期和 D 期是关键：C 期涉及 DNA 复制的始终，D 期则是细胞的实际分裂过程。干扰大肠杆菌的

dNTP 合成或分裂体组装，能够显著影响细胞生长或体积，从而改善工业化学品的生产效率。研究表明，过表达分裂相关蛋白或核糖核苷酸还原酶能够缩短 C 期和 D 期，而弱表达核糖核苷酸还原酶或过表达分裂抑制蛋白则会延长这些阶段。

光遗传学提供了一种调控细胞分裂的有效策略，用于提升工业化学品的生产水平。例如，蓝光光遗传学已被用于调控酿酒酵母中异丁醇的生产，以及调控酿酒酵母中脱氧紫色杆菌素的生物合成。这些研究表明，基于光遗传学的细胞分裂调控策略在提高化学品生产效率方面具有广阔前景。

本章节将通过光遗传学调控细胞形态的实际案例，展示这一技术在化学品生产中的应用。

2.5.1 筛选细胞分裂基因

参与细胞分裂 C 期和 D 期的 14 个基因被分为两组。第一组包括 9 个需要过表达的基因（*nrdAB*、*nrdA*、*nrdB*、*nrdD*、*ftsZA*、*ftsZ*、*ftsA*、*ftsQ* 和 *ftsN*），这些基因可以刺激 dNTP 合成和大肠杆菌分裂体组装。第二组基因包括弱表达的 *nrdAB*、*nrdA*、*nrdB* 和 *nrdD* 以及过表达的 *sulA*、*minC*、*minD*、*minE* 和 *ftsH*，这些基因可以扰乱 dNTP 合成和 Z 环组装，从而参与延长细胞分裂期。结果证明，在大肠杆菌 JM109 中 *nrdAB*、*nrdA*、*nrdB*、*nrdD*、*ftsZA*、*ftsZ*、*ftsA*、*ftsQ* 和 *ftsN* 的单独过表达缩短了细胞分裂期，其中细胞分裂期缩短，平均细胞长度（MCL）、平均表面积和平均细胞体积（MCV）减少，比表面积（SSA）、菌落形成单位（CFU）、菌株生物量（OD_{600}）、干细胞质量（DCW）增加。此外，平均细胞宽度（MCW）没有改变。然而，当 *nrdAB*（或 *ftsZA*）过度表达时，观察到细胞形态的明显差异。与对照菌株相比，过表达 *nrdAB*（或 *ftsZA*）的工程菌株的细胞分裂周期、平均表面积、MCV 分别降低了 39.73%（或 43.75%）、31.66%（或 41.53%）和 40.35%（或 52.94%）。此外，SSA、CFU、OD_{600}、DCW 分别增加了 14.69%（或 24.25%）、15.73%（或 25.84%）、38.98%（或 37.29%）和 38.98%（或 37.29%）。这些结果表明，过表达 *nrdAB* 和 *ftsZA* 可以分别有效地缩短细胞分裂的 C 期和 D 期（图 2-6）。

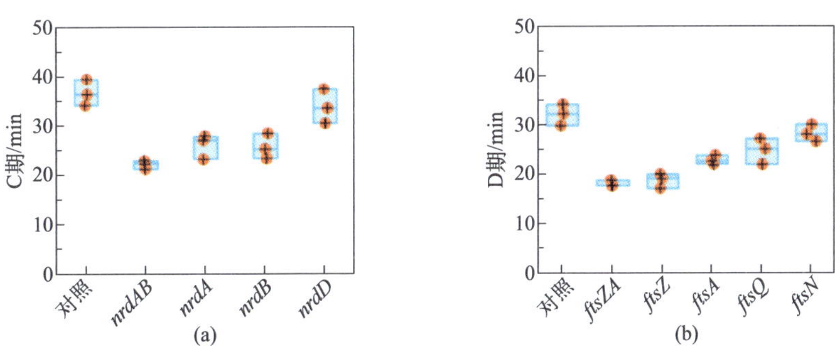

图 2-6

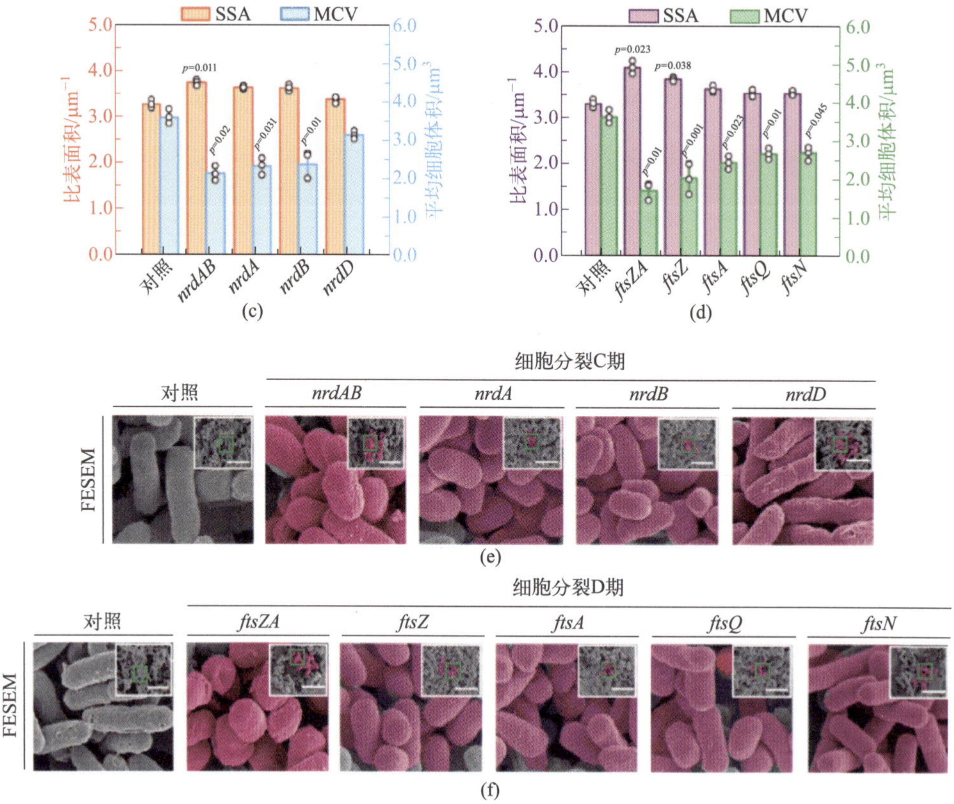

图 2-6　过表达细胞分裂 C 期和 D 期基因来缩短细胞分裂

图（a）和图（b）通过分别缩短细胞分裂的 C 期和 D 期来比较其对细胞分裂的影响；图（c）和图（d）通过分别缩短细胞分裂的 C 期和 D 期来比较细胞比表面积（SSA）和平均细胞体积（MCV）的变化；图（e）和图（f）通过场发射扫描电子显微镜（FESEM）确认了具有缩短细胞分裂期基因工程菌株的形态变异，原始图片被缩小到放大图片的右上角。对于图（e）和图（f），比例尺为 5 μm

在相应的大肠杆菌 JM109 突变株中，*nrdAB*、*nrdA*、*nrdB* 和 *nrdD* 的单独弱表达以及大肠杆菌 JM109 中 *sulA*、*minC*、*minD*、*minE* 和 *ftsH* 的独立过表达可以延长细胞分裂期（图 2-7）。结果表明，细胞分裂周期、MCL、平均表面积和 MCV 增加；而 SSA、CFU、OD_{600}、DCW 减少。此外，这些基因的表达变化没有改变 MCW。在这些菌株中，*nrdA* 的弱表达和 *sulA* 的过表达在细胞形态上表现出明显的差异。与对照菌株相比，*nrdA* 表达弱化（或 *sulA* 过表达）的工程菌株的细胞分裂周期、平均表面积、MCV 分别增加了 124.6%（或 271.8%）、281.21%（或 776.87%）和 384.57%（或 960.62%）。此外，SSA、CFU、OD_{600}、DCW 分别下降 21.41%（或 17.74%）、11.55%（或 31.05%）、4.65%（或 5.81%）和 4.65%（或 5.81%）。这些结果表明，*nrdA* 的弱表达和 *sulA* 的过表达可以分别有效地延长细胞分裂的 C 期和 D 期。

最后，研究了 *nrdAB* 和 *ftsZA* 过表达对缩短细胞分裂的影响，以及弱化 *nrdA* 表达和 *sulA* 过表达对延长细胞分裂的影响。结果表明，*nrdAB* 和 *ftsZA* 的同时过表达使 SSA 增加到

4.12 μm^{-1}，*nrdA* 的弱表达和 *sulA* 的过表达使 MCV 增加到 56.2 μm^{3}。然而，*nrdAB* + *ftsZAQ* 和 *nrdAB* + *ftsZAQN* 的共表达并没有缩短 C 和 D 期或增加 SSA、CFU 和 OD_{600}。因此，选择 *nrdAB* + *ftsZA* 和 *nrdA* + *sulA* 来分别缩短或延长细胞分裂的 C 期和 D 期。

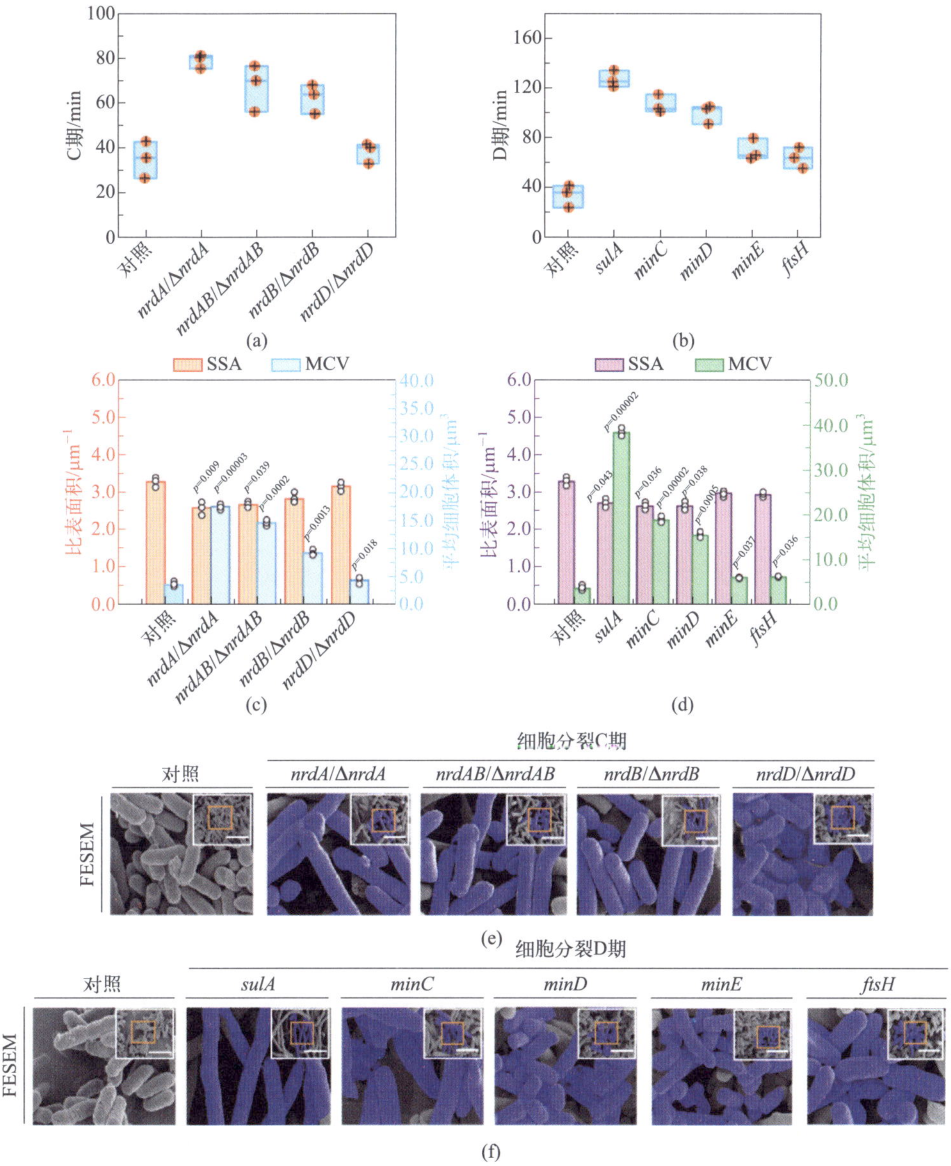

图 2-7　弱表达细胞分裂 C 期和 D 期的基因延长细胞分裂

图（a）和图（b）：分别通过延长细胞分裂的 C 期和 D 期来比较其对细胞分裂的影响；图（c）和图（d）：分别通过延长细胞分裂的 C 期和 D 期来比较细胞比表面积（SSA）和平均细胞体积（MCV）的变化；图（e）和图（f）：通过场发射扫描电子显微镜（FESEM）确认了具有延长细胞分裂期基因工程菌株的形态变异，原始图片被缩小到放大图片的右上角。对于图（e）和图（f），比例尺为 5 μm

2.5.2 构建控制细胞分裂的光遗传调控工具

为了实现大肠杆菌 SSA 和 MCV 的空间、时间和可逆控制，设计并构建了三种基于光遗传学的基本细胞分裂调控工具，即蓝光激活工具（BLAT）、蓝光抑制工具（BLRT）和近红外光激活工具（NRAT）。

将蓝光激活工具（BLAT）和近红外光激活工具（NRAT）组装形成了蓝光激活和近红外光激活系统（BANA）。前人的研究表明 EL222 光敏蛋白的激活与 LuxR 的 DNA 结合蛋白功能相似（Jayaraman et al., 2016; Jayaraman et al., 2018）。因此，本研究设计了一种基于 EL222 光敏蛋白的蓝光激活工具（图 2-8）：其中蓝光光遗传学单元（BOU）表达光敏蛋白 EL222；激活报告单元（ARU）将 EL222 结合区域放置于 P_{lux} 启动子的 −35 区域前面来构建一个修饰的 P_{lux} 启动子。组合这两个单元，构建了蓝光激活工具（BLAT）。因此，EL222 光敏蛋白可以在蓝光照射后与蓝光诱导启动子上的光敏蛋白结合位点结合，进而招募 RNA 聚合酶结合到修饰的 P_{lux} 启动子，诱导 mKate 基因的表达。

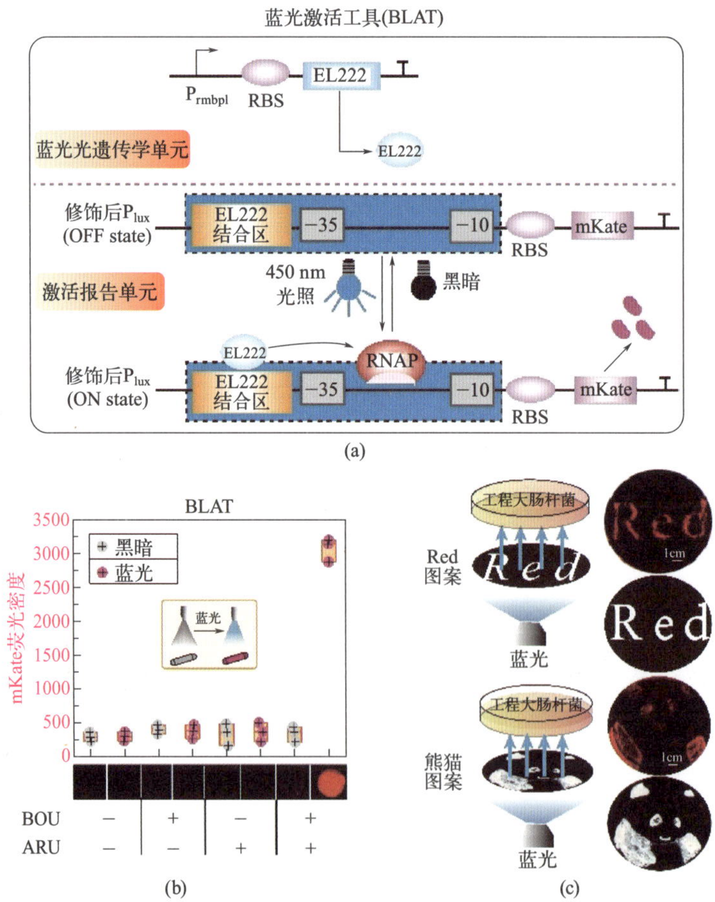

图 2-8　蓝光激活工具的结构、验证和表征

蓝光抑制工具（BLRT）：其中蓝光光遗传学单元（BOU）表达光敏蛋白 EL222；抑制报告单元（RRU）通过 EL222 光敏蛋白结合区域替换 J23119 启动子 −35 区和 −10 区的序列，抑制 RNA 聚合酶的结合（Jayaraman et al., 2016）。因此，在蓝光光照的条件下，光敏蛋白 EL222 结合到 EL222 光敏蛋白结合区域阻碍了 RNA 聚合酶结合到 J23119 启动子，进而抑制了 GFP 蛋白的表达（图 2-9）。

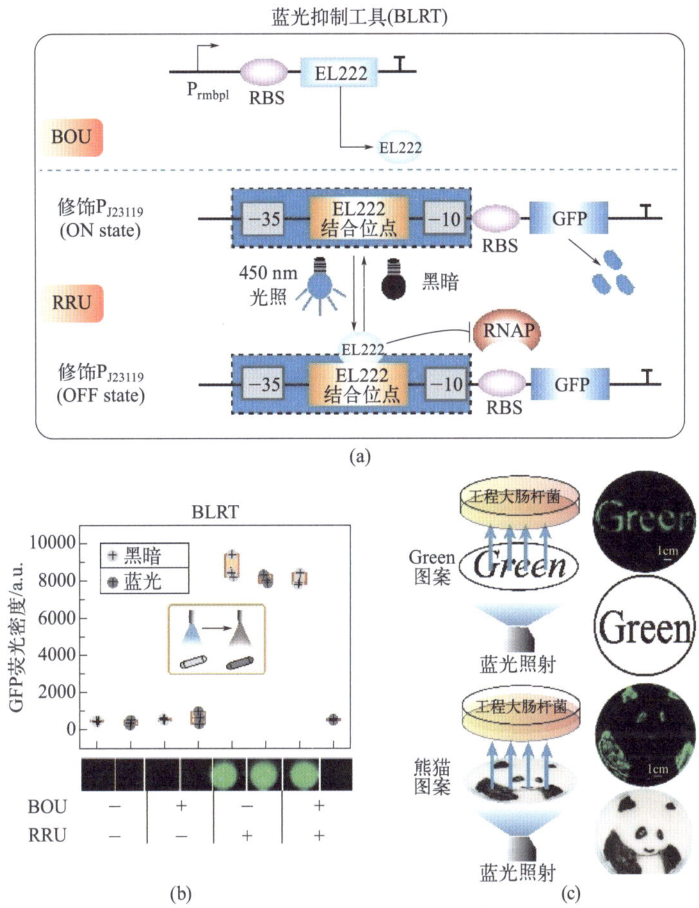

图 2-9　蓝光抑制工具的结构、验证和表征

近红外光激活工具（NRAT）由两个单元组成：组成型表达 *bphS*、*bphO*、*yhjH* 和 *mrkH* 基因的近红外光单元（NLU）和由 P_{mrkA} 启动子组成的近红外激活单元（NAU）（Mukherjee, 2018; Ryu et al., 2014）。因此，利用 BphS 和 BphO 蛋白在近红外光的光照条件下将 GTP 转化为 c-di-GMP，通过 YhjH 蛋白降解 c-di-GMP，mrkH 蛋白结合 c-di-GMP 激活 mrkH 依赖的 P_{mrkA} 启动子促进 BFP 蛋白的表达（图 2-10）。

对 BLAT、BLRT 和 NRAT 的性能进行了评估。分别在 0.8 W/cm^2 蓝光和 0.8 W/cm^2 近红外（NIR）光的照射下，mKate（BLAT）和 BFP（NRAT）的荧光密度分别提高了 9.3 倍和 10.5 倍。但在 0.8 W/cm^2 蓝光照明下，与黑暗条件相比，GFP（BLRT）的荧光密度降低为原

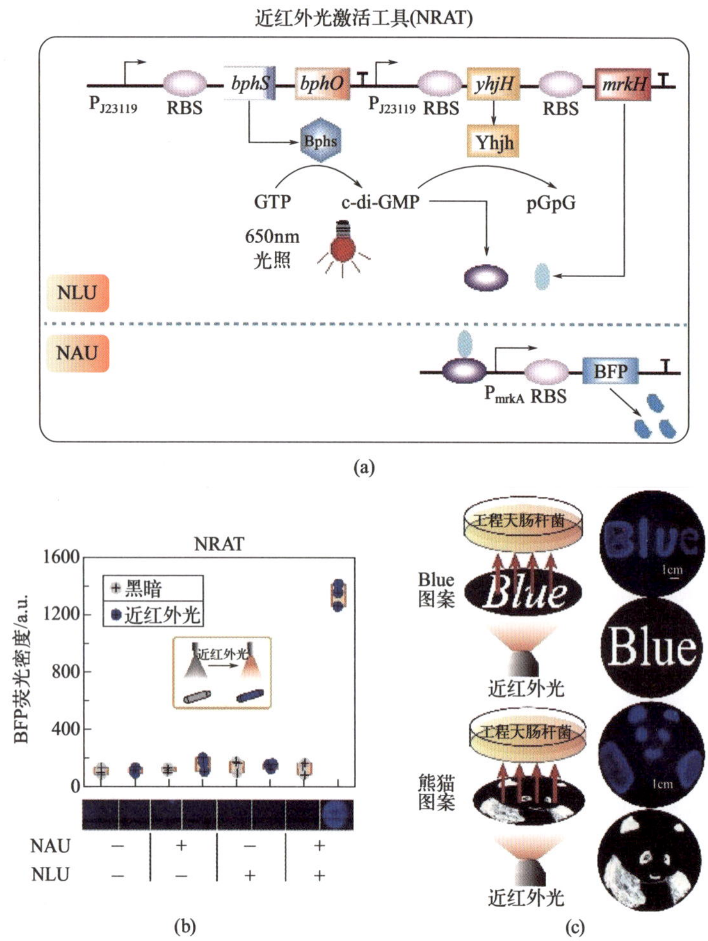

图 2-10　近红外激活工具的结构、验证和表征

来的 1/15.2。BLAT 和 NRAT 的目的基因（GOI）丰度增加，但 BLRT GOI 的丰度随着光照时间（0 ～ 14 h）、强度（0 ～ 0.8 W/cm^2）和脉冲（0 ～ 100%）的增加而降低。然后，使用红色、绿色、蓝色熊猫的生物成像来显示 BLAT、BLRT 和 NRAT 的空间特异性［图 2-7（c）、图 2-8（c）、图 2-9（c）］。对于 BLAT、BLRT 和 NRAT 的时间特异性，β-半乳糖苷酶或 β-葡萄糖醛酸酶中的可逆转录激活分别在 BLAT、BLRT 或 NRAT 控制下呈现“开-关-开”或“关-开-关”状态。

为了进一步提升光诱导工具的性能，分别优化了 BLAT、BLRT 和 NRAT。在 BLAT 中，改变 EL222 结合位点长度和 EL222 表达水平以控制 mKate 荧光密度，结果显示 mKate 荧光强度提高了 23.5 倍。在 BLRT 中，构建并筛选了 −35 和 −10 六聚体的启动子库以调整细菌启动子的动态范围，结果揭示了 aB（TTGACA/GATAAT）组 GFP 表达量降低为原来的 1/53。在 NRAT 中，优化了 *yhjH* 的 RBS 强度以调节 c-di-GMP 水平，结果表明 BFP 荧光强度增加了 28.6 倍。此外，这三种光遗传学工具在蓝光或近红外光下对细胞生长是无影响的。

光遗传学工具可以有效地调节细菌内源性基因。将 BLAT、BLRT 和 NRAT 引入大肠杆菌 JM109 中以取代荧光蛋白并时空调控细胞分裂。与对照菌株相比，当使用 BLAT 缩短细胞分裂的 C + D 期时，SSA 增加了 1.26 倍。此外，当使用 BLAT 分别延长细胞分裂的 C 期和 D 期时，MCV 分别增加了 3.68 倍和 10.36 倍。同样，当将 BLRT 和 NRAT 引入大肠杆菌 JM109 时，细胞分裂的 C 期延长，而 D 期缩短。

2.5.3 缩短细胞分裂期提高乙偶姻生产强度

乙偶姻是一种食品调味剂和香料，广泛用于食品、制药和化学工业。通过组成型过表达乙偶姻的生物合成途径中的 *budA*、*budB* 和 *nox* 基因，构建了工程化大肠杆菌 D1 菌株。基于此，工程菌株产生 13.5 g/L 乙偶姻（图 2-11）。

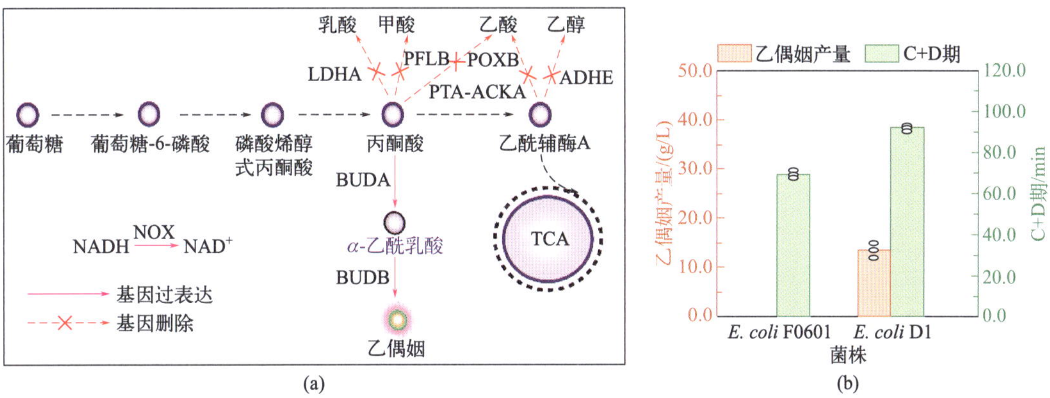

图 2-11 乙偶姻生产路径的构建及检测

图（a）为大肠杆菌 D1 中乙偶姻生物合成途径示意图；图（b）显示大肠杆菌 F0601 和大肠杆菌 D1 的 C+D 期以及大肠杆菌 D1 的乙偶姻产量。ADHE—乙醇脱氢酶；LDHA—乳酸脱氢酶；POXB—丙酮酸氧化酶；PFLB—丙酮酸-甲酸裂解酶；PTA-ACKA—磷酸乙酰乙酰基转移酶-乙酸激酶 A；BUDA—α-乙酰乳酸合成酶；BUDB—α-乙酰乳酸脱羧酶；NOX—NADH 氧化酶

首先，分析了工程菌株 D1 的细胞分裂状态和鲁棒性。与大肠杆菌 F0601 相比，细胞分裂的 C+D 期（大肠杆菌 D1）延长了 33.09%，并且大肠杆菌 D1 的 SSA 和相对细胞活力分别降低了 6.89% 和 50.5%。这些结果表明，延长细胞分裂的 C+D 期会降低 SSA，然后扰乱细胞生长，从而影响乙偶姻的生产。为了增强细胞生长和提高菌株鲁棒性，通过引入光遗传学策略将乙偶姻发酵过程分为三个阶段来缩短细胞分裂期：①缩短阶段，通过 *nrdAB*+*ftsZA* 的高水平表达增加 SSA 以缩短细胞分裂期；②通过中等水平表达 *nrdAB* + *ftsZA* 并刺激 *rpoS* 的表达来平衡细胞生长和乙偶姻生产的合作阶段；③防御阶段，通过在中等水平表达 *nrdAB* + *ftsZA* 和在高水平表达 *rpoS* 来提高菌株鲁棒性。为了对这三个阶段进行时空调控，结合 BLAT 和 NRAT 构建了蓝光激活和近红外光激活系统（BANA）。

然后，分别通过照明强度、脉冲、生物成像和 GOIs 丰度实验，证实了 BANA 的剂量依赖性和时空特异性。因此，将 BANA 引入大肠杆菌 D1 中，通过时空调节 *nrdAB*、*ftsZA* 和 *rpoS* 的表达来增加乙偶姻的产量。基于此，上述三个阶段分别通过操纵蓝光和近红外光照明的强度和时间来实现。结果显示，与大肠杆菌 D1 相比，大肠杆菌 DN4 的 C+D 期缩短了 35.56%，而 SSA、相对细胞活力和半数最大抑制浓度分别增加了 20.39%、62.18% 和 46.23%。与大肠杆菌 D1 相比，大肠杆菌 DN4 中乙偶姻的产量和生产强度提高了 131.1%。当该菌株放大到 5 L 发酵罐时，大肠杆菌 DN4 在光照条件下乙偶姻产量、生产强度和 OD_{600} 增加到 67.2 g/L、0.93 g/(L·h) 和 64.97，分别比大肠杆菌 D1 高 39.19%、38.8% 和 16.43%(图 2-12)。此外，5 L 和 10 L 发酵罐下的荧光强度和荧光密度，与在 250 mL 摇瓶中的荧光表达水平相似。这些结果表明了 BANA 在大规模和高密度发酵中的良好适用性。

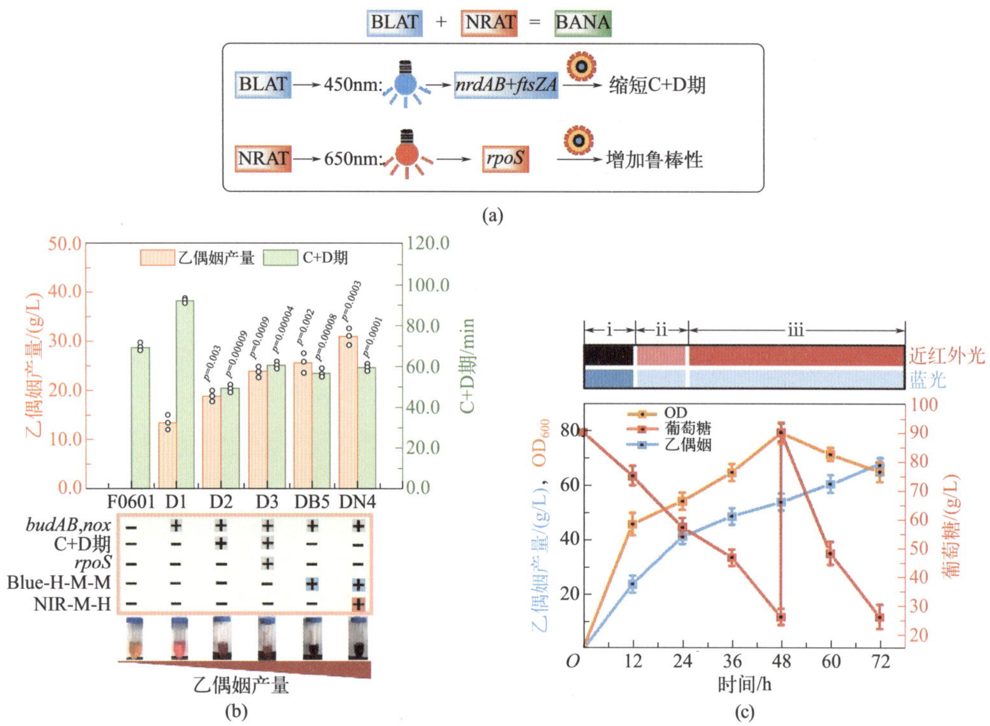

图 2-12 BANA 系统增加比表面积改善乙偶姻生产

图（a）为 BANA 用于强化乙偶姻生产的调控靶点。其中，BLAT 控制 *nrdAB* 和 *ftsZA*，NRAT 控制 *rpoS* 基因。图（b）为光照组合对 C+D 期和乙偶姻产量的影响。“H”“M”“L” 为 0.8 W/cm^2、0.3 W/cm^2、0.2 W/cm^2 光强值，*E. coli* D2 是在 *E. coli* D1 的基础上组成型表达 C+D 期基因构建的；*E. coli* D3 是基于 *E. coli* D2 并组成型表达 *rpoS* 的菌株。*E. coli* DB5，基于 *E. coli* D1 的蓝光控制 C+D 期基因 [Blue-H-M-M 代表 0.8 W/cm^2 蓝光值，0 ～ 12 h（Ⅰ期），0.3 W/cm^2 蓝光值，12 ～ 24 h（Ⅱ期）和 24 ～ 72 h（Ⅲ期）]；*E. coli* DN4，NIR-M-H 是基于 *E. coli* DB5 的 0.3 W/cm^2 近红外光值，12 ～ 24 h（Ⅱ期），0.8 W/cm^2 近红外光值，24 ～ 72 h（Ⅲ期）。图（c）为在生产过程中使用光刺激对工程 *E. coli* DN4 菌株进行补料分批发酵

对重组的 *E. coli* D1、*E. coli* D2、*E. coli* DQ260 和 *E. coli* DN4 通过碘化丙啶（PI）染色、场发射扫描电子显微镜（FESEM）和透射电子显微术（TEM）进行检测和表征，结果表明：① *E. coli* D1 和 *E. coli* D2 的相对存活率分别降低到 49.56% 和 47.26%，*E. coli* DQ260 和 *E. coli* DN4 的相对存活率分别提高到 75.26% 和 80.08%；② *E. coli* D1 和 *E. coli* DQ260 的比表面积分别降低到 3.04 μm^{-1} 和 3.01 μm^{-1}，*E. coli* D2 和 *E. coli* DN4 的比表面积分别提高到

3.03 μm^{-1} 和 3.66 μm^{-1}。上述研究结果表明，BANA 系统能够有效地增加细胞比表面积和细胞耐受，进而提高细胞的乙偶姻合成能力（图 2-13）。

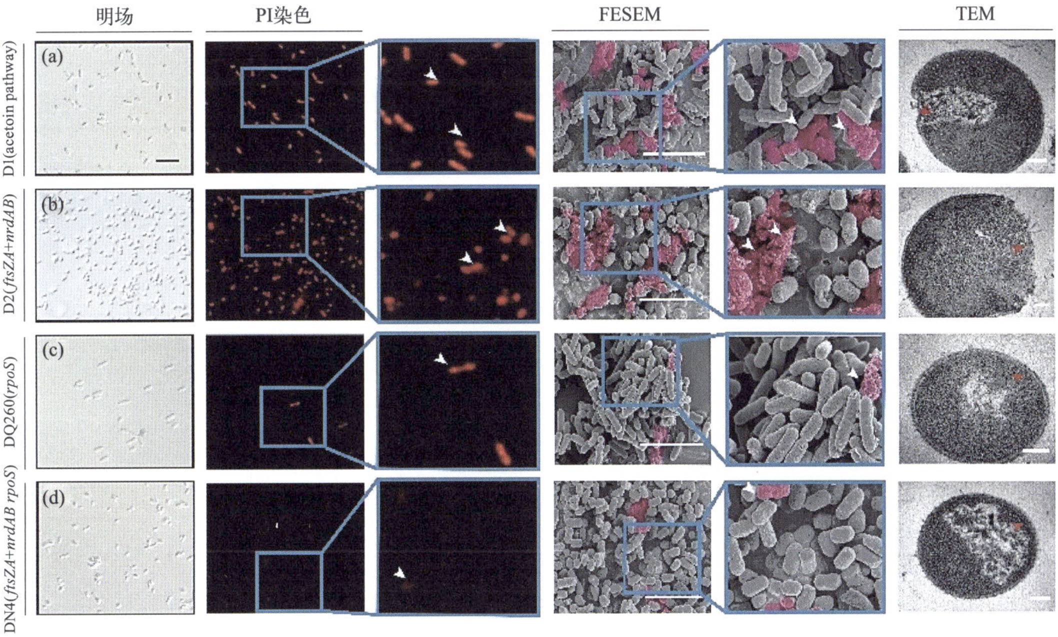

图 2-13　不同菌株的荧光显微镜和电镜表征

图（a）*E. coli* D1 为组成型表达的乙偶姻途径基因；图（b）为 *E. coli* D2，在 *E. coli* D1 的基础上组成型表达 *nrdAB*、*ftsZA* 基因；图（c）为 *E. coli* DQ260，在 *E. coli* D1 基础上组成型表达 *rpoS*；图（d）为 *E. coli* DN4，基于 *E. coli* D1 表达 *rpoS* 和 *nrdAB*、*ftsZA* 基因。PI 染色比例尺为 5 μm，FESEM 比例尺为 10 μm，TEM 比例尺为 0.2 μm

2.5.4　延长细胞分裂期提高聚乳酸羟基丁酸的合成效率

聚（乳酸-*co*-3-羟基丁酸）（PLH）是一种可生物降解和生物相容的合成聚合物，可作为包涵体积聚在微生物中。本研究以乳酸生产菌株 *E. coli* GL0002（敲除了乙酸激酶 A 基因 *ackA* 和乙醇脱氢酶基因 *adhE*）为底盘，首先构建了一株组成型表达聚（乳酸-*co*-3-羟基丁酸）合成所需的 *phaA*（编码来源于富养罗尔斯通氏菌 *Ralstonia eutropha* 的 *β*-酮硫解酶基因）、*phaB*（编码来源于 *Ralstonia eutropha* 的乙酰乙酰辅酶 A 还原酶基因）、*phaC*（编码来源于 *Pseudomonas*. sp 的 PHA 合酶基因）和 *pct*（编码来源于埃氏巨球形菌 *Megasphaera elsdenii* 的丙酰辅酶 A 转移酶基因）基因的 *E. coli* DQ0。结果表明，其 PLH 含量和产量分别达到 11.50%（以质量分数计）和 0.58 g/L（图 2-14）。

研究人员对 *E. coli* 生产聚（乳酸-*co*-3-羟基丁酸）的细胞分裂状态进行了分析：①与 *E. coli* GL0002 相比，*E. coli* DQ0 的细胞分裂 C+D 期延长了 17.95%；② *E. coli* DQ0 的细胞体积和菌落形成单位分别提高了 9.38% 和降低了 8.90%（图 2-15）。上述研究结果表明，聚（乳酸-*co*-3-羟基丁酸）产量的增加受到平均细胞体积和细胞数量的限制。

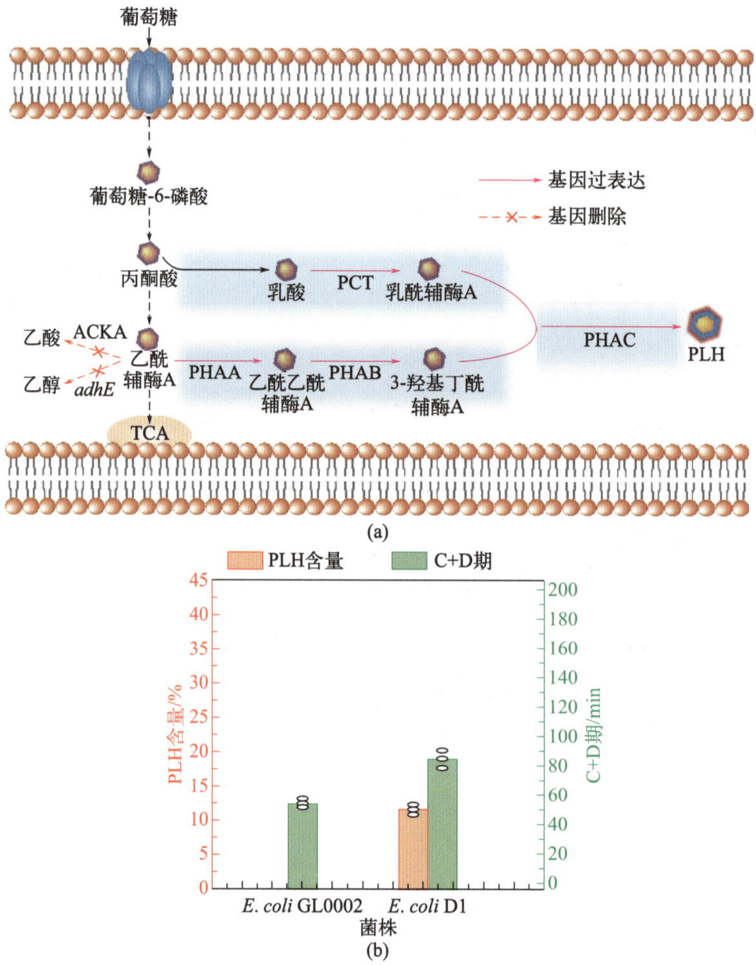

图 2-14 聚（乳酸-*co*-3-羟基丁酸）生产路径的构建及验证

图（a）为大肠杆菌 DQ0 中 PLH 生物合成途径示意图；图（b）为大肠杆菌 GL0002 和大肠杆菌 D1 的 C+D 期以及大肠杆菌 D1 的 PLH 含量。ACKA—乙酸激酶 A；ADHE—乙醇脱氢酶；PHAA—β-酮硫解酶；PHAB—乙酰乙酰辅酶 A 还原酶；PHAC—PHA 合酶；PCT—丙酰辅酶 A 转移酶

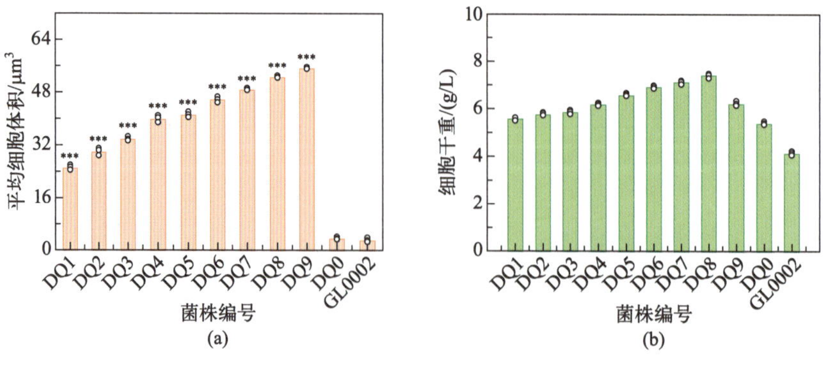

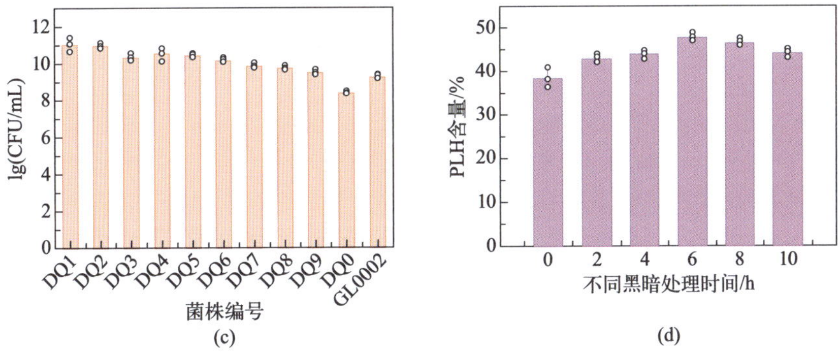

图 2-15　聚（乳酸-*co*-3-羟基丁酸）生产中的细胞体积、干重和细胞数量变化

图（a）为不同菌株的不同平均细胞体积（MCV）；图（b）为不同菌株的细胞干重（DCW）；图（c）为不同菌株的 lg(CFU/mL)；图（d）为处于黑暗中不同时间细胞重新悬浮后的 PLH 含量

为了解决 PLH 发酵中的这些局限性，通过引入延长细胞分裂期的光遗传学策略，将 PLH 生物合成过程分为三个阶段：①通过表达 *nrdAB*、*ftsZA* 和 *nrdA* 缩短细胞分裂期以增加细胞数量；②切换时间相位，通过优化从暗光到蓝光的切换时间来提高 PLH 含量；③通过激活 *sulA* 的表达和降低 *nrdA* 的表达来延长细胞分裂期以增加 MCV。

因此，将 BARNA 系统导入 *E. coli* DQ0 中，通过控制 *nrdAB*、*ftsZA*、*nrdA* 和 *sulA* 基因的表达来提高聚（乳酸-*co*-3-羟基丁酸）的生产量，从而构建了 *E. coli* DQ8［图 2-16（a）］。

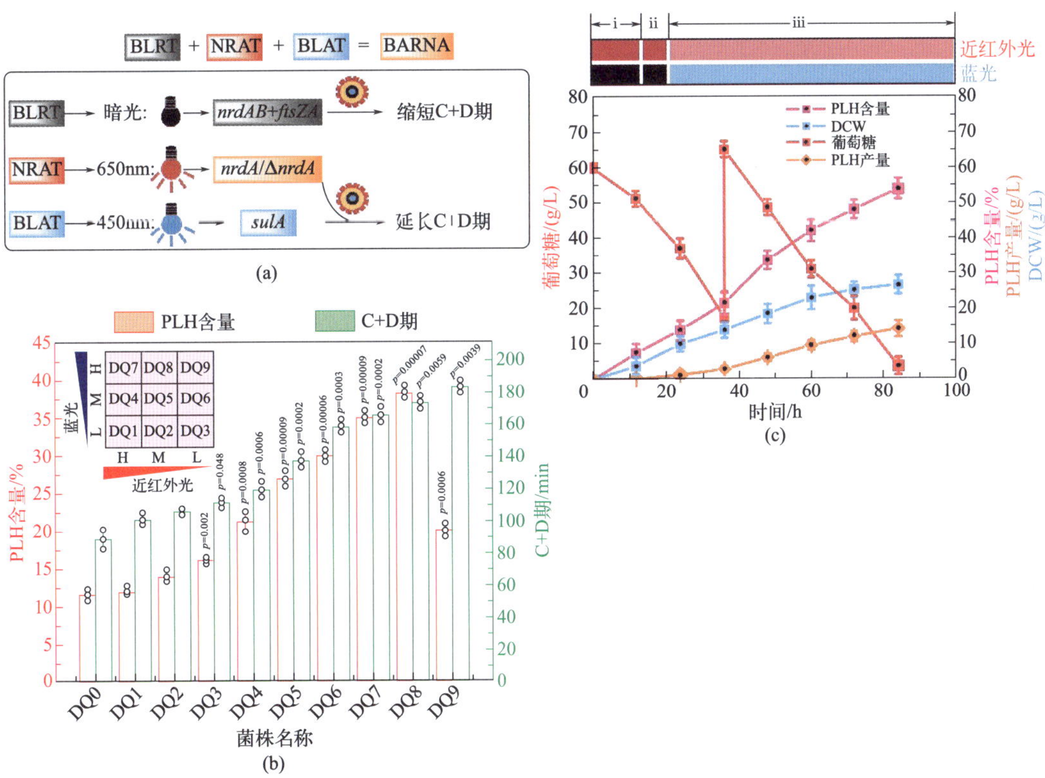

图 2-16　增大细胞体积提高聚（乳酸 -*co*-3- 羟基丁酸）的生产

结果表明：①与 *E. coli* DQ0 相比，*E. coli* DQ8 的细胞分裂 C+D 期、细胞体积和菌落形成单位分别增加了 1.96、13.65 和 1.16 倍；② *E. coli* DQ8 的聚（乳酸-*co*-3-羟基丁酸）含量、细胞干重和浓度达到 38.50%、7.41 g/L 和 2.85 g/L，分别比 *E. coli* DQ0 增加了 234.78%、36.96% 和 359.68%；③优化了黑暗-蓝光的开关切换时间，使聚（乳酸-*co*-3-羟基丁酸）含量提高到 47.50%；④最终，*E. coli* DQ8 在 5 L 生物反应器中发酵 84 h，使聚（乳酸-*co*-3-羟基丁酸）产量、含量和生产强度分别达到 14.31 g/L、53.80% 和 0.17 g/（L · h）[图 2-16（c）]。

对重组的 *E. coli* DQ0、*E. coli* DQ270、*E. coli* DQ71 和 *E. coli* DQ8 通过尼罗红染色、FESEM 和 TEM 进行检测和表征：① *E. coli* DQ0、*E. coli* DQ270、*E. coli* DQ71 和 *E. coli* DQ8 的细胞体积分别达到 3.58 μm^3、17.21 μm^3、38.56 μm^3 和 52.60 μm^3；② *E. coli* DQ0、*E. coli* DQ270、*E. coli* DQ71 和 *E. coli* DQ8 的聚（乳酸-*co*-3-羟基丁酸）含量达到 11.62%、19.25%、29.56% 和 38.50%，其中 TEM 照片中的白色液滴为聚（乳酸-*co*-3-羟基丁酸）（图 2-17）。

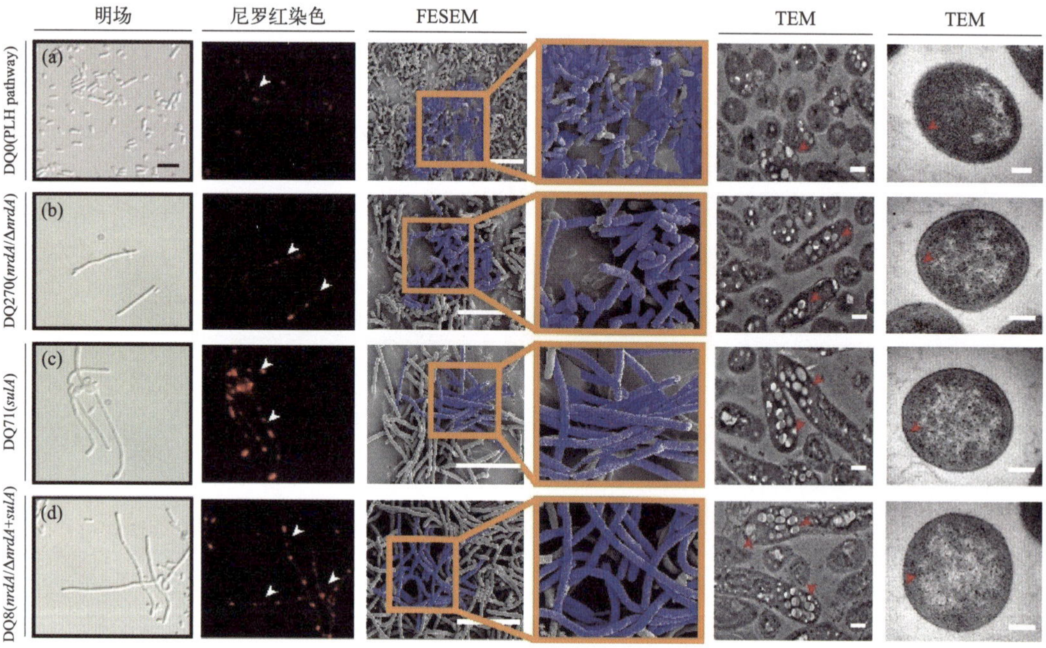

图 2-17 不同菌株的荧光显微镜和电子显微镜表征

2.6 参考文献

魏琪瑶，徐晨晨，王美艳，等，2019. 光遗传学工具的开发及其应用研究 . 生物工程学报，35(12): 2238-2256.

Baumschlager A, Aoki S K, Khammash M, 2017. Dynamic blue light-inducible T7 RNA polymerases (Opto-T7RNAPs) for precise

spatiotemporal gene expression control. Acs Synthetic Biology, 6(11): 2157-2167.
Chen X, Chen Y, Xin H, et al, 2020. Near-infrared optogenetic engineering of photothermal nanoCRISPR for programmable genome editing. Proceedings of the National Academy of Sciences, 117(5): 2395-2405.
Chia N, Lee S Y, Tong Y, 2022. Optogenetic tools for microbial synthetic biology. Biotechnology Advances, 59: 107953.
Christie J M, Gawthorne J, Young G, et al, 2012. LOV to BLUF: flavoprotein contributions to the optogenetic toolkit. Mol Plant, 5(3): 533-44.
Ding Q, Ma D, Liu G Q, et al, 2020. Light-powered *Escherichia coli* cell division for chemical production. Nature Communications, 11(1): 2262.
Fernandez-Rodriguez J, Moser F, Song M, et al, 2017. Engineering RGB color vision into *Escherichia coli*. Nature Chemical Biology, 13(7): 706-708.
He L, Tan P, Zhu L, et al, 2021. Circularly permuted LOV2 as a modular photoswitch for optogenetic engineering. Nature Chemical Biology, 17(8): 915-923.
Jain P K, Ramanan V, Schepers A G, et al, 2016. Development of light-activated CRISPR using guide RNAs with photocleavable protectors. Angewandte Chemie International Edition, 55(40): 12440-12444.
Jayaraman P, Devarajan K, Chua T K, et al, 2016. Blue light-mediated transcriptional activation and repression of gene expression in bacteria. Nucleic Acids Res, 44(14): 6994-7005.
Jayaraman P, Yeoh J W, Zhang J, et al, 2018. Programming the dynamic control of bacterial gene expression with a chimeric ligand- and light-based promoter system. ACS Synth Biol, 7(11): 2627-2639.
Kennedy M J, Hughes R M, Peteya L A, et al. 2010. Rapid blue-light–mediated induction of protein interactions in living cells. Nature Methods, 7(12): 973-975.
Lalwani M A, Ip S S, Carrasco-Lopez C, et al, 2021. Optogenetic control of the lac operon for bacterial chemical and protein production. Nature Chemical Biology, 17(1): 71-79.
Lan T H, He L, Huang Y, et al, 2022. Optogenetics for transcriptional programming and genetic engineering. Trends Genet, 38(12): 1253-1270.
Leopold A V, Chernov K G, Verkhusha V V, 2018. Optogenetically controlled protein kinases for regulation of cellular signaling. Chemical Society Reviews, 47(7): 2454-2484.
Levskaya A, Chevalier A A, Tabor, J J, et al, 2005. Engineering *Escherichia coli* to see light. Nature, 438(7067): 441-442.
Losi A, Polverini E, Quest B, et al, 2002. First evidence for phototropin-related blue-light receptors in prokaryotes. Biophysical Journal, 82(5): 2627-2634.
Mukherjee M, Hu Y D, Tan C H, et al, 2018. Engineering a light-responsive, quorum quenching biofilm to mitigate biofouling on water purification membranes. Sci Adv, 4(12): eaau1459.
Nihongaki Y, Kawano F, Nakajima T, et al, 2015a. Photoactivatable CRISPR-Cas9 for optogenetic genome editing. Nature Biotechnology, 33(7): 755-760.
Nihongaki Y, Yamamoto S, Kawano F, et al, 2015b. CRISPR-Cas9-based photoactivatable transcription system. Chemistry & Biology, 22(2): 169-174.
Ong N T, Olson E J, Tabor J J, 2018. Engineering an *E. coli* near-infrared light sensor. ACS Synthetic Biology, 7(1): 240-248.
Rockwell N C, Su Y S, Lagarias J C, 2006. Phytochrome structure and signaling mechanisms. Annu Rev Plant Biol, 57: 837-858.
Ryu M H, Gomelsky M, 2014. Near-infrared light responsive synthetic c-di-GMP module for optogenetic applications. ACS Synth Biol, 3(11): 802-810.
Sawa M, Nusinow D A, Kay S A, et al, 2007. FKF1 and GIGANTEA complex formation is required for day-length measurement in Arabidopsis. Science, 318(5848): 261-265.
Sheets M B, Wong W W, Dunlop M J, 2020. Light-inducible recombinases for bacterial optogenetics. Acs Synthetic Biology, 9(2): 227-235.
Tandar S T, Senoo S, Toya Y, et al, 2019. Optogenetic switch for controlling the central metabolic flux of *Escherichia coli*. Metabolic Engineering, 55: 68-75.
Toettcher J E, Weiner O D, Lim W A, 2013. Using optogenetics to interrogate the dynamic control of signal transmission by the Ras/Erk module. Cell, 155(6): 1422-1434.
Tootle T L, Silver S J, Davies E L, et al, 2003. The transcription factor Eyes absent is a protein tyrosine phosphatase. Nature, 426(6964): 299-302.
Turjanski A G, Vaqué J P, Gutkind J S, 2007. MAP kinases and the control of nuclear events. Oncogene, 26(22): 3240-3253.
Wang Q, Lin C, 2020. Mechanisms of cryptochrome-mediated photoresponses in plants. Annu Rev Plant Biol, 71: 103-129.
Wu J, Wang M, Yang X, et al, 2020. A non-invasive far-red light-induced split-Cre recombinase system for controllable genome engineering in mice. Nature Communications, 11(1): 3708.
Wu P, Chen Y, Liu M, et al, 2021. Engineering an optogenetic CRISPRi platform for improved chemical production. Acs Synthetic Biology, 10(1): 125-131.
Yen S T, Trimmer K A, Aboul-Fettouh N, et al, 2020. CreLite: An optogenetically controlled Cre/loxP system using red light. Developmental Dynamics, 249(11): 1394-1403.
Yin T, Wu Y I, 2013. Guiding lights: recent developments in optogenetic control of biochemical signals. Pflugers Arch, 465(3): 397-408.
Yu Y, Wu X, Guan N, et al, 2020. Engineering a far-red light–activated split-Cas9 system for remote-controlled genome editing of internal organs and tumors. Science Advances, 6(28): eabb1777.
Zhang K, Duan L, Ong Q, et al, 2014. Light-mediated kinetic control reveals the temporal effect of the Raf/MEK/ERK pathway in PC12 cell neurite outgrowth. PLoS ONE, 9(3): e92917.
Zhao E M, Zhang Y, Mehl J, et al, 2018. Optogenetic regulation of engineered cellular metabolism for microbial chemical production. Nature, 555(7698): 683-687.
Zoltowski B D, Crane B R, 2008. Light activation of the LOV protein vivid generates a rapidly exchanging dimer. Biochemistry, 47(27): 7012-7019.
Zoltowski B D, Vaccaro B, Crane B R, 2009. Mechanism-based tuning of a LOV domain photoreceptor. Nat Chem Biol, 5(11): 827-834.

第 3 章
细胞寿命的逻辑门调控技术

3.1 逻辑计算概述

3.1.1 逻辑门信号的输入与输出

合成生物学是一门利用工程学原理改造和创造生命的学科，目前已经在生物能源、新材料、环境污染治理、肿瘤治疗等方面展现出了巨大的潜力，能够在国家科技发展、产业升级过程中发挥重大作用，助力“中国制造 2025”。与传统生物工程相比，合成生物学最大的进步在于对工程设计原理的系统性应用：依据工程设计原理对天然存在的各种酶、调控分子等进行简单化、模块化处理，设计出具有各种基本功能的元件。人工基因线路是利用此类元件，根据类似于电子工程电路编程的思想设计的，对生命的运行过程进行重新编程的产物。这种对生命的重编程能够针对多样的需求对天然的各种功能进行优化，甚至引入自然界中不存在的人造法则，实现丰富的、可设计的生物学功能，为人类健康和社会发展服务。

近来在合成生物学领域中，逻辑门的设计模仿了计算机中的逻辑操作，其输入和输出主要是通过分子信号来实现。逻辑门的输入信号可以是多种形式的生物信号或化学信号，这些信号会被细胞感知并影响基因的表达。常见的输入信号包括：①化学分子，如特定的药物、诱导剂（例如 IPTG、四环素）或代谢物，这些分子会与细胞内的特定受体结合，触发下游的信号通路；②光信号，通过光遗传学技术，可以利用特定波长的光来激活或抑制某些蛋白质的活性，例如，蓝光或红光被作为输入信号来控制细胞中的基因表达；③环境参数，例如 pH 值、氧气浓度或温度的变化都可以作为输入信号，激活特定的响应基因回路；④内源性信号，细胞内部的信号转导路径，如蛋白质的磷酸化状态、代谢途径中的中间产物等，也可以作为输入信号，直接调节基因表达。输出信号是细胞对逻辑门输入信号的响应，通常通过基因表达的改变来体现。

输出信号可以是多种多样的细胞行为，包括：①蛋白质表达，特定的蛋白质或酶会在逻辑门的输出被激活后表达出来，这些蛋白质可能会影响细胞的功能，如分泌物的生成、代谢速率的改变等；②荧光信号，在一些实验中，研究人员常常将荧光蛋白（如 GFP）作为输出信号的报告基因，以便可视化地检测细胞对逻辑门输入的响应；③基因转录，特定基因的启动子可能会被逻辑门的输出激活或抑制，从而影响相应基因的转录水平；④细胞行为，例如，细胞的增殖、凋亡（程序性死亡）、迁移等都可以作为逻辑门的输出信号。通过设计特定的基因回路，细胞的这些行为可以被精确控制。

3.1.2 逻辑门处理与计算

在计算和电路设计中，逻辑门执行布尔代数运算以实现数据处理和信息传递。逻辑门是计算机和数字电路的基本构件，用来处理二进制信号（0 和 1），并且通过组合和级联多个逻辑门，可以实现复杂的计算和决策。目前基于生物分子的计算机创建引起较广泛的关注。因此，要使生物计算机成为现实，生物分子逻辑门就成为必需。

逻辑门有多种类型，每种逻辑门的输入和输出依赖于不同的布尔逻辑规则。常见的逻辑门及其处理过程包括“AND 门”“OR 门”和“NOT 门”等，以荧光信号、电信号和比色等的识别作为信号输出，并根据输出信号的强度设定一定的阈值，以此判定其值的真假，即 1 或 0 的归属，在传统的计算机中，逻辑门是构建计算机的基础，计算机逻辑和逻辑回路的构成来源于微处理器将大量晶体管互相连接起来（图 3-1）。

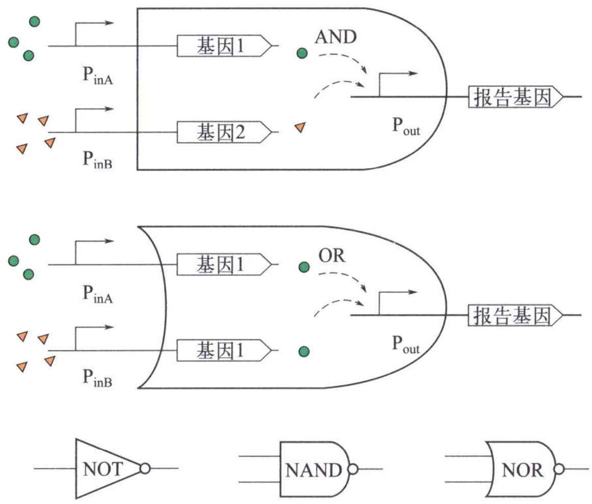

输入	A	1	1	0	0
	B	1	0	1	0
输出	AND	1	0	0	0
	OR	1	1	1	0
	NAND	0	1	1	1
	NOR	0	0	0	1

图 3-1　基因回路逻辑门的设计

在计算领域，通过添加适当的逻辑门及其级联，可以集成传统电子电路的高级功能和复杂操作，但在分子尺度上实现与电子电路相同的功能仍然很困难。幸运的是，通过许多学者的努力，各种新型技术的快速发展为其提供了巨大灵感。近年来，DNA 计算被用于实现 DNA 纳米器件研发、DNA 计算、DNA 存储、药物传递以及病毒和离子检测（Abendroth et al., 2015）。例如：熵驱动的 Toehold 介导的链置换反应是一项非常成熟的技术，它使得构造原始逻辑门变得简单。各种核酸内切酶已被开发为调节 DNA 链的工具，并用于构建一系列逻辑电路，以 DNA 链为模板的银和铜纳米团簇具有优异的荧光特性，基于这些特性也已经实现了多种逻辑电路。

3.1.3 复杂逻辑门的自动化设计

复杂逻辑门的自动化设计不仅是数字电路设计的核心环节，也是实现现代复杂系统（如微处理器、通信设备和嵌入式系统）的关键步骤。在计算机系统中的自动化设计流程通常由多个阶段组成，包括逻辑综合、优化、仿真、验证以及物理实现等步骤（图 3-2）。

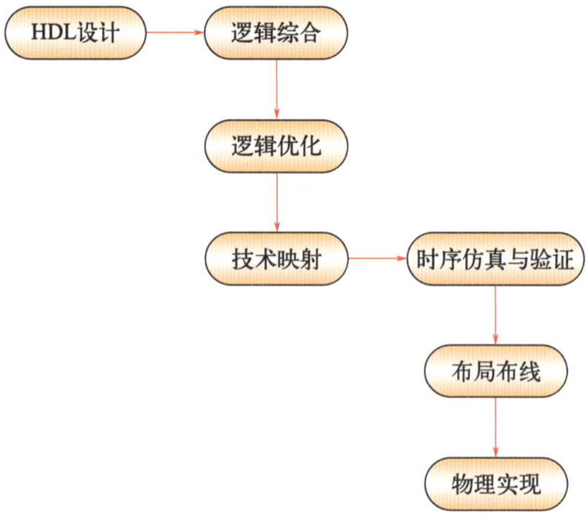

图 3-2 复杂逻辑门自动化流程

在设计初期，设计人员使用硬件描述语言（如 Verilog 或 VHDL）编写系统的行为描述或结构描述。逻辑综合工具接管此过程，将这些高级描述转化为由基本逻辑门（如 AND、OR、NOT、XOR 等）组成的低级电路。与此同时，工具通过布尔代数优化、消除冗余逻辑、减少路径延迟和功耗等优化技术，确保生成的逻辑电路满足性能要求。常见的优化方法包括卡诺（Karnaugh）图简化、Quine-McCluskey 算法和 Espresso 算法等，它们自动优化逻辑门的数量、逻辑路径的长度，以及时序性能。

一旦逻辑电路生成，自动化工具会进行功能仿真和时序仿真，确保设计的逻辑行为符合规格要求，同时验证时序约束是否得到满足。在时序仿真中，工具模拟电路中信号的传播延迟、时钟同步和竞争条件等，确保逻辑门的组合路径在给定的时钟周期内能够完成计算。形式验证工具进一步帮助自动化检查设计中是否存在潜在的错误，例如竞争条件或元件冲突等，确保电路的可靠性。

在生物系统中，类似的复杂逻辑门自动化设计软件也逐渐被开发出来。例如，2016 年科研人员提出的用于遗传电路设计自动化的 CELLO 软件（Nielsen et al., 2016）。同一工具随后针对其他生物（Taketani et al., 2020）进行了优化，包括酵母（Chen et al., 2020）。最近，基于 CELLO 的遗传电路已被证明能够进行自适应的细胞计算，可以响应环境中的变化并进行动态调整（Bartoli et al., 2020）。CELLO 平台基于对大肠杆菌中 20 个自然发生和优化的遗传逆变器的集合进行彻底的实验表征和参数化，能够实现几乎任何给定的功能。

3.2 逻辑门的应用场景

3.2.1 生物探针

生物探针中的逻辑门应用是合成生物学和生物技术中的一个重要研究领域，通过结合分子逻辑门和探针技术，实现对特定生物分子的精准检测和响应。生物探针是用于检测生物体内特定化学或生物物质的分子工具，而将逻辑门引入生物探针可以使其根据多个输入信号做出更复杂的响应。这种技术在疾病诊断、药物释放、环境监测等领域有着广泛的应用前景。

逻辑门在疾病检测中的应用是设计特定的分子探针，当满足一系列生物标志物的条件时，探针会发出检测信号或触发治疗。例如，在癌症检测中，多个标志物（如蛋白质、核酸、酶等）可以作为输入信号，使用 AND 逻辑门设计的探针只有在检测到所有这些标志物时才会产生响应。这种多输入的探针可以显著减少误报率，提升检测的精度。

在控制智能药物释放系统中，当探针在体内同时检测到特定的生物标志物时，逻辑门可以触发药物的释放，从而实现精准治疗。这种方式避免了传统药物释放的随机性和非特异性，大大提高了治疗的效果并减少了副作用，例如：设计一种包含 AND 逻辑门的药物探针，只有在检测到肿瘤微环境中的酸性 pH 和局部高温时才释放药物。这样的设计可以确保药物只在肿瘤部位释放，避免损伤健康组织。

在环境监测中，逻辑门与生物探针结合，可以用于检测多种污染物或有害物质。例如，基于 OR 逻辑门的设计，探针可以检测水体或空气中的多种重金属或化学污染物。例如，探针可同时检测汞、铅和砷中的任意一种，当其中一个存在时，就会发出荧光信号或出现颜色变化，提示环境污染。

生物探针中的逻辑门应用通过处理多个输入信号，能够实现更复杂的检测和响应功能。这种技术的应用范围广泛，包括精准医疗、智能药物释放、环境监测以及分子计算等领域。随着合成生物学和生物传感技术的发展，基于逻辑门的生物探针有望在未来发挥更大的作用，为生物医学、环境科学和智能系统的发展提供新的解决方案。

3.2.2 多层信号调控

逻辑门的多层信号调控是指通过多级逻辑门的组合，处理复杂的输入信号并生成精确的输出。它主要用于优化系统对多重信号的响应，实现更复杂的逻辑功能。多层信号调控在电子计算、合成生物学、智能控制系统和分子计算等领域中广泛应用，特别是在需要多输入、多输出的复杂决策过程中。

在合成生物学中，多层逻辑门用于设计基因线路，使细胞能够根据多个输入信号做出复杂的决策。例如，合成基因回路可以通过逻辑门组合，调控基因的表达或控制细胞行为。目前，合成生物学家通常应用逻辑门的概念来构建更复杂和多层的遗传电路，这些电路可以处理各种信号，并将代谢通量引向感兴趣的分子的合成。研究表明，可以使用单个传感器来动态控制简单的路径。然而，细胞中的代谢途径是交错的，形成一个复杂和多层次的代谢网络。化合物的合成通常涉及多种代谢途径，这些途径为以级联或协同方式合成化合物提供前体和辅因子。因此，微生物细胞工厂在这些途径之间合理分配代谢流并最大限度地提高目标化合物的合成效率是核心问题之一。

同一套传感器可以通过不同的组合调控逻辑电路，当基因在生长过程中打开和关闭时，组合逻辑电路会发生变化。Moser 等人首先构建并优化了三个大肠杆菌传感器，以响应葡萄糖、溶解氧和副产品乙酸积累的消耗［图 3-3（a)］。通过集成这些传感器，逻辑门可以在 18 h 内执行时间控制。而电路输出分别使用 CRISPRi 和靶蛋白水解调节转录和翻译后水平的内源性酶。为了验证该系统，设计了两个电路，以将动态与内源性基因（*pta* 和 *poxB*）的表达相匹配，并通过阻断相应的基因来控制醋酸的产生。这项工作演示了如何利用简单的电路来实现可定制的动态基因调控（Moser et al., 2018）。

使用分层遗传逻辑门的一个限制是集成信号的延迟（Moon et al., 2012）。导致这个过程不同步的原因素可能是翻译需要约 20 min 和蛋白质结合等生理过程存在的延迟（Liu et al., 2020）。因此，处理各种信号时的差异延迟可能会导致下游层输入不正确，最终导致“故障”。总的来说，理想的代谢控制系统不仅可以优化蛋白质表达水平，还可以对各种刺激做出反应，准确控制代谢物的浓度（Pisithkul et al., 2015）。

转录调节是一种有吸引力的控制策略，因为它能够对各种刺激做出反应并控制蛋白质和代谢物水平（Kochanowski et al., 2013）。以脂肪酸生物合成为例，Liu 等人构建了三个具有不同结构的代谢负反馈回路，并研究了每个反馈调节控制下的代谢动力学。结果表明，负反馈电路可以显著加快代谢物的上升时间（Liu et al., 2018）。Moon 等人将两个和三个 2 输入和门连接在一起，分别在细菌中创建单个 3 输入和 4 输入和门（Moon et al., 2012)［图 3-3（b)］。合成遗传电路允许科研人员改变活细胞的行为，多个信号的输入使宿主细胞能够更好地与环境条件相互作用（Kempton et al., 2020）。

逻辑门的多层信号调控通过组合和层次化的设计，能够处理更复杂的信号和决策任务，在电子计算、合成生物学、智能控制系统和分子计算等领域发挥着重要作用。通过精确设计与优化，多层逻辑能够增强系统的灵活性和处理能力。目前，设计多层基因线路的关键问题是调节元件的开发，特别是那些具有高特异性和低噪声的元件。减少中间代谢物的影响是建立高效电路的最大挑战之一。具有所需特性的组件的重新设计尽管具有挑战性，但仍然很有希望。虽然在蛋白质设计方面取得了巨大成就，但必须考虑许多方面。例如，新蛋白质必须具有与展开状态相关的足够低的自由能，不同状态之间的自由能差异必须足够小，以便蛋白质在特定外部条件下可以自由切换状态。此外，必须优化调节元件对底物分子的响应范围或阈值。如果响应阈值高，非特异性调节可以减少，但这可能会增加细胞的负担并影响细胞生长。

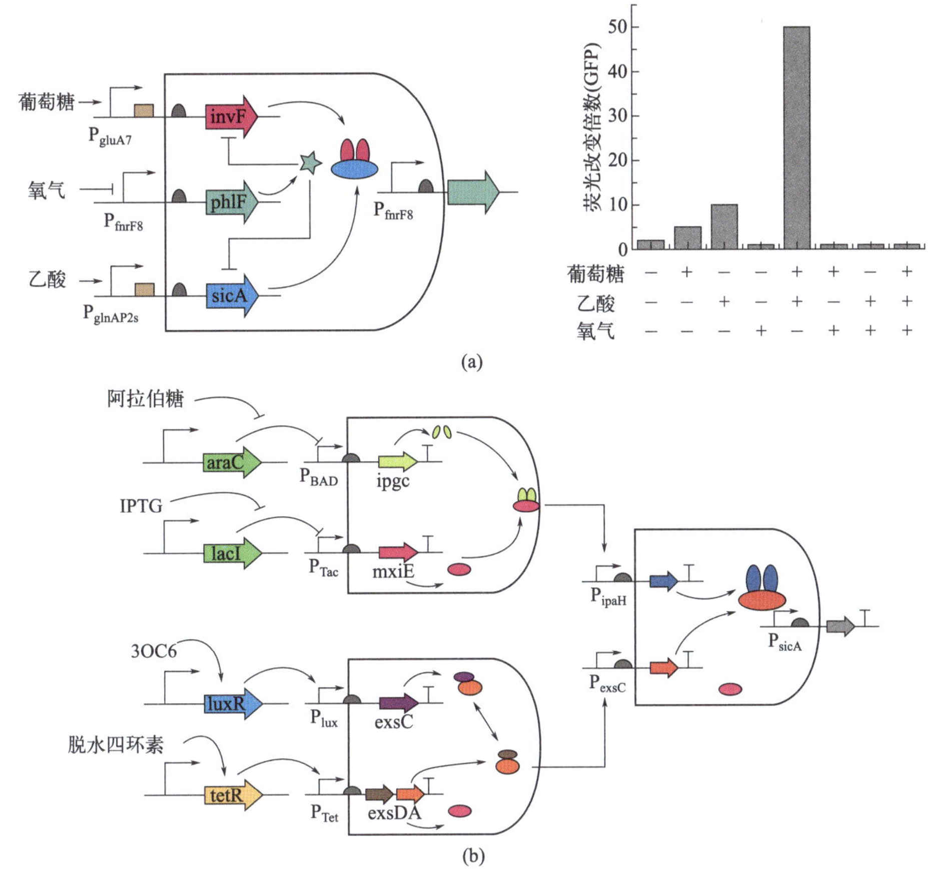

图 3-3　多信号输入的逻辑门

图（a）显示 3 输入 1 输出电路的响应。输入信号是葡萄糖、氧气和乙酸。启动子 P_{gluA7} 对葡萄糖敏感，启动子 P_{fnrF8} 对氧气敏感，启动子 $P_{glnAP2s}$ 对乙酸敏感。氧气抑制启动子 P_{fnrF8} 的转录，phlF 抑制 invF 和 sicA 的活性。只有当葡萄糖和乙酸是正输入，氧气是负输入时，输出才是最大值。图（b）显示了 4 输入 1 输出电路的响应。输入信号是 Ara（阿拉伯糖）、IPTG（异丙基硫代-β-D-半乳糖苷）、3OC6[*N*-（β-酮己酰）-l-同色氨酸内酯] 和 aTc（脱水四环素）。Ara 和 IPTG 分别与阻遏蛋白 araC 和 lacI 结合，解除其对启动子 P_{BAD} 和 P_{Tac} 的抑制，从而激活其转录。3OC6 和 aTc 与调控蛋白 luxR 和 tetR 结合，这些调控蛋白与启动子结合并激活启动子 P_{lux} 和 P_{Tet} 的转录。Ara 和 IPTG 构成一个 AND 门，3OC6 和 aTc 构成另一个 AND 门。这两个输出构成了第三个 AND 门

3.2.3 生物计算器

逻辑门在生物计算器领域中的应用主要是通过生物分子（如 DNA、RNA、蛋白质等）来模拟传统计算机的逻辑操作，用于处理和计算生物信号。这些逻辑门通过对多种输入信号（如化学物质、代谢产物、DNA 序列等）的响应，生成特定的输出信号，如基因表达、荧光信号、酶催化反应等，广泛应用于生物医学、环境监测和智能药物递送等领域。

主要的应用领域包括以下几类。

（1）DNA 计算

通过 DNA 链置换反应或 DNAzyme 等技术实现逻辑门操作，处理多重 DNA 序列输入。

这在疾病诊断、基因突变检测等方面具有重要应用。例如，通过 AND 逻辑门同时检测多个基因标志物，确保检测的精确性。

（2）RNA 计算

通过 RNA Toehold 开关和 RNA 干扰技术，RNA 逻辑门可用于基因调控和病毒检测。例如，基于 AND 门的 RNA 探针能够同时识别多个病毒 RNA 序列，用于高精度病毒检测。

（3）蛋白质计算

蛋白质逻辑门利用蛋白质的结构变化来执行计算，广泛应用于药物释放系统。通过 AND 逻辑门设计的探针，可以确保只有在检测到多个疾病标志物时才释放药物，提高了治疗的特异性和有效性。

逻辑门在生物计算器中的应用为生物医学、环境监测和合成生物学等领域带来了全新的智能化解决方案。通过多层次的信号调控，生物计算器能够在复杂的生物系统中做出精确的决策，并实现复杂的分子计算和信息处理。例如，哺乳动物细胞的工程遗传电路通常需要广泛的微调才能按预期运行。近期科研人员提出了“通过 DNA 切除的布尔逻辑和算术（BLADE）”，以最小的优化在哺乳动物细胞中设计具有多个输入和输出的遗传电路。BLADE 的可靠性源于它在单个启动子控制下对重组的依赖，该启动子将电路信号集成到单个转录层上。使用 BLADE 在人类胚胎肾脏和 Jurkat T 细胞中构建了 113 个回路，并设计了一个定量的载体接近度量来评估其性能。在分析的 113 个电路中，109 个（96.5%）按预期运行。BLADE 能够在哺乳动物细胞中执行复杂的细胞计算，并应用于细胞和组织工程（Weinberg et al., 2017）。

3.2.4 生物信号放大器

细胞能够持续监测周围环境的变化，并根据这些变化做出相应的反应。这些反应依赖于将外部环境信号传递至细胞内的生化网络，随后通过这些网络进行处理。尽管细胞的反应有时可能与环境信号的强度成正比，但生物信号往往以非线性的方式传播，这会引起信号振幅和持续时间的改变。随着基因电路规模的扩大，基因表达中的噪声在合成基因电路中传播、累积，甚至可能被放大。这种噪声的增加直接影响合成基因电路的准确性和稳定性，成为设计和调控复杂基因电路中的关键挑战。

信号放大是一种非线性信号处理形式，其中输入信号中的细微变化会被放大，从而在输出中引发更大的响应变化（Zhang et al., 2013）。因此，输出与输入之间不是简单的比例关系。在双线性刻度上观察时，超灵敏响应的输入-输出（I/O）曲线通常呈现出 S 形曲线。放大的术语通常指的是绝对浓度的放大，即低浓度的化学物质可以控制高浓度的另一种物质。这种放大形式对控制细胞内的生物分子至关重要，尤其是在需要高浓度分子执行重要生理功能的过程中。例如，凝血酶级联反应可以从少量的Ⅻ因子分子开始，最终激活数百万倍的纤维蛋白分子。在其他许多情况下，信号放大指的是相对浓度的扩增或灵敏度的增强。根据韦伯定律，生物体通过感知相对变化来感知环境信号，这一原则似乎在分子信号的调控中也同样适用。

通过基本电路单元实现信号放大对于多种细胞动力学过程至关重要。如果没有信号放大器，由于结合位点的饱和，信号级联往往难以输出线性响应。信号放大器通过放大信号，能够补偿幅度损失，并帮助维持原始信号的动态范围。此外，信号放大器可以充当开关，将连续的输入信号转换为“全开”或“全关”的响应。信号放大的重要性尤其体现在复杂的非线性动力学（如双稳态、适应和振荡）中，这些动力学过程是细胞增殖、分化、稳态维持以及生物节律等功能的基础。目前生物信号放大器可以分为几个常见的类别：①正合作结合模式；②同型多聚化模式；③多步信号转导；④共价修饰循环；⑤正反馈设计。这些放大机制通过不同的方式调控细胞内信号传递，确保细胞能够准确地响应外界刺激，并在复杂环境中保持功能稳定。

（1）正合作结合模式

许多受体蛋白以多聚体复合物的形式存在，由多个相同或类似的亚基组成，每个亚基都包含一个结合位点用于结合同类的配体分子。根据用于解释血红蛋白氧气结合的常见模型（如 Adair 模型和 Koshland-Nemethy-Filmer 模型），早期结合的配体分子可以促进未结合亚基的后续配体结合。这种结合亲和力逐步增加的现象通常是由亚基之间的变构相互作用引起的。

在极端情况下，后期配体结合的亲和力远高于早期结合，这使得受体通常处于两种状态之一：要么完全没有配体，要么全部结合。这是因为一旦一个亚基与配体结合，由于亲和力的增强，剩余亚基很快会被占据。这种结合模式往往会导致受体结合曲线呈现 S 形（sigmoid）响应，系统的放大程度取决于每个受体分子的结合位点数目和结合亲和力的提升幅度。正合作结合机制能够为第二信使系统提供超灵敏的信号转导。

例如，蛋白激酶 A（PKA）的活化依赖于环磷酸腺苷（cAMP）与其调节亚基的结合，该调节亚基具有两个 cAMP 结合位点。研究表明，cAMP 与调节亚基的结合表现出正协同性。这种正合作结合在第二信使系统中产生超灵敏度，作为一种信号放大机制，确保信号转导过程中的有效性和未衰减性。

（2）同型多聚化模式

游离的转录因子分子与 DNA 结合的转录因子分子之间的蛋白质-蛋白质相互作用也可以增强协同性。许多蛋白质通过形成同源多聚体的方式发挥作用。在同源多聚体化过程中，相同的单体可逆地结合，形成通常具有完整功能活性的高阶多聚体。根据质量作用动力学，多聚体的形成速率随单体浓度的幂函数增加，幂的指数等于多聚化的阶数。因此，游离单体浓度的线性增长会驱动多聚体稳态浓度的非线性、超灵敏增加。理论上，二聚体的响应系数可以达到 2，三聚体则可以达到 3，以此类推。

蛋白质的同源多聚化是信号转导、基因调控和代谢网络中的常见过程。例如，许多受体通过二聚体、三聚体或四聚体形式存在和发挥功能。在细胞应激反应中，许多代谢酶以同源多聚体形式发挥作用。例如，氧化应激诱导的一组抗氧化蛋白通过同源二聚体或同源四聚体形式存在，特别是谷胱甘肽过氧化物酶和过氧化氢酶，这些酶通过催化反应消除过氧化氢的毒性并以同源四聚体形式发挥作用。此外，某些抗应激蛋白也以同源二聚体形式存在，例如重金属应激时诱导的金属硫蛋白（用于螯合金属离子）以及由遗传毒性应激诱导的生长停滞和 DNA 损伤蛋白（用于修复受损的 DNA 和调控细胞生长）。

（3）多步信号转导

多步信号转导是指单一的输入信号能够同时调节多个生化过程，并通过协同作用激活最终的输出响应。例如，调节蛋白可以通过转录调控和翻译后修饰来同时增加靶蛋白的数量和活性；转录因子不仅可以诱导靶基因的转录，还能间接抑制该基因编码蛋白质的降解；激酶则可能通过非过程性多位点磷酸化来调节蛋白质功能。在这些信号转导路径中，并行的生化过程之间的协同作用表现为输出响应中的乘法关系。即使输入信号线性调节每个单独的过程，这种协同作用也会导致系统产生超灵敏响应。单个激酶的非过程性（分布性）多位点磷酸化是多步信号转导中的常见机制。在这种情况下，蛋白质只有在完全磷酸化或完全去磷酸化时才具有最大活性。以丝裂原活化蛋白激酶（MAPK）为例，超敏感性可以通过多位点磷酸化来实现。MAPK 的双重磷酸化过程涉及 MAPK 激酶（MAPKK，作为催化酶）与 MAPK（作为底物）之间的两次独立反应，而不是一次性完成。在这一过程中，单磷酸化的 MAPK 作为中间产物被释放，然后再次与 MAPKK 结合进行第二次磷酸化。因此，MAPKK 浓度的增加会导致：①更多的单磷酸化 MAPK 作为第二次磷酸化的底物；②更多的激酶用于催化第二次磷酸化反应。结果，双磷酸化 MAPK 的产生速率可以与 MAPKK 浓度的平方成正比，进而增强 MAPK 途径的超灵敏性。

（4）共价修饰循环

调节蛋白质活性的一种最常见方式是通过翻译后的共价修饰，如磷酸化、乙酰化和甲基化。这些修饰通过改变蛋白质与其他蛋白质、DNA 或其他小分子物质的相互作用亲和力，从而有效地开启或关闭蛋白质的活性。通常，这些修饰是可逆的，涉及一对特定酶来催化相反的过程，例如激酶与磷酸酶、乙酰转移酶与脱乙酰酶，以及甲基转移酶与去甲基酶。通过改变处于活性和非活性状态的蛋白质比例，这些修饰酶能够调节整体的蛋白质活性。

Goldbeter 和 Koshland 的理论研究提出，当激酶和磷酸酶在接近饱和的条件下作用于其蛋白质底物时，可以产生底物磷酸化的放大效应。这一效应在共价修饰循环中被称为“零阶超灵敏度”，并且后来通过许多信号蛋白和酶得到了实验验证。最早的证据来自异柠檬酸脱氢酶，这是一种参与三羧酸循环（TCA 循环）的酶，其活性受到磷酸化的抑制。零阶超灵敏度可以通过以下方式直观理解：假设一个系统处于中点稳态，即 50% 的蛋白质底物被磷酸化，另 50% 处于去磷酸化状态，且蛋白质的总量远超激酶和磷酸酶的米氏（Michaelis-Menten）常数。在这种情况下，激酶和磷酸酶几乎完全被各自的底物饱和，导致磷酸化和去磷酸化反应对底物浓度的变化不敏感。由于系统处于稳态，磷酸化和去磷酸化的速率是相等的。

现在，如果激酶浓度略微增加，磷酸化速率将迅速超过去磷酸化速率，导致更多的蛋白质被磷酸化。由于磷酸酶已接近饱和，磷酸化蛋白质浓度的增加不会加速去磷酸化的反应。因此，磷酸化的净效应会持续，直到去磷酸化蛋白质的浓度下降到一个激酶饱和度较低的水平，此时磷酸化和去磷酸化速率再次相等。相反，当激酶浓度略有降低时，类似但相反的过程将发生，导致去磷酸化比例增加。在任何一种情况下，这种变化都会导致磷酸化和去磷酸化蛋白质浓度的大幅波动，进而产生一个陡峭的反应曲线。

（5）正反馈设计

正反馈设计在生物系统中广泛用于放大生物信号，使细胞或生物分子对环境信号的响应变得更加敏感，并在多个关键的生物过程中发挥重要作用，包括基因表达调控、信号转导、细胞分化和生物节律等。通过正反馈，输入信号不仅触发响应，还通过反馈回路放大反应强度，最终产生显著的生物学效应。

生物信号放大器中的正反馈设计在多个细胞过程和分子反应中发挥关键作用，帮助细胞对外界信号做出敏捷而有效的反应。这种设计在多种生物过程中可以观察到，包括基因调控、酶反应和信号转导等。

在基因调控网络中，正反馈机制可以通过放大转录因子的活性来增强基因表达。某些转录因子通过正反馈回路自身调控其表达，形成自我增强的反馈循环。这个过程使得基因表达在特定阈值以上时，迅速达到较高水平，并能在无外界刺激的情况下保持高表达。

在细胞分化过程中，正反馈设计可以确保细胞在接收到适当信号时，从未分化状态迅速转变为分化状态。某些转录因子通过正反馈持续增强其自身表达，使细胞维持分化后的状态。这种双稳态开关机制有助于确保细胞在分化完成后稳定不变。

在代谢过程中，正反馈回路可以通过加速代谢物的生成来放大某些生化反应的效果。例如，在应激反应过程中，代谢网络中的正反馈机制能够迅速提升抗氧化酶或其他应激分子的产生，帮助细胞快速应对外界挑战。

3.3 逻辑门基因线路调控策略及原理

3.3.1 转录水平逻辑门

转录水平逻辑门的基本原理是通过调控转录因子和基因启动子之间的相互作用，来实现对基因表达的调控。不同的逻辑门类型（如 AND 门、OR 门、NOT 门等）通过调控多个信号的整合，决定特定基因是否被转录。转录水平逻辑门在合成生物学、基因调控网络和生物传感器中的应用前景广阔，为细胞功能调控和信息处理提供了强大的工具。

AND 门要求多个输入信号同时存在，才能启动基因表达。在转录水平，AND 逻辑门通常依赖于多个转录因子共同结合到启动子上，才会激活目标基因的表达。两个或多个不同的转录因子必须同时结合到同一基因的启动子或增强子上，才能启动该基因的转录。细胞可能需要在多个环境信号同时存在时才做出响应。例如，细胞可能只有在检测到特定温度和特定代谢物时，才会激活相应的基因。

OR 门要求任意一个输入信号存在时即可激活基因表达。在转录水平，OR 门通过多个转录因子中的任意一个结合到启动子上来激活基因。任意一个转录因子与启动子结合即可启动转录，因此只要满足其中一个条件，基因就会表达。在不同的应激条件下，细胞可能需要快速反应。OR 逻辑门设计使得细胞在检测到任何一种应激条件时，都能启动保护性基因的表达。

NOT 门通过抑制信号来关闭基因表达。在转录水平，NOT 门通常涉及抑制性转录因子的作用，这些因子在结合到启动子或调控区域时，阻止目标基因的转录。当抑制性转录因子与启动子结合时，RNA 聚合酶无法启动转录，导致基因表达被关闭。NOT 逻辑门可以用于调控基因表达的负反馈回路。例如，当某种代谢物浓度过高时，抑制性转录因子会结合启动子，关闭参与该代谢物合成的基因。

在合成生物学中，转录水平逻辑门用于构建人工基因线路，使细胞能够根据环境信号或外界控制做出复杂的响应。这种基因线路可应用于细胞工厂、环境检测、智能药物递送等领域。

通过设计一个包含 AND 逻辑门的基因线路，细胞在同时检测到两个不同的生物标志物时才会启动药物的合成和释放。这种设计可以用于癌症治疗，确保药物只在特定的癌细胞中释放，从而减少对正常细胞的损伤；通过设计细胞中携带 OR 逻辑门的基因线路，当检测到任何一种环境污染物（如重金属或有害化学物质）时，细胞就会发出荧光信号，提示污染物存在。这种系统能够广泛用于水质监测和空气污染检测；通过将多种转录水平的逻辑门组合，科研人员可以实现对细胞行为的精确控制，例如细胞分化、增殖和死亡等复杂过程。

转录水平逻辑门可能受到基因表达噪声的影响，导致基因表达的不精确和波动。因此，如何降低噪声并提高逻辑门的精度是一个关键挑战。随着逻辑门和基因线路的复杂性增加，设计和调控难度也随之提高，尤其是在需要整合多重信号时。未来的发展可能会结合更多种类的逻辑门和调控元件，构建更加复杂和精确的合成基因线路，以控制细胞行为和功能。

转录水平逻辑门通过操纵转录因子和启动子的相互作用，能够实现对基因表达的精确调控。不同类型的逻辑门（如 AND、OR、NOT 等）通过整合多个输入信号，允许细胞对复杂的环境条件做出反应。

3.3.2 翻译水平逻辑门

翻译水平逻辑门通过调控翻译起始、翻译抑制、mRNA 的稳定性或 RNA 干扰机制来影响蛋白质的合成。不同于转录水平逻辑门作用于基因的转录过程，翻译水平逻辑门通过直接影响 mRNA 的翻译过程，实现对蛋白质产量的调控。

AND 逻辑门要求多个输入信号同时存在才能启动翻译。在翻译水平，这种逻辑门通常依赖于多个翻译调控元件的共同作用，只有当所有调控条件满足时，mRNA 的翻译才能被激活。例如，核糖体结合位点只有在特定的 RNA 结构或结合蛋白被激活后才能暴露出来，同时需要第二个信号调控核糖体结合的翻译起始因子，确保只有在两个信号同时存在时，翻译过程才能顺利进行。通过 AND 逻辑门，细胞可以在同时接收到两个外界信号时，才启动关键蛋白质的合成。这在细胞应激反应或多重环境信号的整合中有重要应用。

OR 逻辑门要求任意一个输入信号存在时即可激活翻译。在翻译水平，OR 逻辑门通过多个独立的调控机制来确保翻译启动，只要其中一个调控因素被激活，mRNA 翻译就能开始。mRNA 的 5′ 端可能含有多个翻译调控位点，任何一个位点被激活都能引导核糖体启动翻译。例如，一个位点可以通过翻译启动因子激活，另一个位点可以通过 RNA 结构的解开来促进翻译。当细胞需要在多个不同的应激条件下快速合成某种蛋白质时，OR 逻辑门设计能够确保在任意一种应激因子出现时，蛋白质的合成都能启动。

NOT 逻辑门通过抑制某个输入信号来阻止翻译。在翻译水平，NOT 逻辑门通常通过抑制性蛋白、微 RNA（microRNA）等调控元件起作用，抑制核糖体结合或阻碍翻译起始。当某个抑制性因子存在时，它会与 mRNA 结合，阻止核糖体的结合或抑制起始因子的活性，从而阻断蛋白质的合成。只有当该抑制因子不存在时，翻译过程才能顺利进行。NOT 逻辑门可以用于负反馈调控系统，确保在某种代谢物或信号分子过量时，抑制其合成途径中的关键蛋白质的生成，从而维持系统的稳态。

合成生物学中，翻译水平的逻辑门用于构建复杂的基因线路，允许细胞根据外部环境信号灵活调控蛋白质的生成。这种电路能够调控细胞的功能，用于开发智能细胞、可编程药物递送系统等。通过 AND 逻辑门控制 mRNA 的翻译，只有当同时检测到两种不同的应激信号（如高温和氧化应激）时，细胞才会合成抗应激蛋白质。这确保了细胞在恶劣环境下能够有效启动保护机制。翻译水平逻辑门能够帮助细胞将多种信号整合为一种输出反应。例如，细胞可以根据营养状况、代谢产物浓度或环境应激等多种信号，通过翻译逻辑门控制蛋白质的合成。在代谢调控中，当检测到任何一种营养缺乏信号（如葡萄糖或氨基酸浓度低）时，细胞可以通过 OR 逻辑门启动特定酶的合成，确保在任何一种营养缺乏情况下维持能量平衡。

翻译水平的调控机制容易受到细胞内外环境变化的影响，导致噪声干扰。因此，如何降低噪声对逻辑门精确性的影响是一个挑战。未来，随着合成生物学技术的发展，翻译水平逻辑门有望成为设计更复杂的基因线路和生物开关的重要工具。通过使用翻译水平逻辑门，可以设计出基于患者特定生理状态或疾病标志物的个性化治疗系统，从而实现精准医疗。

3.3.3 蛋白质水平逻辑门

蛋白质水平逻辑门依赖于蛋白质之间的相互作用或蛋白质的翻译后修饰（如磷酸化、乙酰化等），来调节蛋白质的功能状态。不同类型的逻辑门（如 AND、OR、NOT 等）通过蛋白质的结合、激活或抑制来整合不同的信号输入，进而决定细胞行为或代谢途径的开启或关闭。

蛋白质之间的结合决定了生物功能的激活或抑制，某些蛋白质需要通过与其他蛋白质结合才能发挥作用。蛋白质的修饰（如磷酸化）可以改变其活性、稳定性或其与其他蛋白质的相互作用，从而调节其功能。某些蛋白质通过多聚体或解聚状态改变其功能，参与细胞信号传递或代谢调控。

AND 逻辑门要求多个输入信号同时存在，才能激活目标蛋白质的功能。在蛋白质水平，AND 逻辑门依赖于多个蛋白质的结合或多个翻译后修饰步骤来激活某一蛋白质。例如，一个目标蛋白质需要两个不同的蛋白质结合才能被激活，或者该蛋白质需要经历多步翻译后修饰（如磷酸化和乙酰化）才能发挥作用。AND 逻辑门常用于细胞分化调控，只有当多个信号同时激活时，细胞才进入特定的分化途径。例如，在免疫系统中，T 淋巴细胞分化需要多个信号分子的协同作用，才能启动下游的基因表达和功能激活。

OR 逻辑门要求任意一个输入信号存在时即可激活目标蛋白质。在蛋白质水平，OR 逻辑门通过任意一个蛋白质结合或修饰的事件即可激活目标蛋白质的功能。一个目标蛋白质可能具有多个调控位点，任意一个位点的激活都能使蛋白质发挥功能。例如，一个酶可以通过两种不同的途径活化，这两种途径中的任意一种启动即可使酶发挥作用。在细胞应激反应中，OR 逻辑门使得细胞能够在不同的应激条件下快速启动保护机制。例如，当细胞暴露于高温或氧化应激时，任何一个信号都能激活热休克蛋白的功能，保护细胞免受损伤。

NOT 逻辑门通过抑制输入信号来阻止蛋白质发挥功能。在蛋白质水平，NOT 逻辑门通过抑制蛋白质之间的相互作用或翻译后修饰，来关闭某一蛋白质的活性。当抑制性蛋白质结合到目标蛋白质上时，它会阻止目标蛋白质的激活，或阻止其与其他功能性蛋白质的结合。例如，特定的磷酸酶可以去磷酸化并抑制某些信号蛋白的活性。NOT 逻辑门常用于负反馈回路，例如在信号转导途径中，当信号达到一定强度时，抑制性蛋白质启动，阻断信号传递，从而维持细胞的稳态。

蛋白质水平的逻辑门广泛应用于信号转导网络中，帮助细胞整合外界信号并做出决策。通过蛋白质之间的相互作用和翻译后修饰，信号转导途径能够快速响应环境变化。在 MAPK（丝裂原活化蛋白激酶）通路中，信号依赖于多个激酶的激活步骤，这些激酶相互作用形成多步反应链。MAPK 必须经过双重磷酸化才能完全激活，这是一种典型的 AND 逻辑门机制，确保信号只有在多个步骤被激活时才传递到下游。代谢调控中，蛋白质水平逻辑门通过调节酶的活性，决定细胞的代谢途径。在代谢通路中，多个代谢信号可以通过蛋白质-蛋白质相互作用整合，形成逻辑门，决定代谢流的方向。乙酰辅酶 A 是多种代谢途径的关键中间产物。通过 OR 逻辑门，它可以进入不同的代谢通路，如脂肪酸合成或三羧酸循环，确保在不同的代谢需求下，细胞能够灵活调节其代谢路径。蛋白质水平逻辑门还用于调控基因表达，帮助细胞对多个调控信号做出决策。通过蛋白质的结合、修饰或解聚，细胞可以灵活控制基因的表达和关闭。P53 是调控细胞周期和凋亡的关键蛋白质。当 P53 未被抑制时，它可以激活多种凋亡基因，诱导细胞死亡。在某些条件下，P53 的抑制蛋白（如 MDM2）可以抑制 P53 的活性，这是一种 NOT 逻辑门机制，确保只有在 P53 失去抑制时，细胞才进入凋亡。

蛋白质水平逻辑门能够快速整合信号并作出反应，适合应对环境的快速变化；也可通过蛋白质之间的相互作用和修饰，整合多种输入信号，实现复杂的生物功能调控；还可通过可逆的翻译后修饰（如磷酸化和去磷酸化），灵活调节蛋白质的活性，实现动态调控。

在蛋白质水平动态调控策略的研究与应用中，微生物中广泛存在的别构调节也可用于开发蛋白质水平的调控策略。别构调节是指别构蛋白将效应物与别构结合位点的结合效应传递到活性位点，从而对蛋白质的活性进行调控的过程。通过结合效应物后的构象改变，可以直接调节蛋白质活性来动态调控代谢通量而不引入过多的代谢负担，具有较大的应用潜力。例如，在最近的一项研究中，科学家利用可以识别特定位点进行剪切的蛋白酶和二氢叶酸还原酶（DHFR）降解标签进行蛋白质基因回路的设计。其具体原理是：具有 DHFR 降解标签的蛋白质将会被降解，而含有蛋白酶识别位点的蛋白质将会被剪切。如果把蛋白酶识别位点插入蛋白质与降解标签之间，那么降解标签将会被蛋白酶切除，从而达到激活蛋白质的效果。为了实现不同蛋白酶的相互控制，他们把一种蛋白酶（A）分成两半，由插有另一种蛋白酶（B）识别位点的亮氨酸拉链连接，这样一来当 B 切除了亮氨酸拉链，A 就会分开，从而失活。通过控制不同种类蛋白酶识别位点的插入位置，他们构建了不同逻辑的输出信号（包括 OR、AND、NOR、NAND、IMPLY、NIMPLY、XOR、XNOR）以及两种前馈环回路（Gao et al., 2018）。

3.4 逻辑门发展中目前存在的技术问题与解决思路

3.4.1 信号传递衰减问题

逻辑门信号传递衰减问题是指在生物或电子系统中，信号通过多层逻辑门或网络传递时，信号强度逐渐减弱，导致系统的输出不如预期，最终可能失去功能性或精确性。信号衰减是设计复杂的逻辑网络时面临的关键挑战，尤其在合成生物学中的基因线路设计以及电子电路中，都需要解决信号的有效传递和维持问题。

信号传递的衰减通常与噪声干扰、非线性效应及延迟与反馈这三个方面有关，在生物系统中，基因表达的随机性和分子反应的噪声会导致信号在传递过程中的波动和不稳定，进而引起衰减。电子电路中的电噪声或外部干扰也会影响信号的传递质量。生物信号往往以非线性方式传播，某些通路中的反馈回路或协同效应可能导致信号过度放大或削弱。在多层级逻辑门传递中，非线性积累会使信号强度逐渐减弱，失去原始的强度和精确性。信号传递延迟是多级逻辑门网络中的一个常见问题，特别是在涉及反馈回路的情况下。延迟会导致信号无法及时传递，导致信息滞后或无法有效激活下游响应。

信号衰减会造成信号丢失、失去开关特性及精度效率降低这三个问题，信号强度逐步减弱会导致系统失去对输入信号的感知能力，最终输出可能无法有效反映输入的变化。对于生物系统而言，信号衰减可能导致细胞无法响应外界环境的变化；在电子系统中，信号丢失则可能导致计算错误或逻辑门失效。逻辑门设计通常具有“开关”特性（如全有或全无响应），但由于信号衰减，系统可能无法维持这种强度差异，导致逻辑门输出模糊或处于中间状态，从而失去开关功能。信号衰减会导致系统的响应精度下降。在合成生物学中，这意味着基因线路的表达调控精度降低。在电子系统中，信号的有效性下降可能导致误差率增加，影响整体系统的效率和可靠性。

为了抵消信号衰减，设计信号放大器是常见的解决方案。生物系统中可以通过正反馈回路设计或使用带有放大功能的酶系统，来增强生物信号的传递。冗余信号通路是另一种应对信号衰减的方式。在合成生物学中，通过设计冗余的基因线路或并行的信号传递通路，可以减少单一路径中的信号损失。通过设计反馈回路，系统可以实时监控和调整信号传递，抵消衰减带来的影响。例如，负反馈回路可以通过调节信号强度来维持系统稳定，而正反馈回路可以通过放大信号增强系统响应。在逻辑门网络的多个层级中，设置信号再生点可以避免连续的信号损耗。在生物系统中，可以设计不同的酶反应级联，确保每一级别都有信号的再生与增强。

在基因线路中，信号从转录开始经过翻译到蛋白质生成的过程中，可能由于转录效率低、mRNA 降解、翻译效率波动等导致信号逐步减弱。为了解决这个问题，研究人员可以通过设计更有效的启动子、优化 mRNA 的稳定性或使用增强型翻译调控元件来提高信号传递效率。在蛋白质水平的信号传递中，翻译后修饰（如磷酸化、乙酰化）可能导致信号传递的衰减。为了克服这种衰减，设计多重修饰位点或级联的蛋白质修饰通路可以有效增强信号的持续性。合成生物学中，正反馈回路和放大器件（如 CRISPR 干扰系统、蛋白激酶级联）可以增强基因线路的信号放大功能。例如，通过设计具有放大作用的正反馈基因回路，信号可以在多级调控中维持足够强的传递效率，从而减少信号衰减。

未来的基因线路设计将更加注重信号传递的稳健性和放大功能。通过优化酶反应、mRNA 稳定性和蛋白质修饰，可以减少生物系统中的信号衰减问题。随着纳米技术的发展，纳米级信号放大器件可被用于生物系统和电子电路中，通过精确控制信号传递和放大，确保复杂逻辑网络的高效性。利用人工智能和机器学习算法，未来的逻辑门网络可以动态优化信号传递，自动识别和补偿信号衰减，从而提升系统的自适应性和稳定性。

信号衰减是逻辑门网络中面临的重要问题，尤其在多层传递和复杂网络设计中更为显著。通过采用信号放大器、反馈控制和冗余设计等策略，信号衰减问题可以得到有效缓解，从而提高系统的准确性和稳定性。在生物系统中，持续的技术创新将帮助设计更稳健的逻辑门网络，确保信号传递的可靠性和高效性。

3.4.2 元件资源竞争问题

逻辑门中元件资源竞争问题是指在多层逻辑门电路或基因线路设计中，不同的逻辑门或模块可能需要共享有限的元件或资源（如蛋白质、酶、转录因子或电子元件），从而引发竞争。这种资源竞争会导致信号传递效率降低、逻辑门性能下降、系统响应延迟，甚至可能使系统失效。资源竞争问题在生物系统（如合成基因线路）中都普遍存在。

在合成生物学的基因线路中，多个基因回路可能需要相同的转录因子来启动转录，这可能导致转录因子竞争，导致某些基因的表达水平下降。例如，若多个基因回路共享一个关键转录因子，当该转录因子的浓度有限时，可能无法同时有效激活所有目标基因；在翻译过程中，多个 mRNA 需要依赖有限的核糖体进行翻译。如果多个 mRNA 竞争相同的核糖体资源，会导致蛋白质合成速率下降，影响下游信号传递或细胞功能；在复杂的基因线路或代谢途径中，若多个回路需要消耗相同的代谢物或能量资源，可能导致代谢资源耗尽，进而影响基因线路的整体功能。例如，若某个基因线路过度消耗细胞中的能量或底物，可能导致其他代谢途径或信号传递通路功能受限。

元件资源竞争可以通过增加冗余元件的方式解决，避免不同的逻辑门模块竞争同一资源。例如，在基因线路设计中，可以使用多个转录因子或重复基因启动子，以减少不同基因模块之间的竞争。也可将系统划分为独立的模块，每个模块内部使用专有的资源，避免模块之间的资源竞争。在合成生物学中，模块化基因线路可以确保每个模块有独立的资源，不与其他模块竞争。还可通过动态分配资源和设定优先级，减少同时对同一资源的竞争。例如，在基因线路中，可以引入反馈调控机制，优先激活关键信号通路，避免所有通路同时竞争有限的转录或翻译资源。

随着合成生物学技术的进步，未来的基因线路设计将更注重资源分配优化，特别是在设计复杂的多基因网络时，将采取更为有效的策略避免资源竞争，并提高系统的稳健性和效率。未来的电子系统和生物电路将更多地依赖分布式资源管理系统，以减少资源竞争的影响。通过将逻辑门或基因模块分布到不同的资源池，可以有效减少竞争，提高系统效率。

元件资源竞争问题在生物和电子逻辑门设计中是一个重要挑战，直接影响系统的稳定性、性能和响应时间。通过资源冗余、模块化设计、动态分配、资源隔离和反馈控制等策略，可以有效缓解资源竞争带来的问题。随着技术的进步，未来将能更好地管理和优化逻辑门网络中的资源，确保系统在复杂环境下的高效运行。

3.4.3 追溯效力问题

逻辑门中的追溯效力问题是指当信号在多个逻辑门之间传递时，某些逻辑门的输出信号反过来影响其输入，导致信号传递的方向不再是单向的，而是出现反馈或倒流的现象。这种现象在合成生物学的基因线路中，可能会导致系统行为不可预测，信号失真，甚至系统功能紊乱。

追溯效力常常表现为某个逻辑门的输出信号反过来影响其输入，导致不期望的反馈效应。这种反馈可能会使系统进入振荡状态，难以稳定在某一输出状态，或者使信号无法有效传递。当多个逻辑门共享相同的输入或输出信号时，追溯效力可能引发信号冲突。例如，后级逻辑门的输出信号干扰了前级逻辑门的工作，使得前级逻辑门的输出不再稳定。

在多层逻辑门网络中，信号追溯效力可能导致系统出现不必要的延迟或滞后效应。信号需要等待反馈回路的响应，这可能拖慢整个系统的运行速度，甚至导致信号滞留在中间状态。

在合成生物学的基因线路中，转录因子常常参与多级调控，如果设计不当，转录因子的反馈可能导致追溯效力问题。例如，转录因子A通过正反馈激活自己，同时又调控另一个回路的基因表达，可能导致反馈信号过度放大，影响整个网络的稳定性。酶促反应中的正反馈回路常常会引发追溯效力问题。酶的活性受反馈机制调控，如果反应速率和反馈强度不匹配，可能导致酶促反应过快回流，影响下游信号传递。在蛋白质网络中，信号反馈回路能够引发追溯效力问题。例如，某种蛋白质的产物反馈激活该蛋白质的合成通路，可能引发信号过度放大或反馈失控，进而导致整个信号网络的紊乱。

为了避免追溯效力问题，可以通过设计反馈隔离机制，确保逻辑门的输出不会直接影响其输入。例如，在反馈回路中引入延迟单元或缓冲器，可以防止信号过快回流，从而减少追溯效力的影响；在生物基因线路中，使用具有方向性或单向传递特性的逻辑门可以有效防止出现追溯效力问题。例如，在生物系统中，可以通过设计仅能单向激活的转录因子来避免反馈信号反向影响；通过负反馈回路调节系统，可以避免正反馈引发的追溯效力问题。负反馈能够自动调节信号强度，防止信号被过度放大或倒流。同时，可以通过控制反馈回路的激活条件，确保只有在特定条件下，反馈才会生效。

未来的逻辑门设计将更多地依赖可编程反馈控制机制，通过动态调节反馈信号的强度和时机，来减少追溯效力的影响。合成生物学中，使用可调节的基因反馈回路，可以实现精确的信号调控。通过人工智能和自动化设计工具，可以在设计阶段识别并优化可能引发追溯效力的反馈回路，确保逻辑门网络的稳健性和效率。

3.5 应用案例：逻辑门基因线路调节细胞寿命促进化学品合成

3.5.1 筛选控制大肠杆菌时序寿命的靶点

许多研究表明大肠杆菌的寿命与胁迫应激响应途径（Gonidakis et al., 2010）和电子传递链（Fontaine et al., 2008）有关。因此，选择与胁迫应激响应途径和电子传递链相关的靶点用于调控大肠杆菌的细胞寿命，例如，压力响应调节因子（*rssB*）、碳储存调控因子（*csrA*）、类组氨酸蛋白（*hns*）、蛋白酶（*lon*）、σ^S（或σ^{38}）因子（*rpoS*）、低氧诱导因子（*arcA*）、甲基转移酶（*ubiG*）、硫辛酸合酶（*lipA*）、琥珀酸脱氢酶（*sdhA*）、糖原合酶（*glg*）和正向激活因子（*rcsA*）[图3-4（a）]。

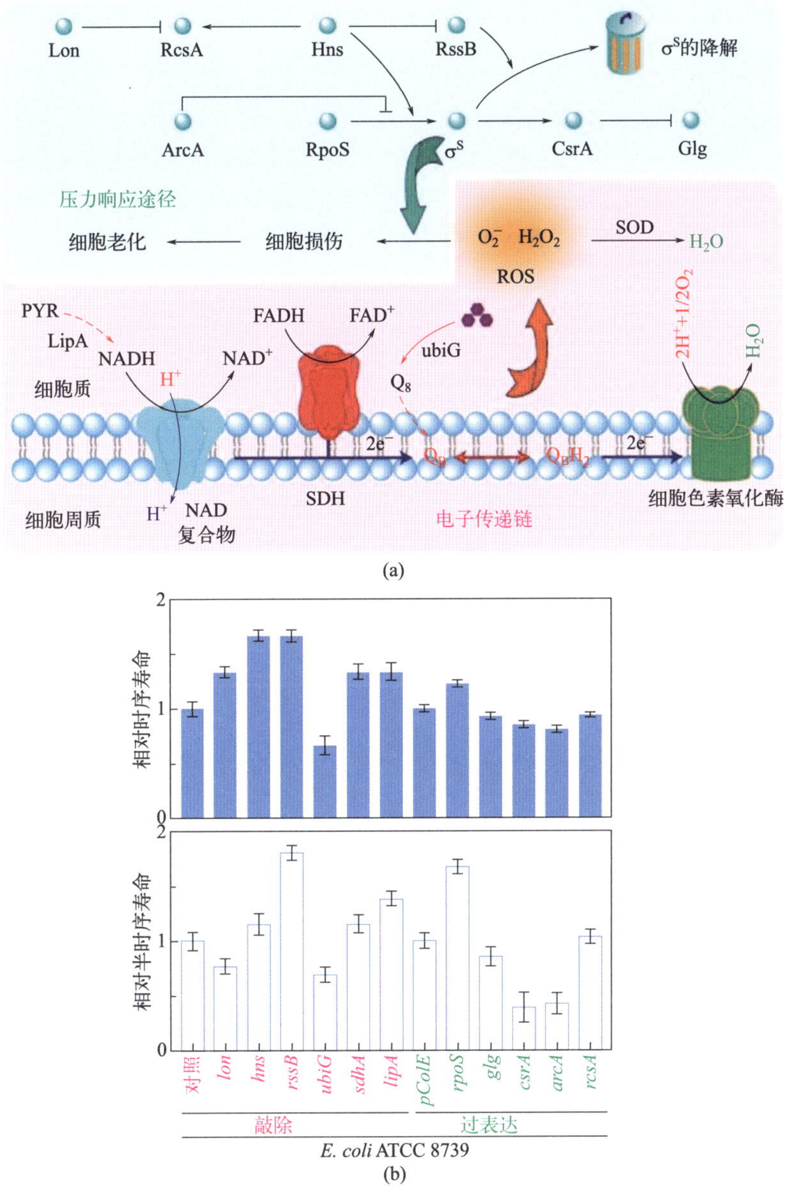

图 3-4　基因工程调控时序寿命

图（a）为通过调节大肠杆菌中的电子传递链和应激反应途径调节细胞寿命；图（b）为年龄特异性基因对大肠杆菌 ATCC 8739 中时序寿命（CLS）和半时序寿命（HCLS）的影响

为了分析基因操作对时序寿命和半时序寿命的影响，如图 3-4（b）所示，在 *E. coli* ATCC 8739 中敲除 *lon*、*hns*、*rssB*、*sdhA*、*lipA* 和 *ubiG*，使大肠杆菌的时序寿命分别增加 33%、66%、66%、33%、33% 和 −33%。另一方面，过表达 *glg*、*rcsA*、*rpoS*、*csrA* 和 *arcA*，使大肠杆菌的时序寿命分别增加 −9%、−7%、23%、−15% 和 −19%。根据时序寿命的增加幅度，选择 *hns*、*rssB* 和 *rpoS* 来进一步研究其对半时序寿命的影响，发现 Δ*hns*、Δ*rssB* 和 *rpoS* 过表达菌株的半时序寿命分别延长了 15%、81% 和 68%。考虑到敲除 *ubiG* 会显著降低细胞时序寿命。因此，选择正靶点（*rssB*、*rpoS*）和负靶点（*ubiG*）可以有效调节大肠杆菌的时序寿命和半时序寿命。

为了评估 *rssB*、*ubiG* 和 *rpoS* 调控细胞时序寿命的普适性，除 *E. coli* ATCC 8739 菌株外，分别在其他大肠杆菌，如 F0601（衍生于 *E. coli* W3110）、GL0002（衍生于 *E. coli* ATCC 8739）、B0013（衍生于 *E. coli* K-12）、DH5α（衍生于 *E. coli* K-12）、JM109、BL21（衍生于 *E. coli* B）、HB101（*E. coli* K-12 和 B 的杂种）和 W3110（衍生于 *E. coli* K-12），根据调节时序寿命的靶点，在同一位点进行了改造，发现经过改造后工程菌的时序寿命相对于对照菌株实现了 −30% ～ 70% 的改变。为了检测 *rssB*、*ubiG* 和 *rpoS* 对时序寿命的调控效果在不同培养条件（不同碳源和不同溶氧）下的稳定性，在两种可发酵碳源（葡萄糖和乳糖），两种不可发酵碳源（甘油和丁酸）与四种不同溶氧条件下分别检测了工程菌时序寿命和半时序寿命的变化。由 *E.coli* ATCC 8739 衍生的工程菌时序寿命和半时序寿命，均表现出与对照组（LB 培养基和 200 r/min）相似的变化，表明 *rssB*、*ubiG* 和 *rpoS* 对时序寿命的调控具有良好的鲁棒性。

3.5.2 调控大肠杆菌时序寿命强化丁酸生产

为了构建丁酸合成的底盘微生物，本研究将丁酸合成路径（Baek et al., 2013）引入 *E. coli* F0601 中，获得工程菌 BUT-1(图 3-5)。在摇瓶中，发酵 72 h 后，工程菌 BUT-1 可以生产 7.5 g/L 的丁酸，比对照菌株 BUT-0（0.5 g/L）高 14 倍，该结果表明成功构建了合成丁酸的底盘生产菌株。

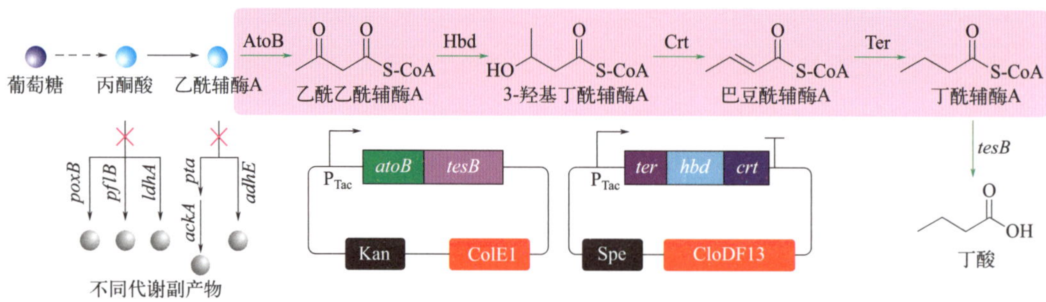

图 3-5　丁酸合成底盘微生物的构建示意图

有研究表明在发酵过程中积累的丁酸可以诱导细胞凋亡和抑制细胞生长。在本研究中，发现添加 5 mmol/L 的丁酸可以使 BUT-1 的时序寿命和半时序寿命分别降低 45% 和 75%，表明调控工程菌的时序寿命可能改善丁酸合成。在工程菌 BUT-1 中分别敲除 *ubiG* 和 *rssB*，得到工程菌 BUT-2（BUT-1Δ*ubiG*）、BUT-3（BUT-1Δ*rssB*）和 BUT-4（BUT-1Δ*ubiG*Δ*rssB*）。如图 3-6 所示，工程菌 BUT-2、BUT-3 和 BUT-4 的丁酸产量，分别比工程菌 BUT-1 高 9.3%、18.7% 和 26.7%，达到 8.2 g/L、8.9 g/L 和 9.5 g/L。此外，在工程菌 BUT-4 中进一步过表达 *rpoS*，获得工程菌 BUT-5，使丁酸产量进一步增加到 10.5 g/L。

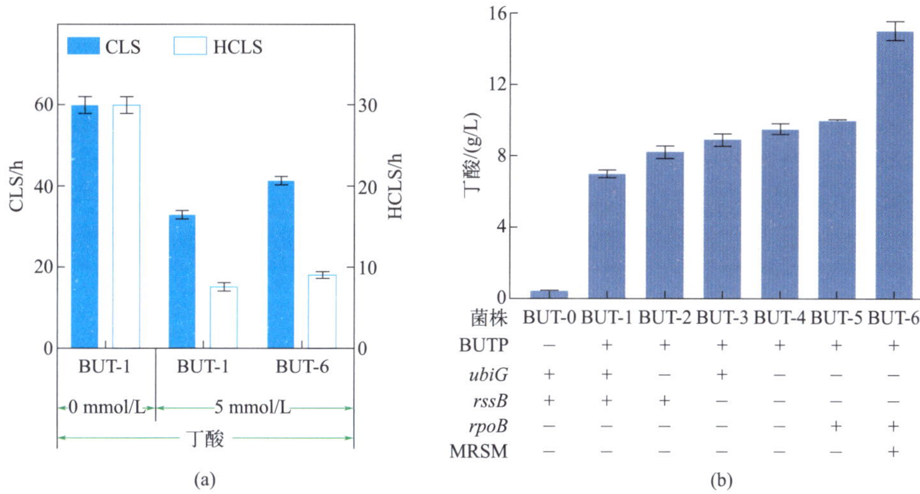

图 3-6　时序寿命对丁酸产量的影响

图（a）为丁酸对 CLS 的影响；图（b）为时序寿命调节对丁酸生产的影响

为了进一步提高丁酸的产量，调控工程菌的时序寿命，增加工程菌对丁酸的鲁棒性。根据时序寿命的调控靶点可以将丁酸生产菌株的命运分为 4 种模式：①细胞生长模式，表达甲基转移酶（UbiG）和压力响应调节因子（RssB）；②前体积累模式，表达压力响应调节因子（RssB）；③时序寿命增加模式，表达 σ^S 因子（RpoS）；④丁酸生产模式，表达 3-羟基丁酸-CoA 脱水酶（Crt）、反式烯醇-CoA 还原酶（Ter）和 3-羟基丁酸-CoA 脱氢酶（Hbd）。

3.5.3　双输入与四输出逻辑门状态机器 MRSM 的构建与验证

为了转换丁酸生产菌株的四种模式，引入了由控制器和执行器组成的 MRSM。其中控制器由酪氨酸重组酶、flippase 重组酶 [Flp，由阿拉伯糖（Ara）诱导型启动子调控] 和环化重组酶 [Cre，由无水四环素（aTc）诱导型启动子调控] 组成［图 3-7（a）］。执行器上的寄存器被控制器上表达的重组酶修饰。寄存器结构由一对同向的 Flp 识别位点和两对同向且正交的 Cre 识别位点（状态 S_{00}）组成。如果首先将 Ara 添加到 MRSM 中，则表达的 Flp 重组酶将寄存器 Flp 识别位点边缘之间的 Flp 位置切除，从而导致由 S_{00} 到 S_{10} 的状态切换。随后将 aTc 添加到 MRSM 中，Cre 位点之间的 DNA 片段被 Cre 重组酶切除，从而导致状态由 S_{10} 切换到 S_{11}。另一方面，如果首先将 aTc 引入 MRSM 中，则会诱导 Cre 重组酶表达，从而导致在 Cre 识别位点之间切除 DNA 片段，并由 S_{00} 切换到 S_{01}。随后将 Ara 添加到 MRSM 中，诱导了 Flp 重组酶表达，导致在寄存器中 Flp 识别位点之间 DNA 片段被切除，并由 S_{01} 切换到 S_{11}。蓝色（BFP，S_{00}）、红色（DsRed，S_{10}）、绿色（GFP，S_{01}）和远红色（mKate2，S_{11}）四种荧光蛋白状态分别对应于 MRSM 的四个输出［图 3-7（b）］。

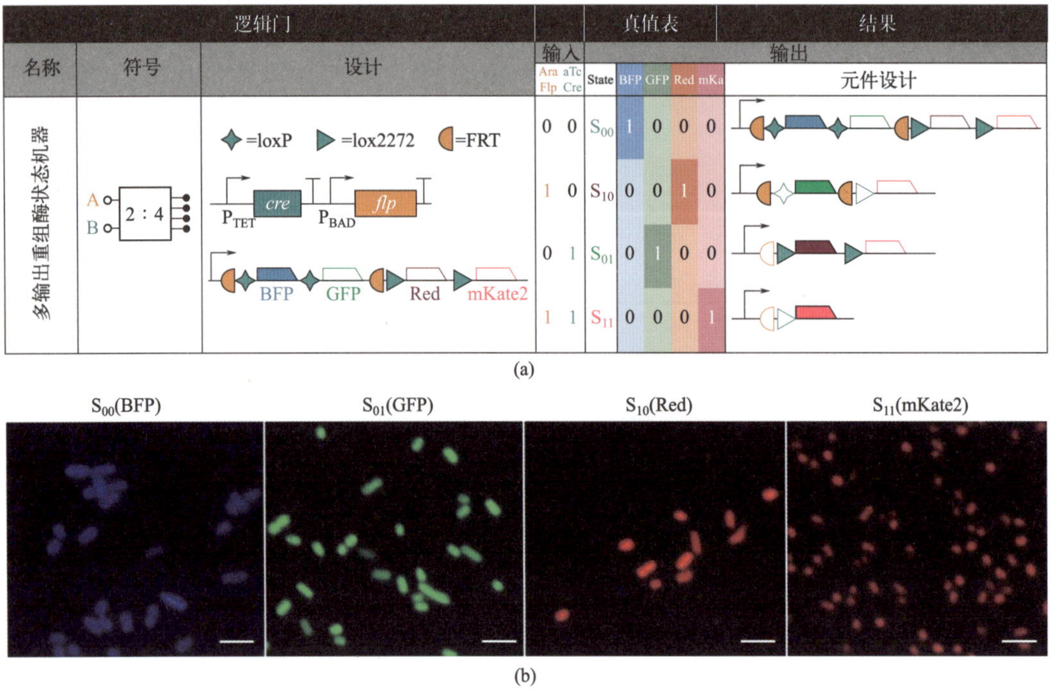

图 3-7 双输入四输出逻辑门的设计

图（a）为 MRSM 的相应真值表；图（b）为 MRSM 每个切除子串的不同状态。比例尺，5μm

为了构建 MRSM，首先检测了重组酶正交性。酪氨酸重组酶可以识别特定的重组位点，当重组位点的方向相同时，可以切除重组位点间的 DNA 片段。基于此，建立了状态转换器来检测酪氨酸重组酶的活性和正交性［图 3-8（a）］。如图 3-8（c）所示，酪氨酸重组酶 Flp 和 Cre 均表现出良好的活性和正交性。此外，丝氨酸重组酶也可以识别特定的重组位点，当重组位点的方向相反时，可以使重组位点间的 DNA 片段发生翻转。基于此，建立了状态逆变器来检测丝氨酸重组酶的活性和正交性［图 3-8（b）］。如图 3-8（d）所示，丝氨酸重组酶 A118 和 Bxb1 均表现出良好的活性和正交性。

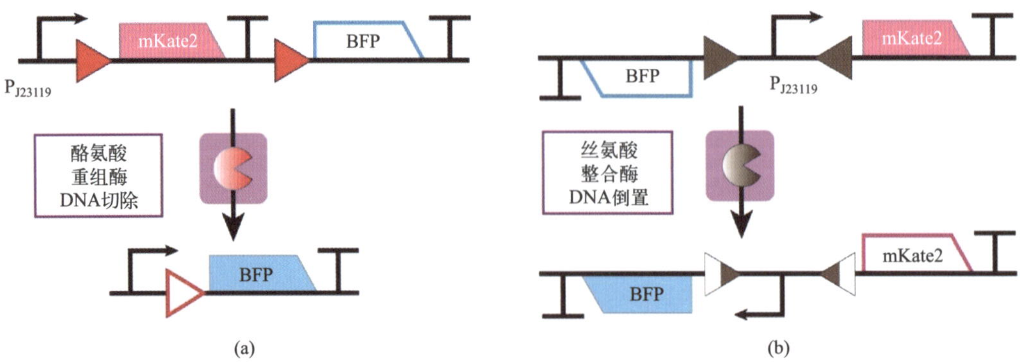

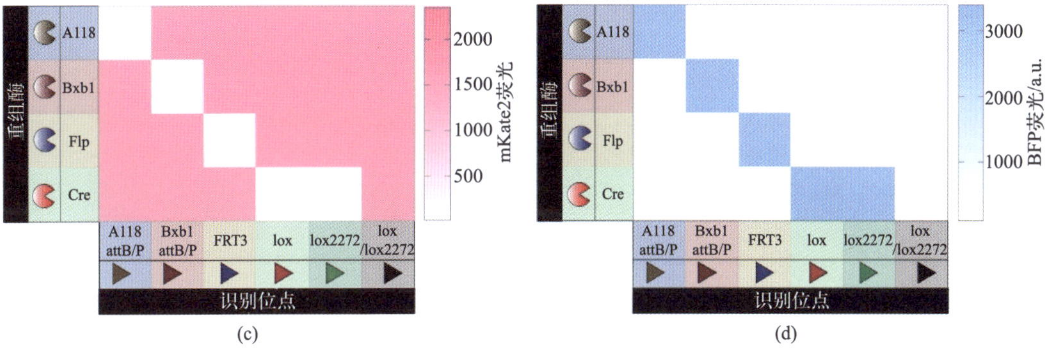

图 3-8　位点特异性 DNA 重组酶正交性检测

位点特异性 DNA 重组酶展示对六种荧光蛋白的正交的调节。重组酶可以通过酪氨酸重组酶介导的切除［图（a)］或丝氨酸整合酶介导的反转［图（b)］执行简单的转换逻辑操作。在所有转换逻辑报告器图［图（c）和图（d)］上测试重组酶的重组效率和正交性

在正交性检测过程中，发现重组酶存在泄漏表达，即在未添加诱导剂时表达的重组酶即可以启动 DNA 片段的剪接。为了阻止重组酶泄漏表达，使重组酶可控表达，在翻译水平上，采用不同强度的 RBS 和不同强度的起始密码子调控重组酶的蛋白质翻译；在蛋白质水平上，采用了不同强度的蛋白质降解决定子，控制重组酶在胞内的蛋白质丰度。

为了实现这个目标，首先，采用绿色荧光蛋白（GFP）作为报告蛋白，表征了 8 种不同 RBS 的强度。如图 3-9（a）和图 3-9（b）所示，将最强 RBS（RBS8）翻译的荧光强度定义为 1，根据荧光强度的变化，8 种不同 RBS 的强度大小为 RBS8 ＞ RBS7 ＞ RBS6 ＞ RBS4 ＞ RBS3 ＞ RBS5 ＞ RBS2 ＞ RBS1。然后，采用远红外荧光蛋白（mKate2）作为报告蛋白，表征了 7 种不同强度的起始密码子。如图 3-9（c）和图 3-9（d）所示，将最强的 ATG 起始的荧光强度定义为 1，根据荧光强度的变化，7 种起始密码子的强度大小为 ATG ＞ GTG ＞ TTG ＞ CTG ＞ CAT ＞ GGA ＞ CCG。最后，采用远红外荧光蛋白（mKate2）作为报告蛋白，表征了 4 种不同强度的蛋白质降解决定子。如图 3-9（e）和图 3-9（f）所示，将未添加蛋白质降解决定子的荧光蛋白质强度定义为 1，根据荧光强度的变化，蛋白质降解决定子的强度大小为 LAA ＞ AAV ＞ DAS1 ＞ DAS。

此外，还分别优化了诱导剂 aTc 和 Ara 诱导剂的浓度。如图 3-10 所示，当诱导剂 aTc 的诱导浓度从 0.01 ng/mL 增加到 100 ng/mL 时，Cre 介导的 DNA 重组也逐渐增加，并在 100 ng/mL 实现最大的 BFP 荧光强度输出；当诱导剂 aTc 的诱导浓度从 100 ng/mL 增加到 1000 ng/mL 时，输出信号 BFP 荧光强度出现下降，因此最优 aTc 的诱导浓度为 100 ng/mL。如图 3-10（c）和图 3-10（d）所示，当诱导剂 Ara 的诱导浓度从 1 μmol/L 增加到 1000 μmol/L 时，Flp 介导的 DNA 重组也逐渐增加，并在 1000 μmol/L 实现最大的 BFP 荧光强度输出；当诱导剂 Ara 的诱导浓度从 1000 μmol/L 增加到 60000 μmol/L 时，输出信号 BFP 没有出现显著的变化，因此最优 Ara 的诱导浓度为 1000 μmol/L。

为了构建 MRSM，首先，采用 Gibson 组装和酶切连接的方式，将编码 BFP、GFP、

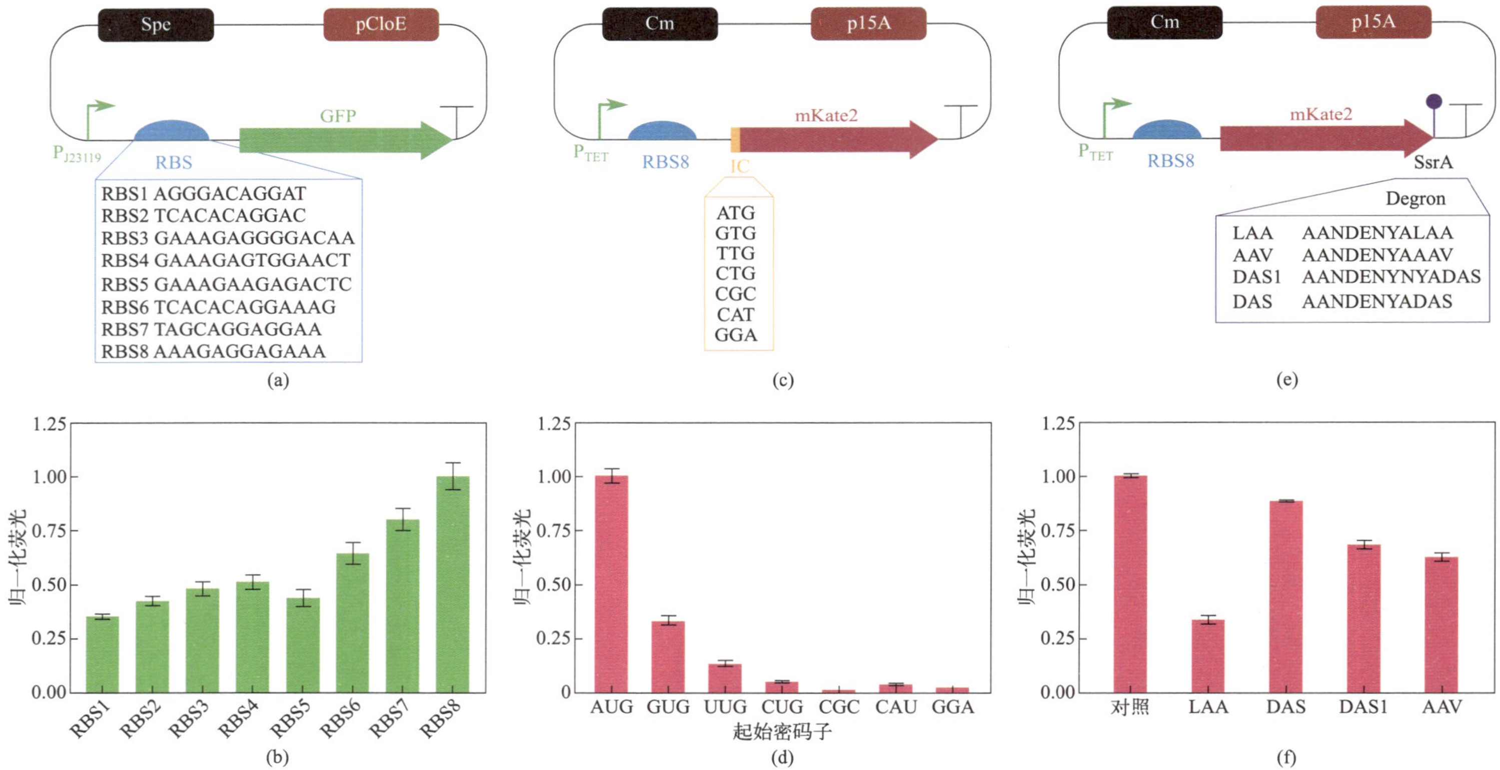

图 3-9 不同 RBS、起始密码子和降解决定子的强度检测

图（a）为测试 RBS 强度的分析示意图；图（b）为八个 RBS 的强度；图（c）为测试非规范起始密码子强度的分析示意图；图（d）为七个起始密码子的强度测定；图（e）为用于测试 SsrA 降解物强度的分析示意图；图（f）为四个 SsrA 的强度

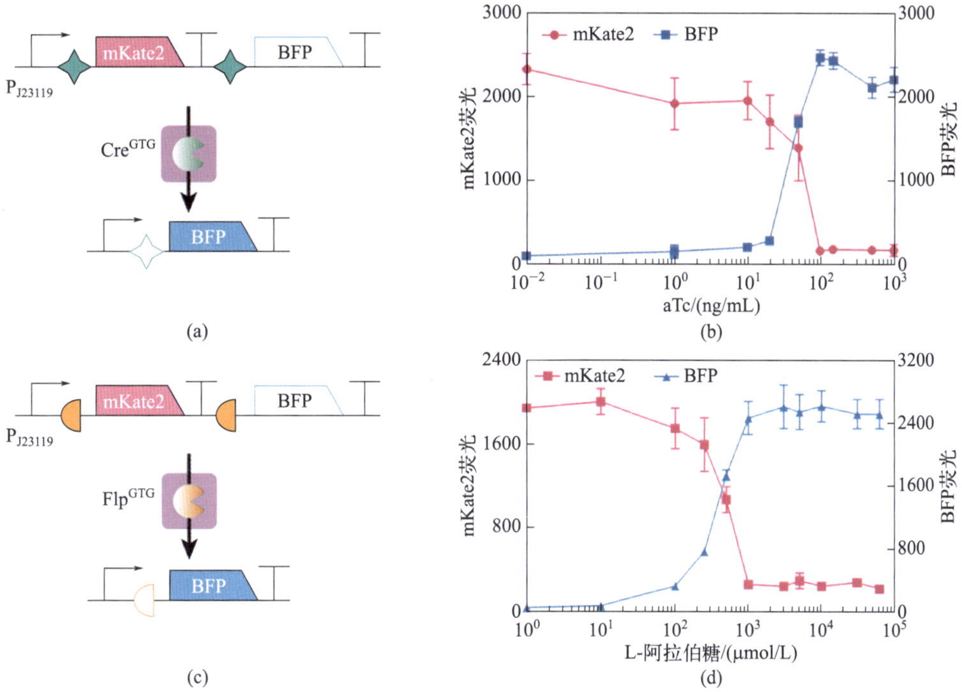

图 3-10　诱导剂浓度优化

图（a）为重组酶 Cre 控制转化的示意图；图（b）为不同浓度脱水四环素调控 Cre 介导的反应过程，图（c）为重组酶 Flp 控制的转化的示意图；图（d）为不同浓度阿拉伯糖调控 Flp 介导的反应过程

DsRed 和 mKate2 的基因片段连接到复制子为 ColE 的质粒上，构建出携带执行器的质粒 pColE-FRT-lox2272-BFP-lox2272-GFP-FRT-lox-DsRed-lox-mKate2［图 3-11（a）］。然后，采用不同强度的 RBS、起始密码子和降解决定子优化重组酶 Cre 和 Flp 的表达，经过优化，采用 RBS6 为 RBS，GTG 为起始密码子控制的重组酶 Flp，实现了重组酶 Flp 可控表达；采用 RBS8 为 RBS，GTG 为起始密码子，与添加 AAV 蛋白质降解决定子控制的重组酶 Cre，实现了重组酶 Cre 可控表达，将两个重组酶连接到复制子为 15A 的质粒上，构建了携带控制器的质粒 p15A-P_{TET}-Cre^{GTG}-AAV-P_{BAD}-Flp^{GTG}。将执行器和控制器同时转化到大肠杆菌中，组装 MRSM［图 3-11（a）］。

在群体水平分析细胞荧光的变化，发现首先将 Ara 添加到 MRSM 中，会使 99% 的细胞从 S_{00} 状态切换到 S_{10} 状态。然后，将 aTc 添加到 MRSM 中，会使 95% 的细胞从 S_{10} 状态切换到 S_{11} 状态。如果，首先将 aTc 添加到 MRSM 中，会使 96% 的细胞从 S_{00} 状态切换到 S_{01} 状态，然后将 Ara 添加到 MRSM 中，使 93% 的细胞从 S_{01} 状态切换到 S_{11} 状态［图 3-11（b）和图 3-11（c）］。

此外，研究了诱导剂的剂量对四种状态转换的影响，结果如图 3-11（d）所示：①如果首先添加低水平的 Ara（100 μmol/L）到 MRSM 中，重组酶 Flp 低水平表达，部分细胞由 S_{00} 状态转换为 S_{10} 状态；②随后向 MRSM 中添加足量的 aTc（150 ng/mL），分别将所有 S_{10} 状

态和 S_{00} 状态将切换到 S_{11} 状态和 S_{01} 状态；③添加足量 Ara（1000 μmol/L）导致所有 S_{01} 状态细胞切换到 S_{11} 状态。采用流式细胞仪检测表明，94% 的细胞按照预期状态切换。

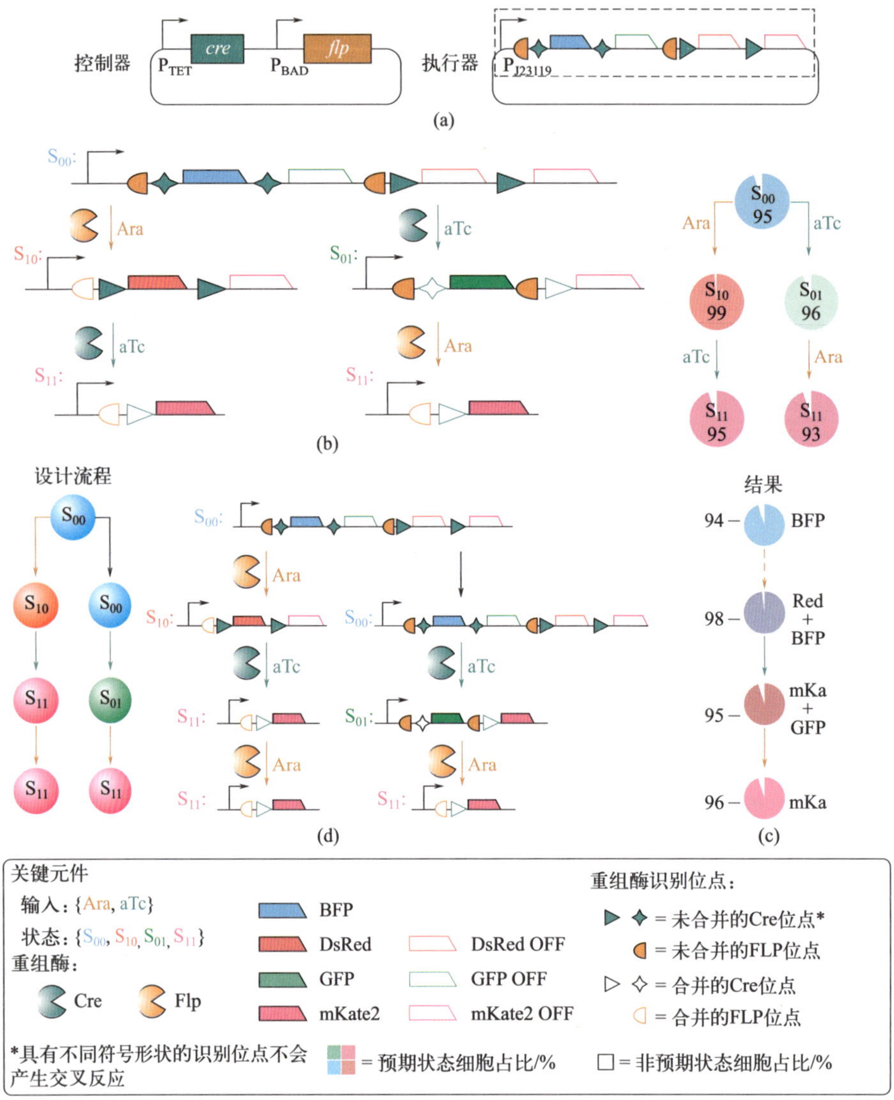

图 3-11　双输入四输出逻辑门的有效性验证与诱导剂浓度优化

图（a）为 MRSM 示意图；图（b）为结果寄存器的原理图，是通过两个输入的重新组合完成的；图（c）为菌株 MRSM-1 的表型；图（d）为诱导剂剂量对 MRSM 转换的影响。数字表示输入 Ara 和 aTc 重组诱导的细胞群的预期状态

3.5.4 MRSM 调控细胞时序寿命改善丁酸生产

为了调控丁酸生产菌株的四种状态，根据 MRSM 的结构，将该逻辑门的四种输出状态分别与菌体生长模式、前体积累模式、时序寿命增加模式和丁酸合成模式相连，构

建具有执行功能的质粒 pCloDF13-URRrthc。最终，获得工程菌 BUT-6［图 3-12（b）和图 3-12（c）］。

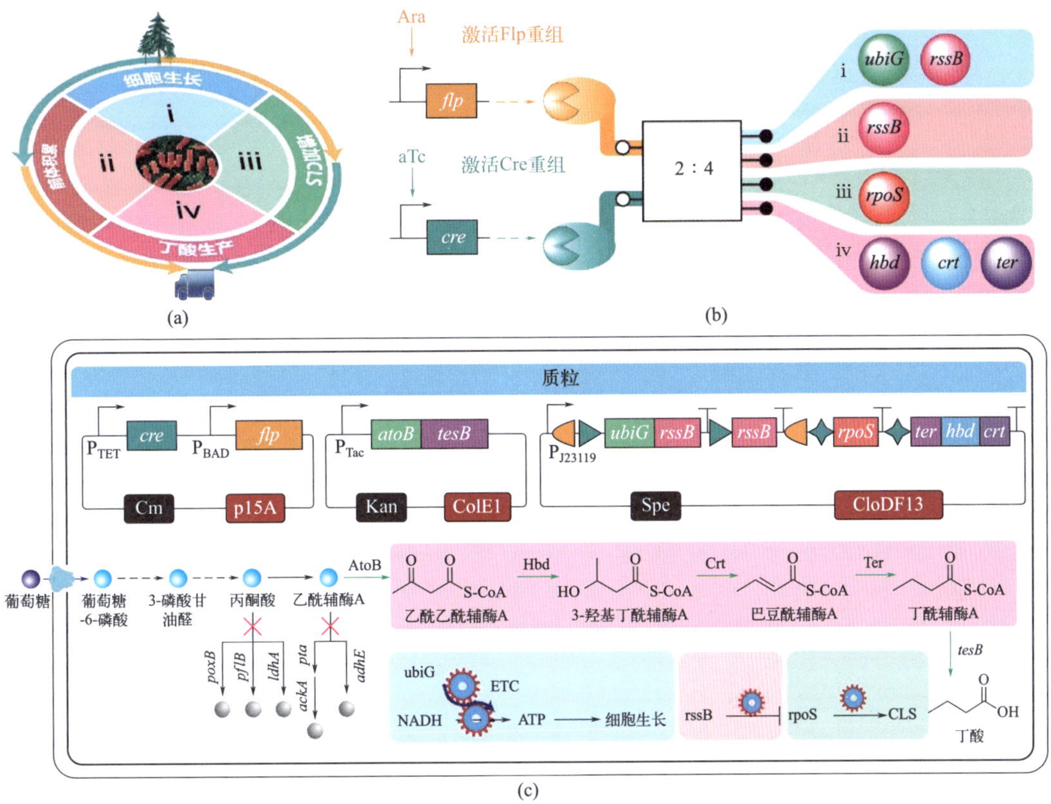

图 3-12　群落工程改善丁酸生产的示意图

图（a）为采用微生物群落策略来提高丁酸的产量；图（b）为小分子 aTc 和 Ara 分别用于诱导 Cre 和 Flp 重组酶的表达；图（c）为丁酸生物合成途径示意图

在发酵起始阶段工程菌 BUT-6 表达 *ubiG* 和 *rssB* 使工程菌维持在菌体生长模式，等到菌体量积累一定浓度时，添加少量的 Ara 诱导 Flp 重组酶表达，使部分菌体切换到细胞寿命增加模式；培养一段时间以后，再添加足量的 aTc 诱导 Cre 重组酶表达，使工程菌的状态分别从菌体生长模式转换为前体积累模式，从细胞寿命增加模式转换为丁酸生产模式；最后，再加入足量的 Ara 诱导 Flp 重组酶表达，使工程菌的状态从前体积累模式转换为丁酸生产模式。

由于工程菌 BUT-6 在发酵过程中需要添加 IPTG、Ara 和 aTc 三种诱导剂，依次对 IPTG、Ara 和 aTc 诱导剂的工作浓度进行优化。首先，选用工程菌 BUT-5 进行 IPTG 诱导剂浓度优化。在工程菌 BUT-5 的发酵过程中，使用了 5 种不同工作浓度的 IPTG（0.1 mmol/L、0.2 mmol/L、0.3 mmol/L、0.4 mmol/L 和 0.5 mmol/L）。如图 3-13 所示，最优 IPTG 诱导浓度为 0.4 mmol/L，在最优诱导浓度下，工程菌 BUT-5 的最大生长速率为 0.69，丁酸产量为 10.5 g/L。

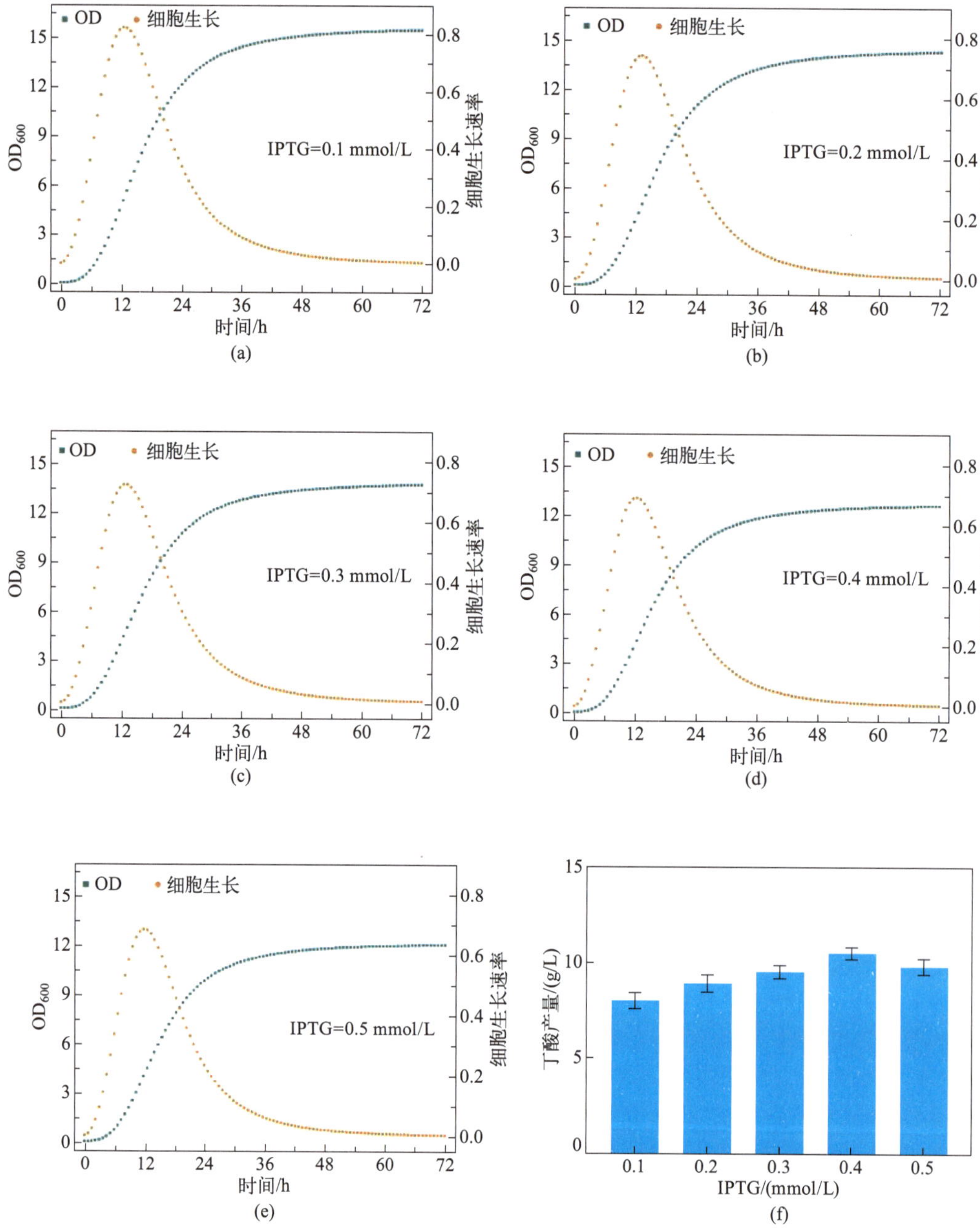

图 3-13 IPTG 诱导浓度优化

优化 IPTG 浓度以提高菌株 BUT-5 丁酸产量。不同 IPTG 浓度条件下菌株 BUT-5 的摇瓶培养中的发酵曲线，图（a）为 0.1 mmol/L IPTG，图（b）为 0.2 mmol/L IPTG，图（c）为 0.3 mmol/L IPTG，图（d）为 0.4 mmol/L IPTG 和图（e）为 0.5 mmol/L IPTG，图（f）为 IPTG 浓度对菌株 BUT-5 生产丁酸的影响

然后，选用工程菌 BUT-6 进行 Ara 诱导剂浓度优化。在工程菌 BUT-6 的发酵过程中，使用了四种不同工作浓度的 Ara（250 μmol/L、500 μmol/L、750 μmol/L 和 1000 μmol/L）。如图 3-14 所示，最优 Ara 工作浓度为 750 μmol/L，在最佳的诱导浓度下，工程菌 BUT-6 的最大生长速率为 0.56，丁酸产量为 12 g/L。

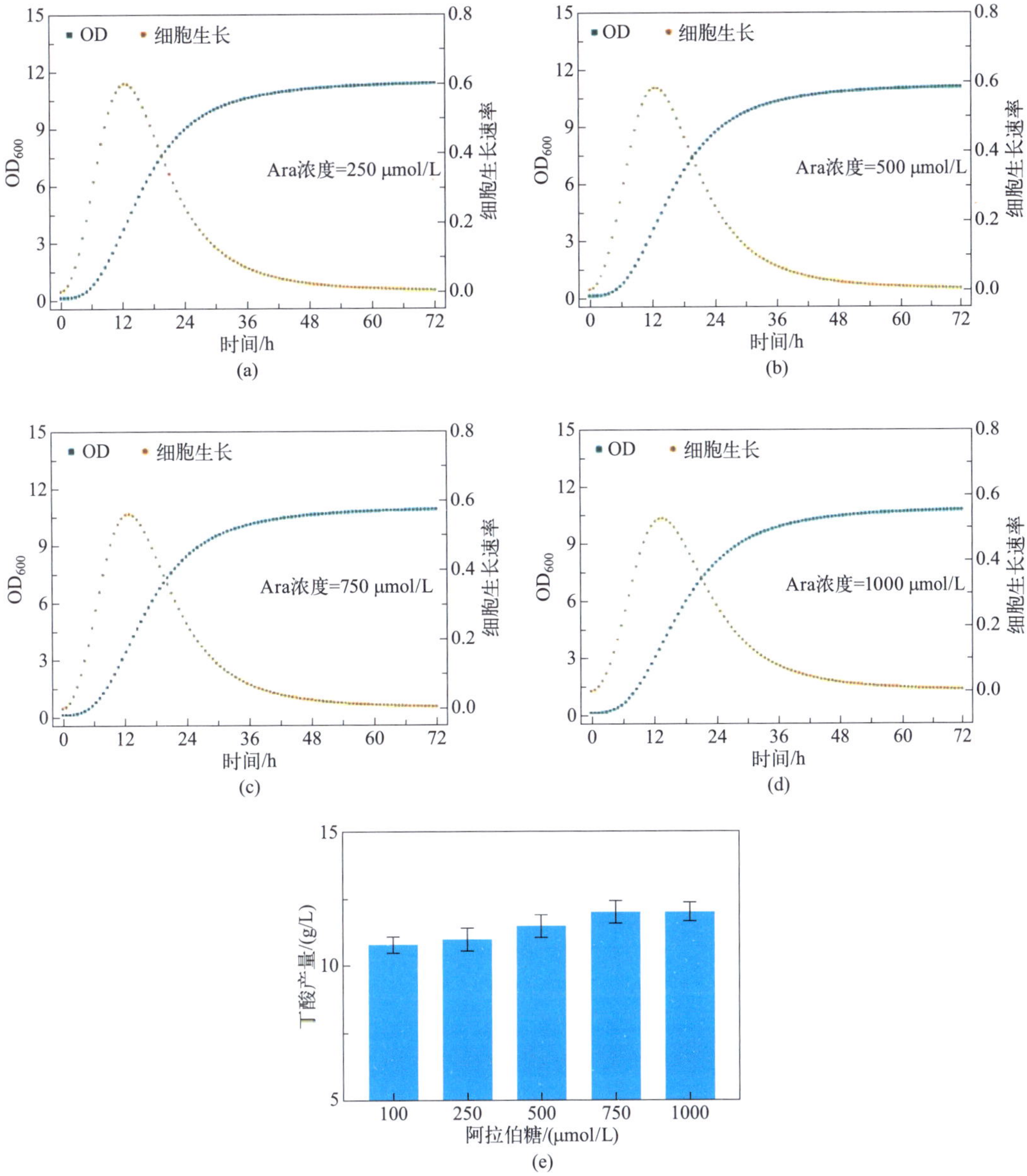

图 3-14　阿拉伯糖诱导浓度优化

优化 Ara 浓度以提高菌株 BUT-6 的丁酸产量。不同 Ara 浓度条件下的菌株 BUT-6 在摇瓶培养中的发酵曲线，图（a）为 250 μmol/L Ara，图（b）为 500 μmol/L Ara，图（c）为 750 μmol/L Ara，图（d）为 1000 μmol/L Ara，图（e）为 Ara 浓度对菌株 BUT-6 生产丁酸的影响

其次，选用工程菌 BUT-6 进行 aTc 诱导剂浓度优化。在工程菌 BUT-6 的发酵过程中，使用了三种不同工作浓度的 aTc（50 ng/mL、100 ng/mL 和 150 ng/mL）。如图 3-15 所示，最优 aTc 工作浓度为 100 ng/mL，在最佳诱导浓度下，工程菌 BUT-6 的最大生长速率为 0.59，丁酸产量为 13 g/L。此外，在最优的发酵条件下，采用双输入四输出逻辑门调控的工程菌 BUT-6 的丁酸产量进一步提高，达到 15.75 g/L，比菌株 BUT-5（10.5 g/L）和 BUT-1（7.5 g/L）分别增加 0.5 和 1.1 倍。

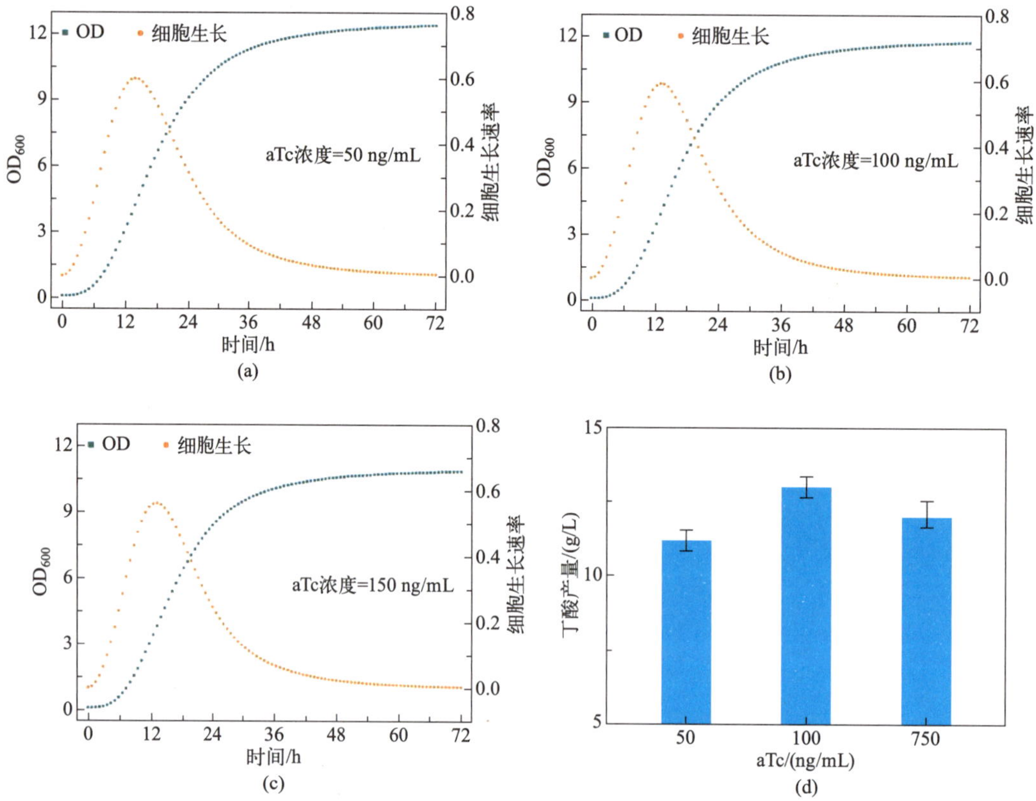

图 3-15　无水四环素诱导浓度优化

优化 aTC 浓度以提高菌株 BUT-6 的丁酸产量。不同 aTC 浓度条件下的菌株 BUT-6 在摇瓶培养中的发酵曲线，图（a）为 50 ng/mL aTc, 图（b）为 100 ng/mL aTc, 图（c）为 150 ng/mL aTc，图（d）为不同 aTC 浓度对菌株 BUT-6 生产丁酸的影响

为了评价工程菌 BUT-6 是否增加了对丁酸的耐受性，检测了工程菌 BUT-6 的时序寿命和半时序寿命。与工程菌 BUT-1 相比，工程菌 BUT-6 的时序寿命和半时序寿命分别增加 25% 和 20%。表明采用 MRSM 控制时序寿命可以有效增加工程菌 BUT-6 的时序寿命和半时序寿命。为检测 MRSM 控制时序寿命系统的稳定性，在 pH-stat 补料分批发酵条件下研究了工程菌 BUT-6 在 5 L 发酵罐中的发酵性能。在 5 L 发酵罐中丁酸的产量增加到 29.8 g/L，生产强度达到 0.413 g/（L・h）。表明构建的 MRSM 具有良好的稳定性，可以在 5 L 发酵罐中维持良好的工作能力。此外，还检测了 MRSM 控制时序寿命系统在不同遗传背景菌株中的适用性，除 F0601 菌株外，还分别选取 JM109、GL0002、B0013、BL21 和 HB101，根据工程菌 BUT-6 中调控细胞寿命和逻辑门控制方式，在这些菌株相同的位点进行调控，与对照组相比，调控细胞时序寿命的工程菌丁酸产量增加 1.27 ～ 2.6 倍。

3.5.5　筛选控制大肠杆菌复制寿命的靶点

采用文献挖掘的方式获得控制大肠杆菌细胞寿命的 11 个关键靶点。首先，利用显微镜观察经低浓度亚甲蓝染色后菌体形态的变化。如图 3-16 所示，仅在敲除 *csrA* 的工程菌 GL0002Δ*csrA* 中，观察到细胞的一端或两端有颗粒堆积出现。其次，进一步检测了 GL0002Δ*csrA* 对亚甲蓝的还原能力。如图 3-16 所示，敲除 *csrA* 降低了大肠杆菌对亚甲蓝的还原能力，表明敲除 *csrA* 降低了大肠杆菌的代谢能力。

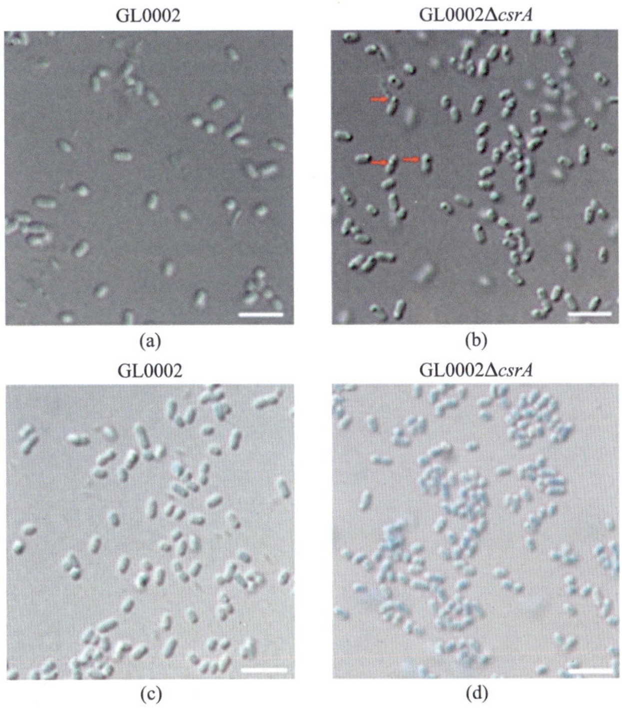

图 3-16　基因操作对大肠杆菌颗粒物堆积的影响

用亚甲蓝处理 3 min 后，GL0002 和 GL0002Δ*csrA* 菌株的相位对比图像。比例尺：5 μm

然后，利用可穿过受损细胞质膜，而不能透过活细胞质膜的 SYTOX 绿色核酸染料染色发现，GL0002Δ*csrA* 较早出现了细胞死亡。最后，利用流式细胞仪检测发现敲除 *csrA* 使大肠杆菌的细胞活力下降 31%（图 3-17）。这些结果表明，在 GL0002Δ*csrA* 中积累的颗粒导致大肠杆菌细胞死亡。

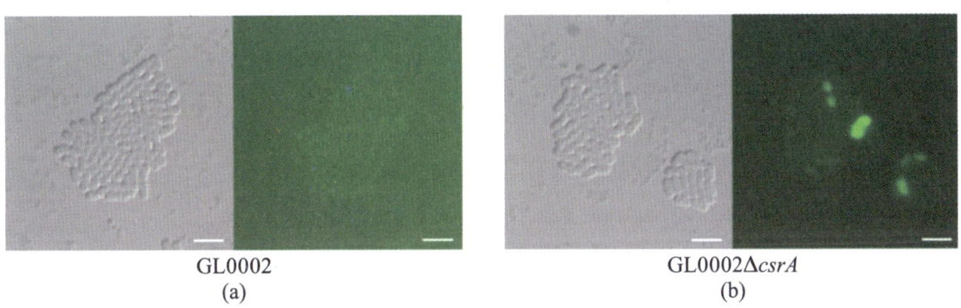

图 3-17　敲除 *csrA* 加速大肠杆菌死亡

SYTOX®Green Dead 核酸染色剂观察菌株 GL0002（a）和 GL0002Δ*csrA*（b）的 DNA 染色显微图像。比例尺：5 μm

为了进一步研究敲除 *csrA* 对大肠杆菌复制寿命的影响，采用四种不同的方法来表征。首先，构建了类组氨酸蛋白（HNS）与绿色荧光蛋白（GFP）的融合蛋白 HNS-GFP，其中类组氨酸蛋白可以与富含 AT 的染色体 DNA 结合，融合蛋白 HNS-GFP 可以作为生物标志物表征染色体 DNA 在细胞中的定位。在本研究中，定义携带染色体 DNA 的一极为新极，不携带染色体 DNA 的一极为旧极。如图 3-18 所示，在 GL0002Δ*csrA* 中，融合蛋白 HNS-GFP 出现了非对称分布现象，而且在培养的早期就出现了这种非对称分布现象。与仅表达绿色荧光蛋白的 GL0002 相比，融合蛋白 HNS-GFP 在 GL0002 中出现了类似的现象，未出现染色体 DNA 非对称分布现象。

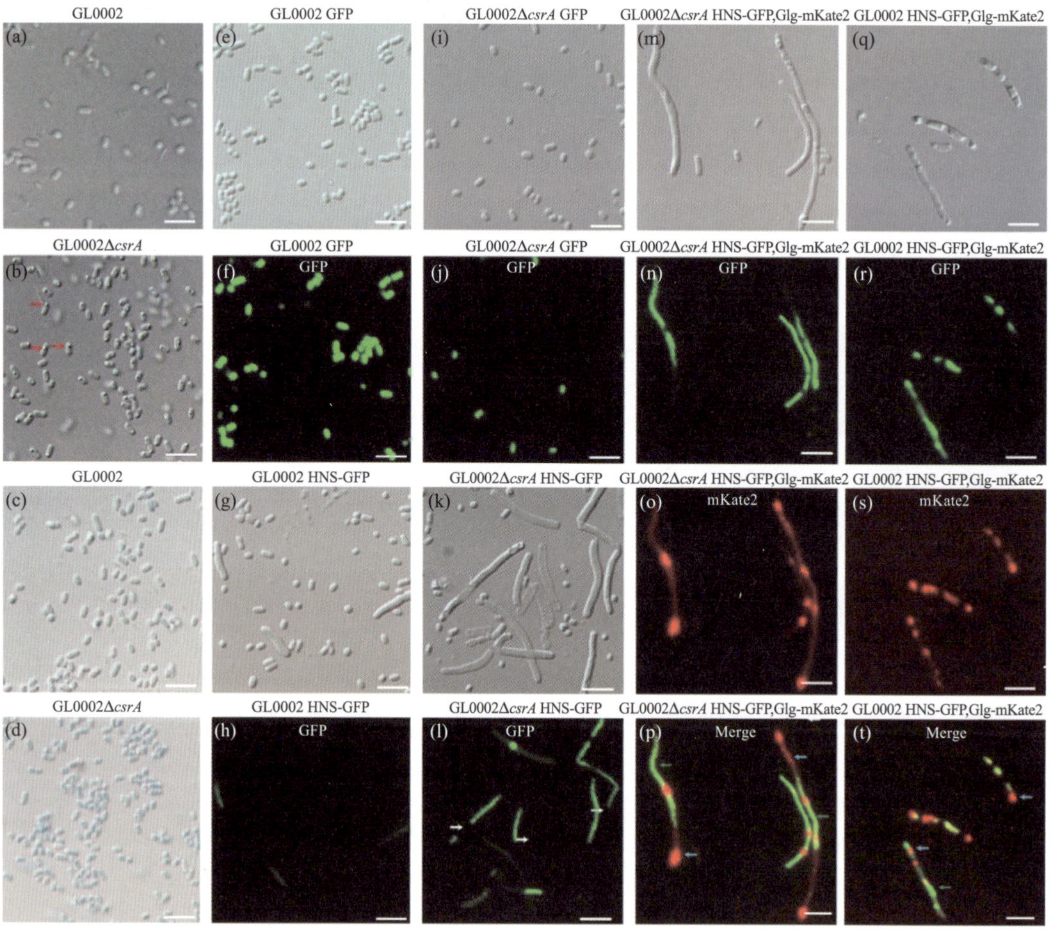

图 3-18　基因修饰对大肠杆菌复制寿命的影响

用亚甲蓝处理 3 min 后，GL0002 和 GL0002Δ*csrA* 菌株的代表性相位对比图像［(a) 和 (b)］。用亚甲蓝处理 30 min 后，GL0002 和 GL0002Δ*csrA* 菌株的代表性相位对比图像［(c) 和 (d)］。含有编码 GFP 蛋白［(e) 和 (f)］或 HNS-GFP 融合蛋白［(g) 和 (h)］质粒的 GL0002 细胞。GL0002Δ*csrA* 细胞含有编码 GFP 蛋白［(i) 和 (j)］或 HNS-GFP 融合蛋白［(k) 和 (l)］的质粒。GL0002Δ*csrA* 与 HNS-GFP 和 Glg-mKate2 融合蛋白［(m)、(n)、(o) 和 (p)］的相位对比（DIC）和荧光（GFP、mKate2 和 Merge）图像。GL0002 与 HNS-GFP 和 Glg-mKate2 融合蛋白［(q)、(r)、(s) 和 (t)］的相位对比（DIC）和荧光（GFP、mKate2 和 Merge）图像。比例尺：5 μm

其次，当融合蛋白 HNS-GFP 在 GL0002Δ*csrA* 中过表达时，发现细胞形态变长。如图 3-19 所示，采用不同的诱导剂浓度，用于调控融合蛋白 HNS-GFP 的表达，实现了细胞形态的精细调控。

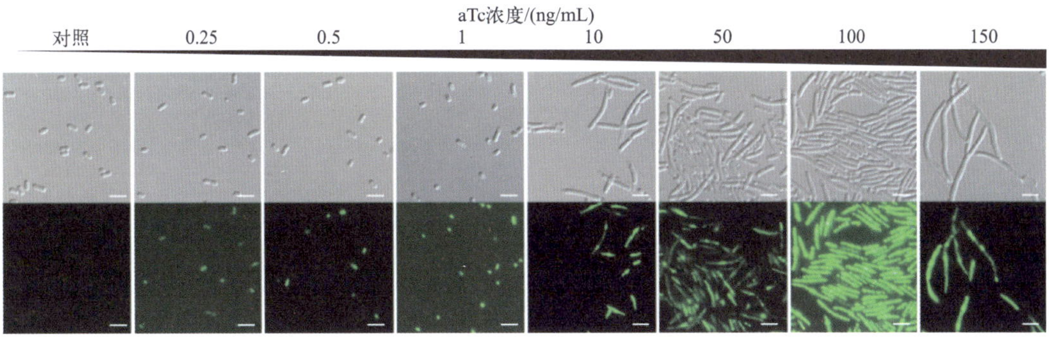

图 3-19　融合蛋白 HNS-GFP 表达水平对大肠杆菌细胞形态的影响

利用延迟摄影技术，发现当融合蛋白 HNS-GFP 在 GL0002Δ*csrA* 中过表达时，观察到菌体形态慢慢增长，而且缺失染色体 DNA 的细胞在培养早期已经停止了细胞分裂（图 3-20）。为了进一步证明 GL0002Δ*csrA* 中染色体 DNA 的不对称分离是由颗粒堆积造成的，构建了糖原合酶（Glg）和远红外荧光蛋白（mKate2）融合蛋白 Glg-mKate2，其中糖原合酶可以在细胞中堆积形成颗粒，融合蛋白 Glg-mKate2 可以作为生物标志物表征堆积颗粒在细胞中的定位。比较了同时携带融合蛋白 Glg-mKate2 和 HNS-GFP 的 GL0002Δ*csrA* 菌株中，两种荧光蛋白的分布情况。融合蛋白 Glg-mKate2 和 HNS-GFP 在 GL0002Δ*csrA* 细胞中出现了不对称分布，几乎所有的 Glg-mKate2 定位在细胞旧极，而 HNS-GFP 定位在细胞新极。同时，也比较了同时携带融合蛋白 Glg-mKate2 和 HNS-GFP 的 GL0002 菌株中两种荧光蛋白的分布情况，进一步验证荧光蛋白的不对称分布是由细胞中堆积颗粒造成的。在同时表达融合蛋白 Glg-mKate2 和 HNS-GFP 的 GL0002 菌株中也观察到染色体的非对称分布。综上所述，敲除 *csrA* 可以导致糖原颗粒的积累，导致大肠杆菌细胞染色体的不对称分布，并缩短了大肠杆菌的复制寿命。

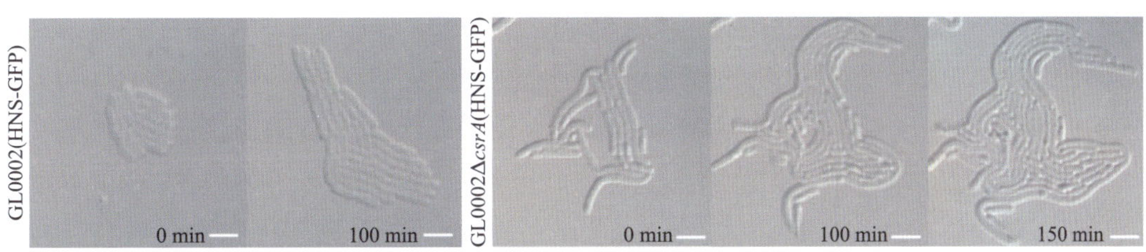

图 3-20　延迟摄影分析细胞形态变化

3.5.6 调控大肠杆菌复制寿命生产 PLH

由于聚（乳酸-*co*-3-羟基丁酸）(PLH) 在大肠杆菌细胞内以包涵体的形式积累，因此，选择 PLH 作为模型，用于研究调控复制寿命对包涵体分布与积累的影响。为了构建 PLH 生物合成路径，本研究将来源于 *Ralstonia eutropha* 的 β-酮硫解酶（PhaA）和乙酰乙酰辅酶 A 还原酶（PhaB）、来源于 *Pseudomonas* sp. 61-3 的聚羟基脂肪酸酯合酶（PhaC），以及来源于 *Megasphaera elsdenii* 的丙酰辅酶 A 转移酶（PCT）引入 GL0002 中，获得合成 PLH 的底盘微生物 PLH-1（GL0002 含有 PLH 合成路径）(图 3-21)。

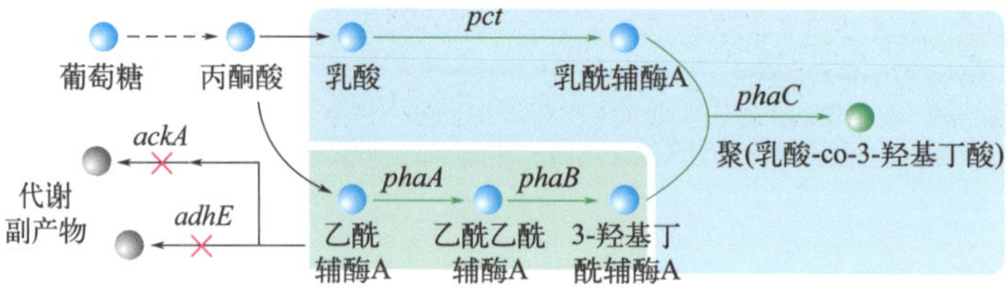

图 3-21　生产聚（乳酸-co-3-羟基丁酸）的底盘微生物构建示意图

为了进一步检测 PLH 在细胞内的分布，将 HNS-GFP 引入工程菌 PLH-1，获得 PLH-2。如图 3-22 所示，发现 HNS-GFP 和 PLH 颗粒在细胞中出现了不对称分布，即 PLH 颗粒堆积使 HNS-GFP 在细胞旧极中被排除，而且子细胞在最后一次分裂过程中丢失了染色体。此外，与对照组菌株 PLH-0 相比，PLH 的积累使 PLH-1 的代时增加 24.6%。为了研究复制寿命对工程菌 PLH 积累的影响，在工程菌 PLH-1 中敲除 *csrA* 基因获得工程菌 PLH-3。与工程菌 PLH-1 相比，PLH-3 的 PLH 含量提高 33.3%，PLH 的代时增加 9.5%。

此外，前人研究表明包涵体不对称分离可以导致细胞的衰老和重生。因此，提出了使母细胞用于储存 PLH，另一个重生的子细胞用于 PLH 合成与细胞生长的猜想。基于此，将 PLH 生产菌株细胞的命运分为两个模块：① S_A 模块用于细胞生长，表达碳储存调控因子（CsrA）；② S_B 模块用于 PLH 的生产，表达丙二酰-CoA 转移酶（Pct）和聚羟基脂肪酸酯合酶（PhaC）(图 3-23)。

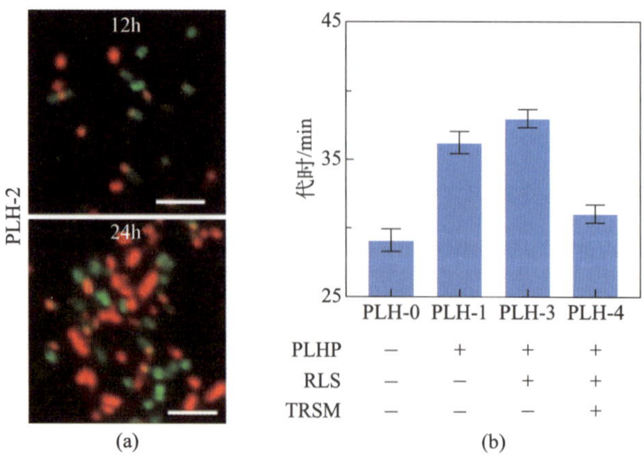

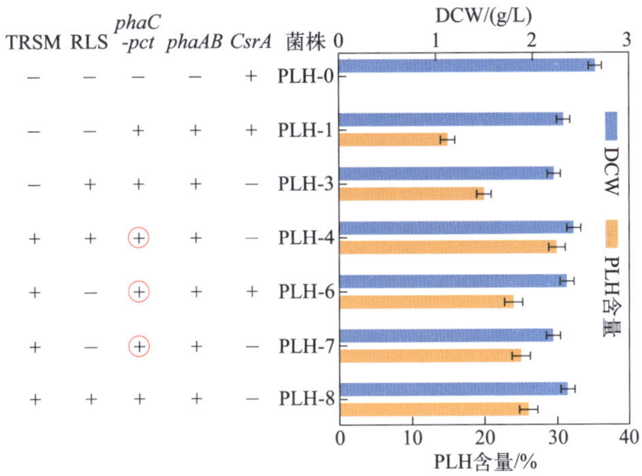

(c)

图 3-22 PLH 积累对工程菌的影响

图（a）为 PLH 积累对染色体不对称分离的影响；图（b）为 PLH 积累对生成时间的影响；图（c）为复制寿命调节对 PLH 生产的影响。比例尺，5 μm

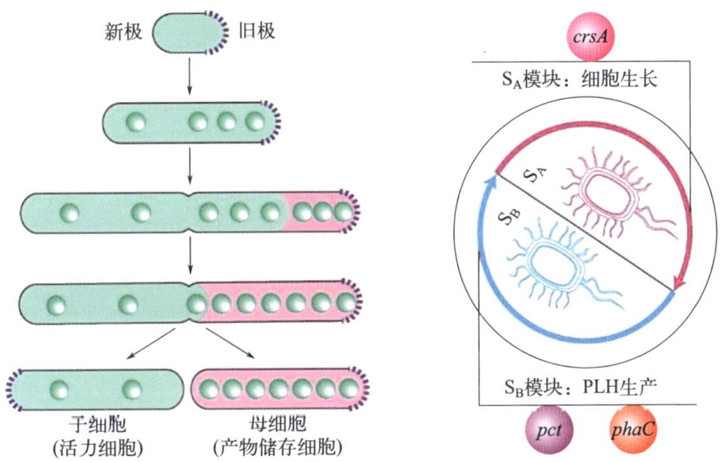

(a) (b)

图 3-23 调控复制寿命生产 PLH

图（a）为大肠杆菌中功能不对称分裂的储存细胞和再生细胞示意图；图（b）为 PLH 生产的 S_A 和 S_B 平衡示意图

3.5.7 双输出逻辑门状态机器 TRSM 的构建与验证

为了调控 PLH 生产菌株的两个模块，引入了由控制器和执行器组成的 TRSM。控制器由无水四环素（aTc）诱导启动子 P_{TET} 控制的重组酶 A118 组成。执行器包含两个状态，状态 A 和状态 B，分别连接两个输出信号 mKate2 和 BFP。当无信号输入时 aTc = 0，执行器保持在状态 A，表达 mKate2；当有信号输入时 aTc = 1，诱导重组酶 A118 表达，执行器由状态 A 切换为状态 B，表达 BFP。与此同时，GP44（重组酶定位因子）伴随着 BFP 表达，GP44 在细胞中达到一定浓度时与重组酶 A118 结合将执行器从状态 A 切换为状态 B，荧光由 BFP 转换为 mKate2（图 3-24）。

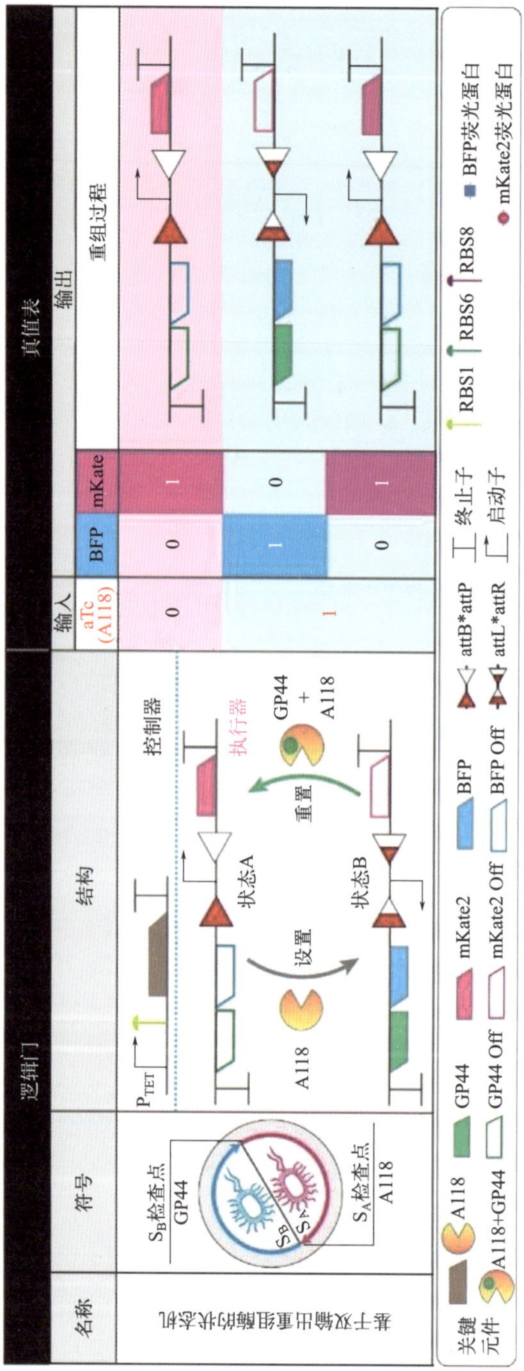

图 3-24　双输出逻辑门状态机器设计概述

如图 3-25 所示，将 A118 重组酶识别位点分别连接在 P_{J23119} 启动子的两侧，并在两侧分别再连接 mKate2 与 BFP，并将该 DNA 片段克隆在由 pSC101 复制子控制的低拷贝质粒上，构建了一个执行器。最后，将 A118 重组酶克隆到 p15A 复制子控制的中拷贝质粒上，构建了一个控制器。将控制器和执行器导入 *E. coli* JM109 中获得 TRSM-1 菌株。

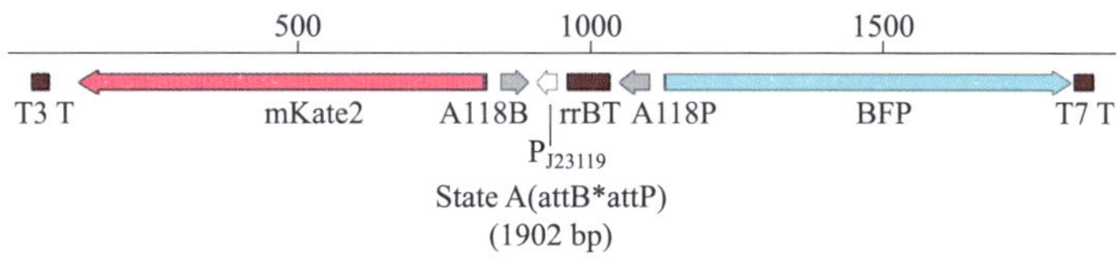

图 3-25　双输出逻辑门状态机器执行器的构建示意图

在 TRSM-1 菌株中检测发现（无重组酶定位识别因子），当重组酶 A118 表达时，99% 的细胞实现了状态 A 到状态 B 的转变并表达 BFP（图 3-26）。采用 PCR 检测发现，菌株在 DNA 水平也完成了状态 A 到状态 B 的转换。然而，当 BFP 与 GP44 串联表达，获得 TRSM-2 菌株（有重组酶定位识别因子），不论是否存在重组酶 A118（即是否添加诱导剂），在 TRSM-2 菌株中只可以检测到 mKate2（状态 A），分析造成这种现象的原因是 GP44 蛋白在胞内表达水平较高，导致重组酶 A118 和重组酶定位因子（GP44）介导的转换功能在体内迅速完成。

为了确保 GP44 可以快速降解，将中等降解强度的蛋白质降解标签 AAV-ssrA 与 GP44 蛋白融合，构建了 TRSM-3 菌株。当添加 aTc 诱导重组酶 A118 表达时，在 TRSM-3 菌株中可以检测到微弱的 BFP（状态 B），并且通过重组率检测发现 BFP 和 mKate2 实现了振荡表达，达到了双向开关的效果（图 3-27）。然后，调整核糖体结合位点的强度，进一步降低重组酶

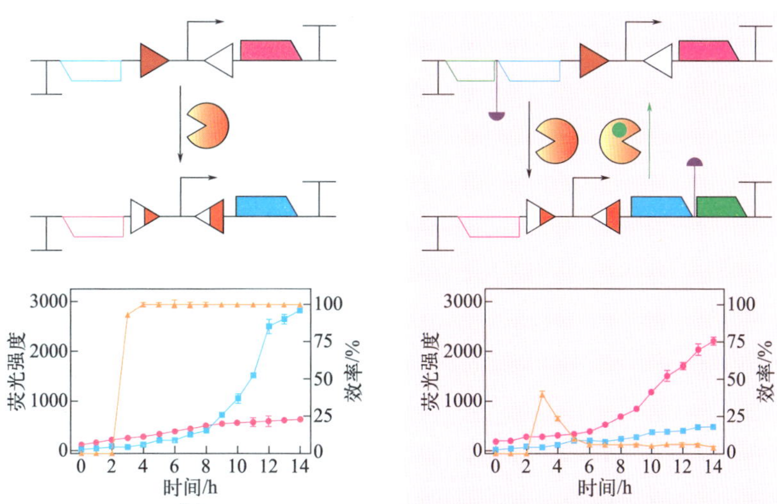

图 3-26

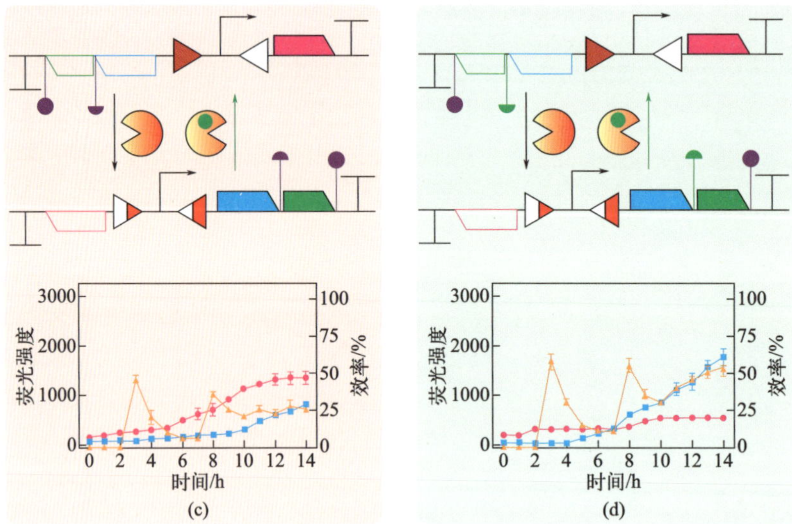

图 3-26　双输出逻辑门状态机器的表征

图（a）为使用 A118 重组酶实现基于一个输出重组酶的状态机；图（b）为串联表达盒（BFP 和 GP44）对 TRSM 的影响；图（c）为 GP44 和中度 AAV 降解标签融合蛋白对 TRSM 的影响；图（d）为降低 GP44 表达水平对 TRSM 的影响

定位因子的表达水平，获得 TRSM-4 菌株。在 TRSM-4 菌株中检测发现 BFP（状态 B）的荧光强度进一步增加，mKate2（状态 A）的荧光强度进一步减弱，这些结果表明双输出逻辑门状态机器的位置和幅度是可调的。

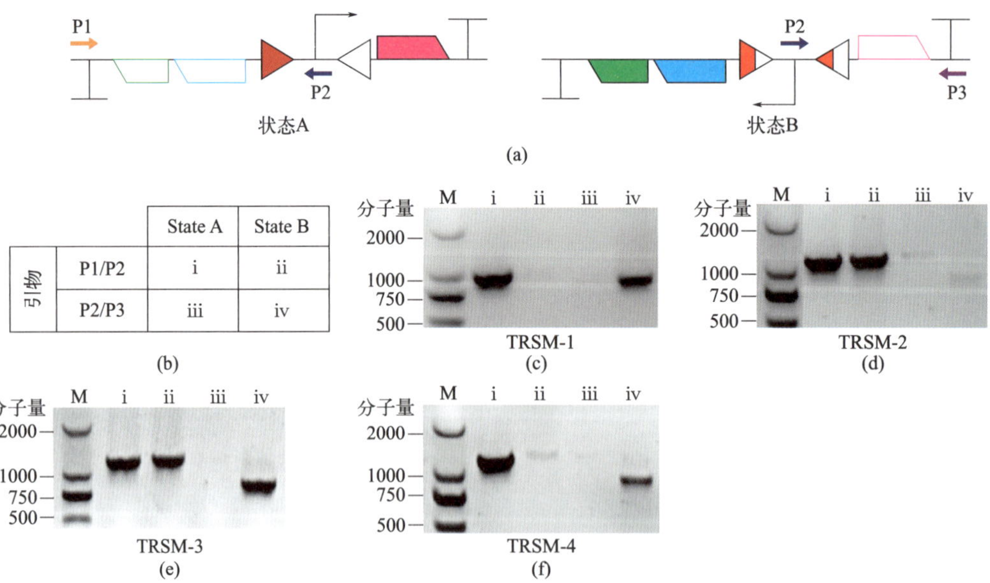

图 3-27　琼脂糖凝胶电泳检测 TRSM 执行质粒的输出状态

图（a）PCR 检测细胞不同状态（采用 P1、P2、P3 引物）；图（b）为每个通道探测一个或多个状态的存在；图（c）为菌株 TRSM-1 电泳图；图（d）为菌株 TRSM-2 电泳图；图（e）为菌株 TRSM-3 电泳图；图（f）为菌株 TRSM-4 电泳图为了评价 TRSM 对工程菌生长的影响，分别检测了工程菌 TRSM-3 和 TRSM-4 在有无诱导剂时的生长情况。①与对照组相比，工程菌 TRSM-3 和 TRSM-4 在添加诱导剂时，最大生物量无明显变化；②添加诱导剂使工程菌 TRSM-3 和 TRSM-4 的最大生长速率分别降低了 20% 和 26%。这些结果表明，TRSM 降低了工程菌的最大生长速率，但不会改变最终的生物量。

3.5.8 TRSM 调节细胞复制寿命改善 PLH 生产

将 TRSM 引入 PLH 生产工程菌中，用于平衡细胞生长和 PLH 合成模块，获得工程菌 PLH-4（图 3-28）。在 PLH-3 中引入 TRSM 调节细胞生长模块和 PLH 合成模块构建的工程菌 PLH-4，PLH 含量（以质量分数计）增加到 30%，分别比工程菌 PLH-1 和 PLH-3 的 PLH 含量提高 100% 和 50%。为进一步说明采用 TRSM 调控细胞复制寿命的有效性，构建了工程菌 PLH-6（用 TRSM 调控 PLH 合成模块）、工程菌 PLH-7（调控复制寿命和用 TRSM 调控 PLH 合成模块）和工程菌 PLH-8（调控复制寿命和用 TRSM 调控细胞生长模块）作为对照菌株。工程菌 PLH-4 的 PLH 含量分别比工程菌 PLH-6（24%）、PLH-7（25%）和 PLH-8（26%）的相应值高 25%、20% 和 15.4%。

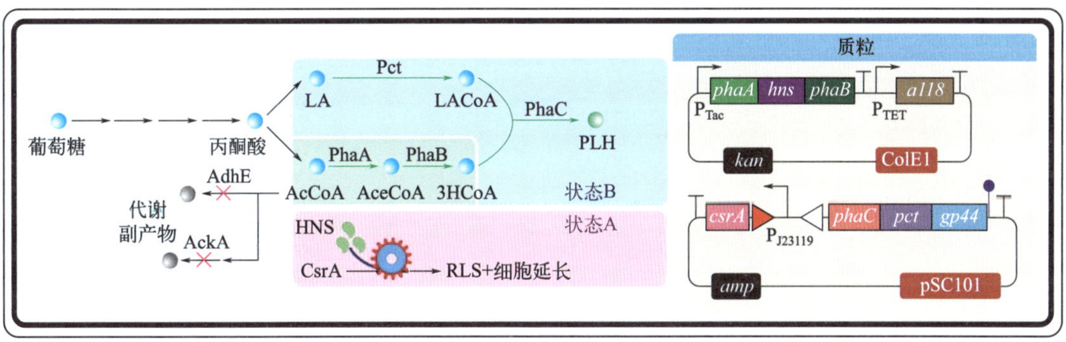

图 3-28 利用 TRSM 调控复制寿命生产 PLH

显微镜检测发现，与棒状的工程菌 PLH-1 相比，工程菌 PLH-4 的细胞变长，为积累 PLH 提供更大空间（图 3-29）。为了进一步研究调控复制寿命对工程菌形态的影响，采用细胞分选技术用于检测细胞群体行为，发现至少有 70% 的细胞形态发生了变化。与工程菌 PLH-1 和 PLH-3 相比，工程菌 PLH-4 的代时分别减少了 14.5% 和 18.4%。此外，将 HNS-GFP 引入工程菌 PLH-4，获得工程菌 PLH-5，观察到几乎所有的 PLH 分布在旧极，HNS-GFP 融合蛋白分布在新极，表明在工程菌 PLH-4 中染色体 DNA 和 PLH 颗粒出现了不对称分布。

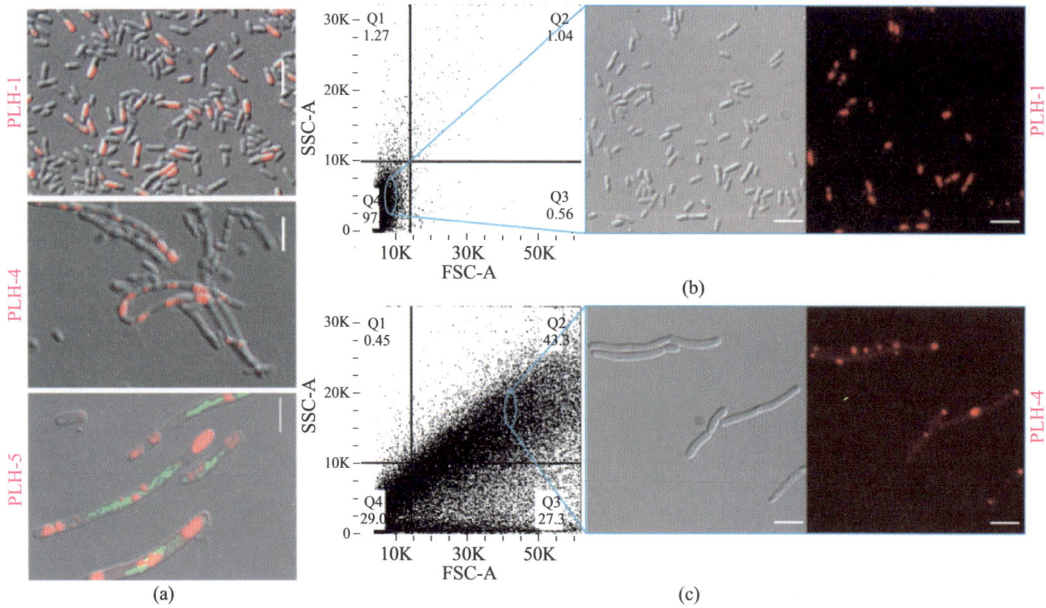

图 3-29　调控复制寿命对 PLH 生产菌株形态的影响

图（a）为复制寿命操纵对 PLH 不对称分离的影响，复制寿命调节对大肠杆菌形态的影响。图（b）和图（c）为 SSC 与 FCS 密度图，图（b）为 PLH-1 菌株，图（c）为 PLH-4 菌株。比例尺：5 μm

3.6
参考文献

Abendroth J M, Bushuyev O S, Weiss P S, et al, 2015. Controlling motion at the nanoscale: rise of the molecular machines. ACS Nano, 9(8): 7746-7768.

Baek J M, Mazumdar S, Lee S W, et al, 2013. Butyrate production in engineered *Escherichia coli* with synthetic scaffolds. Biotechnology and Bioengineering, 110(10): 2790-2794.

Bartoli V, Meaker G A, di Bernardo M, et al, 2020. Tunable genetic devices through simultaneous control of transcription and translation. Nature Communications, 11(1): 2095.

Chen Y, Zhang S Y, Young E M, et al, 2020. Genetic circuit design automation for yeast. Nature Microbiology, 5(11): 1349-1360.

Fontaine F, Stewart E J, Lindner A B, et al, 2008. Mutations in two global regulators lower individual mortality in *Escherichia coli*. Molecular Microbiology, 67(1): 2-14.

Gao X J, Chong L S, Kim M S, et al, 2018. Programmable protein circuits in living cells. Science, 361(6408): 1252-1258.

Gonidakis S, Finkel S E, Longo V D, 2010. Genome-wide screen identifies *Escherichia coli* TCA-cycle-related mutants with extended chronological lifespan dependent on acetate metabolism and the hypoxia-inducible transcription factor ArcA. Aging Cell, 9(5): 868-881.

Kempton H R, Goudy L E, Love K S, et al, 2020. Multiple input sensing and signal integration using a split Cas12a system. Molecular Cell, 78(1): 184-191.e3.

Kochanowski K, Sauer U, Chubukov V, 2013. Somewhat in control - the role of transcription in regulating microbial metabolic fluxes. Current Opinion in Biotechnology, 24(6): 987-993.

Liu D, Zhang F Z, 2018. Metabolic feedback circuits provide rapid control of metabolite dynamics. ACS Synthetic Biology, 7(2): 347-356.

Liu L, Yan F, Liu H H, 2020. Oscillation expression of NF-κB driven by transcription and translation time delays. IEEE Transactions on Nanobioscience, 19(1): 35-47.

Moon T S, Lou C B, Tamsir A, et al, 2012. Genetic programs constructed from layered logic gates in single cells. Nature, 491(7423): 249-253.

Moser F, Borujeni A E, Ghodasara A N, et al, 2018. Dynamic control of endogenous metabolism with combinatorial logic circuits. Molecular Systems Biology, 14(11): e8605.

Nielsen A A K, Der B S, Shin J, et al, 2016. Genetic circuit design automation. Science, 352(6281) aac 7341.

Pisithkul, T, Patel, N M, Amador-Noguez, D. 2015. Post-translational modifications as key regulators of bacterial metabolic fluxes. Current Opinion in Microbiology, 24: 29-37.

Taketani M, Zhang J B, Zhang S Y, et al, 2020. Genetic circuit design automation for the gut resident species *Bacteroides thetaiotaomicron*. Nature Biotechnology, 38(8): 962-969.

Weinberg B H, Pham N T H, Caraballo L D, et al, 2017. Large-scale design of robust genetic circuits with multiple inputs and outputs for mammalian cells. Nature Biotechnology, 35(5): 453-462.

Zhang Q, Bhattacharya S, Andersen M E, 2013. Ultrasensitive response motifs: basic amplifiers in molecular signalling networks. Open Biology, 3(4): 130031.

第 4 章

微生物群落工程调控细胞命运

早期的生物学研究主要集中在分离和改造单一微生物群，以增强特定菌株的功能。研究人员通过培养手段分离出单个微生物群落成员，以深入分析其遗传和生理特性。自基因组测序技术问世以来，人们对这些单菌群模型系统有了更深入的了解。目前，已有超过4000个完整的微生物基因组被测序，更多的基因组测序工作也在进行中。

除了基因组测序外，转录组学、蛋白质组学和代谢组学的研究进一步揭示了菌株的功能、抗应激能力和适应能力，这些研究加深了科研人员对微生物功能的理解，并为分子层面对单菌群的深入研究提供了技术支持。对微生物生理特性的研究促使研究人员尝试控制和操纵微生物。合成生物学作为一种工程方法，已被证明可以有效改造微生物，用于提高其抗应激能力和生产力，降解有毒和难降解的化合物，合成新型化合物，或赋予微生物其他特殊的非自然特性。基因工程改造的微生物和野生型微生物因其广泛的能力，在不同应用场景中表现突出。它们被用作医疗和食品行业的益生菌，以及食品、制药、化学和农业行业中生产高价值产品的细胞工厂，所生产的产品从抗癌药物到生物燃料不等。

然而，在深入研究单菌种的过程中，人们往往忽视了微生物群落并非孤立存在。微生物群落之间通常存在复杂的相互作用，以应对多变的环境。这些相互作用不仅有助于增强微生物群落的稳定性，还促进其功能发挥和生态进化。随着基因测序技术的发展，研究人员发现天然菌群群落中丰富的物种为构建天然菌群宏基因组创造了有利条件。尽管天然菌群基因组的研究加速了宏基因组的构建，但围绕天然微生物菌群的基本生态学和进化理论研究进展仍然有限，主要原因是缺乏从群落整体水平出发，对群落中分子和物种间相互作用的全面理解。

天然微生物菌群中庞大的菌体数量和复杂的菌种相互作用，使得现有技术在表征分子间相互作用及生态学特征方面遇到瓶颈。据估计，1 g土壤中含有超过10^8个微生物群落，而人体肠道中则有超过10^{13}个细菌，并且这些群落的种类极为复杂（Amor et al., 2019）。此外，天然微生物群落的构成还受到环境选择等因素的影响，这些因素难以控制或表征。微生物群落作为一个复杂的生态系统，存在资源竞争、营养共生和群体感应等相互作用机制，进一步阻碍了对其生态系统的研究。人为构建的微生物群落，通过简化群落中菌种之间的相互作用，为天然菌群的生态学研究提供了新的解决方案。此外，人工合成菌群研究的发展，也为其在工业中的应用奠定了基础。

与天然微生物群落相比，合成微生物群落具有组成明确、可操控性强的优势。合成微生物群落是合成生物学和微生物组学的交叉领域，涉及多个人工合成的物种共培养的微生物体系。相较于天然微生物群落或单菌种，合成微生物群落具备以下特点：①更广泛的代谢灵活性；②更适合生态理论研究；③通过成员间的劳动分工和资源交换，降低单个细胞的代谢负担；④菌种间的交流使其对环境扰动具有更高的稳定性和抵抗力；⑤由于物种较少且结构简单，可以从分子系统理论出发，通过网络推理和数据组的动态建模进行描述。

由于合成微生物群落中的菌种是可控的，因此可以根据功能需求对其进行组装，使微生物彼此协同，发挥更大的作用。目前，合成微生物群落已被应用于以下领域：①疾病治疗；②增强植物生长和抗逆性；③酿造业，通过合成微生物群落提升酒类饮料及食品的产量和风味；④生物能源，利用可再生的木质素和纤维素生产乙醇，这被视为未来化石燃料的替代品。通过研究合成微生物群落，可以实现对复杂代谢任务的劳动分工与功能互补，从而高效地合成高附加值化合物。

本节将总结合成微生物群落在调控细胞命运中的研究进展，结合技术难点与解决策略，探讨合成微生物群落工程在合成生物学中的潜在应用价值，并为未来的研究提供理论指导。

4.1 合成微生物群落概述

在几乎所有生态系统中，微生物很少单独存在。它们通过相互交流和互动，形成复杂的生态交互网络。这些网络在应对各种生物和非生物扰动时，塑造了生态系统的结构和功能。然而，由于缺乏可行且易操作的工具，理解这些交互网络的复杂性一直是一个挑战，尤其是在自然和人工环境中微生物群落的物种相互作用方面（Li et al., 2022）。

合成生态学是一个新兴的前沿领域，致力于合理设计和构建具有理想功能特性的微生物群落（Pradhan et al., 2022）。在这些群落中，个体通过交换代谢物来影响邻近菌落，为基于代谢的合成微生物群落的构建提供了重要信息。例如，通过基因工程改造酿酒酵母，获得了两个能够交换赖氨酸和腺嘌呤的突变菌株，进而用于构建人工微生物菌群。微生物个体还可以通过细胞间通信进行互动，这种通信通常通过群体感应（QS）系统实现，例如 *N*-酰基高丝氨酸内酯（AHL）介导的 QS 系统。Balagaddé 等人（2008）通过基因改造大肠杆菌创造了一个捕食性群落，其中两个菌株通过 Lux 和 Las QS 系统控制彼此的生存和死亡。这项研究揭示了具有简单交互作用的微生物群落的细节，为在群落水平上研究微生物之间的分子和功能相互作用提供了新的视角。然而，即使是自然环境中的简单种群生态系统，通常也包含至少数十个相互交织的物种，这些物种可能形成数百甚至数千种相互作用组合（Li et al., 2022）。迄今为止，解析和研究微生物生态系统中大量的相互作用类型仍然是一项艰巨的任务。为构建实验微生物系统，开发新的方法仍是必要的，这将为重建整个生态系统的关联网络铺平道路。

4.1.1 微生物相互作用类型

微生物群落中的微生物并非孤立存在，而是处于复杂且动态的生态系统中（Li et al., 2022）。正是这些微生物之间的相互作用推动了群落的稳定、功能发挥和协同进化。微生物之间的相互作用主要包括以下几种形式：通过交叉喂养进行代谢互作、通过代谢物和自诱导信号分子的传递进行中介作用，以及在环境刺激下发生的中介作用（McCarty et al., 2019）。物种间的相互作用机制一直是生态学研究的热点。

研究表明，物种间的相互作用可以分为三种类型：有利（+）、不利（−）和中性（0）。

在一个包含两种微生物的群落中，根据不同的排列组合，可以出现六种相互作用类型：互利共生（+/+）、偏利共生（+/0）、偏害共生（–/0）、寄生或捕食（+/–）、竞争（–/–）和中立（0/0）。当群落中包含三种菌种时，可能的相互作用组合达到 729 种；如果是四种菌种，可能的组合则激增至 531441 种。

由于少数物种间的相互作用会导致组合数量的爆炸性增长，因此，研究的挑战在于识别那些在自然界中具有关键作用或在群落层面产生显著影响的关键组分。这些关键组分可能是稳定或去稳定相互作用的驱动因素，或是引发群落振荡或混沌动力学的核心。

合成生物学工具可以用来改造微生物之间的相互作用。这类研究通常使用模式生物，如大肠杆菌和酵母。通过合成微生物的方法调控菌种间相互作用，主要有两种途径：一是基于群体感应系统，改造相互作用模式；二是根据营养互补关系，改造相互作用模式。前者通过建立群体感应双向通信，调控细胞自杀基因及其抑制途径的表达水平，模拟微生物之间的捕食或竞争关系；后者则通过模拟微生物之间的互利共生，实现多菌种协作合成目标化合物的目的。

4.1.2 影响微生物群落的其他因素

天然微生物群落受到宿主代谢产物和免疫系统的显著影响。例如，植物生产次生代谢产物如三萜类化合物在调控微生物群落中起着关键作用。此外，植物的免疫系统通过对环境变化的响应，控制微生物群落的组装，从而调节微生物的稳态（Huang et al., 2019; Teixeira et al., 2019）。微生物群落的结构也受到环境因素的影响，包括碳源、氮源、pH 值、氧气含量和温度等（Ratzke et al., 2018）。这些环境因子不仅直接影响特定物种的生长，还通过改变微生物之间的相互作用，推动群落结构的变化。此外，微生物群落的结构与噬菌体密切相关。噬菌体具有宿主特异性，可以降低特定宿主菌的丰度，从而释放生态位空间和营养物质，改变微生物群落的组成和多样性。

4.2 合成微生物群落应用场景

与单一菌株相比，微生物群落具有显著优势。它们可以减轻代谢负担，更有效地优化流程，并通过分工实现多任务处理。此外，微生物群落能够拓宽底物谱。由于单一菌株的基因组限制，与多个菌株共培养可以开发单菌群难以实现的特定代谢产物。在可持续能源生产方面，人工微生物群落也展现出巨大的潜力。例如，与单菌种培养相比，微生物群落在生物电生产方面表现出更高的效率。此外，微生物群落有望用于生产典型生物燃料乙醇。合成微生物群落还可用于生物修复，提高石油烃的降解效率。

4.2.1 实现混合底物利用

在自然界中，细菌和真菌可以通过调节培养环境中的碳源含量来平衡细胞的快速生长与碳源的有效利用。尽管快速生长通常会导致资源利用效率低下，并生成代谢副产物，如中心代谢的中间产物、氨基酸或废弃物，但菌株也可以通过调节生长速度来更有效地利用资源，减少废弃物或副产物的生成。这种资源节约可以通过减少代谢溢出或表达代谢产物的转运蛋白来实现（Giri et al., 2020）。

然而，当细菌在与其他菌株竞争时，往往会选择快速生长的策略，这通常不利于资源节约。例如，大肠杆菌在含有葡萄糖的环境中生长时，会释放醋酸盐作为废弃物，而这些醋酸盐不断积累，并且无法进一步被大肠杆菌利用。在进化实验中，大肠杆菌在含有葡萄糖的醋酸盐环境中连续繁殖，基因型迅速进化，它们开始偏好利用醋酸盐而非葡萄糖，并从偏好葡萄糖的野生型菌株中获取能够利用醋酸盐的进化菌株。通过将能够摄取醋酸盐的菌株与产醋酸盐的大肠杆菌野生型菌株共同培养，可以显著提高菌群在含有葡萄糖的培养基中的生产力（Giri et al., 2020）。

通过联合使用多种微生物，可以加快底物的降解速率，从而提高微生物群落的性能。通常采用增加单糖浓度的方法来提高底物降解率。由于木质纤维素结构非常复杂，单一微生物菌株无法有效分泌降解木质纤维素所需的所有酶复合物。人工微生物群落可以提高纤维素酶和半纤维素酶复合物的产量。例如，椭圆假丝酵母与烟曲霉的共培养能够产生高产量的纤维素酶和 β-葡萄糖苷酶。平菇 *Pleurotus ostreatus* 与黄孢原毛平革菌 *Phanerochaete chrysosporium* 的联合培养则提高了木质素分解酶的产量。此外，米曲霉与其他真菌，特别是与黄孢原毛平革菌联合使用时，α-纤维二糖水解酶、β-葡萄糖苷酶、β-半乳糖苷酶和漆酶的活性均有所增加。微生物群落中的降解酶总活性并不仅仅是单个微生物物种活性的简单叠加，在某些情况下，甚至超出了单菌种培养的总和。将这些木质纤维素降解联合体与生物脱毒物种共同培养，可以进一步提高微生物联合体催化系统的效率（Qian et al., 2020）。

自然环境中的微生物群落，因其相比单菌种有更强的代谢能力，被广泛用于各种原料的生物转化。人工合成微生物群落通过调控群落中菌种的分工（division of labor, DOL），实现了混合底物的有效利用（Rafieenia et al., 2022）。DOL 可以影响不同种群的生长、终产物的分布，甚至在没有进行基因修饰的情况下，也可能导致微生物群落中新表型的出现。在自然微生物群落中，DOL 受到环境条件、底物可用性、代谢产物浓度以及代谢反应热力学的影响（Rafieenia et al., 2022; Wang et al., 2019）。

与单一菌种相比，由多种微生物组成的群落在混合底物的发酵能力上表现出更高的效率。这主要是由于碳分解代谢抑制，单个菌种通常只能一次消耗一种糖，而不能同时利用多种糖。通过对使用木质纤维素水解物（含有戊糖和己糖的混合物）的单菌株的培养观察到了这种限制。相比之下，微生物群落可以通过不同种群分别消耗不同碳源，从而更快速、更有效地消耗混合碳源。自然界中广泛存在的表面附着生物膜是 DOL 在自然环境中高效利用基质的一个典型例子。颗粒污泥是有机物产甲烷转化为沼气的基础。在颗粒污泥自发形成过程中，产甲烷菌等对环境敏感且生长缓慢的微生物在颗粒内层受到保护，而对环境不敏感的产酸细菌则形成颗粒外层。产酸细菌利用有机物，将其转化为氢和挥发性脂肪酸，然后分别被氢营养型产甲烷菌和醋酸营养型产甲烷菌利用，最终产生甲烷（Rafieenia et al., 2022）。

4.2.2 降低宿主代谢负荷

随着合成生物学的发展，生物工程已成为制造各种化学品和药物的有效途径。原则上，任何具有明确代谢途径的化合物都可以通过工程微生物从廉价原料中生产出高附加值的产品。然而，尽管已经成功地改造微生物来生产某些分子，但它们的生产能力往往难以达到商业化水平。一个关键的障碍是代谢负担（Jiang et al., 2022; Roell et al., 2019）。微生物宿主必须在不同任务之间分配有限的资源，这种资源的不平衡限制了工程途径的效率（Roell et al., 2019）。

随着对天然微生物群落研究的深入，人们发现微生物在自然界中并非孤立存在，而是共存于各种生态环境和宿主生物体中。这些微生物由于彼此间的紧密接触，既会相互影响，也会以积极或消极的方式与宿主互动。在互利共生过程中，某些菌群可能因营养缺陷而依赖群落中其他菌群的代谢废物（Deter et al., 2022）。这些互动可能根据外部刺激和群落内部结构的变化而动态调整。值得注意的是，天然微生物群落通过互利共生可以降低代谢负担（Rafieenia et al., 2022）。

人工合成微生物群落通常基于菌群之间的代谢关系设计，组合不同代谢功能的微生物。其中，利用代谢互利共生（metabolic mutualism）的合成微生物群落显示出良好效果（Jiang et al., 2022; Rafieenia et al., 2022）。互利共生是一种重要的群落间相互作用机制，广泛应用于合成微生物群落的设计。然而，对于在混合菌群中形成和维持特定互利共生的机制了解有限。通过设计一系列合成共培养的微生物群落，可以深入探讨氨基酸代谢交换背后的复杂相互作用。研究表明，生物合成成本高的氨基酸，如甲硫氨酸、赖氨酸、异亮氨酸、精氨酸和芳香族化合物，通常需要更强的协同作用。此外，共享分支代谢路径中共同中间产物的细胞表现出更强的协同生长，但在更复杂的群落中，这些相互作用往往表现出正负调控的多样性（Xu et al., 2021）。在复杂的群落中，某些成员表现为关键物种，极大地影响了群落动态。

基于微生物群落间代谢交叉的设计，合成微生物群落已被证明在氨基酸生物合成中具有应用潜力。合成微生物群落不仅能够减轻个体的代谢负担，还能通过增强互利共生促进群落的协同生长。这些研究成果不仅增进了人们对微生物共营养代谢的基本理解，还强调了微生物生态系统动态复杂性的实际应用和局限性（Deter, 2022; Wang et al., 2020）。

微生物群落中的底物分工不仅能减轻代谢负担，还能提高底物的转化效率，增强微生物对复杂底物的转化能力。相比单菌株，微生物群落更稳定，且不易受环境污染的影响。木质纤维素嗜热菌能够加速木质纤维素的水解，但由于遗传工具有限和代谢负担重，限制了其潜在产品范围。例如，解糖木霉的突变株可以产生较多的乙醇，但缺乏降解纤维素基质的能力；而嗜热纤维素球菌能够直接利用纤维素，但其乙醇产量远低于解糖木霉。构建合成微生物群落是克服这一瓶颈并提高木质纤维素利用效率的潜在策略。通过组合两个有机酸缺陷的工程菌株，乙醇产量提升至 38 g/L，显著提高了纤维素乙醇的生产效率。这种微生物共培养系统为简化复杂的代谢工程提供了一个有前景的平台，可以通过分工进一步提升木质纤维素的利用效率。

研究人员还构建了一系列共培养系统，以拓宽木质纤维素的产品范围，并展示了其即插即用的特性。例如，一个功能互补的共培养物由具有高效木聚糖降解能力的嗜热厌氧菌 M5 株和具有高效丁醇生产能力的乙酰丁醇梭菌 NJ4 株组成。NJ4 菌株能够同时利用木糖，缓解水解酶的反馈抑制，而 M5 菌株产生的丁酸则促进了 NJ4 菌株的溶剂生成期转换。最终，该共培养系统在 70 g/L 木聚糖中生产的丁醇产量提高至 13.28 g/L。类似的设计原理还应用于从木聚糖和玉米芯中分别获得 32.50 g/L 和 12.51 g/L 的琥珀酸。此外，含有热纤维素梭菌和糖化丁酸梭菌的共培养系统也成功地从木质纤维素中生产丁醇，产量分别为 7.9 g/L 和 5.5 g/L（Jiang et al., 2022）。

在传统微生物工程中，过表达合成途径中的关键基因并引导碳流至目标化合物，往往导致细胞生长模块的削弱和 ATP 的大量消耗，这可能在单菌株中引发严重的代谢负担。相比之下，在合成菌群中将该途径分解到多个菌株间，可以分散整体代谢负担，每个菌株承受的压力显著降低。这种策略已成功应用于由四个菌株组成的组合中，实现了从酪氨酸到花青素的整个途径表达。该人工微生物群落使用高效酪氨酸生产菌株作为首个节点菌株，从葡萄糖直接生成了约 10 mg/L 的天竺葵苷-3-*O*-葡萄糖苷，而这一功能通过单一培养是难以实现的（Roell et al., 2019）。

当一个生物体利用另一个成员产生的代谢产物时，它可能会下调或沉默自身的基因表达，以减少代谢冗余。这种代谢分工（DOL）在合成微生物群落中同样有用，因为它可以减轻任何单个生物体的代谢负担或压力（Tsoi ct al., 2018）。某些复杂代谢物的生物合成无法通过单一生物体完成，通过将异源途径在多个生物体之间进行分割，每个菌群成员各自生成一种中间化合物，供下一个生物体使用。在联合体中将路径分离到不同菌株之间，对于生物制造应用也是有效的。通过这种方法，可以专门选择适合每个阶段的生物体，从而提高酶活性和代谢物的产量，消除中间代谢物积累造成的瓶颈或毒性抑制问题。

通常，很难在每个生物体中分配异源途径中需要表达的基因，以生产所需的最终产品。计算模型为设计具有最优 DOL 方案的混合菌群提供了一个有价值的工具。最近，一个包含反应限制的基因组级代谢模型，揭示了一些非常直观的 DOL 策略。例如，将 TCA 循环分割在两个菌株之间，将两个大肠杆菌联合体中的每个菌株限制在 11 个转运反应和 26 个细胞内反应（均来自核心碳代谢途径）时，该模型预测 2-氧代戊二酸和丙酮酸的交换是共培养生长的可行解决方案（Thommes et al., 2019）。

然而，在生物体之间分离生物合成途径并不总是最优策略，尤其是在能量分配方面。分离多个生物体之间的途径可能需要额外的酶步骤，例如，当中间代谢物不能自由扩散或不能通过被动转运机制输出，则需要表达异源转运蛋白。在大肠杆菌与酿酒酵母的共培养中，植物苄基异喹啉生物碱的生产需要七个异源酶步骤，而在酿酒酵母的单菌株培养中只需四个酶。因此，计算模型表明，DOL 只有在降低了单一培养中的高代谢负担或当生物合成途径的一部分发生在细胞外时，才有助于联合体的生物生产。此外，如果最终产物会引发生物合成途径中早期酶步骤的反馈抑制，DOL 也可能表现出更高的整体适应性（McCarty, 2019）。

4.2.3 建立代谢空间隔离

细菌在自然环境中受到一系列微观物理、化学和生物因素的影响，这些因素通过影响细菌和营养物质的扩散，最终影响群落的宏观特征。虽然实验室中的人工环境不如自然环境复杂，但空间结构仍然是合成微生物群落的重要影响因素。利用“自下而上”方法构建的合成微生物群落，旨在建立具有特定功能的完整代谢网络。然而，在实际应用中，合成微生物群落可能无法如预期那样稳定发挥作用。由于种间竞争、营养均匀性和信号分子传递等因素的影响，菌群往往在混合良好的条件下无法稳定生长。

Vallespir Lowery 和 Ursell 的研究表明，尽管两种微生物在均质条件下无法共存，但在二维结构化环境中却能共存（Lowery et al., 2019）。同样，Kim 等人（Hong et al., 2012）构建了由三种具有营养相互作用的细菌组成的合成微生物群落，发现混合良好的环境中稳定性较低，而通过微流控设备分离培养后，观察到了稳定共存现象。这表明，微尺度空间结构对于合成微生物群落中的物种共存是必不可少的。

研究进一步将微生物群落分为三个层次。当失去代谢耦合时，第一级群落在均匀混合条件下最稳定。二级群落在混合良好的条件下不稳定，但在物种空间分离时逐渐稳定，直到达到最大分离距离。三级群落无论空间距离如何，均表现出不稳定性（Liang, 2022）。

为了建立稳定的合成微生物群落，可能需要确定空间距离的阈值，以维持群落成员的稳定共存。自然群落中控制空间结构的方法为合成微生物群落的空间结构调控提供了借鉴。空间结构通常基于环境中的某些因素，如代谢物浓度来生成。例如，细胞可基于代谢物的局部浓度维持期望的空间结构（Guo et al., 2018）。胞外多糖（EPS）能够促进生物膜中成分的聚集，改变 EPS 浓度可直接引发生物膜空间结构的变化（Ziemba et al., 2016）。趋化性也是影响空间结构的重要因素，通过趋化作用，细菌可响应环境中化学物质浓度的变化，从而调整其运动行为。

在一些基于互利共生的多物种群落中，空间组织由代谢物交换驱动，因此，改变中间代谢物的浓度可能会改变原始群落结构。生态学方法，如改变群落中的特定物种，也能够影响空间结构。例如，喷洒枯草芽孢杆菌菌液可以改变柑橘叶上黄曲霉生物膜的空间组织。此外，细胞间信号分子如 *N*-丁酰-L-血红素内酯（C4-HSL）和环二鸟苷单磷酸（c-di-GMP）也可用于调节微生物的空间结构。

物理方法如微流控技术、光学镊子和 3D 打印技术可以直接构建微生物群落的理想空间结构。微流控设备可控制不同菌株的空间分布和时间动态，光学镊子可实现单细胞水平上的精确控制，3D 打印技术则为人工构建三维合成微生物群落提供了可能性。

空间分离还能够增强基因表达控制和细胞信号模式化。尽管增加的距离可能会导致信号传递减弱，但通过工程化电路可以协调空间上遥远的菌群基因表达。研究表明，增加距离可以通过减少噪声提高细胞间信号传输的可靠性，但也会降低信号诱导的基因表达水平。

综上所述，空间结构在合成微生物群落的稳定性和功能实现中扮演着关键角色。通过合理设计和控制空间结构，可以促进特定微生物群落的稳定共存，并优化其在生物制造中的应用效果。

4.2.4 模块优化代谢路径

微生物群落的一个重要优势在于，通过使用多种物种，一个代谢途径中的所有基因都能够正确表达。在生产天然产物的过程中，某些植物或其他真核生物来源的基因由于密码子偏好、蛋白质折叠不当或缺乏翻译后修饰，可能无法在功能上得到有效表达。此外，许多代谢模块的有效运行依赖于辅因子（如 NAD^+/NADH 和 $NADP^+$/NADPH）或活性分子（如乙酰辅酶 A 和丙二酰辅酶 A）的充足供应。虽然在单一菌株中难以同时最大化发挥每个模块的功能，但通过空间隔离和功能划分，可以显著提高整个代谢途径的效率。一个成功的例子是通过酿酒酵母和大肠杆菌联合体高效生产含氧紫杉烷。酿酒酵母表达 P450 紫杉二烯羟化酶，而大肠杆菌则用于高效生产紫杉二烯，这种共培养系统产生了 33 mg/L 的含氧紫杉烷，而在单一菌株的培养中几乎无法检测到这些化合物（Zhou et al., 2015）。

在微生物群落中，将复杂的代谢途径划分到不同的菌株中是生产多种复杂天然化合物（如类黄酮、类异戊二烯和生物碱）的可行策略。此外，DOL 还简化了这些途径的优化。与单一培养相比，微生物联合体的优化更为简单，只需调整不同菌株的比例即可。理论上，通过补充所需的亚群，可以在发酵的任何阶段改变群落组成（Roell et al., 2019）。

工程生物体还可以被引入微生物群落以改变群落输出。通过调节外部参数（如养分可用性）可以控制这些工程生物的丰度。例如，将降解卟啉的拟杆菌物种引入小鼠体内，可以通过改变食物中卟啉的浓度来调节这些微生物的丰度。在物种较少的小鼠模型中，这种调控更加精确，表明群落环境影响物种的可控性（Cao et al., 2019）。

合成生物学还可以通过引入新的功能来构建微生物群落。工程生物可以被设计为能够感知特定的环境信号（如 pH、温度和光），并根据这些信号产生相应的输出。然而，这也带来了挑战。首先，合成电路必须在环境多变性下稳定运行，并对特定输入信号做出选择性响应（Venturelli et al., 2016）。其次，宿主细胞和合成电路之间的资源竞争可能导致非功能性突变体的产生，从而影响电路的稳定性。尽管在设计低代谢负担电路方面取得了进展，但预测和利用宿主与电路之间的相互作用仍然困难。最后，还需要开发生物遏制策略以防止工程生物逃逸到自然环境中。

异源代谢途径可以在微生物联合体的不同成员之间进行分工。例如，一个五基因的异源代谢途径可以被分配给两个菌株，第一个菌株表达前两个基因以产生中间代谢物，然后中间代谢物可以扩散或转移到第二个菌株中，后者将其转化为最终产物。通过这种模块化设计，单个菌株可以专门执行某一功能，从而优化整个代谢途径。这种方法特别适用于同时发酵多种碳源的情况。例如，通过删除与不同碳源利用相关的基因，可以设计出专门消耗单一碳源的大肠杆菌菌株。这样的专门化群体能够更高效地发酵阿拉伯糖、葡萄糖、木糖和乙酸盐的混合物，显著优于通用菌株。此外，这种方法还克服了葡萄糖对木糖转运蛋白的抑制，显著提高了木质纤维素糖转化为高价值产品的效率。

4.2.5 合成微生物燃料电池

在木质纤维素生物质转化为生物燃料的研究中，工程化的共生菌群的应用取得了显著进展。Zuroff 等人（2013）开发了一个环境调控的共生共培养系统，结合了植物发酵梭菌和酵母，用于木质纤维素乙醇的生产。纤维素由植物酵母菌水解为纤维糊精，然后被进一步转化为乙醇。酵母的氧气消耗缓解了植物酵素菌的氧气抑制效应，与单一培养相比，该系统的纤维素乙醇产量提高到 22 g/L。Minty 等人（2013）设计了一个由里氏木霉 RUTC30（合作者）和大肠杆菌 NV3 pSA55/69（作弊者）组成的合成共生系统，用于从木质纤维素原料中生产异丁醇。里氏木霉分泌纤维素酶水解微晶纤维素，并进一步将寡糖分解为葡萄糖。大肠杆菌则利用这些葡萄糖合成异丁醇，达到 1.88 g/L 的最高产量，产率为理论最大值的 62%。

4.3 合成微生物群落调控策略及原理

随着对自然微生物相互作用、动态过程和生态学理解的深入，微生物工程已扩展到混合菌群，以便在封闭生物反应器和自然环境中执行更复杂的功能。这个新兴的合成生态学领域建立在基因网络设计策略的基础上，并融合了生态学和进化原理，重点关注微生物群落在不同时间尺度上的相互作用、动态变化和稳定性。

为了充分发挥微生物群落工程的潜力，必须采用更复杂的技术，使研究人员在设计微生物群落时能够更好地控制，这对于构建由人类设计的物种混合群落尤其重要。在基于微生物群落的疗法中，合成群落可以更精准地调节微生物环境，避免抗生素的负面影响或益生菌植入的潜在不一致性。在工业应用中，合成群落可以通过新型代谢耦合来提高重要经济化合物的生产或降解效率。合成群落为微生物工程提供了更灵活和强大的方法，允许对整个群落进行设计，而不仅限于对现有群落的调整。

然而，开发这些合成群落的关键在于优化或改进所需功能新物种的组合。这项任务被称为群落工程的“理性设计”。为此，已经开发并应用了多种技术来应对这一挑战。

4.3.1 菌群稳定性调控

微生物群落在动态的环境中保持长期稳定性是一个重要的挑战。在这些环境中，工程微生物可能会经历不断变化的条件，并与其他竞争物种接触。此外，由于基因组进化和水平基因转移，这些微生物群落会随着时间发生变化。即使在单个菌株中，基因工程回路也可能在短时间内失效。工程功能的丧失可能导致“作弊”行为（即在不贡献公共资源的情况下获益）和非生产性表型，进而降低群体整体表现。为了减缓遗传回路的退化，研究人员提出了降低宿主突变率和避免易突变设计的策略，从而在部署多物种联盟中保持群落在复杂环境中的稳健性和功能性。

要构建具有特定功能的稳定微生物群落，需要制定策略，在个体成员层面上监督并促进合作或协同效应。尽管作弊表型会导致群落不稳定和性能下降，但已有多种方法被探索以遏制其出现。例如，空间自组织可以通过排除作弊者和入侵者来促进合作。合作者还可以通过环境信号的及时响应，避免作弊者，同时继续生产公共产品。此外，细胞间基因转移可以加强合作互动，尤其是在这些性状的基因可以通过水平基因转移传播的情况下。通过生物传感器监测合作者的存在，并通过细胞间纳米管实现代谢交换私有化，也是一种促进合作的手段。

本地物种间的竞争和对抗性互动为工程微生物联盟带来了挑战。在由少数物种组成的简单群落中，未被占据的代谢生态位可能会吸引入侵物种定植。理论分析表明，竞争性互动对高度多样化群落的稳定性至关重要，这给当前多样性受限的合成微生物群落带来了难题。除了竞争外，拮抗作用（如抗生素的生产和降解）有助于竞争物种的共存，突显了非代谢相互作用的重要性。此外，随机事件也可能导致混合群落中的种群波动，从而扰乱群落的结构和组成。进一步的研究需要深入了解这些动态，并开发相应的工程解决方案以减少其对预期群落功能的不利影响（Johns et al., 2016）。

在群落设计中，计算机辅助设计也发挥了重要作用。它可以预测个体的最佳生长参数，以帮助形成长期稳定的群落。两种主要方法已被开发用于优化群落稳定性：d-OptCom 和 SteadyCom。d-OptCom 结合了动态和静态方法，需要双线性 FBA 求解器，使用全局搜索算法（BARON）、动力学参数以及附加的迭代线性规划约束来解决具有新反应的 MILP 问题。尽管 d-OptCom 复杂且无法支持再现性或新应用开发，但它可以被用于预测多种营养缺乏条件下大肠杆菌群体的最佳比例。SteadyCom 则侧重于预测群落中所有成员的共同增长率，并期望其保持稳定。与多目标优化方法形成对比，SteadyCom 确立固定目标，依赖线性通量平衡分析（FBA）求解器，辅以迭代线性规划优化。SteadyCom 还支持通量变化分析（flux variability analysis，FVA）的应用，并已用于大肠杆菌和简化的人类肠道微生物群落的研究，分析了纤维摄入对代谢的影响（Chan et al., 2017）。

CASINO 工具箱则另辟蹊径，作为一款专注人类肠道微生物群的计算平台，用于研究微生物之间的代谢相互作用和宿主代谢。它使用类似于 d-OptCom 的两级优化方法，先在个体物种层面最大化生长速率，随后在群落层面优化生长和资源分配。值得注意的是，CASINO 的运作需以实验数据为基石，确保模型的精确度与可靠性（Garcia-Jimenez et al., 2021）。

4.3.2 物种兼容性调控

在缺乏缓解机制的情况下，若两个菌株争夺相同的营养和空间，且它们的生长速率不同，则无法在共同培养基中稳定共存。生长较快的菌株最终会排挤生长较慢的菌株。缓解竞争的一种方法是通过程序化控制微生物群落，向特定菌株施加负反馈。Duncker 等人（2021）使用正交同步裂解回路（SLC），成功实现了两个工程化大肠杆菌种群的稳定共培养。每个 SLC 利用群体感应（QS）分子，在种群密度足够高时诱导宿主菌裂解，从而形成负反馈。生长较快的菌株在达到高密度后开始裂解，减少了其对较慢菌株的竞争抑制。随着快速菌株裂解，较慢菌株的数量得以增长，直到它们也裂解。引入这些负反馈回路后，每个菌株的生长都被自我限制，从而抵消了竞争影响，实现共存（Duncker et al., 2021）。

在枯草芽孢杆菌中，可以在琼脂平板上观察到三种相互作用表型：融合型、中间型和边界型。在 *gyrA* 基因序列相似度超过 99.5% 的高度相关枯草芽孢杆菌菌株中，合作行为（如菌株在蜂群琼脂上的融合）较为普遍。甚至在更远的芽孢杆菌物种之间也有类似现象（Lyons et al., 2017）。相比之下，当 *gyrA* 序列相似度低于 99.5% 时，菌株之间以及近缘物种之间更倾向于表现出拮抗或边界型互动。这种相关性与社会行为之间的联系也在枯草芽孢杆菌基因组水平上得到了验证。此外，研究发现，能够融合菌群的芽孢杆菌菌株也更适应植物根系环境。因此，群体相互作用表型可以作为枯草芽孢杆菌合作行为的指标。

4.3.3 菌群比例调控

在开放环境中部署工程微生物群落时，需要精确控制种群的增长，同时确保这些系统不会对自然生态系统造成意外的负面影响。为了解决这些潜在问题，一些研究团队开发了生物控制和遏制策略，用于调节微生物的生长速度、产量和功能。例如，大肠杆菌和酵母已经被重新编码，要求补充非天然氨基酸或特定小分子才能生长。通过调节这些外部分子的供应水平，可以精确控制种群的生长。

为了防止工程微生物及其基因逃逸到环境中，开发了杀伤性基因线路。这些电路包含模块化的多层可编程逻辑，可以根据不同的环境条件启动。此外，针对水平基因转移导致的工程性状传播，研究人员采用了 CRISPR 系统，通过精确降解特定基因序列，防止基因逃逸。

除了生物封闭，精确的种群控制还可以用于实现细胞密度相关的功能。例如，利用群体感应技术开发基因回路，使其根据种群密度调节生长和功能。通过调控氨基酸出口，研究人员能够调整交叉喂养微生物群体的丰度和成员比例，从而控制整个群体的功能。最近的多细胞基因线路技术使多个独立且可模块化的菌株能够协同执行复杂任务和逻辑功能。这为构建工程微生物生态系统提供了新的前沿技术，未来可以在多种宿主中扩展和合成这些方法。

虽然大多数合成基因线路是为单一的同源细胞群设计的，但合成微生物联合体提供了一个新的途径，使其在群体水平上表现出单一菌株无法实现的功能。例如，已有的合成系统展示了群体水平的表型，包括合成的捕食-猎物系统、多细胞计算机和时空模式生成器。

4.4 微生物群落工程目前存在的技术问题与解决思路

4.4.1 精准时空调控菌群组分问题

通过基因线路设计以调控微生物群落内的相互作用是一种潜在方法，但通常受限于跨物种通信工具的匮乏。因此，开发和拓展跨物种通信工具对于构建具备时空调控能力的跨物种微生物群落具有重要意义。然而，即使拥有跨物种通信工具，调控群落内细菌密度的模块（如毒素产生等）仍会给微生物带来额外的代谢负担。随着群落中微生物物种多样性和交互复杂性的增加，基于代谢回路约束的设计方法变得越来越难以适应。因此，物理分隔菌群的构建为一种可行替代方案，适用于多种微生物群落。

在构建多组分菌群的过程中，借助自动化技术产生大规模数据，结合机器学习技术，可以有效应对计算能力不足和数学模型缺失的问题，进而优化复杂的合成功能菌群的设计。目前，微生物群落中物种间相互作用的改造仍主要局限于模式生物体系。未来的研究需要进一步开发细胞间的交流元件和调控网络，并加深对微生物相互作用网络和群落稳定性的生态学规律的理解。

此外，微生物群落的空间结构表征与控制也是一个亟待解决的问题。对不同环境下微生物群落三维结构的原位分析仍然存在诸多技术限制，未来需要发展新的技术来表征并重塑微生物群落的三维结构。

4.4.2 非模式微生物群落的设计问题

当前合成功能菌群的设计主要依赖模式生物，原因在于这些生物具有丰富的已知遗传元件和成熟的基因编辑技术。然而，许多具有重要生物学功能的微生物属于非模式微生物，例如人类和动物肠道中的微生物以及植物根际微生物。针对非模式微生物的培养方法、基因编辑技术和功能基因组学研究将大大扩展合成菌群的功能多样性，推动更广泛的应用。

4.4.3 微生物群落的能量供给问题

目前构建的大多数合成功能菌群主要由异养生物组成，这类群落的维持依赖外部营养的持续供应。为解决这一问题，将光能自养微生物纳入合成菌群，可以利用光合作用将光能转化为化学能，从而为整个菌群提供能源，减少对外源营养物质的依赖。已有的研究中，利用蓝细菌和大肠杆菌构建了光能自养菌群。通过基因改造，蓝细菌可以分泌蔗糖，大肠杆菌则能够利用这些蔗糖进行生长。近期研究进一步构建了蓝细菌-需钠弧菌自养功能菌群，实现了负碳化学品的合成。

未来，随着更多多样化、适配性良好的光能自养菌群的构建，预期这些群落将在生物能源等可持续发展领域展现出广阔的应用前景。

4.5 应用案例：微生物群落结构控制强化化学品生产

4.5.1 裂解蛋白的挖掘与测试

为了获得高效、快速响应的裂解单元，首先分别选择了 *E. coli* 和噬菌体来源的 5 种裂解蛋白 CoIM(Touze et al., 2012)、Lysep(Yan et al., 2017)、MS2(Juhas et al., 2016)、SRRz(Zhang et al., 2009) 和 X174E(Bittihn et al., 2020)，并利用诱导型启动子 P_{tetR} 使其在 *E. coli* 中过表达。通过测定这 5 种裂解蛋白对 *E. coli* 生长和细胞内含物的释放得出了其裂解效率，对其进行筛选。在添加 aTc（脱水四环素）诱导表达 CoIM 1 h 后，细胞的 OD_{600} 值从 0.61 下降到 0.25，分别比表达 Lysep、MS2、SRRz 和 X174E 的细胞的 OD_{600} 值有较大降低［图 4-1（a）］。同样，诱导 2 h 后，表达 CoIM 的细胞的 OD_{600} 值分别比表达 Lysep、MS2、SRRz 和 X174E 的细胞的 OD_{600} 值有较大降低。此外，只有表达 CoIM 的培养体系会呈现澄清且透明的状态，其余实验组的培养体系均呈现不同程度的浑浊状态。结果表明，CoIM 和 X174E 都可以显著影响 *E. coli* 的生长，而 CoIM 的影响比 X174E 的影响更快速。

如图 4-1（b）所示，在诱导 1 h 后，表达 CoIM 的细胞上清液中蛋白质浓度从 0.65 mg/mL 上升到 0.88 mg/mL，分别比表达 Lysep、MS2、SRRz 和 X174E 的细胞上清液中蛋白质浓度高 31%、36%、34% 和 30%。而诱导 2 h 后，表达 CoIM 的细胞上清液中蛋白质浓度不变，比 Lysep、MS2、SRRz 和 X174E 的细胞上清液中蛋白质浓度高了 26%、21%、7% 和 −13%。结果表明，CoIM 在前 1 h 可以有效裂解 *E. coli* 并释放细胞内含物（胞内蛋白）。而 SRRz 和 X174E 的生效时间则比 CoIM 慢，2 h 后才可以有效裂解 *E. coli* 并释放细胞内含物。

为了进一步表征不同裂解蛋白对 *E. coli* 的生长抑制作用，对表达裂解蛋白后的细胞活力进行了表征。经过 aTc 诱导 2 h 后，分别对各个培养体系进行了平板菌落计数和点板实验。如图 4-2（a）所示，在表达 Lysep、MS2、SRRz 和 X174E 后，细胞活力从 8.03×10^8 CFU/mL（以未表达任何裂解蛋白的 *E. coli* 作为对照组）分别下降到 7.36×10^8 CFU/mL、8.02×10^8 CFU/mL、6.31×10^8 CFU/mL 和 3.57×10^6 CFU/mL。分别比表达 CoIM 的实验组高 2.69×10^3、2.78×10^3、2.19×10^3 和 10.78 倍。而且如图 4-2（b）所示，在将培养体系稀释 10 倍后，表达 CoIM 的实

验组的菌苔已经显著缩小。而表达 Lysep、MS2、SRRz 的实验组的菌苔在稀释 10^5 倍后才显著缩小，表达 X174E 的实验组的菌苔在稀释 10^3 倍后显著缩小。因此，CoIM 是一种高效、反应快速的裂解蛋白，可以显著抑制 *E. coli* 的生长，并将其裂解。

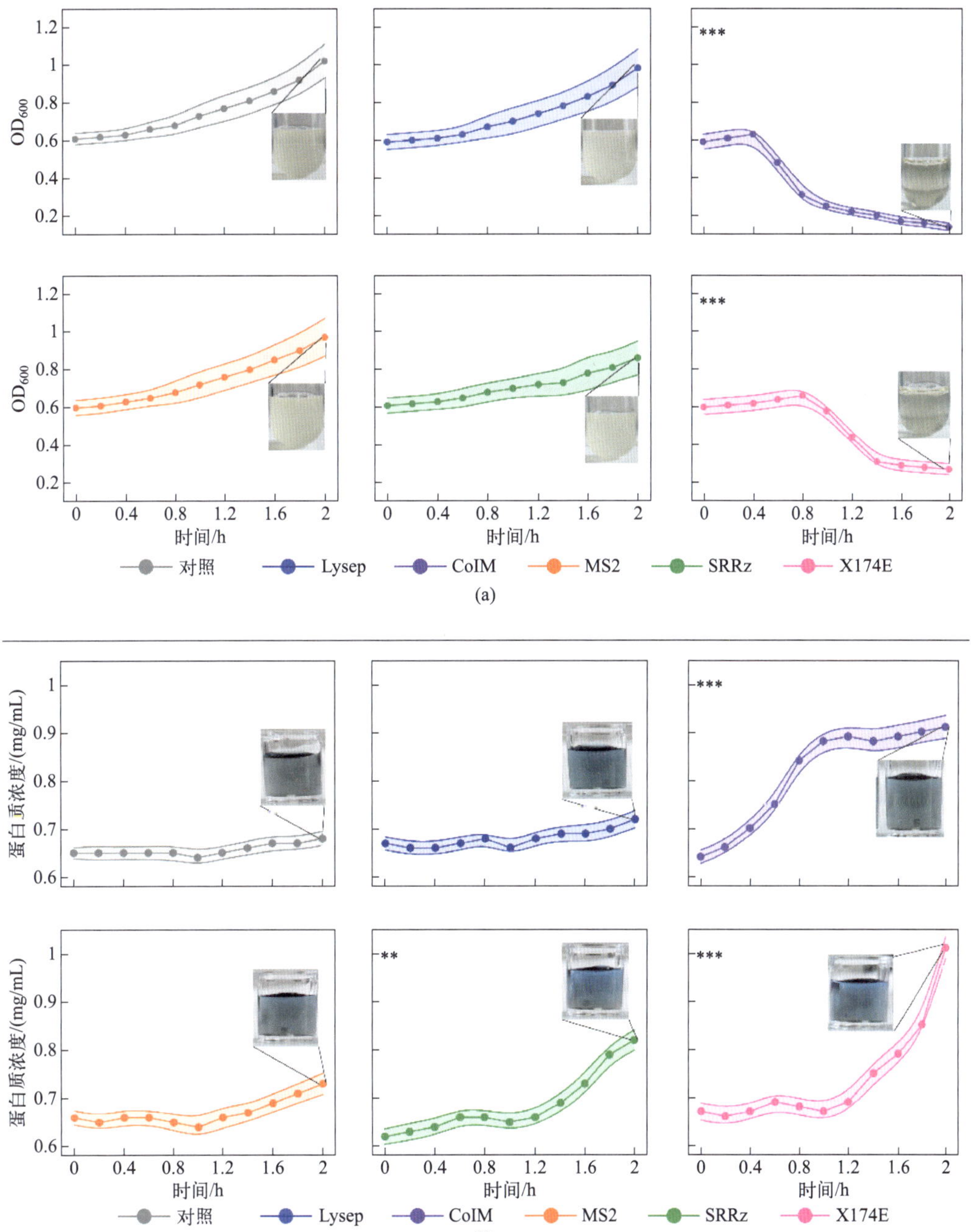

图 4-1　不同裂解蛋白对 *E. coli* 生长和细胞内含物释放的影响

图（a）为 2 h 内不同裂解蛋白对细胞 OD_{600} 的影响。LB 培养基的澄清度代表大肠杆菌被裂解蛋白裂解的程度，图（b）为不同裂解蛋白对内容物释放的影响。蓝色代表细胞内蛋白质的反应溶液已被释放到上清液中。将携带空载体的菌株 JM109 用作对照组

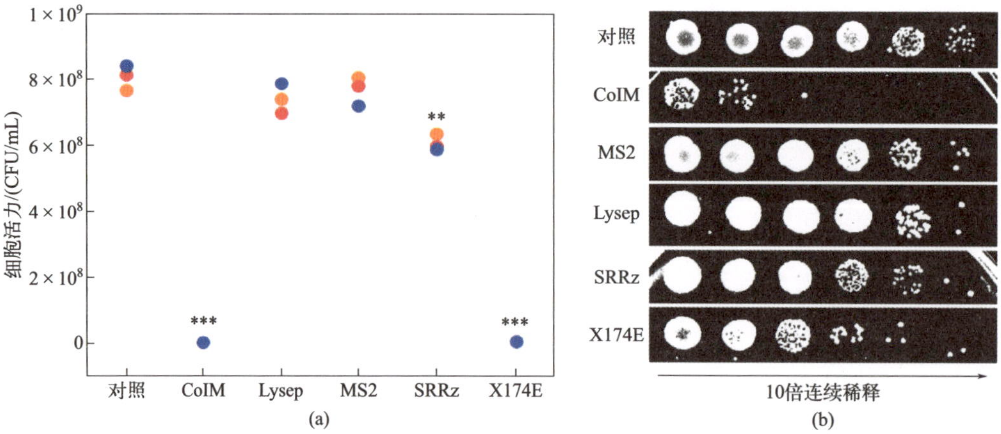

图 4-2　裂解蛋白对 *E. coli* 生长抑制的表征

图（a）为不同裂解蛋白对细胞生长的影响。该散点图说明了不同裂解蛋白对细胞活力的影响；图（b）为斑点试验，用于测试不同裂解蛋白对大肠杆菌活力的影响。样品从左到右的稀释度为 10^0、10^1、10^2、10^3、10^4、10^5。将携带空载体的菌株 JM109 用作对照组

通过死亡率测定和扫描电子显微镜进一步表征了 CoIM 对 *E. coli* 细胞的裂解作用。在诱导表达 2 h 后，通过 PI（碘化丙啶）染色和流式细胞术对培养体系中细胞的死亡率进行了测定。如图 4-3 所示，对照组的细胞死亡率为 5.6%。而表达 CoIM 后，93% 的细胞死亡，显著高于表达 Lysep、MS2 和 SRRz 的实验组，比表达 X174E 的实验组死亡率高了 7%。通过扫描电子显微镜进一步证明了 *E. coli* 细胞被 CoIM 裂解。过表达 CoIM 后的 *E. coli* 细胞呈现不规则的、丝状甚至完全破碎的形态。而未表达 CoIM 的对照组的细胞则呈现椭圆形、完整无穿孔的形态。这些结果表明，CoIM 是一种高效、快速响应的裂解蛋白，可以通过细胞裂解作用从 *E. coli* 中释放细胞内蛋白，是最适合构建裂解单元的裂解蛋白。

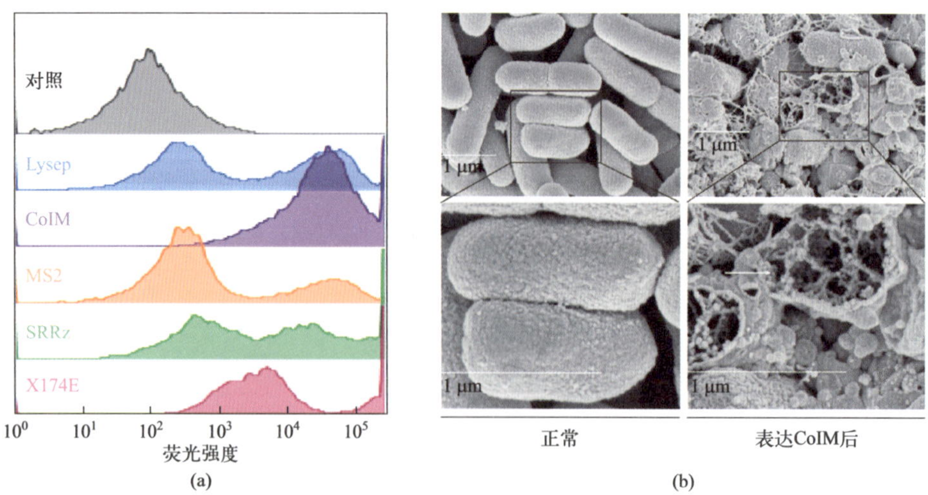

图 4-3　CoIM 对 *E. coli* 死亡率和形态的影响

图（a）为 PI 染色，用于检测不同裂解蛋白对死亡率的影响。荧光强度百分比代表死亡率。活细胞的荧光强度小于 10^3，死细胞的荧光强度大于 10^3。将携带空载体的菌株 JM109 用作对照组。图（b）为扫描电子显微镜用于检测表达不同裂解蛋白后大肠杆菌表面的变化。白色箭头指示细胞断裂的位置

如图 4-4 所示，野生型 CoIM 由 N 端易位结构域、中枢受体结合结构域和 C 端毒性结构域组成。通过 Cmi（CoIM 免疫蛋白）的免疫结合作用控制 CoIM 的活性。CoIM 在被宿主细胞分泌到胞外后，通过 N 端易位结构域进入其他细胞，并通过 C 端毒性结构域将其裂解。而宿主细胞因为含有 Cmi 而存活。因为 Cmi 处于周质空间内，所以无法通过调控 Cmi 活性的方式实现对 CoIM 裂解活性的“开”与“关”。因此，删除了 CoIM 的 N 端易位结构域和中枢受体结合结构域，然后通过将 C 端毒性结构域与不同的转运信号肽融合的方式对其进行改造得到 CoIM*。通过转运将 CoIM* 运送到周质空间以裂解 *E. coli* 宿主细胞，并且不会影响其他细胞的存活。

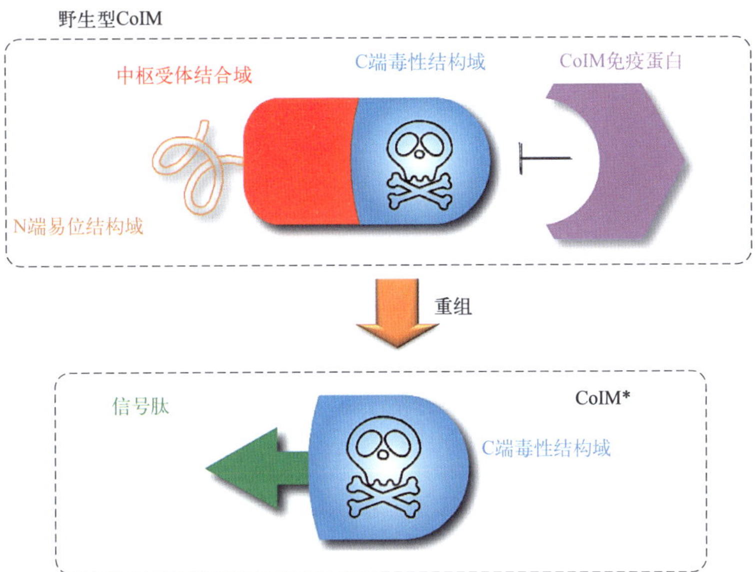

图 4-4　野生型 CoIM 的结构以及重构 CoIM* 的设计

一共引入并测试了来自 2 种转运途径（Sec-途径和 Tat-途径）的 6 条信号肽（pelB、NSs、ompA、Tat1、Tat2 和 Tat3）（图 4-5）。其中，与 pelB 融合的重构 CoIM* 的 C 端毒性结构域表现出最有效的细胞裂解效果，OD_{600} 值降至 0.12，分别比 NSs 组和 ompA 组低 20% 和 29%。CoIM*（pelB 组）的上清中蛋白质浓度在 2 h 后达到 0.92 mg/mL，分别比 NSs 组和 ompA 组高 2% 和 3%。

此外，通过在信号肽 C 端融合荧光蛋白，并测试胞外荧光蛋白的荧光强度，对 pelB、NSs 和 ompA 的转运能力进行了进一步测试。如图 4-6 所示，在 3 h 时，pelB 组的荧光强度为 75.19，分别比 NSs 组和 ompA 组高了 65% 和 14%。这些结果表明，来自 Sec 途径的 pelB 信号肽更适合重构 CoIM，因此选择 pelB 进行进一步测试。

为了有效控制 CoIM* 的活性，引入了蛋白酶触发机制：将蛋白酶 TEVp 切割位点（tev side）与带有 F degron 的 pelB 的 N 端融合。在蛋白酶 TEVp 表达后，F degron 的 N 端暴露，导致重构的 CoIM* 降解和失活（图 4-7）。当只有 CoIM* 表达时，OD_{600} 值从 0.63 下降到 0.27，

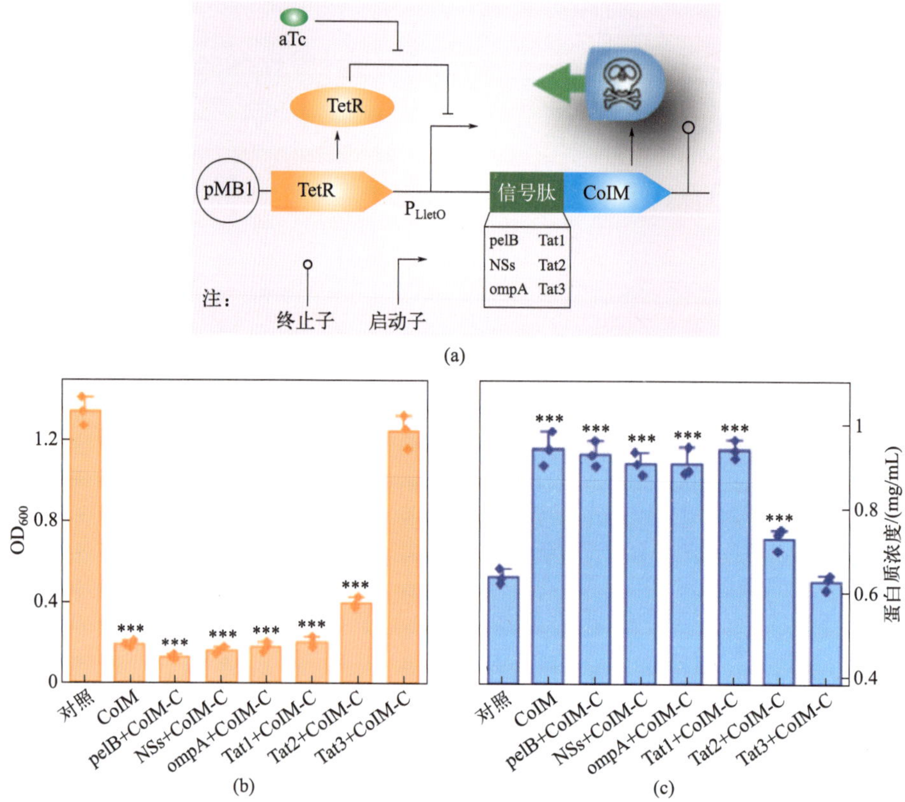

图 4-5 野生型 ColM 的结构以及重构 ColM* 的设计

图（a）为信号肽筛选图。pelB、ompA、NSs 属于 Sec 通路，Tat1、Tat2、Tat3 属于 Tat 通路。图（b）为具有不同信号肽的 ColM* 对细胞生长的影响。图（c）为具有不同信号肽的 ColM* 对 LB 培养基中蛋白质释放的影响

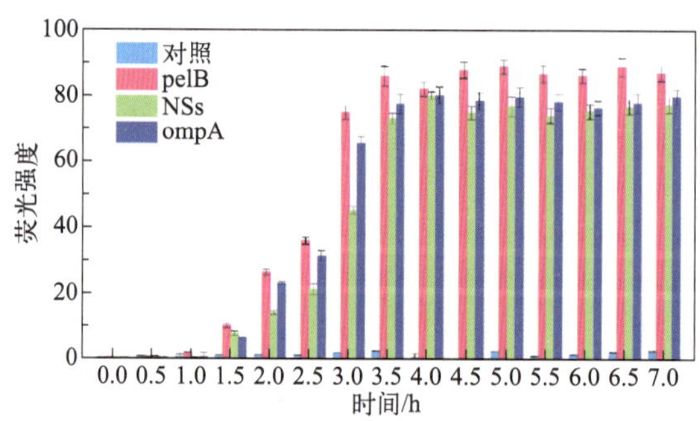

图 4-6 信号肽转运能力测试

上清液中的蛋白质浓度增加到 0.93 mg/mL。当 ColM* 和 TEVp 同时表达时，OD_{600} 值增加到 1.31，蛋白质浓度保持在 0.76 mg/mL。蛋白质浓度虽有差异，但差异不显著。这种差异可能是由培养基成分引起的。首先，培养 *E. coli* 的培养基为 LB 培养基，由酵母浸提液和蛋白胨组成。因此，测量得到的蛋白质浓度包含来自 LB 培养基的蛋白质和来自释放的 *E. coli* 胞内蛋白质。所以，即使在 *E. coli* 未被裂解的情况下，也可以检测到少量的蛋白质。其次，当

不表达 TEVp 蛋白酶时，蛋白质含量分别为 0.75 mg/mL（脱水四环素 aTc−，阿拉伯糖 ara−）和 0.79 mg/mL (aTc−, ara+)。因此，蛋白质浓度虽然有差异，但差异无统计学意义。

为了减少 LB 培养基对实验结果的影响，用 M9 培养基（由无机盐组成）替换了 LB 培养基，进行了蛋白质浓度测定的实验（图 4-7）。在未表达 TEVp 蛋白酶时（aTc−, ara− 和 aTc−, ara+），蛋白质含量约为 0.04 mg/mL，比实验组（aTc+, ara−）低 700%，具有显著性差异。因此，蛋白酶 TEVp 的表达可以显著抑制 CoIM* 的活性，并且可以通过 TEVp 和 CoIM* 构建得到可以开启和关闭的裂解系统。

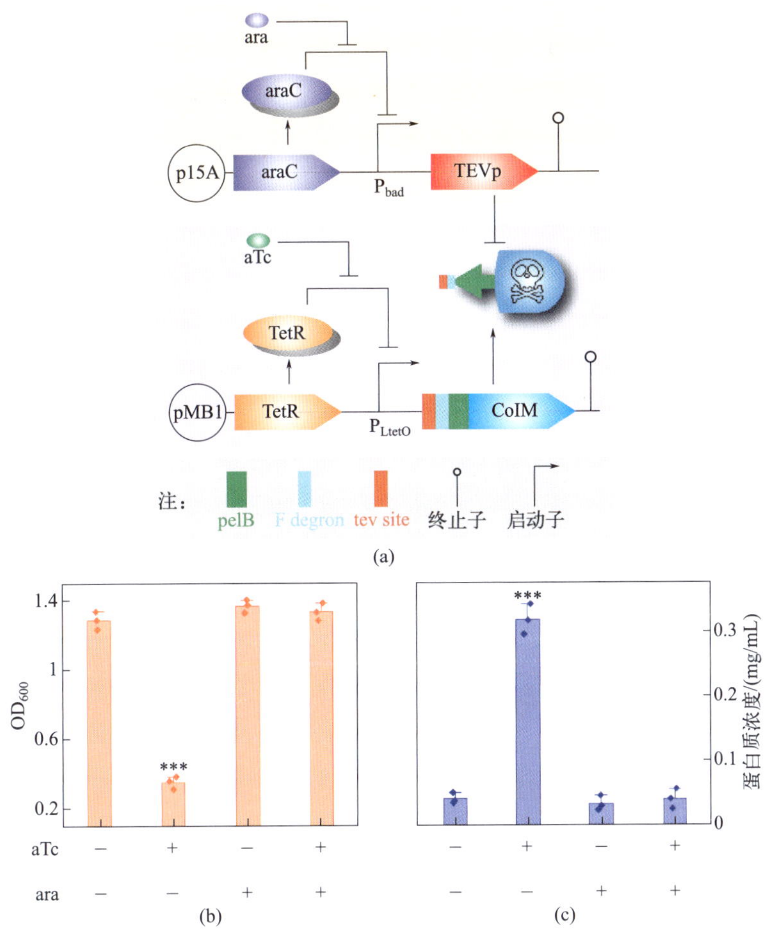

图 4-7　蛋白酶触发细胞裂解

图（a）为以蛋白酶触发方式控制的 CoIM* 示意图；图（b）为不同诱导剂对 2 h 时细胞生长的影响；图（c）为不同诱导剂对 M9 培养基中 2 h 时蛋白质释放的影响。分别向 M9 培养基中加入 250 mg/mL 阿拉伯糖（ara）和 200 ng/mL 脱水四环素（aTc）

4.5.2　程序化开关的构建与调试

研究发现，使用稳定期启动子表达 CoIM* 的 *E. coli* 不能生长［图 4-8（a)］。鉴于 CoIM*

对 *E. coli* 的致死作用，选择使用蛋白酶、稳定期启动子和生长期启动子构建了基于蛋白酶的调控开关（程序化开关）以延迟 CoIM* 的表达，使得 *E. coli* 可以正常生长［图 4-8（b）］。

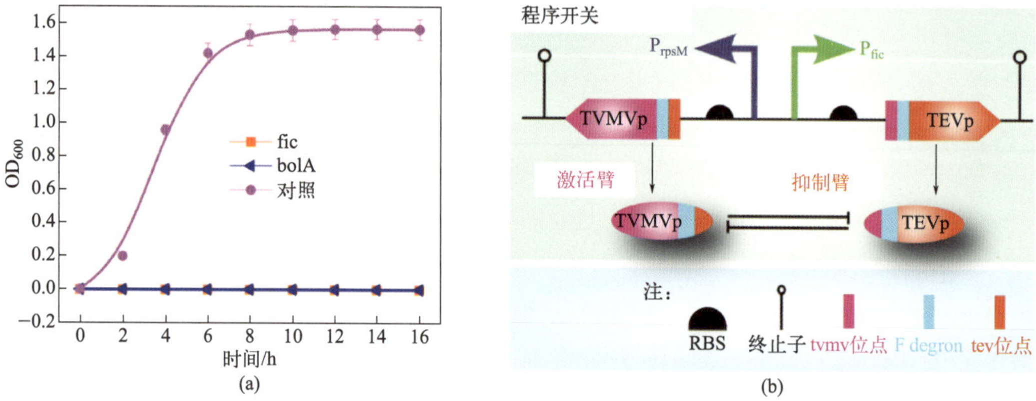

图 4-8　稳定期启动子表达 CoIM* 对 *E. coli* 生长的影响以及程序化开关的设计

图（a）显示用稳定期启动子（P_{fic} 和 P_{bolA}）表达 CoIM* 对细胞生长的影响。将携带空载体的菌株 JM109 用作对照组。图（b）为设计和表征编程开关。P_{rpsM} 和 P_{rpsT}, 生长期启动子；P_{fic}, 稳定期启动子；RBS, 核糖体结合位点；TEVp, 烟草蚀刻病毒蛋白酶；TVMVp, 烟草脉斑病毒蛋白酶

当使用稳定期启动子调控目标基因时，基因表达在细胞进入稳定期之前被抑制，仅在细胞进入稳定期后，启动子的转录活性显著增强［图 4-9（a）（b）（c）］；相反，生长期启动子的转录活性主要在细胞处于生长期时达到最大［图 4-9（d）（e）（f）］。该开关由一个激活臂和一个抑制臂组成。抑制臂由更严格的稳定期启动子（P_{fic}）调控蛋白酶 TEVp 的表达。激活臂由较弱的生长期启动子（P_{rpsM}）调控蛋白酶 TVMVp 的表达。为了实现抑制臂和激活臂之间的相互作用，通过将蛋白酶的 N 端与 F degron 和另一个蛋白酶的切割位点融合来修饰这两种蛋白酶，该位点可以被相应的蛋白酶特异性识别和降解。在基于蛋白酶的程序化开关中，蛋白酶 TEVp 只有在 TVMVp 完全降解时才能被激活，反之亦然。

为了表征程序化开关的抑制臂的开关启动时间，构建了一个抑制报告单元，将其导入 JM109 后得到了菌株 PS1008。抑制报告单元由修饰后的 mKate2 和启动子 P_{rpsT} 组成。在 mKate2 的 N 端添加降解决定子 F degron 和 TEVp 切割位点后，mKate2 可以被 *E. coli* 本源的蛋白质降解系统特异性识别并降解。与此同时，可以通过 TVMVp 切割 TEVp，从而阻止修饰后的 mKate2 被切割并降解。mKate2 的荧光密度的降低意味着程序开关已经打开，可以表征出 TEVp 的积累和抑制臂的开关启动时间。为了使开关启动时间的定义更严谨，采用公式（4-1）计算每小时荧光密度变化率（V）：

$$V=\frac{f_1-f_2}{T_1-T_2} \tag{4-1}$$

式中，f_1 为终点的荧光密度；f_2 为起始点的荧光密度；T_1 为终点的时间；T_2 是起点的时间。

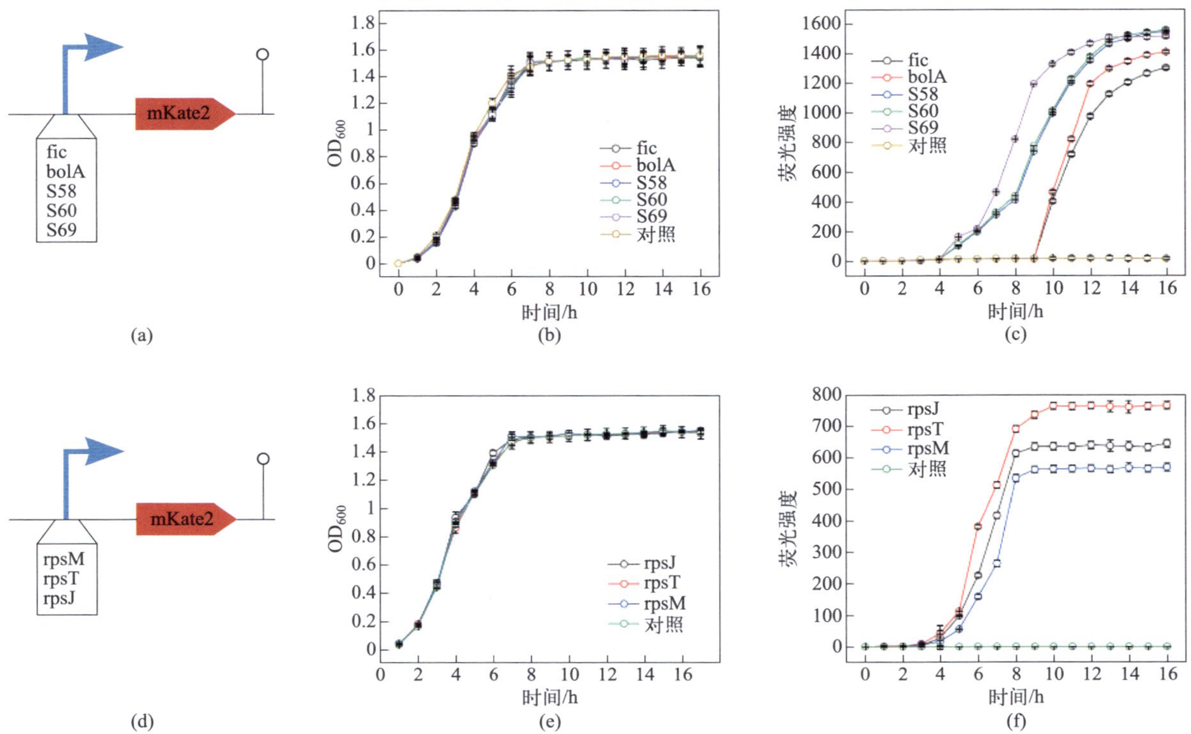

图 4-9 稳定期启动子和生长期启动子的表征

图（a）为通过 mKate2 鉴定稳定期启动子（P_{fic}、P_{bolA}、P_{S58}、P_{S60} 和 P_{S69}）的图；图（b）为不同的稳定期启动子对细胞生长 OD_{600} 的影响；图（c）中荧光强度曲线表示不同稳定期启动子的 mKate2 表达水平；图（d）为通过 mKate2 鉴定生长期启动子（P_{rpsM}、P_{rpsT} 和 P_{rpsJ}）的图；图（e）为不同生长期启动子对细胞生长 OD_{600} 的影响；图（f）中荧光强度曲线表示不同生长期启动子的 mKate2 的表达水平。荧光密度等于荧光强度除以 OD_{600}

如图 4-10 所示，V 值有一定的规律性，根据 V 值的差异可以定义“开关启动时间”：①在 9 h 之前，V 值大于 0 a.u./h，这意味着抑制报告单元的 mKate2 在积累；② V 值介于 −14 a.u./h 和 14 a.u./h 之间（虚线内），说明 mKate2 保持稳定（不同程序化开关的菌株在不同时间内保持稳定）；③最后 V 值下降至 −30 a.u./h（与储存期明显不同），说明 mKate2 被切割并降解。将 V 值第一次下降到 −30 a.u./h 的时间点定义为“开关时间”。

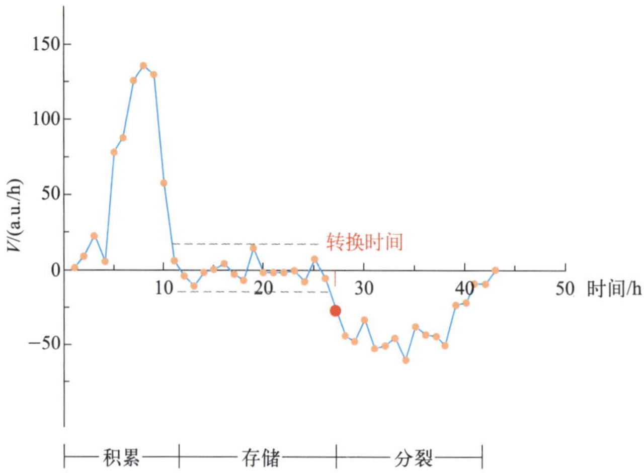

图 4-10 V 值的理论示意图

如图 4-11 所示，菌株 PS1008 的启动时间为 10 h，与对照组相比延迟了 1 h（TEVp 由稳定期启动子 P_{fic} 调控并表达）。这表明，抑制臂的开关启动时间与稳定期启动子启动时间相近。推测这是因为生长期表达并积累的 TVMVp 在被稳定期表达的 TEVp 切割后被迅速降解。

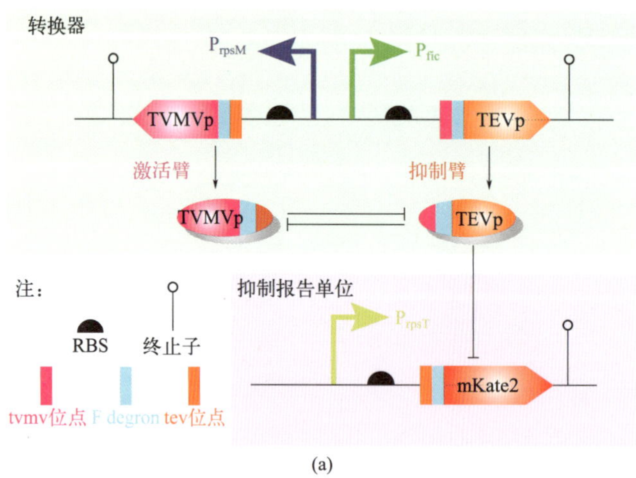

(a)

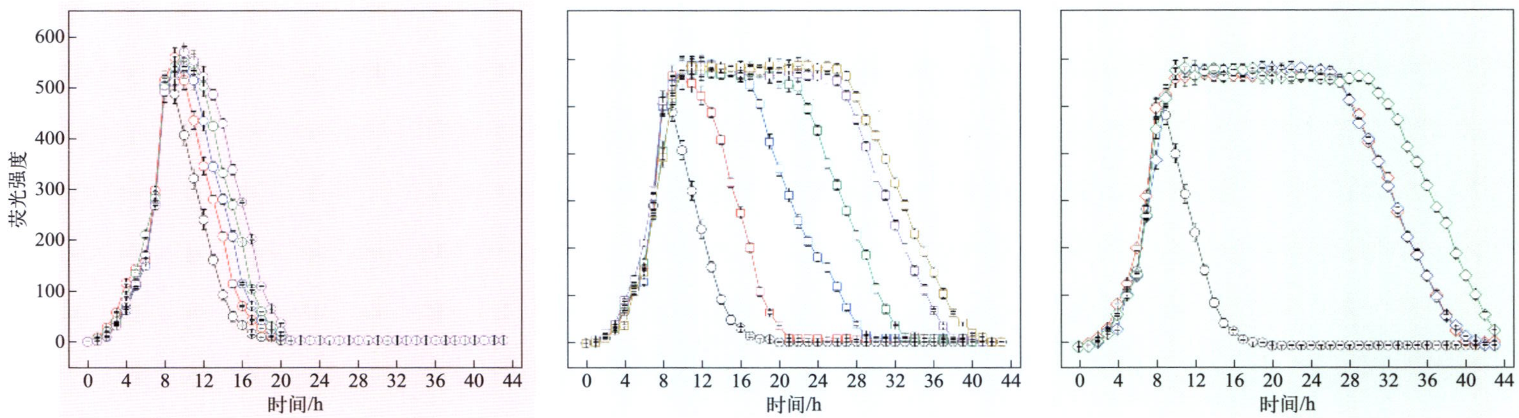

策略：		RBS	起始密码子	抑制标签
fic		–	–	–
PS1008	*	–	–	–
PS1006	***	+	–	–
PS1004	***	+	–	–
PS1001	***	+	–	–
PS1011	***	+	+	–
PS1021	***	+	+	–
PS1031	***	+	+	–
PS1041	***	+	+	–
PS1061	***	+	+	–
PS1161	***	+	+	+
PS1261	***	+	+	+
PS1361	***	+	+	+

(b)

图 4-11　抑制臂启动时间的表征

利用抑制臂的荧光强度曲线来表征不同调控策略对程控开关的改造效果。荧光强度的增加表示 mKate2 的积累，荧光强度的降低表示 mKate2 的降解，并表明抑制臂开始生效（编程开关被激活）。24h 后，每 4h 向培养基中加入 0.1mL 100mg/mL 酵母提取物在此基础之上，选择了 3 种不同的调控策略（RBS 调控、起始密码子调控和降解标签调控）（图 4-12）来降低 TEVp 的丰度，从而达到调控并延迟开关启动时间的目的。为了评估这 3 种调控策略对 TEVp 丰度的影响，将绿色荧光蛋白（GFP）融合到 TEVp 上，并进行了荧光强度的测试。

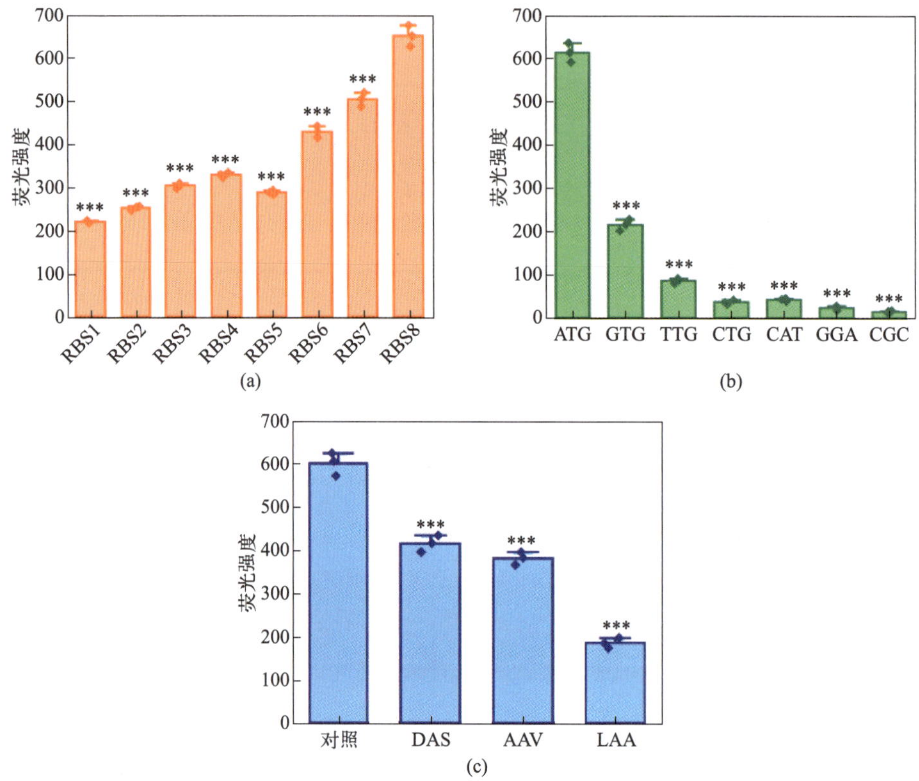

图 4-12　程序化开关中的调控策略

图（a）为不同 RBS 对表达荧光蛋白的影响。携带 RBS8 的菌株 JM109 为对照组。图（b）为不同初始密码子对表达荧光蛋白的影响。携带 ATG 的菌株 JM109 为对照组。图（c）为不同降解标签对表达荧光蛋白的影响。未携带标签的菌株 JM109 为对照组

如图 4-13 所示，在 3 种策略的调控下，GFP 的荧光强度逐渐降低，这表明了 TEVp 的丰度也在逐渐降低。因此，当分别使用其他更弱的 RBS 替换抑制臂使用的 RBS8 时（不同程序化开关引入 JM109 后分别得到菌株 DS1008、DS1006、DS1004、DS1001），开关的启动时间从 10 h 延迟到 11 h。基于开关启动时间最晚的 DS1001，当 TEVp 的起始密码子从 ATG 更改为 GGA 时（不同程序化开关引入 JM109 后分别得到菌株 DS1011、DS1021、DS1031、DS1041、DS1061），开关的启动时间从 11 h 延迟到 28 h。在这两种策略的基础上，继续在 TEVp 的 C 端上融合降解标签（DSA、AAV 和 LAA）（不同程序化开关引入 JM109 后分别得到菌株 DS1161、DS1261、DS1361），使开关的启动时间延迟到 32 h。

在以上结果的基础上，建立了程序化开关的抑制臂行为模型。在程序化开关的计算模型中（图 4-14），TEVp 丰度（A_t）的增加导致转换时间（T）的减少。

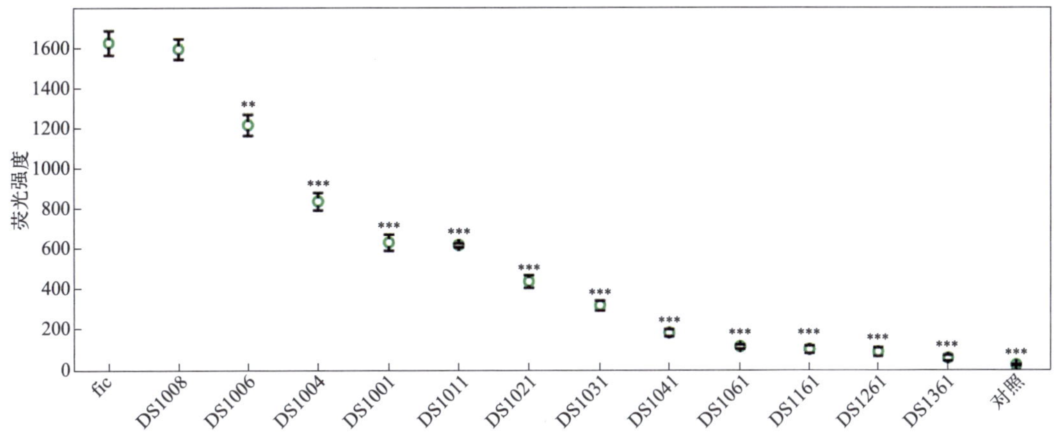

图 4-13　TEVp 丰度鉴定

绿色荧光蛋白 GFP 与 TEVp 的 C 端融合。在 44 h 取样以测量 OD_{600} 和荧光强度，携带空载体的菌株 JM109 用作对照组

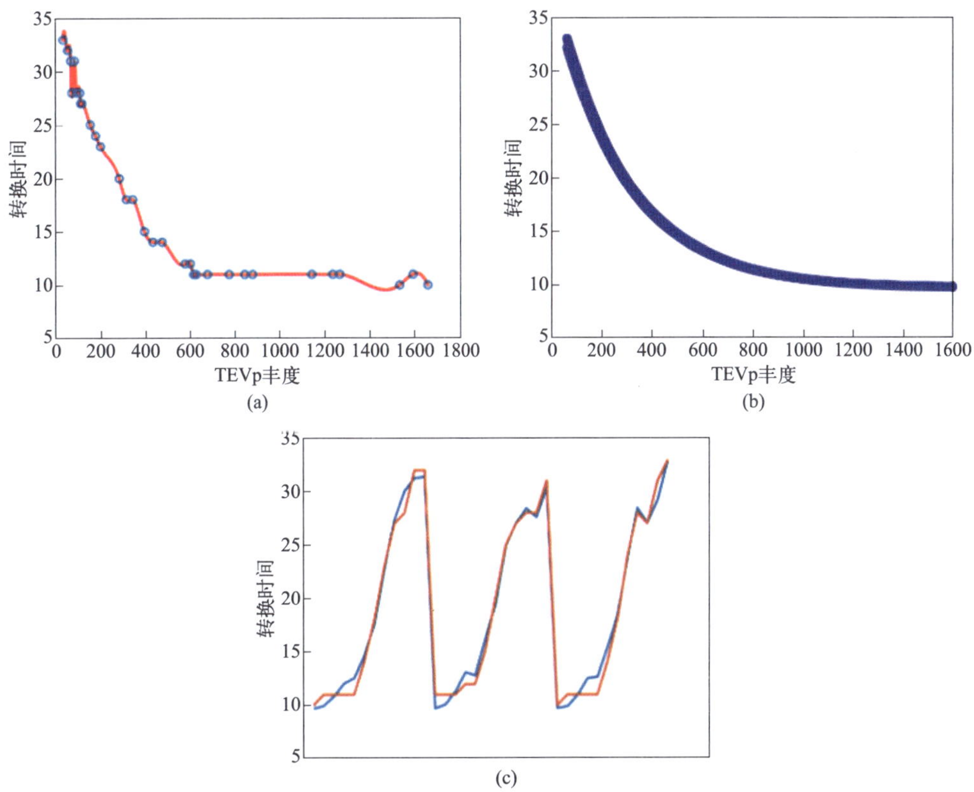

图 4-14　抑制臂开关启动时间模型

图（a）表示 TEVp 丰度和转换时间之间的初始行为；图（b）为 TEVp 丰度与转换时间之间的拟合曲线；图（c）为开关时间的拟合曲线。红色曲线为原始曲线，蓝色曲线为拟合曲线。所有模拟均使用 Matlab 进行

为了表征激活臂的功能及其开关启动时间（荧光强度增加），构建了一个激活报告单元，该单元由 mKate2 组成，mKate2 通过将其 N 端与 F degron 和 TVMVp 蛋白酶切割位点（tvmv site）融合进行修饰，TVMVp 可以被特异性识别和降解（图 4-15a）。在 P_{fic}（稳定期启动子）的控制下，修饰的 mKate2 可以通过 TVMVp 的积累来降解，但通过 TEVp 切割 TVMVp 去除降解。选择稳定期启动子 P_{fic} 来调控 mKate2 表达，从而产生菌株 PS2008。如图 4-15 所示，当该菌株进入稳定期时，mKate2 的荧光强度在 10h 后开始增加。此外，根据不同程序化开关的启动时间，通过将抑制臂报告单元替换为激活臂报告单元（启动子 P_{fic} 取代启动子 P_{rpsT}，tev site 被 tvmv site 替换），表征了 4 个程序化开关（PS2031、PS2041、PS2161 和 PS2361）。PS2031、PS2041、PS2161 和 PS2361 的荧光强度分别在 20h、27h、28h 和 32h 开始增加。

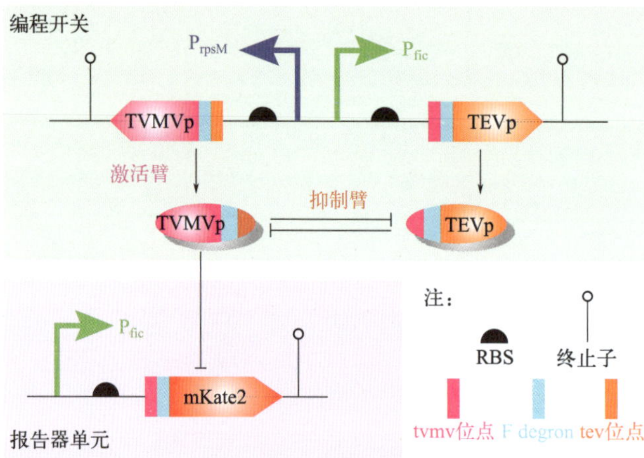

(a)

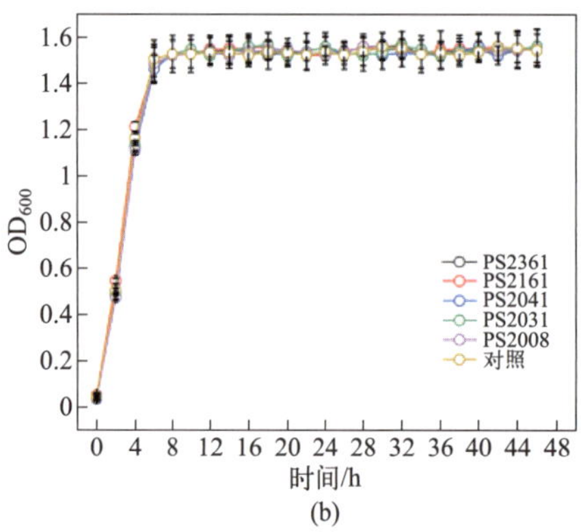

(b)

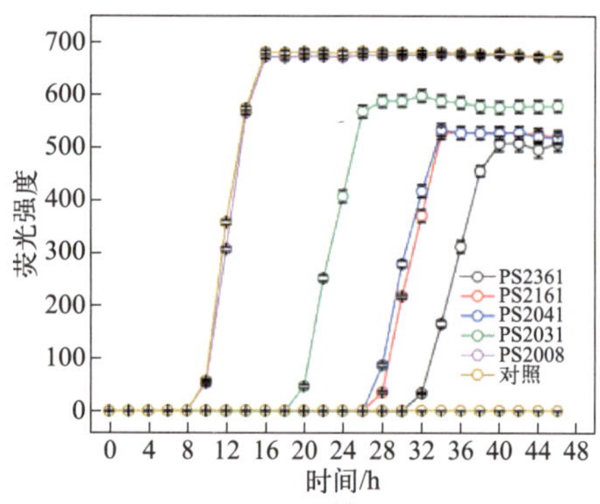

(c)

图 4-15　程序化开关激活臂的鉴定

图（a）为编程开关的设计。通过报告器单元表征编程开关。图（b）为菌株 fic、PS2161、PS2361、PS2041、PS2031 和 PS2008 的细胞生长曲线。菌株 fic 为对照组，由 P_{fic} 驱动 TEVp。图（c）为菌株 fic、PS2161、PS2361、PS2041、PS2031 和 PS2008 的荧光强度曲线，以表示由不同编程开关调节的 mKate2 的表达水平。荧光强度的增加表示 mKate2 的积累，并且 TVMVp 被 TEVp 切割

4.5.3 程序化裂解系统的组装与测试

通过将裂解单元（基于重构后的 CoIM*）与具有不同开关启动时间的程序化开关（基于

修饰后的蛋白酶）组合，构建出具有不同启动时间的程序化裂解系统（PLS）（图 4-16）。为了对 PLS 的功能进行测试，将不同的 PLS 导入 *E. coli* JM109 中，并测试了其生长曲线。对照组（以启动子 P_{fic} 表达 CoIM*）以及导入 PLS008（PS008 与 CoIM* 组合）、PLS011（PS011 与 CoIM* 组合）的菌株在 42 h 内均无生长的趋势。而启动时间被显著延迟的 PLS034、PLS161 和 PLS361 则可以正常生长，且均在 10 h 后进入稳定期，比 PLS031 进入稳定期的时间提前 8 h，证明了 PLS034、PLS161 和 PLS361 对 *E. coli* 细胞生长的影响较小。此外，PLS031、PLS034、PLS161 和 PLS361 分别在 20 h、28 h、28 h 和 32 h 出现 OD_{600} 值下降的现象，说明不同启动时间的 PLS 可以在不同时间将 *E. coli* 裂解。

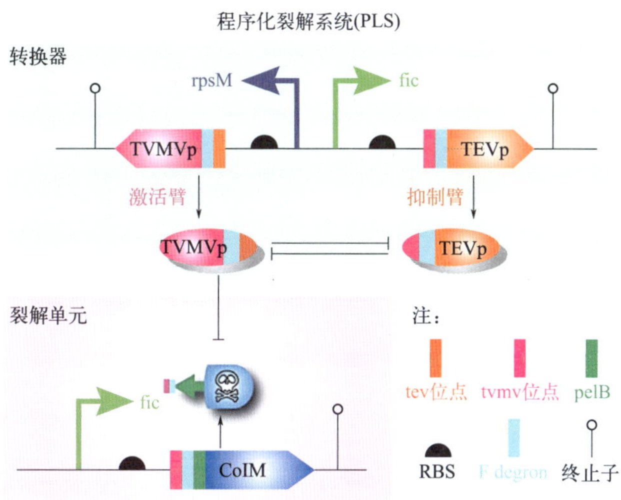

图 4-16　程序化裂解系统的组装与功能测试

为了证明 PLS 对不同亚型的 *E. coli* 有效，分别将其 PLS361 导入 7 种不同亚型的 *E. coli* 菌株中，分别对其生长趋势以及细胞死亡率进行了测试，结果如图 4-17 所示。不含 PLS361 的 7 组对照组在 8 h 后进入稳定期，并且在 38 h 内没有出现 OD_{600} 值显著下降的趋势。含 PLS361 的 7 组实验组同样在 8 h 后进入稳定期，并且分别在 32 h 和 33 h 后 OD_{600} 值显著下降。在通过 PI（碘化丙啶）染色后，用流式细胞术分别对对照组和实验组的细胞死亡率进行了测定。对照组和实验组的 *E. coli* 细胞在前 30 h 死亡率均＜ 10%。38 h 后，对照组的 *E. coli* 细胞死亡率依旧＜ 10.0%，而实验组的 *E. coli* 细胞死亡率均大于 90%。所以，PLS361 具有普适性，在不同亚型的 *E. coli* 中均有效。此外，细胞生长的差异导致了不同亚型的 *E. coli* 细胞死亡率的差异（34 h）。首先，PLS 的开关启动时间基于蛋白酶的表达，而蛋白酶的表达受到生长期启动子和稳定期启动子的控制，这意味着 PLS 的开关启动时间与细胞生长有关；其次，菌株 BL21 和 ATCC8739 的细胞生长速度比其他菌株慢。因此，这两种菌株的裂解速度比其他菌株慢。这种现象是由于不同亚型的 *E. coli* 间存在基因型的差异，这进一步导致了基因表达和生长的差异。

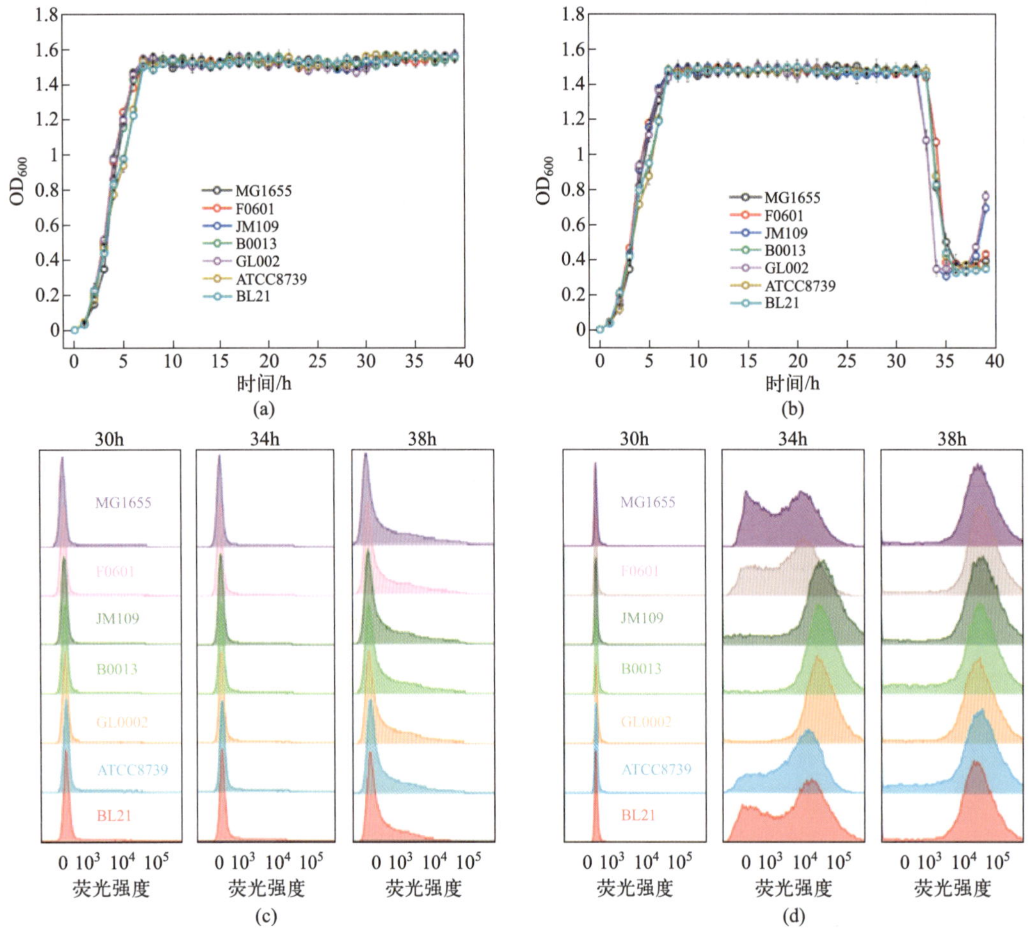

图 4-17　程序化裂解系统对不同 *E. coli* 的影响

图（a）为不含 PLS 的不同大肠杆菌的细胞生长曲线。图（b）为具有 PLS 的不同大肠杆菌的细胞生长曲线。OD_{600} 的减少表明细胞被裂解。图（c）为无 PLS 的不同菌株的死亡率比较（30 h、34 h、38 h）。图（d）为不同菌株与含 PLS 的菌株的死亡率比较（30 h、34 h、38 h）

选取 38 h 的 *E. coli* 细胞通过扫描电子显微镜进行了细胞形态的表征，进一步测试了 PLS361 对 *E. coli* 细胞的裂解性能。结果如图 4-18 所示，对照组（不含 PLS361）的细胞呈现完整、规则、椭圆形的形态，而 7 个实验组（含有 PLS361）的细胞均呈现破碎、不规则、丝状的形态，进一步证明了 PLS 可以通过裂解 *E. coli* 细胞的方式影响其生长，将 *E. coli* 菌群的状态从“生”转换到“死”。

为了定量评估 PLS 对 *E. coli* 的裂解作用，对 38 h 培养体系的上清液中的蛋白质含量进行了测定。结果如图 4-19 所示，在 38 h，所有携带了 PLS361 的实验组中，上清液中蛋白质的浓度均高于 1.62 mg/mL，而未携带 PLS 的对照组的蛋白质含量仅为 0.72 mg/mL。在此基础上，分别在这 7 株 *E. coli* 中组成型表达了红色荧光蛋白 mKate2，分别对对照组的全细胞荧光强度（*W*）（预实验表明，对照组上清的荧光密度均小于 10.00）和实验组的上清荧光强度（*S*）进行了检测，并进行了释放率（*R*）计算（式 4-2）。

$$R = \frac{W}{S} \tag{4-2}$$

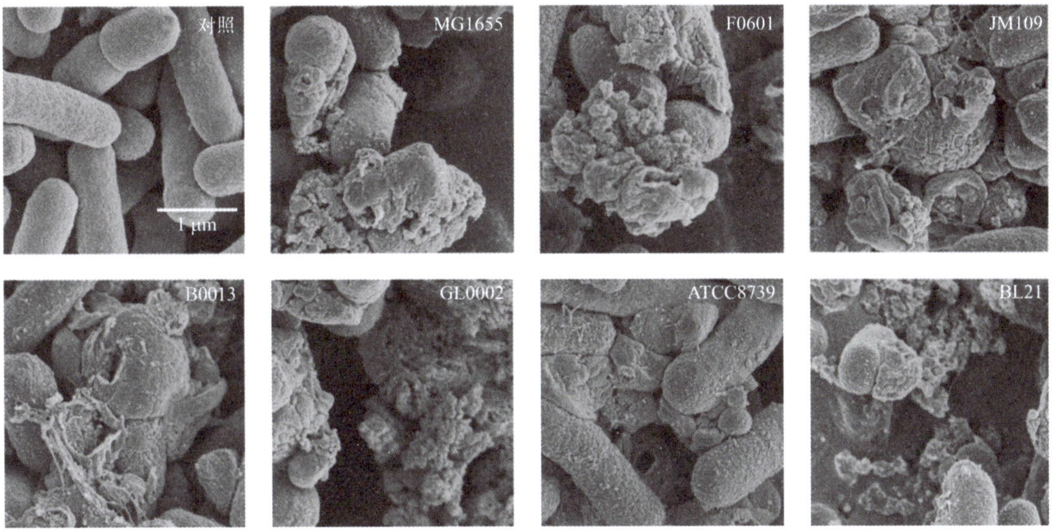

图 4-18　程序化裂解系统对不同 *E. coli* 形态的影响

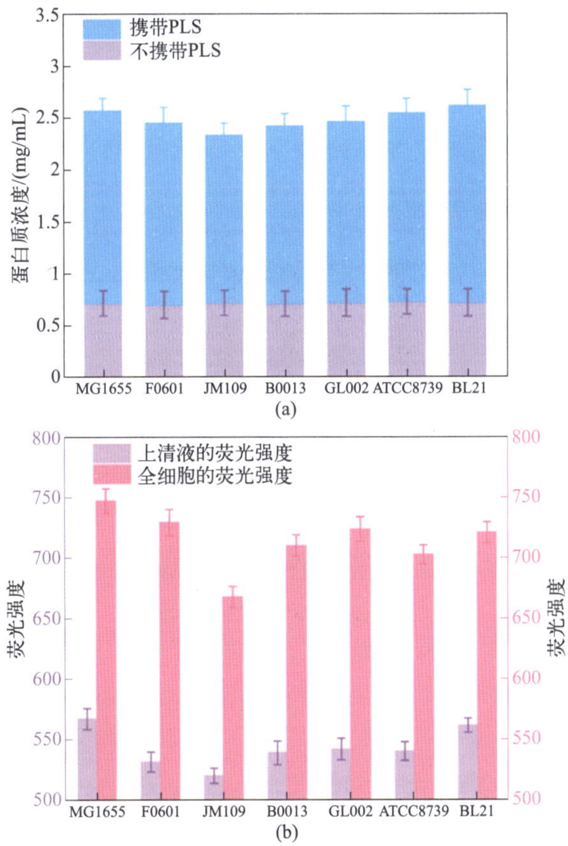

图 4-19　程序化裂解系统释放细胞内含物的评估

图（a）为具有 / 不具有 PLS 的不同菌株的蛋白质含量比较；图（b）为具有 / 不具有 PLS 系统的不同菌株的荧光强度比较

结果显示，7 组实验组的释放率均大于 73%，其中，JM109 和 BL21 组的释放率最大，达到了 78%。以上结果表明，PLS 可以高效地裂解 *E. coli*，并将细胞内含物释放到培养基中。

在确定了 PLS 可以通过裂解作用调控 *E. coli* 的菌群状态后，为了检验 PLS 是否具备调节混合菌群结构的功能，一共构建了 3 种不同的菌株：SG5361（携带 PLS361 并组成型表达 GFP）、SG（仅组成型表达 GFP）和 SM（仅组成型表达 mKate2）（图 4-20）。其中，GFP 和 mKate2 分别为绿色荧光蛋白和红色荧光蛋白，用于在混合菌群中区分不同菌株所占的比例。

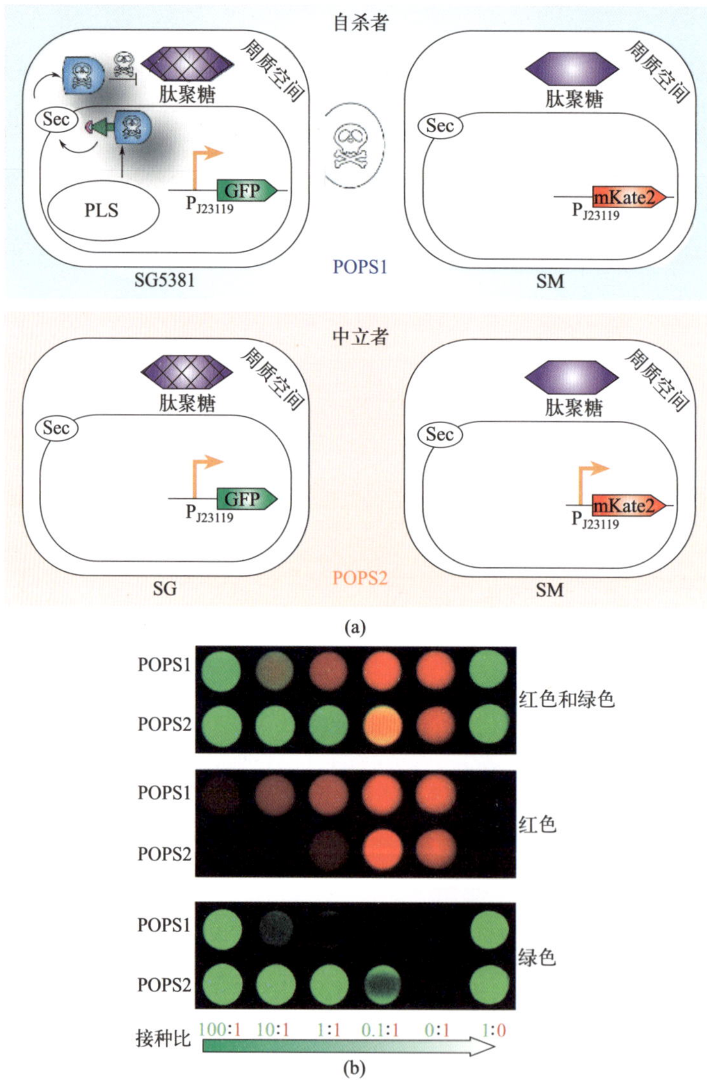

图 4-20　不同接种比和程序化裂解系统对菌群结构影响的定性表征

图（a）为工程菌株和种群示意图；图（b）为接种比例和程序化裂解系统对种群的调节。绿色荧光强度表示菌株 SG 和 SG5361 中 GFP 的积累。红色荧光强度表示 mKate2 在 SM 中的累积

然后，利用上述 3 种菌株分别构建了 2 种不同的混合菌群：POPS1（由 SG5361 和 SM 组成）和 POPS2（由 SG 和 SM 组成），并在 LB 培养基中连续培养 60 h。如图 4-21 所示，

当接种比为100∶1和10∶1时，在不含PLS361的菌群POPS2中，绿色菌株SG为优势菌株，当接种比为1∶1时，绿色菌株SG和红色菌株SM的占比均接近50%。当接种比为0.1∶1时，红色菌株SM为优势菌株。所以更高的接种比可以使得对应的菌株占据菌群的优势地位。

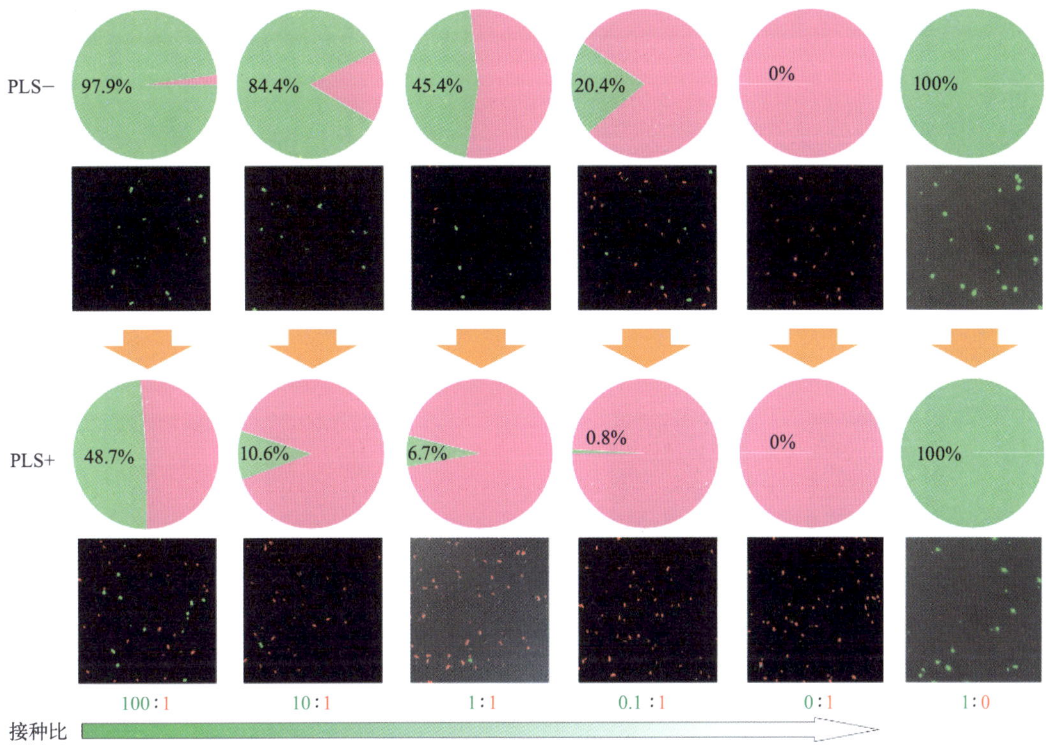

图4-21　不同接种比和程序化裂解系统对菌群结构影响的定量表征

绿色荧光表示菌株SG和SG5361中GFP的积累。红色荧光表示mKate2在SM中的积累。饼图中的数字表示大肠杆菌与GFP的比例。所有细胞在37℃下培养60 h。对它们的菌落形成单位（CFU）进行计数，以计算它们在种群中的比例。菌株SG5361和SG以与菌株SM不同的比例（100∶1、10∶1、1∶1、0.1∶1、0∶1和1∶0）接种

当菌株SG5361和SG以不同的比例（100∶1、10∶1、1∶1、0.1∶1、0∶1和1∶0）接种时，POPS2和POPS1在60 h时表现出不同强度的红色和绿色荧光。当菌群POPS2（SG∶SM）和POPS1（SG5361∶SM）的接种比为10∶1时，菌株SG占POPS2的84%，而菌株SG5361在60 h后仅占11%，菌群中的优势菌株发生了交换（由绿色菌株转换成红色菌株）。当接种比为100∶1时，菌株SG占POPS2的98%，而菌株SG5361占49%，由绿色菌株占据优势转换成两种菌株占比相同。当接种比为1∶1和0.1∶1时，绿色菌株均保持劣势的趋势。这些结果表明，仅当接种比为10∶1时，PLS可以通过裂解原始优势菌株的方式来改变菌群结构，实现菌群结构的彻底翻转。

在此基础上，对接种比为10∶1的菌群POPS1和POPS2进行了64 h内的荧光强度变化测量。如图4-22所示，当接种比例为10∶1时，菌群POPS1和POPS2中绿色菌株为优

势菌株。POPS2 的红绿荧光在 22 h 后保持稳定、无明显变化的趋势（绿色菌株占比均大于 84%）。POPS1 的绿色荧光在 34 h 后从 3804.22 下降到 481.69，红色荧光在 32 ～ 44 h 间从 88.59 增加到 582.48，44 h 后趋于稳定。这些结果进一步证明了当接种比为 10∶1 时，PLS 可以实现菌群结构的翻转（绿色菌株占比从 86% 下降到 11%），且翻转后保持稳定。所以，可以将 POPS1 的培养过程根据其菌群结构划分为 3 个阶段：Stage Ⅰ（绿色阶段）、Stage Ⅱ（转换阶段）和 Stage Ⅲ（红色阶段）。

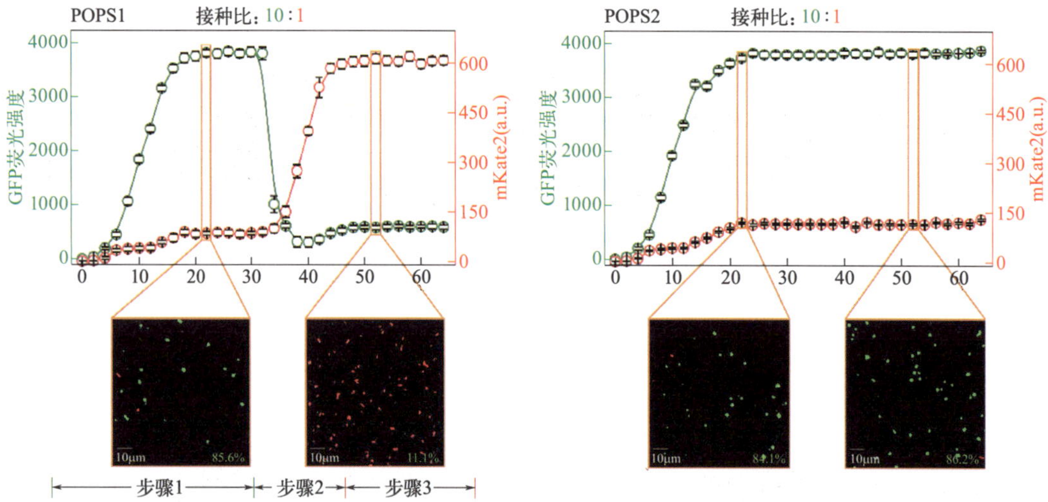

图 4-22 程序化裂解系统对菌群结构变化的影响

POPS1 和 POPS2 的荧光曲线。每 2 h 测量一次，接种比为 10∶1。24 h 后，每 4 h 向培养基中加入 0.1 mL 100 mg/mL 酵母提取物。分别在 22 h 和 52 h 取样

4.5.4 脂肪酸降解菌株和丁酸生产菌株的构建

脂肪酸的分解代谢主要是通过胞内的 β 氧化路径。通过在 *E. coli* W3110 的基因组上整合 *fadL* 基因强化了 ATCC 8739 对脂肪酸的转运能力。在质粒 pTrcHisA 上整合 *fadD*、*fadE*、*fadB* 和 *fadA* 得到了含有脂肪酸降解路径的质粒 pT-DEBA；在质粒 pJ01 上整合 *acs*、*atoB*、*tesB*、*ter*、*crt* 和 *hbd* 得到含有丁酸合成路径的 pATTCH(zu)（图 4-23）。为了阻断中间体乙酰辅酶 A 流向分支代谢路径，将 *E. coli* W3110 的基因组上的 *ldhA*、*pflB*、*poxB*、*adhE* 和 *pta-ack* 进行了敲除，得到菌株 F0601。在菌株 F0601 的基础上分别在基因组上过表达 *pta-ack*，并导入 pT-DEBA 得到脂肪酸降解菌株 BUT002（降解脂肪酸并生成乙酸）。在 F0601 的基础上敲除 *ubiG* 以抑制电子传递链的运行，从而提高胞内 $NADH/NAD^+$ 的比例；过表达 *ptb*（反丁酰磷酸化酶）和 *buk*（丁酸激酶）强化丁酸的合成，最后得到菌株 F0603。在 F0603 中导入 pATTCH(zu)，得到丁酸合成菌株 F0604。在摇瓶培养条件下分别验证了脂肪酸降解路径和丁酸生产路径的有效性。如图 4-23 所示，工程菌 BUT002 的乙酸产量达

到 11.70 g/L，比对照菌株 F0601 高 5 倍。工程菌 F0604 的丁酸产量达到 15.46 g/L，比对照菌株 F0603 高 35 倍。

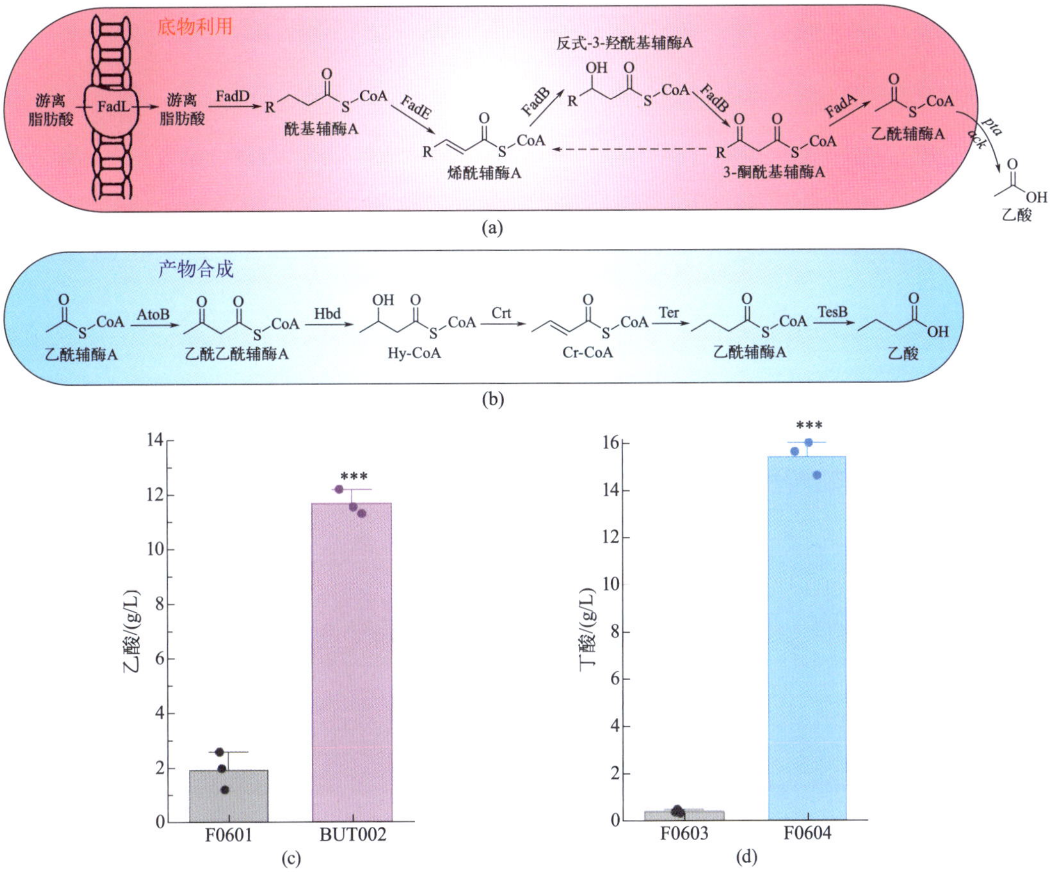

图 4-23　脂肪酸降解路径和丁酸生产路径的构建和鉴定

图（a）为脂肪酸降解路径。每个基因编码蛋白如下：FadL, 长链脂肪酸外膜孔蛋白；FadD, 脂肪酰基 CoA 合成酶；FadE, 酰基辅酶 A 脱氢酶；FadB, 脂肪酸氧化复合物的 α 组分；FadA, 脂肪酸氧化复合物的 β 组分；Pta, 磷酸乙酰转移酶；Ack, 乙酸酯激酶。图（b）为丁酸合成的路径。每个基因编码蛋白如下：AtoB, 乙酰乙酰辅酶 A 硫酶；Hbd, 3-羟基丁基-CoA 脱氢酶；Crt, 3-羟基丁基-CoA 脱水酶；Ter, 反式烯酰辅酶 A 还原酶；TesB, 酰基 CoA 硫酯酶Ⅱ；图（c）为脂肪酸降解途径的验证；图（d）为丁酸生产路径的验证

高浓度的乙酸盐会抑制细胞的生长，从而限制菌株 BUT004 利用乙酸生产丁酸。为了提高 BUT004 对乙酸盐的耐受性，在菌株 BUT004 的基础上进一步过表达 *acs* 和 *tesA*，敲除 *fadE*，得到 BUT004。最后，检测了乙酸盐对 BUT004 细胞生长的影响。如图 4-24 所示，当乙酸盐浓度为 0 g/L 和 10 g/L 时，BUT004 的 CFU 在前 36 h 均保持在 8.03×10^8 CFU/mL 左右，当乙酸盐浓度为 20 g/L、25 g/L 和 30 g/L 时，与对照组（0 g/L 乙酸盐）相比，36 h 时的 CFU 分别下降了 3%、17% 和 183%。这些结果表明，只有当乙酸盐浓度高于 20 g/L 时，BUT004 的细胞生长才会受到抑制。但与对照组相比，20 g/L 乙酸盐处理后，BUT004 的 CFU 提高了 942%，说明 BUT004 对乙酸盐的耐受性得到了提升。

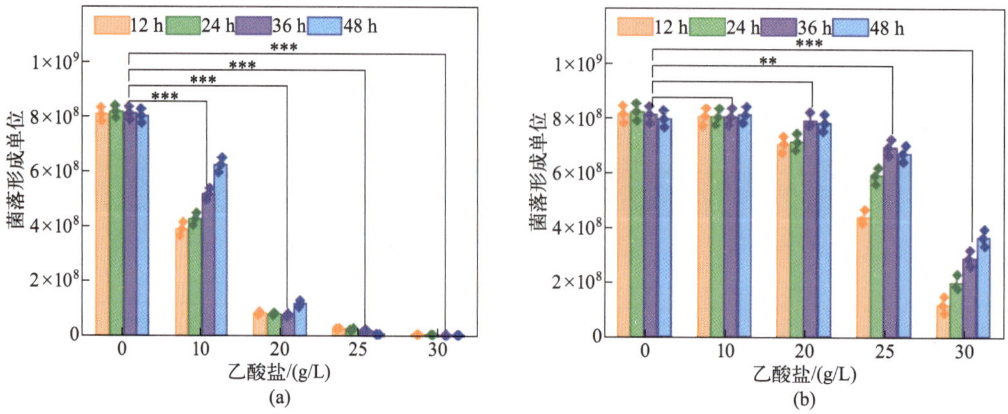

图 4-24　乙酸盐浓度对 *E. coli* 生长的影响

图（a）为菌株 F0601 分别在 0 g/L、10 g/L、20 g/L、25 g/L、30 g/L 乙酸盐条件下的 CFU 统计；图（b）为菌株 BUT004 分别在 0 g/L、10 g/L、20 g/L、25 g/L、30 g/L 乙酸盐下的 CFU 统计

4.5.5　程序化裂解系统调控菌群结构改善丁酸生产

因为利用脂肪酸合成丁酸的代谢路径较长，含有 11 种外源酶（Baek et al., 2013; Liu et al., 2019），而过多的外源酶表达会对宿主细胞造成较强的代谢负荷，影响细胞生长。在之前的研究中，减轻代谢负荷的策略是将代谢路径分别导入 2 株不同的菌株中，通过劳动分工（DOL）来实现微生物间的合作。第一个菌株（菌株Ⅰ）将包含利用脂肪酸生产乙酸盐的底物利用路径，第二个菌株（菌株Ⅱ）将包含利用乙酸盐合成丁酸的产物合成路径。在此基础上，为了更高效地利用脂肪酸来生产丁酸，利用 PLS 建立了丁酸生产的 3 个发酵阶段。第一阶段：菌株Ⅰ作为菌群中的优势菌株，降解脂肪酸并生产乙酸盐作为中间代谢物。第二阶段：菌株Ⅰ携带的 PLS 被激活并裂解菌株Ⅰ，释放细胞内含物并为菌株Ⅱ的生长提供空间。第三阶段：菌株Ⅱ成为新的优势菌株，并利用乙酸盐合成丁酸，与第一阶段的菌株Ⅰ实现时间维度上的劳动分工。为了验证这一假设，一共构建了 4 株工程菌株：BUT001，其中携带完整的脂肪酸降解（底物利用）路径和丁酸合成（产物合成）路径；BUT002，其中仅携带脂肪酸降解路径；BUT003（菌株Ⅰ），其中携带脂肪酸降解路径和 PLS；BUT004（菌株Ⅱ），其中仅携带丁酸合成路径（图 4-25）。基于上述 4 种菌株，一共构建出了 4 种工程菌群，分别是 POP6（仅由菌株 BUT001 组成）、POP7（由菌株 BUT002 和 BUT004 组成）、POP8（由菌株 BUT003 和 BUT004 组成）和 POP9（仅由菌株 BUT004 组成）。

在利用 PLS 改善丁酸的发酵生产时，必须先确定最适的 PLS 开关启动时间，因为不同裂解时间直接关系脂肪酸降解菌对脂肪酸的利用。因此，为了优化裂解时间，将具有不同开关启动时间的 PLS 导入 BUT003。首先如图 4-26 所示，在前 12 h 各实验组和对照组的生长情况相同。12 h 后，POP8（031）、POP8（041）、POP8（161）和 POP8（163）分别在 24 h、36 h、36 h 和 60 h 出现 OD_{600} 值下降的现象，证明了具有不同开关启动时间的 PLS 在菌株 BUT003 中的有效性。其次，PLS 越早启动，发酵体系残留的脂肪酸越多、生产的丁酸越少。随着裂解

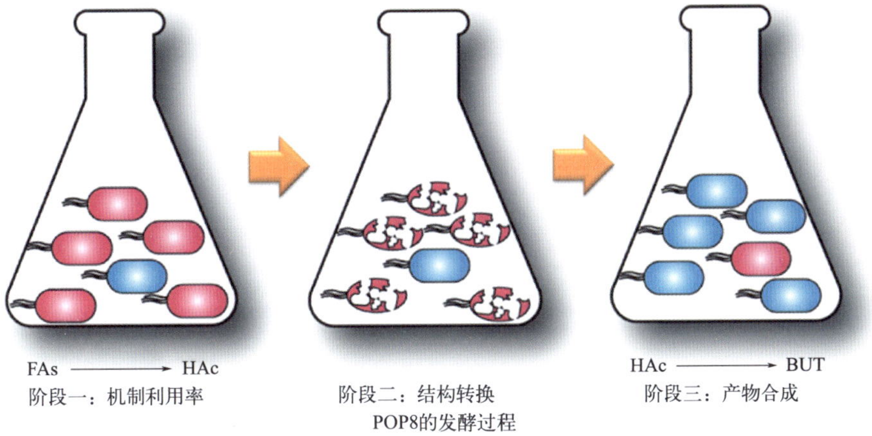

图 4-25　程序化裂解系统对丁酸生产影响示意图

时间的延迟，残留的脂肪酸浓度从 14.64 g/L 降低到 1.49 g/L，生产的丁酸浓度从 6.33 g/L 增加到 18.36 g/L。结果证明，装备了 PLS163 的菌株最适合应用到丁酸生产的改善中。

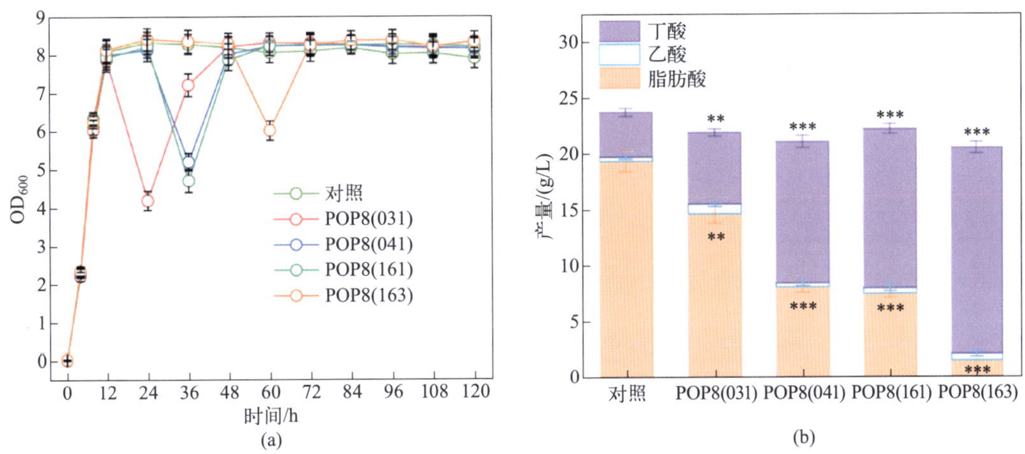

图 4-26　不同程序化裂解系统对丁酸生产的影响

图（a）为在摇瓶中具有不同 PLS 的四种工程群体的细胞生长曲线。菌株 POP8(031) 基于 PS3031 引入 PLS，菌株 POP8(041) 基于 PST041 引入 PLS，菌株 POP 8(161) 基于 PS3161 引入 PLS，菌株 POP8(163) 基于 PS3361 引入 PLS 和 POP7 作为对照组；图（b）为不同裂解时间对丁酸产量的影响

BUT003 和 BUT004 的不同接种比同样会影响到菌群结构，进而影响丁酸的生产。首先验证了不同接种比例对丁酸产量的影响。如图 4-27 所示，当 BUT003 和 BUT004 的接种比为 10∶1 时，丁酸的浓度为 18.80 g/L，脂肪酸残留量 1.46 g/L，乙酸残留量为 0.67 g/L。当接种比增加到 20∶1 和 30∶1 时，丁酸的浓度分别降低到 14.23 g/L 和 12.26 g/L，脂肪酸残留量分别下降到 0.56 g/L 和 0.17 g/L，乙酸残留量分别上升到 5.68 g/L 和 7.51 g/L。当接种比例为 5∶1 和 2∶1 时，丁酸浓度分别降低至 14.07 g/L 和 9.34 g/L。同时，脂肪酸残留量分别增加了 2.73 倍和 4.80 倍。因此，推测接种比的降低会导致菌群中 BUT003/BUT004 比值的降

低，使得脂肪酸不能被充分降解；接种比的升高会导致 BUT003/BUT004 的比值升高，使得乙酸不能有效地转化为丁酸盐。因此，接下来采用 10∶1 的接种比进行后续的实验。

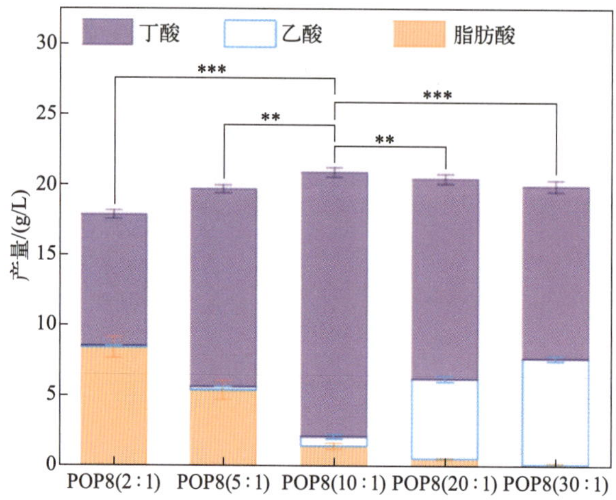

图 4-27 不同接种比对丁酸生产的影响

将种子培养物稀释至 OD_{600}=3 并按比例混合（菌株 BUT003 和 BUT004 以 2∶1、5∶1、10∶1、20∶1 和 30∶1 的比例接种）

通过摇瓶发酵分别对 POP6、POP7、POP8 和 POP9 的丁酸生产能力进行了测试（图 4-28）。在不同的摇瓶培养体系中，POP8 生产的丁酸浓度为 18.66 g/L，分别比 POP6（8.15 g/L）、

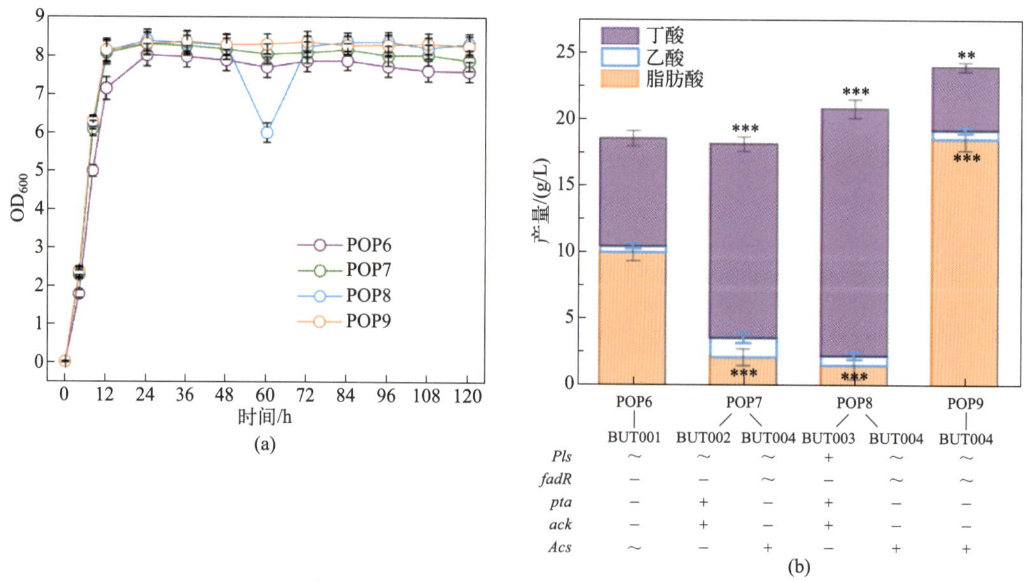

图 4-28 摇瓶水平中程序化裂解系统对丁酸生产的影响

图（a）为四种工程群体在摇瓶中的细胞生长曲线；图（b）为程序化裂解系统对生产丁酸盐的影响。加号 + 表示引入了相应的基因或系统。减号 - 表示相应的基因被敲除。～表明相应的基因保持不变。*fadR*, GntR 家族转录调节器，*fad* 调节器的负调节器和 *fabA* 的正调节器；*pta*, 磷酸乙酰转移酶；*ack*, 磷酸乙酰转移酶；*Acs*, 中链酰基辅酶 A 合成酶

POP7（14.64 g/L）和 POP9（4.78 g/L）生产的丁酸浓度提高 129%、27% 和 290%。POP8 中残留的脂肪酸的浓度为 1.57 g/L，分别比 POP6（10.09 g/L）、POP7（2.18 g/L）和 POP9（18.66 g/L）中残留的脂肪酸的浓度低 84.4%、28% 和 91.6%。此外，POP8 中残留的乙酸盐的浓度为 0.71 g/L，比 POP7 中残留的乙酸盐的浓度低 104%。这些结果表明，与其他菌群相比，POP8 可以降解更多的脂肪酸并用来生产更多的丁酸，而且残留的中间代谢物（乙酸盐）比传统的混菌发酵（POP7）更少。

为了测试 PLS 的菌群结构调节功能在发酵罐中的适用性，在 5 L 发酵罐中对各菌群的发酵性能进行了测试。发现，POP8 生产的丁酸达到了 41.51 g/L，比 POP6（19.31 g/L）高了 115%。在 48 h 时，POP8 的 OD_{600} 达到 40.82，比 POP6 的 OD_{600} 高 0.05 倍。此外，与 POP6 相比，POP8 的得率和生产强度分别提高了 48% 和 115%（图 4-29）。因此，利用 PLS 调控菌群结构可以实现不同菌株间的时间维度上的劳动分工，从而改善丁酸的生产。

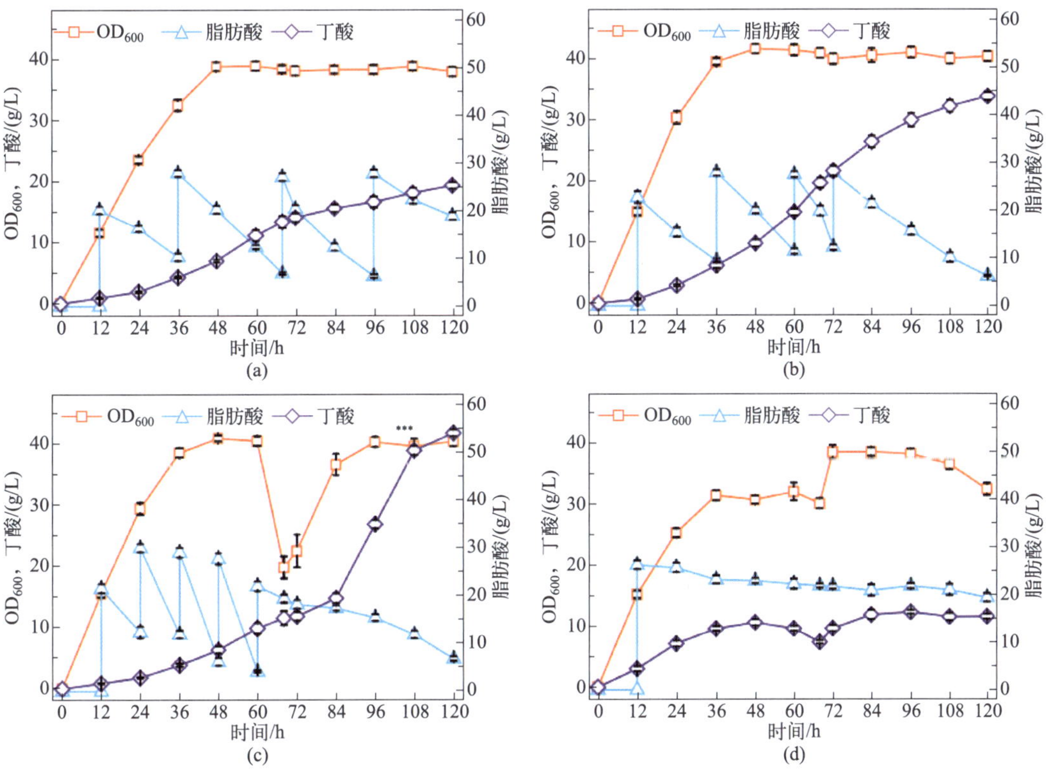

图 4-29　罐上发酵中程序化裂解系统对丁酸生产的影响

图（a）为在 5 L 生物反应器中对 POP6 进行 pH 补料分批培养；图（b）为在 5 L 生物反应器中对 POP7 进行 pH 稳定补料分批培养；图（c）为在 5 L 生物反应器中对 POP8 进行 pH 稳定补料分批培养；图（d）为在 5 L 生物反应器中对 POP9 进行 pH 稳定补料分批培养

为了验证在利用脂肪酸发酵生产丁酸的过程中，存在预先设计的时间维度上的劳动分工过程，测量了发酵体系在不同时间点的 OD_{600} 值和细胞死亡率。如图 4-30 所示，在 12 h 时，

POP6 的 OD_{600} 值仅为 7.15，分别比 POP7（8.08）、POP8（8.12）和 POP9（8.15）的 OD_{600} 值低了 0.93、0.97 和 1.00。这表明当导入宿主细胞中的外源路径过长时，外源酶的过表达会导致细胞负荷的增加，从而降低细胞的生长速度。48 h 后，POP6、POP7 和 POP9 的 OD_{600} 值保持在 8.18 以上，但 POP8 的 OD_{600} 值在 60 h 下降到 6.01，然后在之后的 12 h 内恢复到 8.25 以上。这表明在 48 ～ 60 h 之间，POP8 的菌群中发生了 PLS 引发的细胞裂解现象，且 60 h 后重新生长并恢复。

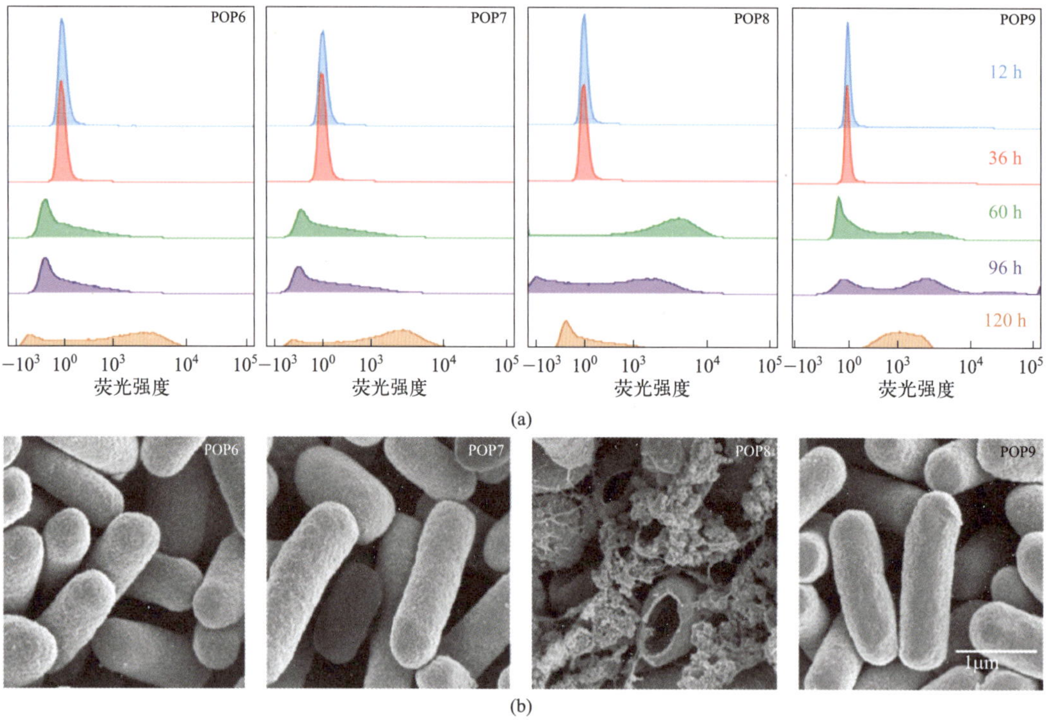

图 4-30　罐上发酵中程序化裂解系统对 *E. coli* 细胞的影响

图（a）为 PI 染色用于检测不同时间发酵液中的死亡率，荧光强度百分比代表死亡率；图（b）为 60 h 内 POP6、POP7、POP8 和 POP9 的形态学结果

在 36 h 之前，所有菌群（POP6、POP7、POP8 和 POP9）中，均有＜ 9.8% 的细胞受损。24 h 后，POP8 的细胞死亡率增加到 80.1%，但 POP6、POP7 和 POP9 的细胞死亡率仍低于 21.1%。结果表明，PLS 成功裂解了 POP8 中的菌株 BUT003。96 h 时，POP8 的细胞死亡率降至 28.4%，表明 BUT004 生长并成为优势菌株。在此基础上，用扫描电子显微镜对 60 h 时各菌群中细胞的形态进行了检测。POP6、POP7 和 POP9 中的细胞均呈现规则、完整、椭圆形的形态，而 POP8 中的细胞则呈不规则、穿孔、丝状的形态，进一步证明了 POP8 中的细胞被裂解。综上所述，PLS 可以通过改变菌群的表型结构来提高微生物细胞工厂的性能，是实现时间维度上的劳动分工策略的有力工具。

4.6
参考文献

Amor D R, Dal Bello M, 2019. Bottom-Up Approaches to synthetic cooperation in microbial communities. Life-Basel, 9(1): 72-77.

Balagaddé, F K, Song, H, Ozaki, J, et al. 2008. A synthetic *Escherichia coli* predator-prey ecosystem. Molecular Systems Biology, 4(1): 187.

Baek J M, Mazumdar S, Lee S W, et al, 2013. Butyrate production in engineered *Escherichia coli* with synthetic scaffolds. Biotechnol. Bioeng., 110(10): 2790-2794.

Bittihn P, Didovyk A, Tsimring L S, et al, 2020. Genetically engineered control of phenotypic structure in microbial colonies. Nat. Microbiol., 5(5): 697-705.

Cao X Y, Hamilton J J, Venturelli O S, 2019. Understanding and engineering distributed biochemical pathways in microbial communities. Biochemistry, 58(2): 94-107.

Chan S H J, Simons M N, Maranas C D, 2017. SteadyCom: Predicting microbial abundances while ensuring community stability. PLOS Computational Biology, 13(5): e1005539.

Deter H S, Lu T, 2022. Engineering microbial consortia with rationally designed cellular interactions. Current Opinion in Biotechnology, 76: 102730.

Duncker K E, Holmes Z A, You L C, 2021. Engineered microbial consortia: strategies and applications. Microbial Cell Factories, 20(1): 211.

Garcia-Jimenez B, Torres-Bacete J, Nogales J, 2021. Metabolic modelling approaches for describing and engineering microbial communities. Computational and Structural Biotechnology Journal, 19: 226-246.

Giri S, Shitut S, Kost C, 2020. Harnessing ecological and evolutionary principles to guide the design of microbial production consortia. Current Opinion in Biotechnology, 62: 228-238.

Guo Y P, Tikhonov M, Brenner M P, 2018. Local growth rules can maintain metabolically efficient spatial structure throughout growth. Proceedings of the National Academy of Sciences of the United States of America, 115(14): 3593-3598.

Hong S H, Hegde M, Kim J, et al, 2012. Synthetic quorum-sensing circuit to control consortial biofilm formation and dispersal in a microfluidic device. Nature Communications, 3(1): 613.

Huang A C C, Jiang T, Liu Y X, et al, 2019. A specialized metabolic network selectively modulates *Arabidopsis* root microbiota. Science, 364(6440): 1-9.

Jiang Y J, Jiang W K, Xin F X, et al, 2022. Thermophiles: potential chassis for lignocellulosic biorefinery. Trends in Biotechnology, 40(6): 643-646.

Johns N I, Blazejewski T, Gomes A L C, et al, 2016. Principles for designing synthetic microbial communities. Current Opinion in Microbiology, 31: 146-153.

Juhas M, Wong C, Ajioka J W, 2016. Combining genes from multiple phages for improved cell lysis and DNA transfer from *Escherichia coli* to *Bacillus subtilis*. PLOS One, 11(10): e0165778.

Li S Y, Xiao J, Sun T Z, et al, 2022. Synthetic microbial consortia with programmable ecological interactions. Methods in Ecology and Evolution, 13(7): 1608-1621.

Liang Y, Ma A Z, Zhuang G Q, 2022. Construction of environmental synthetic microbial consortia: based on engineering and ecological principles. Frontiers in Microbiology, 13: 1-16.

Liu B, Xiang S, Zhao G, et al, 2019. Efficient production of 3-hydroxypropionate from fatty acids feedstock in *Escherichia coli*. Metab. Eng., 51: 121-130.

Lowery N V, Ursell T, 2019. Structured environments fundamentally alter dynamics and stability of ecological communities. Proceedings of the National Academy of Sciences of the United States of America, 116(2): 379-388.

Lyons N A, Kolter R, 2017. *Bacillus subtilis* protects public goods by extending kin discrimination to closely related species. Mbio, 8(4): e00723-17.

McCarty N S, Ledesma-Amaro R, 2019. Synthetic biology tools to engineer microbial communities for biotechnology. Trends in Biotechnology, 37(2): 181-197.

Minty J J, Singer M E, Scholz S A, et al, 2013. Design and characterization of synthetic fungal-bacterial consortia for direct production of isobutanol from cellulosic biomass. Proc Natl Acad Sci U S A, 110(36): 14592-14597.

Pradhan S, Tyagi R, Sharma S, 2022. Combating biotic stresses in plants by synthetic microbial communities: Principles, applications and challenges. Journal of Applied Microbiology: 1-18.

Qian X J, Chen L, Sui Y, et al, 2020. Biotechnological potential and applications of microbial consortia. Biotechnology Advances, 40: 1-13.

Rafieenia R, Atkinson E, Ledesma-Amaro R, 2022. Division of labor for substrate utilization in natural and synthetic microbial communities. Curr Opin Biotechnol, 75: 1-11.

Ratzke C, Gore J, 2018. Modifying and reacting to the environmental pH can drive bacterial interactions. PLOS Biology, 16(3): 1-20.

Roell G W, Zha J, Carr R R, et al, 2019. Engineering microbial consortia by division of labor. Microbial Cell Factories, 18(1): 35.

Teixeira P J P L, Colaianni N R, Fitzpatrick C R, et al, 2019. Beyond pathogens: microbiota interactions with the plant immune system. Current

Opinion in Microbiology, 49: 7-17.

Tsoi R, Wu F, Zhang C, et al, 2018. Metabolic division of labor in microbial systems. Pro Natl Acad Sci U S A, 115(10): 2526-2531.

Thommes M, Wang T Y, Zhao Q, et al, 2019. Designing metabolic division of labor in microbial communities. Msystems, 4(2): e00263-18.

Touze T, Barreteau H, El Ghachi M, et al, 2012. Colicin M, a peptidoglycan lipid-II-degrading enzyme: potential use for antibacterial means? Biochem. Soc. Trans., 40(6): 1522-1527.

Venturelli O S, Egbert R G, Arkin A P, 2016. Towards engineering biological systems in a broader context. Journal of Molecular Biology, 428(5): 928-944.

Wang L, York S W, Ingram L O, et al, 2019. Simultaneous fermentation of biomass-derived sugars to ethanol by a co culture of an engineered *Escherichia coli* and *Saccharomyces cerevisiae*. Bioresource Technology, 273: 269-276.

Wang R F, Zhao S J, Wang Z T, et al, 2020. Recent advances in modular co-culture engineering for synthesis of natural products. Current Opinion in Biotechnology, 62: 65-71.

Xu C M, Yu H M, 2021. Insights into constructing a stable and efficient microbial consortium. Chinese Journal of Chemical Engineering, 30: 112-120.

Yan G, Liu J, Ma Q, et al, 2017. The N-terminal and central domain of colicin A enables phage lysin to lyse *Escherichia coli* extracellularly. Anton. Leeuw. Int. J. G. Microbiol., 110(12): 1627-1635.

Zhang X, Pan Z, Fang Q, et al, 2009. An auto-inducible *Escherichia coli* lysis system controlled by magnesium. J. Microbiol. Methods, 79(2): 199-204.

Zhou K, Qiao K J, Edgar S, et al, 2015. Distributing a metabolic pathway among a microbial consortium enhances production of natural products. Nature Biotechnology, 33(4): 377-383.

Ziemba C, Shabtai Y, Piatkovsky M, et al, 2016. Cellulose effects on morphology and elasticity of *Vibrio fischeri* biofilms. Npj Biofilms and Microbiomes, 2(1): 1.

Zuroff T R, Xiques S B, Curtis W R, 2013. Consortia-mediated bioprocessing of cellulose to ethanol with a symbiotic *Clostridium phytoferimentans*/yeast co-culture. Biotechnology for Biofuels, 6(1): 59.

SYNTHETIC
BIOLOGY
ENGINEERING
TECHNOLOGY
SERIES

合成生物学
工程技术丛书

第 5 章
靶蛋白降解调控代谢流分布

合成生物系统调控与优化技术
SYNTHETIC BIOLOGICAL SYSTEM REGULATION AND OPTIMIZATION TECHNOLOGY

5.1 靶蛋白降解概述

因为转录相互作用相对容易控制，所以合成回路设计最初由基因调控主导。然而，基因调控回路需要缓慢和随机的转录和翻译步骤，并且其响应时间通常受到mRNA和蛋白质衰减率的限制，相比之下，蛋白质水平的调控通常比基因调控回路反应更快。目前设计的由相互作用的蛋白质组成的翻译后回路已经变得可行。这些设计的蛋白质回路可以直接与细胞中的内源性蛋白质水平途径相互作用，以感知或操纵细胞功能。为了调控蛋白质丰度，目前主要有两大类调控策略：静态调控和动态调控。

5.1.1 静态调控蛋白质丰度

自20世纪70年代以来，模型宿主细胞（如大肠杆菌和酵母）被广泛用于生产重组蛋白，以满足在生化、结构和功能特征研究、临床应用，以及新型生物材料开发等方面的需求。在各种宿主中，大肠杆菌是最常用的表达系统。然而，大肠杆菌表达的重组蛋白有时会出现影响其活性和功能的结构修饰。这些修饰包括末端截断、延伸、三硫化物形成及氨基酸错误掺入等。例如，在研究重组鼠白细胞介素-6（mIL-6）时，发现其中一种新型末端修饰占重组mIL-6的约0.000001%。这种变体（mIL-6*）表现出C端有20～60个残基的截断，并在截断点处附有11个残基的共同附加肽（SsrA标签）（序列：AANDENYALAA）。与全长mIL-6相比，SsrA标签在截断的多肽中出现，表明它在截断过程后期发挥作用。更有趣的是，标签的最后10个残基序列与大肠杆菌的ssrA RNA（也称为10Sa RNA或tmRNA）编码的推断产物相同，说明ssrA RNA在SsrA标记中发挥了作用。*ssrA*基因的失活阻碍了SsrA标签的形成，但未影响mIL-6*的渐进C端截断，这一现象进一步支持了这一观点。

发现SsrA标签后，其在大肠杆菌中的生理作用也得到了阐明。SsrA标签的C端区域（YALAA）与Tsp识别的C端尾序列（WVAAA）相似，因此有研究提出SsrA标签可能参与尾部介导的蛋白质降解过程。1996年，Keiler及其同事通过脉冲追逐实验验证了这一点。他们发现标记的蛋白质在大肠杆菌中迅速降解，半衰期不到5 min，而具有突变标签（序列：AANDENYALDD）的蛋白质则更稳定，半衰期超过1 h。此外，他们还确认了肽标记发生在缺乏终止密码子的mRNA翻译的多肽上。这些研究表明，SsrA标签介导的蛋白质降解机制可以帮助大肠杆菌清除不完整或受损的mRNA编码的异常多肽。

在细菌中，mRNA的截短形式通常由基因转录和/或核苷酸内或核苷酸外裂解事件的过早终止产生。由于缺乏真核生物中的质量控制系统（如剪接、聚腺苷酸化），不完整的mRNA及其翻译产物会被细胞中的核糖体不加选择地识别和翻译。缺乏终止密码子的截短

mRNA 会使核糖体停滞在链的 3' 端，从而影响核糖体的回收、蛋白质合成及细胞生长。SsrA 系统在此情况下标记异常多肽，并引导其进行特异性蛋白质水解，从而拯救停滞的核糖体，并清除可能对细胞有害的异常多肽。

为了避免不完整蛋白质对细胞的有害影响，并确保氨基酸单元的回收，反式翻译释放的标记多肽会被细胞中的 C 端特异性蛋白酶迅速降解。在大肠杆菌中，至少五种蛋白酶，即 ClpXP、ClpAP、Lon、FtsH 和 Tsp，能够识别并降解 SsrA 标签蛋白。在这些蛋白酶中，ClpXP、ClpAP 和 Lon 是主要的 ATP 依赖性细胞质蛋白复合物，负责降解大多数 SsrA 标记的蛋白质。FtsH 是一种 ATP 依赖性锌蛋白酶，以同源六聚体复合物形式存在于大肠杆菌中，通过 N 端跨膜区域锚定在细胞质膜上，其 C 端催化区域暴露在细胞质中，从而降解细胞质和膜相关蛋白。对于分泌到周质的蛋白质，降解是由周质蛋白酶 Tsp 完成的。

尽管上述所有蛋白酶都能识别大肠杆菌中的 SsrA 标签，但它们在体内 SsrA 标记底物降解中的作用不同。ClpXP 主要负责 SsrA 标记蛋白的降解，而其他蛋白酶的贡献较小。研究表明，超过 90% 的 SsrA 标记蛋白由 ClpXP 降解，约 5% 和 2% 分别由 ClpAP 和 Lon 降解，FtsH 几乎没有可检测的降解作用。这表明，在缺乏 ClpXP 的情况下，其他蛋白酶（如 ClpAP、Lon 和 FtsH）无法接管其主要作用，ClpXP 突变导致 SsrA 标记底物的稳定存在。ClpXP 的这种主要作用不仅在大肠杆菌中存在，也在其他革兰氏阴性菌（如新月柄杆菌）和革兰氏阳性菌（如枯草芽孢杆菌、肺炎链球菌）中得到验证。在缺乏 ClpXP 同系物的细菌中，SsrA 标记蛋白的降解可以通过其他蛋白酶完成。例如，在许多支原体物种中，基因组在进化过程中丢失了编码 ClpXP、ClpAP 和 Tsp 的基因，但保留了编码 Lon 和 FtsH 的基因。因此，Lon 作为主要蛋白酶来降解 SsrA 标记蛋白。支原体编码的 SsrA 标签具有更长的序列，并且不会以正常的 C 端（LAA）终止，这使得它们可以被支原体 Lon 蛋白酶而非大肠杆菌特异性蛋白酶识别和降解。这种协同进化确保了支原体中有效且特异性的核糖体救援系统。

基于对 SsrA 介导的蛋白质降解机制的理解，SsrA-SspB-ClpXP 系统可以被开发为一种有价值的遗传工具，用于特异和有效地调节细菌中的蛋白质。通过在 C 端融合野生型或修饰的 SsrA 标签，可以标记感兴趣的蛋白质，并指导宿主的 ClpXP 蛋白酶在有无 SspB 的帮助下降解该蛋白质（图 5-1）。SspB 作为底物与蛋白酶之间的中间成分，有助于调节蛋白质降解。然而，SspB 不是 ClpXP 降解的必需部分，因此仅通过调节 SspB 表达无法完全控制蛋白质降解。通过削弱 SsrA-ClpX 的相互作用同时保留标签 SspB 的作用，可以优化该系统。SsrA 标签的最后三个残基 LAA（ClpXP 结合部分）突变为 DAS 后，会显著降低 ClpXP 对标记底物的亲和力。在 SspB 存在下，DAS 标记的底物对 SspB 具有高亲和力，并能够高效降解它。因此，通过在 SsrA 标签（称为 DAS+4 标签）与 ClpX 和 SspB 结合位点之间插入额外的 4 个残基，可以进一步提高降解效率。在最近的一项大肠杆菌代谢工程研究中，蛋白质降解标签系统被用于调节中枢代谢酶磷酸果糖激酶-Ⅰ（Pfk-Ⅰ）的活性，从而提高了肌醇的产量（提高了两倍）(Brockman et al., 2015)。此外，SsrA-SspB 系统在其他重要细菌属（如芽孢杆菌和分枝杆菌）中也得到了可行性验证（Cameron et al., 2014）。

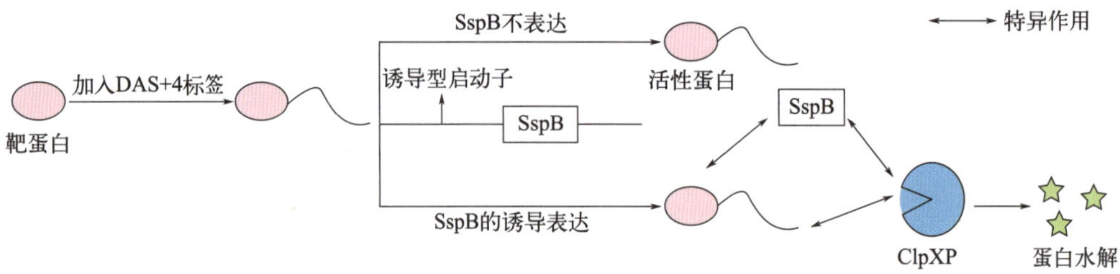

图 5-1　伴侣蛋白 SspB 与蛋白质降解机器 ClpXP 的作用原理

5.1.2　动态调控蛋白质丰度

（1）动态蛋白质降解机器的组装

在上述体系中，靶蛋白高效降解的关键在于衔接蛋白 SspB 的快速表达。这通常通过可控启动子（如阿拉伯糖、IPTG、木糖和无水四环素诱导的启动子）来实现 SspB 的生产。然而，这些启动子的泄漏表达有时会降低工具的严谨性。

另一种操纵 SspB 存在和活性的策略是利用雷帕霉素介导的 FKBP-FRB 相互作用系统来完成的。该系统由 FK506 结合蛋白（FKBP）和 mTOR 的 FKBP-雷帕霉素结合结构域（FRB）构成。在这一策略中，SspB 的功能被分为两个组成部分：核心部分包含 SspB 的折叠结构域和识别 DAS+4 的标签，再融合到 FRB 上；而 SspB-XB 则由 C 端结构域组成并与 ClpX 结合，再与 FKBP 融合。

在小分子雷帕霉素存在时，分开的 SspB 核心和 SspB-XB 可以通过 FKBP-FRB 相互作用组装成一个功能适配器，而在没有雷帕霉素的情况下则无法形成功能性 SspB。在宿主细胞中，SspB 核心-FRB 和 FKBP-SspB-XB 可以组合。因此，通过添加或去除雷帕霉素，可以严格控制带有 DAS+4 标签的靶蛋白的特异性降解。

（2）FENIX 系统

最近，SsrA 降解标签被进一步优化，开发出一种名为 FENIX 的新工具（即基于 SsrA/NIa 通量控制的功能工程）。该系统采用了由 NIa 标签和 SsrA 标签组成的杂交标签。NIa 标签由含 13 个氨基酸的序列（GESNVVVHQADER）组成，可被 NIa 蛋白酶切割。杂交标签被附着在目标蛋白质的 C 端。

当细胞中没有 NIa 蛋白酶时，标记的蛋白质会被内源性蛋白酶降解，从而失去功能。而在 NIa 蛋白酶激活后（例如通过诱导启动子控制的单独质粒表达），SsrA 标签被移除，释放出活性蛋白质，从而执行其设计功能（图 5-2）。

通过该系统，可以工程化聚羟基丁酸酯（PHB）的生产，尤其是对于 PhaA 的数量和活性，在大肠杆菌中实现了快速且精确的调控。除了大肠杆菌，FENIX 系统在恶臭假单胞菌中也表现出良好效果。这种细菌因其具有高应激耐受性和多功能代谢的功能，在代谢工程应用中具有特殊优势。有人（Durante-Rodriguez et al.,2018）将 FENIX 系统与 XylS/PM 调控系统结合，成功实现了对基因表达的严格控制，几乎完全消除了泄漏表达（低于检测限），使系统的诱导性提高了 2019 倍。

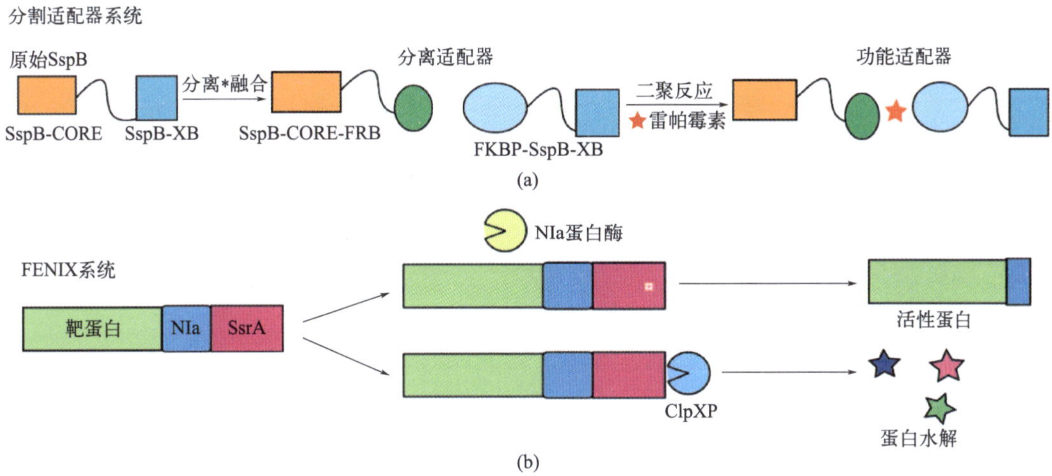

图 5-2 伴侣蛋白 SspB 的裂解设计与 FRNIX 系统的工作原理图

5.2 靶蛋白降解的应用场景

5.2.1 设计基因回路

细菌中的蛋白质降解部分通过转移信使 RNA（tmRNA）发生，该系统使用 SsrA 肽的 C 端融合将靶蛋白引导至内源性 ClpXP 和 ClpAP 蛋白酶，以便在大肠杆菌中快速降解。大肠杆菌 SsrA 标签（ec-SsrA）的突变体通常用于改变细菌和真核生物中附着蛋白的降解速率，但这些标签难以提供可条件控制的蛋白质诱导降解，阻碍了基因回路的设计与开发。

2014，James J. Collins 课题组提出了一种基于花中间原体 *Mesoplasma florum* tmRNA 系统的合成降解系统，该系统不依赖于宿主降解系统，并且可以在多种细菌中发挥作用。该系统不能被大肠杆菌 Lon 或 ClpXP 降解，在大肠杆菌中提供了具有正交功能的蛋白酶和同源降解标签（Cameron et al., 2014）。将 mf-SsrA 标签重命名为 pdt（用于蛋白质降解标签），尽量减少与大肠杆菌 SsrA 标签的混淆，并将其整合到基于 GFP 的测试平台中用于诱导大肠杆菌中的蛋白质降解。通过突变，获得了不同降解速率的 pdt 突变体。为了演示该系统可用于控制工程遗传回路，他们团队使用 pdt 融合来提供基于转录的拨动开关的翻译后控制设计。LacI 和 TetR 之前被设计成基于相互抑制的双稳态电路，并且同时调节 GFP 和 mCherry 允许对拨动开关状态进行基于荧光的简单识别。将 pdt#3 突变体融合到拨动电路中 LacI 的 C 端，并在第二个质粒中使用阿拉伯糖诱导的 P_{BAD} 启动子驱动 mf-Lon 表达。在 mf-Lon 激活后，包含 LacI-pdt#3 的电路在 mf-Lon 启动后 8 小时内从 LacI-GFP 状态切换到 TetR-mCherry 状态，而未标记的电路保持不变。值得注意的是，在没有 mf-Lon 诱导的情况下，LacI-pdt 回路保持了基于转录的双稳态，证明了该系统保持现有调节网络完好无损的能力（图 5-3）。

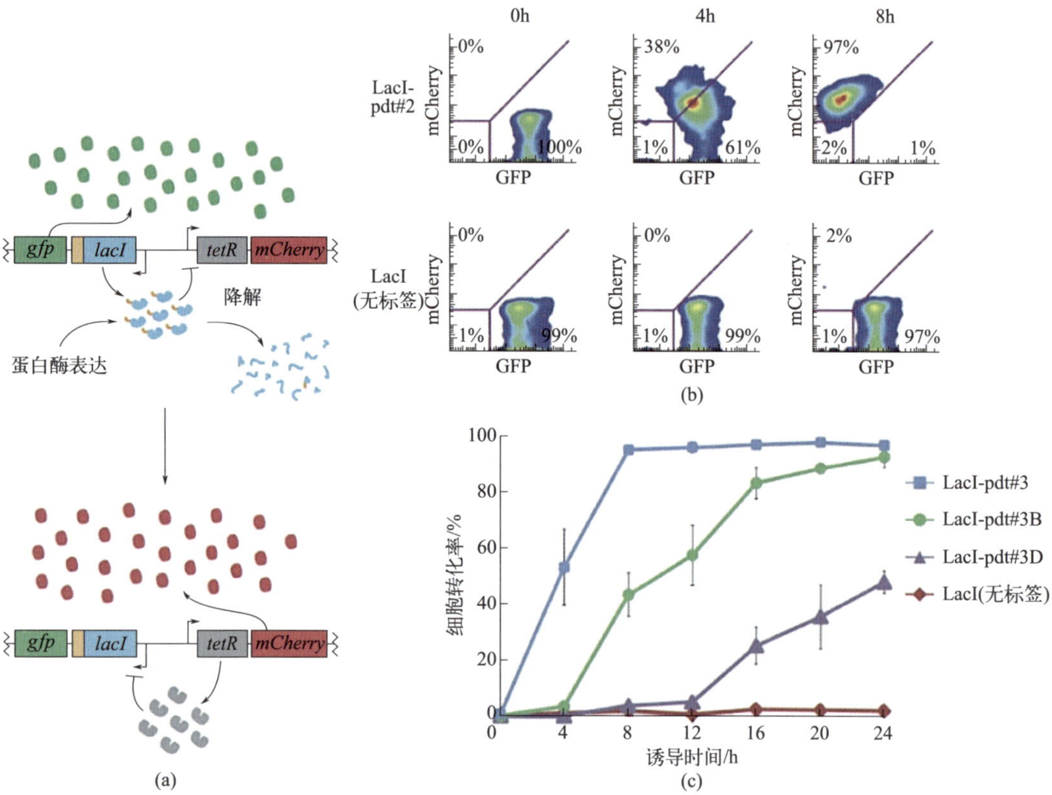

图 5-3　mf-LON 蛋白降解系统用于波动开关基因回路的设计

除了使用正交降解机制诱导靶蛋白降解外，2016 年 Christopher A. Voigt 团队还应用了一种蛋白酶辅助切割降解的方法，构建了多种基因回路（Fernandez-Rodriguez et al., 2016）。该系统的核心是利用 N 端规则进行蛋白质降解。根据这一规则，蛋白质 N 端暴露氨基酸的性质会影响其半衰期；一些氨基酸残基被认为相对稳定，而另一些则高度不稳定。

在宿主细胞中，内源性蛋白酶机制负责蛋白质的降解，氨基酸序列信号被称为降解决定子（degron）。该研究使用 *Potyvirus* 蛋白酶，包括烟草蚀刻病毒蛋白酶（TEVp），来控制靶蛋白的功能。TEVp 属于半胱氨酸蛋白酶家族，因其对识别位点具有高亲和力而被广泛应用。

此外，作者还引入了另外两种 *Potyvirus* 蛋白酶：烟草静脉斑驳病毒蛋白酶（TVMVp）和向日葵轻度花叶病毒蛋白酶（SuMMVp）。这些蛋白酶被整合到简单的转录回路中，输入和输出由启动子定义。研究表明，这三种 *Potyvirus* 蛋白酶具有高度的正交性，且不干扰彼此的切割位点。最后，作者通过控制 TetR 和 LacI 阻遏蛋白的活性，构建了 ON 门、OFF 门和逆变器基因回路（图 5-4）。

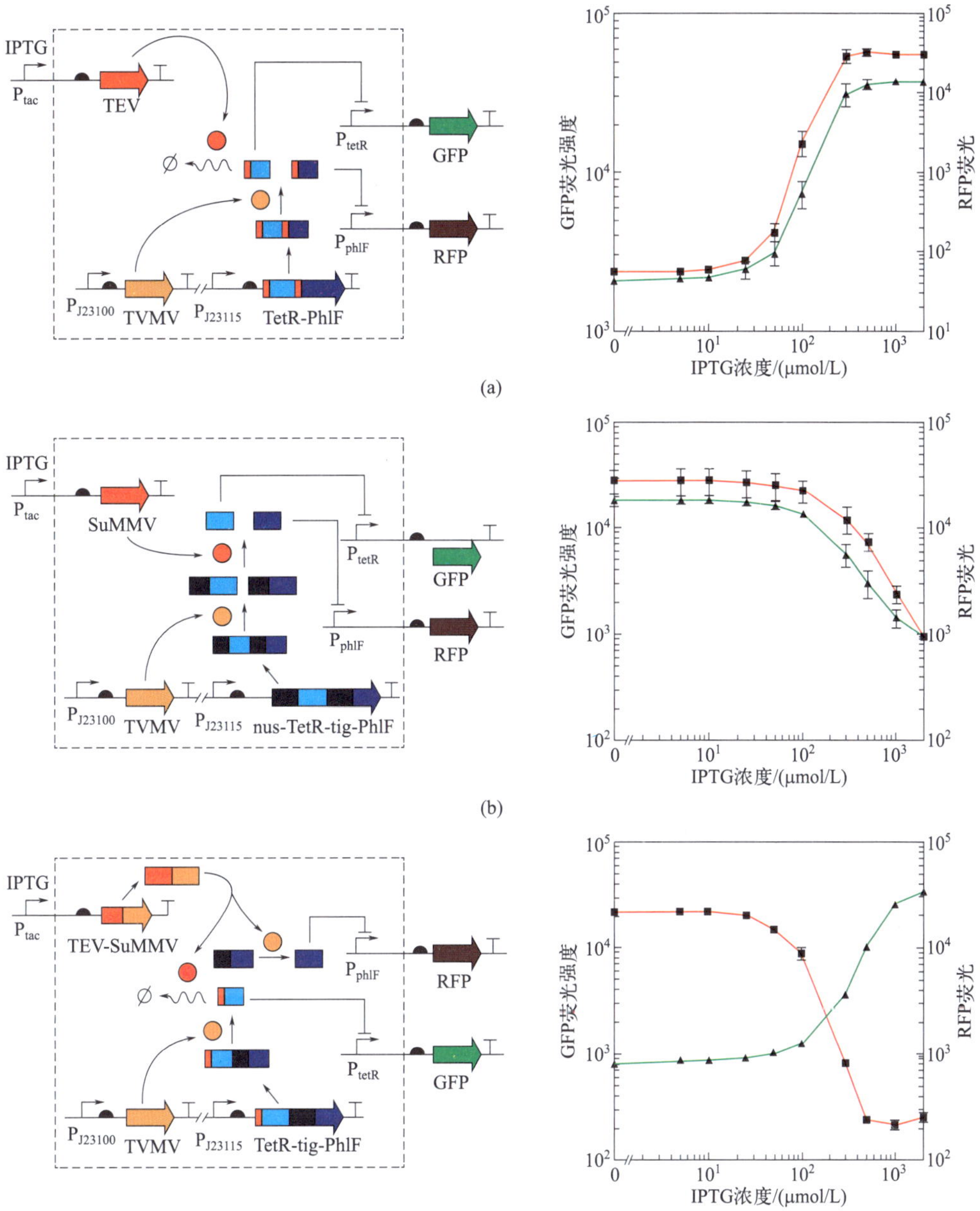

(c)

图 5-4　基于 N 端的多种逻辑门和基因回路设计

5.2.2 协调细胞发育

蛋白质水解调节具有高度的通用性，涉及多种过程，如应激反应、生长、分裂、细胞周期、细胞分化发育、发病机制以及生物膜的形成与拆卸。细菌中的蛋白质水解主要有两种形式：一般蛋白水解和调节蛋白水解。

一般蛋白水解对维持蛋白质稳态至关重要，它能够去除错误折叠或受损的蛋白质，是细胞蛋白质质量控制系统的重要组成部分。调节蛋白水解则响应特定信号，通过切割蛋白质实现特异性的去除或修饰。这两种蛋白质水解方式都依赖于高度的蛋白酶底物特异性，以避免随意降解。

在调节蛋白水解中，底物通常含有一个或多个特定的降解信号，称为降解决定子，旨在将蛋白质靶向特定的蛋白酶。或者，底物蛋白可能与靶蛋白酶的衔接蛋白相互作用。调节蛋白水解可能导致蛋白质的完全降解，也称为过程性蛋白水解，从而有效去除细胞内的蛋白质。另一种情况是，蛋白质底物不会被完全降解，而是特异性切割，产生经过修饰的活性形式蛋白，这种类型的蛋白质水解被称为非过程性蛋白质水解或加工，通常在转录因子的调节及细胞间信号生成中起重要作用。

细胞内任何蛋白质的积累水平都是合成与降解之间平衡的结果。由于蛋白质水解反应迅速，因此在需要快速响应的系统中尤为有利。例如，在应激条件下：①蛋白质可以迅速激活，无需经历转录和翻译的延迟；②当不再需要某些蛋白质时，可以有效地将其去除，速度远快于简单的生长稀释。此外，由于蛋白质水解不可逆，它在细胞周期进展和细胞分化等需要稳健、不可逆命运决定的情况下，是一种特别有效的调节机制。

除了提供时间上的调节，蛋白质水解还可以定位到特定的亚细胞区域，从而实现空间控制。这种空间调控使得细胞在分裂过程中能够产生不对称性，进而影响细胞命运。

5.3 靶蛋白降解调控策略及原理

5.3.1 基于泛素化-蛋白酶体的真核靶蛋白降解系统

细胞内的蛋白质处于不断地合成和降解过程中，泛素-蛋白酶体系统（ubiquitin-proteasome system，UPS）与溶酶体降解途径是真核细胞内负责降解蛋白质的两种主要方式。UPS主要负责错误折叠和受损蛋白质的降解，更主要的是调控许多关键细胞过程中的蛋白质，而溶酶体途径主要是在应激状态下降解胞内蛋白。

蛋白质被UPS降解涉及一种三级酶促级联反应（E1-E2-E3）。首先，基于ATP酶促反应，泛素激活酶E1结合并激活泛素，紧接着，E1将激活的泛素转移至泛素偶联酶E2上。泛素连接酶E3则可以同时结合至蛋白质底物以及带有泛素的E2，并将泛素由E2转移至蛋白质底物的赖氨酸残基上，而这一系列反应的多轮循环则会在底物上形成多聚泛素链。最终，带有多聚泛素链的蛋白质底物从E3复合物释放，进而被26S蛋白酶体识别及降解。基于UPS的靶蛋白降解系统正是通过劫持细胞内正常运行的泛素化过程来降解目标蛋白的。

在基于UPS（泛素-蛋白酶体系统）的降解方法中，蛋白质水解靶向嵌合体（proteolysis

targeting chimeras，PROTAC）是最成熟的系统之一。PROTAC 是一种双官能团分子，由用于结合目标蛋白的配体（POI ligand）、招募 E3 复合物的配体（E3 ligand）和将两者连接的连接子组成。PROTAC 通过连接子将 POI 和 E3 配体拉近，促进 E3 对 POI 的泛素化修饰。当 PROTAC 进入细胞质后，它们的双官能团分别与 POI 和 E3 结合形成三元复合物。E3 复合物招募泛素，导致目标蛋白的泛素化修饰，并使 PROTAC 从复合物中分离。最终，多聚泛素化的 POI 被蛋白酶体识别并降解，而脱离的 PROTAC 进入下一个降解循环。

2001 年，耶鲁大学的 Crews 团队和加州理工大学的 Deshaies 团队首次报道了 PROTAC 技术。他们设计的 PROTAC-1 使用 IκBα 磷酸肽招募 Skp1-Cullin-F boxβ-TRCP（SCFβ-TRCP）E3 泛素连接酶，以诱导甲硫氨酰氨肽酶-2（methionine aminopeptidase-2, METAP-2）的降解。研究表明，靶向 METAP-2 的血管生成抑制剂 Ovalicin 与 IκBα 磷酸肽结合形成的 PROTAC-1 能够在体外迅速降解 METAP-2。2003 年，Sakamoto 等（2003）进一步验证了 PROTACs 在细胞水平的有效性。他们将 PROTAC-1 的 Ovalicin 替换为结合雌激素受体（estrogen receptor, ER）的雌二醇（estradiol, E2）和结合雄激素受体（androgen receptor, AR）的双氢睾酮（dihydroxytestosterone, DHT）。研究显示，PROTAC 能够有效诱导 AR 和 ER 的降解，这表明通过更换配体可以实现对不同类型蛋白质的降解。Crews 团队还通过显微注射 PROTAC 到过表达融合绿色荧光蛋白 AR（AR-GFP）的 HEK-293T 细胞系中，发现 PROTAC 能在细胞内降解 AR-GFP，这是 PROTAC 在细胞内有效性的首次报道。

尽管多肽 PROTAC 具有生物相容性高、体内毒性低的优势，但它们面临细胞通透性差、稳定性差、大分子量和脆弱肽键带来的合成纯化难等问题，这些都限制了多肽 PROTAC 作为新型治疗药物的潜力。相比之下，小分子 PROTAC 更容易被人体吸收，因此具有开发为药物的潜力。这些小分子 PROTAC 包括：基于 IAPs E3 复合物招募的小分子 PROTAC；基于 VHL E3 招募的小分子 PROTAC；基于 CREN E3 复合物招募的小分子 PROTAC；以及基于共价结合 E3 复合物的小分子 PROTAC。

随着 PROTAC 的作用靶点和 E3 类型不断扩大，研究人员还探索了 PROTAC 的分子量、起效控制方式等问题，提出了新型 PROTAC。包括：①提高细胞通透性，CLIPTAC。合适的小分子药物分子质量通常在 500 Da 以下，但 PROTAC 的分子质量可能达到 1000 Da 或更大，导致细胞膜通透性差。为解决这一问题，Astex 制药公司开发了基于小分子前体的 CLIPTAC（in-cell click-formed proteolysis targeting chimeras，细胞内点击形成的蛋白质水解靶向嵌合体），该系统在细胞渗透性和溶解度方面有明显提升，同时不需要对连接子进行优化，只需更换蛋白配体即可。②提高靶向性，光调控 PROTAC。通过在 PROTAC 中加入操控元件，使其可在特定位置或特定时间起效，从而提高靶向性并降低潜在毒性。例如，2019 年 Xue 等（2019）开发了光诱导起效的 PROTAC（光敏笼状 PROTAC，pc-PROTAC）。但由于紫外线对基因组 DNA 的破坏和较差的穿透性，当前主要用于皮肤癌、肺癌等疾病的治疗，寻找合适的激发光源将是未来的研究重点。③提高灵活性，基于融合标签的 PROTAC。PROTAC 的靶向结合能力主要取决于与目标蛋白特异性结合的小分子（多肽）配体。然而，研究新靶标蛋白的 PROTAC 需要重新筛选或寻找配体，这限制了其灵活性。因此，基于融合标签的

PROTAC 不断被开发。例如，2015 年，Crews 团队将 Promega 公司研发的 HaloTag（HT）技术引入 PROTAC 研究中，建立了 HaloPROTAC 系统。

5.3.2 基于溶酶体降解途径的真核靶蛋白降解系统

近年来，科学家们开始关注另一种不依赖蛋白酶体的胞内蛋白降解途径——溶酶体途径，并将其应用于靶向降解系统的研究中。溶酶体降解途径主要包括两类：内吞体（endosome）-溶酶体途径和自噬（autophagy）-溶酶体途径。

（1）基于内吞体-溶酶体途径的溶酶体靶向嵌合系统

虽然基于 UPS（泛素-蛋白酶体系统）的降解技术展现了良好的体内外效果，但其主要靶标为胞内蛋白。许多与癌症和自身免疫病相关的蛋白质位于细胞外或细胞膜，因此调控或降解这些蛋白质对治疗也具有重要意义。2020 年，Banik 等人（2020）基于内吞体-溶酶体途径，开发了溶酶体靶向嵌合体（LYTAC）用于降解胞膜蛋白和细胞质蛋白。他们利用能够结合细胞表面溶酶体靶向受体（LTR）和跨膜蛋白胞外区段的抗体分子来实现这一目标。阳离子非依赖型甘露糖-6-磷酸受体（CI-M6PR）是常见的 LTR，能够将带有甘露糖-6-磷酸（M6P）残基的蛋白质转运至溶酶体进行降解。在该研究中，Banik 等将 M6P*n*（寡聚甘露糖-6-磷酸）共价连接到目标蛋白的抗体上。通过这种方式，目标蛋白如载脂蛋白 E4（apolipoprotein E4）、表皮生长因子受体（EGFR）、程序性死亡配体-1（PD-L1）和 CD71 能够被运送至溶酶体进行降解。

（2）基于自噬-溶酶体途径的靶向降解系统

自噬是细胞通过溶酶体降解自身受损大分子物质和细胞器的过程，主要包括三种类型：巨自噬、微自噬和伴侣介导的自噬（CMA）。巨自噬是形成双层膜自噬体（autophagosome）的过程；微自噬则是通过溶酶体膜内陷吞噬物质；CMA 则通过伴侣蛋白（如 Hsc70）介导。CMA 靶向降解的蛋白质通常包含 KFERQ 类似的五肽序列，即 CMA 靶向基序（CTM）。研究人员将细胞穿膜肽（CPP）、CTM 和蛋白结合域（PBD）融合表达，这种嵌合蛋白能够在原代神经元中有效降解死亡相关蛋白激酶 1（DAPK1）和支架蛋白 PSD-95。然而，CMA 的研究仍受限于 TAT 肽的低递送效率。

自噬是一种多步骤的降解过程，首先是自噬泡（autophagic vacuole）的形成，随后 LC3 蛋白从可溶形式（LC3- Ⅰ）转化为脂溶形式（LC3- Ⅱ），并与自噬泡结合形成自噬体。LC3 识别并捕获 K63 位点多聚泛素化的待降解分子，最终自噬体与溶酶体结合形成自噬溶酶体（autolysosome），将内容物降解。2019 年，Takahashi 等（2019）设计了自噬靶向嵌合体（AUTAC），用于诱导内源性蛋白的降解。AUTAC 由降解标签（如 *S*-鸟苷酸）和目标蛋白配体组成，*S*-鸟苷酸可诱导目标蛋白的 K63 泛素化，从而引发自噬过程。然而，自噬过程复杂且多步骤，稳定性较差。*S*-鸟苷酸诱导的 K63 泛素化机制、AUTAC 的脱靶效应及其体内效果仍需进一步研究。

（3）基于蛋白质 N 端原则的原核靶向降解系统

N 端降解系统通过 N degron 系统引发蛋白降解。TEV 蛋白酶与 N degron 结合，将隐藏的 N degron 暴露在靶蛋白的 N 端，从而引发多聚泛素化和降解。Taxis 等人设计了一个包含 TEV 识别位点的报告基因构建体，测试了不同氨基酸残基对 TEV 切割效率和蛋白质半衰期的影响。

5.3.3 基于蛋白质 N 端原则的原核靶蛋白降解系统

另一种使 N 端 degron 系统更具诱导性和广泛应用的方法是使用 TEV 蛋白酶介导的诱导蛋白质不稳定性（TIPI）技术。该技术结合了 TEV 蛋白酶与 N 端规则，其中 TEV 蛋白酶识别并切割特定序列，暴露出隐藏的 N degron，连接至靶蛋白的 N 端。这一暴露的 N 端氨基酸根据 N 端规则会被 UBR1 E3 连接酶识别，导致蛋白质的多泛素化和降解。TEV 蛋白酶已被证明对其识别序列有一定容忍度，尤其对切割后形成的新 N 端氨基酸（即位置 7 的残基）非常灵活。因此，TEV 蛋白酶能够适应多种 N 端规则所要求的氨基酸。

Taxis 等人（Renicke et al.,2013）首先设计了一种包含报告基因、TEV 蛋白酶识别位点 N degron 和 SF3b155381-424 的构建体，称为 Reporter-TDegX-tag。这里的 X 代表在 TEV 切割后形成的 N 端氨基酸。SF3b155381-424 的较短结构域有助于更有效地切割，因为它与 p14*（人剪接体亚基 14 的突变版本）结合，从而将 p14*-TEV 募集到识别位点。使用 GFP-TDegX-Don1p 融合蛋白在酵母中验证了该系统。他们通过 GFP 的释放来监测切割过程，并测试了不同 X 位氨基酸对 TEV 切割效率和蛋白质半衰期的影响。研究发现，苯丙氨酸或天冬酰胺为 TEV 切割和靶蛋白 Don1p 的快速降解提供了最佳条件。通过这种方法移除酵母中的多种蛋白质，研究人员观察到了与基因敲低相似的表型，证明了 TIPI 的有效性。

5.4 靶蛋白降解目前存在的技术问题与解决思路

5.4.1 细胞资源占用问题

细胞内的资源有限，这些资源对细胞的生长和存活至关重要。一个关键的技术问题是靶蛋白降解过程中细胞资源的占用。一般来说，当微生物细胞引入合成回路时，通常会出现生长缺陷。这种代谢负荷的表现并非源于合成蛋白质的积累，而是细胞资源的过度使用导致细胞在压力下，增强了对环境压力的敏感性。

细胞资源的竞争，特别是对 RNA 聚合酶（RNAP）和核糖体的竞争，会影响蛋白质的生产和细胞功能。例如，Sigma 因子的过表达会抑制其他 Sigma 因子的基因表达，这表明西格玛因子与 RNAP 结合的竞争关系。具有强启动子的合成基因的表达会超过细胞自身基因和较弱启动子的竞争。Del Vecchio 及其同事发现，低拷贝或中拷贝质粒的合成蛋白表达对染色体表达基因的影响较小。因此，细胞资源的竞争依赖于合成蛋白的表达负荷和产量。

在细胞中，翻译过程占用了大量的资源：35%～45%的基因组分配给翻译装置的蛋白质，约 30% ～ 50% 的细胞能量用于蛋白质翻译。大量证据表明，翻译是决定细胞生长和外源性蛋白质生产的主要瓶颈之一。高拷贝质粒产生的蛋白质会对细胞翻译机制产生负面影响，损害细胞生长。这是因为核糖体被转移用于生产蛋白质，从而减少了可用核糖体的数量。核糖体的可用性预计将成为控制不同营养成分培养基中细胞生长速率的主要因素。

此外，染色体整合基因的表达受到质粒设计（例如拷贝数和表达强度）的影响，强调了内源性和外源性基因之间分配“游离核糖体库”的重要性。在生长后期，合成基因表达引起的生长减慢通常是短暂的，这表明增加的游离核糖体减少了对生长的损害。释放用于新合成的核糖体池取决于每个密码子拉长的时间，这表明密码子顺序和 mRNA 序列中的使用频率影响生长。事实上，不同密码子优化序列的表达显著影响生长，与 mRNA 转录本上延长核糖体的隔离成正比。因此，解释主要细胞资源重新分配及其从关键细胞过程中的退出的模型，可以帮助可靠地调整合成回路的设计参数，确定对底盘生物体扰动最小的最佳回路生产模式。

5.4.2 能量负荷高问题

虽然蛋白质降解调控的响应时间较转录水平调控更短，但这一过程消耗大量 ATP。例如，降解一个模式底物（如肌联蛋白）需要 600 个 ATP 分子（Olivares et al., 2016）。此外，对多个靶蛋白添加降解标签常常会造成排队效应（Cookson et al., 2011），降低元件的初始参数，从而影响基因回路系统的输出。最近的研究指出，可以通过亮氨酸拉链裂解蛋白的方式来控制蛋白酶活性。这种方法使得靶蛋白无需完全降解即可发挥生物学活性，在构建蛋白开关时具有广泛的应用前景。

5.5 应用案例：蛋白质基因回路的设计与微生物细胞代谢流调控应用

5.5.1 发展蛋白质丰度调控基本单元

（1）OFF 调控单元

利用蛋白质降解原理，在靶蛋白的 N 端和 C 端理性组合降解标签和蛋白酶切割位点，构建了两种调控单元。具体来说，在OFF单元中，构建了一个双质粒系统，其中蛋白酶TEVp在低拷贝质粒（p15A ori）上受诱导剂脱水四环素（aTC）控制表达，而靶蛋白mCherry在中拷贝质粒（pMB1 ori）上受诱导剂IPTG控制表达。在靶蛋白的N端进行了修饰，依次添加上蛋白酶TEVp的切割识别位点和蛋白降解决定子（苯丙氨酸降解决定子，F）。由于靶蛋白的N端降解决定子被切割位点隐藏，靶蛋白处于初始稳定状态，当表达蛋白酶后，蛋白酶识别位点被切割，降解决定子裸露，靶蛋白转为不稳定状态，从而调整靶蛋白丰度从高水平转换到低水平（图5-5）。

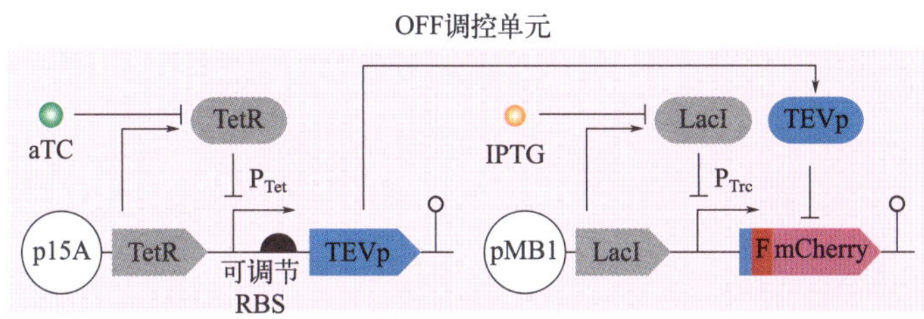

图5-5　OFF调控单元的设计示意图

（2）ON调控单元

如图5-6，在ON单元的双质粒系统中，蛋白酶TEVp在低拷贝质粒上受诱导剂aTC控制表达，而靶蛋白GFP在中拷贝质粒上受诱导剂IPTG控制表达。对靶蛋白的C端进行了修饰，依次添加上蛋白酶TEVp的切割识别位点和蛋白降解标签（LAA降解标签）。由于靶蛋白的C端降解标签初始处于裸露状态，该靶蛋白会被胞内蛋白降解机器识别并被持续降解。当表达蛋白酶后，靶蛋白的C端降解标签会被切除，被切割降解标签的靶蛋白转变为稳定状态，从而实现靶蛋白丰度由低水平到高水平的转换。

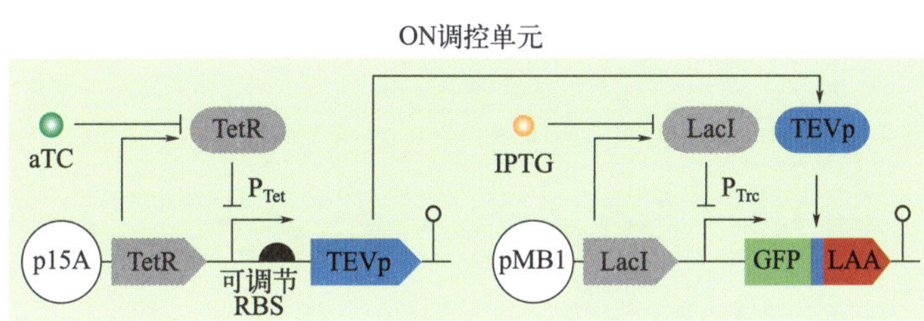

图5-6　ON调控单元的设计示意图

为了验证设想的可行性，首先构建了酶E1和黄色荧光蛋白mVenus的融合蛋白，当表达蛋白酶时，该融合蛋白会被切割为两部分，荧光蛋白由于N端降解标签裸露，会被降解。如图5-7（b）凝胶电泳和蛋白质免疫印记结果所示，尽管蛋白酶有泄漏表达情况，但是利用蛋白酶调节靶蛋白丰度的猜想是可行的。

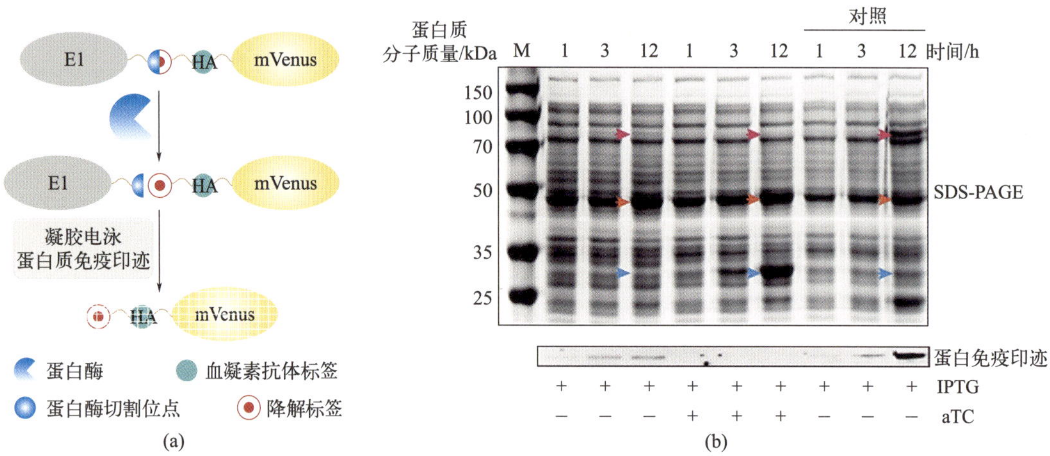

图 5-7 蛋白酶切割降解设计示意图和 SDS-PAGE 检测

图（a）为蛋白酶介导的 N 端蛋白质水解示意图，E1 是一种与报告蛋白融合的共表达蛋白（含蛋白酶切割位点、隐性 N-降解决定子和血凝素抗体标签）。在本研究中，大肠杆菌柠檬酸合成酶被选为 E1，因为其与 TEVp 或 mVenus 蛋白质的分子量显著不同，并且具有良好的溶解度。图（b）为诱导 1 h、3 h 和 12 h 后，通过 SDS-PAGE 和 Western blot 测试进行泄漏表达分析。使用蛋白质测定试剂盒，每条泳道获得相同的蛋白质总量（80 μg）。TEVp（28 kDa，标记为蓝色箭头）、柠檬酸合成酶（48 kDa，标注为橘黄色箭头）、融合蛋白（77.5 kDa，标记为胭脂红箭头）

为了解决蛋白酶泄漏表达问题，选择了多种强度 RBS 控制蛋白酶 TEVp 的表达水平，其中最低的 B0033 RBS 强度约为最高的 B0034 RBS 的 0.03 倍。如图 5-8，当使用 B0033 RBS 控制蛋白酶表达时，OFF 调控单元的最大调控倍数达 22.5。在此基础上，当添加浓度梯度为 0.01 ～ 250 ng/μL aTC 时，OFF 单元表现出良好的可调性，使用非线性剂量-响应曲线拟合，其相关性达 0.998，计算获得的 IC_{50}=29.49 ng/μL。

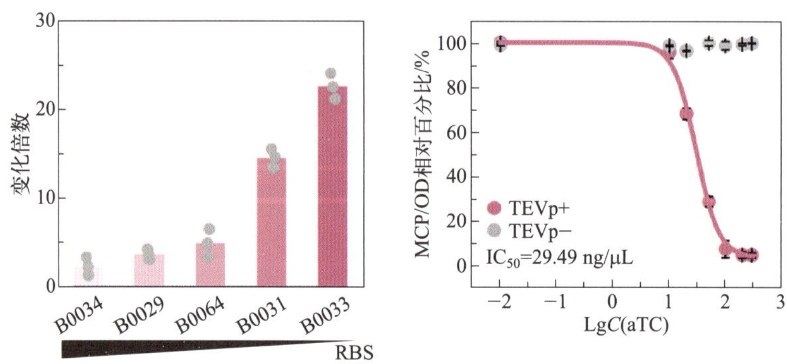

图 5-8 不同 RBS 强度和不同诱导剂浓度对 OFF 单元的调控影响

如图 5-9，当使用 B0034 RBS 控制蛋白酶表达时，ON 调控单元的最大调控倍数达 23.8。相同的方法作用于 ON 单元时，系统在 0.01 ～ 250 ng/μL aTC 浓度范围内，表现出良好的可调性，使用非线性剂量-响应曲线拟合，其拟合相关性达 0.998，计算获得的 EC_{50}=74.29 ng/μL。

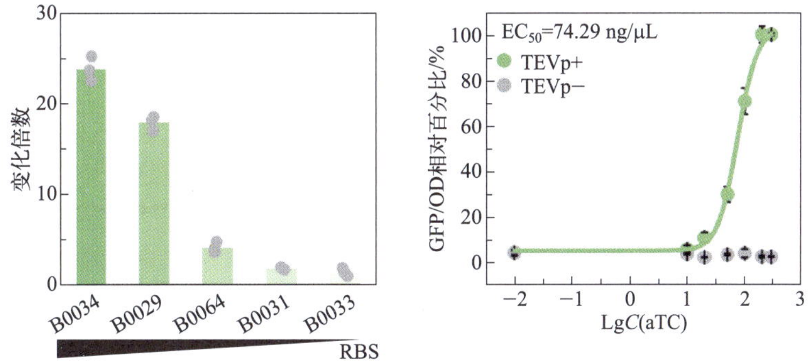

图 5-9　不同 RBS 强度和不同诱导剂浓度对 ON 单元的调控影响

如图 5-10，在宏观上，OFF 调控单元中，表达蛋白酶的菌株为无色，对照菌株可观察到红色。ON 调控单元中，表达蛋白酶的菌株为绿色，对照菌株为无色。进一步地，借助流式细胞仪分析被调控菌株的表型分布，两个细胞群具有显著分离的荧光分布曲线，说明两种调控单元均能较好地改变细胞初始表型，显示出较低的群体异质性。

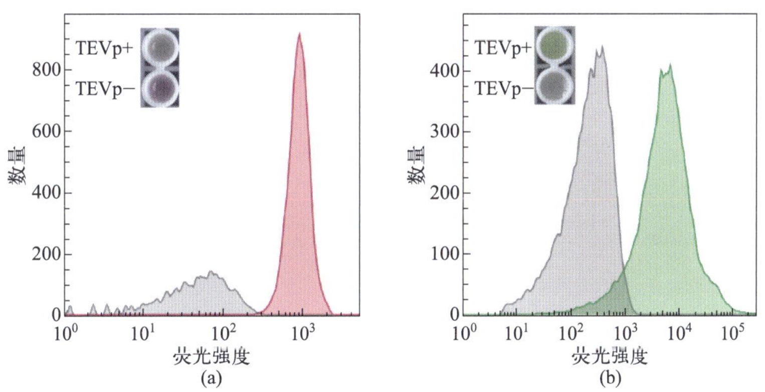

图 5-10　流式细胞分析实验和对照菌株

接下来分析基本调控单元中非靶蛋白对靶蛋白是否有干扰作用。首先在 OFF 单元中测试，其设计原理如图 5-11（a）所示。mVenus 蛋白设定为靶蛋白，在其 N 端融合了非靶蛋白 mCherry。在没有蛋白酶参与条件下，两个报告蛋白均可以稳定存在，当引入蛋白酶后，经过酶切和蛋白质降解，融合蛋白最终只会保留 mCherry 蛋白。经过测试，随着 aTC 浓度的增大，mCherry 的丰度不受蛋白酶表达强度的影响，而 mVenus 的丰度逐渐下降，利用非线性剂量-响应曲线拟合，所获得的 IC_{50}=34.44 ng/μL，较单独 OFF 单元所获得的 IC_{50} 略微提高。然后，在 ON 单元中测试特异性，其原理如图 5-11（b）所示，mCherry 蛋白设定为靶蛋白，在其 N 端融合了非靶蛋白 GFP。在没有蛋白酶参与条件下，两个报告蛋白均不能稳定存在，当引入蛋白酶后，经过酶切和蛋白质降解，融合蛋白最终只会保留 GFP 蛋白。经过测试，随着 aTC 浓度的增大，mCherry 的丰度不受蛋白酶表达强度的影响，而 GFP 的丰度逐渐上升，利用非线性剂量-响应曲线拟合，所获得的 EC_{50}=139.09 ng/μL，较单独 OFF 单元所获得的 EC_{50} 提高。

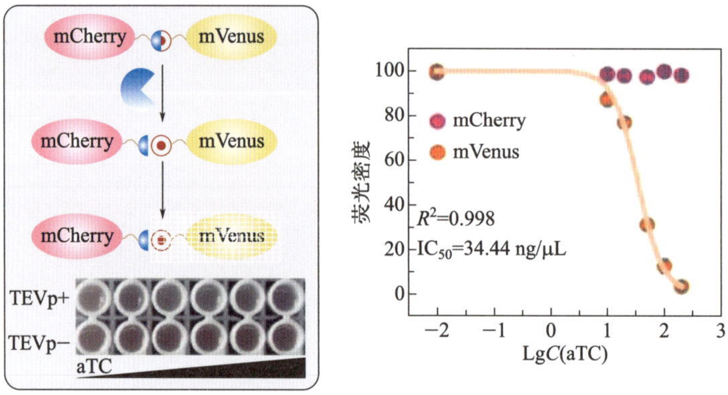

(a)

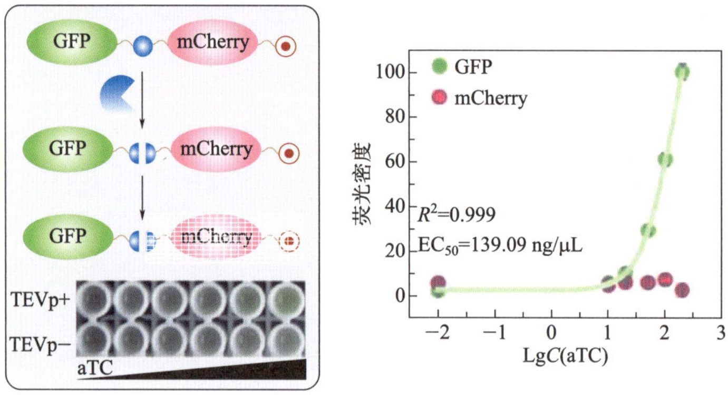

(b)

图 5-11　OFF 单元和 ON 单元的特异性检测

接下来，对调控单元进行了动力学分析。动力学分析表明，两种调控单元与诱导剂剂量均具有良好的响应关系。OFF 单元的调控半衰期为 25 ～ 60 min，响应时间小于 10 min（图 5-12）。ON 单元在添加诱导剂后 1 h 即展示了荧光积累，表现出了快速响应的能力。

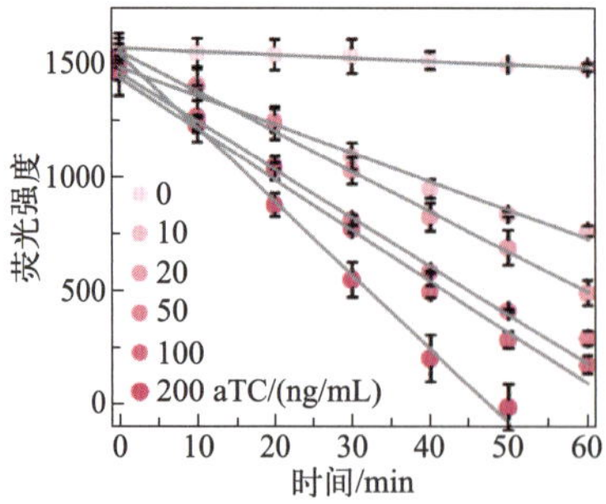

(a)

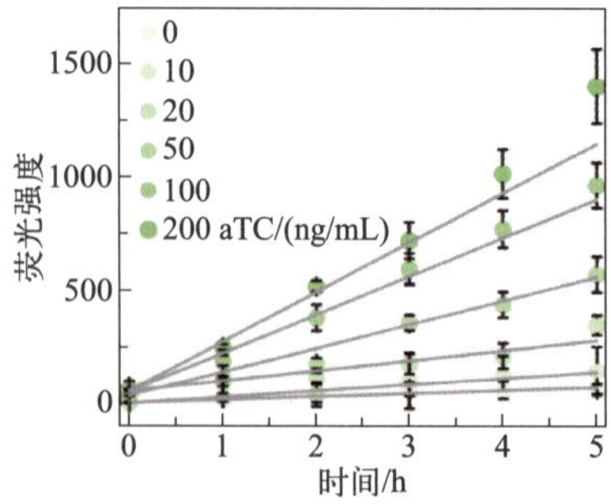

(b)

图 5-12　降解动力学和积累动力学

为了比较传统的转录调控与基本调控单元的动力学差异，在对数生长期，分别对上述两种细胞添加诱导剂。当使用高强度 B0034RBS 控制蛋白酶表达时，ON 单元与传统的转录调控具有类似的响应速率（图 5-13）。

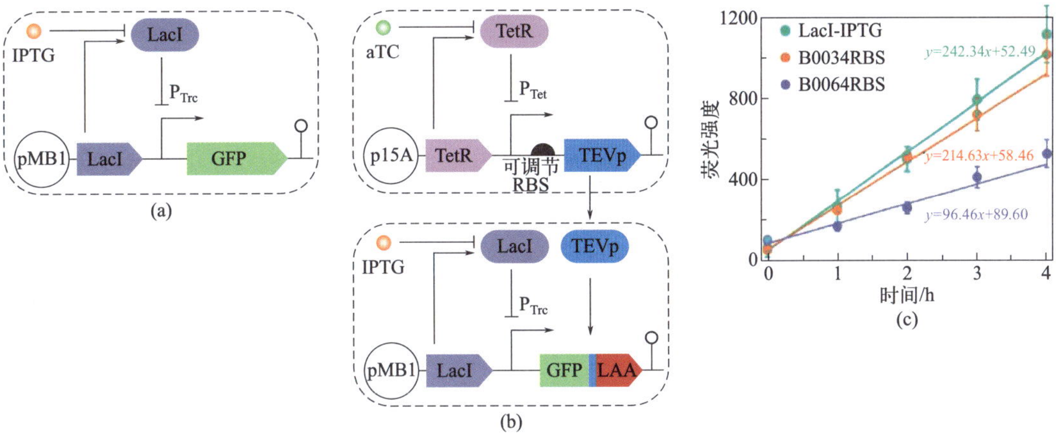

图 5-13　与经典转录调控的比较

图（a）为 LacI IPTG 诱导系统示意图；图（b）为 ON 开关单元示意图；图（c）为两种方法的动力学比较。使用带有启动子 P_{Trc} 的 GFP 报告质粒对两种方法的动力学进行基准测试，添加诱导剂的时间定义为零。通过在对数生长期（OD_{600}=0.6）添加 200 ng/mL aTC，测试了两种具有较高（B0034 RBS）和中等（B0064 RBS）TEVp 水平的 ON 开关单元

5.5.2　设计蛋白质动态调控回路

以调控单元为基础构建的第一个系统是动态调控系统。为了构建不同于群体感应的动态调控系统，本文选择了两种可以响应细胞状态的启动子，其原理是利用不同启动子的转录时间差异分别控制靶蛋白的表达和蛋白酶的表达，以实现靶蛋白的自动降解，进而在细胞生长过程中对靶蛋白丰度实现自动调控。

这里首先介绍三种类型的启动子，第一种是组成型启动子，即转录活动在菌株生长全程中持续进行；第二种是生长偶联启动子，其转录活动集中于菌株生长期，当菌株进入稳定期后，转录活动停止；第三种是稳定期启动子，其转录活动仅在菌株进入稳定期后开启（图 5-14）。

选择了 11 种稳定期启动子和 4 种生长偶联启动子，分别在 30℃和 37℃条件下对其强度和转录特征进行了评估（图 5-15），最终选择 4 种不同强度的稳定期启动子和 3 种不同强度的生长偶联启动子进行下一步组合实验（图 5-16）。

动态调控基因回路设计的原理如图 5-17，当菌株处于对数生长期时，靶蛋白能够启动合成，并在胞内积累，行使相应的生理代谢功能。当菌株进入稳定期后，蛋白酶受稳定期启动子控制表达，促进靶蛋白隐藏的 N 端降解决定子裸露，进而降解靶蛋白，关闭其相应的生理代谢功能。然而，不同的启动子组合时，其转录起始时间存在差异，不同的组合方式调节基因表达的效果不同。

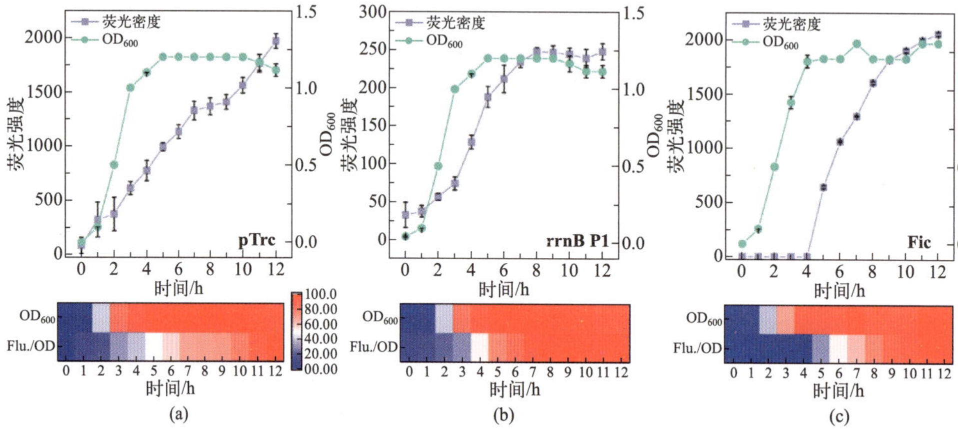

图 5-14　三种代表启动子的特征曲线

图（a）、（b）、（c）为含有 mVenus 基因的大肠杆菌 MG 1655 的细菌生长情况和特异性荧光强度，该基因由组成型 P_{Trc} 启动子（a）、生长期启动子 $P_{rrnB\ P1}$（b）和稳定期启动子 P_{fic}（c）启动在 30℃的 LB 培养基中表达

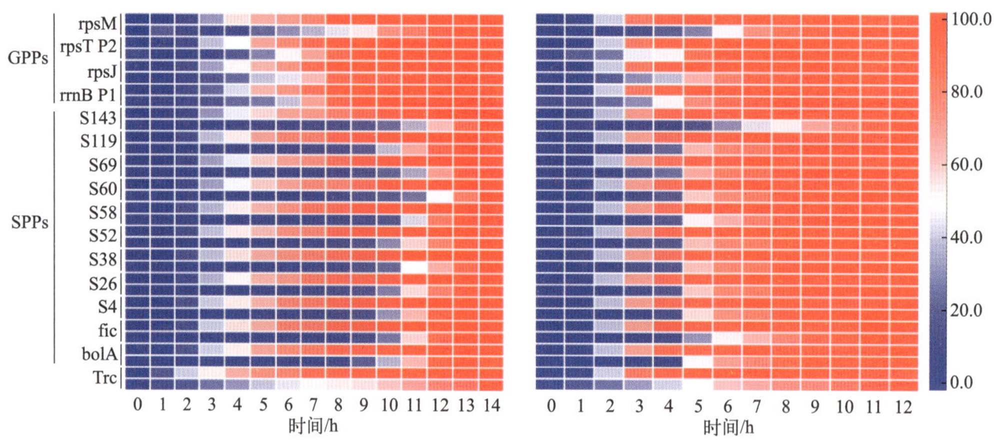

图 5-15　不同稳定期启动子和生长偶联启动子的评估（左：30℃，右：37℃）

颜色表示百分比级别。细胞密度和荧光的最高值定义为 100%。每个菌株都有两行正方形，上面一行代表细胞密度，下面一行代表 mVenus 蛋白丰度。数值显示为三个生物复制实验的平均值 ± 标准差

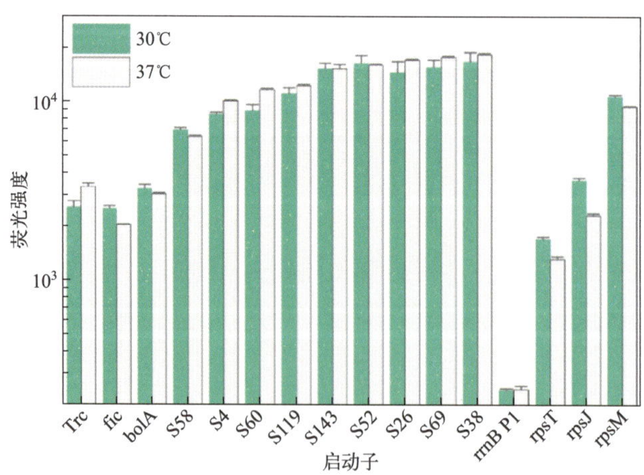

图 5-16　不同启动子的强度比较

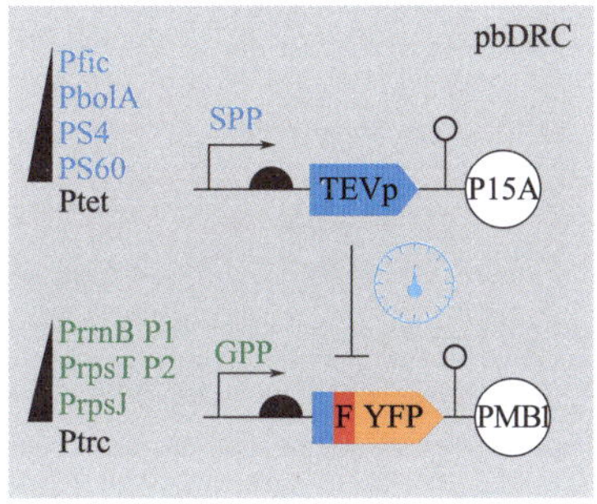

图 5-17　动态调控基因回路的设计原理

为了验证动态调控系统的效果，分别构建不同强度生长期偶联启动子和稳定期启动子组合调控的菌株，可以看出不同菌株的荧光积累曲线差异显著，相对于不含蛋白酶的对照组 Ptet-1，所有菌株均表现出荧光先增加后降低的趋势，转换时间介于 7 ～ 10 h 之间（图 5-18）。为了证明蛋白质降解是影响调控系统中蛋白质丰度变化的主要原因，构建了不含有降解标签的报告蛋白（图 5-19），这些菌株的转换时间均超过 24 h（灰色区域菌株）。为了证明稳定期启动子对蛋白酶表达及靶蛋白表达转换时间的影响，构建了组成型表达蛋白酶的组合菌株，这些菌株的转换时间均小于 4 h(深蓝色区域菌株)。同时，发现动态调控系统对菌株的生长情况影响非常小。

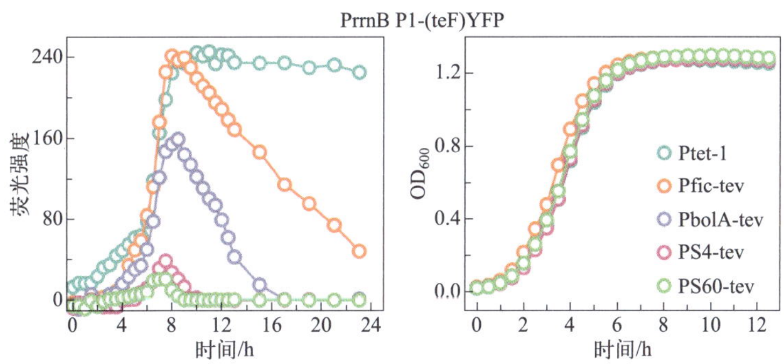

图 5-18　代表菌株的荧光变化和生长曲线

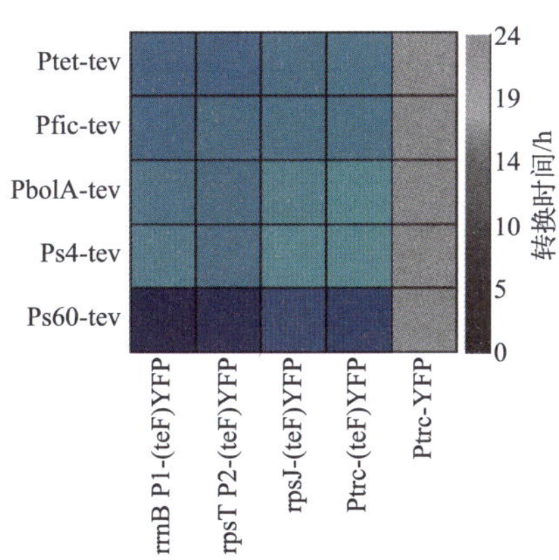

图 5-19　不同组合菌株的转换时间测定

5.5.3 调节莽草酸激酶实现莽草酸低成本合成

莽草酸是合成多种生长必需氨基酸的前体，为了实现莽草酸的积累，需阻断下游降解路径。但是这样会导致生产过程中需要向无机盐发酵培养基中加入昂贵的诱导剂和必需氨基酸。为了解决该问题，将前期构建的动态调控系统应用于莽草酸的发酵。首先使用 *E. coli* MG1655 构建底盘微生物 *E. coli* S4（图 5-20）。*E. coli* S4 的基本特征包括：①基因 *aroL* 被 *tktA* 表达框替换；②本源 PTS 被来源于运动发酵单胞菌 *Zymomonas mobilis* 的葡萄糖促进蛋白 Glf 整体置换；③基因 *aroK* 被删除。

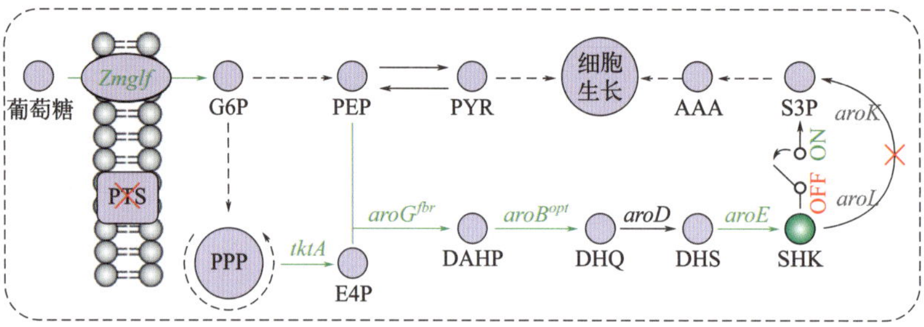

图 5-20 菌株 *E. coli* S4 的改造示意图

同时，莽草酸合成路径四种关键酶也被强化表达。在中拷贝数质粒 pJ01（GenBank 登记号：MK234843）上，选择 AroG、TktA、AroB 和 AroE 等路径酶基因，构建过表达质粒 pGABE。采用快速 PCR 定点诱变技术，获得了消除反馈调节功能的 D146N 的 $aroG^{fbr}$ 基因。通过对前 8 个密码子（ATG GAG CGT ATT GTC GTT ACT CTG）的优化，获得了编码优化的 $aroB^{opt}$ 基因。

在低拷贝数质粒 pTet-1 上，利用 SPPs 控制可溶性提高的 TEVp 突变体（T17S、L56V、N68D、I77V、S135G、S219V）表达。AroK 的 N 端被融合上蛋白酶 TEVp 的切割识别位点和苯丙氨酸降解决定子。该修饰后 *aroK* 在 GPPs（$P_{rrnB\ P1}$、$P_{rpsT\ P2}$ 和 P_{rpsJ}）的控制下表达，表达框被插入过表达质粒 pGABE 中。以莽草酸激酶为靶点，构建了一系列组合动态调控菌株（图 5-21）。

如图 5-22，对于底盘微生物 S4，只有当发酵培养基中添加芳香族氨基酸时，菌株才能正常生长。对于不同强度动态调控组合的 DS7 和 DS9 菌株，在培养前期均表现出正常的生长速率，培养 24 h 后两者的生长速率出现了差别。而对于转换时间更短的 DS4 组合，菌株的生长速率更慢。在莽草酸产量方面，过表达路径酶的组合菌株莽草酸产量较 S4 菌株明显提高，最优菌株 DS7 摇瓶发酵 72 h，可积累 2.14 g/L 莽草酸，该产量是已报道的在不添加芳香族氨基酸和诱导剂的无机盐培养基条件下获得的最高水平。

为了分析莽草酸激酶丰度是否受调控系统影响，设置了两种对照菌株，即仅含有生长偶联启动子控制的 AroK 和仅含有稳定期启动子控制的蛋白酶 TEV，酶活数据和莽草酸产量表明，两者协调作用能更好地控制莽草酸激酶酶活，提高产品产量（图 5-23）。

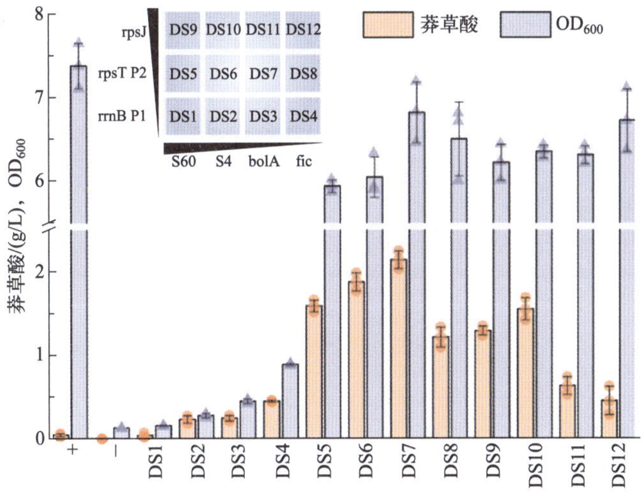

图 5-21　不同组合菌株的产量与最终细胞浓度

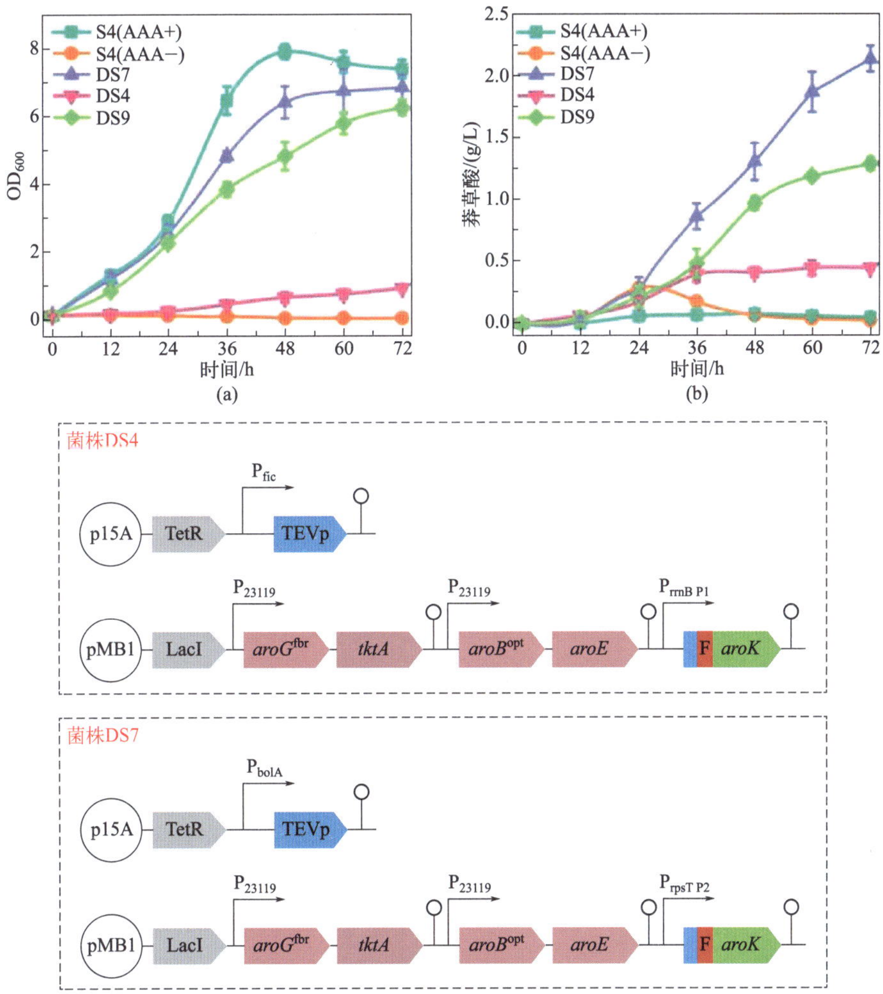

图 5-22

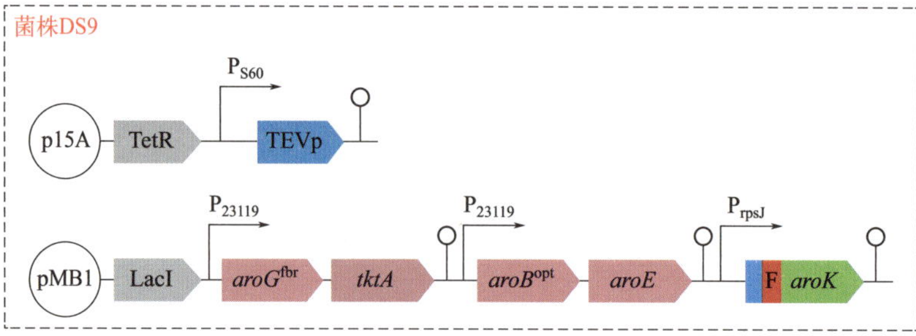

(c)

图 5-22 典型动态调控菌株的发酵过程曲线

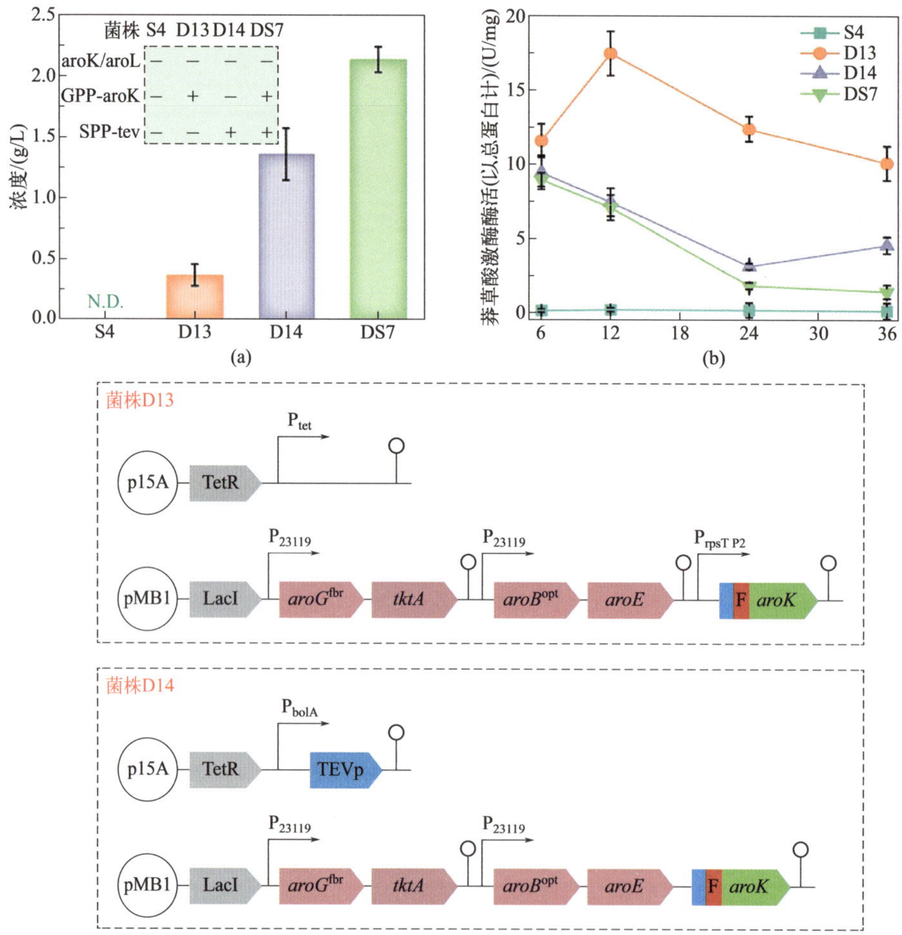

(c)

图 5-23 不同菌株莽草酸激酶活性比较

为了检测动态调控系统在放大条件下是否仍能正常工作，在 5 L 发酵罐中进行了补料分批发酵。图 5-24（a）结果表明，发酵 72 h，DS7 菌株可以积累 12.6 g/L 莽草酸，较摇瓶水平提高 5.9 倍，莽草酸得率达 0.19 g/g（以葡萄糖计）。该产量是目前在不添加必需氨基酸和诱导剂的无机盐培养基条件下获得的已报道最高水平。表明系统具有一定的鲁棒性，可以在放大体系下，保持工作能力。同时，检查了动态调控系统的普适性［图 5-24（b)］，除 MG1655 菌株外，分别在其

他 *E. coli*，如 K12 系（B0013、ATCC 8739、W3110、DH5α 和 JM109）、B 系（BL21）和两者杂合菌株（HB101）中相同位点处进行改造，发现引入调控系统后的菌株的莽草酸产量较对照提升了 7～43 倍。最后，测试了动态调控系统的工作范围。在基因组水平上，将 AroK 的 N 端融合上含有 TEVp 识别切割位点和苯丙氨酸降解决定子的短肽。在启动子 $P_{rpsT\ P2}$ 的调控下，将该修饰后的 *aroK* 基因插入 *E. coli* S4 的 *aroK* 的位置。通过改造基因 *aroK* 的启动子和 N 端序列，在引入蛋白酶后，改造菌株的莽草酸产量分别获得了 4～9 倍提升，且较对照组，未检出乙酸积累[图 5-24（c）]。表明无论是质粒水平还是基因组尺度水平，动态调控系统均能实现较好的调控效果。

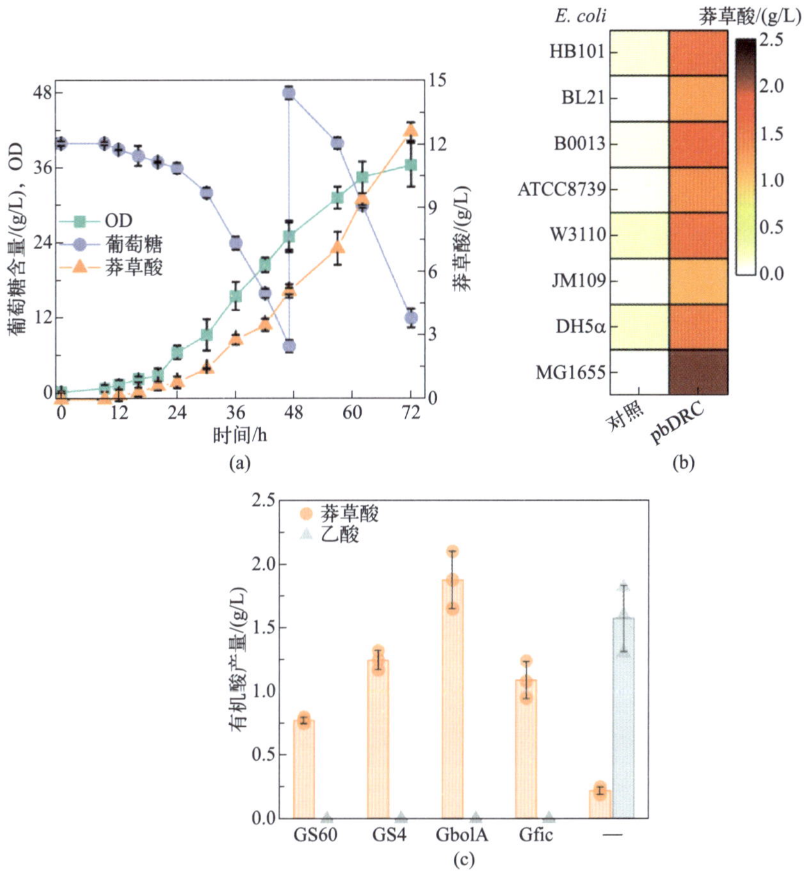

图 5-24　系统的普适性检测

5.5.4 设计蛋白质逆变器回路

第二个设计的系统是逆变器。为了利用蛋白质降解调控单元构建逆变器，首先简单组合了 OFF 和 ON 调控单元，当使用低强度 RBS 控制蛋白酶时，只有红色荧光蛋白 mCherry 可以较好实现开关功能，当使用高强度 RBS 控制蛋白酶时，只有绿色荧光蛋白 GFP 可以较好实现开关功能，尽管对蛋白酶 TEV 进行了多个水平的表达强度优化，同时逆转两个靶蛋白丰度的效果仍难以实现（图 5-25）。

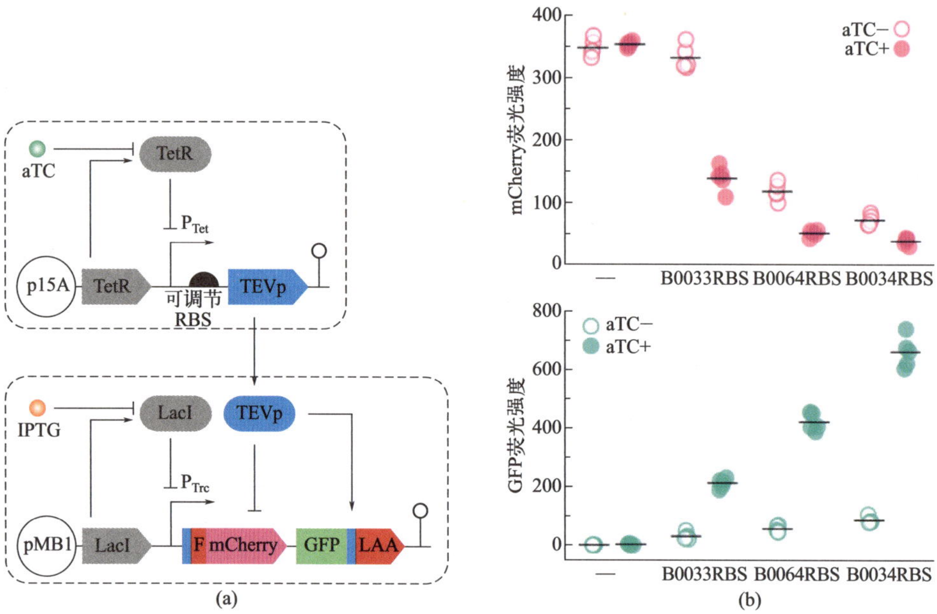

图 5-25 单蛋白酶表达对 ON-OFF 组合的影响

为了解决上述问题，引入了另一种与 TEV 具有不同识别切割位点的蛋白酶 TVMV。为了检测两个蛋白酶的正交性，分别构建含有蛋白酶 TEVp 和蛋白酶 TVMVp 切割识别位点的报告蛋白 mVenus。体内试验结果表明（图 5-26），蛋白酶 TEVp 仅能降解含有 TEVp 切割识别位点的报告蛋白，而对于含有 TVMVp 切割识别位点的报告蛋白无降解作用。类似地，蛋白酶 TVMVp 仅能降解含有 TVMVp 切割识别位点的报告蛋白，而对于含有 TEVp 切割识别位点的报告蛋白无降解作用。上述结果表明两种蛋白酶具有良好的正交性，可以在一个系统中同时引入。

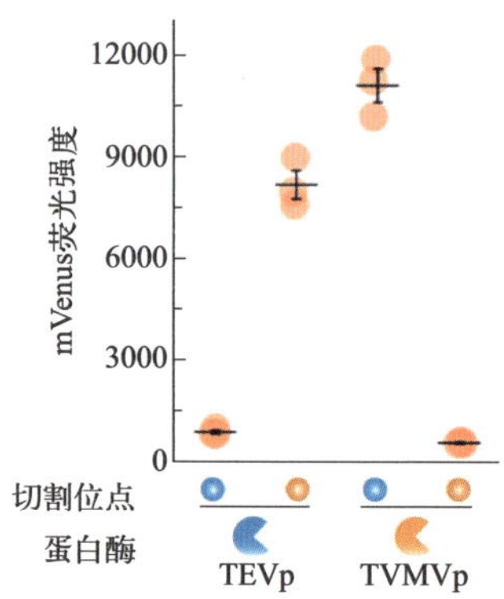

图 5-26 蛋白酶正交性检测

在第一种逆变器设计中，蛋白酶 TEVp 和 TVMVp 同时在低拷贝质粒上表达，分别与 GFP 和 mCherry 构成 ON 调控单元和 OFF 调控单元，由图 5-27 可知，加入诱导剂 aTC 后，两种报告蛋白均表现出符合逆变器的开关特征。

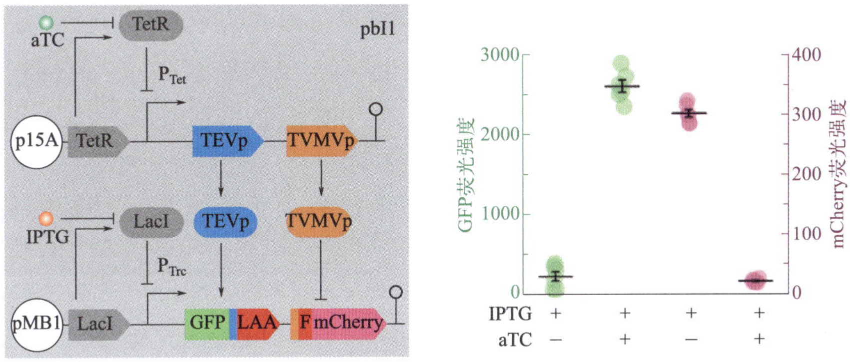

图 5-27　共表达双蛋白酶的逆变器设计

除了正交蛋白酶法外，另一种构建逆变器的思路是采用级联蛋白质降解，即分别在现有的 OFF 单元和 ON 单元上，额外加一层 OFF 单元（图 5-28）。经检测，上述思路可行，单一靶蛋白丰度均出现了调控逆转。即原本 ON 单元中积累的 GFP，由于额外的 OFF 单元，GFP 丰度出现了下调。原本 OFF 单元中不能积累的 mCherry，经过多一层调控，出现了荧光积累。

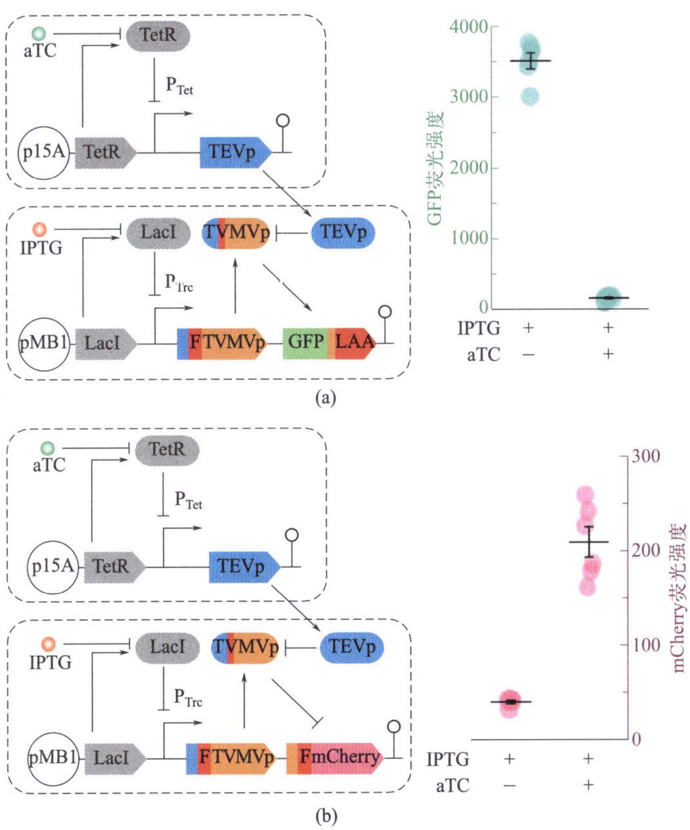

图 5-28　蛋白酶级联降解检测

在此基础上，设计出第二种蛋白逆变器。其原理是将蛋白酶 TVMVp 的 N 端进行修饰，加上正交蛋白酶 TEVp 的降解识别位点和蛋白质降解决定子，而两个报告蛋白的 N 端分别修饰上蛋白酶 TVMVp 和蛋白酶 TEVp 的切割识别位点及蛋白质降解决定子（图 5-29）。上述三个蛋白质在中拷贝质粒上共同表达时，由于 GFP 会被 TVMVp 持续切割降解，初始为低丰度状态，而 mCherry 蛋白由于不会被 TVMVp 切割，表现为初始高丰度状态。当添加诱导剂 aTC 表达蛋白酶 TEVp 后，mCherry 会被 TEVp 切割降解，表现为诱导低丰度。相反，由于 TVMVp 也会被 TEVp 切割降解，原本为初始低丰度的 GFP 得以积累，表现为诱导高丰度，达到了预期效果。

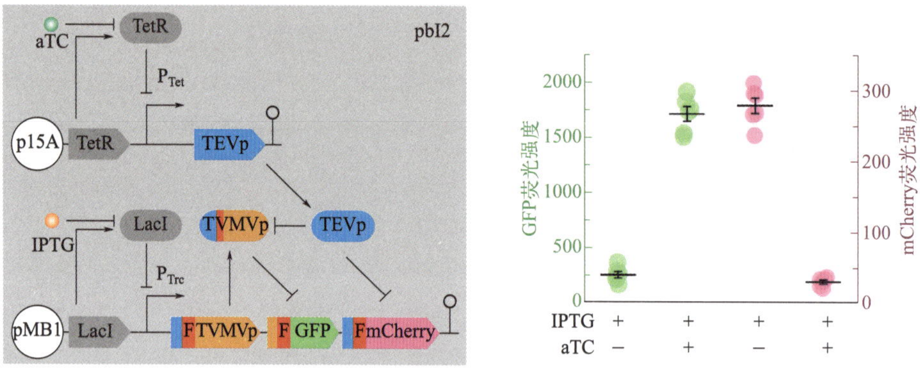

图 5-29 蛋白酶级联降解的逆变器设计及验证

5.5.5 控制葡萄糖摄入缓解碳代谢抑制

目前微生物发酵生产木糖酸的工艺主要采用纯木糖作为生产底物，导致成本较高。利用木质纤维素水解液生产木糖酸是降低木糖酸成本的一种重要策略。然而混合糖发酵体系中，由于碳代谢阻遏效应（CCR）的存在（图 5-30），仅在葡萄糖被利用完后，*E. coli* 才能高效利用木糖。为了解决这一问题，计划引入前期构建的逆变器去调控 *E. coli* 对葡萄糖和木糖的摄入。

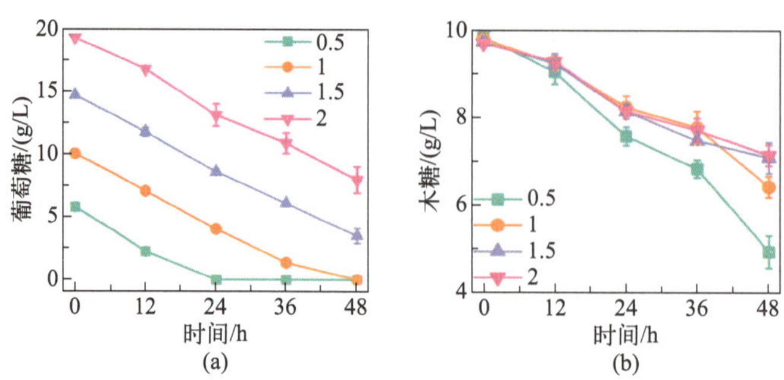

图 5-30 碳代谢阻遏效应

图（a）为不同糖比率条件下菌株 X1 的葡萄糖消耗曲线（图例 0.5, 5 g/L 葡萄糖 + 10 g/L 木糖；图例 1, 10 g/L 葡萄糖 + 10 g/L 木糖；图例 1.5, 15 g/L 葡萄糖 +10 g/L 木糖；图例 2, 20 g/L 葡萄糖 + 10 g/L 木糖）；图（b）为不同糖比率条件下菌株 X1 的木糖消耗曲线。所有数据均使用 NBS 最低培养基在 37℃、200 r/min 下获得

在 *E. coli* BL21(DE3) 中，采用 CRISPR-Cas9 技术敲除编码木糖异构酶基因（*xylA*）、木糖激酶基因（*xylB*）、PTS 系统 EⅠ酶的 *pts* Ⅰ等基因（图 5-31）。通过优化密码子，化学合成新月柄杆菌 *Caulobacter crescentus* 的 *xylB* 基因，并将其克隆到 pTrcHisA 载体中，得到 pTrcHisA-*ccxylB*。从 *E. coli* BL21(DE3) 基因组中利用 PCR 扩增的方式克隆出 *pts* Ⅰ基因。在此基础上，将蛋白 xylB 的 N 端融合上 TVMVp 切割位点（氨基酸序列：ETVRFQ）和苯丙氨酸降解决定子。将蛋白 Pts Ⅰ和 TVMV 的 N 端融合上 TEVp 切割位点和苯丙氨酸降解决定子。利用一步克隆试剂盒将上述三个基因片段组装成 pTrcHisA 载体。在来源于 *C. crescentus* 的 *xylC* 基因的 N 端融合上 TEVp 切割位点和苯丙氨酸降解决定子，并对其密码子进行优化、化学合成。应用 SuMMVp（氨基酸序列：EEIHLQ）构建蛋白质振荡器。

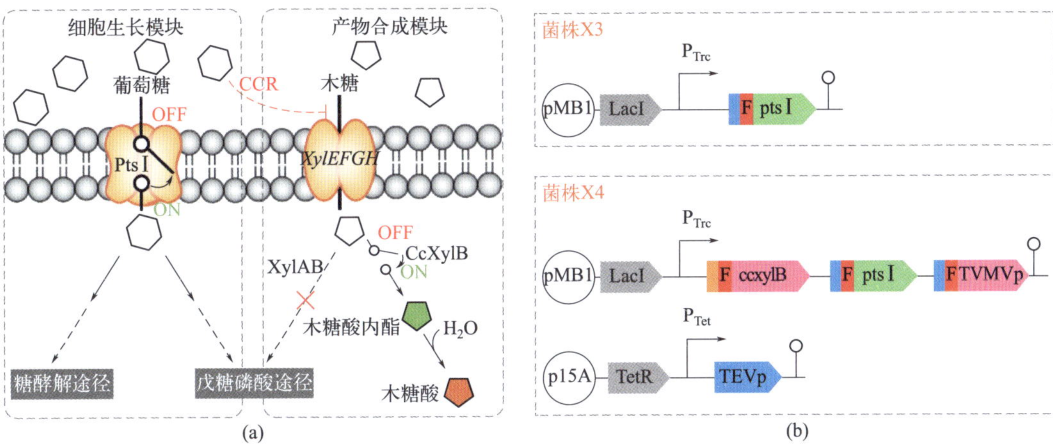

图 5-31　逆变器在混合糖发酵生产木糖酸中的应用示意图

以葡萄糖摄入蛋白 Pts Ⅰ为靶点，测试逆变器的功能（图 5-32）。在含有葡萄糖的 M9 培养基中，相比于对照组 X1，Pts Ⅰ缺陷型菌株 X2 的生长受到严重抑制，回补表达 Pts Ⅰ蛋白的菌株 X3 以低生长速率维持细胞生长。引入逆变器后，预添加诱导剂 aTC 的 X4 菌株的生长能力较引入前（X3 菌株）严重受损，说明逆变器实现了对靶蛋白丰度的调节。

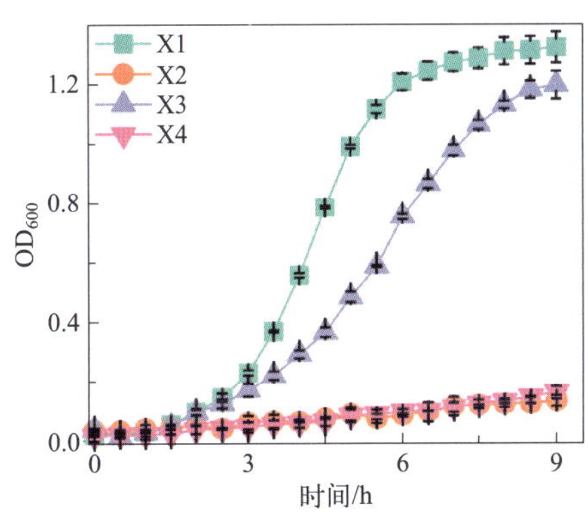

图 5-32　不同工程菌株的生长曲线

如图 5-33，首先对逆变器的诱导时间进行优化，最佳的诱导剂添加时间是 6 h，此时菌株 OD=0.78，木糖酸产量达 4.25 g/L。在此条件下，进一步测试了在不同混合糖底物条件下，引入逆变器的菌株 X4 和对照菌株在生产木糖酸能力上的差别。当底物含 20 g/L 葡萄糖和 10 g/L 木糖时，菌株 X4 可以积累 4.25 g/L 木糖酸，是对照组产量（2.37 g/L）的 1.79 倍。

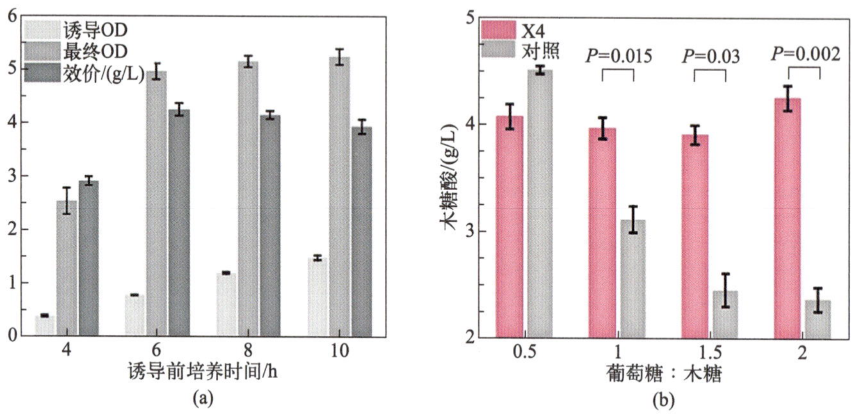

图 5-33　逆变器的诱导时间优化（a）和不同混合糖发酵的结果（b）

5.5.6　设计蛋白质振荡器回路

第三个开发的系统是蛋白质振荡器。目前的振荡器设计均集中在转录水平，为了构建蛋白质水平的振荡器，从经典的压缩振荡设计出发，利用蛋白质级联降解模块替换阻遏蛋白对启动子的调控，以制造出具有更短振荡周期的蛋白质振荡器（Elowitz et al., 2000; Fernandez-Nino et al., 2017）[图 5-34（a）]。选择了文献报道的具有正交切割活性的三种蛋白酶（TEVp、TVMVp、SuMMVp）进行下一步的研究（Fernandez-Rodriguez, 2016）。

为了实现级联降解过程，分别将上述蛋白酶的 N 端进行改造，加上其余蛋白酶的识别切割位点和蛋白质降解标签，使三个蛋白酶之间产生了顺序切割效应。为了检测修饰后的蛋白酶是否仍然具有正交活性，在报告蛋白 mVenus 的 N 端分别加上蛋白酶的切割位点和降解决定子。经过与三种修饰蛋白酶进行正交组合，共构建了 9 株菌株。经测试，新改造的蛋白酶仍具有良好的切割活性，且相互之间具有正交性，表现为修饰蛋白酶仅对含有对应切割位点的报告蛋白具有活性（图 5-34b）。

设计了两种振荡器。第一种设计中，蛋白酶被置于不同质粒中表达［图 5-35（b）］，第二种设计中，蛋白酶被置于相同质粒中表达［图 5-35（c）］。相较于对照组［图 5-35（a）］，在第一种设计中，荧光蛋白积累不具有显著规律，而在第二种设计中，荧光蛋白出现了周期振荡变化。蛋白酶输入和蛋白质降解输出的固有非线性特征可以提供比转录水平调控周期更短的振荡调控，由于 pbO 信号转导链较短，振荡周期接近 90 min，远小于前人在转录水平上构建的压缩振荡设计的振荡周期（≈3 h）(Elowitz et al., 2000)。同时，通过协调蛋白酶的输入可以提高蛋白振荡器的鲁棒性，表明基于蛋白酶的振荡器具有较高的互联性。

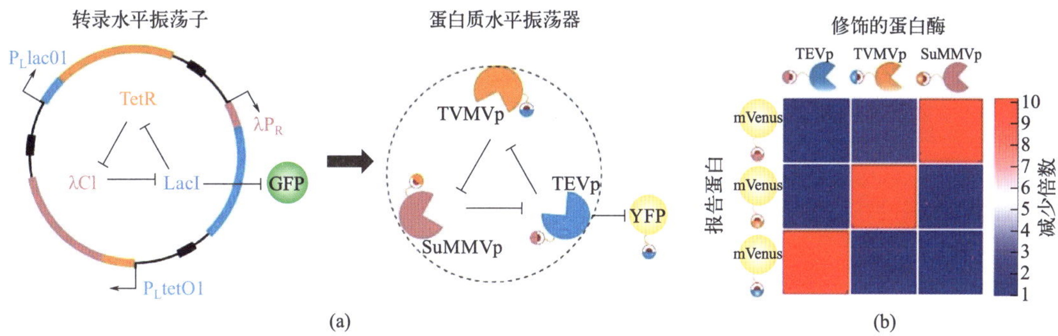

图 5-34　振荡器设计原理及修饰蛋白酶的正交切割活性测试

图（a）表示转录水平的振荡是通过三个正交的阻遏启动子对实现的；图（b）每种蛋白酶都是在它们的 N 端融合上降解决定子和其他蛋白酶切割位点而构建的，这些位点可以被相应的蛋白酶特异性识别和降解

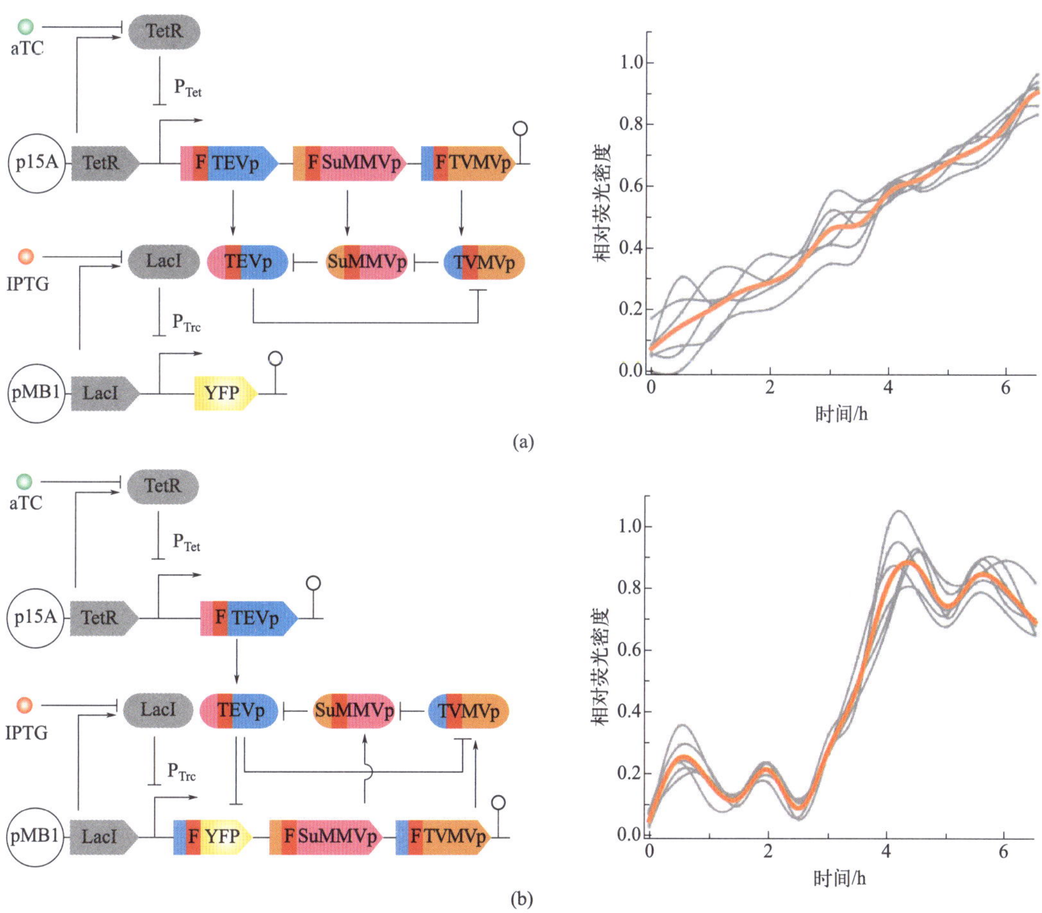

图 5-35

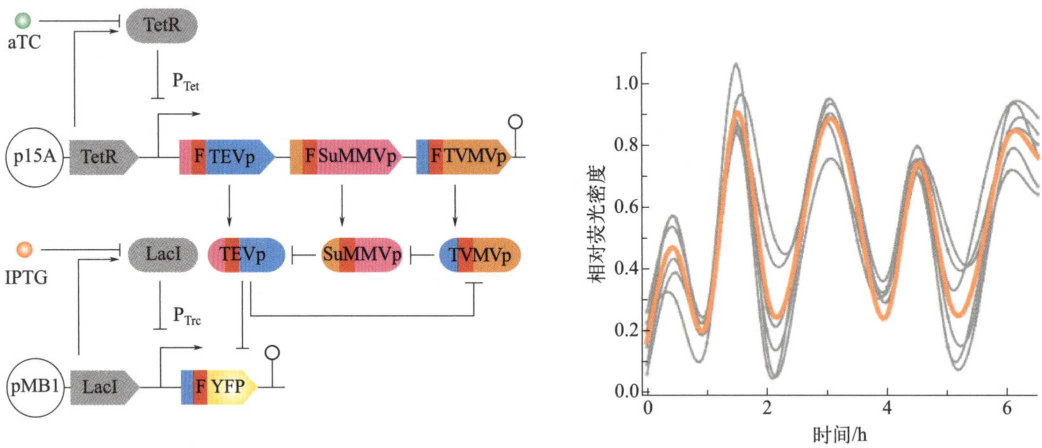

(c)

图 5-35 蛋白质振荡器的原理及其过程荧光曲线

为了分析振荡器在细胞群体中的波动情况，在一个振荡周期内取样进行流式细胞分析。如图 5-36（a）所示，对照菌株细胞的荧光在 2 ～ 4 h 内逐渐增加，与过程曲线结果一致。实验组细胞［图 5-36（b）］在培养至 2 h 时处于低荧光值，3 h 的细胞荧光分布较为集中，较 2 h 细胞的荧光强度增加，继续培养至 4 h 后，部分细胞的荧光强度出现了下降，但是也观察到部分细胞荧光增强的情况。为了检测系统的可持续性，取培养后期（10 h）的细胞进行分析，发现无论是对照组还是实验组，细胞的荧光强度都较 2 h 有显著上升，说明振荡器在培养后期不能正常工作。造成这种现象的原因可能是在一个摇瓶体系中，由于基因表达的随机性和种群的异质性，振荡器失去了同步效应。即便如此，引入振荡器的细胞荧光强度仅为对照组细胞的一半，显示出振荡器对控制蛋白质的振荡表达仍有一定作用。

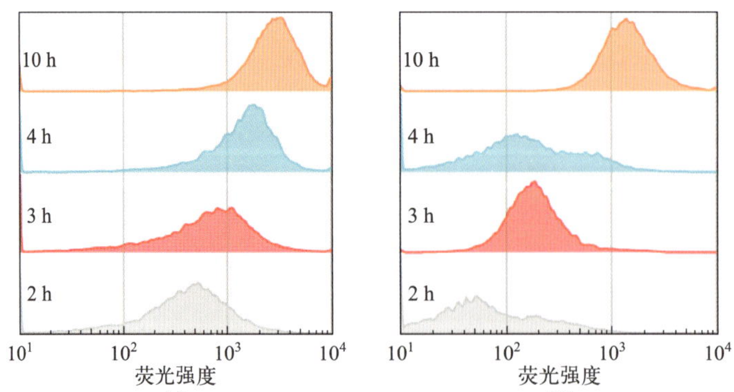

图 5-36 流式细胞分析群体异质性

为了进一步观察振荡现象，利用原位荧光拍照技术，在单细胞水平上观察细胞生长过程的荧光变化情况。如图 5-37 所示，对照菌株随着细胞的生长，视野内的荧光强度始终保持在较高水平。而实验菌株在检测的前 150 min 内，视野内的多个细胞出现了荧光的增加与消退，荧光蛋白的表达显示出了显著的振荡效果。培养 150 min 后细胞的荧光都消失了，可能的原因是新合成的荧光蛋白在原位培养中由于缺乏氧气，无法进行氧化成熟，荧光蛋白无法正常激发出荧光（Balleza et al., 2018）。而已有的荧光蛋白由于含有降解标签，被振荡器的蛋白酶持续降解，直至无法检出荧光。

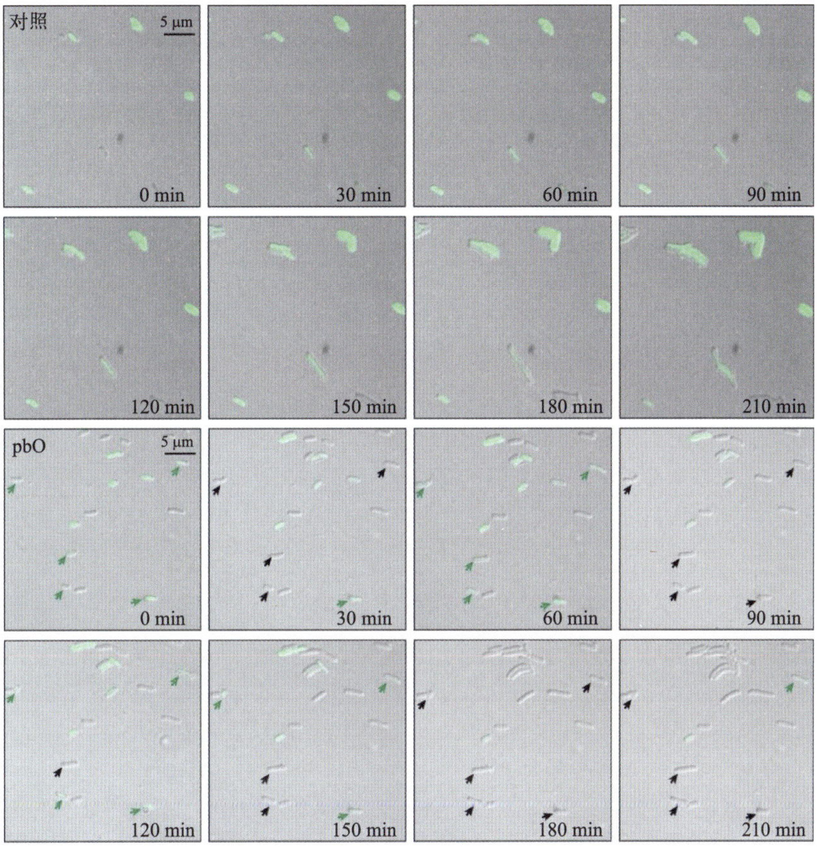

图 5-37　单细胞水平延时拍摄观察振荡器的效果

绿色箭头表示荧光的形成，而黑色箭头表示荧光损失。与对照菌株相比，箭头标记的 pbO 细胞可以随着时间的推移表现出周期性的荧光损失和恢复

5.5.7　优化木糖内酯水解酶表达提高木糖酸生产强度

大量的文献证实共表达脱氢酶（ccxylB）和内酯水解酶（ccxylC）可以加速木糖酸的生产，但是内酯水解酶的高表达也会产生质子化反应，造成胞内 pH 失衡，进而导致细胞死亡（Nygard et al., 2014; Zdraljevic et al., 2013）。为了平衡内酯水解酶速率和细胞活性，计划引入蛋白质振荡器解决反应速率问题。共构建了三株菌株，分别是单表达木糖酸脱氢酶的阳性对照菌株 XP、共表达木糖酸脱氢酶和内酯水解酶的阴性对照菌株 XN，以及共表达木糖酸脱氢酶和内酯水解酶，同时引入蛋白质振荡器的实验菌株 XO，上述菌株的质粒构成如图 5-38 所示。

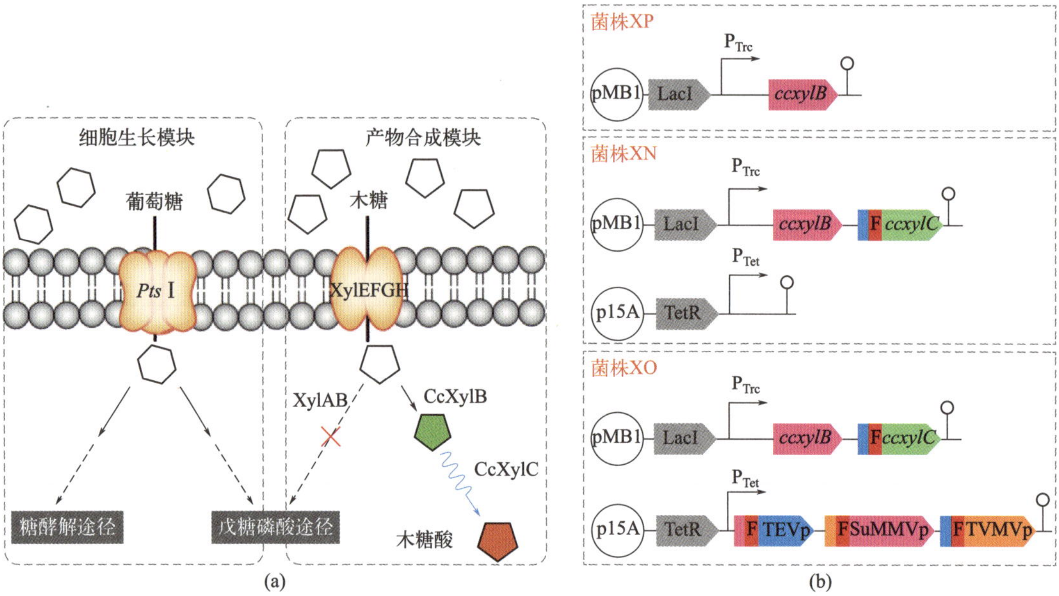

图 5-38 蛋白质振荡器在木糖酸生产中的应用及菌株质粒示意图

如图 5-39，对照菌株 XN 发酵至 48 h 后，木糖摄入速率严重下降，最终的木糖酸产量仅为 3.4 g/L。相反，引入振荡器的 XO 菌株在整个发酵周期内木糖始终维持较高的消耗速率，最终木糖酸产量为 6.88 g/L，是对照组 XN 产量的 2.02 倍，木糖酸的得率达到了 1.04 g/g（以木糖计）。

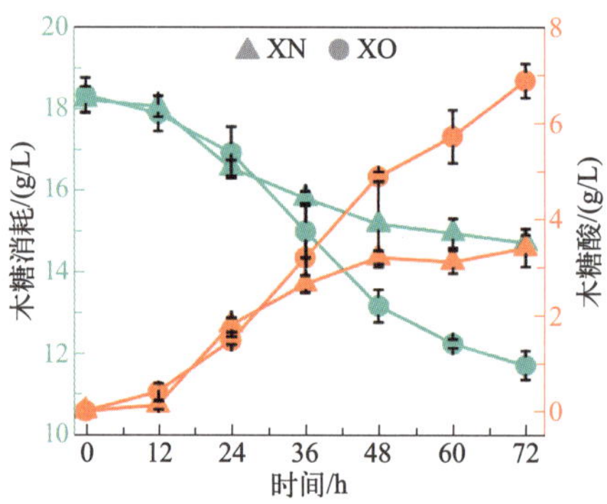

图 5-39 振荡器引入对木糖消耗和木糖酸发酵的影响

为了解析含蛋白质振荡器的实验菌株持续保持木糖代谢和木糖酸积累的原因，在阳性菌株 XP、阴性菌株 XN 和实验菌株 XO 中分别表达一种能够指示胞内 pH 值的荧光蛋白 pHluorin(Zdraljevic et al., 2013)，该蛋白是一种来源于维多利亚多管发光水母 *Aequorea victoria* 中绿色荧光蛋白的突变体，其 $R_{410/470}$ 与 pH=3 ～ 8 范围内有双向线性关系，利用该蛋白可以间接测定胞内的 pH 值（图 5-40）。分别取木糖酸发酵 36 h 的样品进行胞内外 pH 值测定。如图 5-40（b）所示，阴性对照菌株 XN 的胞外（*in vitro*）pH 约为 4，而胞内（*in vivo*）pH 值低至 3.5，说明该菌株由于同时过表达了木糖酸脱氢酶和内酯水解酶，尽管其反应非常迅速，在胞外积累了大量木糖酸，但是其胞内的 pH 稳态也同时遭到破坏。阳性对照菌株 XP 由于仅表达了木糖酸脱氢酶，其合成木糖酸的能力受限，胞外和胞内 pH 值都大于 6。值得注意的是，引入振荡器的实验菌株 XO，尽管其胞外 pH 值接近 4，其胞内 pH 值仍维持在 6 以上，说明该菌株在保持高效的木糖酸合成能力的同时保障了胞内的 pH 稳态。

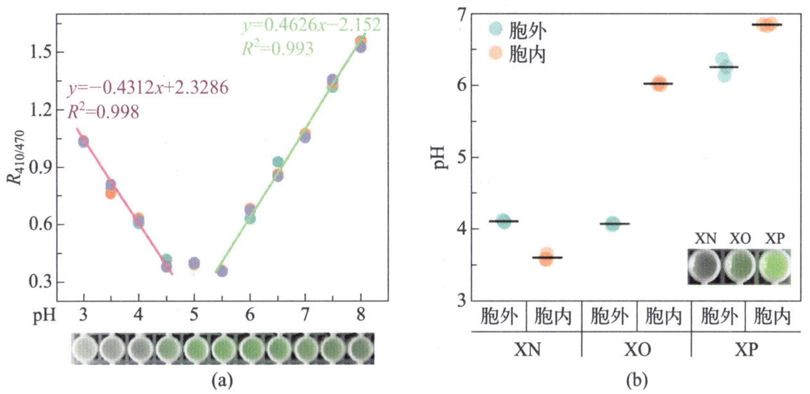

图 5-40　胞内 pH 值的表征（a）及不同菌株胞内外 pH 值的比较（b）

为了检测振荡器是否可以解决 *E. coli* 在双酶级联生产木糖酸时存在的细胞死亡问题，接着分析了不同细胞的存活率变化。如图 5-41 所示，引入振荡器的细胞静置 0.5 h 仍自由悬浮，而对照组细胞由于大量死亡，出现了沉降现象。为了测定具体存活率数值，分别对木糖酸生产过程中的菌株进行取样，并进行平板稀释涂布统计。未引入振荡器组的阴性对照菌株 XN 的细胞存活率，随着发酵时间的增加显著下降，培养至 36 h，菌落浓度为 1.9×10^{7} CFU/mL。相反引入振荡器的菌株 XO 的菌落浓度较对照组提高了两个数量级，达到了 4.6×10^{9} CFU/mL。

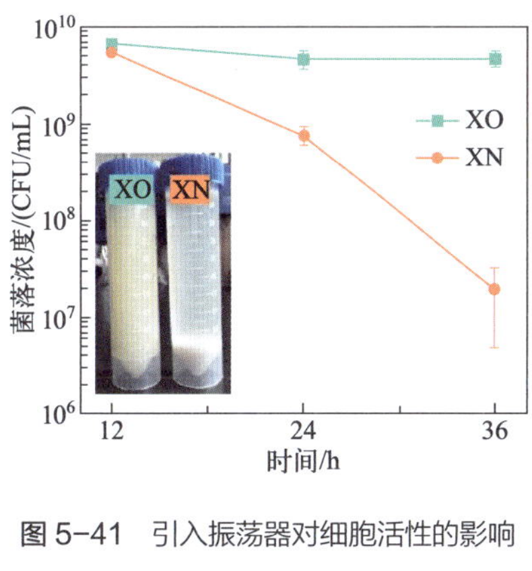

图 5-41　引入振荡器对细胞活性的影响

如图 5-42，由于阳性对照组 XP 仅表达木糖脱氢酶，细胞内的质子化反应较慢，pH 报告蛋白 pHluorin 展示出绿色荧光，说明胞内 pH 较高，PI 难以染色，说明细胞壁完整性好；相反，在阴性对照组 XN 中，pH 报告蛋白 pHluorin 无荧光，表明胞内 pH 失衡，PI 染色后，观察到大量红色死细胞，表明细胞壁受到损伤；在 XN 基础上引入振荡器的菌株 XO，pH 报告蛋白 pHluorin 展示出绿色荧光，说明胞内 pH 较高，PI 难以染色，说明细胞壁完整性好。

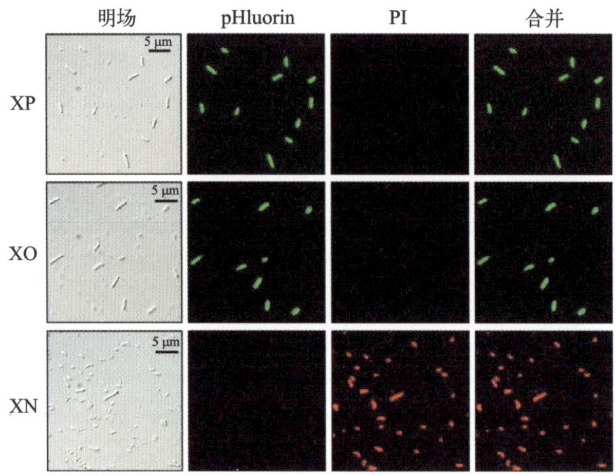

图 5-42　不同菌株的荧光表征

为了优化木糖酸的生产，首先测试了三种培养基（TB、1.5 倍浓缩 LB、NBS）在 30℃ 条件下的木糖酸产量。如图 5-43，在 TB 培养基条件下，最高的木糖酸产量达 9.28 g/L。进一步测试了上述培养基在 37℃条件下的发酵参数，其中 TB 培养基条件下，菌株最高可积累 13.1 g/L 木糖酸。

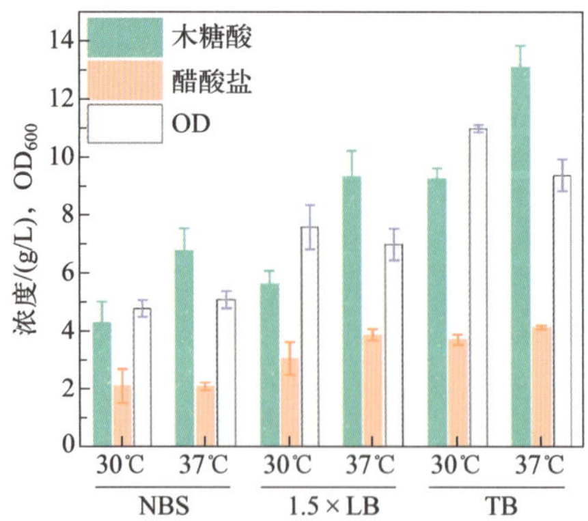

图 5-43　木糖酸的发酵条件优化

如图 5-44，在工程大肠杆菌中，利用蛋白质振荡器周期性调控酯水解酶反应速率，经补料分批发酵，木糖酸产量可达 199.4 g/L，生产强度为 7.12 g/(L·h)。

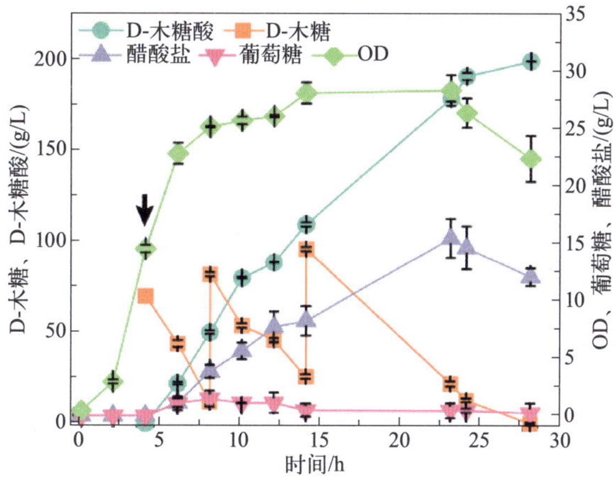

图 5-44　补料分批发酵生产木糖酸

5.6 参考文献

Balleza E, Kim J M, Cluzel P, 2018. Systematic characterization of maturation time of fluorescent proteins in living cells. Nature Methods, 15(1): 47-51.

Banik S M, Pedram K, Wisnovsky S, et al, 2020. Lysosome-targeting chimaeras for degradation of extracellular proteins. Nature, 584(7820): 291-297.

Brockman I M, Prather K L, 2015. Dynamic knockdown of *E. coli* central metabolism for redirecting fluxes of primary metabolites. Metabolic Engineering, 28: 104-113.

Cameron D E, Collins J J, 2014. Tunable protein degradation in bacteria. Nature Biotechnology, 32(12): 1276-1281.

Cookson N A, Mather W H, Danino T, et al, 2011. Queueing up for enzymatic processing: correlated signaling through coupled degradation. Molecular Systems Biology, 7: 561.

Durante-Rodriguez G, de Lorenzo V, Nikel P I. 2018. A post-translational metabolic switch enables complete decoupling of bacterial growth from biopolymer production in engineered *Escherichia coli*. Acs Synthetic Biology, 7(11): 2686-2697.

Elowitz M B, Leibler S, 2000. A synthetic oscillatory network of transcriptional regulators. Nature, 403(6767): 335-8.

Fernandez-Nino M, Giraldo D, Gomez-Porras J L, et al, 2017. A synthetic multi-cellular network of coupled self-sustained oscillators. PLoS ONE, 12(6): e0180155.

Fernandez-Rodriguez J, Voigt C A, 2016. Post-translational control of genetic circuits using *Potyvirus* proteases. Nucleic Acids Research, 44(13): 6493-6502.

Nygard Y, Maaheimo H, Mojzita D, et al, 2014. Single cell and *in vivo* analyses elucidate the effect of xylC lactonase during production of D-xylonate in *Saccharomyces cerevisiae*. Metabolic Engineering, 25: 238-247.

Olivares A O, Baker T A, Sauer R T, 2016. Mechanistic insights into bacterial AAA+ proteases and protein-remodelling machines. Nature Reviews Microbiology, 14(1): 33-44.

Renicke C, Spadaccini R, Taxis C, 2013. A tobacco etch virus protease with increased substrate tolerance at the P1′ position. PLoS ONE, 8(6): e67915.

Sakamoto K M, Kim K B, Verma R, et al, 2003. Development of Protacs to Target Cancer-promoting Proteins for Ubiquitination and Degradation. Molecular & Cellular Proteomics, 2(12): 1350-1358.

Takahashi D, Moriyama J, Nakamura T, et al, 2019. AUTACs: Cargo-Specific Degraders Using Selective Autophagy. Molecular Cell, 76(5): 797-810. e10.

Xue G, Wang K, Zhou D, et al, 2019. Light-Induced Protein Degradation with Photocaged PROTACs. Journal of the American Chemical Society, 141(46): 18370-18374.

Zdraljevic S, Wagner D, Cheng K, et al, 2013. Single-cell measurements of enzyme levels as a predictive tool for cellular fates during organic acid production. Applied and Environmental Microbiology, 79(24): 7569-82.

第 6 章

区室化工程实现代谢路径隔离

6.1 区室化工程概述

细胞区室化是指生物膜通过分隔细胞内的空间，形成各种细胞器。这种结构不仅使每个区域具有不同的pH值、电位、离子强度、酶系和反应物，而且使细胞的代谢活动得以按“室”进行。每个细胞器执行特定的功能，相对独立。细胞通过这种区室化调节新陈代谢效率，同时，由内膜系统将多种细胞器联系起来，实现物质、能量和信息的协调传递，保证生命活动的有序进行。

细胞内的反应可以被封闭在膜结合的细胞器或蛋白质区域中，这为特定的反应创造了独特的微环境。然而，区室化也带来了挑战，例如处理有毒中间体或挥发性中间体、缓慢的转化和竞争性副反应。

无论是原核细胞还是真核细胞，都面临实现胞内区室化的挑战。在真核生物中，胞质内膜系统是定位和控制各种代谢过程的主要机制。这个系统包括叶绿体、线粒体、液泡和细胞核等。然而，原核生物中只有少数细菌具有类似的膜结合隔室，大多数原核生物则通过蛋白质区室化对新陈代谢进行空间控制，为特定反应创造了独特的微环境（Giessen et al., 2016）。

细胞内部同时发生大量化学反应，看似混乱，但实际上井然有序。每种化学反应都有特定的条件以确保其正常运作。所有这些不同的反应必须在狭小的细胞内部紧密进行。如果每种反应所需的酶的条件不同，这些反应很难高效进行。因此，许多新陈代谢反应需要彼此分隔，以避免互相干扰，同时必须满足特定的化学条件。

为应对这些挑战，细胞通过区室化设计来优化反应过程。细胞本身包含多个区室，其中最大的是膜包裹的细胞器，如细胞核和线粒体。细胞内最小的化学区室是酶分子的表层。每个酶蛋白分子提供特定形态的封闭空间和对接点，这些对接点根据特定分子和单个原子的大小量身定做。这种设计确保了细胞内生物反应的安全、高效进行，并互不干扰，从而维持机体的稳定性。

6.1.1 天然细胞器种类与定位

真核细胞具有复杂的亚细胞结构，已发现数十种细胞器，每种细胞器都有一种特定的蛋白质。真核细胞除叶绿体、线粒体能少量合成蛋白质外，绝大部分蛋白质是在胞浆或粗面内质网合成最终运送到不同地点，形成成熟蛋白质并行使功能的。翻译产物中很大一部分以前体蛋白形式存在，往往有蛋白质分子定位信号，可引导蛋白质在胞内定位。蛋白质在细胞内的定位问题，是细胞生物学研究的中心问题，也是分子生物学研究的热门话题。目前，这方面的工作已取得很大进展。不同的细胞器，相应的靶蛋白的定位过程也不同。亚细胞定位就是定位细胞里的亚单位的一种方法，细胞里的亚细胞结构包括细胞核、细胞质、染色体、纺锤体，甚至更细小的着丝粒等。这种利用这些亚细胞结构表达的特征蛋白质，对相应的蛋白质进行标记，以显示亚细胞结构的方法，就叫亚细胞定位。图 6-1 描述了不同细胞区室可用的各种蛋白质定位预测方法。

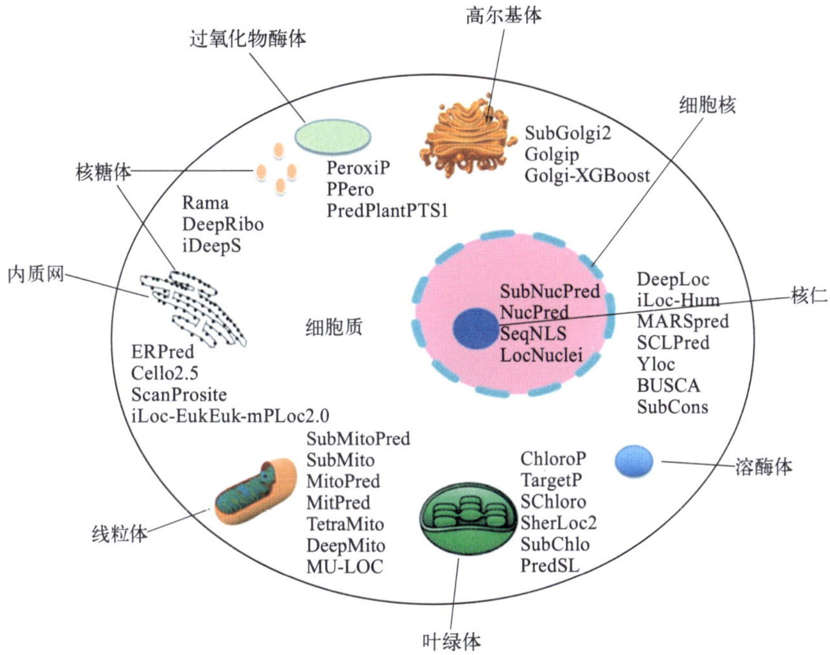

图 6-1　具有不同亚细胞定位和可用蛋白质定位预测工具的典型细胞

研究蛋白质的亚细胞定位主要有三种方法：免疫荧光技术、免疫胶体金技术，以及使用 GFP（绿色荧光蛋白）构建融合基因进行观察。

（1）免疫荧光技术

该方法基于抗原与抗体的特异性反应。首先，将已知的抗原或抗体标记上荧光素，制成荧光标记物。然后，使用这些荧光抗体或抗原作为分子探针，检测细胞或组织中的相应抗原或抗体。标本中的荧光素在激光照射下发光，通过荧光显微镜可以观察荧光的位置，从而确定抗原或抗体的定位和性质，并通过定量技术测定其含量。

（2）免疫胶体金技术

这种方法最初用于免疫电镜研究。当使用金标记的抗体与抗原反应时，在光学显微镜下，胶体金呈现鲜艳的樱红色，无需额外染色。在电子显微镜下，金颗粒具有高电子密度，能够清晰辨认。此方法广泛应用于细胞和组织中的蛋白质定位研究。由于胶体金在碱性环境中带负电，它与抗体结合后能够实现精准标记。该方法的优点包括特异性强、灵敏度高、定位准确，且可进行双重标记。

（3）GFP 融合基因法

GFP 自发荧光，但野生型 GFP 的荧光较弱。通过突变和重组实验，增强型 GFP 被开发出来。将目标基因与GFP基因融合后，通过愈伤组织转化、基因枪、显微注射或电击转化等技术，将融合基因转入细胞。融合基因的表达受其启动子和信号序列的调控。在荧光显微镜下可以观察融合蛋白在细胞内的分布状态。GFP能够实时监测细胞中的动态变化。例如，在植物发育过程中，可以利用GFP观察线粒体的数量、分布和运动。通过与导肽序列融合，GFP可定位到特定细胞器或膜系统，研究不同细胞器的动态功能。此外，GFP的光谱突变体（如蓝色、青色和黄色荧光蛋白）被用于研究不同细胞骨架组分之间的相互作用。在动物和酵母中，GFP与肌动蛋白、微管蛋白等细胞骨架蛋白融合，成功用于研究细胞骨架力学。

6.1.2 人工细胞器种类与定位

天然细胞器虽然有许多优点，但也存在局限性。例如，它们的优势受到生物体生长、繁殖和衰老等复杂过程的调控，无法充分发挥其潜力。为了克服这些局限，人工细胞器应运而生。人工细胞器可以应对恶劣的外部环境，并突破天然细胞器的能力极限，从而满足生产和生活的需求。人工细胞器是指由人工合成或修饰而成的细胞器，区别于天然细胞器。细胞内的区室化是生命系统的重要特征，通过物理上分离的微环境，控制生物过程。受此启发，研究人员开发了一系列制造人工细胞器的方法，这些细胞器具有催化活性，为活细胞增添新的功能。

最近，一些研究团队首次在原核生物中构建了人工无膜细胞区室，揭示了类蛛丝蛋白和节肢弹性蛋白等无序蛋白液-液相分离的分子机制。他们建立了一个功能化平台，将荧光蛋白和酶等融合，定位至这些人工区室。通过体外重构模拟胞内微环境，研究团队揭示了材料蛋白液-液相分离形成亚细胞区室的机制，并构建了具有催化功能的人工无膜区室，展示了原核细胞中生物合成的时空可控性和优越性（Wei et al., 2020）。

人工细胞器在原生细胞系统和疾病治疗中的潜力已引起广泛关注。然而，在生理条件下制备稳定活性的人工细胞器仍是一项重大挑战。最近的研究表明，利用纳米酶的稳定性、高效性和多样化活性，可以合成一种新型的人工过氧化物酶体——过纳米酶体。这种过氧化物酶体与单原子纳米酶不同，其高催化活性得益于Fe-N_4单原子结构与铁团簇的协同作用。此外，人工细胞器在肿瘤治疗中也显示出重要应用。有研究人员构建了基于金和寡聚核苷酸的人工细胞器，这些细胞器能够捕获化疗药物，阻止药物作用，从而保护正常细胞免受药物伤害。

6.2 区室化工程的应用场景

区室化可以将细胞内的不同生化反应分开，避免它们相互干扰。区室化的主要作用包括隔离有毒代谢物、减少代谢分支的能量浪费、提供特定的生化环境、避免反馈调控的影响、阻止不稳定蛋白质失活，并浓缩特定的代谢底物。通过合成生物学对亚细胞区室的利用和改造，有望提高微生物细胞工厂的合成效率。

例如，在真核生物细胞中糖酵解、脂肪酸合成以及嘌呤和嘧啶的合成发生在细胞质中，而呼吸链则位于线粒体内。脂肪酸合成与线粒体也有关，大部分大分子蛋白质和细胞碎片在溶酶体中消化。分泌蛋白质、膜蛋白和基质蛋白的合成发生在内质网，脂质合成也在内质网中，有些则在高尔基体进行。

细胞内膜的区室化有助于增加膜的表面积，从而提高内膜系统与酶的结合面积。许多酶需要与膜系统结合才能发挥活性。内膜系统的区室化可以将不同反应的不同阶段以顺序的方式分隔开，例如蛋白质 *O*-糖基化过程中的各个阶段可以在不同的区室中进行。通过增加底物和酶的局部浓度，亚细胞区室化能够提高这些代谢途径的效率。

6.2.1 隔离有毒代谢物

区室化使得形式上不兼容的反应和过程可以在一个细胞内同时发生。细胞区室还可以增加酶和代谢物的局部浓度，防止有毒中间体或挥发性中间体的泄漏，并在 pH 值、氧化还原状态和离子强度方面创造独特的微环境。支架或空间隔离代谢通路的细胞机制可以通过许多相互关联的方式确保适当的代谢功能。首先，代谢产物或酶可以交互地反应，可以被引导和固定以保持特异性。其次，通道化、支架化或分隔化可以使反应物浓缩，以推动不利的反应，保护酶或不稳定的中间产物不受有害细胞条件或竞争性反应的影响，并保护细胞的其他部分不受有毒中间产物的影响。

6.2.2 减少代谢分支耗散

区室化工程将不同的代谢反应分割开来。Ehrlich 途径在线粒体中的区室化使异丁醇的产量增加了 260%，工程菌株的亚细胞分离显示，靶向线粒体的 Ehrlich 通路的酶可以获得更大的局部酶浓度。分隔化的其他好处可能包括增加中间产物的可用性，不需要将中间产物运输出线粒体，减少中间产物在竞争通路中的损失，也就相应地减少了代谢分支耗散（Avalos et al., 2013）。复杂代谢反应的空间耦合是整个生物学的共同主题，在不同的细胞、区室或复合体中，反应彼此隔离，然后通过可控的方式联系起来。三维的组织结构和多尺度的优化可以浓缩反应物以抑制不良反应，去除抑制产物或将代谢物从一种酶快速转移到下一种酶，以构建底物通道。这些策略已被应用于代谢工程以改善途径功能，并极有可能在未来设计复杂有机分子分解和 / 或生产的代谢途径的尝试中发挥重要作用（Qiu et al., 2018）。在原核细胞中，酶和反应物在细胞质中的移动和位置一度被认为由随机扩散控制，但研究人员后来发现，即使是最简单的细胞也存在空间调节。通过这种方式分离不同的代谢途径，代谢中间体更有可能在途径中从一个酶转移到下一个酶，而不被转移到其他反应中，通过反应提高通量，减少分支代谢。

6.2.3 提供特定的生化环境

区室化是生命的决定性特征之一。细胞利用蛋白质区室对自身的新陈代谢、储存营养物质和必要的生理过程所需的独特微环境进行区间控制，为特定的反应提供独特的生化环境。为了使所需产品最大化地生产，研究者利用代谢工程来恒定地高表达特定的酶。但是这样连续性的高表达可能会产生不良的后果，比如与细胞原有的途径进行竞争以及有毒中间代谢产物的积累等。面对这样的挑战，研究者将特定的酶定位在特定的细胞器中或者在某些特定条件下诱导翻译后修饰。例如，利用一套光遗传工具来触发代谢活性酶簇的组装和分解，以脱氧紫罗兰素生物合成途径为模型，通过降低中间代谢物的浓度和通过减少其竞争途径的代谢通量（图 6-2），在特定的生化环境下和光调控作用下使得产品产量提高 6 倍，产品特异性提高 18 倍（Zhao et al., 2019）。

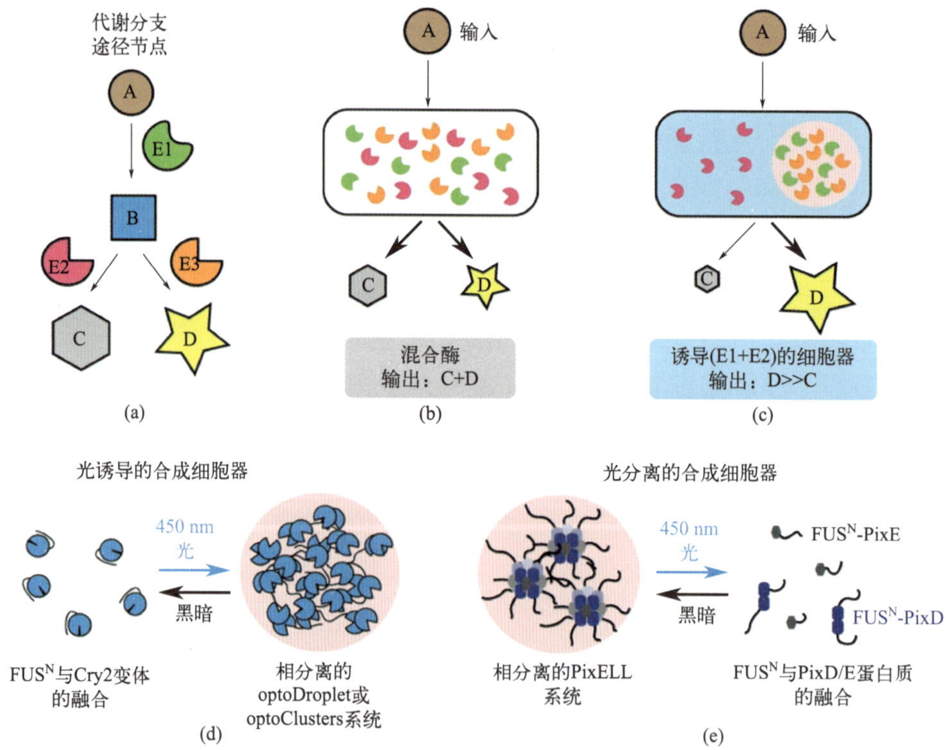

图 6-2 可切换光的合成细胞器，用于重定向代谢通量

图（a）为分支途径中代谢通量的示意图。代谢物 A、B、C 和 D 通过酶 E1、E2 和 E3 的作用进行转化。图（b）表示在 E3 和 E2 效率相似的条件下，代谢物 B 将转化为产物 C 和 D 的混合物。图（c）表示合成代谢细胞器可以在分支点偏转通量：通过共定位酶 E1 + E3，B 将被分流到产物 D，从而限制不需要的产物产生。图（d）和图（e）为无膜细胞器组装光遗传调节的两种一般策略。FUS^N 与 Cry2 变体的融合形成相分离的 optoDroplet 和 optoClusters（d），FUS^N 与 PixD/E 蛋白质的融合形成光分离的 PixELL 光遗传系统（e）

6.2.4 避免反馈调控网络

在细胞内部，代谢网络在复杂的化学反应中发挥作用，使用多种策略将适当的细胞、酶和基质在时间和空间上聚集在一起。这些优化策略在许多尺度上发挥作用，并对外界信号做出响应，确保细胞不会通过产生不必要的酶和通过不适当的代谢途径引导通量而浪费代谢资源。

6.2.5 防止不稳定蛋白质失活

在自然界中，蛋白质通过进化获得了自组装特性，能够形成多种大型、复杂且高度对称的结构，从而赋予其宿主大量的功能。蛋白质功能区隔广泛存在于动物、植物和微生物中，作为多功能容器，参与核酸转运、铁矿化、CO_2 固定和内吞等过程。这些中空的蛋白质结构通过非共价但高度特异性的亚基-亚基相互作用，形成高度互补且低能量的亚基间界面。这种精确的相互作用确保了亚基之间的准确定位，防止了蛋白质的不稳定和失活。

6.2.6 浓缩特定代谢底物

一些研究集中在细胞质中组装代谢途径、空间优化代谢途径的策略，已经有效地提高了一些工程途径的生产强度。然而，在没有竞争的情况下构建支架的酶的数量受到可用的结合域的限制，蛋白质融合和支架都会对酶活性产生负面影响。因此，有些研究在亚细胞细胞器内划分代谢途径。这些细胞器中独特的物理化学环境（例如 pH 值和氧化还原电位）、酶、代谢物和辅助因子为不同的代谢途径提供了有利条件。通过在更小的亚细胞区室内划分途径，底物和酶的局部浓度可能会增加，从而产生更快的反应速率和更高的生产强度。

6.3 区室化工程调控策略及原理

区室化是生命的决定性特征之一。细胞利用蛋白质区间对其新陈代谢、储存营养物质和创造必要生理过程所需的独特微环境加以空间控制。如果没有复杂的动态空间组织机制，细胞将面临许多无法克服的挑战。区室化是真核生物和原核生物应对这些挑战和控制代谢的策略之一（Diekmann et al., 2013）。区室化工程将路径酶从细胞质定位到具膜细胞器，缩短了底物与酶分子的空间距离，降低了目标化学品合成途径与胞内内源代谢路径的交互影响，提高了中间代谢产物的传输效率。具膜细胞器，例如线粒体、过氧化物酶体、叶绿体、液泡和内质网等都已用于区室化工程，提高了微生物细胞工厂的生产性能（表 6-1）。

表6-1 酵母细胞器工程生产化学品

细胞器	化学品	酵母种类	利用细胞器的功能
线粒体	氢化可的松	酿酒酵母	内源性氧化还原酶（Arh1p）；线粒体膜的氧化还原电位
	瓦伦西亚烯、无定形二烯	酿酒酵母	前体的可用性（FDP）；乙酰辅酶A的供应
	异戊二烯	酿酒酵母	乙酰辅酶A供应
	异丁醇、异戊醇、2-甲基-1-丁醇	酿酒酵母	前体（α-KIV）和辅因子（ISCs，NADH）的可用性增加
	乙偶姻	热带假丝酵母	中间体（α-乙酰乳酸）的可用性
	富马酸	热带假丝酵母	TCA循环中间体（α-酮戊二酸）
过氧化物酶体	青霉素	汉逊酵母	PCL和IAT酶功能的最佳环境
	类胡萝卜素（番茄红素）	毕赤酵母	前体（FDP）的合成
	中链酰基辅酶A	酿酒酵母	从β氧化提供酰基辅酶A
	中链脂肪醇	酿酒酵母	从β氧化提供酰基辅酶A
	烷烃和烯烃	酿酒酵母	β氧化提供酰基辅酶A；过氧化物酶体可为NADP依赖性异柠檬酸脱氢酶IDP3提供理想的氧化还原环境
	聚羟基烷酸酯（PHA）	毕赤酵母、酿酒酵母、解脂耶氏酵母	脂肪酸降解的β氧化途径
内质网/高尔基体	脂肪酸乙酯（FAEE）和烷烃	解脂耶氏酵母	甘油三酯（TAG）的合成；接近脂质体形成
	阿片类药物（吗啡）	酿酒酵母	保持与胞质代谢物接触的空间分离
	糖蛋白类	毕赤酵母	蛋白糖基化
液泡	甲基卤化物（甲基碘）	酿酒酵母	卤化物离子的储存；辅因子的可用性
细胞壁	小型纤维素小体	酿酒酵母、马克斯克鲁维酵母	暴露细胞表面
	小型半纤维素小体	酿酒酵母	暴露细胞表面

除了真核生物，在一些原核生物中也存在亚细胞区室。原核亚细胞区室不同于真核细胞器，因为它们通常来源于细胞质膜。在原核生物中发现的亚细胞区室包括磁小体、类囊体膜和周质空间。磁小体与膜结合，由蛋白质组成，在细胞中定位进行碳固定；类囊体膜可以在蓝藻中容纳光合蛋白复合物；周质空间是革兰氏阴性菌内外膜之间的区域。

6.3.1 线粒体工程

作为维持宿主生物内合成路径和细胞内环境之间稳态的新兴策略，线粒体工程可以通过将路径酶共定位到线粒体中来改善路径代谢物和酶的局部浓度，可以限制途径中间体的积累，降低前体丢失的可能性并且吸收中间代谢物和产物的毒性。因此，线粒体工程是改造真核生物生产宿主代谢路径的可行策略。

异丁醇是食品、医药、化工等领域的重要平台化合物。另外，异丁醇也是一种理想的汽油添加剂或替代品。在酿酒酵母 *Saccharomyces cerevisiae* 中异丁醇的生物合成始于丙酮酸，该途径包含两个部分：①上游异丁醇合成途径发生于线粒体，包括乙酰乳酸合酶（ILV2）、酮酸还原异构酶（ILV5）和二羟酸脱水酶（ILV3）；②下游异丁醇途径局限于细胞质内，包括 α-酮酸脱羧酶（α-KDC）和乙醇脱氢酶（ADH）。以此为基础，一些构建异丁醇途径的策略是通过上调其合成途径酶表达来增加异丁醇产量，但异丁醇产量仅略有增加。这可能是因为复杂的亚细胞区室化。换句话说，简单的过表达酶可能造成各种瓶颈，其中可能包括中间产物跨膜运输会降低异丁醇产量，消耗中间代谢产物。为了解除这些瓶颈，利用 N 端线粒体定位信号 CoxIV，可将完整的异丁醇通路靶向定位于线粒体，以避免通路亚分区，最终与在其自然区间中过表达相比，异丁醇的产量增加了 260%（Avalos et al., 2013）。这一进展为线粒体分区化可以部分提高中间代谢物可用性和局部酶浓度提供了有效证据。

6.3.2 溶酶体工程

溶酶体是真核细胞中最重要的膜结合细胞器，通常被认为是胞吞途径的细胞降解室。溶酶体的代谢功能是在一组蛋白酶、脂肪酶、核酸酶和其他水解酶的催化下，将各种复杂的细胞外大分子分解成它们的组成部分，以再生营养物质。然后，这些成分通过专用的溶酶体膜输送到细胞质。为了实现这种催化倾向，水解酶需要 pH 值为 4.5 ～ 5.5 的酸性梯度，为了保持这样的 pH 范围，质子从膜结合的 ATP 酶通过离子通道泵入溶酶体内部。溶酶体通过充当大分子降解和营养循环的部位来支持多种细胞功能。溶酶体的降解能力由具有酸性的内腔赋予，该内腔包含许多水解酶，这些水解酶支持主要细胞大分子的分解，从而产生细胞结构单元（氨基酸、核酸、糖、脂质和微量元素），运到细胞质中再利用。

6.3.3 周质空间工程

区室化在真核细胞的不同细胞器中已经广泛运用，但是由于原核细胞缺少这些具膜细胞器，限制了区室化工程在原核细胞中的应用。以大肠杆菌为例，由于缺少具膜细胞器，限制了区室化在大肠杆菌细胞工厂中的应用。周质空间是革兰氏阴性菌外膜与细胞膜之间的狭窄空间。利用周质空间工程进行代谢工程改造有许多潜在的优点，周质空间区室化了许多代谢路径，例如肽聚糖合成路径、水解反应。周质空间中的环境与细胞质环境不同，但其氧化环境、pH 水平与胞外培养环境类似。另一个优势是目标化学品很容易分泌到胞外。

越来越多的研究表明周质空间工程可以用于扩展大肠杆菌细胞工厂的底物谱、存储目标化学品和降低副产物积累。例如，以大肠杆菌为研究模型，将产苹果酸的还原 TCA 路径定位到周质空间中，通过调控信号肽强度实现双代谢工程，平衡周质空间和细胞质中的代谢流（图 6-3），在 5 L 的发酵罐中，采用分批补料发酵，使苹果酸产量提高到 25.8 g/L；通过在大肠杆菌的周质空间中表达蔗糖纤维糊精酶，使大肠杆菌直接利用纤维糊精作为底物合成 2,3-丁二醇；在周质空间中将链霉亲和素蛋白支架引入有机金属催化剂中，制备了 biot-Ru-SAV 人工金属酶，biot-Ru-SAV 可以在周质空间中催化碳碳双键的形成和再分配。另外，通过调节信号肽可以调节顺反异构酶在周质空间中的表达，从而调控细胞膜上反式不饱和脂肪酸的含量，增加了大肠杆菌细胞的耐受性。因此，周质空间工程为提高大肠杆菌细胞工厂的生产性能提供了有效的方法。

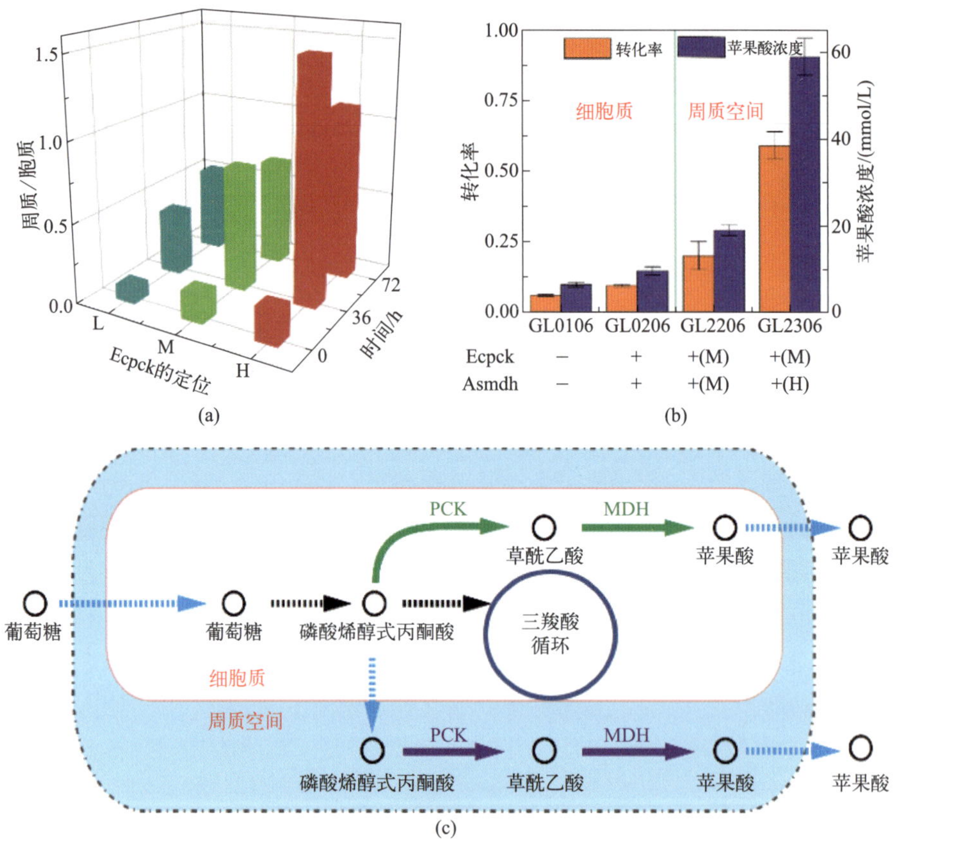

图 6-3 双代谢工程调控胞质路径和周质空间途径改善苹果酸生产

图（a）为细胞周质和细胞质（周质 / 胞质）中 Ecpck 活性的比率；图（b）为周质工程对摇瓶培养苹果酸浓度和转化率的影响；图（c）为胞质和周质双重调控策略示意图

6.3.4 过氧化物酶体工程

酿酒酵母的亚细胞器，如线粒体，已经被改造成通过利用在线粒体中积累的天然底物来生产化学品，但也限制了亚细胞器在新的合成路径中的应用（Avalos et al., 2013）。怎样选择或设计一种灵活的合成细胞器以扩大区室优势，使之适用于其他途径，仍是一个有待解决的问题。过氧化物酶体是参与细胞解毒的主要细胞器，因为过氧化物酶体被独特的双层膜包裹，这方便产物通过，并将产物从细胞质中分离（Joshi et al., 2019）。过氧化物酶体存在于许多真核细胞中，它由单一膜包裹的富含蛋白质的基质组成。过氧化物酶体可以在发酵条件下完全被破坏而不会对细胞生长产生任何负面影响，这表明过氧化物酶体可用于通过清除其内源基质蛋白来建立正交的亚细胞区室（DeLoache et al., 2016）。尽管过氧化物酶体通常在特定的物种和细胞内起作用，但是已经被证实存在三种广泛分布的功能，即H_2O_2代谢、脂肪酸β-氧化和青霉素生物合成（Meijer et al., 2010）。

紫色杆菌素、脱氧紫色杆菌素和前脱氧紫色杆菌素（VDP）具有许多有趣的生物学特性，例如具有抗菌、抗病毒和抗癌活性（Rodrigues et al., 2013）。另外，紫色杆菌素是一种具有良好色调和稳定性的生物染料（Shirata et al., 2000）。许多细菌可以自然地积累 VDP 的混合物（Rodrigues et al., 2013），并且 VDP 生物合成途径由 vioABCDE 操纵子编码（Asamizu et al., 2007）。VDP 的生物合成从 L-色氨酸开始，主要包括三个步骤：① L-色氨酸被色氨酸 2-单加氧酶（VioA）转化为吲哚-3-丙酮酸亚胺；②吲哚-3-丙酮酸亚胺通过聚酮化合物合酶（VioB）和紫色杆菌素合成酶（VioE）的共同作用缩合为前脱氧紫丁香酸；③前脱氧紫丁香酸通过单加氧酶（VioC）和羟化酶（VioD）进一步加工为 VDP。尽管通过改造戊糖磷酸途径和 L-色氨酸途径，增强丝氨酸补充并消除 L-色氨酸抑制作用能够在 *E. coli* 中检测到 VDP（Rodrigues et al., 2014），但是 VDP 的产量依旧很低。这可能是局部路径工程中的代谢干扰和路径效率低所致。因此，有研究人员建立了一种灵敏的高通量检测蛋白质和代谢物进入过氧化物酶体的方法，并且鉴定了一种有效的信号肽来引导外源蛋白靶向定位于过氧化物酶体进而筛选和重组酵母过氧化物酶体（DeLoache et al., 2016）。然后，通过在过氧化物酶体中共定位 VioA 和 VioB 以减少副产物变色酸和增加前脱氧紫色杆菌素的产量，在限制 VioE 的条件下重建前脱氧紫色杆菌素的途径，这种分区导致前脱氧紫色杆菌素的产量增加了 35%，而旁路副产物变色酸减少 61%。这项工作为使用过氧化物酶体作为合成细胞器奠定了良好的基础，并突出了实现这一目标的未来挑战。最近，过氧化物酶体也被用于酵母中烷烃的生产。通过脂肪醛将参与游离脂肪酸转化为烷烃的酶靶向定位于过氧化物酶体，与细胞质中相同途径的表达相比，有可能显著提高烷烃的产量（Zhou et al., 2016a; Zhou et al., 2016b）。

微生物细胞很难分泌萜烯，而且萜烯在细胞内的分布通常是不明确的。研究人员发现酿酒酵母细胞质中过量产生的角鲨烯是以类似油滴的形式分布的，这些类似油滴被确认是随着角鲨烯的产生而膨胀的过氧化物酶体，表明了酿酒酵母厂是储存角鲨烯的动态仓库。基于此，研究人员利用过氧化物酶体作为亚细胞进行了角鲨烯合成的区室化，角鲨烯产量提高了 138 倍（1312.8 mg/L），表明酿酒酵母过氧化物酶体是一种高效亚细胞萜烯合成工厂（Liu et al., 2020）。

6.3.5 液泡工程

酵母是化学品和燃料工业生产的理想生物。甲基卤化物由许多生物自然产生，包括海藻、真菌和盐生植物。负责这种生产的酶是甲基卤化物转移酶 MHT，该酶使用 *S*-腺苷甲硫氨酸（SAM）甲基化氯化物、溴化物或碘化物形成甲基卤化物。为了在酵母细胞中实现甲基卤化物的合成，研究人员将来源于植物肉穗果 *Batis maritima* 的甲基卤化物转移酶 MHT 靶向酵母细胞的液泡可以促进甲基碘的产生：大部分 *S*-腺苷甲硫氨酸（SAM）被隔离在液泡中，卤化物离子也在那里被隔离。研究人员使用来自羧肽酶 Y 的 16 个氨基酸 N 端标签将 MHT 靶向酵母液泡。与胞质表达相比，将 MHT 靶向液泡导致酶的表达量增加。在液泡缺陷突变株（VPS33Δ）中表达细胞质和液泡靶向 MHT，发现甲基碘化物生产力的增加被消除。酵母显示出葡萄糖或蔗糖的高产率和正常生长速率（倍增时间约为 124 min，而携带空载体的酵母为 118 min）。从葡萄糖中测量的甲基碘生产强度为 190 mg/（L · h），比传统表达重组 MHT 大肠杆菌获得的生产率高 15 倍。

6.3.6 高尔基体工程

线粒体、过氧化物酶体和叶绿体可能是最常用的亚细胞区室，用于工程代谢途径的区室化，但它们肯定不是唯一可用的区室。虽然已经研究了几乎每个细胞器和亚细胞室的酶定位机制，但迄今为止，只有少数区室是代谢工程区室化的主力军。对于生物燃料、药物、生物塑料和真核生物蛋白质的生产，最直观的目标之一是内质网或高尔基体。这是因为这些细胞器参与蛋白质、膜脂和细胞间信号分子（如激素）的生产、修饰和输出。一项研究表明，神经酰胺生产基因外源表达于酵母后，需要宿主特异性靶向来维持其适当的定位。鞘脂对人体皮肤的结构完整性和保水性起着重要作用。神经酰胺的生产用于皮肤治疗是在酿酒酵母中通过表达人类酶 DES1，以及在酵母中删除几个竞争酶来实现的。DES1 在哺乳动物中定位于内质网，但在酵母中表达不恰当时却定位于高尔基体。通过引入酵母内质网保留标签（蛋白质 C 端上的几个赖氨酸残基），转基因酵母中神经酰胺的产量几乎翻了一番。其他真核细胞器，如囊泡、溶酶体和脂质体也可以作为细胞重新定位的有用位点，每一个都有可能增加酶的局部浓度并避免竞争反应。然而，这些细胞区室还没有被代谢工程广泛利用。

6.3.7 羧酶体工程

羧酶体是一种细菌微室（BMC），由许多亚基组成，包括六聚体和五聚体蛋白质，它们可以形成外壳包裹碳酸酐酶（CA）和核酮糖-1,5-二磷酸羧化酶 / 加氧酶（RuBisCO）。它在卡尔文-本森-巴萨姆循环（Calvin-Benson-Bassham）中发挥核心作用：HCO_3^- 被 CA 转化为 CO_2 和二磷酸核酮糖（RuBP），通过 RuBisCO 转化为 3-磷酸甘油酸（3PGA）。基于 BMC 的这些能力，进一步研究 BMC 结构、孔复合体和靶向序列，利用 BMC 可能能够在工业菌株中修饰新的合成途径（Agapakis et al., 2012）。

异丁醛可用于生产从石油中提取的各种碳氢化合物，如异丁醇、异丁酸、缩醛、肟和亚胺。另外，异丁醛也用作香料和香料添加剂（Rodriguez et al., 2012）。为了合成异丁醛，通过利用缬氨酸生物合成路径中的乙酰乳酸合酶（ILV2）、酮酸还原异构酶（ILV5）与二羟酸脱水酶（ILV3）三种酶来催化生成其前体代谢物 2-酮异戊酸酯（Rodriguez, 2012）。然后，2-酮异戊酸通过 α-酮酸脱羧酶（α-KDC）转化为异丁醛。为了增强异丁醛生产，在细长聚球藻 *Synechococcus elongatus* 中整合表达来源于枯草芽孢杆菌的 *ILV2* 基因，*E. coli* 中的 *ILV5* 和 *ILV3* 基因，以及乳酸乳杆菌的 α-*KDC* 基因，获得的工程菌 *S. elongatus* SA590 能生产 723 mg/L 异丁醛，生产强度为 2.5 mg/(L · h)（Atsumi et al., 2009）。这一低生产率表明二氧化碳固定可能是异丁醛生产的瓶颈之一。为了弥补 Calvin-Benson-Bassham 循环中 RuBisCO 的固定有局限性，将来源于 *S. elongatus* PCC6301 的附加 *rbcLS* 基因整合到 *S. elongatus* SA590 菌株 *rbcLS* 基因下游，结果发现，重组菌株 *S. elongatus* SA665 中 RuBisCO 活性比菌株 *S. elongatus* SA590 高 1.4 倍（Atsumi et al., 2009）。*S. elongatus* SA665 能生产 1.1 g/L 异丁醛。生产强度达到 6.23 mg/(L · h)，约比 *S. elongatus* SA590 高 2.0 倍。这些结果证明了利用羧酶体工程直接将二氧化碳生物转化为燃料和化学品的良好前景。

6.3.8 液液相分离技术

把两种具有一定的密度差的不同溶液分离开来的过程，就叫液液相分离。液液相分离形成的无膜细胞器是细胞利用其内部进行时空调控的动态结构。事实上，复杂的基于凝聚的相分离涉及许多生物任务，从光合作用到细胞分裂到染色质组织等等。凝聚微滴是通过液-液相分离形成的，作为构建人工细胞或细胞器的腔室模型已被广泛研究。研究表明采用四种聚电解质，将羧甲基-葡聚糖和二乙基氨基乙基-葡聚糖通过层层组装沉积在制备好的聚二烯丙基二甲基铵 / 脱氧核糖核酸（PDDA/DNA）凝聚微滴表面，构建了凝聚-不凝聚-葡聚糖多室原细胞。由此产生的多室原细胞由两种物理和化学性质截然不同的不相溶的凝聚相组成。分子输运实验表明，小分子可以在两凝聚相之间扩散，大分子酶可以被保留。此外，在多室原细胞中进行了葡萄糖氧化酶 / 过氧化物酶-过氧化氢酶竞争性级联酶促反应。不同的酶组织和 H_2O_2 的生成导致了不同的多巴胺聚合。不同酶在不混溶的凝聚相中的空间组织、凝聚相之间不同的反应通量和酶的级联网络导致了可区分的信号产生和产物输出。这种多室结构的发展为多酶级联的空间组织铺平了道路，并为含细胞器人工细胞的设计提供了新的思路，如图 6-4 所示，通过这种方式，在这个人工多室细胞中创建了空间分离的酶固定和酶级联反应网络（Chen et al., 2020）。

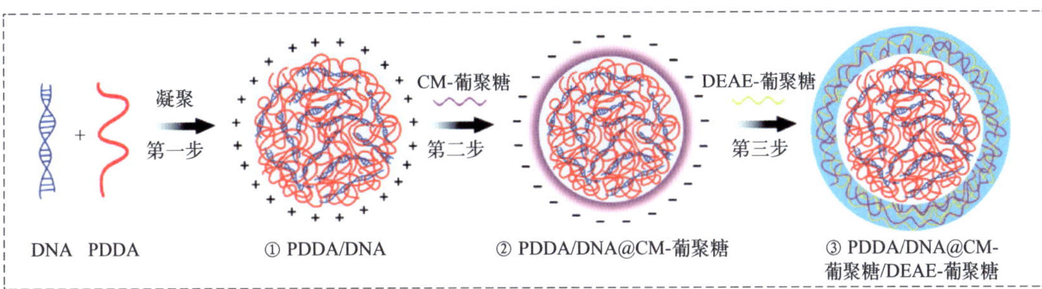

(a)

图 6-4

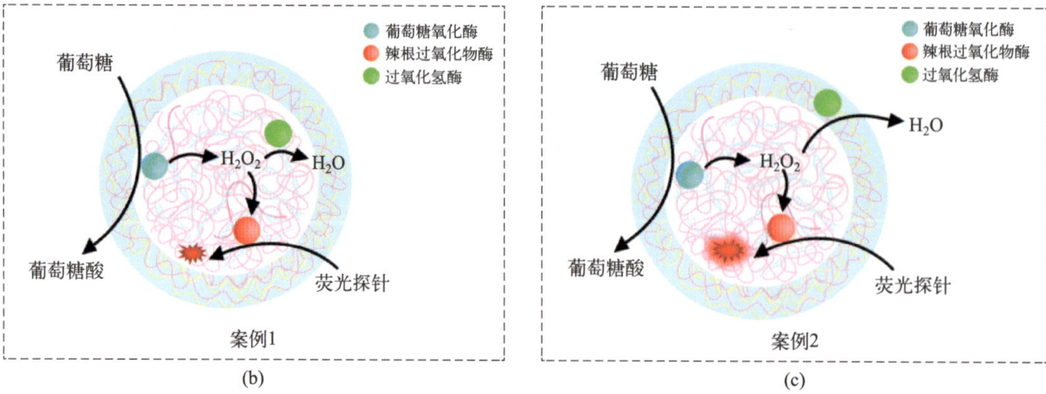

图 6-4　通过逐层组装方法进行凝聚层-凝聚层合成示意图

图（a）步骤①：通过 PDDA 和 DNA 多电解质的静电组装合成 PDDA/DNA 共体微滴。步骤②：PDDA/DNA@CM-葡聚糖凝聚物微液滴是通过 CM-葡聚糖在带正电荷的 PDDA/DNA 凝聚物上组装形成的。步骤③：PDDA/DNA@CM-葡聚糖 /DEAE-葡聚糖凝聚物是通过 DEAE-右旋糖酐在带负电荷的 PDDA/DNA@CM-葡聚糖凝聚物上组装形成的。图（b）案例 1：葡萄糖氧化酶 / 辣根过氧化物酶和过氧化氢酶均被封装在凝聚物的内室中。图（c）案例 2：葡萄糖氧化酶 / 辣根过氧化物酶和过氧化氢酶分别封装在凝聚体的内室和外室中

6.3.9 人工叶绿体工程

光合作用是地球上最重要的化学反应，对维持大气的碳-氧平衡具有重要意义，同时也为地球上的生命直接或间接地提供了生存需要的物质和能量。因此，利用光合作用的过程，利用几乎无限的光供应为人造活细胞提供合成代谢能量的能力，是努力开发完全合成的生物的高度追求的目标。在自然界中，光合作用发生在称为叶绿体的特殊细胞器中，类囊体膜中的酶复合物将光能转化为三磷酸腺苷（ATP）和还原型烟酰胺腺嘌呤二核苷酸磷酸（NADPH）还原，随后用于从无机二氧化碳中构建有机分子。利用阳光模仿单个光合作用过程的工程材料和酶（例如水分解和二氧化碳固定）并不是什么新鲜事物。然而，重现植物细胞叶绿体的复杂性和效率，使其既可以收集光能，又可以利用其进行多步合成，这是一个更大的挑战。

为了解决上述挑战，2020 年，德国马克斯-普朗克研究所的 Tobias J. Erb 课题组与法国波尔多大学的 Jean-Christophe Baret 合作开发出自动化人造叶绿体组装平台，可以根据人们的需求制造出不同的人造叶绿体，不仅可以吸收空气中的 CO_2，而且理论上还可以根据人们的需求合成各种不同的有机物，例如药物、燃料等。在他们的研究中，通过液滴微流控技术将天然的叶绿体内类囊体膜与 CETCH 固碳循环中的多种酶完美整合，构建出了能够利用光照作为能量源且效率超过自然叶绿体的人造叶绿体。CETCH 循环中的酶来自于植物、动物、微生物等多个物种，是目前人类已经发现的固碳途径中反应路径最短、能耗最低的固碳循环。这种人造叶绿体能够通过光合作用产生能量分子 ATP 与 NADPH，并进一步高效地将二氧化碳转化为化工原料羟基乙酸（Miller et al., 2020）。

6.3.10 无膜细胞器工程

无膜结构的细胞器有核糖体、中心体等。核糖体没有膜包被，由两个亚基组成，因为功能需要可以附着至内质网或游离于细胞质。中心体是动物细胞中一种重要的细胞器，每个中心体主要含有两个中心粒。无膜细胞器的无膜特性使其可以方便与细胞基质或其他细胞器快速进行组分交流，甚至产生或解聚，在生物体应对胁迫的反应过程中发挥重要作用。除了天然的无膜细胞器外，人工细胞微室也逐渐被发展起来，用于多酶级联催化反应。例如，巨型单层囊泡（GUVs）作为合成细胞样微室被广泛研究，但由于其膜通透性低、包封效率低和物理化学不稳定性高，其作为细胞模拟模型的适用性受到严重影响。Zhang 等（2021）开发了一个集成的细胞模拟模型，该模型包含一个具有高隔离效率的大分子，并封闭在一个磷脂膜内，该磷脂膜可渗透到分子质量截止值约 4 kDa 以下的分子。原细胞很容易通过磷脂膜在预先形成的多核苷酸 / 多糖凝聚微滴表面的自发组装而制备，被称为凝集体巨型囊泡（GCVs）。与 GUV 相比，GCV 膜的部分锚定在底层的凝聚相上，可提高鲁棒性，降低膜流动性，增加通透性。因此，当外界环境中存在小分子底物或诱导剂时，酶催化可在 GCV 分子密集的内部触发，而在 GUVs 内部则无法触发。通过整合膜介导的分隔化和液-液微相分离过程，GCVs 可以在作为细胞模拟模型、合成原细胞和人工生物分子微反应器方面提供巨大的优势。

6.4 区室化工程目前存在的技术问题与解决思路

目前区室化工程存在的问题主要包括：各个细胞器区室之间的交流与分隔难以精确调控，细胞器在区室化封装过程中难以准确定位，区室化工程只能简单固定地运用于代谢路径中酶的改造，细胞器的数量和大小会影响区室化工程中代谢路径酶的表达。可以从以下四个方面解决控制区室化封装的效率：调节细胞膜结构渗透性，挖掘细胞器靶向标签，实现路径酶的动态区室化，理性控制细胞器数量和大小。

6.4.1 膜结构渗透性的调节

细胞膜的渗透性对酶的表达有显著影响。内质网是细胞内合成多种重要物质的关键部位。它在化合物合成中扮演着至关重要的角色，无论是通过酶的合成和改造，还是特定酶（如甲羟戊酸途径中的关键酶和细胞色素 P450）的专一性定位。研究发现，敲除酿酒酵母等中编码的磷脂酸磷酸酶 PAH1 后，内质网膜显著扩展。内质网膜厚度的增加通常伴随着其合成和折叠蛋白质能力的提高以及蛋白质积累水平的增加。例如，PAH1 表达被阻断的酿酒酵母菌株能够积累更多的齐墩烷型皂苷元 β-淀粉糊精和药用-28-*O*-葡萄糖苷，积累分别比对照菌株增加了 8 倍和 16 倍。

铜绿假单胞菌 *Pseudomonas aeruginosa* 是一种革兰氏阴性菌，具有广泛的代谢能力，并能引发严重的生态感染。它的一个显著特点是对抗菌药物和抗生素的高耐药性，这主要是由于其外膜的渗透性较低。与肠杆菌属相比，铜绿假单胞菌的外膜不含非特异性的大通道孔蛋白，而是通过表达特定的通道蛋白来摄取不同的营养物质。铜绿假单胞菌的细胞质膜具有对称的磷脂双分子层，而外膜则具有不对称的磷脂内层和脂多糖外层，形成了渗透屏障。其外膜含有大量的蛋白质，包括脂蛋白和通道蛋白。外膜的营养物质交换由 β-桶蛋白调节，这些蛋白质形成了充满水的扩散通道，使膜具有类似分子筛的外观。这些通道被称为孔蛋白，具有特定的孔形状和功能，并通过电子显微镜和平面脂膜中的电导测量进行表征。多孔蛋白在外膜上折叠成 β-桶，含有反平行的 β 折叠，疏水氨基酸向外，桶内的亲水氨基酸残基排列在狭窄的孔内。

革兰氏阴性菌的外膜扩散通道可以分为两类：非特异性的大通道孔蛋白和底物特异性通道。铜绿假单胞菌的外膜渗透性非常低，仅为大肠杆菌的 8% 左右，这至少部分解释了其对抗生素的高内在和诱导耐药性。这种低渗透率的原因之一是缺乏非特异性的大通道孔蛋白，如 OmpF 和 OmpC。另一个原因是 OprD 家族的 19 个成员，这些成员共同参与了小分子的特异性摄取。研究已获得该家族 14 个成员的晶体结构，这些通道比肠杆菌的通道窄得多。

6.4.2 细胞器靶向标签的挖掘

细胞器靶向标签的挖掘是区室化工程中的关键策略之一。使用线粒体靶向信号（MTS）可以将异源法尼基焦磷酸合酶和缬氨酸或无定形二烯合酶靶向到线粒体中。在酿酒酵母中，这种方法使得 HMG1 菌株的瓦伦西亚烯和无定形二烯的产量分别增加了 8 倍和 20 倍。MTS 的选择性和适用性通常取决于线粒体区室化的应用范围。最常用的 MTS 是酵母细胞色素 c 氧化酶亚基Ⅳ的前序列，它可以将各种酶引导到线粒体基质中。值得注意的是，酶在被转移到线粒体后，可以切割 MTS，以避免融合表达对酶活性的影响。

目前，已经进行了一些更高效 MTS 的挖掘和筛选，以扩展线粒体区室化工程在多基因生物合成途径中的应用。例如，线粒体被认为是最有前途的亚细胞细胞器区室化工程之一。在重组酵母线粒体中，研究人员在利用前体物（如丙酮酸和乙酰辅酶 A）、绕过竞争途径和最小化运输限制方面取得了显著进展。然而，目前对线粒体靶向序列的研究仍有限，例如，仅对 COX Ⅳ的 MTS 进行了表征，这限制了酵母线粒体中多基因生物合成途径的应用。科研人员基于线粒体蛋白质组克隆了 20 个 MTS，并使用生长互补和共聚焦显微镜评估这些 MTS 靶向异源蛋白 [如大肠杆菌 Fab Ⅰ和增强绿色荧光蛋白（EGFP）] 进入线粒体的效率。经过系统表征，选择了 6 个表现良好的 MTS，并将完整的生物合成途径共定位到线粒体中。这一途径由 10 个能够将乙酰辅酶 A 转化为 α - 檀香烯的表达盒组成，结果使得 α - 檀香烯的产量提高了 3.7 倍（Dong et al., 2021）。新鉴定的 MTS 将有助于扩展酵母线粒体区室化工程的代谢工程和合成生物学工具箱。目前，对各种细胞器靶向标签的研究仍较少，这使得细胞器区室化面临一定困难，因此迫切需要挖掘更多细胞器的靶向标签，以推动代谢工程的应用。

6.4.3 路径酶的动态区室化实现

实现路径酶的动态区室化是一种提高区室化封装效率的有效方法。过氧化物酶体可以作为各种萜类化合物的亚细胞工厂或储存库，特别是在缺乏脂质存储空间的非亲油酵母中。例如，过氧化物酶体的大小和数量与脂滴类似，可以动态调节以优化萜类化合物的产生。通过调节过氧化物酶（PEX）和自噬（ATG）蛋白家族成员的表达，这些蛋白质分别负责过氧化物酶体的生物发生和噬菌，可能会增加酵母中的过氧化物酶体数量。例如，调节 PEX 的表达导致过氧化物酶体数量增加了 5.6 倍。通过提高酵母细胞对香叶醇的耐受性，并将产生香叶醇的酶靶向过氧化物酶体，发现香叶醇的产量提高了 80%。此外，通过使用过氧化物酶体靶向序列，非产胡萝卜素酵母（毕赤酵母）能够将产生异源胡萝卜素的酶靶向过氧化物酶体，生成了 73.9 mg/L 的番茄红素。类似的策略也已用于各种单萜烯的生物合成。

为了获得高产的目标产品，大多数研究将代谢通量转移到工程途径中，这可能会使工程途径与细胞原有的途径形成竞争，因此需要小分子的诱导剂在特定时间或中间水平启动酶的表达。然而，途径中的关键酶持续高表达时，会造成资源浪费。高效生产目标产品所需的过表达水平本身是有害的，因为合成高酶负荷具有一定的负担。因此，新的研究思路是在不改变酶表达水平的条件下，按需增加工程途径的通量。细胞可以通过将现有酶重新分布到共定位簇或膜结合的细胞器上，而不改变酶的总量，从而动态改变代谢通量以生产目标产品。例如，科研人员构建了反向光遗传学聚类工具，以可逆地控制微生物的代谢通量。构建了 PixELL 系统，使得蓝细菌 PCC6803 来源的 PixD 和 PixE 在黑暗中形成高阶复合物，在蓝光刺激下分解为 PixE 单体和 PixD 二聚体。两种蛋白质在哺乳动物细胞中共同表达时形成液滴，这些液滴在蓝光照射下快速分解（Zhao et al., 2019）。

6.4.4 细胞器尺度的理性控制

理性控制细胞器的数量和大小可为提高区室化封装的效率提供潜在的方向。增强细胞合成萜类化合物能力的关键因素之一是脂滴的储存能力。脂滴是动态的细胞器，其大小和形态各异，一些小的脂滴可以合并形成较大的脂滴。二酰基甘油酰基转移酶（DGAT）在解脂耶氏酵母 *Yarrowia lipolytica* 中合成甘油三酯（TAG），其表达水平影响脂滴的大小、数量和分布。DGAT 的过表达会导致脂滴变小但数量增多，而另一种 DGAT 基因 *YlDGA2* 的过表达则产生更大的脂滴。此外，在 *Y. lipolytica* 中，GUT2 和 POX1-POX6 的缺失会增加脂滴的大小。GUT2 的缺失阻止了甘油-3-磷酸池的减少，而 POX1-POX6 的缺失则缩短了过氧化物酶体的 β-氧化过程。

调节细胞器的大小需要分析细胞膜的容量与体积之间的关系，以维持膜张力并避免膜裂解。膜张力对许多膜蛋白（如转运蛋白和通道蛋白）的活性至关重要，而细胞器腔内可溶性蛋白的复合物和活性也受到大分子聚集的显著影响。此外，大分子的特定相互作用也受其浓度的影响。调整细胞器的表面积和体积比可以确保最佳的膜张力和适宜的细胞器容量。一些细胞器可以通过融合和裂变来快速有效地调节体积，而无需新膜的合成，这些机制也有望用于调节细胞器的体积，使其与细胞大小相关。在稳态生长条件下，细胞器体积与细胞大小的比例保持恒定，但在不同的生长条件下，该比例会发生变化。细胞器的大小和表面积体积比，例如高尔基体、液泡、线粒体和核内体，会随生长条件变化而变化。

尽管一些细胞器或蛋白质组合的大小已被有效调节，但在分子水平上如何实现这一控制仍知之甚少。在恒定生长条件下，膜包裹的细胞器的大小与细胞大小成比例。然而，随着生长条件的改变，大分子物质的含量和细胞器所占的体积在绝对值和相对细胞表面积的比值上都会变化。细胞器在这些变化中保持完整，而不会破裂，说明细胞可以控制细胞器边界膜的体积相对于其内容量。改变细胞器的形状可以实现这一点，因为所有偏离球形的形状都会降低体积和表面积之比。膜的非球形形状可以由蛋白质或脂质分布的变化决定。另外，操控膜流入和流出的平衡也可以增加或减少细胞器膜的体积。例如，减少从液泡到核内体或高尔基体的囊泡流量（如在 atg18Δ 突变体中）会增加酵母液泡的体积，而减少膜流入（如在 apl5Δ 突变体中）则会减少细胞器膜的体积。细胞器的融合或裂变也可能改变其体积。几个细胞器的融合会增加体积与表面积的比率，而裂变则相反。

溶酶体和液泡是动态细胞器。在饥饿和自噬过程中，溶酶体水解酶的诱导会增加大分子的含量，进而增加溶酶体边界膜的体积。在这一过程中，边界膜既没有爆炸，也没有塌陷成褶皱状，而是保持了充分膨胀的状态，表明细胞器膜的体积与表面积之比可能是可控的。这有助于维持膜张力和腔内大分子的浓度，对细胞器功能的调节至关重要。

研究表明，液泡边界膜的体积可以通过膜融合或裂变来适应其内容量。液泡的大小和拷贝数受到膜融合和裂变平衡的影响。液泡的主要成分是聚磷酸盐（PolyP），它是一种由多达数百个无机磷酸盐单元通过磷酸酐键连接的聚合物。PolyP 是磷酸盐的储存形式，磷酸盐是一种限制植物、真菌和细菌生长的化合物。酵母通过液泡转运蛋白伴侣复合物（VTC）合成 PolyP，VTC 位于液泡膜上，由三个亚基（Vtc1、Vtc3 和 Vtc4）组成。液泡中的 PolyP 可占酵母细胞干重的 15%。尽管液泡体积不到酵母细胞的三分之一，但它几乎包含了所有细胞的 PolyP，因此 PolyP 可以占液泡干重的 50%。因此，控制 PolyP 的合成会显著改变液泡的含量。

细胞控制着相对于细胞体积的细胞器大小，但每个细胞器也有其特定的大小控制机制。酵母液泡不会破裂或塌陷，说明调节细胞器膜的体积和内容量对于细胞器功能至关重要。尽管对如何实现这种调节了解甚少，但研究表明，酵母液泡的积累会激活其他液泡的融合，从而增加体积与表面积之比。储存在液泡中的 PolyP 的合成刺激了分子伴侣 Sec18/NSF 与液泡 SNARE 的结合，从而触发融合。SNARE 只能通过腔内的 PolyP 激活，而胞质中的 SNARE 激活需要胞质细胞周期蛋白依赖性激酶 Pho80-Pho85 和 R-SNARE Nyv1。这表明，细胞可以通过控制从液泡内腔到细胞器胞质表面的 SNARE 反馈来使液泡的体积适应其内容量。因此，通过调节细胞器的数量、大小和体积，可以有效改善区室化封装的效率。

6.5 应用案例：酵母液液相分离技术提高化学品合成效率

最近的许多工作都集中在液-液相分离作为细胞对变化的物理化学条件作出的反应。由于相分离对如 pH 值、温度或盐等条件的微小变化有重要的反应，因此从原则上讲，它是细胞测量和响应环境变化的理想方法。例如，微小的 pH 变化可以诱导储存、保护或灭活蛋白质区室的相分离。Franzmann 等人（2018）使用酵母翻译终止因子 Sup35 作为相分离诱导应激反应的模型，降低 pH 值可诱导 Sup35 的液-液相分离。由此产生的液体隔间随后硬化成凝胶，将终止因子隔离。提高 pH 值可引发凝胶溶解，并伴随翻译重启。在凝胶中保护 Sup35 可以为恢复酵母细胞活力提供适应性优势，酵母细胞在应激后必须重新启动翻译机制。

6.5.1 酵母细胞人工无膜细胞器的构建

为了能在酵母细胞内构建人工无膜细胞器，选择了 5 种无序蛋白结构域元件（Sup35、Med1、FUS、RGG、A-IDPs）[图 6-5（a）]，并将这 5 种结构域元件与 GFP 形成融合蛋白 Sup35-GFP、Med1-GFP、FUS-GFP、RGG-GFP、A-IDPs-GFP，然后将融合蛋白在酿酒酵母中进行表达，发现 Sup35-GFP、A-IDPs-GFP、FUS-GFP 能在酵母细胞内形成蛋白液滴，Sup35-GFP、A-IDPs-GFP、FUS-GFP 所形成的蛋白液滴直径是 1.3 μm、1.1 μm 和 0.7 μm，形成液滴的酵母细胞比例是 54.2%、73.7% 和 62.5% [图 6-5（b）]，凝结物中总 GFP 的比例分别为 69%±8%，84%±5%，66%±10% [图 6-5（c）]。进一步解析了 Sup35-GFP、A-IDPs-GFP 和 FUS-GFP 所形成的液滴饱和浓度（Csat）、温度稳定性和细胞生长的影响，发现：Sup35-GFP 的液滴饱和浓度（Csat）、温度稳定性和细胞生长是 2.32 μmol/L、30℃、−29.9%；A-IDPs-GFP 液滴的液滴饱和浓度（Csat）、温度稳定性和细胞生长是 1.33 μmol/L、40℃、−5.2%；FUS-GFP 液滴的液滴饱和浓度（Csat）、温度稳定性和细胞生长分别是 2.04 μmol/L、30℃、−10.3% [图 6-5（d）和图 6-5（e）]。上述结果表明，无序蛋白结构域元件 A-IDPs 在液滴饱和度、温度稳定性和细胞生长方面具有显著优势，因此选择 A-IDPs 作为合成酿酒酵母内无膜细胞器的基本元件。

6.5.2 调节人工无膜细胞器的功能特性

为了确定 A-IDPs 能否在体外形成液滴，将重组 A-IDPs-GFP 融合蛋白进行纯化：①在纯化的 A-IDPs-GFP 蛋白中加入 20% PEG 2000，混合后溶液立即变浑浊，且浑浊度随着蛋白质浓度（1 ～ 20 μmol/L）的增加而增加，20 μmol/L 时浑浊度是 1 μmol/L 的 19.1 倍，这一结果表明 A-IDPs-GFP 融合蛋白的相变程度会随着蛋白质浓度的增加而增强［图 6-5（g）］；②随着蛋白质浓度的增加，显微镜观察到液滴的大小也随之增加，微米大小的液滴变清晰，表明液滴大小是由蛋白质浓度所决定的［图 6-5（h）］；③对 A-IDPs-GFP 液滴进行荧光漂白分析，发现单个液滴中的荧光（约 67%）在经过大约 41.2 s 后得到恢复，表明蛋白液滴的内部具有流动性［图 6-5（i）］。以上都是液体状无膜细胞器的代表性特征。

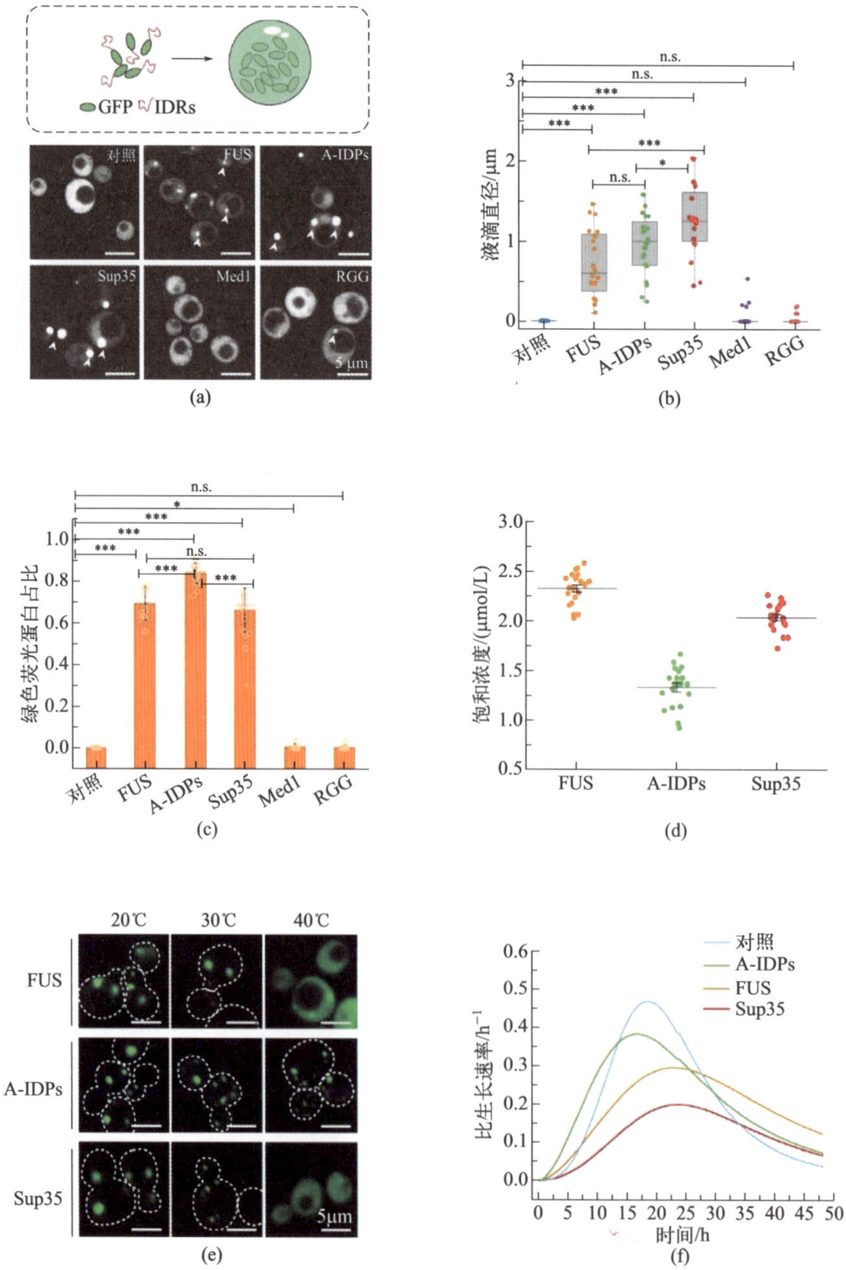

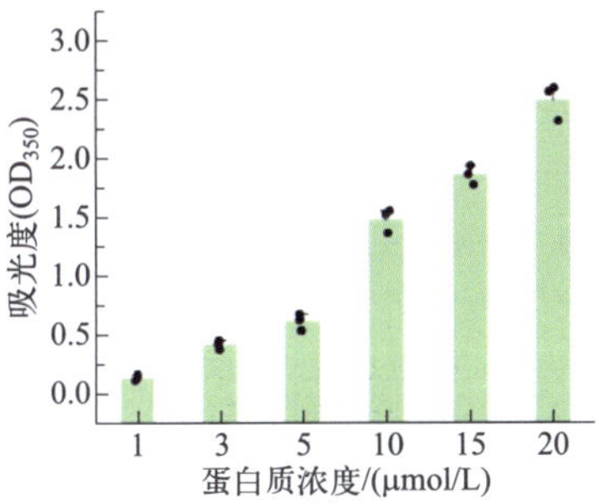

(g)

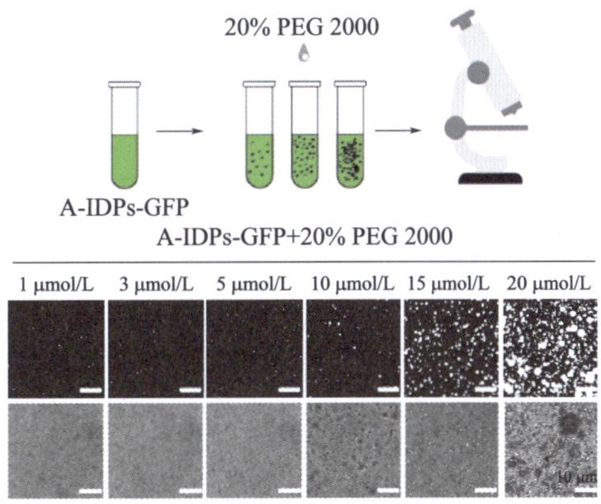

(h)

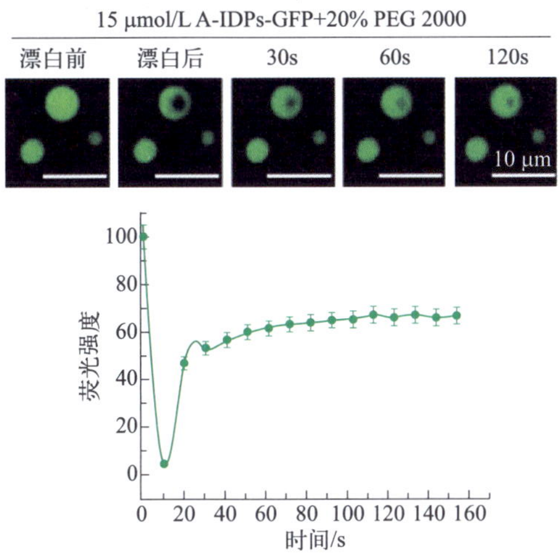

(i)

图 6-5　筛选用于无膜细胞器（MLO）构建的内在无序蛋白质（IDPs）

图（a）为酿酒酵母表达 IDPs-GFP 融合蛋白的荧光显微镜图像，白色箭头指向凝析液液滴；图（b）为显微镜下检测凝析液大小，分析各组 20 个细胞；图（c）为细胞凝聚液中总 GFP 占比；图（d）为 FUS、A-IDPs 和 Sup35 的饱和浓度；图（e）为 FUS、A-IDPs 和 Sup35 的温度稳定性，在 20℃、30℃和 40℃孵育 60 min 后，酿酒酵母表达 FUS-GFP、A-IDPs- GFP 和 Sup35-GFP 融合蛋白的荧光显微镜图像；图（f）为野生型、FUS、A-IDPs 和 Sup35 的特定生长速率，菌株在 30℃、200 r/min、YNB 培养基下培养；图（g）为液滴形成 buff（不含体积的 20% PEG 2000）下不同蛋白质浓度的浊度分析；图（h）为液滴形成缓冲液中纯化的 A-IDPs-GFP 融合蛋白形成液滴的代表图像；图（i）为部分光漂白液滴的代表性荧光恢复。插图显示了液滴上的光漂白图像。所有实验均在 3 个生物重复中进行。数值和误差条表示生物重复数的平均值和标准差。*, $P < 0.05$。**, $P < 0.01$。***, $P < 0.001$。n.s.，无统计学意义

6.5.3　发展人工无膜细胞器的调控系统

为了改变蛋白液滴的大小，构建了一系列不同长度的 A-IDPs 结构域（0.5 A-IDPs、1.0 A-IDPs、1.5 A-IDPs、2.0 A-IDPs）并将其在酿酒酵母中进行表达［图 6-6（a）］，发现：①随着 A-IDPs 结构域长度的增加，形成蛋白液滴细胞的比例从 19.9%(0.5 A-IDPs) 增加到 89.7%(2.0 A-IDPs)；②液滴平均直径也从 0.36 μm (0.5A-IDPs) 提高到 2.6 μm (2.0A-IDPs)

［图 6-6（b）］；③但随着 A-IDPs 结构域长度的增加，最终生物量也逐渐下降，与没有表达 A-IDPs 的菌株相比，分别下降 3.5%(0.5A-IDPs)、7.3%(1.0A-IDPs)、29.9%(1.5A-IDPs)、51.0%(2.0A-IDPs)。

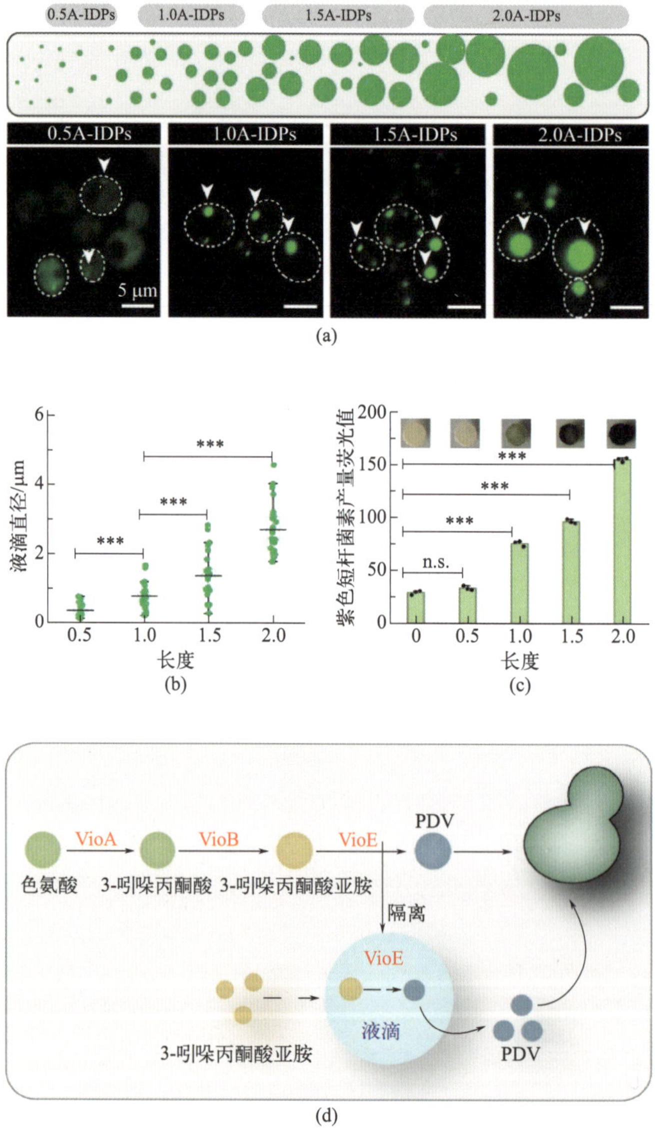

图 6-6　融合结构域蛋白功能化 MLO 大小

图（a）为细胞中不同长度的 GFP 融合 A-IDPs 结构的 MLO 形成示意图。白色箭头指向 MLO。图（b）为显微镜下检测 MLO 大小，分析各组各 20 个细胞。图（c）为高效液相色谱（HPLC）测定紫色短杆菌素（PDV）。图（d）为 PDV 代谢途径示意图。*, $P<0.05$。**, $P<0.01$。***, $P<0.001$。n.s.，无统计学意义

如图 6-6（d）所示，将紫色短杆菌素的合成路径中的 VioA 和 VioB 在细胞质中表达，催化色氨酸合成 3-吲哚丙酮酸；将催化 3-吲哚丙酮酸亚胺合成紫色短杆菌素的 VioE 表达于蛋白液滴中。通过观察重组菌菌落颜色的变化来评估 3-吲哚丙酮酸亚胺能否透过无膜细胞器。

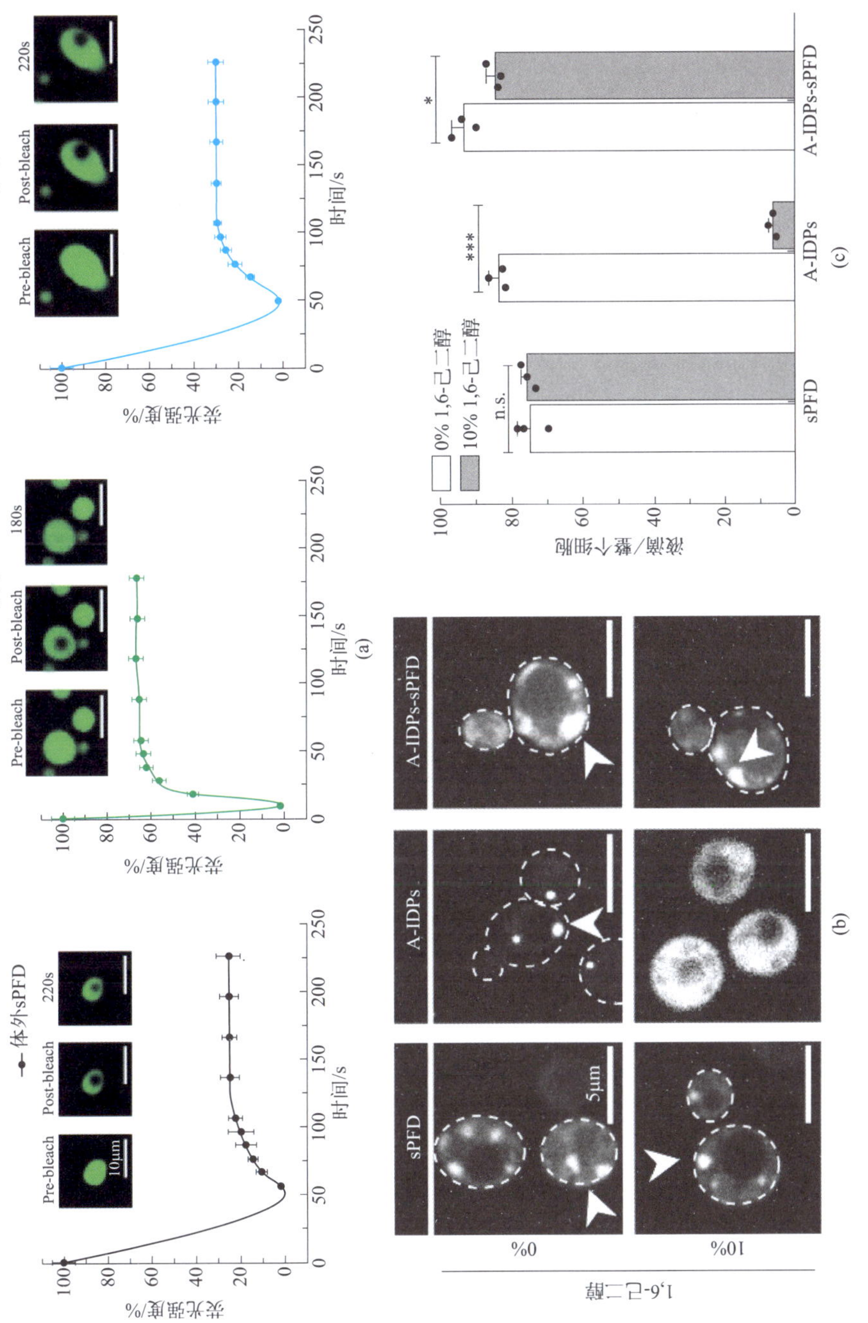

体外sPFD
体外A-IDPs
体外sPFD-A-IDPs
Pre-bleach
Post-bleach
220s
180s
10μm
荧光强度/%
时间/s
(a)
1,6-己二醇
0%
10%
sPFD
A-IDPs
A-IDPs-sPFD
5μm
(b)
0% 1,6-己二醇
10% 1,6-己二醇
液滴/整个细胞
n.s.
***
*
(c)

图 6-7

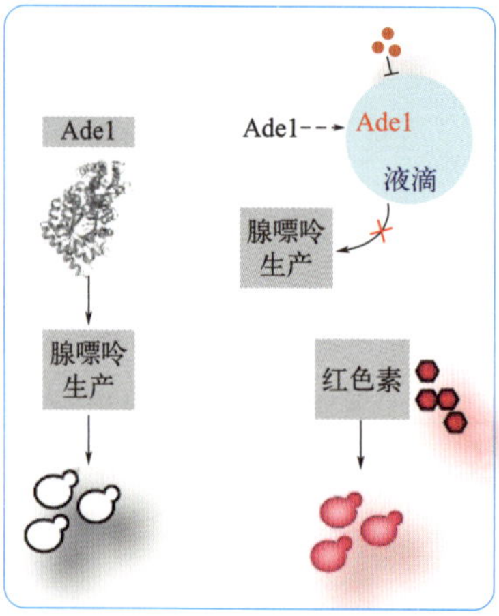

(d)

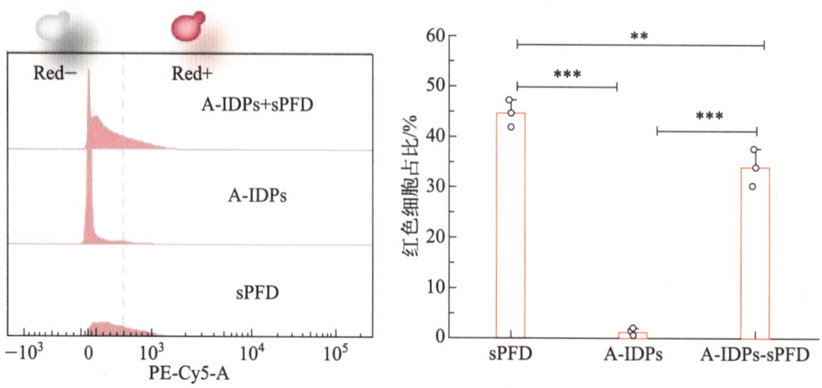

(e)

图 6-7　融合结构域蛋白使 MLO 刚性功能化

图（a）表示 FRAP 测量 sPFD、A-IDPS 和 sPFD-A-IDPs 液滴内动态蛋白质扩散。FRAP 恢复曲线（下）和图像（上）显示。比例尺：10μm。图（b）表示 1,6- 己二醇对 sPFD-GFP、A-IDPs-GFP 和 A-IDPs-sPFD-GFP MLO 形成的影响。白色箭头指向 MLO。图（c）为测定菌株 sPFD-GFP、A-IDPs-GFP 和 sPFD-A-IDPs-GFP 在 10% 1,6- 己二醇处理下细胞的 MLO 比值。图（d）为细胞抑制 Ade1 酶活性导致红色素积累示意图。图（e）为菌株中红细胞的种群分布。*, $P < 0.05$。* *, $P < 0.01$。* * *, $P < 0.001$

结果如图 6-6（c）所示，随着 A-IDPs 结构域长度的增加，菌落颜色逐渐加深；进一步检测不同菌株生产紫色短杆菌素浓度发现，表达 0.5A-IDPs、1.0A-IDPs、1.5A-IDPs 和 2.0A-IDPs 的菌株紫色短杆菌素色素产量是对照菌株（胞质中游离表达 VioE）的 1.1 倍、1.3 倍、1.8 倍和 3.6 倍。上述结果表明：①蛋白液滴的大小由 A-IDPs 结构域长度所决定；②小分子代谢物可以自由出入蛋白液滴；③蛋白液滴越大，催化效率越高；④液滴尺寸的大小，影响细胞生长。

将朊病毒结构域（sPFD）融合到 A-IDPs 生成重组 sPFD-A-IDPs，在体外对比分析了 sPFD、A-IDPs 和 sPFD-A-IDPs 所形成的蛋白液滴荧光漂白恢复（FRAP），发现 sPFD 和 sPFD-A-IDPs 荧光恢复程度比 A-IDPs 分别下降了 44.9% 和 40.1%。将 sPFD-GFP、A-IDPs-GFP 和 sPFD-A-IDPs-GFP 融合蛋白表达于酿酒酵母中并形成蛋白液滴［图 6-7（a)］。将蛋白液滴于10%的1,6-己二醇孵育，发现A-IDPs-GFP迅速溶解，而sPFD-GFP和sPFD-A-IDPs-GFP的液滴只溶解了0.6%和8.8%［图6-7（b）和图6-7（c）］。将腺嘌呤代谢路径中的酶Ade1隔离于sPFD、A-IDPs、sPFD-A-IDPs液滴中，若Ade1活性丧失，则会导致细胞呈现红色。结果如图所示，表达sPFD和sPFD-A-IDPs的突变菌株中红细胞比例为44.6%和33.9%，而表达A-IDPs突变菌株中未观察到红细胞［图6-7（e）］。这些结果表明：①蛋白液滴的刚性可以调控，从而改变液滴的液体性质；②调控液滴刚性能调控反应的进行，从而阻止代谢物的产生。

6.5.4 合成无膜细胞器促进甲醇同化

在*S. cerevisiae*中引入由甲醇脱氢酶（Mdh）、己糖磷酸合酶（Hps）和6-磷酸-3-己糖异构酶（Phi）等的基因组成的核酮糖单磷酸途径（RuMP），并通过增强甲醛受体5-磷酸核酮糖（Ru5P）方法优化RuMP路径，提高工作效率，获得能高效同化甲醇的底盘菌株ZP03-F1［图6-8（a）］。与野生型相比，菌株ZP03-F1生物量增加量、甲醇消耗量分别是0.62 g/L和2.5 g/L，甲醇消耗量比野生型提高了75.9%。进一步发现稳定期中期的ZP03-F1细胞，约有21.7%的细胞死亡率，其原因是胞内RuMP路径的中间代谢物甲醛浓度达到68.3 μmol/L，导致细胞毒性［图6-8（b）、图6-8（c）和图6-8（d）］。为了进一步提高甲醇的同化能力，减少甲醛毒性对细胞的伤害，将发酵过程分为两个阶段：①通过蛋白质组装策略将Mdh、Hps和Phi定位到人工无膜细胞器（ZP03-F2）中，促进甲醇转化为果糖-6-磷酸；②甲醛快速消耗阶段，通过改变人工无膜细胞器的大小增加催化效率。

为了对这两个阶段进行时空调控，将CPRS-size导入菌株ZP03-F2中产生ZP03-F3菌株。通过调节光照强度优化上述两个阶段，与0.2 W/cm^{2}相比，在0.8 W/cm^{2}条件下，菌株ZP03-F3中的人工无膜细胞器直径增加4.2倍，甲醇消耗量增加3.3倍。与ZP03-F1和ZP03-F2对比，ZP03-F3中甲醛浓度分别下降了81.1%和68.9%，细胞的存活率分别增加了11.9%和7.1%，细胞密度（OD_{600}）分别提高了27.8%和17.6%［图6-8（b）、图6-8（c）和图6-8（d）］。进一步将菌株ZP03-F3孵育于含有^{13}C-甲醇的培养基中，液相色谱-质谱法（LC-MS）分析细胞内参与中心碳代谢的代谢物，发现^{13}C标记的细胞内代谢物参与糖酵解、TCA循环和戊糖磷酸途径，其中^{13}C-果糖-1,6-二磷酸和^{13}C-丙酮酸只能通过代谢^{13}C-甲醇进入中心碳代谢生成，证实了ZP03-F3具有甲醇同化能力［图6-9（a）］。在证实工程菌株ZP03-F3可以被重新编程为甲基营养菌后，为了扩大甲醇的生物转化，在菌株ZP03-F3中引入L-苹果酸的生产途径，得到菌株ZP03-FM［图6-8（g）］。将菌株分别培养在单一碳源葡萄糖或甲醇和混合碳源（葡萄糖＋甲醇）中，观察到以下现象：①在甲醇作为唯一碳源时，细胞密度（OD_{600}）增长了5.7%，甲醇的消耗量为6.2 g/L，苹果酸的产量为0.46 g/L；②在混合碳源条件下，菌株ZP03-FM中L-苹果酸的产量为17.4 g/L，产率为0.40 g/g，与单一碳源葡萄糖相比，分别提高了61.1%、48.2%［图6-8（h）］。这些结果表明，工程甲基营养型酵母菌株ZP03-F3可作为生化产品生产的工业平台菌株。

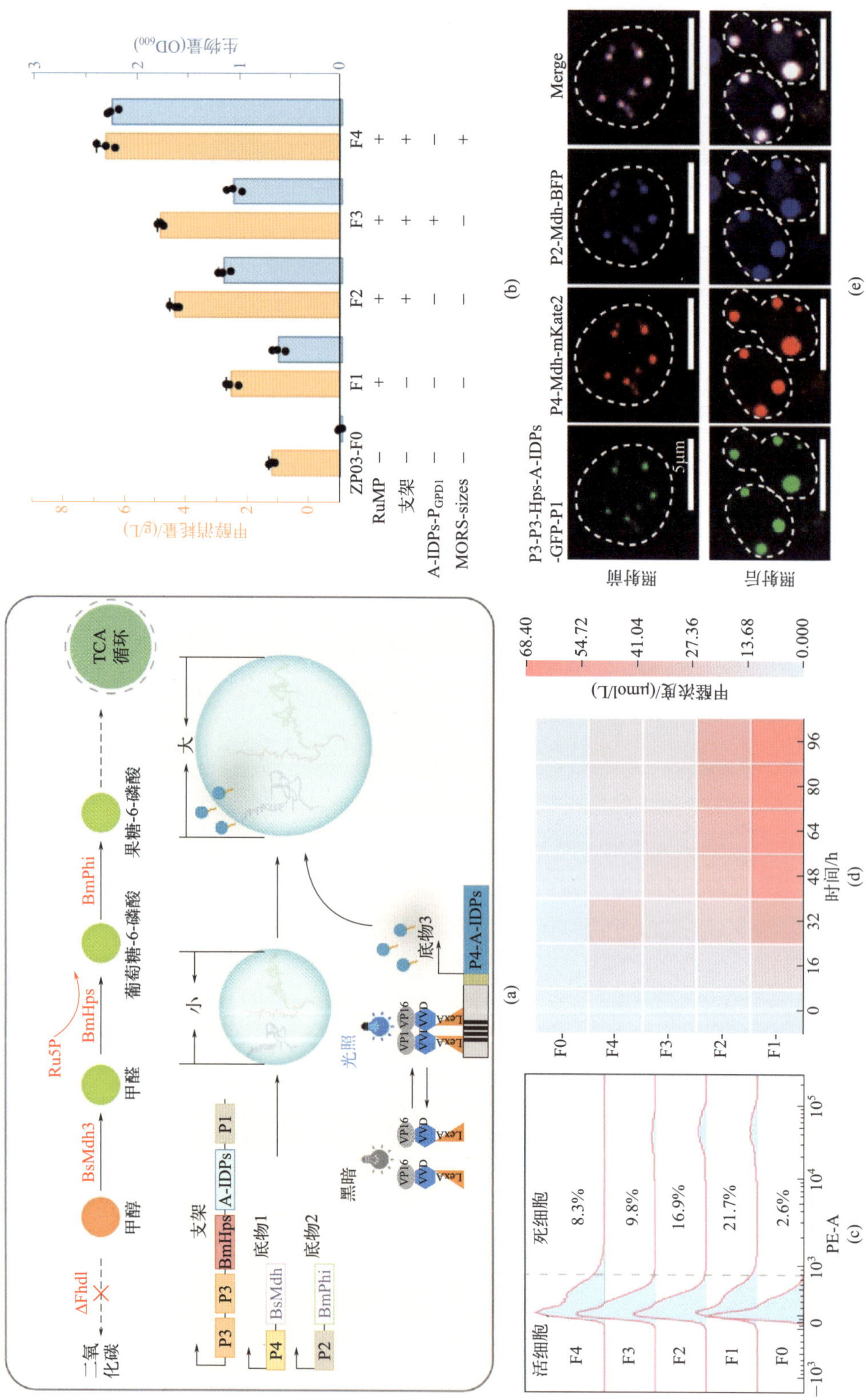

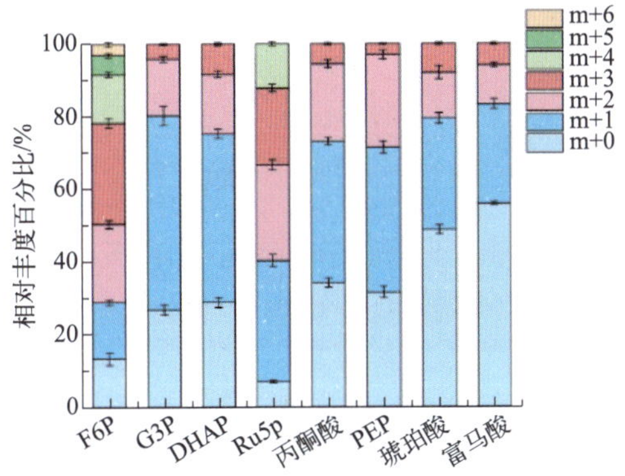

(f)

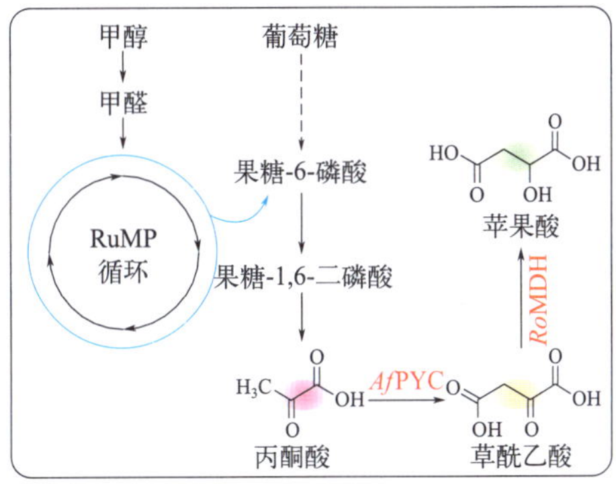

(g)

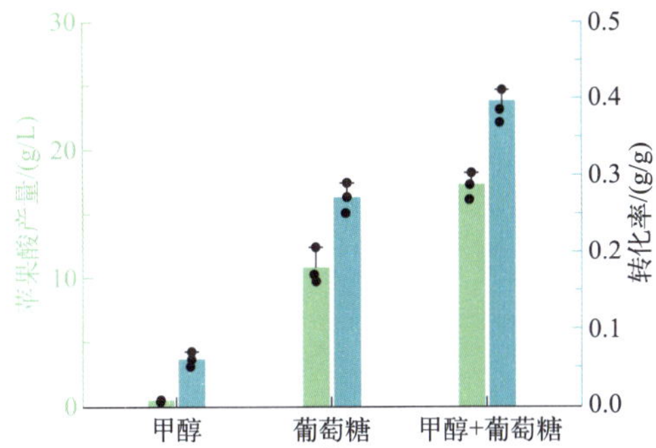

(h)

图 6-8 通过改善 MLO 尺寸促进甲醇同化

图（a）为甲醇代谢途径示意图；图（b）表示在以甲醇为唯一碳源的培养基中，不同重组菌株的甲醇消耗量和生物量增加；图（c）为流式细胞术检测细胞活力；图（d）为不同重组菌株细胞内甲醛水平随时间变化的测量结果；图（e）为黑暗条件下表达单独甲醇同化 MLO 的图像（上图），蓝光条件下 CPRS 尺寸激活单元调节甲醇同化 MLO 的图像（下）；图（f）为菌株 ZP03-F4 中心代谢产物的标记模式，在 ^{13}C 标记的甲醇为唯一碳源的培养基中培养 96 h；图（g）为简化甲醇和葡萄糖生产苹果酸的代谢途径；图（h）为甲醇和葡萄糖培养 ZP03-FM 产苹果酸产量和转化率

6.5.5 减少好氧阶段 CO_2 排放提高乙酰辅酶 A 合成效率

乙酰辅酶 A 是多种工业相关化合物的重要代谢前体，通常通过丙酮酸脱羧产生，因此不可避免造成碳损失。为了避免生产乙酰辅酶 A 过程中的碳损失，通过过表达双歧杆菌来源的磷酸酮醇酶（Xfspk）和克氏梭菌来源的磷酸转乙酰化酶（Pta），构建出糖酵解替代高碳产量循环（glycolysis alternative high carbon yield cycle, GATHCYC）路径，接着敲除了果糖-6-磷酸激酶（PFK1/2）和磷酸水解酶（GPP1），使其碳通量由氧化糖酵解（EMP）转向非氧化糖酵解（GATHCYC），形成了一个乙酰辅酶 A 供应增加、碳损失减少的底盘菌株 ZP04-R0［图 6-9（a）］。通过发酵实验发现 ZP04-R0 的 CO_2 排放量由 27.85 mmol/(L · g · h) 下降到 16.73 mmol/(L · g · h)［图 6-9（b）］，胞内乙酰辅酶 A 增加了 38.7%，但细胞的生长速率降

低了 43.6% [图 6-9（c）]。其原因可能是非氧化糖酵解不能为细胞生长提供能量。经过测定菌株 ZP04-R0 胞内的 FBP 和 ATP 含量发现分别比野生型菌株降低了 71% 和 74%。这些结果表明，EMP 通路的受阻，可能导致氧化还原失衡，最终损害细胞的适应性。

为了解决这些局限性，引入 CPRS-rigidity 系统，乙酰辅酶 A 的生产分为两个阶段：①在基因组上 PFK1/2 的 N 端加上 CC 肽 P2 和 P4，而支架蛋白 P1-GFP-A-IDPs-P3 在胞内组成型表达，因此细胞生长阶段，PFK1/2 被隔离在蛋白液滴中，CPRS-rigidity 不启动，基因 P4-sPFD 没有被激活，PFK1/2 形成的液滴处于柔性状态；②生产阶段，P4-sPFD 在蓝光条件下被激活，从而被招募进柔性液滴中改变液滴的液体性质，降低氧化糖酵解速率。因此将 CPRS-rigidity 导入菌株 ZP04-R1，通过控制 P4-sPFD 的表达平衡胞内 FBP 和 ATP 来进一步提高乙酰辅酶 A 的胞内含量，从而构建了菌株 ZP04-R4。在菌株 ZP04-R4 中，前 18 h 处于黑暗条件，然后切换到蓝光照条件，P4-sPFD 被激活 [图 6-9（d）和图 6-9（e）]。

基于这些操作观察到以下现象：①细胞生长速率恢复到 0.39/h，比 ZP04-R2 高 38.5%，达到野生型菌株的 90.1%；②与 ZP04-R0 菌株相比，菌株 ZP04-R4 的 CO_2 释放量下降了 36.0%；菌株 ZP04-R4 胞内的乙酰辅酶 A 的含量为 57.3 nmol/(L · g)（以干重计），明显高于其他菌株 [ZP04-R0 (153.5%), ZP04-R1 (56.6%), ZP04-R2 (22.1%), ZP04-R3 (21.2%)] [图 6-9（c）]。为了扩大乙酰辅酶 A 的生物转化，以提高酵母中高附加值化学品的合成。将 CPRS-rigidity 和 GATHCYC 路径导入产生正丁醇的菌株 LH002-B4，得到菌株 ZP04-RB[图 6-9（f）]。随后，发酵试验表明，以葡萄糖为底物，30℃培养，菌株 ZP04-RB 在摇瓶实验中获得的正丁醇产量和转化率分别为 1757 mg/L 和 122.6 mg/g，分别比 LH002-B4 提高 55.9% 和 27.3% [图 6-9（g）]。最后，菌株 ZP04-RB 中 CO_2 释放量比菌株 LH002-B4 减少了 35.2% [图 6-9（h）]。

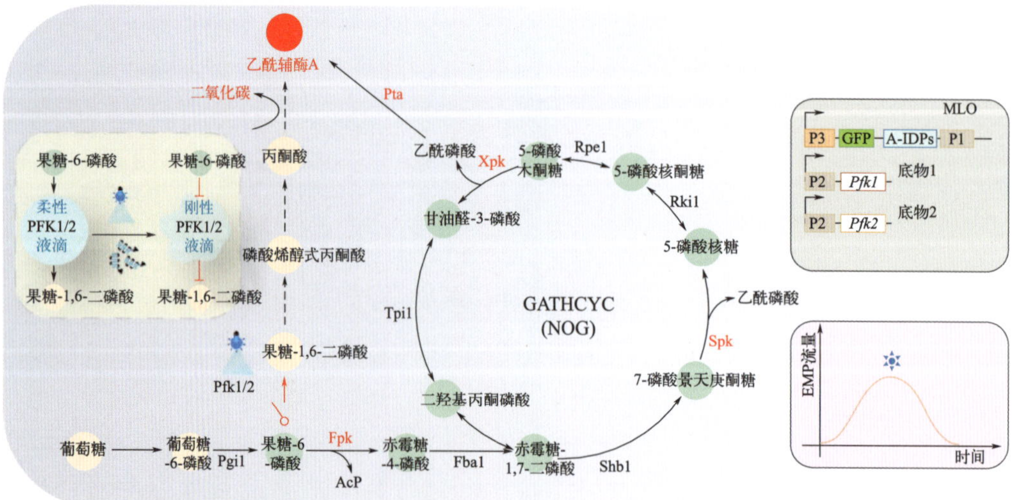

(a)

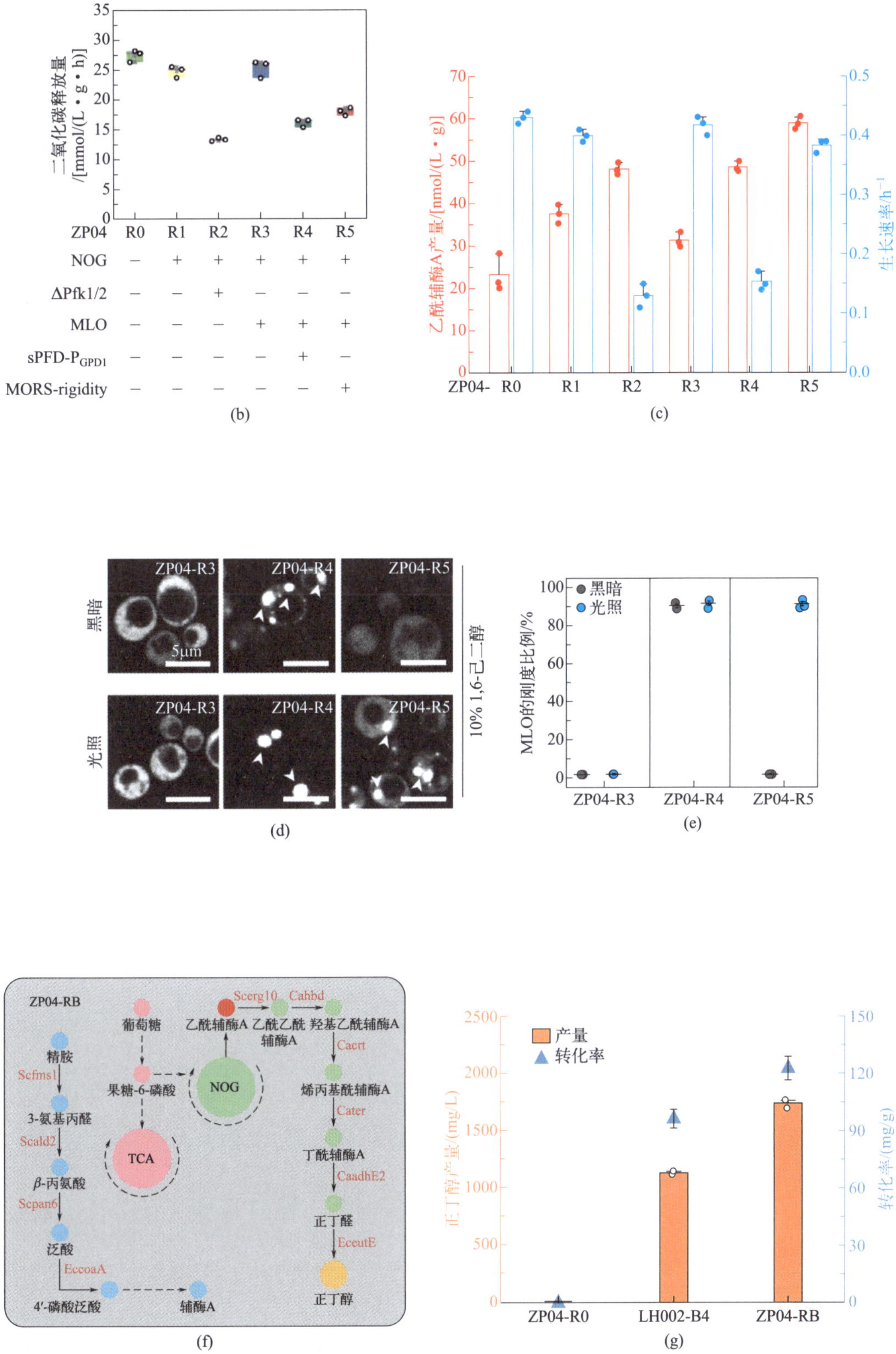
二氧化碳释放量/[mmol/(L·g·h)]
ZP04
R0
R1
R2
R3
R4
R5
NOG
ΔPfk1/2
MLO
sPFD-PGPD1
MORS-rigidity
(b)
乙酰辅酶A产量/[nmol/(L·g)]
生长速率/h⁻¹
ZP04-
(c)
ZP04-R3
ZP04-R4
ZP04-R5
黑暗
光照
5μm
10% 1,6-己二醇
(d)
MLO的刚度比例/%
(e)
ZP04-RB
葡萄糖
果糖-6-磷酸
TCA
NOG
乙酰辅酶A
乙酰乙酰辅酶A
羟基乙酰辅酶A
烯丙基酰辅酶A
丁酰辅酶A
正丁醛
正丁醇
精胺
3-氨基丙醛
β-丙氨酸
泛酸
4′-磷酸泛酸
辅酶A
Scerg10
Cahbd
Cacrt
Cater
CaadhE2
EceutE
Scfms1
Scald2
Scpan6
EccoaA
(f)
产量
转化率
正丁醇产量/(mg/L)
转化率/(mg/g)
ZP04-R0
LH002-B4
ZP04-RB
(g)

图 6-9

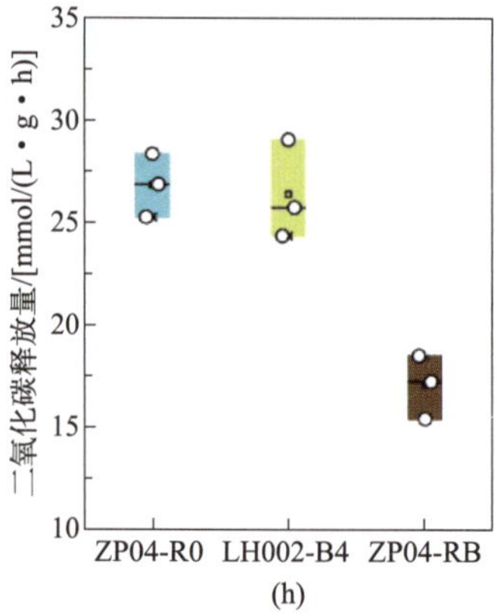

图 6-9 通过改变 MLO 刚性来减少二氧化碳排放

图（a）为酿酒酵母无膜细胞器刚性驱动的二氧化碳减排示意图；图（b）为不同重组菌株 CO_2 的比进化速率（qCO_2）；图（c）为不同重组菌株的特定生长速率和细胞内乙酰辅酶 A 含量；图（d）为表达氧化糖酵解 MLO 和标记物（sPFD）的细胞代表性图像；蓝光条件下莫尔斯刚性的激活单位，10% 的 1,6-己二醇处理后的代表图像；图（e）为图（d）中细胞的刚性 MLO 比例；图（f）为正丁醇代谢途径示意图；图（g）为不同重组菌株的正丁醇生产产量和转化率；图（h）为菌株 ZP04-R0、LH002-B4 和 ZP04-RB CO_2 的比进化速率（qCO_2）

6.6 参考文献

Agapakis C M, Boyle P M, Silver P A, 2012. Natural strategies for the spatial optimization of metabolism in synthetic biology. Nature Chemical Biology, 8(6): 527-535.

Asamizu S, Kato Y, Igarashi Y, et al, 2007. VioE, a prodeoxyviolacein synthase involved in violacein biosynthesis, is responsible for intramolecular indole rearrangement. Tetrahedron Letters, 48(16): 2923-2926.

Atsumi S, Higashide W, Liao J C, 2009. Direct photosynthetic recycling of carbon dioxide to isobutyraldehyde. Nature Biotechnology, 27(12): 1177-U142.

Avalos J L, Fink G R, Stephanopoulos G, 2013. Compartmentalization of metabolic pathways in yeast mitochondria improves the production of branched-chain alcohols. Nature Biotechnology, 31(4): 335-341.

Chen Y, Yuan M, Zhang Y, et al, 2020. Construction of coacervate-in-coacervate multi-compartment protocells for spatial organization of enzymatic reactions. Chem Sci, 11(32): 8617-8625.

DeLoache W C, Russ Z N, Dueber J E, 2016. Towards repurposing the yeast peroxisome for compartmentalizing heterologous metabolic pathways. Nature Communications, 7: 11152.

Diekmann Y, Pereira-Leal J B, 2013. Evolution of intracellular compartmentalization. Biochem J, 449(2): 319-331.

Franzmann T M, Jahnel M, Pozniakovsky A, et al, 2018. Phase separation of a yeast prion protein promotes cellular fitness. Science, 359(6371): 47-47.

Giessen T W, Silver P A, 2016. Encapsulation as a strategy for the design of biological compartmentalization. Journal of Molecular Biology, 428(5): 916-927.

Joshi A S, Cohen S, 2019. Lipid droplet and peroxisome biogenesis: do they go hand-in-hand? Front Cell Dev Biol, 7: 92.

Liu G S, Li T, Zhou W, et al, 2020. The yeast peroxisome: a dynamic storage depot and subcellular factory for squalene overproduction. Metabolic Engineering, 57: 151-161.

Meijer W H, Gidijala L, Fekken S, et al, 2010. Peroxisomes are required for efficient penicillin biosynthesis in *Penicillium chrysogenum*. Applied and Environmental Microbiology, 76(17): 5702-5709.

Miller T E, Beneyton T, Schwander T, et al, 2020. Light-powered CO_2 fixation in a chloroplast mimic with natural and synthetic parts. Science, 368(6491): 649-654.

Qiu X Y, Xie S S, Min L, et al, 2018. Spatial organization of enzymes to enhance synthetic pathways in microbial chassis: a systematic review.

Microbial Cell Factories, 17(1): 120.
Rodriguez G M, Atsumi S, 2012. Isobutyraldehyde production from *Escherichia coli* by removing aldehyde reductase activity. Microbial Cell Factories, 11: 90.
Rodrigues A L, Becker J, Lima A, et al, 2014. Systems Metabolic engineering of *Escherichia coli* for gram scale production of the antitumor drug deoxyviolacein from glycerol. Biotechnology and Bioengineering, 111(11): 2280-2289.
Rodrigues A L, Trachtmann N, Becker J, et al, 2013. Systems metabolic engineering of *Escherichia coli* for production of the antitumor drugs violacein and deoxyviolacein. Metabolic Engineering, 20: 29-41.
Shirata A, Tsukamoto T, Yasui H, et al, 2000. Isolation of bacteria producing bluish-purple pigment and use for dyeing. Jarq-Japan Agricultural Research Quarterly, 34(2): 131-140.
Wei S P, Qian Z G, Hu C F, et al, 2020. Formation and functionalization of membraneless compartments in *Escherichia coli*. Nature Chemical Biology, 16(10): 1143-1148.
Zhang Y W, Chen Y F, Yang X H, et al, 2021. Giant coacervate vesicles as an integrated approach to cytomimetic modeling. Journal of the American Chemical Society, 143(7): 2866-2874.
Zhao E M, Suek N, Wilson M Z, et al, 2019. Light-based control of metabolic flux through assembly of synthetic organelles. Nature Chemical Biology, 15(6): 589-597.
Zhou Y J, Buijs N A, Zhu Z W, et al, 2016a. Harnessing yeast peroxisomes for biosynthesis of fatty-acid-derived biofuels and chemicals with relieved side-pathway competition. Journal of the American Chemical Society, 138(47): 15368-15377.
Zhou Y J, Buijs N A, Zhu Z, et al, 2016b. Production of fatty acid-derived oleochemicals and biofuels by synthetic yeast cell factories. Nature Communications, 7: 11709.

SYNTHETIC
BIOLOGY
ENGINEERING
TECHNOLOGY
SERIES

合成生物学
工程技术丛书

第 7 章
能量系统调控代谢路径效率

合成生物系统调控与优化技术
SYNTHETIC BIOLOGICAL SYSTEM REGULATION AND OPTIMIZATION TECHNOLOGY

7.1
细胞能量系统概述

7.1.1 细胞能量的作用

从生物能学的角度来看，能量的利用是所有活体生物的基本性质。在自然界中，尽管在能量获取上有明显的差异，但自养生物和异养生物均以 ATP 形式的能量载体来维持生命体的运行。ATP，又名腺苷三磷酸，最早于 1929 年被 Cyrus H. Fiske、Yellapragada Subbarow 和 Karl Lohmann 同时发现的一种嘌呤核苷酸。作为生物体内最为重要的化合物之一，ATP 的存在满足了生命体在生物合成、细胞运动、物质运输、信号转导以及遗传信息传递方面的需求。

7.1.2 细胞能量的产生

生命体的代谢基础依赖于耗能反应，因此，能量的获取和利用是所有生命活动的核心。生命体通过有机物、光能或还原态无机物获取能量，利用细胞内的分解代谢酶系生成通用能量分子 ATP，并依靠合成代谢酶系合成各种复杂的大分子，确保正常生理功能的运行。对于化能营养型生物，能量来源包括有机物（如碳水化合物、脂肪和蛋白质）和无机物（如 H_2S、H_2 等）。根据能量的利用方式，这类生物可以分为化能异养型（通过有机物的生物氧化获取能量）和化能自养型（通过无机物的生物氧化获取能量）。

有机物的生物氧化与燃烧在化学本质上是相同的，最终都释放有机物的化学能并生成 CO_2 和水。为避免温度骤升对细胞造成的损害，生命体选择生物氧化这一温和的、多步酶促反应形式来释放能量。同时，生物氧化将能量转化为 ATP，确保高效的能量利用。生物氧化过程可以概括为脱氢、递氢和受氢的过程，同时生成 ATP、还原力（[H]）和小分子物质。根据是否经呼吸链递氢，生物氧化可分为呼吸和发酵；而根据受氢体的不同，呼吸又分为有氧呼吸和无氧呼吸。此外，根据磷酸化作用的不同又区分为底物水平磷酸化和电子传递链磷酸化。

为更好理解生物氧化，以葡萄糖为例说明其过程。生物氧化的第一阶段是脱氢，化能异养型生物中存在四条主要脱氢途径：糖酵解途径（EMP）、戊糖磷酸途径（PPP）、KDPG 途径（ED）和 TCA 循环。其中，糖酵解途径（EMP）在大多数生物中普遍存在，尽管其产能效率不高，但在缺氧条件下仍可为细胞提供 ATP。此外，该途径中产生的磷酸化中间代谢物具有重要的生理功能，这些代谢物不易透过细胞膜，发挥着能量贮存和为酶促反应提供信号的功能。糖酵解途径共有 10 个步骤，前 5 步为耗能阶段，后 5 步为储能阶段，1 分子葡萄糖经糖酵解反应最终生成 2 分子丙酮酸，并产生 2 分子 ATP 和 $NADH+H^+$ 形式的还原力。

戊糖磷酸途径是糖代谢的另一条重要途径，主要特点是生成 $NADPH+H^+$ 形式的还原力，并提供用于生物合成的中间代谢物。该途径在光能自养生物中还作为 CO_2 固定的重要中介，具有重要的生物学意义。

KDPG 途径是某些缺乏完整糖酵解途径的微生物所使用的替代途径，仅需 4 步反应即可生成丙酮酸，但是其产能效率较低。该途径与 EMP、PPP 和 TCA 循环相连，确保能量、还原力和中间代谢物的持续供应。

TCA 循环是广泛存在于生物体内的重要代谢途径，起始于丙酮酸，经过一系列氧化和脱羧反应，最终生成 CO_2、H_2O 和 $NADH+H^+$ 形式的还原力。在原核生物中，TCA 循环的琥珀酸脱氢酶位于细胞膜上，而其余酶系则位于细胞质中，细胞质是 TCA 循环进行的场所；而在真核生物中，TCA 循环发生在线粒体中，除位于线粒体内膜的琥珀酸脱氢酶，其余酶系均位于线粒体基质。TCA 循环兼具合成代谢和分解代谢的功能，且具有高效的能量生成能力。O_2 不直接参与该循环，但其作为电子传递链中的氢受体，对于 NAD^+ 和 FAD^+ 的再生至关重要。

呼吸作用的本质是递氢和受氢过程。递氢是指将脱氢过程中产生的还原力（[H]）通过电子传递链（ETC，又称为呼吸链）传递，最终与氢受体结合。ETC 位于原核生物的细胞膜或真核生物的线粒体内膜上，由一系列呈梯度排列的电子传递体组成（图 7-1）。受氢过程相

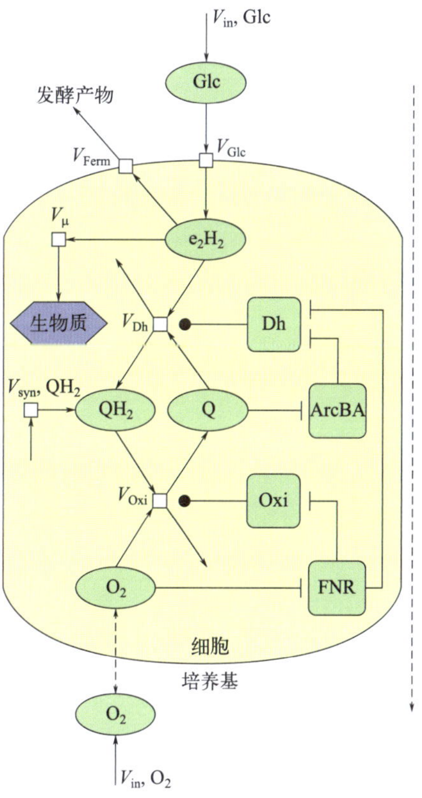

图 7-1　大肠杆菌电子传递链的模型结构

以大肠杆菌电子传递链为例，在细胞吸收葡萄糖后，随即创建了一个还原电位 e_2H_2（可用电子对池），该池与脱氢酶催化反应相连，将奎宁酸（Q）还原为 QH_2。QH_2 在氧化酶催化反应中被氧化，这一过程需要消耗氧气，QH_2 也可以通过其他酶促反应从头合成。ETC 反应酶（Oxi, Dh）可被 FNR 和 ArcBA 调节，以稳定电子传递链

对简单，是将氢或电子从低氧化还原电势的化合物传递到高氧化还原电势的氧气或其他氧化物。根据受氢体的不同，呼吸作用可分为有氧呼吸和无氧呼吸。

呼吸链在生物体内扮演着重要的生理角色。它通过递氢和受氢过程与磷酸化作用偶联，生成 ATP，这一过程也被称为电子传递链磷酸化。在递氢和受氢过程中，跨膜的质子浓度差产生质子动势，从而驱动 ATP 合酶合成 ATP。

生物氧化是生物体产生能量的主要机制。化能异养生物的生物氧化过程包括脱氢、递氢和受氢。在这一过程中，根据递氢体和受氢体的不同，生物氧化可分为有氧呼吸、无氧呼吸和发酵。三种产能形式中，有氧呼吸的产能效率最高，而发酵的效率最低。然而，从发酵工业的角度来看，发酵对许多代谢产物的生产具有重要意义。

发酵是一种特殊的生物氧化形式。不同于有氧呼吸将还原力 [H] 传递给氧气，发酵过程中底物脱氢后产生的还原力 [H] 直接传递给中间代谢产物形成产物，而非传递给氧气。这一过程通过底物水平磷酸化生成能量，虽然其能量产生效率较低，但在许多厌氧生物中具有重要的生理作用，特别是在乳酸、乙酸、丁酸、乙醇、丙酮和丁醇等产物的合成途径中。

化能自养型生物通过氧化无机物获得能量，与化能异养型生物相似，它们也依靠氧化磷酸化获取能量。但化能自养型生物的合成代谢起点是氧化程度较高的 CO_2。这些生物顺着电子传递链生成 ATP，而通过逆向呼吸链生成还原力 NADPH，用于 CO_2 固定。相比之下，化能异养型生物的合成代谢起点是氧化还原水平适中的有机碳源。化能自养型生物的产能机制效率较低的原因主要有两个：其一，这类生物的初始能源是还原态有机物，底物在氧化时必须根据氧化还原电势的位置进入电子传递链，导致产能效率低下；其二，固定 CO_2 时不仅需要消耗能量，还需要额外提供能量用于生成还原力，这进一步降低了产能效率。

光能自养型生物通过光合作用从日光辐射能中获取能量。这些生物的合成代谢起点同样是氧化程度较高的 CO_2。光能自养型生物分为产氧型和非产氧型两类。产氧型光能自养生物采用非循环光合磷酸化进行产氧光合作用，如藻类、绿色植物和蓝细菌。这一过程特点如下：电子传递链为非循环式，需要在有氧条件下进行，包含 PS Ⅰ和 PS Ⅱ两个光系统。PS Ⅰ系统负责还原力的产生，含有叶绿素 a，吸收红光，反应中心波长为 P700；PS Ⅱ系统负责 ATP 和 O_2 的生成，含有叶绿素 b，吸收蓝光，反应中心波长为 P680。非产氧型光能自养生物则采用循环光合磷酸化，目前仅在厌氧光合细菌中发现。这一过程的特点是：电子传递链为循环式，电子在光能激发下从光合色素中释放，随后循环回到光合色素，生成 ATP；产能和还原力生成分开进行，且这一过程不产生氧气。紫膜光合磷酸化是一种特殊的光合作用机制。该机制在无氧条件下，紫膜蛋白上的视黄醛在光能驱动下发生构象改变，质子被泵出膜外形成质子动势；膜外的质子在返回胞内时推动 ATP 合酶生成 ATP。这一机制增进了对光合作用类型的理解。

7.1.3 细胞能量的调控

细胞的能量代谢是一个复杂且受精密调控的网络，相互之间高度关联，以保证细胞在环境变化时做出迅速的适应性调整。ATP 是体内供能的主要高能化合物，作为能量代谢的核心和能量载体，可被细胞直接利用。细胞内 ATP 合成方式有两种：底物水平磷酸化和氧化磷酸化（又称为偶联磷酸化）。底物水平磷酸化的过程与脱氢反应偶联，可直接将高能代谢物分子中的能量转移至 ADP（或 GDP），生成少量的 ATP（或 GTP），主要发生于糖酵解和 TCA 循环。通过氧化磷酸化，代谢物脱下的氢经线粒体氧化呼吸链电子传递释放能量，该产能过程与驱动 ADP 磷酸化生成 ATP 相偶联，负责合成细胞内约 90% ATP。

因此根据产能机制，细胞对能量的调控主要是对胞内 ATP 水平的控制。目前细胞主要通过对能量底物和氧的协同利用对胞内 ATP 的合成进行调控（图 7-2）。对于化能异养型生物来说，能量底物的利用和氧的供应直接影响细胞内 ATP 的水平。葡萄糖是细胞首选的能量底物，一旦进入细胞，即被激酶磷酸化为葡萄糖-6-磷酸（G-6-P），随后糖酵解将此己糖磷酸盐转化为关键代谢物丙酮酸。葡萄糖在这一过程中仅通过底物水平磷酸化产生少量 ATP。在能量底物经糖酵解代谢后，氧的供应将直接影响细胞的能量代谢。根据氧的供应情况，葡萄糖的分解代谢主要包括无氧氧化和有氧氧化，糖酵解是两者的共同起始途径：当氧气供应充足时，葡萄糖经糖酵解分解为丙酮酸进入三羧酸循环，彻底氧化后生成 CO_2 和 H_2，在这一过程中主要通过氧化磷酸产能并释放能量；当氧气供应不足时，丙酮酸不会进入糖酵解途径，而通过无氧氧化生成 CO_2 以及乙酸、乙醇和乳酸等副产物。在这一过程中能量的来源主要是底物水平磷酸化。

（1）调控胞内 NADPH 的水平和氧化路径

由细胞内糖酵解、脂肪酸氧化和三羧酸循环产生的 NADH 可以通过三种不同的方式转化为 NAD^+。在好氧生长条件下，NADH 通过电子传递链氧化，以氧气作为最终的电子受体，产生大量的 ATP。在无氧生长和没有替代氧受体的情况下，NADH 的氧化可以通过发酵途径发生，如乙醛脱氢酶或乳酸脱氢酶对其的氧化作用。在这种情况下，能量生产主要来自底物水平磷酸化。NADH 也可以通过 NADH 氧化酶直接氧化成水和 NAD^+。因此，调控 NADH 的有效性和氧化途径可能是调控细胞内 ATP 水平的有效策略。

基于 NADH 相关的代谢途径，有两种不同的策略通过调控 NADH 的含量以控制胞内 ATP 的水平。其一，通过过表达或敲除与 NADH 相关的关键酶的基因，如 *ackA*(乙酸激酶)、*aldA*(乙醛脱氢酶)、*ldh*(乳酸脱氢酶) 和 *pfl*(丙酮酸甲酸裂解酶)，来控制 NADH 的含量；其二，在培养基中添加 NAD^+ 依赖型脱氢酶的特定底物，如甲酸、柠檬酸和草酸，可以增加 NADH 的合成量。

（2）调控电子传递链

如图 7-2 所示，复合物Ⅰ，Ⅱ，Ⅲ，Ⅳ是电子传递链（ETC）的重要组分，在 ATP 的生成中起关键作用。针对这四个不同的复合体，可采用三种不同的策略来降低 ETC 的能量生成性能。其一，在培养液中加入特定的抑制剂来阻断 ETC，进而降低 ATP 的含量。例如，在光滑拟球酵母的对数生长期向营养肉汤培养基中添加 10 mg/L 鱼藤酮或抗霉素 A，可使细胞内 ATP 水平分别下降 43% 和 27.7%。其二，通过诱变或遗传操作使关键组分缺失。例如，

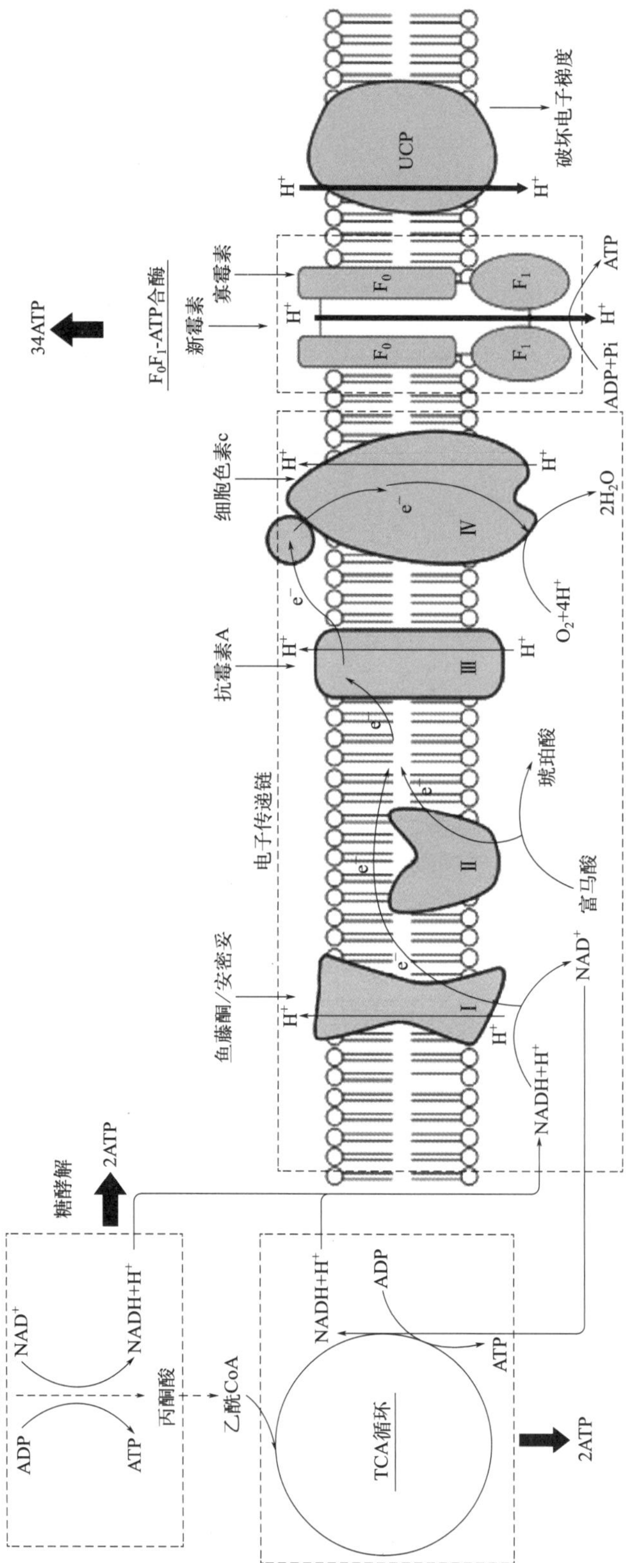

图 7-2 ATP 合成途径及一些代表性抑制剂

若酵母细胞中细胞色素 aa_3 和细胞色素 b 的缺失会导致能量水平下降 25%(Liu et al., 2006)。其三，通过某些酶的异源表达来阻断 ETC。例如，一种来源于荚膜组织胞浆菌中的氧化酶（AOX1）可以通过氧化电子和减少 ATP 供应来破坏 ETC。

（3）调控氧气的供应

在好氧条件下，当氧气被用作 ETC 的最终电子受体时，培养基中氧的浓度是 ATP 产生的决定性环境因素，特别是对于一些高密度、高黏性和高能量需求的发酵过程。许多研究表明，增加 ATP 的供应可以通过增加氧气供应来实现。长期以来，通过增加供氧来提高胞内 ATP 水平的策略已被应用于发酵过程控制和遗传改造。这种策略可以进一步分为两种不同的方法。一种是通过生物反应器中的搅拌速度来控制通气速率，或者用纯氧通气。许多复杂的供氧控制策略是在这些简单方法的基础上发展起来的。另一种方法是向培养基中添加氧载体，如正己烷、正庚烷和正十二烷，从而使培养基中氧的溶解度升高。在一个遗传改造的策略中，通过在不同工业菌株中异源表达来自透明颤菌的血红蛋白，进而实现了在胞外低溶氧浓度下提高氧的转运效率（Zhou et al., 2009）。

（4）调控质子梯度

如图 7-2 所示，NADH 通过 ETC 氧化产生的质子梯度驱动 F_0F_1-ATP 合酶合成 ATP。实验结果表明，质子梯度在很大程度上取决于膜的通透性。一些化学物质，如二甲苯、细菌素、乳酸链球菌素和 2,4-二硝基苯酚，可以扰乱细胞或线粒体膜的常规通透性，从而破坏质子梯度，破坏 ATP 合成（Zhou et al., 2009）。此外，真核细胞的解偶联蛋白（UCP）是一种离子通道膜蛋白。它释放质子梯度而不合成 ATP。其中研究最为广泛的是 UCP1、UCP2 和 UCP3。

（5）调控 F_0F_1-ATP 合酶的活性

F_0F_1-ATP 合酶是氧化磷酸化的最后组成部分，在 ATP 的产生中起着核心作用。有两种不同的方法可通过弱化 F_0F_1-ATP 合酶活性来降低细胞内 ATP 含量。第一种方法是在培养基中添加 F_0F_1-ATP 合酶的外源特异性抑制剂，如寡霉素、新霉素和 *N,N'*-二环己基碳二亚胺。第二种是遗传改造和对 F_0F_1-ATP 合酶进行突变。对于原核微生物，在枯草芽孢杆菌和谷氨酸棒状杆菌中突变 F_0F_1-ATP 合酶，会使酶的活性降低，从而影响 ATP 供应和胞内 ATP 的水平，进而通过糖酵解途径增加 ATP 需求。例如，对光滑拟球酵母的 F_0F_1-ATP 合酶进行突变使该酶的活性降低约 65%，胞内 ATP 水平降低 24%。在酿酒酵母中，F_0F_1-ATP 合酶可能受到自身 ATP 酶抑制肽（如 IF1）的严格调控，通过影响 F_0F_1-ATP 合酶的聚合进而影响其活性。

7.2 细胞能量调控的应用场景

细胞的正常运转需要各种能量来源提供持续的“动力”，通过维持能量代谢的体内平衡

（如 ATP 和还原力）以进行各种复杂的生理功能，如营养吸收、细胞生长、生物合成、代谢物转运和抗逆性。当微生物细胞工厂参与高强度的生物合成并处于恶劣的环境压力下时通常会面临能量代谢的体内平衡被打破的情况，从而造成细胞内能量供应的不足。然而，微生物细胞很难通过动态调控系统来适应细胞对能量的持续需求。因此，对细胞内能量代谢的改造在提高细胞生长和生物合成方面发挥着重要作用。

目前对微生物细胞进行能量代谢改造的目的主要是强化高能量需求路径、抵御外界环境胁迫和驱动难进行的化学反应。ATP 作为代谢反应和代谢途径最重要的能量来源，在工业菌株的生长和目标代谢物的合成中起着至关重要的作用。通常情况下，增加胞内 NADH 的浓度和氧供应，调节 NADH 氧化途径和质子浓度梯度，以及提高电子传递链活性和 F_0F_1-ATP 合酶活性等方式可对工业菌株 ATP 进行调控。通过应用这些策略，在工业生物技术中获得了最佳的产品浓度、产量和生产率。

7.2.1 强化高能量需求路径

细胞能量调控的核心使命是优化生物加工过程。为此能量调控的关键就在于提高生物对能量的利用效率。在微生物发酵生产各种化学品的过程中，生产强度和转化率是衡量细胞能量利用效率的两个重要指标。为此，强化高能量需求路径，提高能量利用效率是优化生物加工过程的重要步骤。

（1）提高生产强度

提高发酵生产强度是提高生物工艺经济性的有效途径，因为高生产强度可以缩短发酵周期，减少设备成本，以及降低能源消耗。为此，通过改造中心代谢途径，如糖酵解途径或三羧酸循环，以改变碳代谢流的速率是一种行之有效的策略。因为从能量供给的角度来看，糖酵解途径或三羧酸循环属于高能量供应路径。在能量需求旺盛的情况下，细胞内能量水平必然因为需求的增加而下降，而为了满足能量需求的缺口，通过糖酵解途径或三羧酸循化的碳代谢流必然会逐渐增加以加快能量的生成。已有的一项研究表明，原核和真核细胞可通过降低胞内能量水平的方式加强糖酵解途径的代谢通量，加快能量的生成。同时另一项研究也表明，在缺乏 ATP 合酶的突变株细胞内，ATP 水平的降低会导致糖酵解通量加快和能量生成效率提高（Zhou et al., 2009）。一个典型的例子是透明质酸的生产。在兽疫链球菌产生透明质酸的过程中，经代谢通量组学分析表明，发酵过程中细胞生长和透明质酸的生产与胞内 ATP 水平密切相关。通过在培养基中限制葡萄糖含量和增加酵母提取物的方式提高胞内 ATP 的供应，从而实现透明质酸的连续生产。这样可以减少反复清洗生物反应器的时间，从而提高总体生产率。

（2）提高底物的转化率

在工业菌种生产精细或大宗化学品过程中，许多副产物，如乙酸、乳酸和甘油，会分泌到培养基中。副产物的过量积累会导致主产物产量的降低，生物分离纯化过程中成本上升，以及环境的破坏。通过调控能量代谢途径来减少副产物的形成是一种常见的策略。例如，在产黄青霉发酵生产青霉素及其衍生物的过程中，青霉的快速生长需要有充足的 ATP 供应。此外，无论是青霉素的合成（合成 1 mol 青霉素需要 73 mol ATP）还是其分泌都是高耗能过程，都对 ATP 有极大的需求。在这一过程中 ATP 的供应就显得非常重要，为此 ATP 的合成应该受到严格调控。否则，由于 ATP 缺乏，有机酸和其他中间代谢物会在发酵培养基中积累。先前的研究已经表明，在低溶氧条件下，以葡萄糖为碳源发酵生产青霉素会导致产量下降。为了进一步提高青霉素 G 的产量，额外在发酵培养基中加入 200 mmol/L 甲酸后青霉素 G 的转化率从 49% 提高到了 62%(Harris et al., 2007)。另一个典型的例子是乳酸的发酵。乳酸的生产是一个无氧的过程，发酵过程中所需要的 ATP 均由糖酵解途径产生。通过敲除丙酮酸-甲酸裂解酶和限制氧气的供应，加快了糖酵解途径的代谢通量，从而增加了 ATP 的供应，进而使葡萄糖向乳酸的转化率提高了 72.5%(Zhu et al., 2004)。因此可以认为在限氧条件下，增加 ATP 的需求促进了糖酵解途径的代谢速率，从而抑制了副产物的合成。此外，丙酮酸-甲酸裂解酶的缺乏有效地消除了甲酸盐的积累。

（3）提高底物利用率

研究表明，ATP 在底物利用的两个关键过程中起着至关重要的作用：跨膜运输和底物磷酸化。此外，ATP 还参与许多化学物质的细胞内转化，尤其是异源产物。因此，对 ATP 含量的调控可能是提高底物利用率的有效途径。

鉴于目前面临全球能源和粮食需求量不断增加的问题，微生物以木质纤维素为底物生产能源或精细化学品是工业生物技术中最具吸引力的研究方向之一。然而，大多数工业菌株不能有效利用纤维素的主要成分——木糖和阿拉伯糖，作为碳源和能源。通常情况下，ATP 的可用性被认为是木糖利用的关键瓶颈之一。为了提高德巴利汉逊氏酵母对木糖的利用效率，通过控制比氧气吸收速率来调节细胞内 ATP 的水平，木糖醇的产量达到 76.6 g/L，产率为 0.73 g/g。此外，通过将利用阿拉伯糖的异源基因和非氧化戊糖磷酸途径的必需基因进行组合表达，构建了一个能过量积累 ATP 的酿酒酵母工程菌株。最终使该菌株能利用阿拉伯糖作为碳源和能源。

在环境微生物中，调节 ATP 的供应可以提高污染物的生物降解效率。在生物降解过程中，菌株使用额外的 ATP 和辅酶 A 将外来生物进行磷酸化修饰或以辅酶 A 的形式在胞内进行代谢，如苯及其衍生物、萘及其衍生物、2,4,6-三硝基甲苯（TNT)、甲基叔丁基醚及其衍生物和环丙烷羧酸酯。在充足的 ATP 供应下，这些生物可将这些污染物转化为相应的辅酶 A 形式的化合物。对于苯甲基醚为代表的一大类污染物，ATP 还可以促进 *O*-去甲基化反应，加速苯甲基醚的生物降解过程。

7.2.2 抵御外界环境胁迫

在生物生产过程中，工业菌株可能会遭遇一系列的环境胁迫，如酸、冷、氧化和渗透压变化。因此，工业菌株的生存、生长和代谢功能会受到这些胁迫的影响。许多抵御环境胁迫的机制已经被确定和表征。据推测 ATP 的供应可以促进工业菌株在胁迫反应中通过主动运输和信号通路发挥重要作用。

工业菌株在高胁迫下存活的主要机制是通过膜结合的 ATP 酶控制细胞内环境，通过水解

ATP 将特定离子转移到环境中。ATP 酶的缺乏会极大地削弱细胞对环境胁迫的耐受程度，导致生长停止和目标代谢物积累。例如，在一个酿酒酵母突变株中，缺乏液泡质子转运活性的 ATP 酶会产生缓慢的氧胁迫。缺乏 H^+-ATP 酶的酿酒酵母突变株对铝和 NaCl 的耐受性都急剧下降。相反，有充分的证据证明酿酒酵母对高乙醇含量的耐受性随 ATP 水平的提高而提高。一个强化的 ATP 酶系统能很好地提升细胞应对更恶劣环境的能力。

在微生物中，基于胁迫诱导的 ATP 信号通路已被广泛研究。ATP 是许多信号通路的基本底物。研究表明，在高渗透压甘油（HOG）通路中，与耐受高渗透压胁迫有关的几个信号转导节点均使用 ATP 作为能量来保护细胞免受高渗透压胁迫。同样，ATP 也促进了其他胁迫反应网络的信号转导，如冷胁迫、热胁迫和氧胁迫的信号转导。

与之相反，一些信号通路也可能在胁迫条件下影响 ATP 的合成。在链球菌中，缺乏细菌信号识别粒子（SRP）元件的突变株仍然存活，但对环境胁迫更为敏感。这是因为 SRP 的缺失降低了 ATP 酶活性，限制了 ATP 的供应。研究发现，在高度环境胁迫下生长的工业菌株对 ATP 有较高的需求。因此增加 ATP 的供应可以很好地提高菌株的抗胁迫能力。

7.2.3 强化目标途径反应效率

ATP 的供应和目标代谢产物的产生之间有四种类型的关系。第一种情况针对的是丙酮酸和谷氨酸等代谢物。因为 ATP 供应的减少会加强中心代谢途径的代谢通量，进而促进相关代谢物的积累。第二种情况针对的是多聚氨基酸或多糖等代谢物。通过增加 ATP 供应可促进多聚物的积累。由于大量 ATP 参与代谢物的形成和分泌，改善 ATP 的供应可以促进整个过程。第三种情况针对的是 ATP 的需求随目标代谢物的不同积累程度而发生变化的，因此 ATP 的供需在整个过程中是变化的。例如，在重组酿酒酵母生产乳酸的过程中，胞内较低的 ATP 水平有利于乳酸的生成，但是在乳酸外泌的过程中则需要充足的 ATP 供应。第四种情况针对的是胞内 ATP 可用性与最终目标产物之间无直接的关系，即 ATP 的含量与特定代谢途径之间的关系是非线性的。虽然绝大多数的生物生产过程都属于这种情况，但是在仔细分析代谢网络的基础上，仍可通过复杂的数学模型建立起相应的关系模型，从而确定对 ATP 进行调控的策略。基于 ATP 供应与目标产物积累的不同关系，通过调控 ATP 的供应以提高目标代谢物浓度、转化率和生产强度的策略可以分为三组：①减少 ATP 的消耗；②增加 ATP 的供应；③多阶段 ATP 供应调控。而调控 ATP 含量的最终目标是使产物能达到最高浓度、转化率或生产强度。长期以来，以 ATP 为导向对生物生产过程进行优化的策略得到了迅速发展，并成功地扩展了代谢工程的边界。为了对这一概念进行说明，本文以强化高能量需求路径为例进行说明。

研究表明，充足的 ATP 供应对于谷胱甘肽（GSH）的生物合成和分外泌是至关重要的。为了进一步提高谷胱甘肽产量，一种直接、有效但却十分昂贵的方法就是在培养液中直接添加 ATP。尽管这种方法被证明能提高产量，但是由于过于昂贵，无法应用于工业生产。为了满足谷胱甘肽合成路径中的高能量需求，研究人员尝试建立了一个合成谷胱甘肽的耦合系统，如图 7-3 所示。其设计原理是使用重组大肠杆菌合成谷胱甘肽，通过酿酒酵母实现 ATP

的再生。改进后的偶联系统，在不额外补加 ATP 的情况下，GSH 的产量可达到 8.92 mmol/L(Liao et al., 2008)。另一个例子是通过增加 ATP 供应来提高黄原胶的产量。第一种策略聚焦于通过提高氧气的供应以增加 ATP 的生成。第二种策略是给细胞提供额外的能量底物，如柠檬酸。有趣的是，两种策略均通过增加 ATP 的供应，提高了黄原胶的平均分子质量。

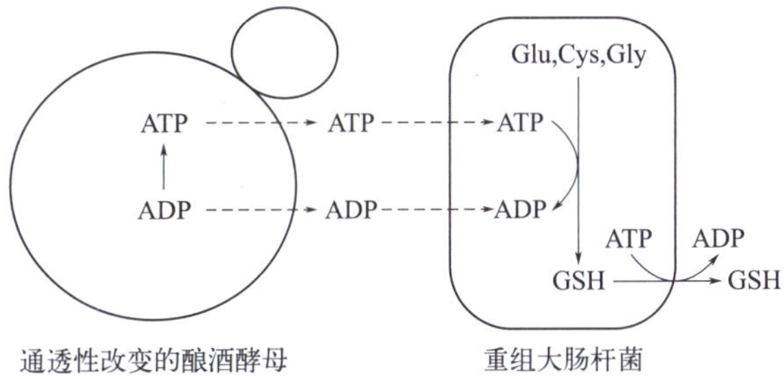

图 7-3　重组大肠杆菌和酿酒酵母偶联系统的 GSH 生物合成

ATP 作为细胞的能量货币，是许多生化反应的共同成分，且在工业菌株的生理功能调控中发挥关键作用。对细胞内 ATP 供应和需求进行合理调控的目的是满足工业生物技术三个最重要的指标：高产量、高转化率和高生产强度。除此之外，对 ATP 供需的调控可以提高底物的利用率，改善工业菌株面对环境胁迫的抵抗能力。

然而，若要实现以 ATP 为导向将能量代谢的调控作为一种代谢工程的常规策略来增强工业菌株的生产性能，还需要解决以下三个关键问题：①对 ATP 供需进行定量分析进而评估对全局性代谢网络造成的影响；②确定细胞内代谢反应的关键调控节点和代谢途径；③基于 ATP 供需关系，设计能应用于当前生物技术的通用调控策略，进而实现生物加工过程高效率性。在未来，以基因组学、蛋白质组学、代谢组学等组学技术为代表的系统生物学研究和许多新研究工具的开发将为这一过程提供更多而全面的信息。同时也为更好地理解、监测和调控细胞生理提供更有效和可行的方法。最终实现以 ATP 为导向的发酵调控和生物加工过程优化。

7.3
自养微生物胞内能量的调节策略

自养微生物利用相应的能量转换系统从光能（光能自养型生物）、化学能（化能自养型生物）或电能（电能自养型生物）中获取代谢所需的能量，以维持细胞生长和生产所需能量的稳定。由于现存的能量转换系统是极为低效的，因此难以满足自养微生物细胞的快速生长和高强度生产。为此根据不同的能量来源，可以从以下三个方面加强能量的获取：①提高光合系统中光能利用效率；②加速化能系统中电子传递；③强化电合成系统中电子获取。如图 7-4 所示。

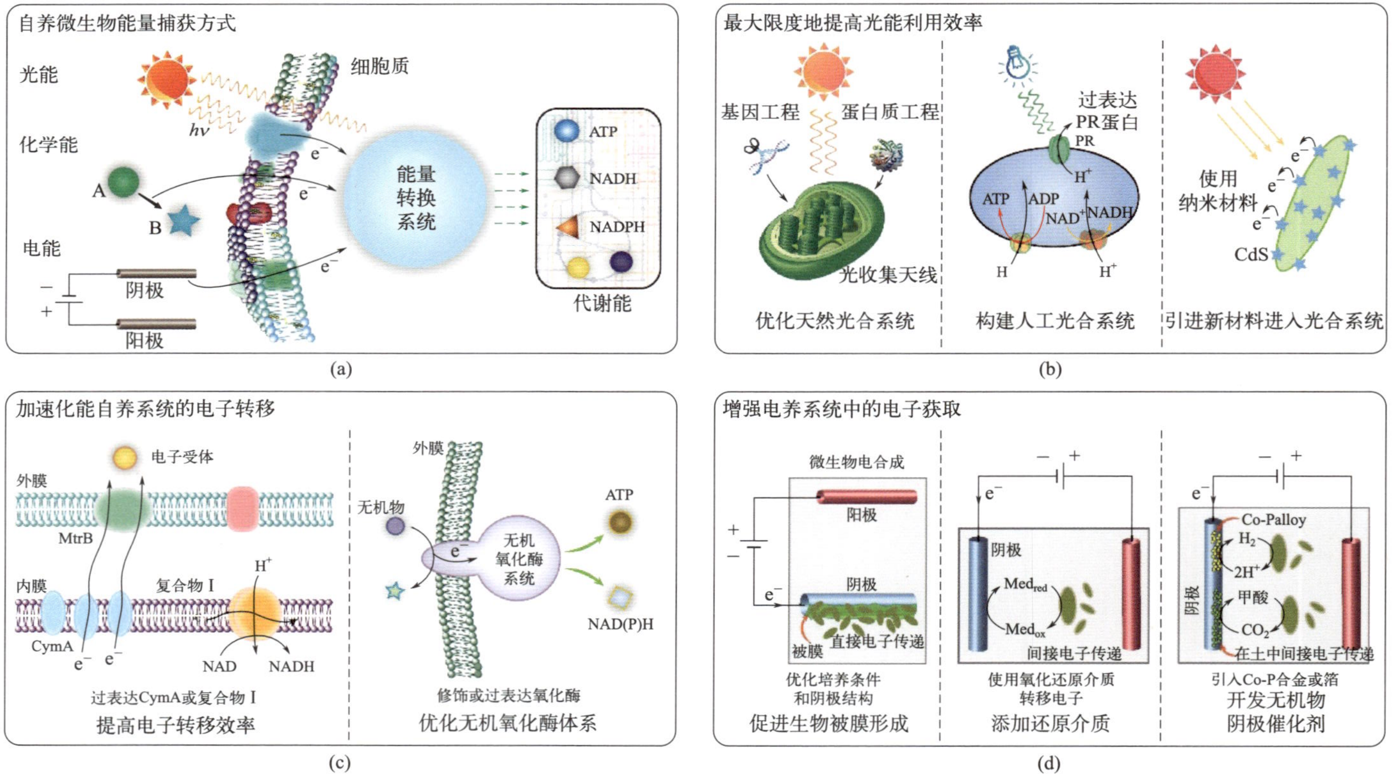

图 7-4　自养微生物的能量捕获与强化

图（a）为三种能量捕获的方式；图（b）为通过优化天然光合系统、构建人工光合系统和引入新型材料到光合系统强化光能利用效率；图（c）为通过强化电子传输效率和优化无机氧化系统加速化能自养系统的电子转移；图（d）为通过促进生物被膜形成、添加还原介质和发展无机阴极催化强化电合成系统中电子捕获

7.3.1 提高光合系统中光能利用效率

光合微生物利用独特的光营养系统将光能转化为代谢所需的能量，以维持细胞的生理功能和活性。目前可通过以下策略来提高光合系统的效率：①优化天然光合系统；②构建人工光合系统；③引入新的材料来构建光合系统。

光能自养微生物的光合系统分为产氧型光合作用和非产氧型光合作用两种。对于产氧型光合作用来说，光合系统的优化策略主要集中在拓展可吸收光的波长、改造光合反应中心及改善明暗反应的耦合性。其中，改造光合反应中心是通常被认为的最佳策略。因为光合反应中心可利用天线复合体吸收更多的光能。据报道，在蓝藻 *Synechocystis* sp. PCC 6803 中，藻蓝蛋白（phycocyanin，光收集天线的一个组成部分）的缺失可增加光合作用的半饱和强度，以使细胞获得更多的能量，从而使生物量的积累提高了 57%(Kirst et al., 2014)。此外，对与能量相关酶的单个或多个单核苷酸多态性（SNPs）进行改造可以显著提高蓝藻的光合作用。在一项研究中，将 F_0F_1-ATP 合酶 α 亚基上的第 252 位半胱氨酸突变为酪氨酸增强了光合系统Ⅱ和 ATP 合酶活性，从而提高了细胞内 ATP 丰度，进而使细胞的生长速度和胞内糖原含量分别比野生型细长聚球藻 *Synechococcus elongatus* PCC 7942 菌株提高了 1.6 倍和 1.2 倍（Lou et al., 2018）。

对于非产氧性光合作用来说，在染色体上对编码叶绿体中天线复合体（如 FMO）的基因进行定点突变引起了人们的广泛关注。例如，在绿硫细菌 *Chlorobaculum tepidum* 菌株中对 BChls 1（V152N 突变变体）和 BChl 6（W184F 突变体）进行点突变显著增加了最高能量激发态的寿命，提高了能量获取的效率。因此，优化天然的光合系统有助于增强能量的获取效率。虽然光能自养型微生物可以利用光合系统吸收光能，但它们不能吸收全波长的日光，限制了光能转化为能量的效率。

此外，光能自养型微生物细胞的遮阴效应极大地限制了高密度培养过程中的光能利用效率。为此，设计合理的光生物反应器（例如螺旋管状、多管状或平板式光生物反应器）可以改善光在反应器内穿透和分布，同时也有利于细胞的生长。例如，一个圆柱形螺旋管式光生物反应器使微藻三角褐指藻的生产强度达到 1.4 g/（L·d），最大生物量浓度为 3.0 g/L(Hall et al., 2003）。

人工光合系统通常被用于拓展吸收光谱的附加光合系统。在天然的光能自养型微生物中构建人工光合系统可以为细胞提供额外的质子动势和代谢能量。例如，绿色光合微生物细胞在绿色光谱中表现出较低的吸收峰，这被称为“绿色缺口”。为了弥补 *Synechocystis* sp. PCC 6803 PSI 敲除株中的“绿色缺口”，已有研究尝试通过表达可吸收绿色光的变形视紫红质（PR）作为光驱动的质子泵，从而填补“绿色缺口”（Chen et al., 2019）。事实上，构建的额外人工光合系统显著改善了 *Synechocystis* ΔPSI 菌株的生长状况，相比于原始菌株，生长速率提高了 16%。进一步研究表明：PR 蛋白的功能性表达为代谢能量的产生提供了更多的质子动势，使胞内 ATP 含量增加了 11.6%，进而在对数期后期促进了细胞生长，提高了生长速率（Steindler et al., 2011）。

综上所述，人工光合系统作为一种辅助的能量供应系统，可以在一定程度上弥补光能自养型微生物天然光合系统的不足，促进代谢能量的获取。然而，相比于天然光合系统，人工光合系统始终无法达到最大能量转换效率，同时系统的持续运行会对细胞造成光损伤。这些问题目前为止依然难以克服。

新型纳米材料如纳米结构沸石材料、双带纳米线和无机半导体 $BiVO_4$ 用于人工光合系统构建可提高光能的转换效率（光子转化为电子）。这些新型纳米材料具有电子传递效率高、广谱光吸收和稳定性好等优点。虽然具有广阔的应用前景，但是对于这些材料的应用依然处于理论验证阶段。目前为止，基于新型材料在微生物细胞中构建的人工光合系统尚未有应用到实际生产的报道。现阶段，最为成功的案例是利用硫化镉（CdS）纳米颗粒在热醋穆尔氏菌 *Moorella thermoacetica* 中构建的人工光合系统。该系统可将太阳能转化为代谢能量用于驱动二氧化碳固定，峰值量子转化率为 2.44%(Sakimoto et al., 2016)。在另一项研究中，通过将石墨氮化碳（g-C_3N_4）和降解 H_2O_2 的过氧化氢酶耦合，构建了一个杂交光合系统。在该系统中，g-C_3N_4 的功能是获取光能并将其转化为电子，使 H^+ 还原生成 H_2。过氧化氢酶的功能是将 H_2O_2 分解生成 O_2。该体系的产氢效率为 3.4%，氢气和氧气的析出速率可达 55.72 μmol/h。通过构建 g-C_3N_4-过氧化氢酶光催化剂，罗尔斯通氏菌 *Ralstonia eutropha* 以二氧化碳为底物生产生物塑料聚羟基丁酸酯（PHB）的产量提高了 1 倍，而以果糖为底物时，PHB 产量增加了 1.84 倍（Tremblay et al., 2020）。因此，引入具有光合特性的新型纳米材料可以有效提高采光能力，进而促进代谢能量的生成。然而需要注意的是，新型纳米复合材料在应用过程中依然面临获取光谱窄的技术难题，这限制了其进一步应用。

7.3.2 加速化能系统中的电子传递效率

化能自养微生物必须利用代谢能量催化一系列失去平衡的无机氧化-还原反应来维持细胞的所有功能和驱动生化反应过程。总的来说，提高化能系统效率的有效策略主要集中在两个方面：①提高电子传递系统的效率；②优化无机氧化酶系统。

与膜结合的氧化还原蛋白可催化不对等电位的氧化还原反应的代谢工程改造，该蛋白是一种提高化能自养型微生物细胞电子传递系统传递效率的有力策略。例如，细胞色素 c 是呼吸作用中电子向氧化还原蛋白传递的重要通道，而在奥奈达希瓦氏菌 *Shewanella oneidensis* MR-1 菌株中过表达 *CymA* 可增加电子向电子受体的转移。这反过来又提高了用于细胞生长的代谢能量，导致工程菌株的特定增长率增加了 102.3%。此外，过表达和修饰复合物Ⅰ（NADH-泛素氧化还原酶）可提高电子传递效率，进而增加 NADH 的生成。虽然尚未有在化能自养型微生物中应用的报道，但是将电子传递链中相关氧化还原蛋白进行代谢工程和蛋白质工程改造，用于增强细胞代谢能量的获取是值得探索的方向。

无机氧化酶系统可通过氧化无机底物产生化学能。对该系统的优化是另一种强化代谢能量获取的有效策略。嗜酸氧化亚铁硫杆菌 *Acidithiobacillus ferrooxidan* 就是在氧化亚铁离子的过程中获取代谢能量的。一项研究表明，将 *rus* 基因导入 *A. ferrooxidan* ATCC 19859 菌株中，可使该菌株在与嗜酸菌 *Acidiphilium acidophilum* 共培养的过程中激活 *coxA*、*cycA1* 和 *petA1* 基因的表达，提高铁氧化酶系统的代谢能量获取效率，进而促进 *A. ferrooxidan* 的生长。此外，硫氧化酶系统（Sox）可催化硫氧化细菌中还原性硫化合物的氧化。最近的一项研究中已对 Sox 蛋白包括三维结构和活性识别位点进行了分析。这为增强代谢能量的获取提供了潜在的优化方案。

7.3.3 强化电合成系统中的电子获取效率

电活性细菌的电营养系统是一种微生物电合成系统。该系统可将电子源的电子进行直接或间接转移用于代谢能量的获取。为了提高电营养系统对代谢能量的获取效率，目前已有三种有效的策略：①加速生物膜的形成；②高效氧化还原介质的开发；③无机阴极催化剂的开发。

由微生物电合成系统形成的生物膜可以极大地提高间接电子传递速率，促进代谢能量的获取。例如，当硫还原地杆菌 *Geobacter sulfurreducens* 在含有 10 mmol/L 富马酸和 2 mmol/L 乙酸的培养基中进行培养时，可在石墨阴极上加速形成一层薄的生物膜，提高电子的转移速率，促进代谢能量用于富马酸向琥珀酸还原。然而，生物膜的一个明显的缺点是扩散受到限制，从而会导致代谢能量过多。此外，纳米导线作为一种特殊的高效生物膜已被用于优化 *G. sulreducens* 和 *S. oneidensis* MR-1 菌株的电子传递系统。特别是 *S. oneidensis* MR-1 菌株中的纳米线可以在微米级别的尺度上导电，电子传输速率可达到 10^9 个 /s。过往的研究已经证明纳米导线可加快电子向细胞外电子受体转移的速率，进而提高微生物燃料电池的效能。因此，纳米导线是一个潜在改造靶点，可被用于改善电子收集效率以增强微生物细胞的生物生产能力。为了进一步增强阴极微生物的相互作用以促进生物膜的形成，阴极结构和表面修饰得以应用。例如，将三维网状碳纳米管涂层用于生物膜的形成已被证明是一种有效的方式。该方法可实现约 100% 的电子传递，进而促进细菌生长和乙酸的生成。因此，具有高导电性和大表面积生物相容性的多孔复合材料在微生物生物膜形成和细胞黏附方面具有潜在的应用性，可进一步提高代谢能量的收获。

将高效氧化还原介质用于间接电子传递被认为是一种缓解微生物电合成中阴极生物膜之间高内阻和细胞拥挤问题的有效方法。到目前为止，鲜有研究证明自分泌的电子介质（如二苯并吡嗪和黄素衍生物）可在微生物电合成中使用。因此，人工介质对微生物所需代谢能量的影响是一个尚未探索的领域。高效人工氧化还原介质化合物，如中性红和甲基紫精的使用可以增强代谢能量的收获。例如，丙酮丁醇梭菌 *Clostridium acetobutylicum* 可将中性红作为人工氧化还原介质来收集代谢能量以实现 CO_2 向乙酸和丁酸的转化。事实上，人工氧化还原介质的加入通过促进电活性细菌外的电子外排加强了代谢能量的收获。然而，这种方法的主要缺点是必须连续提供一定量的介质才能达到高效率。作为另一种改进方法，开发以 2-甲基丙烯酰氧乙基磷酸胆碱基聚合物为代表的细胞相容性介质可以缓解介质的细胞毒性问题。然而，该方法尚未实际应用于生物生产的过程中。

7.4 异养微生物胞内能量的调节策略及原理

异养微生物代谢能量的供应主要通过能量代谢途径分解有机物产生。然而，工业规模发酵过程中的细胞生长和产物浓度通常受到代谢能量供应的限制。因为这一过程涉及高强度的能量消耗。建立异源能量供给途径、优化细胞外微环境、强化天然能量供给系统、弱化能量消耗途径、引入能量消耗模块以及发展纳米功能材料是提高异养微生物代谢能量供给的有效途径（如图 7-5 所示）。

7.4.1 优化细胞外微环境

细胞外微环境极大地影响了异养微生物细胞生长和生成所需的能量供给。因此，优化细胞外微环境的策略主要集中在 pH 值和溶解氧（DO）控制以及外源化合物的添加上。

pH 值和 DO 控制是提高代谢能量供给的有效方式。较低的外部 pH 值可以产生质子动势以驱动原核细胞呼吸链中 F_0F_1-ATP 合酶的运转。例如，酸性 pH 增强了白色链霉菌 *Streptomyces albulus* 细胞内 ATP 的供应，从而促进了 ε-聚赖氨酸（ε-PL）的产生。此外，增加 DO 的策略已经从过程控制发展到基因改造，例如，调节曝气速率和含氧载体的改造。一个典型的例子是在地衣芽孢杆菌中过表达来源于透明颤菌的血红蛋白使细胞内 ATP 含量增加了 66.27%，进而使 γ-聚谷氨酸（γ-PGA）产量提高了 13.32%。在另一项研究中，由 ^{13}C 标记的代谢通量分析表明：能量代谢是大肠杆菌脂肪酸过量生产的限速因素。因此，将透明颤菌血红蛋白引入产脂肪酸菌株中，以改善供氧和能量代谢。利用这一策略，所获菌株（FAV50）的脂肪酸浓度相比于对照菌株提高了 70%。但上述策略存在一定的局限性，如 pH 值低影响细胞生长，厌氧微生物细胞不需要供氧，等等。

在生长培养基中加入外源化合物，如混合碳源、能量物质或电子受体可在一定程度上提高代谢能量的供给。其中，混合碳源的作用最为明显。这是因为异养微生物细胞的能量代谢受到碳源种类的严格调控。例如，在培养基中添加 50 mmol/L 柠檬酸作为补充碳源可有效提高白念珠菌胞内 ATP 浓度（提高 20.4%），使丙酮酸的产量提高了 32.5%。此外，C1 有机底物被认为是易于供应的方便碳源。特别是，甲酸或甲醇可改善细胞内代谢能量的供应，从而增加生物量或各种化学品的积累。例如，当完全自养型大肠杆菌以二氧化碳作为唯一碳源时，额外添加的甲酸可被异源的甲酸脱氢酶氧化，以提供细胞能量生成所需的还原力，从而促进生物量的积累 [在 450 h 内生物量（细胞干重）达到 2.04 g/L]。另一个典型的例子是毕赤酵母可利用甘油和甲醇合成莫那可林 J 和洛伐他汀。甲醇作为细胞的辅助能量物质可改善细胞的能量代谢，使莫那可林 J 和洛伐他汀的产量分别达到 593.9 mg/L 和 250.8 mg/L。然而，

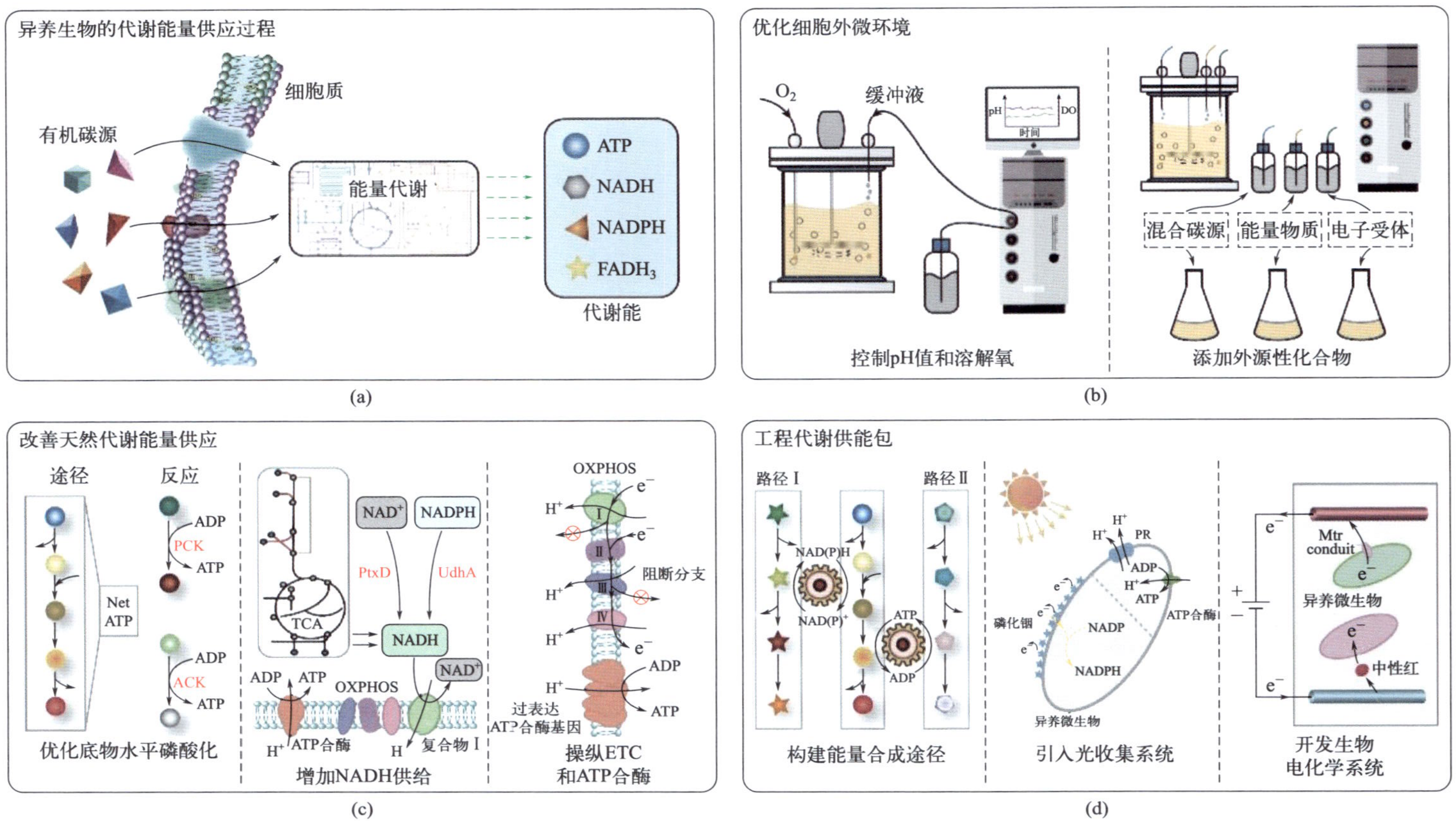

图 7-5　异养微生物的能量捕获与强化

图（a）为异养微生物利用有机碳源获取能量；图（b）为通过控制 pH、溶解氧和添加外源化学物质优化外界微环境；图（c）为通过强化底物水平磷酸化、增加 NADH 供给和改造电子传递与 ATP 合酶强化本源能量供给；图（d）为通过构建能量合成路径、引入光收集系统和发展生物电化学系统设计代谢能量的供应包这些化合物的添加增加了工业生物生产的总成本，并且诱导剂所带来的细胞毒性也是一个有待解决的问题。

7.4.2 强化天然能量供给系统

在异养微生物细胞中，天然能量代谢具有所有生物过程中最高的代谢通量。因为它产生的整体代谢能量为细胞内所有代谢途径的相互转换提供了驱动力。细胞内能量代谢的优化可以通过提高底物水平磷酸化，增加 NADH 供应，调控电子传递链和 ATP 合酶进行。

细胞内与底物水平磷酸化相关的途径和代谢反应对 ATP 的生成至关重要，通过糖酵解，每摩尔葡萄糖可以生成两摩尔的净 ATP。在一些研究中，过表达（如甘油-3-磷酸激酶和丙酮酸激酶）或改造（如己糖激酶）糖酵解途径中的相关酶可增加细胞内 ATP 的水平，从而使 L-精氨酸和 3-羟基丙酸的产量分别提高了 16.2% 和 7.6%。除此之外，许多生成 ATP 的反应，如由磷酸烯醇式丙酮酸羧激酶（PCK）和乙酸激酶催化的反应，每摩尔底物产生一摩尔 ATP，从而使琥珀酸和乙醇产量分别提高了 60% 和 180%。因此，改善底物水平磷酸化是增强代谢能量供应的有效策略。因为它为氧化磷酸化提供了一种快速且节能的 ATP 来源，并且不需要外部电子受体或膜结合 ATP 合酶。

在有氧和无氧生长过程中，通过氧化磷酸化的氧化作用增加 NADH 的供应是增强代谢能量供应的有效策略。对于好氧生长，三羧酸循环和一些脱氢酶（如亚磷酸酯脱氢酶）催化的反应作为 NADH 的主要来源已经得以改进，进而增强 NADH 和 ATP 的供应。例如，在枯草芽孢杆菌中过表达可溶性转氢酶可显著增加细胞内 NADH 和 ATP 的供应，从而使细胞生长和异丁醇产量分别增加了 83% 和 24%。在另外一项针对肺炎克雷伯菌的研究中，乙醛脱氢酶失活可以增强 NADH 的供应，从而使厌氧生长条件下 1,3-丙二醇的产量提高 32.8%。综上所述，NADH 不仅可以直接作为细胞的代谢能量，还可以通过氧化磷酸化产生大量 ATP 来增强代谢能量的供应。然而，提高 NADH 水平以增加细胞内能量的供应是一把双刃剑。细胞内过高的 NADH 水平有利于富马酸和苹果酸等还原性产物的生物生成，但在产生非还原性产物时，可能导致代谢网络中还原力失衡，不利于细胞生长和生物生成。

7.4.3 建立异源能量供给途径

随着代谢工程和合成生物学的不断发展，设计异源能量代谢路径是提高异养微生物胞内能量水平的一个有效策略。近年来相关研究主要集中在以下三个方面：①代谢能量合成途径的构建；②引进光收集系统；③生物电化学系统的开发。

对于消耗大量代谢能量的生产路径来说，设计能生成代谢能量的路径是一种有效解决能量供应问题的方法。例如，在一些研究中，引入甲酸脱氢酶和磷酸烯醇式丙酮酸羧激酶设计 NADH 和 ATP 生成途径，以耦合富马酸和苹果酸的生物合成途径，使富马酸和苹果酸的产量显著增加。此外，作为一个特殊的例子，在蓝藻细胞中增加细胞内 ATP 消耗或 ATP 的无效循环可促进 ATP 周转，从而适度增加 ATP 的供应和生物燃料生产。上述研究表明，构建代谢能量生成途径可以有效地改善异养微生物消耗 ATP 的生物生产过程。然而，这种方法并不总是有效的。如果一个类似的策略没有在计算机中进行适当的设计和评估，通路构建所需的代谢能量对细胞会产生相反的效果。

由于阳光在自然条件下是充足而且可持续的，将异养微生物细胞引入光收集系统后，并使之能直接利用光能是一种非常有吸引力的策略。然而，在异养微生物细胞中设计光收集系统的关键挑战是在细胞膜上正确表达大量高度组织化的光系统酶。在已报道的文献中介绍了一种由绿光吸收视紫红质介导的光收集系统来驱动 ATP 合成的方法。该光收集系统与大肠杆菌的 ATP 合酶相耦合，为丁酸的生物合成途径提供 ATP，最终使丁酸的产率达到 0.79 mol/mol。此外，构建无机-生物混合体系近年来已成为一种有前途的策略。该混合系统通过在细胞内引入轻质纳米材料（如 CdS 纳米颗粒）来提高代谢能量的供应。无机-生物混合平台的一个成功例子是在酵母细胞表面组装高效捕光磷化铟（InP）纳米颗粒，这增强了细胞内的 NADPH 再生，提高了莽草酸产量。这表明引入光收集系统可以在一定程度上改善细胞生产所需的能量供应。

作为一种跨学科的新兴生物技术，生物电化学系统能够使混合代谢系统生成代谢能量（例如氧化 / 还原当量），从而促进微生物生长并提高目标产物的产量。在一项针对阳极生物电化学系统的研究中，研究人员将 Mtr 通路模块引入大肠杆菌中，使电子能转移到阳极，保证了工程菌株代谢通量和氧化还原的平衡，从而促进了 NADH 和 ATP 的生成，最终使乙酸产量增加了约一倍。在另一项针对阴极生物电化学系统的研究中，研究人员通过向培养基中添加中性红方式增强了阴极到细胞内 NADH 池的电子流，提高了细胞对 NADH 的利用率，进而使丁酸盐的产量提高了 36.4%。因此，电极辅助发酵的生物电化学系统可通过提高代谢能量的供应促进生物生产。然而，生物电化学系统的有效性受到工艺条件的影响，包括高效氧化还原介质的溶解度，以及电极表面与微生物细胞之间的相互作用。目前新型导电材料，如石墨烯、碳纳米管和生物炭的使用可克服电子传递效率低的问题，具有巨大的应用潜力。这些研究结果推动了生物电化学系统的应用，保证了异养微生物细胞中代谢能量供应，从而有利于化学品的生产。

7.4.4 弱化能量消耗途径

尽管应用上述类似于“增加收入”的策略对于提高代谢能量收获和供应已被证明是有效的，但这仍然属于一种补救策略，不能从根本上解决代谢能量供应不足的问题。为了进一步缓解或克服代谢能量对生物生产的限制，研究人员设计了一种减少代谢能量消耗的策略。该策略可以视为一种为细胞“减少支出”的方式，包括两种途径：①开发代谢能量节约系统；②代谢能量消耗路径的重置。

最大限度地减少代谢能量的消耗对于满足细胞生长并维持有效的生物生产是必要的。代谢能量节约系统在微生物细胞中的应用包括引入代谢能量再生系统和构建代谢能量节约通路两种方式。对于代谢能量再生来说，其应用主要集中在NAD(P)H和ATP的再生方面，通过在同一宿主细胞中共表达特定途径酶和代谢能量再生酶，构建具有生物生产和再生能力的微生物细胞，可以实现生物生产模块所需的代谢能量的供应。例如，在一项针对NAD(P)H再生的研究中，通过将转氢酶（PntAB）和3-羟基丙酸合成过程中的途径酶——丙二酰辅酶A还原酶联合表达，成功构建了一种NAD(P)H再生系统。该系统最终应用在大肠杆菌工程菌株中，使3-羟基丙酸的产量大幅提高。在ATP再生系统中，多聚磷酸激酶（PPK）被用作ATP再生酶，用于青蒿素前体紫穗槐二烯、L-茶氨酸和D-阿洛酮糖的生产。然而，由于需要添加外源的多聚磷酸盐，该方法长期以来仅用于体外的酶促反应。在近来一项研究中，研究人员成功在大肠杆菌工程菌株中构建了基于PPK的ATP再生系统，并使该系统能以多聚三磷酸作为磷酸基团的供体，最终将该系统用于谷胱甘肽和腺苷甲硫氨酸的联合生产中，成功提高了两种产物的产量。这一研究结果表明：引入代谢能量再生系统是保障微生物细胞能量供应的一种有效策略。

在微生物细胞中构建代谢能量节约通路是降低能量消耗的另一可行方案。部分相关研究已经表明：用低能耗途径（消耗ATP较少的途径）取代高能耗途径（消耗ATP较多的途径），可以降低细胞的能耗（减少ATP的供应）。运用这一策略已使乙酰辅酶A、法尼烯和脂肪醇的产量明显增加。目前一个较为成功的案例是通过在大肠杆菌中共表达磷酸甲羟戊酸脱羧酶（PMD）和磷酸酶（AphA），从而构建了一条能量节约型的异戊烯醇合成路径。与原有路径中需要7个酶和3个ATP分子相比，新路径仅需要5个酶和2个ATP分子就可以完成异戊烯醇的合成。最终这一基于能量节约原则设计的路径显著提高了异戊烯醇的产量。由于底物通道策略具有减少酶表达负担、缩短中间产物的扩散距离和减轻毒性代谢物抑制等优点，因此已有研究利用该策略来设计能量节约路径。例如，在大肠杆菌中基于底物通道策略的设计原则，将甲羟戊酸生物合成路径中的三个路径酶组合形成多酶复合体，从而降低酶表达所需要的能量负荷。最终使甲羟戊酸的产量提高了77倍。此外在最近的研究中，研究人员设计了一条兼具能量节约和产生额外能量供应的新途径（注：新途径中NADH脱氢酶Ⅰ可泵出额外的4个质子来产生质子动势，进而产生ATP）。最终将该路径运用到琥珀酸的生产过程中，从而使ATP含量和琥珀酸产量分别提高338%和282%。综上所述，构建高效的代谢能量节约路径是降低微生物细胞能量消耗的有效策略。

7.4.5 阻断能量消耗模块

在微生物细胞中，合成代谢和分解代谢都需要大量的代谢能量。在这一过程中若降低代谢能量的消耗，可使能量在满足细胞生长的同时，更多地满足生物生产的需要。为了解决能量消耗的问题，目前已有两种成熟的改造策略：①阻断副产物形成途径（需要消耗代谢能量）；②敲除不必要的关键基因。

代谢工程的阻断策略广泛应用于抑制或阻断副产物的形成。该策略已被证明是减少代谢能量消耗的有效方法。例如，在一项研究中，使用CRISPR干扰技术抑制大肠杆菌中过量消耗 ATP 的副产物合成途径，使胞内 ATP 水平大幅增加，最终显著提高了松属素的产量。在另一项研究中，使用 CRISPR 干扰技术敲除编码途径酶的关键基因可有效阻止副产物的形成。例如，在肺炎克雷伯菌 HR526 菌株中，通过敲除 *ldhA* 基因阻断 NADH 依赖型乳酸形成途径，使 $NADH/NAD^+$ 比值在对数生长后期增加了 50% 以上，最终使 1,3-丙二醇的产量从 95.4 g/L 提高到 102.1 g/L。因此，抑制或阻断副产物的合成可以提高能量利用效率，促进细胞生长速率和生产速率的增加，进而使碳代谢流导向目标产物的生产。然而，在使用该策略时，应评估副产物在代谢网络中的作用。因为敲除一些副产物形成途径中的路径酶可能会影响细胞生长，从而降低工程菌株的生产性能。

基因组简化工程可通过敲除多个不必要的基因以防止生物生产过程中代谢能量的过度消耗，从而提高细胞代谢能量的供应和利用效率。例如，在大肠杆菌和恶臭假单胞菌 KT2440 中，敲除参与鞭毛生物合成的基因可以保证微生物细胞工厂的代谢能量的供应。一项研究中，在恶臭假单胞菌 KT2440 中敲除整个鞭毛合成机制和相关系统的基因（300 个基因，占整个基因组的 4.3%），工程菌株的 ATP 水平、$NAD(P)H/NAD(P)^+$ 比值、特定生长率和生物量产量均得到显著提高。最终，每生物量单位的外源重组蛋白产量提高了 39%。在另一项研究中，通过敲除大肠杆菌中负责鞭毛生物合成的 50 个基因，使聚羟基丁酸和 L-苏氨酸产量分别比对照菌株提高了 60.04% 和 77.67%。基因组简化工程在代谢工程改造中显示出巨大潜力，通过对非必要基因的敲除，可以简化微生物的基因组，使细胞无功能冗余。上述结果表明：通过敲除不必要的基因来简化微生物细胞的基因组，可能增加代谢能量的供应，提高生长稳健性和生产性能。

7.5 细胞能量系统目前存在的技术问题与解决思路

7.5.1 强化胞内能量供给

微生物代谢能量工程是一种很有前景的提高微生物细胞工厂生物生产效率的方法。一方面，依托于现有生物技术制定的代谢工程改造策略可以提高自养微生物和异养微生物代谢能量的供给，同时在一定程度上减少微生物不必要的能量消耗，维持微生物代谢能量稳态，可显著提高微生物的生产能力。随着光学、电学、材料科学等领域的快速发展，以及它们与微生物学领域的交叉融合，微生物细胞代谢能量获取的能力和供给效率将变得更加强大。

为进一步保证微生物体内代谢能的稳态，未来的研究重点应集中在以下方面。

第一，可通过以下途径增强自养微生物的代谢能收获能力：①阐明电子传递从外部供体到细胞内受体的具体机制，为自养微生物细胞中代谢能收获系统的改造提供更合理的指导；

②为自养微生物开发更有效、更成熟的基因工程工具，例如，将 CRISPR-Cpf1 技术应用于不同物种的蓝藻细菌；③探索具有更高性能和生物相容性的材料，以改善自养生物获取电子的能力。

第二，探索不同宿主细胞中氧化磷酸化的分子机制：①通过改造氧化磷酸化的过程，提高磷氧比（P/O ratio），优化能量代谢的供应，从而提高异养生物的代谢能量的供应效率；②设计通用的代谢工程工具包，快速控制各种异养微生物的代谢能水平；③利用生物传感器构建能响应细胞内代谢能量需求的供应模块，以实现异养微生物细胞中能量的精确供应，例如，最近报道的合成生物化学系统中的 ATP 变阻器；④结合智能遗传电路来动态调节代谢能供应，以维持微生物细胞生长和生产阶段不同水平的代谢能稳态。例如，最近开发的群体感应电路、可编程蛋白质开关和光遗传控制电路。

7.5.2 降低胞内能量耗散

另一方面，“减少支出”的策略本质上就是减少不必要的代谢能量消耗。该策略在确保微生物代谢能量稳态方面发挥着重要作用。依托基因组尺度代谢网络模型分析、系统代谢工程、基因组简化技术和合成生物学设计的联合应用，使得减少能量消耗的策略与“增加收入”策略同等重要，从而为微生物代谢能量的稳态增加了另一把保护伞。综上所述，代谢能量稳态工程是代谢工程的重要组成部分，代谢工程和合成生物学可以通过“设计-构建-评估-优化”循环提高微生物的生长稳健性和生产性能。

减少微生物细胞中非必要的能量消耗可以从以下两个方面进行：①通过构建微生物 GSMM 来预测人工环境中影响微生物细胞生长和生产能量消耗途径，并为基因组简化工程提供额外参考，此外，将有效的蛋白质模拟合成和翻译机制的算法、代谢能量参数约束、酶动力学、生化反应热力学等类型的数据集集成到 GSMM 中，可以提高预测结果的准确性，而机器学习的方法可以通过收集一系列训练数据集来自动修改参数，进一步提高模型的准确性；②使用合成生物学方法创建一个简化的细胞，仅合成基本成分。例如，生长调节、能量生成和生物生产途径模块等，以避免造成能量浪费。

7.6 应用案例：能量供给强化苹果酸合成效率

7.6.1 新型 CO_2 固定途径 HWLS 的设计与体外验证

迄今为止，一共有六条天然的 CO_2 固定途径被发现，除了 RuBisCO 依赖型的卡尔文循环之外，另外五条途径分别是还原三羧酸循环、3-羟基丙酸循环、3-羟基丙酸 /4-羟基丁酸循环、二羧酸 /4-羟基丁酸循环和还原乙酰辅酶 A 途径（Schuchmann et al., 2014）。然而，这些途径至今未在异源宿主中成功构建，主要原因包括：代谢途径酶的数量过大（例如，二羧酸 /4-羟基丁酸循环有 14 个路径酶）、途径中存在极端厌氧且复合的酶（例如，还原乙酰辅酶 A 途径中的 CO 还原酶 / 乙酰 CoA 合成酶复合体）、与中心代谢相互干扰（例如，还原三羧酸循环与氧化三羧酸循环的重叠）等（Schuchmann et al., 2014）。除了天然的 CO_2 固定途径外，也有研究者尝试在体外设计新型且更为高效的 CO_2 固定途径，例如：在试管中构建的 CETCH 循环被证明比天然的卡尔文循环的固碳效率高出 3 倍（Schwander et al., 2016），计算机上设计的 MOG 循环在理论上也比卡尔文循环固碳效率高 2 倍（Bar-Even et al., 2010）。然而，这些效率更高的人工 CO_2 固定途径也存在上述问题，因此很难在大肠杆菌体内实现功能构建。为此，需要设计适用于大肠杆菌生产化学品的新型人工 CO_2 固定途径。

基于上述分析，适用大肠杆菌生产平台的最佳 CO_2 固定途径需满足以下条件：①路径酶较少；②与中心碳代谢不互相干扰但可以相连接；③不存在难以表达的酶；④可以潜在用于多种化学品的生产。为了在大肠杆菌体内构建更高效的人工 CO_2 固定途径，设计了一条新的 CO_2 固定途径，命名为 HWLS 途径。该途径由六个酶组成，分别是：甲酸脱氢酶（FDH）、甲酰基四氢叶酸环化水解酶（Fhs）、亚甲基四氢叶酸脱氢酶（FchA）、亚甲基四氢叶酸还原酶（FolD）、甲醛裂合酶（FLS）和二羟基丙酮激酶（DHAK）[图 7-6（a）]。

为了验证该途径的可行性，首先在体外构建该途径。基于文献挖掘，选择了来源于永达尔梭菌的 FDH、Fhs、FchA 和 FolD(ClFDH、ClFhs、ClFchA 和 ClFolD)，计算机辅助设计的 FLS 和酿酒酵母的 DHAK(ScDHAK)。利用 pET28a 载体对这些酶进行过量表达，再利用镍

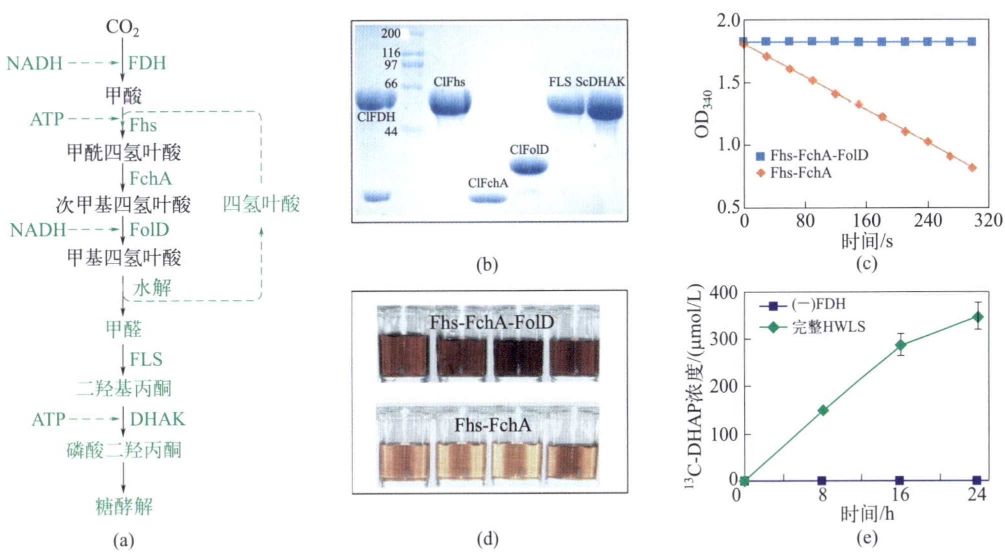

图 7-6　CO_2 固定新途径的设计与体外验证

图（a）为设计的 HWLS 路径；图（b）为 HWLS 途径中纯化酶的 SDS- 聚丙烯酰胺凝胶电泳结果；图（c）为 Fhs-FchA-FolD 级联反应中 NADH 消耗的时间曲线；图（d）为不同体外系统中甲醛浓度的测定（OD_{580}）；图（e）为 DHAP 在具有完整 HWLS 途径的上清液中积累的时间曲线和没有 FDH 的对照

柱进行纯化［图 7-6（b）］。将纯化后的 ClFhs、ClFchA 和 ClFolD 蛋白与 100 mmol/L 甲酸钠以及相应的辅因子和离子一起孵育时，可以观察到 340 nm 处的吸光度（NADH 的吸光度）随着时间的进行逐渐下降［图 7-6（c）］；此外，检测到反应后的上清液中存在甲醛［图 7-6（d）］。这些结果表明甲酸可以经 ClFhs、ClFchA 和 ClFolD 这三个酶转化为甲醛。然后，将 ClFDH、ClFhs、ClFchA、ClFolD、FLS 和 ScDHAK 这六个酶与 100 mmol/L ^{13}C-$NaHCO_3$ 以及相应的辅因子和离子进一步孵育，6 h 后在上清液中检测到 350 μmol/L ^{13}C-磷酸二羟丙酮（DHAP）［图 7-6（e）］。这些研究结果表明，HWLS 途径是可行的。

7.6.2 HWLS 途径的优化与体内构建

为了确定 HWLS 途径的限速步骤，单独调节各路径酶的添加浓度并监测 ^{13}C-DHAP 的生成速率。结果发现，当 ClFchA、ClFolD 或 ScDHAK 的浓度降低为原来的 1/10 时，^{13}C-DHAP 的生成速率几乎没有受到影响，而当 ClFDH、ClFhs 或 FLS 的浓度降低为原来的 1/10 时，^{13}C-DHAP 的生成速率分别降低为原来的 47.6%、28.6%、14.7%［图 7-7（a）］。这些结果表明，FLS 是 HWLS 途径中最关键的限速酶。

为了提高 HWLS 途径的效率，需要对 FLS 进行蛋白质工程改造。首先，基于甲醛解毒原理设计了一种高通量筛选方法［图 7-7（b）］。该方法的原理是：当过量表达甲醛生成途径并同时敲除甲醛解毒途径时，甲醛会在胞内积累从而对细胞造成毒性，影响细胞生长；而 FLS 可以将甲醛转化为二羟基丙酮，后者可进一步进入糖酵解途径从而促进细胞生长。因此，理论上来说，当 FLS 被引入甲醛积累菌株中后，细胞生长会有所恢复，FLS 的活性越高则细胞生长会越好。通过观察平板上菌落的大小则可以初步判断出阳性的突变体。

为了验证上述高通量筛选方法的可行性，首先敲除了大肠杆菌 BL21(DE3) 的 *frmA* 基因，该基因负责编码大肠杆菌胞内甲醛解毒途径的第一个酶。其次，将 ClFhs、ClFchA 和 ClFolD 三个酶整合到一个质粒上并导入菌株 BL21(DE3)Δ*frmA* 中，从而获得菌株 BL21(DE3)Δ*frmA* + 3F。此外，在 BL21(DE3)Δ*frmA* +3F 构建的基础上，进一步导入 FLS，从而获得菌株 BL21(DE3)Δ*frmA* + 3F + FLS。结果发现，利用 NBS 无机盐培养基对菌株 BL21(DE3)Δ*frmA*、BL21(DE3)Δ*frmA* + 3F 以及菌株 BL21(DE3)Δ*frmA* +3F + FLS 进行培养，在对数生长期加入 0.4 mmol/L IPTG 和 25 mmol/L 甲酸钠后，菌株 BL21(DE3)Δ*frmA* +3F 的生长速率显著低于菌株 BL21(DE3)Δ*frmA*，而 FLS 的导入使得菌株 BL21(DE3)Δ*frmA* +3F 的生长又有所恢复（图 7-8）。该结果表明，上述高通量筛选的方法是可行的。使用该方法对 FLS 与产物二羟基丙酮结合 5 Å❶ 范围内的氨基酸进行饱和突变，最终获得了三个正突变位点，分别是 S420L、G449A 和 G452V［图 7-7(d)，图 7-7(e)］。当突变体 FLS* 同时含有这三个氨基酸突变时，FLS 的酶活提高了 4 倍。利用 FLS* 对 HWLS 途径进行体外重构，^{13}C-DHAP 的生成速率提高了 2.3 倍［图 7-7（f）］。

基于上述体外试验结果，优化后的 HWLS 途径（包括路径酶 ClFDH、ClFhs、ClFchA、ClFolD、FLS* 和 ScDHAK）被引入一株生产 L-苹果酸的大肠杆菌 FH0210 [MG1655Δ*ptsG*Δ

❶ 1 Å=0.1 nm。

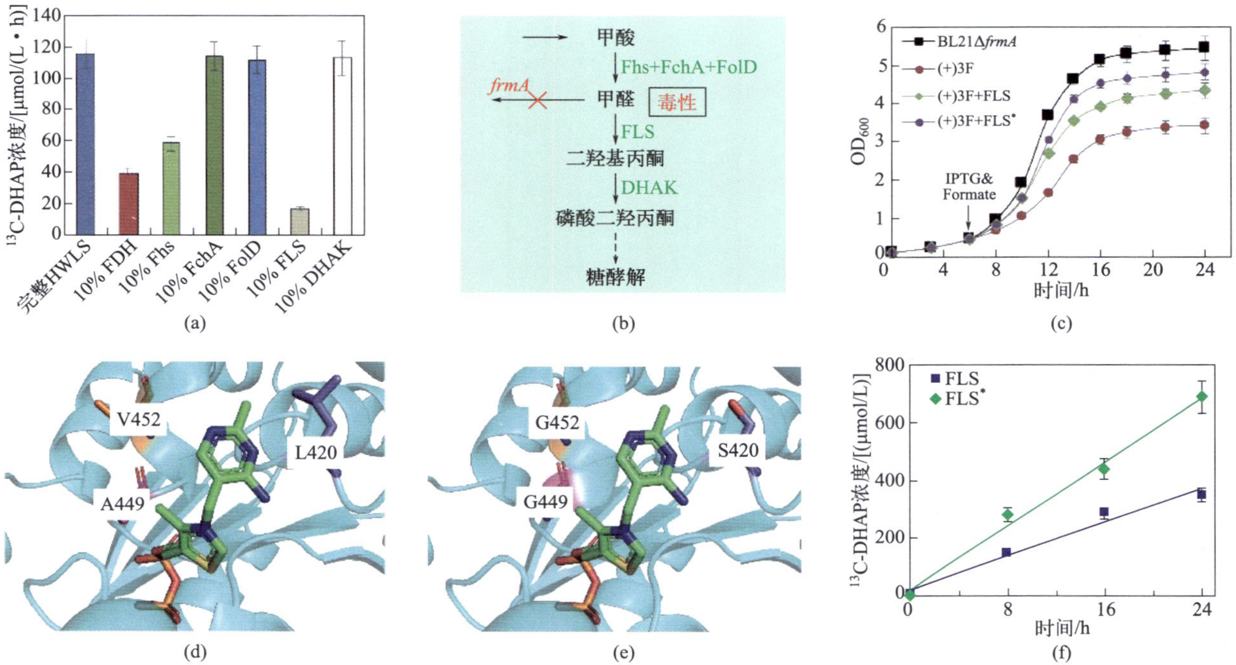

图 7-7　CO_2 固定新途径的优化

图（a）为 HWLS 途径中限速步骤的确定；图（b）为工程 FLS 代谢补充策略示意图；图（c）为菌株 BL21Δ*frmA*、BL21Δ*frmA*+3F、BL21Δ*frmA*+3F+FLS、BL21Δ*frmA*+3F+FLS* 的代表性生长曲线；图（d）为天然 FLS 模型（PDB ID 代码 4qc8），硫胺素焦磷酸（TPP）与活性部位的甲醛对接；图（e）表示 G449A 的突变缩短了 FLS 中的一个环，这可能导致该蛋白质更灵活，并进一步稳定与甲醛的结合；图（f）为在 HWLS 途径中使用 FLS 或 FLS* 的 DHAP 生产率

*frdBC*Δ*fumB*Δ*maeAB*Δ*ldhA*Δ*adhE*Δ*frmA*Δ*glyA*Δ*pflB*，并过量表达来源于琥珀酸放线菌的磷酸烯醇式丙酮酸羧基酶（AsPCK)、L-苹果酸脱氢酶（AsMDH）以及来源集胞藻 PCC6803 的碳酸酐酶（SynCA)]，从而获得菌株 CF-1（图 7-9)。

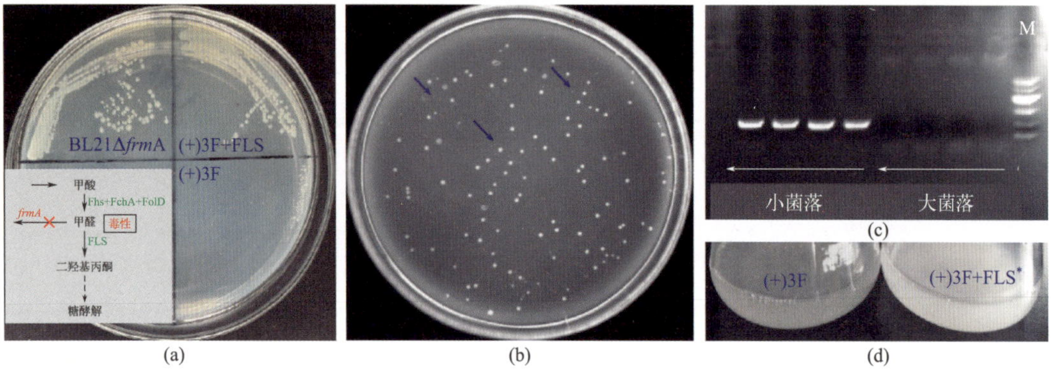

图 7-8　FLS 蛋白质工程改造策略

图（a）为添加 25 mmol/L 甲酸钠、100 μg/mL 氨苄西林、50 μg/mL 卡那霉素和 8 μL 浓度为 100 mg/mL IPTG 后，菌株 BL21Δ*frmA*、BL21Δ*frmA*+3F 和 BL21Δ*frmA*+3F+FLS 在 LB 板上的生长曲线。3F 是含有 ClFhs、ClFchA、ClFolD 的质粒。图（b）为混合细胞（BL21Δ*frmA*+3F 和 BL21Δ*frmA*+3F+FLS*）的 LB 板上涂布，添加 25 mmol/L 甲酸钠、100 μg/mL 氨苄西林、50 μg/mL 卡那霉素和 8 μL 浓度为 100 mg/mL 的 IPTG。图（c）为通过核酸电泳鉴定 FLS* 在大小菌落中的存在。图（d）为工程菌株在液体 NBS 培养基中的生长状态

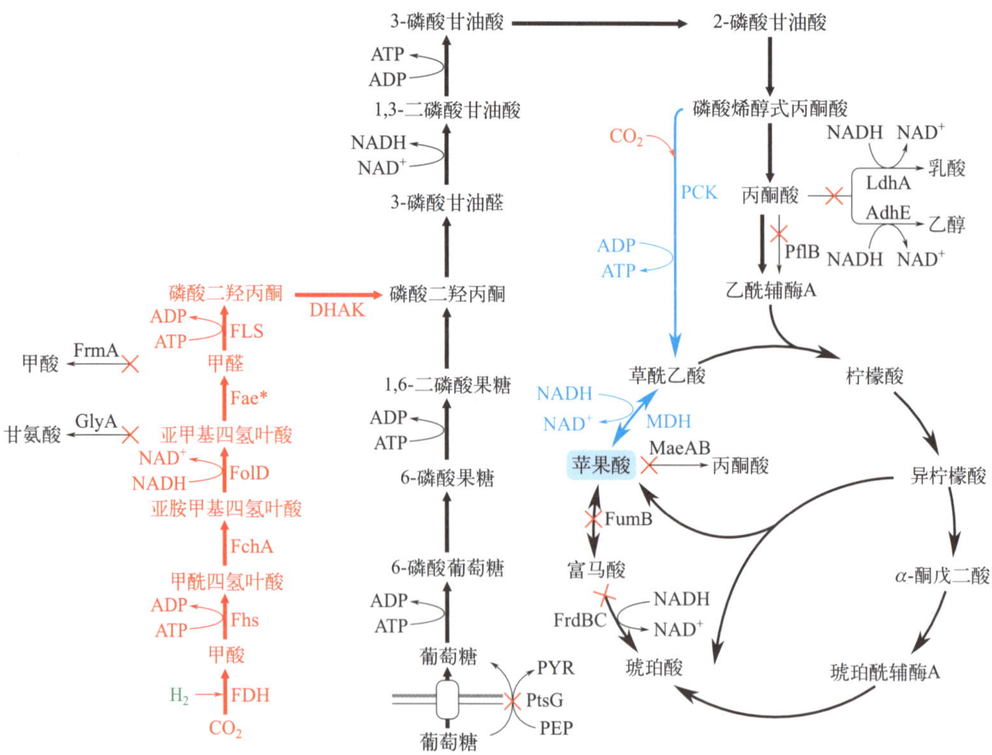

图 7-9　葡萄糖和 CO_2 通过糖酵解和 HWLS 途径合成 L-苹果酸的详细代谢途径

菌株 FH0210 和 CF-1 首先在有氧条件下培养，24 h 后转移至 100 mL 厌氧血清瓶中，血清瓶工作体积为 50 mL，顶部空间用氢气填满（达到厌氧条件的同时促进 CO_2 向甲酸的转化）。结果发现，在厌氧发酵 72 h 后，厌氧阶段葡萄糖的 L-苹果酸得率从 1.26 mol/mol 降低至 1.24 mol/mol，L-苹果酸的产量也降低了 3%(表 7-1)。推测得出这些结果的可能原因是：引入 HWLS 途径破坏了葡萄糖向 L-苹果酸转化的氧化还原平衡（图 7-9）。当葡萄糖经 PCK 还原支路转化为 L-苹果酸时，不会产生额外的 NADH，而 1 mol CO_2 通过 HWLS 途径固定到 L-苹果酸时需要 1.5 mol NADH。因此，需要为大肠杆菌提供额外的 NADH 来源，以辅助 HWLS 途径固定 CO_2 生产 L-苹果酸。

表7-1 工程大肠杆菌的发酵参数

菌株名称	菌株特征	L-苹果酸/(mmol/L)	得率/(mol/mol)	表观碳效率(ACE)/%	CO_2 固定效率(以细胞干重计)/[mg/(g·h)]
FH0210	原始菌株	137	1.26	93	42
CF-1	FH0210 + HWLS	133	1.24	94	41
LF-0	FH0210 + CdS	139	1.29	95	43
LF-1	FH0210 + HWLS + CdS	141	1.64	117	53

7.6.3 光驱动 NADH 再生系统的构建

据报道，当非光合自养微生物嗜热菌的细胞膜表面装配 CdS 纳米颗粒后，可以捕获光能产生胞内还原力和能量，并进一步驱动其胞内的 WLP 途径固定 CO_2(Sakimoto et al., 2016)。基于该研究进展，本研究试图评估装配 CdS 纳米颗粒的大肠杆菌是否可以利用光能促进胞内 NADH 的增加，从而进一步促进大肠杆菌的 CO_2 固定效率。

首先选择大肠杆菌 MG1655 作为评价菌株。为了在大肠杆菌 MG1655 细胞表面实现 CdS 纳米颗粒的自组装合成，引用基于金属蛋白锚定的方法（Wei et al., 2018）。基于文献调研，将大肠杆菌本源的外膜蛋白 OmpA 与来自贪铜库氏菌 *Cupriavidus metallidurans* CH34 的金属蛋白 PbrR 融合表达后，PbrR 会锚定在大肠杆菌细胞膜外表面，当培养大肠杆菌的培养基中含有镉离子时，镉离子会与 PbrR 中的半胱氨酸结合，从而形成 CdS 纳米颗粒［图 7-10（a）～图 7-10（c)］。基于该原理，构建了 OmpA-PbrR 融合表达的菌株 LN-1，在有氧条件下诱导表达 12 h (添加 100 μmol/L Cd^{2+} 的 LB 培养基）后，转移至含有 50 mmol/L 抗坏血酸的厌氧血清瓶中，分别在蓝光光照（450 nm，60 mW/cm^2）和黑暗条件下对细胞进行厌氧培养。24 h 后，利用 NADH 试剂盒测定不同条件下 LN-1 细胞内 NADH 的浓度。结果表明，在蓝光照射下，菌株 LN-1 的胞内 NADH 浓度为 42 μmol/g（以细胞干重计），而黑暗条件下仅为 26 μmol/g（以细胞干重计）［图 7-10（d)］。

为了进一步确定上述胞内 NADH 的改善，建立了以红色荧光蛋白（RFP）为指标的胞内

NADH 表征方法［图 7-10（e）］。如图 7-10（f）所示，蓝光条件下细胞的相对荧光强度（RFP/OD_{600}）是黑暗条件下的 1.4 倍。此外，选择了其他 5 种大肠杆菌（W3110、B0013、ATCC8739、BL21 和 JM109），按照菌株 LN-1 的构建方式进行代谢工程改造。结果表明，这些工程菌株在蓝光条件下的 RFP/OD_{600} 分别比黑暗条件下高 1.5、1.8、1.3、1.7 和 1.3 倍［图 7-10（f）］。这些结果综合表明，自组装 CdS 纳米颗粒的大肠杆菌可以捕获蓝光提高胞内 NADH 的水平。

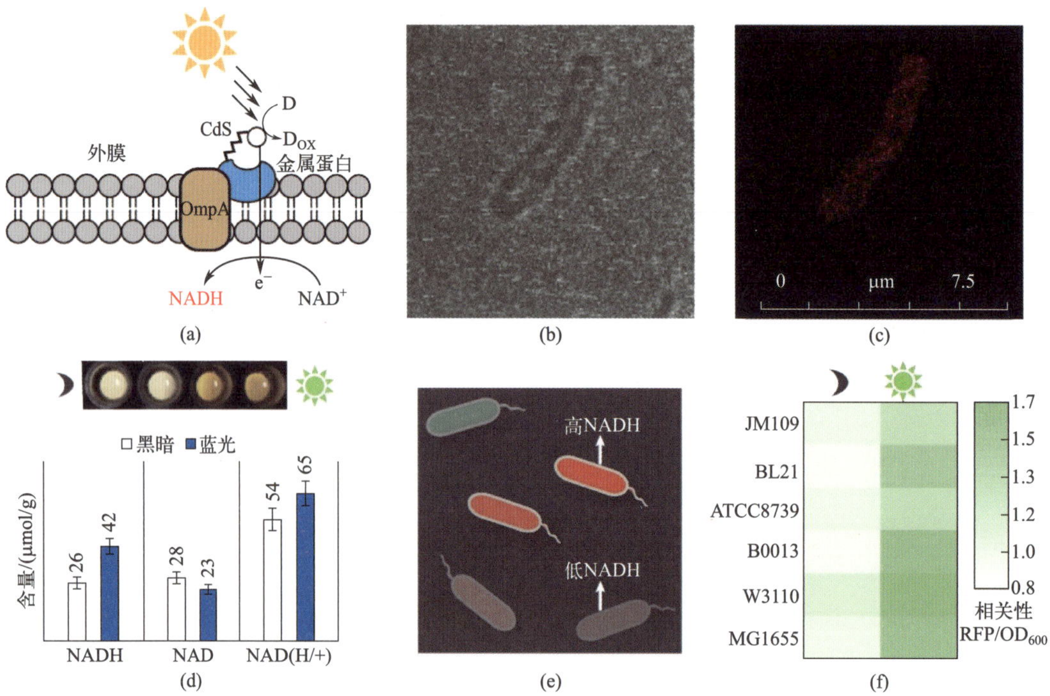

图 7-10　光驱动 NADH 再生系统的构建及验证

图（a）为光驱动 NADH 再生系统示意图；图（b）、（c）为来自激光共聚焦显微镜的大肠杆菌细胞的图像，该细胞与红色荧光蛋白（mKate）和大肠杆菌天然外膜蛋白 A 融合表达 PbrR；图（d）为在黑暗或蓝光条件下比较菌株 MG1655（其外膜中含有 PbrR）中的细胞内 NADH、NAD^+ 和总 NAD 含量；图（e）～（f）为光增强菌株 MG1655、W3110、B0013、ATCC8739、BL21 和 JM109 的胞内 NADH

7.6.4 光驱动 CO_2 固定系统提高 L-苹果酸得率

在确定自组装 CdS 纳米颗粒可以促进大肠杆菌胞内 NADH 水平后，该系统（以下称为 CdS 光系统）被分别引入菌株 CF-1 和 FH0210 中，从而获得菌株 LF-1 和 LF-0 菌株［图 7-11（a）］。然后，将这些菌株在有氧条件下培养 24 h 后转移到厌氧血清瓶中（顶空用氢气充满），且提供蓝色光照。厌氧发酵 72 h 后，菌株 LF-1 的 L-苹果酸对葡萄糖得率（$Y^{An}_{mal/glu}$）提高到 1.64 mol/mol，而对照菌株 LF-0 的 $Y^{An}_{mal/glu}$ 仅为 1.29 mol/mol。此外，菌株 LF-1 在没有蓝色光照下 $Y^{An}_{mal/glu}$ 的值为 1.31 mol/mol。这些结果表明，只有当 CdS 光系统、光照和 HWLS 途径同时存在时，才能提高 L-苹果酸对葡萄糖的得率。

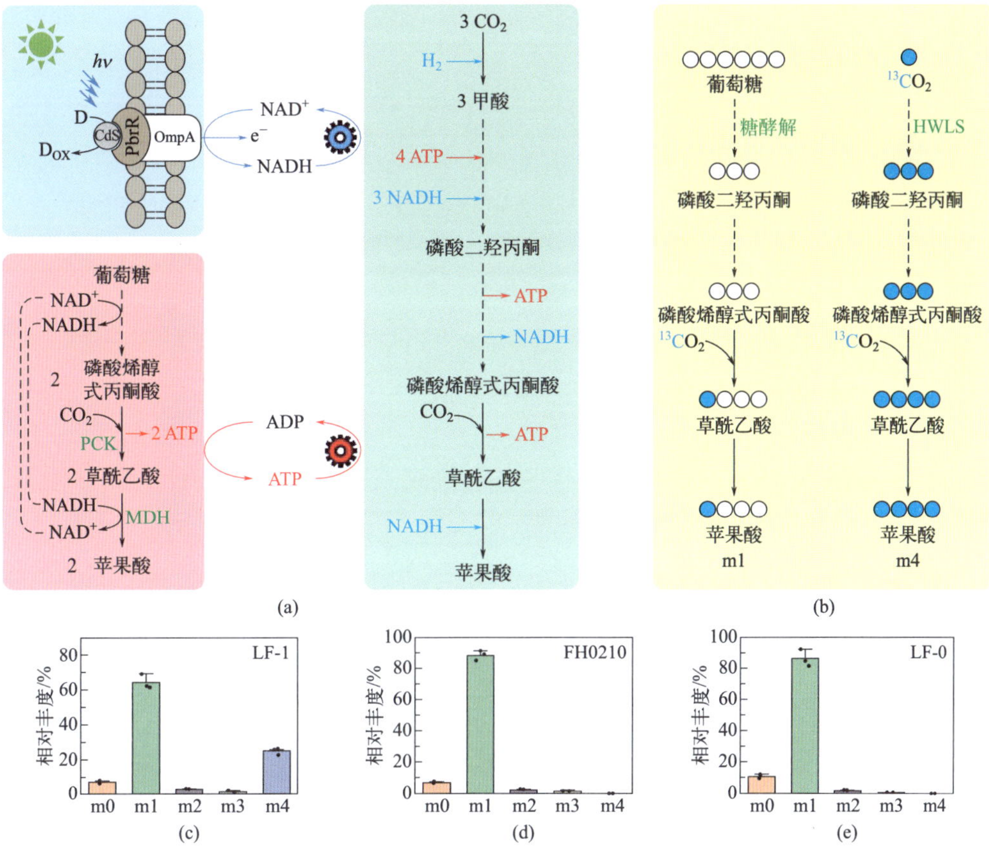

图 7-11　光驱动 CO_2 固定系统促进大肠杆菌 L-苹果酸合成

图（a）为大肠杆菌中苹果酸生产的光驱动 CO_2 固定示意图。图（b）为碳原子通过糖酵解途径和 HWLS 途径转移到苹果酸的示意图。^{13}C 标记的和未标记的碳原子分别由闭合和开放的圆圈表示。图（c）～（e）为工程菌株中苹果酸质量异构体的相对丰度

为了验证 L-苹果酸得率的提高是由 CO_2 固定效率提高引起的，使用 ^{13}C 标记的 $NaHCO_3$ 和未标记的葡萄糖作为共底物培养菌株 FH0210、CF-1、LF-1 和 LF-0，所有菌株首先在好氧条件下利用 LB 培养基进行培养，浓缩后利用 NBS 无机盐培养基重悬至 OD_{600} = 9 并转入厌氧血清瓶中，且提供蓝色照明。结果表明，菌株 LF-1 中 $^{13}C\text{-}HCO_3^-$ 的消耗速率为 53 mg/(g·h)（以细胞干重计），而菌株 FH0210、CF-1、LF-0 中的 $^{13}C\text{-}HCO_3^-$ 的消耗速率分别为 42 mg/(g·h)、41 mg/(g·h)、43 mg/(g·h)（以细胞干重计）。此外，菌株 FH0210、CF-1、LF-1 和 LF-0 的表观碳效率（$C_{product}/C_{glucose}$）分别为 93%、92%、117% 和 95%（表 7-2）。这些结果表明，菌株 LF-1 在蓝色光照下确实利用 CO_2 作为额外的碳底物。

表7-2　工程大肠杆菌表观碳效率分析

菌株	底物 /(mmol/L)		产物 /(mmol/L)					表观碳效率
	葡萄糖	CO_2	L-苹果酸	琥珀酸	乳酸	乙醇	乙酸	$(C_{pro}/C_{glu})^*$/%
FH0210	109±6.4	148±3.9	137±9.4	3.2±0.2	2.2±0.4	4.8±0.4	5.2±0.4	93±4.7
CF-1	107±6.1	140±7.6	133±7.6	3.7±0.2	2.1±0.5	4.1±0.2	5.1±0.9	92±5.8

续表

菌株	底物 /(mmol/L)		产物 /(mmol/L)					表观碳效率
	葡萄糖	CO_2	L-苹果酸	琥珀酸	乳酸	乙醇	乙酸	(C_{pro}/C_{glu})*/%
LF-1	86±4.6	186±9.8	141±9.7	2.1±0.6	1.3±0.7	2.6±0.4	3.5±0.6	117±8.4
LF-0	108±7.1	151±8.4	139±8.4	2.7±0.3	4.1±0.4	4.8±0.2	5.2±0.5	95±6.9

注：*表示表观碳效率（ACE），定义为产物中有机碳原子数与底物消耗有机碳原子数的比值，计算公式如下: $ACE = C_{products}/C_{glucose}\times100$; $C_{products} = C_{L-malate} + C_{succnate} + C_{lactate} + C_{ethanol} + C_{acetate}$。

为了进一步验证 CO_2 固定效率的提高是通过构建 HWLS 途径实现的，利用液相色谱-质谱法测定了 ^{13}C 掺入中心代谢物的情况。如图 7-11 所示，在光照条件下 LF-1 菌株中 L-苹果酸中 4 个碳原子都被 ^{13}C 标记（m4）的相对丰度为 25%，而在不含有 HWLS 途径的菌株 FH0210 和 LF-0 中未检出（m4）。此外，在 LF-1 菌株中检测到 22 nmol/(L · mg)（以蛋白质质量计）的 3 个碳原子均被 ^{13}C 标记的 DHAP (m3) 和 43 nmol/(L·mg)(以蛋白质质量计)3-磷酸甘油酸（3PGA）(m3)，而这两个指标在菌株 FH0210 和 LF-0 中均低于检测下限［约 1.0 nmol/(L · mg)（以蛋白质质量计）］（图 7-12）。这些结果综合表明，通过提供光驱动的 NADH 可以提高 HWLS 途径的效率，从而使工程大肠杆菌具有更高的 CO_2 固定效率和 L-苹果酸得率。

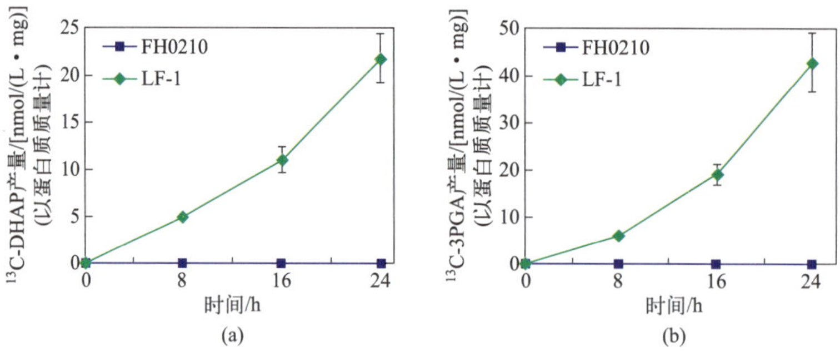

图 7-12 关键胞内中间代谢物 ^{13}C 标记的测定

图（a）为工程菌株中 ^{13}C-DHAP（m3）积累的时间曲线；图（b）为工程菌株中 ^{13}C-3PGA（m3）积累的时间曲线

最后，在 3.6L 的生物反应器中研究了菌株 LF-1 的生产性能，经过 72 h 的厌氧发酵后，L-苹果酸的产量达到 388 mmol/L，苹果酸对葡萄糖的得率最高是理论转化率的 92%（图 7-13）。

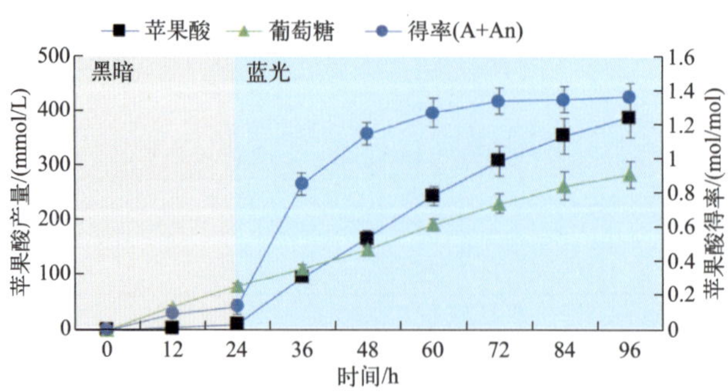

图 7-13 光驱动 CO_2 固定系统促进大肠杆菌 L-苹果酸合成

7.6.5 光驱动 CO_2 减排系统的设计

减少微生物 CO_2 排放的策略主要可分为三类：构建碳保存途径、改善氧化还原平衡以及减少呼吸 ATP 产生。其中，建立碳保存途径是应用最广泛的方法，目前确定的碳保存途径主要包括磷酸酮醇酶途径、转酮醇酶途径、非氧化糖酵解途径（NOG)(Bogorad et al., 2014)、乙醛酸反向分流（Mainguet et al., 2013)、丙二酰辅酶 A-甘油酸途径以及 EP-bifido 途径（Wang et al., 2019）。然而，这些保碳途径不能产生 ATP 来支持细胞生长和维持细胞稳态（Lin et al., 2018）。因此，需要更加平衡的策略用于微生物 CO_2 减排。近期，Meadows 等人将 NOG 途径与法尼烯合成途径进行整合用于平衡调控细胞生长和产物合成，实现了酿酒酵母利用 NOG 途径降低 75% 的氧气需求，从而伴随着 CO_2 排放量的降低，并使得法尼烯产量提高 25%(Meadows et al., 2016)。此外，Dellomonaco 等发现还原 β 氧化循环途径可以绕过传统正丁醇合成途径中的一步 ATP 依赖型反应，从而降低了 ATP 的需求并减少了对呼吸链产能的需求，最终间接降低了细胞释放 CO_2 产 NADH 的需求（Dellomonaco et al., 2011）。然而，这些案例都只是在生产具体产品时才能降低 CO_2 排放量，因此应用范围有限。综上所述，异养微生物 CO_2 减排最重要的科学问题是无法同时解决产品依赖和能量不足。综上所述，一种更有前景的方法是创建不依赖特定生产途径并且可以由低成本能源（例如阳光）驱动的 CO_2 减排平台（Berhanu et al., 2019; Guzman et al., 2019; Luo et al., 2019; Pushkarev et al., 2018）。

基于计算机模拟流量平衡分析，大肠杆菌在好氧条件下以葡萄糖为碳源生长时，大约有 34% 的碳以 CO_2 的形式丢失（图 7-14）。其中，大量 CO_2 通过 TCA 循环进行释放，用于产生细胞生长所必需的氨基酸和能量物质 ATP。理论上来说，通过合理调控 TCA 循环的通量并提供外源 ATP 补给，可以减少细胞对 TCA 循环产生 ATP 的需求，从而实现在 CO_2 排放减少的同时不破坏正常细胞生长。

为了实现上述目标，首先需要设计可以动态调控 TCA 的分子开关，使得当 TCA 循环流量大（即 CO_2 释放量大）时开始抑制 TCA 循环，而当 TCA 循环降低到一定限度时再重新激活 TCA 循环。基于文献挖掘，可以选取来源于 *Synechocystis* sp. PCC 6803 的转录因子 NdhR 和其启动子区域 P_N 作为开关设计的元件（Zhang et al., 2018)。在蓝藻细胞内，P_N 控制着 NdhR 的表达，而 NdhR 对 P_N 的转录有一定的阻遏作用，并且这种阻遏作用在胞内 α-酮戊二酸浓度高时会增强，因为 α-酮戊二酸是 NdhR 的辅阻遏物，其与 NdhR 结合后会导致 NdhR 发生构象变化，而构象变化后的 NdhR 对 P_N 抑制效果更强。基于该原理，可以在大肠杆菌中使用 P_N 去控制 TCA 循环的关键基因（如 *gltA*），然后将 NdhR 的表达量控制在一定水平，使得大肠杆菌可以通过 NdhR 响应胞内 α-酮戊二酸的浓度去控制目标基因的表达，最终达到的效果为：当细胞内 α-酮戊二酸的浓度高时，TCA 循环的通量被下调，使得 CO_2 排放量和胞内 α-酮戊二酸的浓度下降；而随着胞内 α-酮戊二酸的浓度降低，对 TCA 循环的抑制作用也开始降低，使得 TCA 循环的通量再次上调，最终实现振荡变化，在保证必需氨基酸合成的同时降低 CO_2 排放量［图 7-15（b)］。

除了设计 TCA 循环的调控开关外，还需要构建外源 ATP 供给系统。在所有能量形式中，

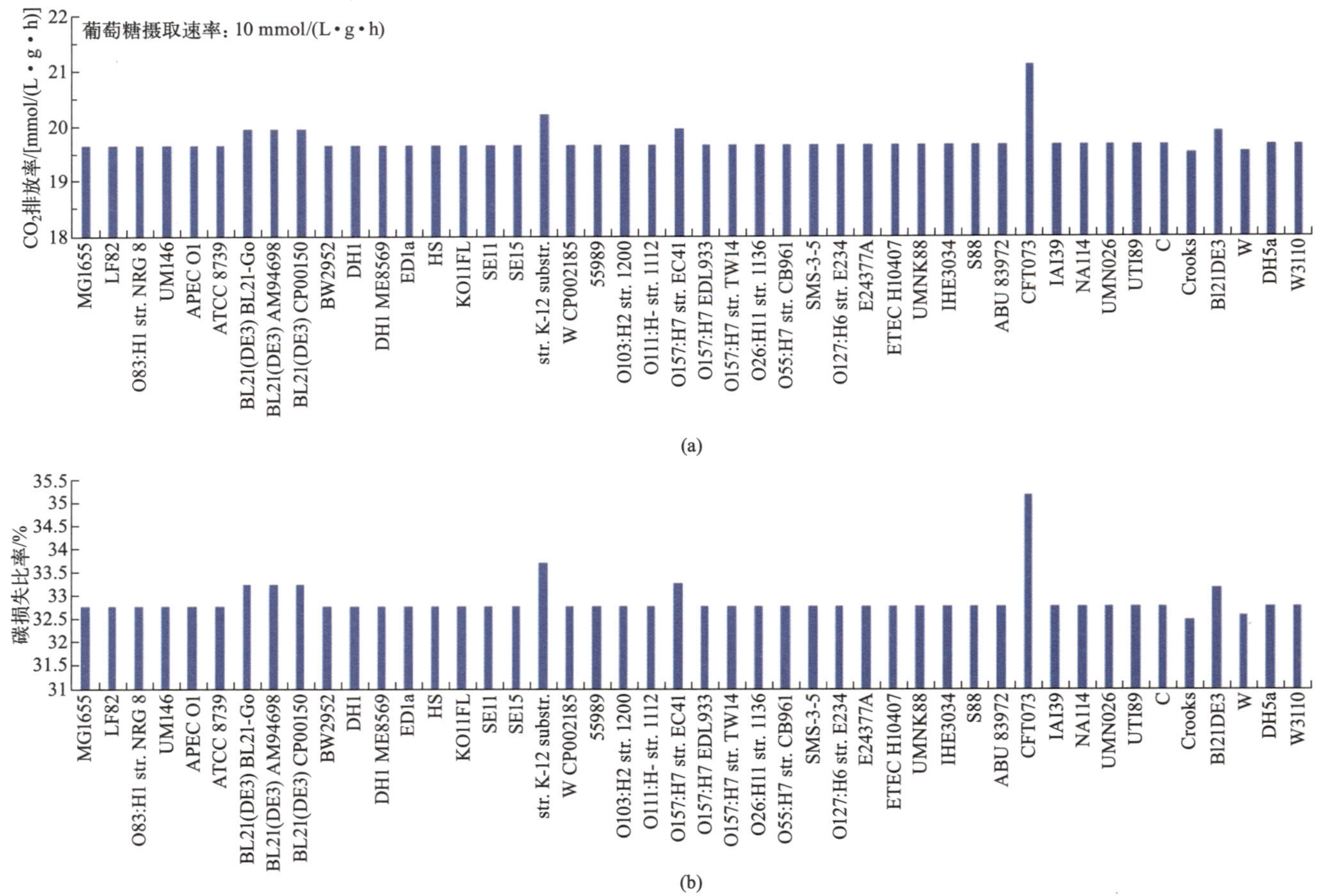

图 7-14　大肠杆菌在好氧条件下生长时 CO_2 的释放速度

图（a）为不同大肠杆菌的模拟 CO_2 排放率；图（b）为不同大肠杆菌以 CO_2 形式的碳损失比率

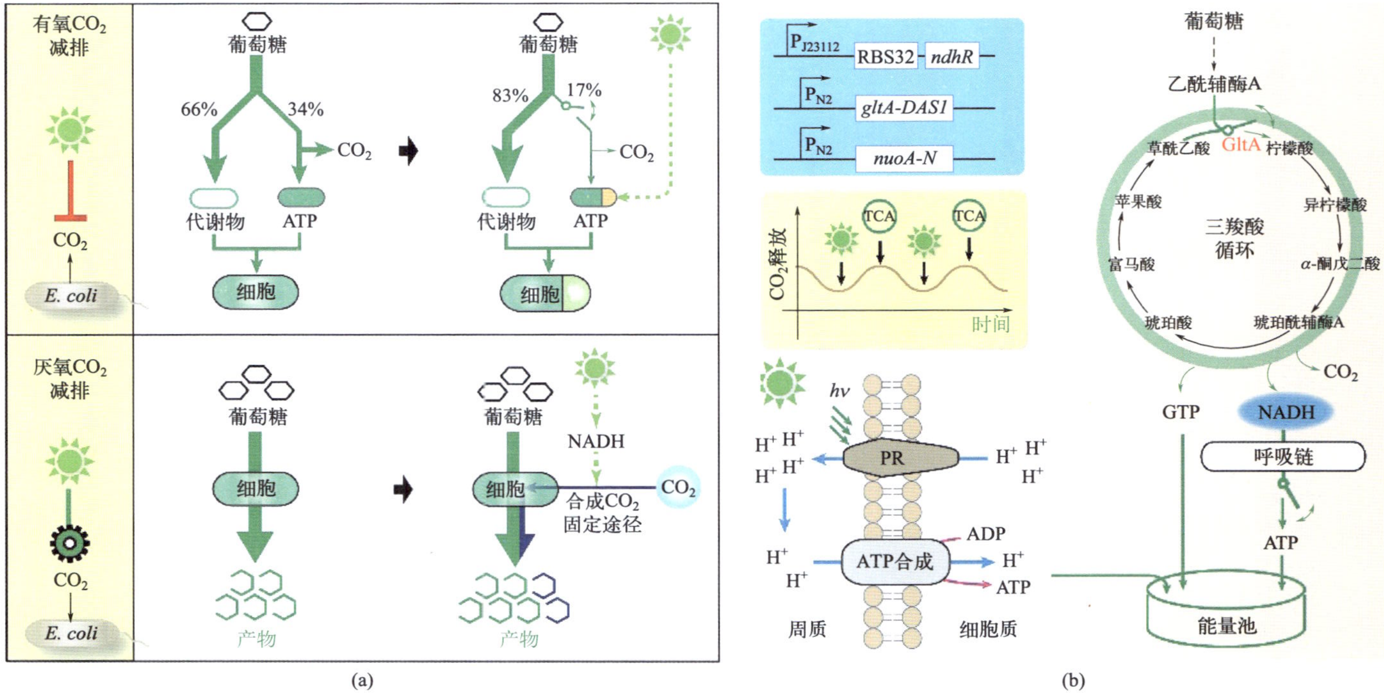

图 7-15　光驱动 CO_2 减排系统的设计

图（a）为理性设计光驱动 CO_2 封存以提高大肠杆菌的碳产量；图（b）为大肠杆菌中光驱动 CO_2 减排的示意图

光是地球上最丰富且最廉价的能源，因此大肠杆菌中搭建光能捕获系统具有更重要的意义。基于文献挖掘，海洋浮游生物体内存在着一种视紫红质蛋白，该蛋白质可以捕获蓝绿光产生跨膜质子动力势，后者进一步通过 ATP 合酶的作用转化为 ATP。近期的研究还表明，在大肠杆菌自身呼吸受到抑制的情况下，视紫红质蛋白可以捕获绿光，为大肠杆菌提供 ATP。因此，可以提出设想：当引入视紫红质蛋白并抑制大肠杆菌呼吸链的基因时，理论上可以降低大肠杆菌对呼吸链产 ATP 的需求，从而利用光能作为补充。当视紫红质蛋白和 P_N-NdhR 同时存在时，机体可能会自适应地动态下调 CO_2 排放，并利用光能补充因 CO_2 减排造成的 ATP 不足。最终达到的理想效果为：细胞更加智能地利用葡萄糖，从而以更少的葡萄糖获得相同的生物量，提高生物量对葡萄糖的碳得率［图 7-15（a）］。

7.6.6 新型分子开关 P_{N2}-NdhR 的构建

为了构建分子开关 P_N-NdhR，首先需要评估来源于 *Synechocystis* sp. PCC 6803 的启动区域 P_N 在大肠杆菌中的转录效率。将 430 bp 的野生型 P_N 序列替换 pQE80L-kan 载体的 P_{T5} 启动子序列，同时将绿色荧光蛋白（GFP）的编码基因置于 P_N 后，即使用绿色荧光蛋白的表达强度作为评估指标。结果表明，野生型 P_N 控制的 GFP 在大肠杆菌中荧光信号仅为不足 200，这与空白对照组的水平相当；而在相同实验条件下，P_{T5} 控制的 GFP 荧光信号达到约 20000，P_{T7} 控制的 GFP 荧光信号强度则能达到约 50000（图 7-16）。这些结果表明野生型 P_N 在大肠杆菌中的转录效率几乎为 0，无法直接在大肠杆菌中当作调控元件使用，因此需要对 P_N 进行理性改造。

推测野生型 P_N 在大肠杆菌中无法实现转录的原因是蓝藻的核糖体结合位点在大肠杆菌中无法被识别。因此，首先在野生型 P_N 的序列后插入一个翻译效率很高的核糖体结合序列（RBS1），同样还是用绿色荧光蛋白作为表征，构建的质粒命名为 pQEH4。然而，该策略仅仅将绿色荧光的强度提高到约 300，与改造前没有显著性差异（图 7-16）。再推测野生型 P_N 的 −35 区在大肠杆菌不能很好地招募 RNA 聚合酶。为此，在 pQEH4 质粒的基础上将 P_N 的 −35 区序列由 TTGTCA 改造为 TTGACA（在大肠杆菌中最高效的序列），从而获得质粒 pQEH6。但是，含 pQEH6 质粒的大肠杆菌仍然只能获得约 400 的荧光信号。基于这些实验结果，另一个可能的原因是 P_N 启动区域中的核心区域（包括 −35 和 −10 区）距离所添加的 RBS1 太远。因此，需要删除核心区域与 RBS1 之间的无效序列。基于文献调研及序列分析，发现 P_N 启动区域的有效序列（包括 −35 和 −10 区以及与 NdhR 结合的基序）均包含在前 260 bp (5′ 端)，3′ 末端的 170 bp 则为可删除区域。在理性分析的基础上，pQEH6 中 P_N 启动区域 3′ 末端的 170 bp 序列被删除，获得了质粒 pQEH9。结果发现，导入质粒的大肠杆菌在培养 12 h 后荧光信号显著增强，产生的 GFP 荧光强度值高达 10000［图 7-17（b），图 7-17（d）］。为了进一步验证该策略的有效性，在 pQEH4 质粒上进行了相同的操作（删除 P_N 3′ 末端的 170 bp 序列），结果发现荧光信号也显著增强，从大约 300 提高至 7000。这些结果表明改造后的 P_N 启动子可以高效地在大肠杆菌体内起始基因转录，由于质粒 pQEH9 的荧光强度更高，该质粒被选择进行后续实验，该质粒中被改造的 P_N 命名为 P_{N2}。

为了评估 NdhR 在大肠杆菌体内对 P_{N2} 的抑制效率，选择在 pQEH9 质粒上插入由强组成型

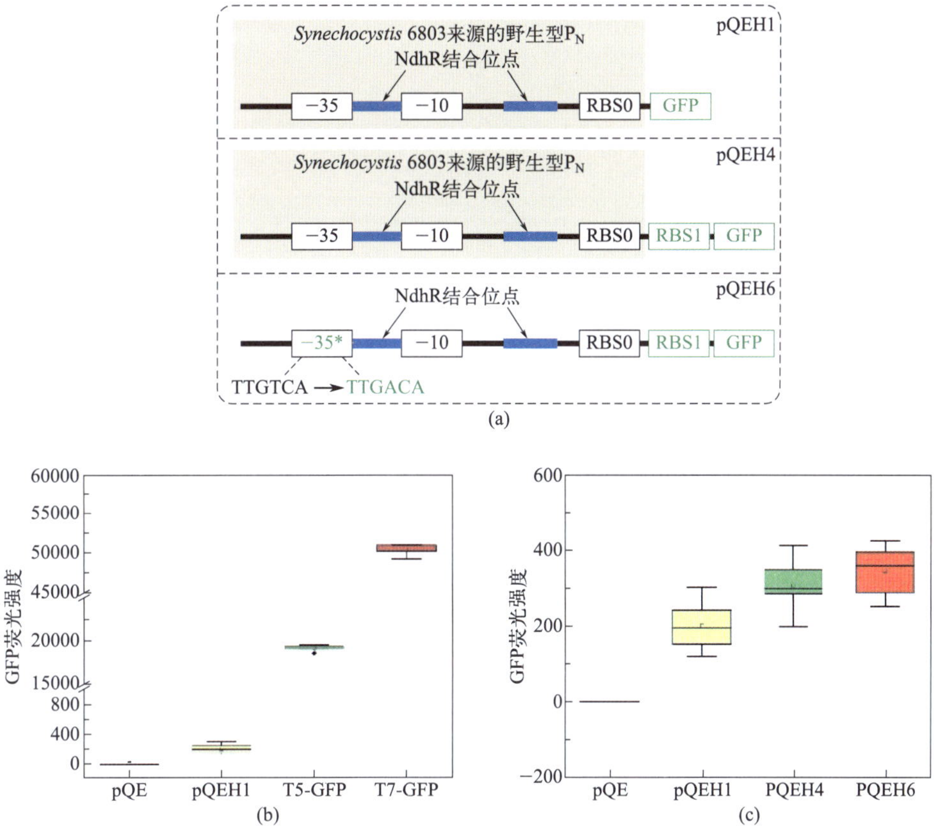

图 7-16 野生型 P_N 在大肠杆菌中的效率评估

图（a）为工程 P_N 策略示意图；图（b）为野生型 P_N 和 T5、T7 启动子之间转录效率的比较；图（c）为野生型 P_N 和工程 P_N 转录效率的比较

启动子（P_{tac}+RBS16）起始表达 NdhR 的开放阅读框，从而构建了质粒 pQEH14[图 7-17（c），图 7-17（e）]。含质粒 pQEH14 的菌株 GFP 荧光强度急剧下降至约 200，表明 NdhR 可以在大肠杆菌体内高效抑制 P_{N2} 的转录。为了进一步验证 NdhR 对 P_{N2} 的抑制是否可控，选择使用诱导型启动子 P_{lacO} 去启动 NdhR 的表达。如图 7-17 所示，随着 IPTG 浓度的提高（0.001 ～ 0.02 mmol/L 范围内），绿色荧光强度呈梯度递减趋势。这些结果表明 NdhR 不仅可以在大肠杆菌内灵敏地抑制 P_{N2} 的转录，并且可以人为地控制抑制强度，从而为后续构建分子开关奠定基础。

在上述工作基础上，需要进一步验证 NdhR 能否感知胞内 α-酮戊二酸的浓度变化实现对 P_{N2} 的可预测性控制。要实现此目标，首先需要将 NdhR 的表达量控制在较低水平，达到对 P_{N2} 的不饱和抑制状态。为此，将 IPTG 添加量设置为 0.0025 mmol/L，该条件下菌株的荧光信号强度为 6000［图 7-17（f）］。此外，胞内 α-酮戊二酸的浓度可以通过在培养基中添加不同浓度的酮戊二酸二甲酯控制［图 7-18（d）］。然而，随着酮戊二酸二甲酯添加浓度的增加，荧光强度的变化并没有呈明显的负相关性。推测可能的原因是两种效应（IPTG 和 α-酮戊二酸）共同使用时造成的叠加干扰。为了解决这个问题，需要使用组成型弱启动子控制 NdhR 的表达，以实现对 P_{N2} 更稳定的不饱和抑制状态。为此，建立了组成型表达的启动单元文库，

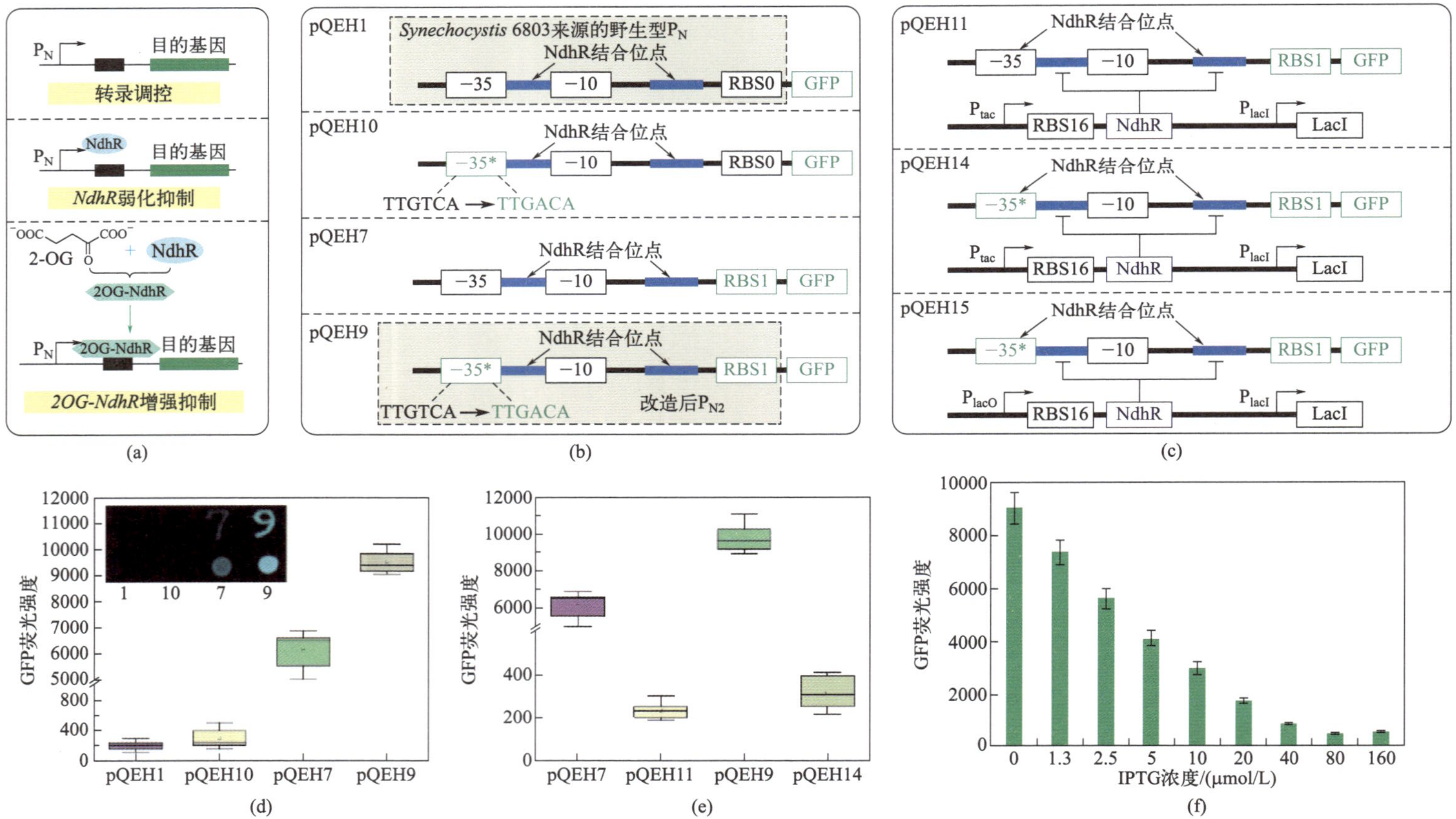

图 7-17 工程化 P_N 与 NdhR 在大肠杆菌中的效率评估

图（a）为合成分子开关 NdhR 示意图；图（b）为 *Synechocystis* sp. PCC 6803 转录因子 NdhR 的启动子区 P_N 的改造策略；图（c）为 NdhR 启动子区工程化策略示意图；图（d）为使用绿色荧光蛋白表征工程 P_N 的强度；图（e）表示在质粒 pQEH7 和 pQEH9 中过表达 NdhR 对工程 P_N 强度的影响；图（f）表示 IPTG 剂量对 P_{N2} 转录效率的影响，使用绿色荧光蛋白作为报告蛋白

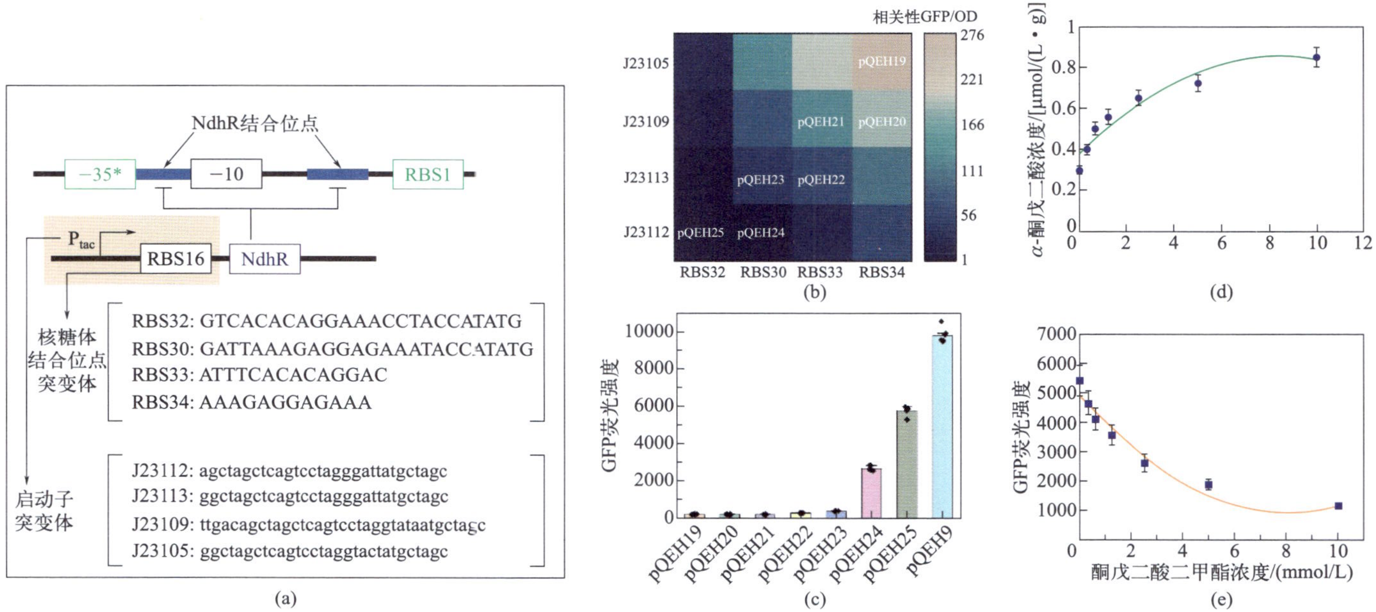

图 7-18　α-酮戊二酸辅阻遏效率的评估

图（a）为控制 NdhR 在大肠杆菌中表达水平的策略；图（b）为使用绿色荧光蛋白表征合成启动子区域的强度；图（c）为调节 NdhR 表达水平对 pQEH9 中工程 P_N（P_{N2}）强度的影响；图（d）为添加酮戊二酸二甲酯对细胞内 α-酮戊二酸浓度的影响；图（e）为添加酮戊二酸二甲酯对质粒 pQEH9 中 P_{N2} 强度的影响

这些启动单元起始转录的相对强度在 1 ～ 276 范围内［图 7-18（b）］。结果发现，当使用启动单元 P_{J23112}-RBS_{32} 控制 NdhR 的表达时，宿主菌的荧光强度可以控制在大约 5000 的水平［图 7-18（c）］。在此基础上，通过添加不同剂量的酮戊二酸二甲酯以控制胞内 *α*-酮戊二酸浓度，结果表明，随着酮戊二酸二甲酯剂量从 0 mmol/L 增加到 10 mmol/L，宿主菌的荧光强度从约 5000 降低至约 1000［图 7-18（e）］。这些结果表明，NdhR 和 P_{N2} 构成的调控单元可以用于感知大肠杆菌胞内 *α*-酮戊二酸水平实现对靶基因表达量的控制。

在评估分子开关 P_{N2}-NdhR 的基本功能后，需要将其用于具体基因靶点的控制，以实现对 TCA 循环碳通量的精准调控。首先，以大肠杆菌 MG1655 作为出发菌株，选择 TCA 循环的起始基因——柠檬酸合酶编码基因 *gltA* 作为调控靶点，具体操作为：将 MG1655 染色体上 *gltA* 的开放阅读框替换为表达框 P_{J23112}-RBS32-NdhR-T-P_{N2}-*gltA*-*mKate*$_{DAS\text{-}1}$（*mKate* 是红色荧光蛋白，与 *gltA* 融合用于监测其表达水平变化，DAS-1 是可以利用大肠杆菌内源蛋白酶实现降解的标签），从而获得菌株 CM-1。此外，还构建了对照菌株 CM-0，其染色体上 *gltA* 的开放阅读框替换为表达框 P_{N2}-*gltA*-*mKate*$_{DAS\text{-}1}$（即不含有 P_{J23112}-RBS32-NdhR-T 的表达框）。如图 7-19（a）所示，CM-1 菌株的荧光强度以 3 h 的周期振荡变化，而对照菌株 CM-0 没有形成周期性荧光强度变化［图 7-19（b）］。这些结果表明，当 P_{N2}-NdhR 调控单元用于控制 TCA 循环的关键基因 *gltA* 后，细胞可以实现自发地动态上调和下调 TCA 循环的流量。

为了验证动态调控 TCA 循环是否可以降低细胞的 CO_2 排放量并提高生物量对葡萄糖的得率，分析了菌株 CM-1 与亲本菌株 MG1655 的 CO_2 释放速率（qCO_2）和生物质碳收率（$C_{biomass}/C_{glucose}$）。如图 7-19（c）所示，与菌株 MG1655 菌株相比，CM-1 菌株的 qCO_2 降低了

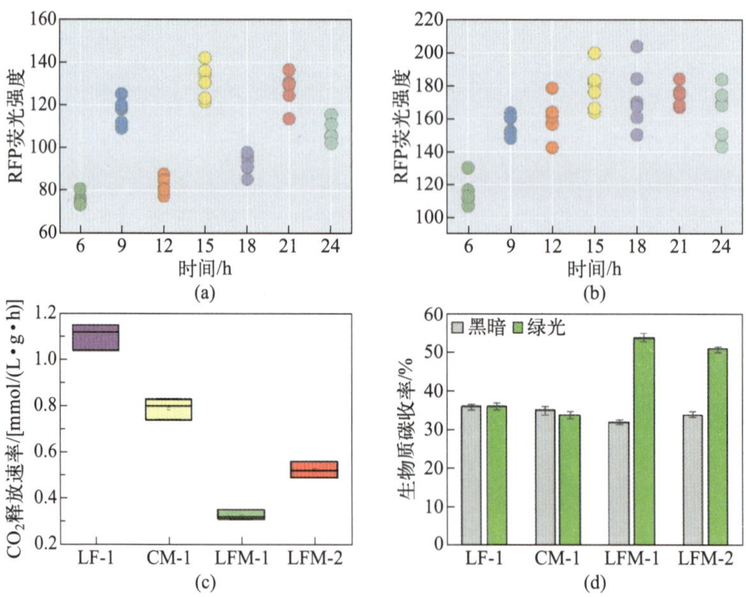

图 7-19 分子开关的效果评估

图（a）为 CM-1 菌株胞内 *α*- 酮戊二酸分布；图（b）为菌株 LF-1 的细胞内 *α*- 酮戊二酸分布；图（c）为菌株 LF-1、CM-1、LFM-1 和 LFM-2 的 CO_2 释放速率（qCO_2）；图（d）为菌株 LF-1、CM-1、LFM-1 和 LFM-2 中葡萄糖生物质碳收率（$C_{biomas}/C_{glucose}$）

29%，然而 $C_{biomass}/C_{glucose}$ 却没有得到改善（图 7-19）。推测可能的原因是，TCA 循环氧化臂的动态下调虽然减少 TCA 循环的 CO_2 排放，但同时也降低了细胞的能荷水平，从而迫使胞内其他 ATP 再生途径（如 PEP 转化为丙酮酸）的增强，这些途径的增强也会造成碳流的消耗。为了使分子开关 P_{N2}-NdhR 在减少 CO_2 排放的同时能够增加 $C_{biomass}/C_{glucose}$，需要提供糖质原料之外的 ATP 供给。

7.6.7 光驱动 ATP 再生系统的构建

当大肠杆菌的呼吸系统受到抑制时，视紫红质蛋白能够帮助大肠杆菌捕获绿光以产生质子动力势，后者可进一步转化为 ATP。为了筛选在大肠杆菌中更为高效的视紫红质蛋白，对基于 SAR86 来源的视紫红质（PR）进行序列比对，分别选择了序列相似度为 50%、60%、70% 和 80% 的视紫红质蛋白基因，它们分别来源于 α-变形菌 Alpha proteobacterium HIMB59 的 ApPR、极端嗜盐古菌 *Haloterrigena turkmenica* 的 HtPR、独岛菌 *Dokdonia* sp. MED134 的 MePR 和海水鞭毛单胞菌 *Flagellimonas* sp. HME9304 的 HmPR。为了将上述视紫红质蛋白单独定位到大肠杆菌的细胞膜，选择信号肽 KLLLILGSVIALPTFAA 作为牵引序列。与绿色荧光蛋白融合后的共聚焦显微镜拍摄显示这些蛋白质均可以成功在大肠杆菌中表达（图 7-20）。

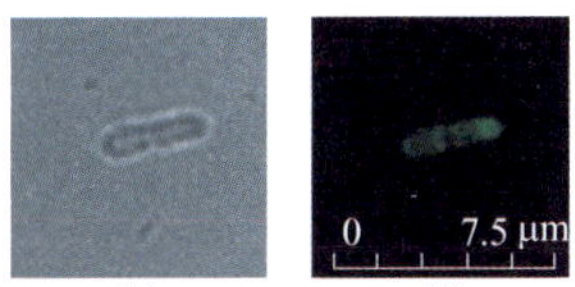

(a) (b)

图 7-20 大肠杆菌表达 PR 与 GFP 融合激光共聚焦显微镜图像

接下来，将表达这些视紫红质蛋白的菌株经好氧培养 12 h 后转入厌氧血清瓶中再培养 72 h(设置光照组和黑暗组）。然后，再利用 PI 对培养后的细胞进行染色，并进行流式细胞分析。如图 7-21 所示，表达 SaPR 的大肠杆菌在光照条件下细胞存活率上升的比例最高，表明 SaPR 捕获绿光的效率最高。此外，表达 SaPR 的大肠杆菌在黑暗条件下和光照条件下死亡率都是最低的，表明 SaPR 的表达对细胞负荷最小。因此，SaPR 被选作大肠杆菌光系统的构建元件。

为了验证 SaPR 是否可以在好氧条件下驱动呼吸受到抑制的细胞 ATP 合成，首先通过 CRISPR-dCas 系统分别抑制 MG1655 菌株的 *cydB*、*ndh*、*cyoB*、*nuoF* 和 *appB* 基因，构建了一系列底盘菌株。结果表明，基于 CRISPR-dCas 单独抑制这些基因并不能使菌株利用 SaPR 捕获光能增强胞内 ATP 水平，含有 SaPR 的菌株在黑暗或者光照条件下的生长也无显著性差异。针对该现象，推测可能的原因是抑制单个基因表达很难对大肠杆菌呼吸系统造成抑制。为此，可能需要调控底盘菌株控制呼吸链基因的启动子区域，以实现同时抑制呼吸链上的多个基因。为此，菌株 LA-0 (MG1655+SaPR) 染色体上的五个呼吸链启动区域（P_{cyd}、P_{ndh}、

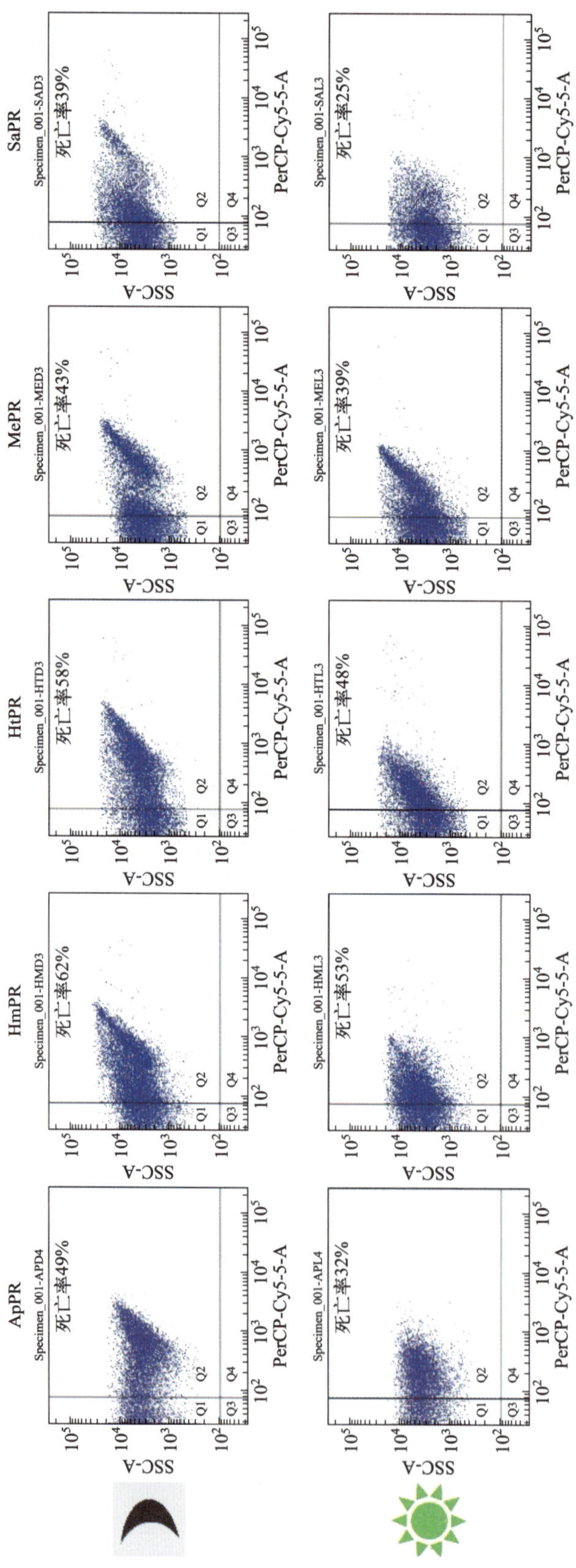

图 7-21　绿光或黑暗条件下工程菌株的细胞存活率

P_{cyo}、P_{nuo} 和 P_{app}）分别被替换为组成型弱启动子 P_{J23112}-RBS32，从而得到菌株 LA-1、LA-2、LA-3、LA-4 和 LA-5（图 7-22）。

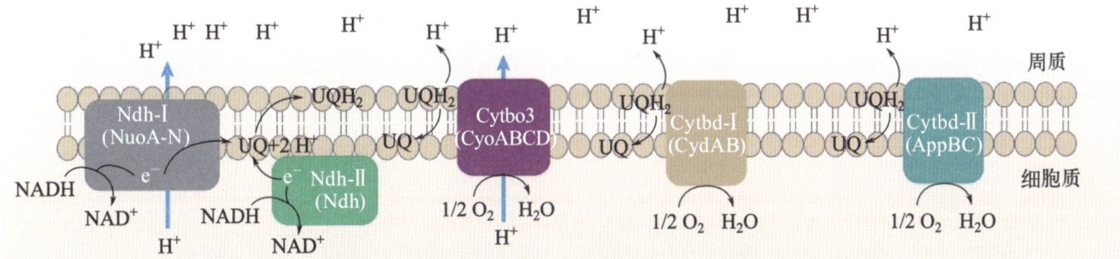

图 7-22　绿光或黑暗条件下工程菌株的细胞存活率

在此基础上，利用 NBS 培养基（添加 10 μmol/L 视黄醛）在好氧条件下培养这些菌株，且提供绿色光照（525 nm，60 mW/cm^2）。如图 7-23（b）所示，24 h 后工程菌株在绿色光照下的细胞生长均优于在黑暗条件下培养的菌株，其中，菌株 LA-4(ΔP_{nuo}) 的生物量在光照和黑暗条件下的差值最大，达到 3.6。此外，激光共聚焦显微镜图像表明，LA-4 细胞在绿色光照下的鲁棒性更好［图 7-23（c）～图 7-23（f）。基于荧光素酶测定大肠杆菌胞内 ATP 浓度的数据也表明，所有含有 PR 的工程菌株在绿色光照下的胞内 ATP 浓度均高于黑暗条件下的胞内 ATP 浓度值，浓度差在 2.3 ～ 3.8 倍之间［图 7-23（a）］。

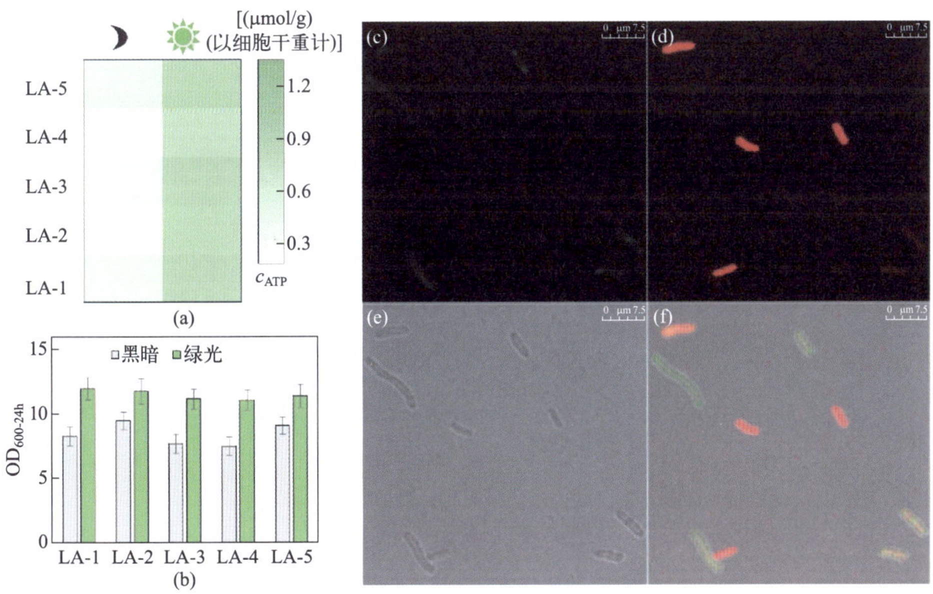

图 7-23　基于视紫红质的光驱动 ATP 再生系统评估

图（a）为在黑暗或绿光条件下，菌株 LA-1、LA-2、LA-3、LA-4 和 LA-5 细胞内 ATP 的浓度；图（b）为具有或不具有绿光的工程菌株在 600 nm 处的光密度；图（c）～（f）为菌株 LA-4 的激光共聚焦显微镜图像

7.6.8 光驱动 CO_2 减排系统提高 L-苹果酸得率

在确定 PR 光系统可以在有氧条件下增强工程大肠杆菌胞内 ATP 后，需要将其与分子开关 P_N-NdhR 进行整合。为此，菌株 CM-1 的启动子 P_{nuo} 被替换为 P_{J23112}-RBS32，同时将 PR 整合到菌株 CM-1 的染色体上，获得菌株 LFM-1。随后，在光照条件下利用 NBS 培养基（添加 10 μmol/L 视黄醛）对菌株 CM-1 和 LFM-1 进行培养。结果显示，菌株 LFM-1 在 24 h 的培养时间内 CO_2 释放速率（qCO_2）（以细胞干重计）仅为 0.33 mmol/(L·g·h)，而对照组 CM-1 的 qCO_2 0.79 mmol/(L·g·h)［图 7-19（c）］。此外，菌株 LFM-1 的 $C_{biomass}/C_{glucose}$ 达到 54%，比菌株 CM-1 高出 50%［图 7-19（d）］。这些结果表明，PR 光系统可以有效地与分子开关 P_N-NdhR 进行整合，实现细胞 CO_2 的减排并提高生物量对葡萄糖的碳得率。

然而，值得注意的是，尽管菌株 LFM-1 的 $C_{biomass}/C_{glucose}$ 有显著提高，但是与原始菌株 LF-1 相比，好氧培养 24 h 后的最终 $OD_{600}(OD_{600\text{-}24h})$ 降低了 45%［图 7-24（a）。细胞生物量的降低会影响转入厌氧阶段产品发酵的生产性能，因此需要对呼吸链进行更加智能的控制。为此，选择利用动态响应启动子替换 P_{J23112}-RBS32 去启动 *nuo* 系列基因的转录，使得这些基因能够随着 TCA 循环的动态变化而同步振荡，获得的菌株命名为 LFM-2。同样利用上述方法对菌株 LFM-2 进行培养，结果表明菌株 LFM-2 的 $OD_{600\text{-}24h}$ 从 7.2 提高到 11［图 7-24（a）］，$C_{biomass}/C_{glucose}$ 为 0.47。最后，在 1.0 L 生物反应器中研究菌株 LFM-2 的生产性能，在经历 32 h 的有氧生长（绿色光照）后，去除反应器顶空氧气并通入氢气，此外，绿色光照调整为蓝色光照。结果表明，在 72 h 的厌氧发酵后，菌株的最终 $Y^{A+An}_{mal/glu}$ 提高至 1.48 mol/mol［图 7-24（b）。

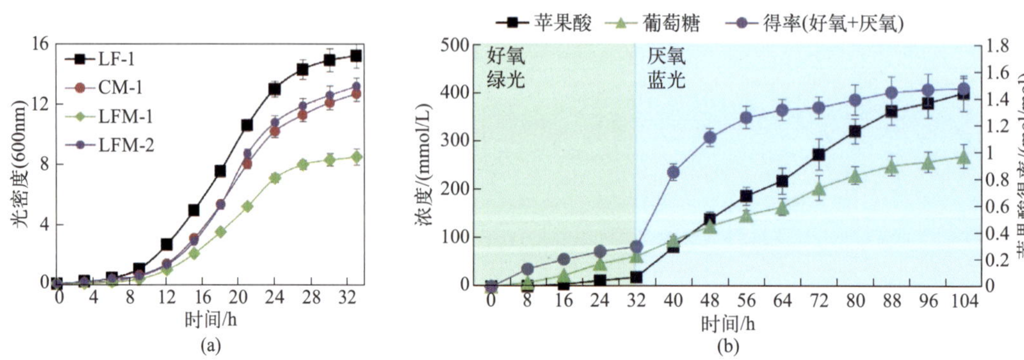

图 7-24　光驱动 CO_2 减排系统对细胞生长和苹果酸生产的影响

图（a）为菌株 LF-1、CM-1、LFM-1 和 LFM-2 在 1.0 L 生物反应器中的生长概况；图（b）为菌株 LFM-2 在 1.0 L 生物反应器中的发酵性能

为了计算 L-苹果酸最终得率与实际理论得率的差距，结合 FBA 和化学计量学进行约束模型分析。大肠杆菌在好氧条件下以葡萄糖为碳源生长时，大约有 34% 的碳以 CO_2 的形式丢失。假设剩下的葡萄糖全部转化为生物量（$C_4H_7O_2$），则葡萄糖代谢的化学计量式可以描述为方程 $C_6H_{12}O_6 \longrightarrow 0.9\ C_4H_7O_2 + 2.4\ CO_2$。当菌体在好氧条件下生长到一定密度时，菌体

被转入厌氧条件下进行发酵。厌氧条件下，葡萄糖转化为 L-苹果酸（$C_4H_6O_5$）的最优化学计量式为方程 $C_6H_{12}O_6 + 2\ CO_2 = 2\ C_4H_6O_5$。假设厌氧条件消耗的葡萄糖是好氧条件的 n 倍，则 L-苹果酸生产的整体方程式是 $(1 + n)\ C_6H_{12}O_6 + 2\ n\ CO_2 \longrightarrow 2\ n\ C_4H_6O_5 + 2.4\ CO_2$。可以发现，整个发酵阶段 L-苹果酸的得率可以计算为 $2\ n/(n+1)$，n 趋于无穷大时，L-苹果酸的理论得率趋于 2.0 mol/mol，但 n 不可能无限大，因为细胞活力维持的时间有限，后期发酵的实际得率会逐步下降。根据发酵实验结果，n 的最大有效值为 2.6（图 7-25）。将 $n = 2.6$ 代入模型计算，整个发酵阶段 L-苹果酸的最终理论得率为 1.44 mol/mol。

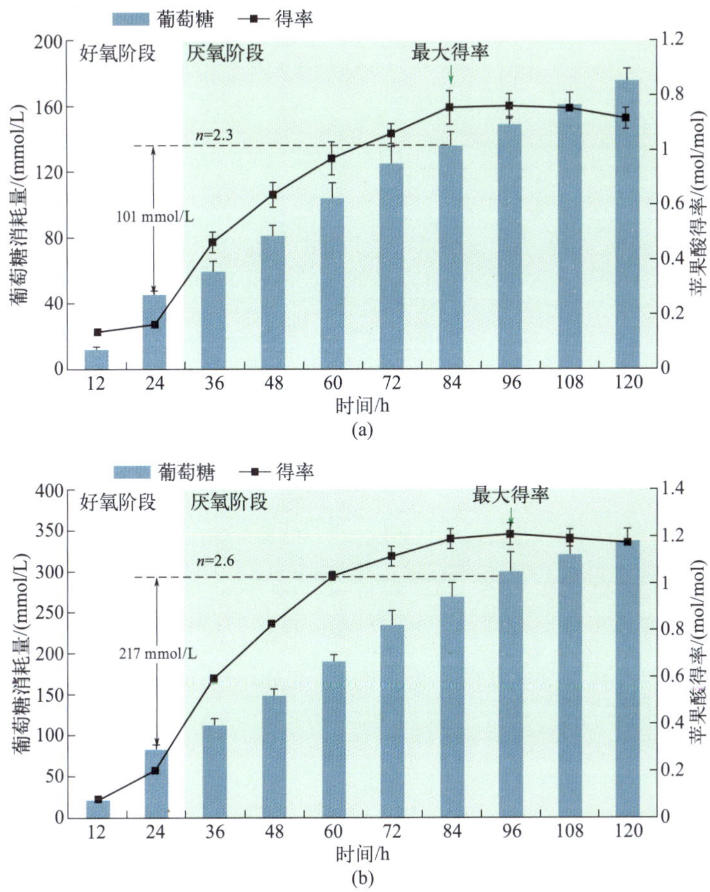

图 7-25　工程菌株 FH0210 在（a）摇瓶和（b）1.0 L 生物反应器中两阶段生产 L-苹果酸概况

7.7 参考文献

Bar-Even A, Noor E, Lewis N E, et al, 2010. Design and analysis of synthetic carbon fixation pathways. Proc Natl Acad Sci U S A, 107(19): 8889-8894.

Berhanu S, Ueda T, Kuruma Y, 2019. Artificial photosynthetic cell producing energy for protein synthesis. Nature Communications, 10(1): 1325.

Bogorad I W, Chen C T, Theisen M K, et al, 2014. Building carbon-carbon bonds using a biocatalytic methanol condensation cycle. Proc Natl Acad Sci U S A, 111(45): 15928-33.

Chen Q, Arents J, Schuurmans J M, et al, 2019. Combining retinal-based and chlorophyll-based (oxygenic) photosynthesis: proteorhodopsin expression increases growth rate and fitness of a ΔPSI strain of *Synechocystis* sp. PCC6803. Metabolic Engineering, 52: 68-76.

Dellomonaco C, Clomburg J M, Miller E N, et al, 2011. Engineered reversal of the beta-oxidation cycle for the synthesis of fuels and chemicals. Nature, 476(7360): 355-359.

Guzman M S, Rengasamy K, Binkley M M, et al, 2019. Phototrophic extracellular electron uptake is linked to carbon dioxide fixation in the bacterium *Rhodopseudomonas palustris*. Nature Communications, 10(1): 1355.

Hall D O, Acién Fernández F G, Guerrero E C, et al, 2003. Outdoor helical tubular photobioreactors for microalgal production: modeling of fluid-dynamics and mass transfer and assessment of biomass productivity. Biotechnology and Bioengineering, 82(1): 62-73.

Harris D M, van der Krogt Z A, van Gulik W M, et al, 2007. Formate as an auxiliary substrate for glucose-limited cultivation of *Penicillium chrysogenum*: impact on penicillin g production and biomass yield. Applied and Environmental Microbiology, 73(15): 5020-5025.

Kirst H, Formighieri C, Melis A, 2014. Maximizing photosynthetic efficiency and culture productivity in cyanobacteria upon minimizing the phycobilisome light-harvesting antenna size. Biochimica et Biophysica Acta (BBA) - Bioenergetics, 1837(10): 1653-1664.

Liao X, Deng T, Zhu Y, et al, 2008. Enhancement of glutathione production by altering adenosine metabolism of *Escherichia coli* in a coupled ATP regeneration system with *Saccharomyces cerevisiae*. Journal of Applied Microbiology, 104(2): 345-352.

Lin P P, Jaeger A J, Wu T Y, et al, 2018. Construction and evolution of an *Escherichia coli* strain relying on nonoxidative glycolysis for sugar catabolism. Proc Natl Acad Sci U S A, 115(14): 3538-3546.

Liu L, Li Y, Li H, et al, 2006. Significant increase of glycolytic flux in *Torulopsis glabrata* by inhibition of oxidative phosphorylation. FEMS Yeast Research, 6(8): 1117-1129.

Lou W, Tan X, Song, K et al, 2018. A specific single nucleotide polymorphism in the atp synthase gene significantly improves environmental stress tolerance of *Synechococcus elongatus* PCC 7942. Applied and Environmental Microbiology, 84(18): e01222-18.

Luo N, Montini T, Zhang J, et al, 2019. Visible-light-driven coproduction of diesel precursors and hydrogen from lignocellulose-derived methylfurans. Nat Energy, 4(7): 575-584.

Mainguet S E, Gronenberg L S, Wong S S, et al, 2013. A reverse glyoxylate shunt to build a non-native route from C4 to C2 in *Escherichia coli*. Metabolic Engineering, 19: 116-127.

Meadows A L, Hawkins K M, Tsegaye Y, et al, 2016. Rewriting yeast central carbon metabolism for industrial isoprenoid production. Nature, 537(7622): 694-697.

Pushkarev A, Inoue K, Larom S, et al, 2018. A distinct abundant group of microbial rhodopsins discovered using functional metagenomics. Nature, 558(7711): 595-599.

Sakimoto K K, Wong A B, Yang P, 2016. Self-photosensitization of nonphotosynthetic bacteria for solar-to-chemical production. Science, 351(6268): 74-77.

Schuchmann K, Muller V, 2014. Autotrophy at the thermodynamic limit of life: a model for energy conservation in acetogenic bacteria. Nature Reviews Microbiology, 12(12): 809-821.

Schwander T, von Borzyskowski L S, Burgener S, et al, 2016. A synthetic pathway for the fixation of carbon dioxide *in vitro*. Science, 354(6314): 900-904.

Steindler L, Schwalbach M S, Smith D P, et al, 2011. Energy starved *Candidatus* pelagibacter ubique substitutes light-mediated atp production for endogenous carbon respiration. PLoS ONE, 6(5): e19725.

Tremblay P L, Xu M, Chen Y, et al, 2020. Nonmetallic abiotic-biological hybrid photocatalyst for visible water splitting and carbon dioxide reduction. iScience, 23(1): 100784.

Wang Q, Xu J, Sun Z, et al, 2019. Engineering an *in vivo* EP-bifido pathway in *Escherichia coli* for high-yield acetyl-CoA generation with low CO_2 emission. Metabolic Engineering, 51: 79-87.

Wei W, Sun P, Li Z, et al, 2018. A surface-display biohybrid approach to light-driven hydrogen production in air. Sci Adv, 4(2): eaap9253.

Zhang C C, Zhou C Z, Burnap R L, et al, 2018. Carbon/nitrogen metabolic balance: lessons from cyanobacteria. Trends Plant Sci, 23(12): 1116-1130.

Zhou J, Liu L, Shi Z, et al, 2009. ATP in current biotechnology: regulation, applications and perspectives. Biotechnology Advances, 27(1): 94-101.

Zhu J, Shimizu K, 2004. The effect of pfl gene knockout on the metabolism for optically pure d-lactate production by *Escherichia coli*. Applied Microbiology and Biotechnology, 64(3): 367-375.

第 8 章 细胞膜工程提高细胞 pH 耐受

8.1
细胞膜调节蛋白概述

细胞膜上的蛋白质通道是与外部环境交换物质的重要结构，同时在细胞间通信中也发挥关键作用。细胞膜蛋白种类繁多，但多数分子数目较少且分布不均。膜相关蛋白在维持细胞黏附、运动、生长、内吞作用等重要功能中至关重要。根据功能，细胞膜蛋白可分为载体蛋白、通道蛋白、受体、抗原和酶等，这些蛋白质占原核和真核细胞总蛋白质的20% ～ 30%(Whited et al., 2015)，与细胞及生命体的正常生理功能密切相关。

载体蛋白是具有多个亚基的跨膜蛋白，具有特异性结合位点，可以与底物发生暂时的、可逆的结合和分离，通过改变分子构象实现对底物的跨膜转运。通道蛋白可分为离子通道和水通道，这类蛋白质也具有多次跨膜结构，介导被动运输时不需要与溶质分子结合，而是通过形成亲水通道允许亲水性小分子和带电离子通过，成为细胞与外部环境物质交换的主要窗口（Feng et al., 2021）。

在细胞化学通信中，靶细胞接收化学信号的分子称为受体，而信号分子称为配体。酶是具有特殊催化活性的蛋白质，生物体的新陈代谢过程依赖于酶的催化作用。酶不仅存在于细胞内和细胞间，也广泛存在于细胞膜上，催化各种化学反应。膜蛋白根据分离难易程度可分为外在膜蛋白和内在膜蛋白。外在膜蛋白是水溶性蛋白，通过离子键或其他弱化学键与膜表面的蛋白质或脂质结合，结合较为疏松，如载体、特异性受体、酶和表面抗原。内在膜蛋白大多为跨膜蛋白，通过跨膜结构域与磷脂双层的疏水核心相互作用，结合非常紧密。

膜蛋白聚集成特定结构域涉及脂质结构域的相互作用、蛋白质与脂质之间的静电相互作用、内膜表面蛋白支架及膜成分的其他特性。膜蛋白可以改变膜的局部结构，导致膜脂重组，形成新的膜域，并调节膜的电荷密度和扩散速率。完整膜蛋白中的疏水部分与脂质双层的疏水核心之间的匹配对稳定膜结构至关重要。如果疏水部分不匹配，可能会引起脂质基质的弹性变形，诱导蛋白质构象变化，从而影响蛋白质功能和蛋白质-蛋白质相互作用。这种膜蛋白的聚集可以导致在膜中形成超结构域（Nicolson et al., 2021）。

8.1.1 微生物细胞膜组分

细胞膜由磷脂双分子层及嵌入或附着在其表面的蛋白质组成。它紧贴细胞壁内侧，包裹细胞质，是一层柔软、富有弹性的半透膜。磷脂双分子层的疏水尾部在内，亲水头部在外（Robertson, 2018）。

微生物细胞膜主要成分包括磷脂、鞘脂和甾醇。这些成分在膜中的丰度不同，通过调节它们的比例，微生物可以提高对各种环境胁迫的耐受性。细胞膜包括内膜和外膜，二者之间的物质被称为细胞周质。内膜由磷脂和蛋白质构成，蛋白质嵌入磷脂双分子层中，具有不同的分子结构和功能。细胞膜的脂质占细胞膜总重的40%以上，其中磷脂双分子层是主要的骨架，磷脂是膜脂中重要的成分。除了磷脂，膜脂中还包含胆固醇和少量糖脂。膜脂是细胞膜的基本组成部分，具有双亲性质，即含一个亲水端和一个疏水端。这种结构使得大多数水溶性物质无法自由通过细胞膜，只允许亲脂性物质通过。磷脂酰乙醇胺是细胞膜中含量最多的磷脂，对维持细胞形态和功能至关重要。它影响细胞膜的选择性、渗透性、细胞生长、分裂以及分化，甚至对细胞内部的生化反应也有影响。

细胞膜的成分显示出不对称性，内外叶之间的脂质、蛋白质包括糖蛋白的分布存在显著差异。流动的脂质双分子层是生物膜结构的基本特征，适宜的流动性对于维持细胞的正常生理状态至关重要。1925年，Gorter和Grendel观察到生物膜是超薄的双分子薄片，提出了脂质双分子层作为生物膜的简单模型。1935年，Danielli和Davson提出了细胞膜的脂质双层概念，并在其模型中加入了蛋白质。1959年，Robertson提出了单位膜模型，最终在1972年，Singer和Nicolson提出了流体镶嵌模型。不同类型的细胞膜结构域及膜蛋白的选择性存在，表明膜的复杂性超出了最初的流体镶嵌模型。

膜结构域的关注点在于它们如何协助细胞适应和响应环境信号。在信号传递后，细胞膜在特定区域重新排列，改变其成分、电荷、曲率或凝结状态。这些结构域充当信号平台，协调细胞的各种事件。膜的层次组织使细胞能够快速响应内外部信号和环境变化。质膜不是一个静态结构，而是通过细胞骨架网络、信号转导系统、运输系统以及其他结构、酶和通信网络与细胞质连接。在组织中，质膜还与细胞外基质、其他细胞和间质蛋白结构相连。因此，细胞膜是组织内一个完全整合的结构，对环境变化和信号高度敏感并做出响应。

8.1.2 细胞膜对微生物细胞生命活动的影响

细胞膜的功能主要包括流动性、完整性和通透性（Qi et al., 2019）。这些功能主要由细胞膜的组成成分决定，包括磷脂、鞘脂、甾醇和膜蛋白。细胞膜，亦称细胞质膜、质膜或在革兰氏阴性菌中的内膜，是一种选择性的半透膜。它不仅保护细胞的完整性，还在物质交换、信号传输、维持细胞内稳态和抵抗环境刺激等方面发挥关键作用（Yin et al., 2020）。细胞膜也储存瞬态能量，并作为执行基本生命反应的环境屏障，而不仅仅是容纳亲脂性化合物的储藏室。

细胞膜具有选择性，允许某些生物大分子通过，以维持正常的代谢和生命活动，同时排出细胞内产生的代谢废物，保持内外平衡。细胞膜的物理和化学性质直接影响细胞的生长和分化。例如，细胞表面的皱褶形态可以决定细胞在应力下的变形能力，并为外部刺激提供膜资源（Jumaa et al., 2017）。此外，膜形态和张力的变化会引起膜蛋白的构象变化，最终改变膜的化学性质。例如，膜张力的增加可能导致膜蛋白的机械门控通道构象变化，从而影响离子的进出速率（Martinac et al., 2018）。除了结构和屏障功能外，细胞膜还参与信号转导、细胞通信和能量产生。它在细菌的胁迫抵抗中发挥重要作用，能够随着环境条件的变化而调整流动性，从而维持正常生理活动，并维持细菌生存。因此，操控细胞膜的物理化学性质可以显著影响细胞的生长和分化。细胞膜与来自离子、激素、细胞因子、酶、生长因子、受体、细胞外基质（ECM）和其他亚细胞膜泡的细胞外信号相互作用，以启动信号过程。因此，细胞膜不仅是细胞的过滤器，还可以选择性地将信号和物质从外部和相邻细胞传递到细胞内部。

在微生物中，细胞膜不仅是调节物质进入的渗透屏障，还在能量传导中具有特殊意义。细菌应对环境物理化学胁迫时，通过细胞膜的调整机制，如不饱和脂肪酸的顺-反异构化、脂肪酸饱和度的增加以及磷脂极性头部的变化，增强膜的稳固性。这些变化共同抵消了溶剂毒害对膜流动性和渗透性带来的不利影响。细胞膜的不对称性破坏与细胞活化、黏附、聚集、凋亡和吞噬等事件相关。细胞膜应被视为一个完全整合的机械结构，它不断与细胞外的各种成分相互作用，接收和传递微环境中的信号，以引发适当的细胞反应。此外，细胞膜发出信息，维持细胞极性和机械性能，同时不断更新其组成成分。

细胞膜是细胞的首要屏障，与细胞外的离子、分子、脂质囊泡、小球、病毒等相互作用。这些相互作用决定了细胞如何处理营养物质、启动信号转导以及维持正常的生理功能。因此，细胞膜是提供细胞屏障和连续性的关键过滤器，可以选择性地将信号、营养物质从外部传输到内部，并进一步传输到细胞器。此外，细胞通过释放含有分子（如蛋白质、DNA等）的脂质囊泡和小球与相邻细胞、组织和远处器官进行信号和分子传递，从而调节微观和宏观环境。细胞还通过各种细胞内膜分隔出不同的细胞器，这些膜负责分子的生物合成、能量产生、复制、运输、再利用、破坏、分泌等重要活动。

研究表明，几乎所有细菌都能形成生物膜，这是一种细菌为适应环境变化和维持生命而产生的结构。生物膜中的细菌被厚厚的多糖层包裹，这增强了细菌对环境的抵抗力，是其自我保护的一种方式。细胞膜通过接触和瞬时融合传递膜成分，并修复对膜的损伤，以维持细胞功能。细胞膜通过嵌入式受体感应细胞外环境的变化，并通过细胞内级联反应启动信号转导事件，导致表型改变以适应环境变化，这可能会引发细胞生长、分化、迁移、分泌，甚至死亡。

8.2 细胞膜工程应用场景

通过设计膜的脂质组成，可以减少或防止抑制分子与细胞膜的相互作用，从而降低其对细胞的破坏性。这种策略称为膜工程，是细胞工厂设计中一种有吸引力的方法。膜的渗透性也可以被调节，以减少抑制分子的摄取，进一步保护细胞免受损害。

微生物细胞表面工程是一个新兴领域，涉及通过化学或遗传方法等修饰细胞表面特性。这种修饰可以用于表面显示或细胞固定，以实现如生物修复、疾病治疗、食品生产和毒性筛查等特定目的。细胞膜作为屏障和调节物质及信息运输的“看门人”，在保护细胞免受外部环境影响、维持细胞内稳态以及调节细胞功能和行为方面发挥着重要作用。

在各种生理和病理过程（如稳态调节、细胞-细胞通信、癌症转移）中，细胞表面发挥着重要的结构和功能作用。结构上，细胞膜将细胞质与外部环境分隔开，作为细胞与环境之间的桥梁；功能上，细胞膜可以根据外部生化信号调节物质或信号的交换，从而引导环境的变化。细胞表面成分的波动或膜间物质的穿梭不仅反映了细胞对环境的响应，还提供了有关细胞活动的丰富信息。因此，细胞表面工程有助于开发新方法，了解细胞过程，调节细胞-环境通信，操纵细胞行为，并重新定义细胞功能。

此外，细胞表面修饰已被证明可以提高细胞对各种应激的耐受性，促进重组蛋白质的折叠，并调整细胞大小，这些都有助于提高微生物细胞工厂的效率。细胞膜是一个高度复杂和动态的环境，由脂质、蛋白质和碳水化合物组成，负责细胞外通信。这种丰富的分子库为膜设计提供了极好的机会，并成为操控细胞与周围环境相互作用的强大工具。尽管细胞膜工程仍在发展阶段，但它作为一种有前景的代谢调节方法，可以在不直接调节目标代谢途径的情况下对细胞代谢进行有效调节（Wu et al., 2022）。然而，细胞膜的复杂性和动态性也为细胞表面工程带来了挑战，需要开发与细胞生存能力兼容的策略。

微生物膜作为保护屏障，将细胞质与外部环境隔离。在有毒环境下，工业菌株的存活很大程度上依赖于膜的稳态和膜内脂质-蛋白质相互作用，这些因素与能量代谢、溶质运输、信号转导、抗应激性、细胞生长和生化生产等关键生理功能有关。因此，维持膜稳态可能是提高工业生物过程生产率的有效方法。膜稳态涉及调整膜的脂质和蛋白质组成，以保持其生物物理特性，并保护细胞在工业过程中免受有毒环境的影响（Sandoval et al., 2016）。

8.2.1 促进化学品积累

化学品的高效生产往往依赖于微生物的耐受性，因为化学品会对微生物细胞膜造成损伤从而影响细胞生长或代谢。膜脂质的化学性质被认为是微生物耐受内部和外部压力的重要因素，但直到过去十年，膜工程潜力才在实际生物燃料和生物可再生物的合成中得到了广泛研究。

2013 年，为了增加大肠杆菌中游离脂肪酸的产生，Lennen 和 Pfleger 尝试表达异源酰基-酰基载体蛋白硫酯酶。尽管这一尝试降低了细胞膜中不饱和脂肪酸的含量并提高了细胞活力，但游离脂肪酸的产量并没有显著增加。后来的研究发现，缺失参与脂肪酸合成的基因可以增加膜脂肪酸的平均链长度，从而显著提高游离脂肪酸的产量。进一步的研究显示，对大肠杆菌和酿酒酵母进行定向进化，使得大肠杆菌细胞膜中饱和脂肪酸占比变低和膜脂肪酸链长度变大，酿酒酵母中甾醇合成相关基因表达水平增加，从而使辛酸和乙醇的生产水平提高。这些研究确认了目标产物的高产量与细胞膜化学性质之间的关系。目标产物的积累不仅会对合成过程产生负反馈，还可能破坏细胞内的稳态，尤其是当产物有毒时。在这种情况下，可以通过过表达转运蛋白或引入异源转运蛋白来加速目标化合物的转运，从而实现高效生产（Wu et al., 2022）。

此外，对大肠杆菌细胞膜进行微生物工程改造，改善细胞膜的形态和生物合成，有助于提高β-胡萝卜素的储存能力。通过过表达膜弯曲蛋白，β-胡萝卜素的比值增加了 28%；同时，通过设计细胞膜合成途径，β-胡萝卜素的产量提高了 43%。将这两种策略结合使用，β-胡萝卜素的生产量增加了 2.9 倍。在工程化大肠杆菌细胞的电子显微镜图像中，观察到了内向膜堆，这表明细胞膜形态的变化与 β-胡萝卜素储存能力的提高有关。膜分离技术和分析进一步验证了 β-胡萝卜素主要积累在细胞膜内。这种策略也在其他微生物菌株中得到了验证，例如在 β-胡萝卜素高产菌株 CAR025 中，β-胡萝卜素生产量提高了 39%(Wu et al., 2017a)。

在作为产品积累储存空间的情况下，膜工程策略同样有效。例如，调节大肠杆菌中膜磷脂生物合成相关基因（*plsb* 和 *plsc*）的表达，β-胡萝卜素浓度提高了 55%，可能是由于膜脂质数量增加，提供了更多的储存空间。将 *almgs* 基因（编码单葡萄糖基二辛基甘油酰基转移酶）整合到宿主基因组中，进一步使产品浓度和生产量分别比之前提高了 2.3 倍和 1.1 倍，这可能是因为膜的扩展提供了更多的合成与储存空间（Wu et al., 2017b）。通过不同的细胞膜工程策略可以提高不同目标化合物的产量（表 8-1）。

表8-1 不同的细胞膜工程策略以提高不同的目标化合物的产量

微生物	工程策略	改进效果
大肠杆菌	删除编码 2-酰基甘油磷酸乙醇胺酰基转移酶和酰基-酰基载体蛋白合成酶的 *aas* 基因，以减少中链脂肪酸与细胞膜的结合	对游离脂肪酸的耐受性更高，产量提高 20%
大肠杆菌，曼氏琥珀酸菌	表达铜绿假单胞菌顺式异构酶，将反式不饱和脂肪酸纳入细胞膜	更高的膜完整性；大肠杆菌中的辛酸浓度高 40%；琥珀酸、乳酸浓度高出 13%
大肠杆菌	过表达 *pssA*（编码磷脂酰丝氨酸合成酶）	磷脂酰乙醇胺丰度更高，膜脂肪酸的不饱和度和平均链长增加；辛酸和总脂肪酸的生产浓度分别提高 46% 和 40%
大肠杆菌	表达膜弯曲蛋白 Almgs，以及过表达参与甘油磷脂生物合成的 *plsb* 和 *plsc*	β-胡萝卜素的得率提高 2.9 倍
枯草芽孢杆菌	敲除 *pssA* 和 *clsA*（编码心磷脂合成酶）以提高膜渗透性	细胞膜中磷酸甘油的比例较高；重组 α-淀粉酶变体的分泌量高达 47%
枯草芽孢杆菌	过表达 *pgsA*（编码磷脂酰甘油磷酸合酶）和 *clsA*，以增加心脂的膜含量，并抑制 *ftsZ*（涉及细胞分裂），以改变细胞膜中的心脂分布	透明质酸合酶更好表达；透明质酸浓度增加 204%
酿酒酵母	乙酰辅酶 A 羧化酶（S1157A）的突变	膜脂的平均链长和饱和度更高；膜完整性升高；油酸产量高 3 倍
解脂耶罗维亚酵母	过表达 *ole1*（编码 Δ-9 脂肪酸不饱和酶）及缺失 *pah1*（编码磷脂酸磷酸酶）和 *dgk1*（编码二酰甘油激酶）	细胞膜中不饱和脂肪酸的比例更高；羽扇豆醇的生产强度提高 2.6 倍；其他萜烯的浓度高 1.7 ～ 8.8 倍

8.2.2 提高细胞耐受性

微生物细胞膜主要由磷脂、鞘脂和甾醇组成，这三种成分在膜中的丰度不同。通过调节这三种脂质的比例，可以增强微生物细胞对各种环境胁迫的耐受性。膜脂的化学性质被认为是微生物对内外应激耐受性的重要因素。

在细胞膜中，不饱和脂肪酸（UFA）的链结构分为顺式和反式不饱和酰基链。顺式不饱和脂肪酸（CUFA）可以通过顺反异构酶转化为反式不饱和脂肪酸（TUFA）。反式不饱和脂肪酸的直链结构可以增加膜脂质的密度，从而降低膜的流动性，提升细胞膜的耐受性。研究表明，非天然反式不饱和脂肪酸的增加显著降低了细胞膜的流动性，增强了脂肪酸的耐受性和产量。在大肠杆菌中，TUFA 的增加也提高了其他破坏细胞膜的产品的耐受性和产量（Tan et al., 2016）。

脂肪酸是细胞膜的重要组成部分，它们影响磷脂和鞘脂的结构，并决定细胞膜的物理化学性质，如膜的厚度、流动性和脂质密度。这些性质有助于细胞膜抵御外界胁迫。CUFA 的含量可以通过适应性进化改变。例如，通过暴露于外源性酒精对大肠杆菌进行适应性进化，结果表明，进化后的菌株通过增加饱和脂质的含量来维持膜流动性，从而提高了对外源性酒精的耐受性。类似地，通过膜工程策略提高琥珀酸的产量也得到了验证。在琥珀酸乳杆菌 PALK 菌株中，表达 CTI 和 PelB 信号肽可以增加细胞膜中反式不饱和脂肪酸的含量。荧光偏振分析显示，TUFA 产量增加使得细胞膜变得更硬，从而提高了工程菌株对琥珀酸的耐受性，使其能耐受更高浓度的琥珀酸。长链脂肪酸合成方法也可以进一步提高琥珀酸的耐受性（Ahn et al., 2018）。

一个代表性的例子是在大肠杆菌中过表达磷脂酰丝氨酸合成酶基因（*pssA*），增加了磷脂酰丝氨酸（PS）的含量及其在总磷脂中的比例。与对照菌株相比，在 20 mmol/L 辛酸存在下，细胞膜完整性提升菌株的比生长速率提高了 29%(Tan et al., 2017)。此外，在大肠杆菌中异源表达铜绿假单胞菌的顺反异构酶，不仅增强了对辛酸的耐受性，还使产量增加了 41%（从 31.0 mg/L 增加到 43.7 mg/L）。这些突变体还显示出对其他产品（如醇、有机酸和芳烃）的耐受性，以及对低 pH 和渗透胁迫的耐受（Ahn et al., 2018）。

8.2.3 细胞间相互作用

细胞-细胞相互作用指的是细胞表面间的直接接触，它在多种细胞活动中起关键作用，包括细胞通信、黏附和连接。通过细胞表面工程，使用 DNA 纳米结构可以编程细胞，赋予其高结合能力、特异性和精确的空间方向，从而优化细胞-细胞相互作用。

细胞表面的组成决定了它与环境的所有交互，因此，通过对细胞膜进行工程化改造，可以控制细胞的功能，如黏附、迁移和相互作用。细胞膜是一个丰富的分子库，提供了多功能的修饰基础，并介导了细胞与环境的相互作用，这为设计和控制细胞-细胞相互作用提供了可能性。例如，细胞功能化可以通过短寡核苷酸来促进特定的黏附特性。寡核苷酸具有高特异性、易于合成等优势。细胞的脂质双层可以通过修饰寡核苷酸，并在 3′ 末端或 5′ 末端结合疏水分子，从而增强特定的黏附能力。例如，互补 DNA 序列可以与两亲性聚乙二醇(PEG)-脂质结合，并整合到不同的细胞群体中。通过互补 DNA 序列的杂交，可以实现细胞-细胞或细胞-底物的相互作用（图 8-1）。这种方法独立于蛋白质、聚糖或其他内源性黏附机制，开发了一种利用膜锚定单链 DNA 寡核苷酸来精确控制细胞黏附的策略。此外，蛋白质在调控细胞相互作用方面同样至关重要。蛋白质是细胞与细胞外基质（ECM）相互作用的核心分子，通过创建连接细胞骨架和细胞外结合位点的附着点来调控这些交互。操纵细胞与周围环境的相互作用能力，依赖于对这些蛋白质功能的精确控制。

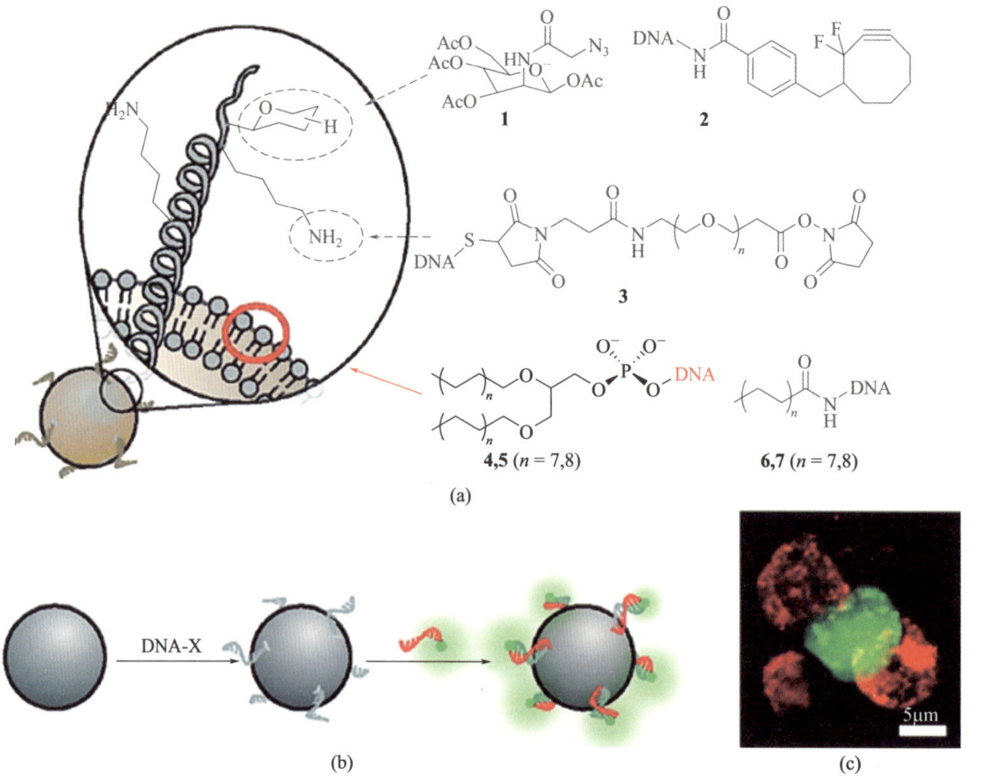

图 8-1　单链 DNA 寡核苷酸化学控制细胞黏附原理

图（a）表示在叠氮糖 1 中孵育 3 d，随后用二氟环辛炔（DIFO, 2）偶联 DNA 进行共价修饰后，细胞表面聚糖被靶向进行化学重塑。蛋白质赖氨酸侧链偶联到 *N*-羟基琥珀酰亚胺酯修饰的 DNA 3。脂肪酸酰胺 6, 7（粗体）和二烷基磷酸甘油酸修饰的寡核苷酸 4, 5（粗体）非共价靶向脂质双分子层。图（b）为寡核苷酸与细胞表面结合。采用流式细胞术标记和选择性进行细胞表面寡核苷酸定量的方案。图（c）为共聚焦荧光显微镜成像的荧光激活细胞分选（FACS）纯化细胞簇

8.2.4　调控细胞行为

细胞膜作为屏障和“看门人”来调节物质和信息的细胞运输。它在保护细胞免受细胞外环境影响、维持细胞内稳态以及调节细胞功能和行为（如增殖、分化、凋亡和衰老）方面发挥着重要作用。细胞膜可以选择性地将信号和物质从细胞外部和相邻细胞传输到细胞内部。此外，蛋白质在调控细胞相互作用方面也起着举足轻重的作用，蛋白质是细胞-细胞外基质（ECM）相互作用的中心分子，可以通过创建连接细胞骨架和细胞外结合位点的附着点来进行调控，而操纵细胞与周围环境相互作用的能力又取决于控制这些蛋白质功能的能力。因此通过对这些物质进行细胞膜工程改造能够有效地对细胞行为产生影响。例如，对指导细胞行为的 ECM 进行膜工程改造。ECM 是多细胞结构的细胞外部分，为周围细胞提供结构和生化

支持。ECM 可以指导细胞黏附、迁移、增殖、分化并最终指导细胞命运。

8.3
细胞膜工程调控策略及原理

微生物细胞表面，也被认为是微生物细胞的包膜，位于细胞内和细胞外微环境之间的界面。细胞表面是物质和能量主动交换的中心，是对内外信号和应激源作出即时反应的枢纽，是维持细胞生理的全局和局部调节的核心。微生物的细胞表面主要由细胞膜、周质空间、细胞壁以及某些微生物特有的外膜、囊、菌毛和鞭毛等组成。这些部分的组成和结构非常独特，但在不同的微生物种间具有一定的保守功能和生物合成途径。这种成分和结构的变化描述了细胞表层的生化和生理特性，并构成了生物合成有用化合物的表面工程的基础。

细胞表面包含多种受体，而这些受体是将环境信息传输到细胞信号网络的主要管道。且许多表面配体可能与其他细胞或细胞外材料相关，用于调节细胞外通信。因此，可以使用不同的策略或化学反应方法来功能化改造细胞膜，如图 8-2 所述。

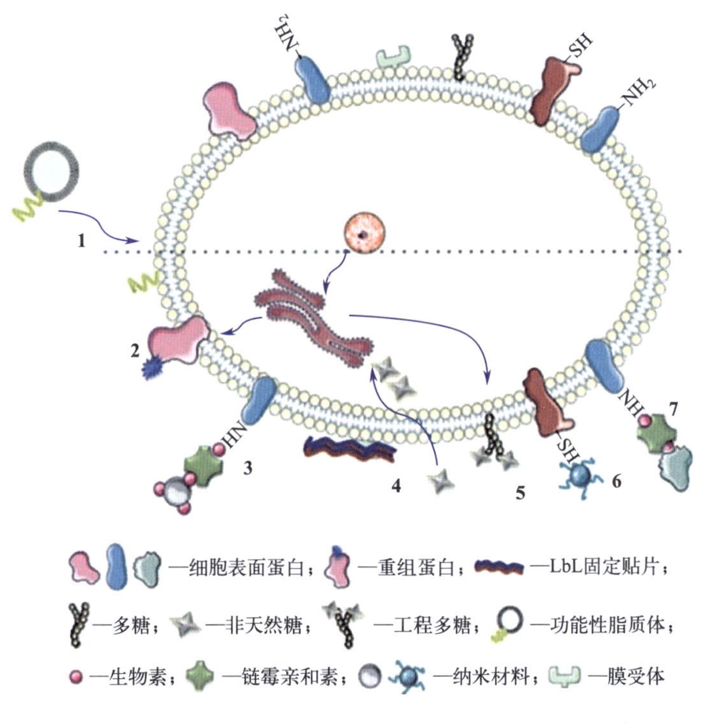

图 8-2　细胞表面结构和改造的主要方法

1—化学修饰脂质体与细胞膜融合，结合功能基团；2—通过基因工程进行位点特异性蛋白修饰；3—通过氨基将生物素共价固定于膜蛋白，然后链霉亲和素与纳米材料结合；4—LbL 技术在细胞表面沉积有功能的异质结构聚合物薄膜；5—糖与合成糖的代谢标记；6—通过巯基共价偶联目标分子和 / 或纳米材料；7—通过氨基将生物素共价固定在膜蛋白上，然后链霉亲和素与目标分子结合工程化细胞膜的核心是优化细胞膜脂质的化学多样性与调节膜脂的组分多样性。细胞膜脂质的化学多样性主要指其化学结构的多样性，尤其是构成磷脂头部和脂肪酸尾部的化学结构。磷脂头部的多样性由其基团种类决定，这些头部基团包括乙醇胺、胆碱、丝氨酸与肌酸。脂肪酸尾部的化学结构多样性主要包括链长、不饱和双键的数目、不饱和双键的位置及其羟基化程度。此外，脂肪酸尾部化学结构的多样性也与其所处的立体异构位置有关，如位于 *sn*-1 位置的脂肪酸为饱和或单不饱和状态，而位于 *sn*-2 位置的脂肪酸则更趋于单不饱和或多不饱和状态。磷脂头部的化学结构多样性可以通过调节磷脂代谢关键酶的表达水平来实现。

磷脂的平衡组成对于膜蛋白的正确折叠至关重要。磷脂中的酰基链，其结构和构象随着环境因素的变化而变化，对膜的流动性、渗透性和其他关键功能起着决定性的作用。在对微生物细胞膜组分以及作用有一定的研究基础后，研究人员开始以一种更合理的方式对膜脂进行工程设计，即对膜脂的化学作用进行更为精确的调节，设定更加明确作用的目标。具体而言，详细的细胞工程策略包括膜脂尾部或头部组的组成改变、膜脂的不同分布、酰基链的伸长、饱和度的变化、顺式不饱和脂肪酸被反式异构体取代等。这些策略大大提高了化学物质或分泌的重组酶的产量，并证明了膜工程在尾部或头部组的工业应用的普遍性和可行性。并且上述也提到，在细胞膜作为产品积累的特定储存空间的情况下，膜工程也被证明是有益的。例如大肠杆菌中负责膜磷脂生物合成的基因（*plsb* 和 *plsc*）的上调导致 β-胡萝卜素的产量提高 55%，比收率提高 45%，这可能是由于膜脂的数量增加，产品存储空间更大（Wu et al., 2017a）。

有研究结论表明，膜损伤是脂肪酸毒性的主要机制。这种膜损伤表现为膜完整性的降低和膜流动性的扰动。为了有效提高脂肪酸耐受性和 / 或产量，可以采用以下策略：工程改造细胞膜组成（例如脂质分布）、增加反式不饱和脂肪酸的产生和改变磷脂头部的多分布等以减轻脂肪酸对细胞膜的损害。尽管相关研究取得了实质性的进展，但是增加的脂肪酸浓度是有限的，特别是在短链脂肪酸方面，例如辛酸。

此外，膜脂质的稳态对于维持膜的底物渗透性至关重要。几种合成生物学工具的开发，包括组学分析（基因组水平）、启动子工程（DNA 水平）、特殊和全球转录因子工程（RNA 水平）、途径优化（代谢物水平）和脂质转运（细胞水平），为优化工程微生物宿主中的脂质生物合成和稳态开辟了新的途径。脂质组成的改变通过块状脂质和脂质-底物相互作用的集体作用影响膜通透性。例如，敲除脂肪酸降解调节子 FadR 的工程大肠杆菌细胞膜的 UFA 含量有所增加，降低了有机溶剂的渗透性并增加了细菌的耐受性。

利用 DNA 纳米结构进行细胞膜工程的各种实例，可以更直观地展示和阐明细胞膜工程的应用原理。例如，模拟通道蛋白、合成大小精确的脂质体、调控细胞膜形态和调整细胞膜界面化学，如图 8-3 所述（Feng et al., 2021）。

除了疏水基团的插入外，利用表面蛋白质和聚糖的化学活性基团的共价交联为细胞膜工程修饰提供了一种高稳定性的策略。例如硫醇化 DNA 探针可以通过与膜蛋白上的半胱氨酸和 / 或赖氨酸残基共价共轭结合到细胞表面。尽管这种策略效率很高，但这些修饰策略可能会阻断蛋白质与活性相关的结构域，进而影响到蛋白质的功能（Li et al., 2022）。

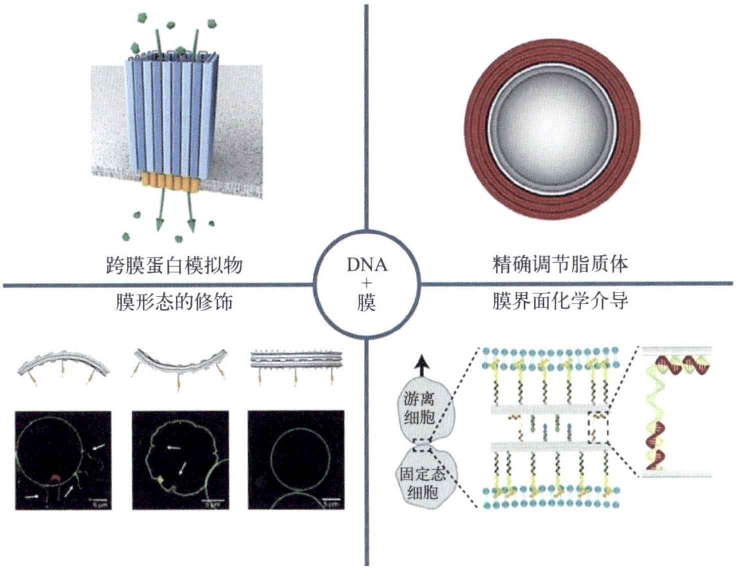

图 8-3　纳米结构在细胞膜工程中的应用

除了上述描述的策略，通过选择性化学反应或引入外源靶向配体进行细胞表面工程也可以成为设计新的相互作用和控制细胞功能的有力工具。除了功能基团的化学共轭和修饰外，可修饰细胞表面的配体还包括重组蛋白、脂质体或纳米颗粒。

8.3.1　改变膜脂组分和膜蛋白强化膜完整性

用于修改膜组成以维持膜稳态的代谢策略，包括：①增强膜完整性；②调节膜流动性；③调节膜通透性。细胞内有数百种不同类型的脂质，其中大多数是膜脂质，这表明每种类型的脂质都可能在膜功能、结构和动力学等方面发挥作用。然而，脂质域不能自发产生，因为这将导致细胞膜出现不协调性质。虽然膜弯曲本身可以诱导脂质分选，但这一过程依赖于大规模的脂质-蛋白质和脂质-脂质相互作用，而不是脂质的单个特性。例如，磷酸肌醇在许多细胞过程中都是关键角色，在细胞膜重塑过程中尤其重要。磷酸肌醇头部基团不仅电荷和结构不同，而且还可以很容易地被改造修饰成化学开关，从而直接影响到细胞膜的性能。

微生物细胞膜的完整性凸显了细胞膜结构的重要性，因为膜完整性的丧失与细胞活力的下降密切相关，因而可作为区分活细胞与死细胞的评判标准。膜完整性已被证明受饱和/不饱和脂酰基链的比例，磷脂头部基团的分布，麦角甾醇和鞘脂的含量，以及膜蛋白活性的影响。因此，通过改造膜脂质组成、膜蛋白和应激耐受表型可以增强膜完整性（图 8-4）。此外，膜渗漏被认为是膜损伤的主要机制，加强膜完整性的措施在提升细胞对膜损伤化合物的耐受性方面是有效的。

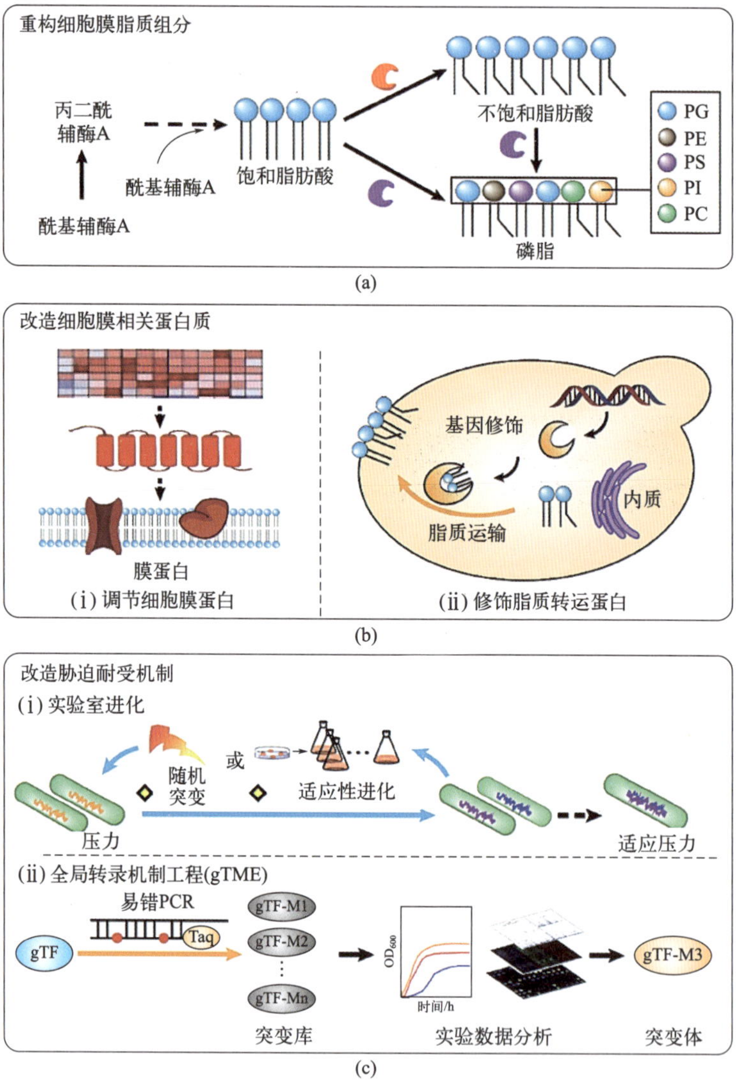

图 8-4　细胞膜完整性增强策略

图（a）为通过设计膜脂质组成增强细胞膜完整性；图（b）为对整体膜蛋白以及脂质转运蛋白进行蛋白质工程改造以提高膜完整性；图（c）为通过适应性进化以及 gTME 强化膜完整性以获得具有所需耐受表型的菌株

PG—磷脂酰甘油；PE—磷脂酰乙醇胺；PS—磷脂酰丝氨酸；PI—磷脂酰肌醇；PC—磷脂酰胆碱

8.3.2　调节膜脂肪酸含量和结构改变膜流动性

膜流动性是指细胞膜脂质双层的黏度，允许脂质和蛋白质在膜内自由扩散。环境压力下，膜流动性的紊乱常常影响工业菌株的生存能力，因此，维持适当的膜流动性对于膜的正常功能至关重要。通常，膜流动性与不饱和脂质的相对丰度呈正相关（Degreif et al., 2017）。

研究表明，膜流动性由以下因素共同决定：直链脂肪酸的链长和不饱和程度，磷脂、甾醇和鞘脂的含量及比例，以及非直链脂肪酸的生物合成。如环丙烷脂肪酸（CFA）和支链脂肪酸的含量比例。在工业菌株中，最常见的磷脂疏水尾由直链脂肪酸组成，改变其结构会影响膜流动性（Degreif et al., 2017）。调节直链脂肪酸结构的主要方法之一是修改脂肪酸链的不饱和度和平均长度。因此，可以采用三种方法来对细胞膜的流动性进行调节：调节直链脂肪酸的结构、操纵鞘脂和甾醇含量、调节非直链脂肪酸的生物合成，如图 8-5 所述。

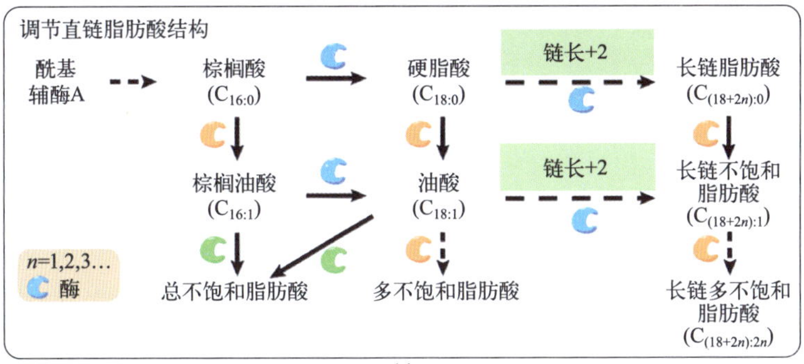

(a)

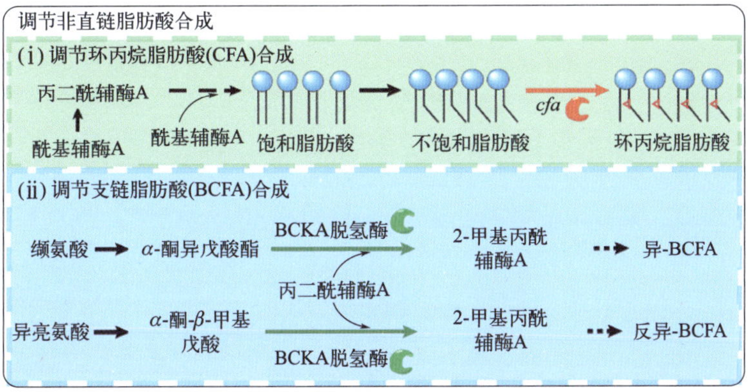

(b)

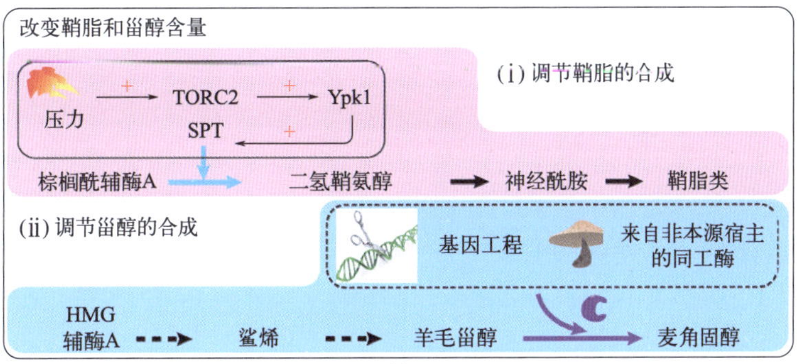

(c)

图 8-5　细胞膜流动性调节方法

图（a）为利用直链脂肪酸结构调节细胞膜流动性的方法；图（b）为控制鞘脂和甾醇含量改变细胞膜流动性的原理；图（c）为非直链脂肪酸调节原理及案例

基于早期研究基础，研究人员开始以更理性的方式对细胞膜脂质进行设计，即更加精确地调节膜脂质的化学成分使之与具体的目标更为匹配，如图 8-6 所述。工程策略的例子包括改变膜脂质的组成或结构，膜蛋白工程或其表达水平的调节，以及外膜中脂多糖的截断。

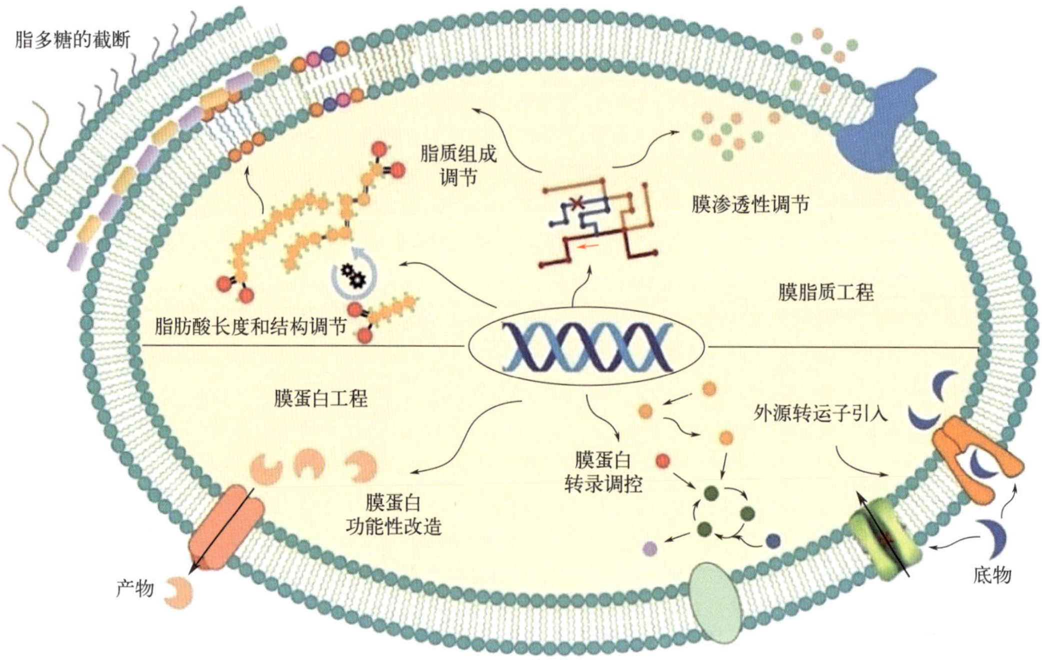

图 8-6 用于高水平生产微生物生物制品的细胞膜工程

8.3.3 调控膜蛋白功能提高膜通透性

膜蛋白，包括整合膜蛋白和脂质转运蛋白，通过维持脂质稳态和不对称性来影响膜的完整性。增强膜完整性的策略主要包括：①调节整合膜蛋白的表达；②修饰脂质转运蛋白。

整合膜蛋白涵盖了转运蛋白、通道蛋白、受体、酶、结构膜蛋白、锚定结构域、能量转导蛋白以及细胞黏附蛋白。其中，转运蛋白和通道蛋白对膜完整性有显著影响。因此，增强膜完整性的潜在靶标包括外膜蛋白 A（OmpA）、外膜蛋白 F（OmpF）、丙酮酸甲酸裂解酶（PflB）和外源性长链脂肪酸（LCFA）、膜配体门控通道（如 FadL）。最近的研究表明，大肠杆菌 BW25113 中 OmpF 的缺失 [促进短链脂肪酸（SCFA）如辛酸的转运] 能增加膜的完整性，基于 SYTOX Green 染色的不可渗透细胞增加了 18%，与亲本菌株相比，总脂肪酸含量也增加了 10%。同样，FadL 的过表达（特别是棕榈酸和油酸的摄取）也提升了膜的完整性，SYTOX Green 染色的不可渗透细胞增加了 25%，总脂肪酸含量增加了 18%。结合 OmpF 缺失和 FadL 过表达的策略进一步提高了膜完整性，相较于亲本菌株，SYTOX Green 染色细胞减少了 37%，总脂肪酸含量减少了 53%。转运蛋白是细胞膜上的重要组成部分，它们充当细胞与环境之间的物质交换门控通道。转运蛋白工程已被广泛应用于解决底物摄取不足、目标化合物生产效率低、中间代谢物泄漏以及细胞对有毒化合物耐受性低等问题（Wu et al., 2022）。

膜通透性涉及通过膜孔和膜蛋白对离子、营养物质和有毒物质的选择性控制。研究表明，通过精确调控膜蛋白的功能，可以有效调节膜的通透性。为了调节膜通透性并影响细胞代谢，常用的策略包括：重建天然膜蛋白、调节异源转运蛋白表达和构建反馈调节网络。例如，使用大肠杆菌 Hxt11（稳定表达的糖转运蛋白）相应区域去替换 Hxt2（具有高亲和力的葡萄糖转运蛋白）的 N 端尾部，使得工程酿酒酵母在葡萄糖中生长改善，葡萄糖亲和力增加 9%，并能够以木糖作为唯一碳源进行生长（野生型酿酒酵母不具备木糖转运蛋白）。此外，将 Hxt11/2 中的 N361 突变为苏氨酸（N361T），导致对木糖的亲和力增加 14%，木糖转运速率增加 36%，乙醇生产强度从 0.96 g/(L · h) 提高到 1.17 g/(L · h)(Shin et al., 2017)。

8.3.4 发展外膜缺陷表型提高膜通透性

膜通透性是指细胞膜的选择性通透性，它为细胞与细胞、细胞与环境之间的物质交换提供了有效的屏障。因此，对细胞膜渗透性的调节涉及调节离子和膜的通道。微生物通过维持膜脂质的稳态，调节膜的通透性、膜蛋白的功能以及细胞内能量系统，以进行膜组装并赋予底物穿越细胞膜的能力。因此，已经开发出以三种方式调节膜通透性的策略：调节脂质介导的膜通透性、控制膜蛋白功能以及维持细胞内能量系统（图 8-7）。

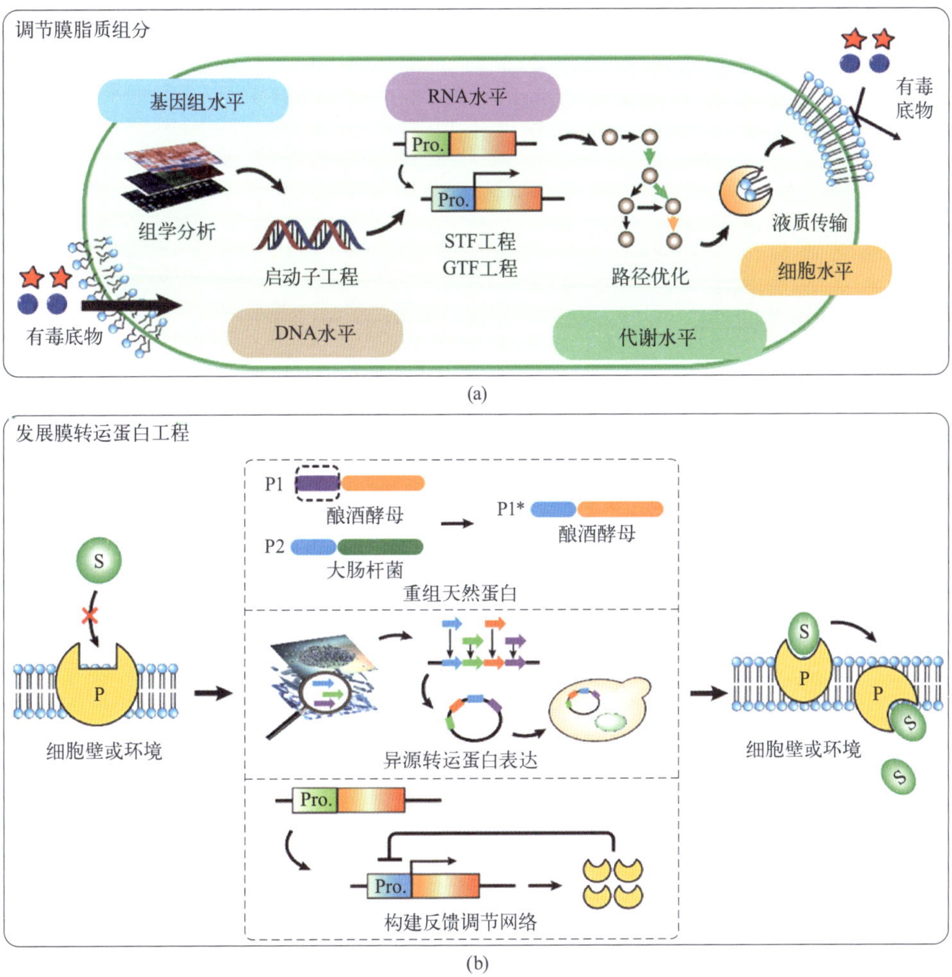

图 8-7

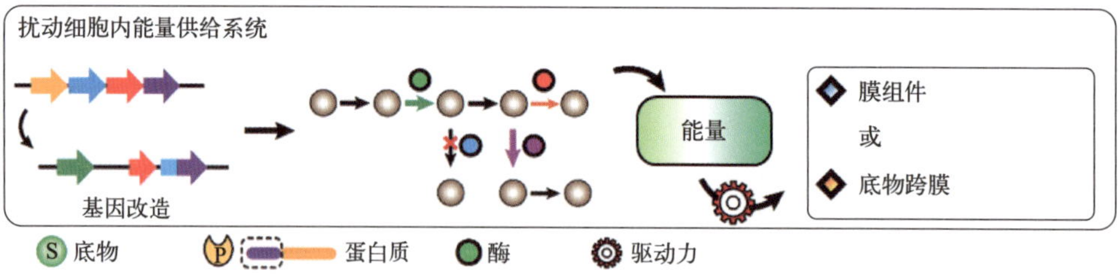

(c)

图 8-7 细胞膜通透性调节策略

图（a）为利用不同操作水平对膜脂质组成进行调节以调控细胞膜通透性，提高对有毒底物的耐受及接触；图（b）为通过不同蛋白质工程策略调节膜蛋白功能以提高细胞与外界环境的物质交换；图（c）为胞内能量系统调节示意图

8.3.5 工程化细胞壁提高细胞环境耐受性

胞外或胞内的胁迫压力会破坏微生物细胞的防御能力，通常这些胁迫因子主要针对细胞屏障。因此，强化细胞屏障功能以提高其防御能力是一种有效的策略。这些策略包括重塑细胞壁结构、调节细胞膜的多样性以及加快有毒物质的外排速率。细胞壁作为微生物的第一道防线，不仅提供机械支撑，还帮助细胞维持形态。细菌的细胞壁主要由肽聚糖组成，通过交联肽聚糖链形成网状结构，抵御机械压力并维持细胞形态。通过调节肽聚糖含量可以改变细胞壁的刚性，从而实现形态的重塑。细胞壁的重塑主要通过调节厚度和激活细胞壁完整性信号通路，其中调整细胞壁厚度是一种更高效的方法。肽聚糖的合成与细胞膜上蛋白质复合物的活性相关，这些复合物将肽聚糖前体合并到现有链中，从而重塑细胞壁结构。

为提高乙醇生产菌的鲁棒性，Yuan 等人将来源于植物乳杆菌的 UDP 乙酰氨基葡萄糖-1-羧基乙烯基转移酶基因（*murA2*）引入大肠杆菌，并通过优化基因表达水平来调节肽聚糖的合成。结果表明，工程菌株的乙醇耐受性提高了 4.1 倍，乙醇产量增加至 52.4 g/L(Yuan et al., 2014)。然而，由于细胞壁为多孔结构，对物质扩散缺乏选择性，其在抵御环境胁迫方面的能力有限。相比之下，细胞膜的选择性和可调性使得通过工程化改造增强细胞膜的屏障功能成为更有效的策略。

根据环境条件，细胞壁中的肽聚糖可通过不同程度的交联来调节，高度交联可以使细胞壁更紧密，渗透性更低。例如，乳酸链球菌素作为一种常用的抗菌剂和食品防腐剂，在低 pH 值下的工业生产通常会对细胞存活产生严重影响。通过过表达 *asnH*（编码天冬酰胺合酶），增加肽聚糖的 D-天冬酰胺化，细胞壁交联增强，负电荷减少，乳酸链球菌素的吸附减少，产量增加 57%(Hao et al., 2017)。此外，*N*-乙酰胞壁酸的 *O*-乙酰化和 *N*-乙酰葡糖胺的去乙酰化均可通过 YvhB 和 XynD 催化，过表达这些酶增强了细胞壁交联，提升了细胞对低 pH 和自溶素的抵抗力，使乳酸链球菌素产量提高 60% 以上（Cao et al., 2018）。

补充 D-甲硫氨酸和 D-苯丙氨酸可促使这些氨基酸渗入肽聚糖，增强细胞的耐酸性，乳酸链球菌素产量提高 90%。通过过表达 *murF*（参与肽聚糖干肽合成）进一步促使这些氨基酸渗入，使乳酸链球菌素产量增加两倍（Wu et al., 2020）。

通过分子建模和显微镜观察证实，环境、化学或遗传扰动引起的肽聚糖链或肽侧链缺陷会增加细胞壁孔径，促进营养物质、代谢物和大分子的通过。例如，在用于生产淀粉酶的枯草芽孢杆菌中删除自溶素相关基因，减少了细胞分裂过程中细胞壁的消化，导致形成丝状细胞形态和更快的生长速度。同时，这种基因删除增强了盐耐受性，使得未灭菌发酵成为可能，并提高了 α-淀粉酶的细胞外活性。

8.4 应用案例：调节酵母细胞骨架蛋白促进化学品合成

细胞骨架在维持微生物细胞结构和形态中发挥重要作用。MreB、MreC、MreD 和 RodZ 等蛋白质在细菌细胞的杆状形态维持上至关重要。MreB 是一种类似肌动蛋白的蛋白质，以寡聚体形式结合在细胞膜上，并沿细胞长轴旋转。通过调控 MreB 的表达水平，如过表达或敲除，可改变细菌的形态。例如，PHB 生产过程中，细胞体积限制了聚合物的进一步积累。为解决这一问题，研究人员（Elhadi et al., 2016）采用 CRISPRi 技术对大肠杆菌中 MreB 的表达强度进行更加精细的调控，胞内 PHB 积累量随着 MreB 抑制程度的增加而明显提高。此外，MreB 与 FtsZ 具有显著的组合效应，将低水平 MreB 及 FtsZ 进行组合，细胞会明显变长变圆，培养 24 h 后，细胞干重和 PHB 含量分别提高了 18% 和 71%。

跨膜产物转运依赖于转运蛋白的底物适应性和性能。尽管已发现多种转运蛋白，但仍不能满足所有化合物或有害物质的转运需求。筛选和鉴定合适的转运蛋白是转运工程的关键一步。通过结合转运蛋白的结构数据（如 PDB、Uniprot 和 ChEMBL）与组学数据，可以筛选出具备特异性转运能力的蛋白质。大多数转运蛋白具有底物多样性，因此基于底物相似性筛选特定转运蛋白是一个有效策略（Kurgan et al., 2019）。

8.4.1 癸酸通过降低胞内 pH 来损伤酵母细胞生长性能

在生产化学品过程中，随着产物的积累不仅造成胞外环境胁迫，还会使胞内的微环境紊乱。其中，胞内 pH 是胞内微环境的一个重要指标，其与胞内蛋白质的折叠、构象的稳定及催化酶的活性有关。例如，在中链脂肪酸生产过程中，中链脂肪酸会在中性的细胞质中分解出大量的质子，进而使得胞内 pH 骤降，最终导致细胞的生长性能下降（Borrull et al., 2015）。

为了研究中链脂肪酸对酵母细胞的毒性作用，首先分析了酵母细胞在癸酸（中链脂肪酸中对酵母细胞抑制作用最强的组分）处理条件下的生长性能变化情况。如图 8-8 所述，相较于对照组菌株，0.2 mmol/L 癸酸处理后酵母细胞的生长延滞［图 8-8（a）］、生长性能下降了 48.4%［图 8-8（b）、图 8-8（c）］。为了分析癸酸处理条件下酵母细胞生长慢的原因，使用了亲脂性染料 FM4-64 对酵母细胞进行染色，发现癸酸会延滞胞内体的胞吞过程，导致液泡的形成过程紊乱［图 8-9（a）］。利用荧光基团 *cy5* 标记的 *α*-因子进一步定量分析了癸酸对胞内体形成（胞吞进程）的影响。结果显示，相较于对照组细胞，癸酸处理条件下酵母细胞的胞吞进程下降了 47.3%［图 8-9（b）］。上述结果表明，癸酸能降低酵母细胞的胞吞进程来破坏液泡的形成。

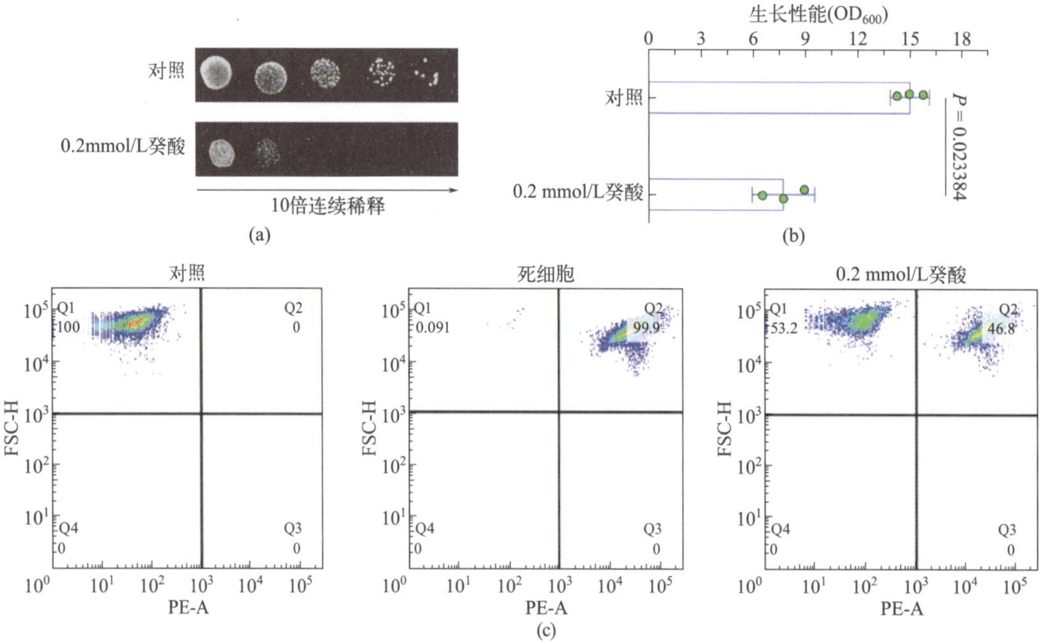

图 8-8　癸酸对酿酒酵母生长性能的影响

图（a）为对照组和癸酸处理组的斑点试验；图（b）为 OD_{600} 分析；图（c）为采用碘化丙啶（PI）染色，分析对照组和癸酸处理组细胞活力的分布。*P* 值来自未处理对照组差异的双侧 *t* 检验

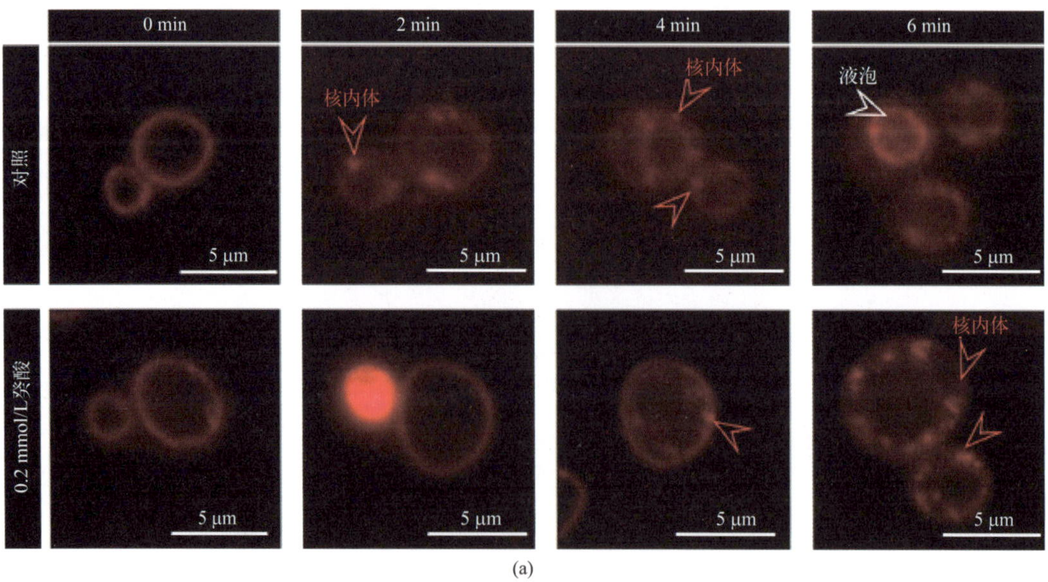

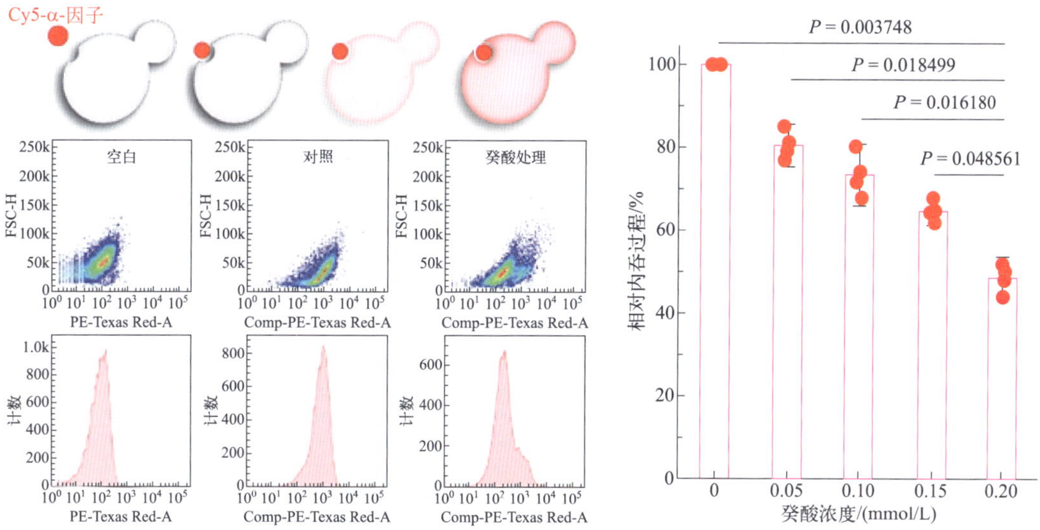

(b)

图 8-9　癸酸对酿酒酵母胞吞作用的影响

图（a）为 FM4-64 在 0 mmol/L 和 0.2 mmol/L 癸酸处理下的胞吞。将细胞与 FM4-64 孵育在冰上，然后释放不同条件的细胞，30℃培养。荧光图像显示的是 30℃下，时间点为 0 min、2 min、4 min、6 min 情况。红色箭头指向核内体，白色箭头指向液泡。图（b）为荧光单元 Cy5 共轭 α-因子在 0 mmol/L 和 0.2 mmol/L 癸酸条件下的内化。细胞与 α-因子在 30℃培养，细胞的相对内吞进程取决于 Cy5 偶联 α-因子的内吞。采用流式细胞仪对数据进行分析

液泡作为酵母细胞维持胞内 pH 的重要细胞器，我们猜想：癸酸会使液泡的形成过程受损，进而导致胞内 pH 紊乱。利用 pH 敏感型的荧光蛋白 pHluorin 对胞内 pH 进行检测，结果显示：癸酸处理后酵母细胞的胞内 pH 由 6.8 下降到了 5.4，而对照组细胞的胞内 pH 则维持在 6.5 ～ 6.8 之间［图 8-10（a）］。此外，荧光蛋白 GFP 标记的翻译终止因子 Sup35 用来间接地验证癸酸对胞内 pH 的影响，主要原理在于 Sup35 在胞内 pH 下降时会形成液滴聚集状态，结果显示相较于对照组，癸酸处理条件下 Sup35 发生聚集现象，说明癸酸的存在降低了酵母的胞内 pH［图 8-10（b）］。上述结果表明，癸酸通过影响酵母细胞的胞吞作用引起了胞内 pH 紊乱，最终损伤了细胞的生长性能。

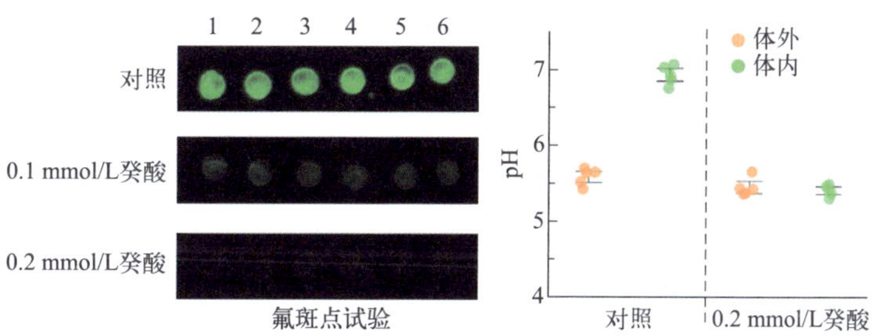

(a)

图 8-10

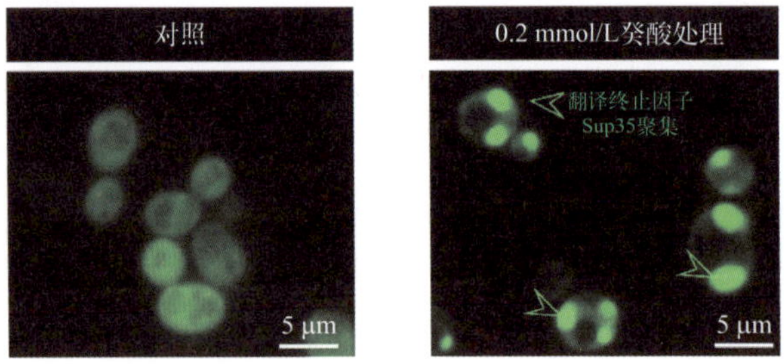

(b)

图 8-10　癸酸对酿酒酵母胞内 pH 的影响

图（a）为 0 mmol/L 和 0.2 mmol/L 癸酸处理体内外 pH 值的比较。氟斑点试验表明，癸酸降低了酿酒酵母的细胞内 pH 值。图（b）为 0 mmol/L 和 0.2 mmol/L 癸酸处理下酿酒酵母表达 Sup35-GFP 融合蛋白的荧光显微镜图像。箭头指向 Sup35 聚集

8.4.2 筛选调节细胞骨架密度的潜在基因

由于细胞骨架点参与网格蛋白介导的胞吞进程，因此细胞骨架点具有潜在的调节胞内 pH 的功能。为了有效地筛选出胞内 pH 的调控靶点，我们利用细胞骨架点密度作为筛选指标，将参与细胞骨架点形成过程中的 8 个调控基因作为候选靶点。基于此，8 个潜在调控蛋白被分为了两组：第一组分别过表达了 *pal1*、*syp1*、*sla2*、*ent1* 与 *ent2*；第二组分别敲除了 *sla1*、*clc1* 与 *ede1*。如图 8-11 所示，相较于野生型菌株，过表达 *pal1*、*syp1*、*sla2*、*ent1* 与

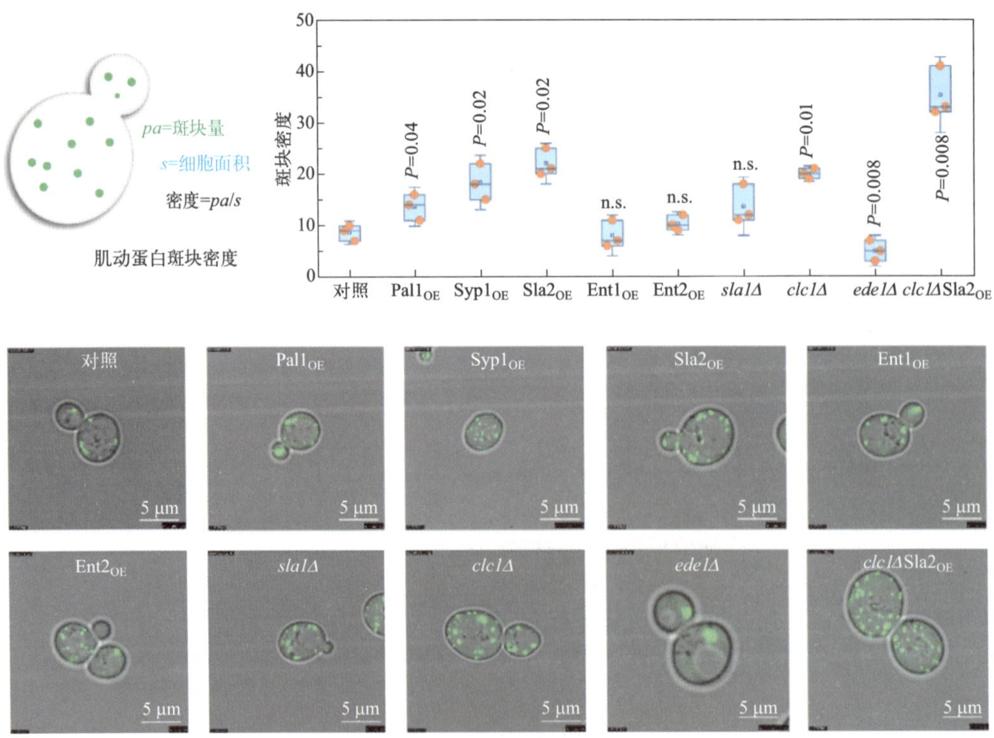

图 8-11　筛选提高酿酒酵母细胞骨架点密度的潜在靶点

肌动蛋白斑块的荧光显微镜图像。斑块的密度决定了酿酒酵母的内吞进程。荧光显微镜下分析了提高斑块密度的效果，绿色荧光蛋白位点表示肌动蛋白斑块。n.s.，无意义

ent2 后，酵母细胞的细胞骨架点密度分别提高了 57.1%、110.7%、152.9%、−8.1% 与 18.8%；而敲除 *sla1*、*clc1* 与 *ede1* 后，细胞骨架点密度分别提高了 57.1%、129.9% 与 −4.3%。在文献挖掘与表型分析的基础上，确定了提高细胞骨架点密度并稳定胞内 pH 的关键靶点 *clc1* 与 *sla2*。

8.4.3 自主双向信号调节器 ABSC-MCFA

为了在中链脂肪酸积累时启动细胞骨架点密度的调控，构建了基于中链脂肪酸响应启动子的自主双向信号调节器［图 8-12（a）］。首先，基于文献调研确定了 15 个潜在的中链脂肪酸响应启动子：*pdr12*、*tdh1*、*pho3*、*ubc13*、*fas1*、*fas2*、*pho84*、*hxt7*、*hxt2*、*elo1*、*bli1*、*itr1*、*cct5*、*pho12* 与 *ydc1*。其次，比较了上述 15 个潜在敏感器对中链脂肪酸的响应强度，

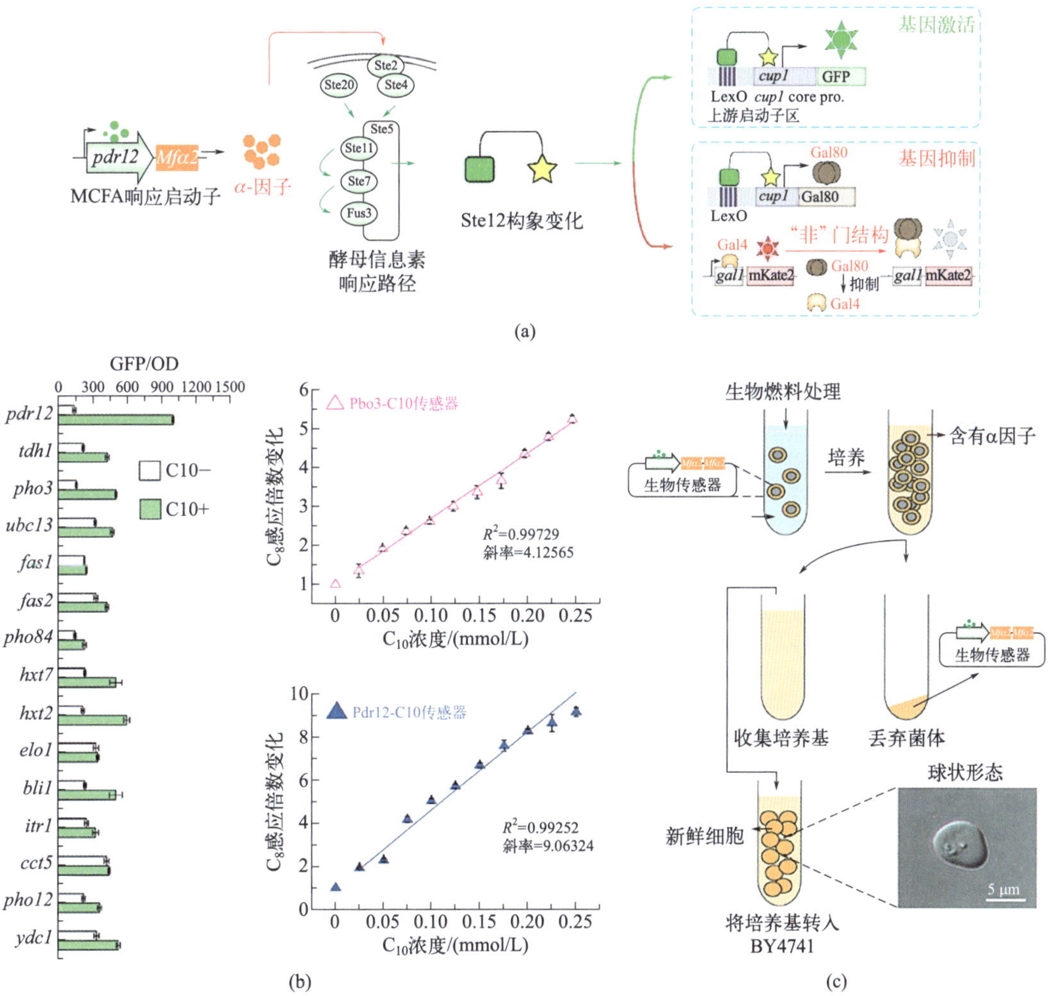

图 8-12 构建基于中链脂肪酸敏感器的自主双向信号调节器

图（a）为 ABSC-MCFA 原理图；图（b）为分别在丁醇和癸酸条件下筛选生物燃料响应启动子；图（c）为 MCFA 信号转换器的有效性表征。α- 因子的表达由癸酸响应启动子调控，在中链脂肪酸处理下被激活。MCFA 处理 8h 后收集培养基，用收集的培养基培养酿酒酵母 BY4741。最后，酿酒酵母 BY4741 细胞表现出球状形态，表明生物燃料信号转换器可以将 MCFA 信号转化为内源性信号

相对于对照组，它们的响应强度分别提高了 7.1、2.0、3.2、1.5、1.1、1.3、1.6、2.2、2.8、1.0、2.2、1.3、1.1、1.6 与 1.6 倍［图 8-12（b）］。基于此，确定了 *pdr12* 与 *pho3* 作为潜在的中链脂肪酸响应启动子，并分别比较分析了其对不同浓度中链脂肪酸的响应程度。结果如图 8-12（b）显示，*pdr12* 对中链脂肪酸的响应程度显著高于 *pho3*。因此，选择 *pdr12* 为中链脂肪酸响应启动子，并以此来启动 α-因子的表达［图 8-12（c）］。最后，将中链脂肪酸响应启动子介导的信号转制器、激活模块与抑制模块组装并构建自主双向信号调节器 ABSC-MCFA。

在此基础上，对 ABSC-MCFA 的性能进行了评价。在 0.2 mmol/L 癸酸处理条件下：① GFP 的激活倍数为 7.6 倍［图 8-13（a）］，而 mKate2 的抑制倍数为 6.1 倍［图 8-13（b）］；②当缺乏 pdr12-LexO 或 pdr12-GAL 调节子时，荧光强度并没有发生改变［图 8-13（a）、图 8-13（b）］。然而，上述 ABSC-MCFA 的激活或抑制范围并不能有效地调节细胞骨架点的表达，因此需要对该系统进行优化：①通过优化 LexO 结合位点的数目与 LexO-cup1 核心启动子的类型，使得 ABSC-MCFA 激活模块的激活倍数提高至 16.3 倍［图 8-13（c）］；②通过优化 LexO 结合位点的数目与启动 Gal4 的组成型启动子类型，使抑制模块的抑制倍数提高至 16.8 倍［图 8-13（d）］。

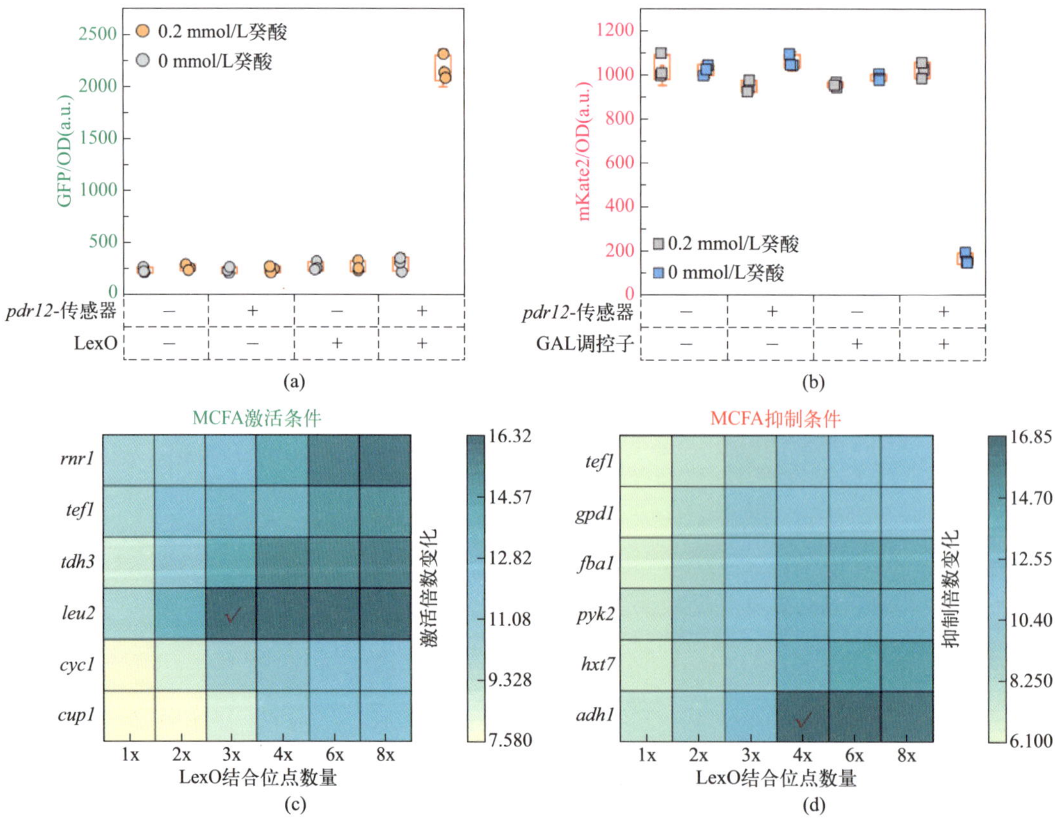

图 8-13　自主双向信号调节器的评价与优化

图（a）表示 MCFA 条件下 ABSC 的激活单元由 GFP 表征；图（b）表示 MCFA 条件下 ABSC 的抑制单元由 mKate2 表征；图（c）表示激活单元的优化，为了获得更有效的 ABSC，改变调节 lexa-ste12prd 结合的 LexO 数量，改变转录起始率的启动子核心区域的身份已经被应用；图（d）表示激活单元的优化。优化了激活 Gal4 表达的 LexO 和启动子的数量，以扩大 ABSC 的动态范围为了进一步确认 ABSC-MCFA 能够自主、时序地调节细胞骨架点调控基因的表达，ABSC-MCFA 被引入酿酒酵母 BY4741，该动态调控单元中的 GFP 与 mKate2 被替换为 *sla2* 与 *clc1*，并将该菌株命名为 LH001-M。在 0.2 mmol/L 癸酸处理条件下，相较于对照菌株，LH001-M 菌株中的胞内 pH 提高了 13.0%，稳定在 6.1 左右，最终其细胞生长性能提高了 56.2%（图 8-14a）。此外，ABSC-MCFA 对细胞骨架点的调控性能还在酿酒酵母 W303-1A 与 Cen.PK2-1C 中得到验证（图 8-14b）。

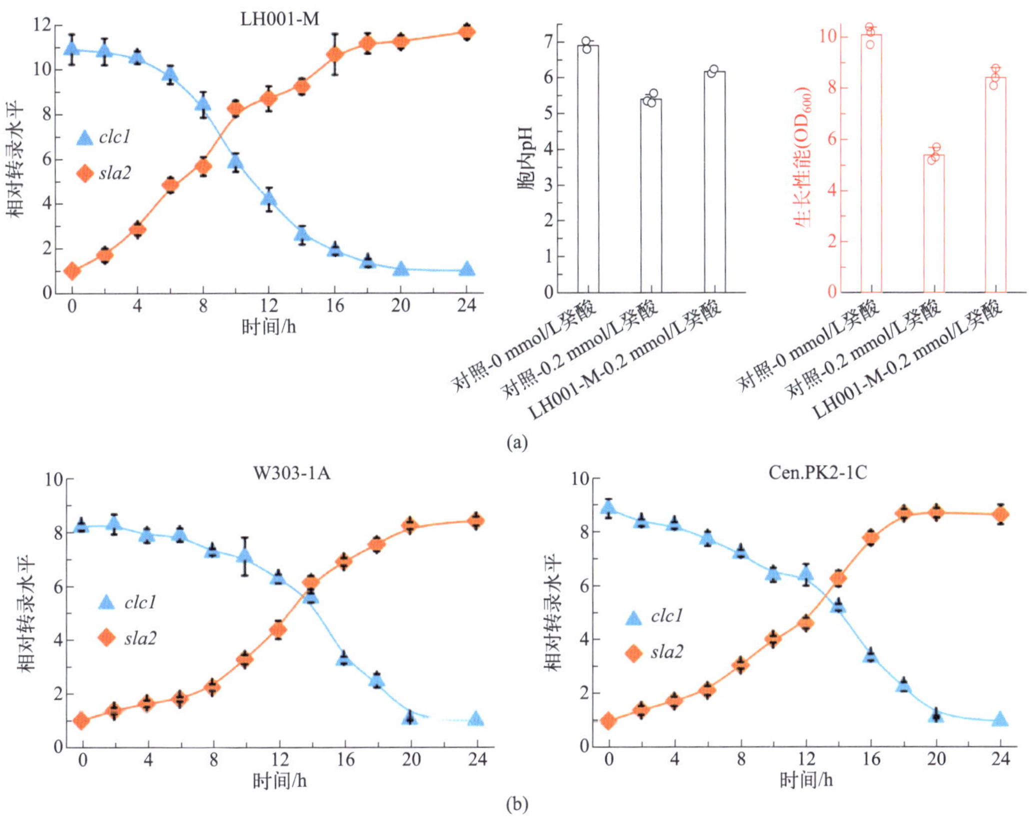

图 8-14　ABSC-MCFA 动态稳定胞内 pH 及 ABSC-MCFA 的普适性

图（a）为 *clc1* 和 *sla2* 基因在菌株 LH001-M 中的相对表达。菌株 LH001-M 与对照菌株比较细胞内 pH 值及自我修复能力。图（b）为在菌株 W303-1A 和 Cen.PK2-1C 中证实了 ABSC-MCFA 的普遍特性

8.4.4　动态稳定胞内 pH 提高中链脂肪酸生产性能

通过强化体内乙酰辅酶 A 的合成与利用蛋白质工程改造脂肪酸合酶的策略构建了中链脂肪酸工程菌株，并命名为 LH003-M1（图 8-15），该菌株的中链脂肪酸产量、得率与生产强度分别为 446.6 mg/L、14.1 mg/g 与 7.4 mg/(L・h)。随着中链脂肪酸的积累，相较于菌株 LH003-M0（对照菌株），工程菌株 LH003-M1 受到的损伤具体表现为：①胞内 pH 由 7.1 下降至 5.4，下降了 23.9%；②细胞的生长性能降低了 43.0%。上述结果表明，中链脂肪酸的

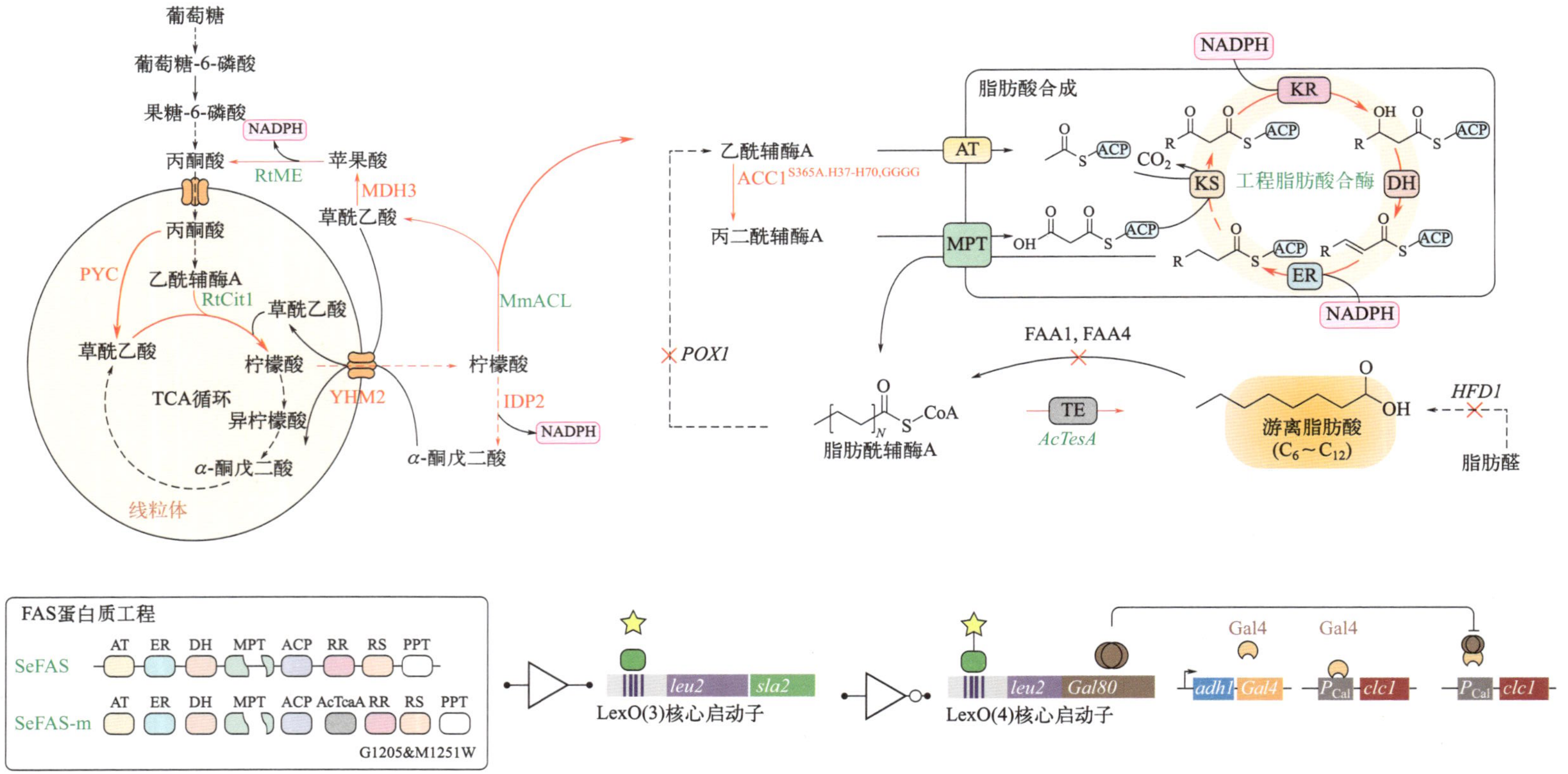

图 8-15　中链脂肪酸生产示意图

红色箭头表示碳通量增强为中链脂肪酸。将硫酯酶 AcTesA 插入脂肪酸合成酶，其位置与酰基载体蛋白相邻。同时在 Fas2 中检测到两个突变（G1250S 和 M1251W）。MCFA-p 表示 MCFA 通路不断积累导致胞内 pH 紊乱进而降低了细胞的生长性能，使工程菌株 LH003-M1 的生产效率下降。为此，ABSC-MCFA 模块被引入 LH003-M1 菌株中，用于提高菌株的生长性能，并以此将中链脂肪酸的发酵周期划分为两个阶段：①阶段一为中链脂肪酸积累阶段，该阶段中 *clc1* 处于激活状态，而 *sla2* 处于抑制状态；②阶段二为损伤修复状态，在该阶段中中链脂肪酸的积累启动了 ABSC-MCFA 系统，进而激活了 *sla2* 的表达，同时抑制 *clc1* 的表达。

基于上述结果，将 ABSC-MCFA 模块引入 LH003-M1 菌株中，并将荧光蛋白编码基因 *gfp* 与 *mKate2* 分别替换为 *sla2* 与 *clc1*，该菌株被命名为 LH003-M5。在工程菌株 LH003-M5 中，发酵周期 0 ～ 24 h 内，*clc1* 的表达处于激活状态，该基因的表达由 *gal1* 启动子介导，此时 *sla2* 处于抑制状态；发酵周期的 24 ～ 60 h，随着中链脂肪酸积累，*clc1* 的表达逐渐被抑制，此时 *sla2* 处于激活状态。基于上述操作，相较于工程菌 LH003-M1，LH003-M5 菌株的生长性能发生以下变化：胞内 pH 恢复至 6.4，提高了 18.5%，达到了菌株 LH003-M0 的 90.1%；细胞的生长性能提高了 36.0%。最终，LH003-M5 菌株的中链脂肪酸产量提高至 692.3 mg/L、得率为 19.3 mg/g、生产强度为 11.5 mg/(L · h)。其中，产量与生产强度较 LH003-M1、LH003-M2、LH003-M3 与 LH003-M4 分别提高了 55.1%、28.1%、27.2% 与 19.4%，得率分别提高了 37.3%、18.7%、21.5% 与 12.0%。上述结果表明，通过动态调节细胞骨架点密度能有效地提高酿酒酵母中链脂肪酸生产效率。

8.5 参考文献

Ahn J H, Lee J A, Dang J, et al, 2018. Membrane engineering via trans-unsaturated fatty acids production improves succinic acid production in *Mannheimia succiniciproducens*. Journal of Industrial Microbiology & Biotechnology, 45(7): 555-566.

Borrull A, Lopez-Martinez G, Poblet M, et al, 2015. New insights into the toxicity mechanism of octanoic and decanoic acids on *Saccharomyces cerevisiae*. Yeast, 32(5): 451-460.

Cao L, Liang D, Hao P, et al, 2018. The increase of O-acetylation and *N*-deacetylation in cell wall promotes acid resistance and nisin production through improving cell wall integrity in *Lactococcus lactis*. J Ind Microbiol Biotechnol, 45(9): 813-825.

Degreif D, de Rond T, Bertl A, et al, 2017. Lipid engineering reveals regulatory roles for membrane fluidity in yeast flocculation and oxygen-limited growth. Metab Eng, 41: 46-56.

Elhadi D, Lv L, Jiang X R, et al. 2016. CRISPRi engineering *E. coli* for morphology diversification. Metabolic Engineering, 38: 358-369.

Feng L, Li J, Sun J, et al, 2021. Recent advances of dna nanostructure-based cell membrane engineering. Adv Healthc Mater, 10(6): e2001718.

Hao P, Liang D Cao L, et al. 2017. Promoting acid resistance and nisin yield of *Lactococcus lactis* F44 by genetically increasing D-Asp amidation level inside cell wall. Applied Microbiology and Biotechnology, 101(15): 6137-6153.

Jumaa M A A, Dewitt S, Hallett M B, 2017. Topographical interrogation of the living cell surface reveals its role in rapid cell shape changes during phagocytosis and spreading. Sci Rep, 7(1): 9790.

Kurgan G, Kurgan L, Schneider A, et al, 2019. Identification of major malate export systems in an engineered malate-producing *Escherichia coli* aided by substrate similarity search. Applied Microbiology and Biotechnology, 103(21-22): 9001-9011.

Li X D, Wang T T, Sun Y, et al, 2022. DNA-based molecular engineering of the cell membrane. Membranes, 12(2): 111.

Martinac B, Poole K, 2018. Mechanically activated ion channels. Int J Biochem Cell Biol, 97: 104-107.

Nicolson G L, Ferreira de Mattos G, 2021. A brief introduction to some aspects of the fluid-mosaic model of cell membrane structure and its importance in membrane lipid replacement. Membranes (Basel), 11(12): 947.

Qi Y, Liu H, Chen X, et al, 2019. Engineering microbial membranes to increase stress tolerance of industrial strains. Metabolic Engineering, 53: 24-34.

Robertson J L, 2018. The lipid bilayer membrane and its protein constituents. J Gen Physiol, 150(11): 1472-1483.

Sandoval N R, Papoutsakis E T, 2016. Engineering membrane and cell-wall programs for tolerance to toxic chemicals: Beyond solo genes. Curr Opin Microbiol, 33: 56-66.

Shin H Y, Nijland J G, de Waal P P, et al, 2017. The amino-terminal tail of Hxt11 confers membrane stability to the Hxt2 sugar transporter and improves xylose fermentation in the presence of acetic acid. Biotechnol Bioeng, 114(9): 1937-1945.

Tan Z, Khakbaz P, Chen Y, et al, 2017. Engineering *Escherichia coli* membrane phospholipid head distribution improves tolerance and production of biorenewables. Metab Eng, 44: 1-12.

Tan Z, Yoon, J M, Nielsen D R, et al, 2016. Membrane engineering via trans unsaturated fatty acids production improves *Escherichia coli* robustness and production of biorenewables. Metabolic Engineering, 35: 105-113.

Whited A M, Johs A, 2015. The interactions of peripheral membrane proteins with biological membranes. Chem Phys Lipids, 192: 51-59.

Wu H, Xue E, Zhi N, et al, 2020. *d*-Methionine and *d*-Phenylalanine improve *Lactococcus lactis* F44 acid resistance and nisin yield by governing cell wall remodeling. Appl Environ Microbiol, 86(9): e02981-19.

Wu T, Ye L, Zhao D, et al, 2017a. Membrane engineering - A novel strategy to enhance the production and accumulation of beta-carotene in *Escherichia coli*. Metab Eng, 43(Pt A): 85-91.

Wu T, Ye L J, Zhao D D, et al, 2017b. Membrane engineering - A novel strategy to enhance the production and accumulation of beta-carotene in *Escherichia coli*. Metabolic Engineering, 43: 85-91.

Wu X, Liu J, Liu Z, et al, 2022. Microbial cell surface engineering for high-level synthesis of bio-products. Biotechnol Adv, 55: 107912.

Yin N, Zhu G, Luo Q, et al, 2020. Engineering of membrane phospholipid component enhances salt stress tolerance in *Saccharomyces cerevisiae*. Biotechnology and Bioengineering, 117(3): 710-720.

Yuan Y, Bi C, Nicolaou S A, et al, 2014. Overexpression of the *Lactobacillus plantarum* peptidoglycan biosynthesis murA2 gene increases the tolerance of *Escherichia coli* to alcohols and enhances ethanol production. Appl Microbiol Biotechnol, 98(19): 8399-8411.

第 9 章 细胞进化工程优化细胞产物耐受

9.1 细胞进化工程流程概述

进化工程的概念最早由 Butler 在 1996 年提出，随后 Sauer 对其进行了全面系统的总结。细胞进化工程是一种通过模拟自然条件，施加选择压力，使微生物菌群产生大量有利性状，实现定向进化的技术，最终获得性能优良的菌株。该方法是改造微生物细胞以获得复杂生理表型的主要手段。

进化的关键环节是变异和选择。变异指在选择压力下，个体基因发生改变，导致表型差异，进而改变种群的基因型频率，形成遗传多样性。菌株性能的提升依赖于微生物的多样性，而这种多样性来源于基因变异。变异为选择提供了不同基因型的个体，因此是进化工程的基础。

选择则是在特定压力下对微生物进行选择性培养，促进细胞间的生存竞争，使菌群向特定方向进化。与自然进化不同，进化工程是一种生物育种方法，最终目的是从进化菌群中筛选出符合需求的目标菌株。由于进化菌群中的基因型和表型各不相同，筛选出最优性状的菌株是进化工程的核心目标。

在实际操作中，进化到一定阶段后，需要从多个突变体菌株中筛选出最理想的菌株。为获得高效工业菌株，通常对进化工程进行多轮循环，即以一轮进化得到的突变菌株为基础进行下一轮，逐步积累多种优良性状。

理想的进化工程技术应具备连续性和高效性，即微生物群体能在无需人工干预的情况下迅速产生遗传多样性，并在选择压力下完成适应性进化。

9.1.1 基因型突变

基因突变（gene mutation），简称突变，指基因组 DNA 发生的突发性、可遗传的变化，既可自发，也可诱导产生。狭义上，基因突变主要指点突变，广义上还包括染色体畸变。

点突变分为碱基置换和移码突变。①碱基置换（base substitution）：是一种染色体的微小损伤（microlesion），也称为点突变（point mutation）。这种突变涉及一对碱基被另一对碱基替换，分为两种类型：转换（transition），即一个嘌呤替换另一个嘌呤，或一个嘧啶替换另一个嘧啶；颠换（transversion），即嘌呤与嘧啶互换。②移码突变（frame-shift mutation）：指 DNA 中少量核苷酸的插入或缺失，导致后续的遗传密码发生错误转录和翻译。产生这种突变的菌株称为移码突变株。

染色体畸变则是 DNA 的较大损伤（macrolesion），可以由理化因子（如 X 射线或化学诱变剂）引起，导致染色体的结构或数目发生变化。染色体畸变包括缺失（deletion）、重复（duplication）、插入（insertion）、易位（translocation）和倒位（inversion）。这些变化可进一步分为：①染色体内畸变，涉及同一条染色体上的变化，如基因的缺失、重复或倒位，导致基因顺序改变；②染色体间畸变，涉及非同源染色体间的易位，例如 VID22 的缺失可能导致染色体重排。

传统上，进化通过连续传代积累有利突变，虽然这一过程可以改善细胞性状，但基因组复制的高精度，自然突变的频率极低，限制了进化工程的效率。为了加快突变速率，菌株改造过程中常使用物理诱变剂或化学诱变剂，但长期使用可能导致细胞产生抗性。随着生物诱变技术的发展，新型进化工程技术通过干扰细胞代谢网络，生成多种突变体，为表型筛选提供了丰富材料。然而，这些技术对分子操作的高度依赖降低了进化工程的效率和连续性。

9.1.2 细胞表型筛选

突变类型可以根据其在选择性培养基上的表现分为选择性突变型（selectable mutant）和非选择性突变型（non-selectable mutant）。

选择性突变型包括以下三类。

① 营养缺陷型（auxotroph）：这种突变株因基因突变失去合成某种生长因子、碱基或氨基酸的能力，从而无法在基本培养基上生长。通过向培养基中添加缺失的营养物质，这些突变株可以生长繁殖。

② 抗性突变型：这种突变株能抵抗物理因素、化学因素或生物致死因素。它们可以在含有相关抗性因子的培养基上生长，因此广泛应用于研究中。

③ 条件致死突变型：这种突变株在特定条件下（如温度、pH 等）能够正常生长和繁殖，但在其他条件下无法生长。例如，温度敏感突变株（Ts 突变株）可能在 37℃下生长正常，但在 42℃下不能生长。类似地，某些 T4 噬菌体突变株在 25℃下可以感染 *E. coli* 宿主，但在 37℃下无法感染。

非选择性突变型包括以下三类。

① 形态突变型（morphological mutant）：这种突变导致个体或菌落形态的变化。例如，突变可能影响孢子的有无、颜色，鞭毛的是否存在或荚膜的有无。在菌落水平，突变可能改变菌落的表面光滑度或噬菌斑的大小和清晰度。

② 抗原突变型（antigenic mutant）：这种突变改变了抗原的结构，包括细胞壁、荚膜或鞭毛的变异。

③ 产量突变型（high-producing mutant）：这种突变株通过基因突变提高了有用代谢产物的产量。产量突变型可以进一步分为两类：正变株（产量提高）和负变株（产量降低）。由于产量受多种遗传因素的影响，产量突变型的突变机制复杂，且通常不能通过选择性培养基筛选。

9.1.3 有益突变体富集方法

自 1948 年 Davis 等人首次提出青霉素富集法以来，微生物突变体的富集技术得到了显著发展，极大地提高了各类突变体的分离效率。以下是几种常见的有益突变体富集方法。

（1）抗生素富集法

青霉素富集法：青霉素只杀死能够生长的细菌，而对不能生长的细菌无效。利用这一特点，Davis 等在青霉素培养基中选择性富集营养缺陷型菌株。野生型细菌在含青霉素的基本培养基中死亡，而营养缺陷型菌株因无法生长不受影响。该方法最早应用于大肠杆菌，之后被广泛推广和改进。20 世纪 70 年代，Fitzgerald 简化了这一方法，利用高浓度青霉素处理细菌并结合青霉素酶降解残留青霉素，筛选出大量营养缺陷型菌株。

制霉菌素富集法：1966 年，Snow 等人开发了制霉菌素富集法，用于腺嘌呤缺陷型酵母的富集。通过氮饥饿处理和制霉菌素处理，富集效率提高了数千倍。该方法也适用于丝状真菌，通过固体培养基和孢子筛选进行富集，提升了营养缺陷型菌株的筛选效率。

其他抗生素富集法：针对不同的抗生素，可以开发类似的富集方法，例如对青霉素或制霉菌素有抗性的菌株。不同抗生素的选择根据具体的研究目标来确定。

（2）饥饿法

饥饿法（双重缺陷法）用于富集进一步突变的营养缺陷型菌株。在缺乏必需生长因子的培养基上，营养缺陷型菌株通常会死亡；如果发生其他突变，这种死亡可能被避免。例如，通过该方法可以筛选出肌醇或脂肪酸缺陷型菌株。虽然该方法存在出发菌株回复为原养型的风险，但结合双基因突变的选择可以提高富集效果。

（3）过滤法

该方法利用突变型和野生型之间形态大小的差异富集突变体，特别适用于丝状真菌。通过过滤掉能够形成菌丝体的原养型孢子，保留无法发芽的营养缺陷型孢子。控制孢子浓度和过滤条件是确保富集效果的关键。

（4）离心分离富集法

利用突变体和野生型之间的密度差异，通过密度梯度离心富集突变体。例如，使用酒石酸钾可以分离出 RNA 差异突变体，Urografin 梯度离心法则用于筛选发育障碍的芽孢杆菌温度敏感突变株。

（5）温度富集法

温度富集法利用芽孢和营养体对温度的不同耐受性。在芽孢杆菌中，营养体被高温杀死后，存活下来的芽孢往往是营养缺陷型菌株。

（6）溶菌酶法

通过利用细胞对溶菌酶的不同敏感性，研究者可以选择性富集突变体。例如，用蜗牛消化酶处理腺嘌呤缺陷型和原养型的混合培养物，几乎完全富集了腺嘌呤缺陷型菌株。

（7）3H-自杀术

该方法通过放射性标记的分子选择性杀死原养型菌株。原养型菌株摄入 3H 标记分子后，由于 β 衰变而死亡，而突变体因无法摄取这些分子而存活。操作步骤与抗生素浓缩法类似，但结合了放射性同位素标记。

（8）其他致死合成法

利用碱基类似物选择性杀死生长的微生物，而突变体因未摄入这些物质而得以存活。例如，用 5-溴尿嘧啶和紫外线处理大肠杆菌，可以有效富集突变体。此外，还可使用特殊化合物（如五氯酚或 ^{32}P 标记物）进行处理，进一步提高富集效率。

9.1.4 进化菌株代谢机制解析

微生物细胞的代谢调节系统具备高度的可塑性和精确性，确保其能够有序地进行复杂的代谢反应。与高等生物相比，微生物的代谢调节能力更为强大。这是因为微生物细胞体积小，所处环境的变化更为频繁和复杂。为了在这种环境中生存并繁殖，微生物进化出了一套发达的代谢调节系统。有研究指出，一个大肠杆菌细胞中可同时存在超过 2000 种蛋白质和多种 tRNA。

微生物在长期进化过程中，形成了一整套高效的代谢调节机制，以避免能量浪费并有效利用各种分子。尽管微生物基因组有能力合成多种分解酶，但除了一些常见的组成酶，大部分分解酶只有在底物或诱导物存在时才会合成。这类诱导酶估计占细胞总蛋白质的约十分之一。通过代谢调节，微生物能够最经济地利用营养物质，高效合成所需的代谢物。

代谢调节的方式多种多样，包括调节细胞膜通透性、控制物质进出、调节酶的定位以促进酶与底物的接触，以及调节代谢流。其中，最重要的是代谢流的调控，分为粗调和细调。粗调是通过调节酶的合成量，而细调则通过反馈抑制机制调节现成酶的活性。二者相互配合，使代谢调节达到最佳效果。

代谢调节不仅涉及对酶活性的调控，也包括在基因水平上对酶合成的调节。这种调控方式使微生物能够生产更多人类所需的代谢产物。以下是三种通过调控初生代谢途径以提高发酵生产效率的实例。

（1）应用营养缺陷型菌株解除正常的反馈调节

在直线式的生物合成途径中，营养缺陷型突变株只能累积中间代谢物，而不能累积最终代谢物，但在分支代谢途径中，通过解除某种反馈调节，就可使某一分支途径的末端代谢物得到累积。

赖氨酸发酵。许多微生物可以利用天冬氨酸作原料，通过分支代谢途径合成赖氨酸、苏氨酸和甲硫氨酸（图 9-1）。赖氨酸对于人和动物来说是一种必需氨基酸，因此，赖氨酸

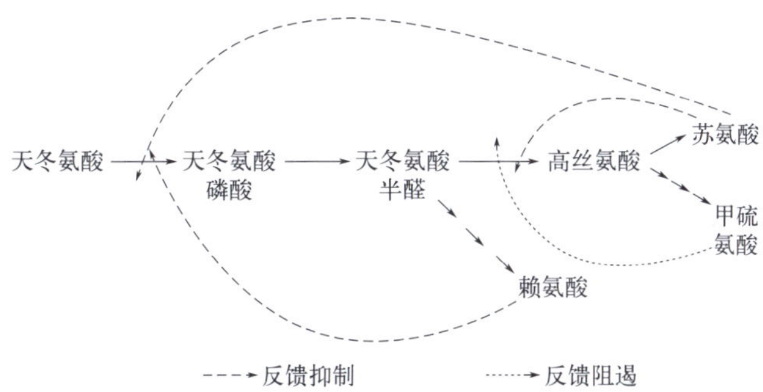

图 9-1 谷氨酸棒杆菌的代谢调节与赖氨酸生产

可以应用到食品、医药和畜牧业等多个行业。在利用天冬氨酸发酵生产赖氨酸的过程中存在一些困难，首先由于赖氨酸对天冬氨酸激酶（AK）有反馈抑制作用，其次天冬氨酸还要作为合成甲硫氨酸和苏氨酸的原料。因此，在正常微生物细胞内，高浓度的赖氨酸难以积累。

为了获得赖氨酸的高产菌株，工业上以解除正常的代谢调节的方式选育了谷氨酸棒杆菌 *Corynebacterium glutamicum* 的高丝氨酸缺陷型菌株作为赖氨酸的发酵菌种。由于该菌种不具备合成高丝氨酸脱氢酶（HSDH）的能力，因此其不能合成高丝氨酸，也不能产生苏氨酸和甲硫氨酸。该菌种在补充适量高丝氨酸（或苏氨酸和甲硫氨酸）的条件下，可在含有较高糖浓度和铵盐的培养基上，产生并积累大量的赖氨酸。

肌苷一磷酸（IMP）的生产。肌苷一磷酸是嘌呤核苷酸生物合成过程中的一种前体物质，它是一种重要的呈味核苷酸。只有选育一个 IMP 转化为 AMP 或 GMP 的营养缺陷型菌株，才有可能累积 IMP。谷氨酸棒杆菌的 IMP 合成途径及其代谢调节机制见图 9-2。该菌的一个腺苷酸琥珀酸合成酶缺失的腺嘌呤缺陷型，在其培养基中补充少量 AMP 就可使菌株正常生长并积累 IMP。不过 AMP 的补充量也不宜过多，否则会导致对核糖-5-磷酸焦磷酸转氨酶的反馈抑制，进而降低 IMP 的产量。

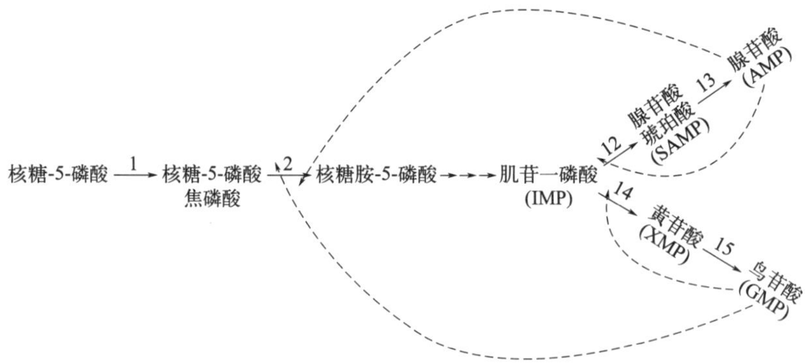

图 9-2　谷氨酸棒杆菌的 IMP 合成途径和代谢调节

1—核糖-5-磷酸焦磷酸激酶；2—核糖-5-磷酸焦磷酸转氨酶；12—腺苷酸琥珀酸合成酶；13—腺苷酸琥珀酸分解酶；14—IMP 脱氢酶；15—XMP 转氨酶；虚线箭头表示反馈抑制

（2）应用抗反馈调节的突变株解除反馈调节

抗反馈调节突变株就是指一种对反馈抑制或阻遏不敏感的组成型菌株，或同时具备这两种抗性的菌株。由于其反馈抑制或阻遏已经解除，或两者同时解除，因此可以累积大量末端代谢物。例如，黄色短杆菌 *Brevibacterium flavum* 的抗 α-氨基-β-羟基戊酸（AHV）菌株可累积苏氨酸。苏氨酸已经不能反馈抑制抗性突变株的高丝氨酸脱氢酶的活性，因此发酵液中苏氨酸大量积累；进一步诱变此突变株获得了甲硫氨酸缺陷株，由于它已解除了甲硫氨酸对合成途径中的两个反馈阻遏点，因此其苏氨酸产量进一步提升。

（3）控制细胞膜的渗透性

细胞膜对于细胞内外物质的运输具有高度选择性。在人为控制下，细胞内的代谢产物通常以很高浓度累积起来，但会自然地发生反馈阻遏限制它们的进一步合成。此时如果能够改变细胞膜的透性，就可使细胞内的代谢产物外渗，同时也解除了末端产物的反馈抑制和阻遏，从而提高了目标代谢物的产量。

通过生理学手段控制细胞膜的渗透性。在谷氨酸发酵生产中，生物素浓度对谷氨酸的累积量有着明显的影响，只有把生物素浓度控制在亚适量的情况下，才能分泌出大量的谷氨酸。以谷氨酸棒杆菌生产谷氨酸为例，当生物素浓度逐渐升高时，谷氨酸产量呈现先升后降的趋势。这是由于生物素是脂肪酸生物合成中乙酰辅酶 A 羧化酶的辅基，该酶可以羧化乙酰辅酶 A 使其生成丙二酰辅酶 A，进而合成细胞膜磷脂的主要成分——脂肪酸。因此，控制生物素的含量就可改变细胞膜磷脂比例，进而影响膜的通透性、谷氨酸的分泌和反馈调节。当培养液内生物素含量很高时，磷脂含量升高使细胞膜的结构变得更加紧密，它阻碍了谷氨酸的分泌，并导致反馈抑制。不过这时只要添加适量的青霉素就可以提高谷氨酸的产量。这是因为青霉素可抑制细菌细胞壁肽聚糖合成，造成细胞壁的缺损。此时，在细胞膨压的作用下，促使代谢产物外渗，进而减弱了谷氨酸的反馈抑制并提高了其产量。

通过细胞膜缺损突变而控制其渗透性。应用谷氨酸生产菌的油酸缺陷型菌株，控制培养基中油酸的比例，能使细胞膜发生渗漏从而进一步增加谷氨酸产量。这是由于油酸是一种十八碳烯酸，它是组成细菌细胞膜磷脂的重要组分。油酸缺陷型菌株因不具备油酸合成能力使细胞膜通透性增加。

9.2 细胞进化工程应用场景

细胞进化工程是通过改造微生物细胞获得各种复杂生理表型的主要策略和手段。细胞进化工程应用场景主要表现在环境耐受性提升、提高细胞生长速率、增加底物利用率、提高产物产量和微生物代谢途径激活几个方面。

9.2.1 环境耐受性提升

微生物细胞在生长的过程中容易受到环境因素的影响。环境压力来源于胞内微环境和胞外微环境。环境压力限制了微生物细胞工厂生产化学品的效率。同时，微生物细胞遇到环境因素的变化通常会产生响应及缓冲外界环境变化的能力——环境耐受性，微生物环境耐受性的提升可提高其生长性能及目标化学品的产量和生产率，促进微生物工厂平台迈向工业化生产。

胞内微环境的胁迫分为酸胁迫、氧胁迫等。在实际的发酵生产中，一些生产过程中细胞内酸的含量上升，从而导致 pH 值下降，引发微生物细胞酸胁迫现象。微生物细胞的结构及胞内酶会随着 pH 的变化而发生改变，细胞的生长、增殖以及目标化学品的生产效率也会发生变化，最后导致目标化学品产量降低，生产效益下降。氧胁迫是指微生物耗氧代谢产生的活性氧对自身细胞的不利影响。例如，双歧杆菌对氧气高度敏感，氧不完全还原的活性氧簇可引起蛋白质结构改变、DNA 损伤和脂质过氧化等有害影响。

胞外微环境的胁迫分为盐胁迫、温度胁迫和渗透胁迫等。盐胁迫是高盐度（K^+、Na^+ 等）对微生物造成的一种胁迫作用，这种胁迫作用通常表现为对微生物生长及其生物活性的影响。研究表明，低含盐量有利于微生物的生长，高盐度则会抑制非耐盐微生物的生理活动。温度胁迫是指温度对微生物造成的不利影响，温度会影响微生物一系列的生命活动。例如，高温导致微生物中的酶失去活性，从而终止酶促反应，抑制微生物细胞的生长繁殖。另外低温影响脂质的流动性，抑制物质运输，代谢过程发生阻滞。因此，温度是影响微生物生命活动的重要因素。渗透胁迫是指细胞外溶质浓度的变化对微生物生长和代谢所造成的不利影响。渗透胁迫是微生物在工业生产中面临的重要胁迫因素之一。

当微生物细胞发生外源胁迫时，细胞存在相应的应激反应机制。外部的胁迫压力一开始会破坏细胞外部防御结构，细胞壁和细胞膜会产生一系列生理反应来应对外源胁迫；然后一部分胁迫物质会突破细胞外部防御结构进入细胞质，进而引起胞内环境变化，细胞接着会开启一系列的损伤修复机制来消除外源胁迫所带来的影响；最后细胞会在外源胁迫下不断地发生基因进化从而耐受胁迫（张丽等 , 2022）。

耐受性工程利用微生物细胞工厂对于外界胁迫的应激反应（Jiang et al., 2020），探究目标产物与胁迫之间的关系。通过提升细胞外部防御结构对于胁迫抵抗的能力，提升修复机制激活速度，改造筛选耐受性增强的工业化菌株。目前主要有 2 种调控微生物细胞工厂胁迫抗性的方法：胁迫防御工程和损伤修复工程（张丽等 , 2022）。

（1）胁迫防御工程

细胞壁和细胞膜是微生物细胞天然的防御结构，具备一定的抵御外源胁迫的能力。细胞壁是位于细胞膜外的坚韧且略具弹性的结构。细胞壁的存在为微生物细胞提供了抗逆性能。细胞膜主要是由脂质、蛋白质和糖类组成的。糖类和蛋白质可以在细胞膜上形成糖蛋白，使细胞膜具有识别外源物质和信号转导的功能。在胁迫环境下，工业微生物的存活能力很大程度上依赖于细胞壁膜稳态和细胞膜中脂质与蛋白质的相互作用，因细胞壁膜与物质运输、能量代谢、细胞生长和生物化学品生产等多种重要的生理功能有关。壁膜结构使细胞具有相对稳定的微环境，细胞内部整体有序地进行各种生命活动，抵抗外界不利因素的侵害。胁迫防御工程分为以下几个策略。

工程化细胞壁：当微生物细胞暴露在胁迫环境下，需要维持细胞工厂的内部稳定性，这一般需要先通过改变细胞壁的组成和特性来实现抵抗外部胁迫。细胞可以通过调节细胞壁的厚度，激活细胞壁应激信号通路，重构细胞壁的结构。在使用木质纤维素生物质作为发酵底物生产生物化学品时，生物质中释放的抑制性化合物（ICC）可能对酵母菌株造成胁迫。酿酒酵母 F118 菌株对 ICC 胁迫表现出独特的絮凝特性，其细胞壁的疏水性显著增加，从而帮助微生物适应 ICC 环境。这表明细胞壁可以对胁迫因素产生应激反应（Kahar et al., 2022）。

模拟实验条件的模型表明，在应激条件下，有效的蛋白质分配是生存的主要目标，而细胞壁的形成是适应过程中的重要代谢变化（Çetin et al., 2022）。一项通过进化工程获得耐氧化应激酿酒酵母菌株的研究表明，进化菌株相对于野生型菌株具备更完整的细胞壁，证实细胞壁在面对氧胁迫发生时具有一定的抵抗性（Kocaefe-Özşen et al., 2022）。

工程化细胞膜脂质：由于微生物细胞壁的多孔结构而使分子发生自由扩散，因此工程化细胞壁抵抗外部胁迫压力的效果是有限的。由于细胞膜具有更加精细的结构从而具备选择透过性和可调节性，因此，细胞膜成为胁迫防御工程中一个至关重要的组成部分。磷脂分子通常由一个亲水性磷酸基团（磷脂分子的头部）和两个疏水性脂肪酸链（磷脂分子的尾部）组成，构成了细胞膜的基本骨架。因此，磷脂分子的头部修饰和尾部改造是增强细胞胁迫耐受能力的研究热点。

修饰磷脂分子头部可通过调控磷脂合成路径或改变磷脂分子的前体实现。抗菌肽 magainin 和人组织蛋白酶 LL-37，通过在细菌膜上形成孔发挥作用，细菌如金黄色葡萄球菌 *Staphylococcus aureus* 通过改变其细胞膜的心磷脂组成，从而抵抗抗菌肽的杀伤（Rocha-Roa et al., 2021）。另外 Jarboe 团队在大肠杆菌中开展了磷脂头部工程的新策略，通过增加磷脂酰丝氨酸合成酶基因（*pssA*）的表达可以显著提高辛酸的耐受性和产量，工程菌株中除了磷脂酰乙醇胺（PE）头部基团的相对丰度增加外，脂肪酸尾平均长度增加，不饱和百分比增加，环的丰度降低，导致该菌株在膜完整性、表面电位、电化学电位和疏水性方面有显著变化。

修饰磷脂尾部酰基链也是防御胁迫的有效策略。该策略分为多种方法，主要分为改变脂肪酸链不饱和度、调节脂质酰基链长度、掺入环丙烷脂肪酸或支链脂肪酸以及增加脂肪酸链的含量。上述方法在工业发酵上得到广泛应用，使工厂的效益得到了很大的提升。在大肠杆菌中表达铜绿假单胞菌的顺反异构酶来重建细胞膜，可以产生反式不饱和脂肪酸（TUFA）并将其并入大肠杆菌 MG1655 的膜中。这种改造虽然没有增加大肠杆菌细胞膜的完整性，但显著降低了膜的流动性，这意味着 TUFA 掺入增加了细胞膜的刚性。结果，与野生型菌株相比，工程菌株细胞对外源的辛酸的耐受性和辛酸的产量都增加了。Ahn 等（2018）将铜绿假单胞菌的顺反异构酶在琥珀酸曼氏菌中表达，以产生反式不饱和脂肪酸（TUFA）并增强琥珀酸生产菌的细胞膜强度，随着 TUFA 的增加使脂肪酸紧密堆积，琥珀酸的产量和产率分别得到了较大的提升。

工程化细胞膜蛋白：对于细胞内外胁迫的应激，不同种类的细胞膜蛋白及其表达水平也发挥着巨大的作用。代谢物的运输和信息在其他不可渗透的膜上的传递是由完整的膜蛋白介导的（Hegde et al., 2022）。这些跨膜蛋白约占生物体编码蛋白的 25%，它们具有许多关键功能，包括离子和营养物质运输、信号传递、发病机制、防御和黏附。膜孔和膜蛋白介导了离子和营养物质的跨膜运输（图 9-3）。脂质双分子层上的膜蛋白包括跨膜蛋白、锚定蛋白和外周蛋白。包膜应激反应被认为是由细胞包膜损伤引发的应激反应。细胞包膜通过调整包膜的生物生成过程来应对这些应激。在应激条件下，虽然膜蛋白等细胞膜调节因子的作用可能是间接的，但膜蛋白在维持细胞膜稳定性方面仍然发挥着重要作用（Mitchell et al., 2019）。

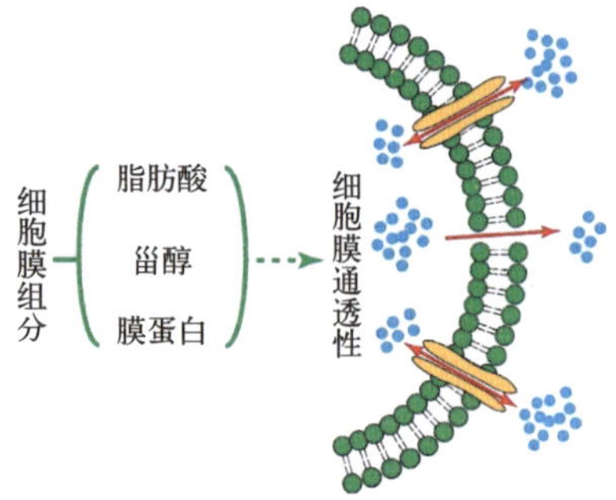

图 9-3　膜组分影响细胞膜通透性以防御外界胁迫

下面给出了这些响应的一些示例，转运蛋白增加宿主耐受可通过重构天然膜蛋白、调节异源转运蛋白的表达和构建调控膜蛋白相关基因表达的反馈调节网络来实现。一项关于鉴定膜蛋白的研究发现，膜蛋白 OmpA、FadL、YgaU 和 LamB-MalK-MalE-ManX 系统在调节大肠杆菌的苯丙素抗性中起着重要作用，OmpA 和 FadL 可以修复细胞膜的损伤，提高对苯丙素的耐受性，YgaU 和 LamB-MalK-MalE-ManX 可能参与大肠杆菌中苯丙类物质的摄取，剩余膜蛋白 OmpF、OmpW、TolC、YaeT、OppA、OppD 和 PotG 也在较小程度上参与了调节苯丙素抗性。Tan 等人（2017）发现在大肠杆菌 MG1655 中敲除膜蛋白 *ompF* 和过表达 *fadL* 对增加膜完整性具有积极作用，并使脂肪酸产量增加了 53%，达到 2.3 g/L。上述研究表明，通过工程化细胞壁、细胞膜脂质或蛋白质维持壁膜稳态进而影响细胞壁膜的完整性、流动性和通透性，是一种可行且有效地提高微生物细胞工厂胁迫防御的策略。

（2）损伤修复工程

微生物细胞在面对胁迫压力时，尽管壁膜屏障可在一定程度上防御胁迫压力保持细胞结构完整性，但胁迫因素仍可能影响胞内的生理状态。应对胁迫时，微生物能够激活自身的应激机制——损伤修复系统，这时 DNA、RNA 和蛋白质的含量都出现变化，从而确保微生物在胁迫条件下的生命活动。通过损伤修复工程可以加速应激反应过程来修复胁迫带来的损伤，包括调节转录因子响应应激信号，加强应激特异性调节蛋白的表达，以及调节胁迫响应代谢物的含量来应对逆境压力（张丽等 , 2022）。

① 转录因子工程

微生物细胞工厂在受到胁迫时，可以调控特定基因或产物在不同水平的表达情况，其中转录水平对基因的调控在胁迫响应时发挥着重要的意义。应激信号反应可以激活转录调节途径，对特定转录因子进行工程化或整体转录过程的重塑或信号转导系统的级联调控可以促进转录损伤的修复，因而转录因子工程策略可分为：工程化特异性转录因子、工程化全局转录调控因子和工程化信号转导系统（张丽等 , 2022）。转录因子（transcription factor）是一类能与基因 5′ 端上游特定序列专一性结合，从而保证目的基因以特定的强度在特定的时间与空间表达的蛋白质分子。

在微生物细胞发生胁迫现象响应环境信号传递过程中，转录因子通过调控单个或多个与抗逆相关基因的表达来抵抗胁迫。不过单一转录因子对于微生物细胞工厂的优化空间有限。

全局转录机器工程（gTME）是利用易错 PCR 或 DNA 重组，优化全局转录因子来改造全局转录因子的结构和功能，进行基因表达网络和细胞代谢的重编程，从细胞全局上影响相关基因的表达。因此，转录因子工程是微生物细胞工厂应对胁迫的有效途径。

有效利用半纤维素这种经济可行的生物质，这意味着需要开发能够消耗木糖和完全耐乙酸的转基因酿酒酵母菌株，含有木糖代谢途径的重组工业酿酒酵母菌株可以在存在乙酸的含木糖或葡萄糖的培养基中生存，基因 *HAA1* 编码的弱酸应激转录激活剂和 *PRS3* 编码的磷酸核糖焦磷酸合成酶的过表达使工程菌酵母具有优异的生长力和更高的糖消耗能力，过度表达这些基因也提高了酵母对高乙酸含量的未脱毒处理硬木水解物的适应性，这两种基因共同过表达产生了积极的协同效应（Cunha et al., 2018）。

② 特异性调节蛋白

应对胁迫所带来的细胞损伤，优先合成特定的蛋白质进行修复进而抵御胁迫是微生物细胞工厂一种明智的策略。微生物调控蛋白活性来响应胁迫所带来的损伤通常是一个迅速的过程。通过诱导表达分子伴侣维持蛋白质稳态，其中热休克蛋白（HSP）可以帮助氨基酸链折叠成正确的三维结构、清除错误折叠的蛋白质、作为分子伴侣避免蛋白质被降解等，HSP 可被应用到多个提升细胞耐受性的场景中去。

热激应答（heat shock response）是指微生物对环境温度突然升高或在其他类型的环境胁迫下产生的适应性反应，在反应中热激蛋白的合成被诱导或增强。30 多年前，人们发现热休克转录因子（heat shock transcription factor, HSF）是热应激调节基因的直接转录激活因子，相关基因涉及蛋白质合成、碳源代谢及细胞结构等，编码热休克蛋白（Gomez-Pastor et al., 2018）。HSP 除了起到参与维持蛋白质天然构象的作用外，另外还参与了微生物细胞的多种生理调节以抵御胁迫。一项在酿酒酵母中的研究表明较高浓度的蛋白质变性剂乙醇会导致 Hsf1 在没有翻译的情况下活化，这表明极端的蛋白质折叠压力可以诱发独立于蛋白质合成的蛋白毒性，Hsf1 被激活从而消除因外界胁迫而导致的蛋白质错误合成（Tye et al., 2021）。热休克转录因子家族另一位成员 HSF2 在抵抗胁迫时也发挥着重要作用，细胞发生长期蛋白质损伤后 HSF2 的表达和 DNA 结合活性上升，实验发现 HSF2 在细胞间黏附中发挥了重要作用（Joutsen et al., 2020）。

③ 胁迫响应代谢物

在微生物的新陈代谢过程中，除了为生命活动提供能量和营养，还产生了一系列代谢产物。这些有助于应对环境胁迫的产物被称为胁迫响应代谢物。在非酶防御系统中，压力缓冲代谢物（如谷胱甘肽、硫氧还原蛋白、维生素 C、赖氨酸、NADH 和 NADPH 等）作为还原剂，能够清除对细胞有害的自由基，如超氧阴离子、羟自由基和有机过氧化物。通过调节这些代谢物的细胞内浓度，可以修复损伤并减轻胁迫的负面影响。

例如，重金属盐会严重损伤细胞。研究表明，在抗重金属盐的裂殖酵母突变体中，36 种基因高表达，其中一部分基因参与硫与谷胱甘肽的结合，提示谷胱甘肽可能在硫解毒过程中起关键作用。谷胱甘肽（GSH）是重要的抗氧化寡肽，能够清除有害自由基，将其转化为脂肪酸和水。GSH 在反应中被氧化为氧化型谷胱甘肽（GSSG），通过传递电子和质子来清除自由基。在酿酒酵母中，GSH 的增加提高了细胞对木质纤维素抑制剂的耐受性，并使乙醇产量提高了三倍。然而，乙醇产量与谷胱甘肽的表达并无线性关系。通过过表达 *GSH1* 和 *GLR1* 基因，酿酒酵母在 48 h 内乙醇产量从 8.2 g/L 提升至 14.0 g/L。

硫氧还原蛋白也是一种抗氧化小分子，含有活性半胱氨酸残基，负责清除自由基和调节细胞内的氧化还原信号。螺菌属的硫氧还原蛋白能够抵抗氧自由基胁迫，将其基因导入大肠杆菌后，工程菌株具备了清除氧自由基的能力。抗坏血酸（维生素 C）是一种高效的天然抗氧化剂，通过代谢工程使酵母从 D-葡萄糖合成 L-抗坏血酸，显著提高了酵母对氧化应激、低 pH 和弱有机酸的耐受性。

辅因子 NADH/NAD^+ 和 NADPH/$NADP^+$ 在能量代谢、碳流调控和细胞生命周期中发挥重要作用。调节内源和异源辅因子，以及改造酶的辅因子特异性，能够帮助微生物应对胁迫。氧化磷酸化过程中不可避免地产生活性氧（ROS），细胞需要辅因子来维持 ROS 平衡。NADH 通过呼吸链产生能量，但也生成 ROS，而 NADPH 则有助于解毒 ROS，抵御氧化应激。此外，NADPH 对赖氨酸的生物合成至关重要，酵母细胞通过戊糖磷酸途径获得 NADPH，增加 GSH 浓度，从而降低 ROS 水平，增强抗氧化能力。

9.2.2 提高细胞生长速率

微生物的生长性能主要体现在单细胞和细胞群体水平。细胞生长速率和细胞形态决定单细胞水平的生长性能，而细胞的生长密度决定群体水平的生长性能。因此，提高微生物细胞生长性能的策略可分为三种方法（图 9-4）：①加速微生物细胞的生长速率；②重塑微生物细胞的形态；③提高微生物细胞的生长密度。

（1）微生物细胞生长速率的调控

生长速率是一个母细胞分裂成两个子细胞的过程快慢的体现。增殖和衰老是影响微生物细胞分裂过程的主要因素。细胞周期决定细胞的增殖能力，虽然细菌不具有与真核生物类似的细胞周期，但根据 DNA 复制的情况可将其分为 B 周期、C 周期和 D 周期。细菌从出生到染色体复制开始的这段时间称为 B 周期，从细菌染色体 DNA 复制开始到完成的时期是 C 周期，从复制完成到细菌分裂的时期是 D 周期。另外，衰老进程与细胞的分裂息息相关，细胞衰老主要通过细胞的分裂数量来体现。细胞衰老进程存在时序型寿命与复制型寿命两个方面。

利用微生物细胞进行工业化生产过程中，生产效率的提高离不开细胞生长速率的提升。目前关于提高细胞生长速率的研究主要体现在提升微生物细胞的增殖能力与干扰细胞衰老进程两方面。微生物细胞增殖能力的相关调控是一个由多种蛋白质或小分子物质参与的复杂生物学过程，第二信使和核糖核苷酸在该过程中起着重要的作用，对胞内重要小分子物质的含量调节可以改善细胞增殖能力。环鸟苷二磷酸（c-di-GMP）是一种重要的第二信使，其胞内水平决定着细菌的增殖分裂进程。研究发现 c-di-GMP 的逐渐增加导致 ShkA-TacA 活性的精确控制，使 G1/S 特异性基因表达能够协调细胞周期和形态发生，进而重构了大肠杆菌的细胞增殖进程，并使得大肠杆菌具备了不对称分裂与分化能力。通过应用这种分裂能力，研究

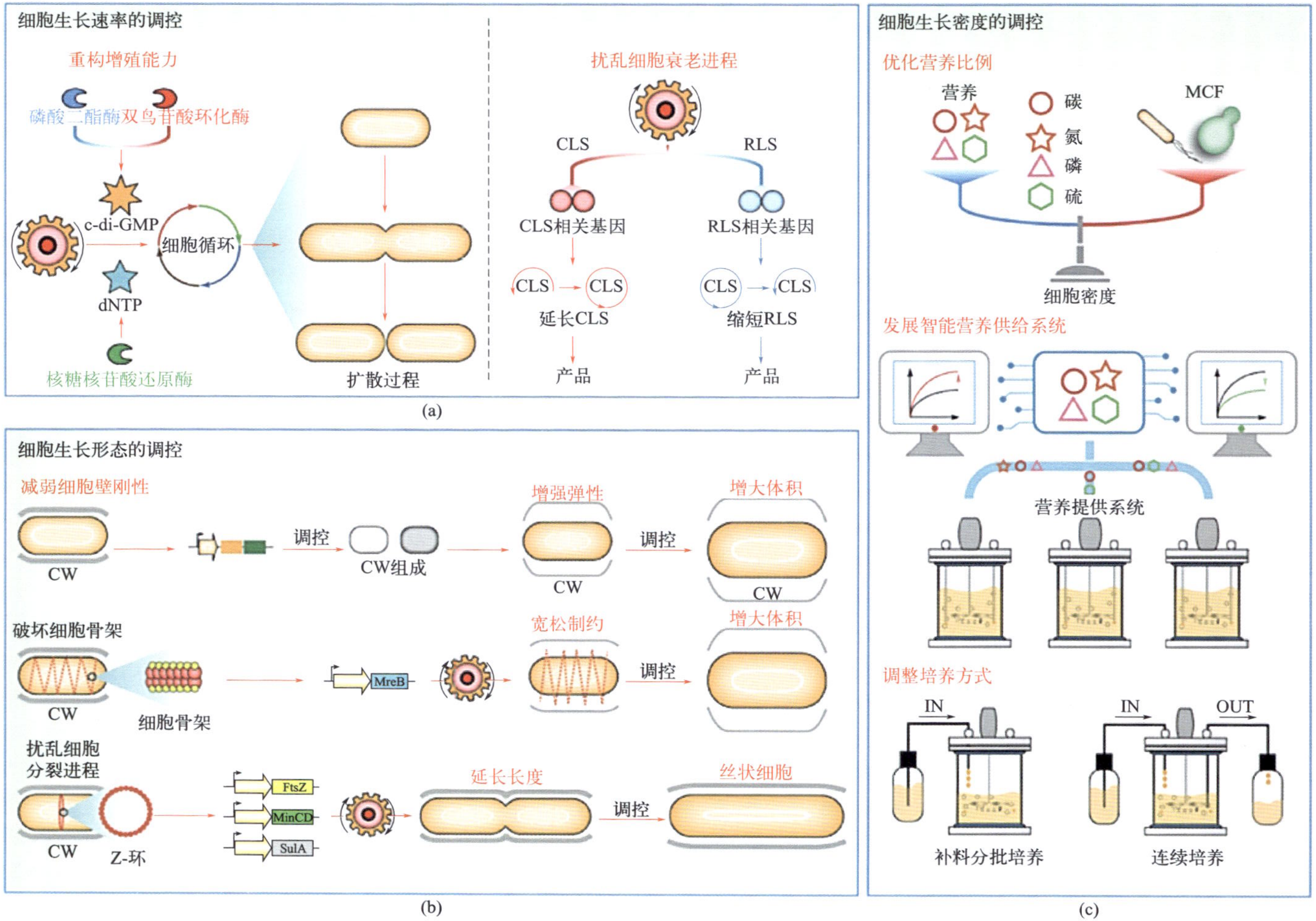

图 9-4　增强微生物细胞生长性能的策略

图（a）为细胞生长速率的调控；图（b）为细胞生长形态的调控；图（c）为细胞生长密度的调控

人员实现了在母细胞中积累毒性产物长链脂肪酸。此外，细胞的衰老进程也会影响微生物细胞的生长速率。通过延缓或者扰乱微生物细胞衰老过程同样能提高细胞生长速率。有研究表明，通过调节微生物细胞的寿命可以在一定程度上改善微生物细胞的生长性能进而提高化学品的生产效率，研究人员通过延长时序性寿命提高了大肠杆菌在高浓度丁酸条件下的生长性能，最终使得丁酸的产量提高至 29.8 g/L(Guo et al., 2020)。

（2）微生物细胞形态的调控策略

胞内产物的体积对于生产效率具有重要的影响，体积大的细胞将会大幅度提升目标化学品的产率。微生物细胞自身形态对体积起重要作用，因此怎样重塑微生物细胞形态是增加细胞体积的重要方向。根据微生物的形态调控机制可分为降低细胞壁刚性、破坏细胞骨架的支架结构和扰乱细胞分裂进程等策略（刘晖 , 2021）。

细胞壁为微生物细胞提供足够的机械支撑力的同时还能帮助微生物维持一定的形态结构。对于细菌而言，其细胞壁的主要成分为肽聚糖。聚糖链交联形成网状结构构成细胞壁来抵御环境中的机械压力从而维持细胞形态。因此，可以通过降低肽聚糖的含量促使细菌细胞壁的刚性减弱，从而达到扩增体积的目的。例如，利用 CRISPRi 技术降低肽聚糖合成基因 *murD* 与 *murE* 的表达水平，导致大肠杆菌细胞壁的肽聚糖含量下降，进而降低了细胞壁的刚性并以此增大了细胞体积。利用这一生理特性，聚羟基丁酸（polyhydroxybutyrate, PHB）的产量提高至 93%（以细胞干重计）(Zhang et al., 2018)。

此外，细胞骨架也具有维持微生物细胞结构及形态的功能，细胞骨架蛋白如 MreB、MreC、MreD 与 RodZ 在维持细菌细胞杆状形态上发挥着至关重要的作用。其中，MreB 是一种类肌动蛋白，其以寡聚物的形式与胞质内膜结合，并围绕细胞的长轴旋转。通过过表达、敲除或者降低 MreB 的表达水平能使细菌的细胞形态发生变化。例如，在 PHB 生产过程中，利用 CRISPRi 技术来动态调节细胞骨架关键调控蛋白 MreB 的表达水平以平衡细胞生长和细胞形态。使得 PHB 的积累量达到了细胞干重的 71%。尽管通过工程化细胞骨架能有效地调控细胞的形态，但人为地干预细胞骨架与细胞壁形成关键蛋白的表达量会导致细胞生长性能与抵抗性下降。

对于细菌而言，其细胞形态受细胞周期或细胞分裂进程的严格调控。基于此，研究人员通过调控细菌细胞周期与分裂进程也实现了细胞形态的重塑。例如，通过延长大肠杆菌的细胞 C、D 周期，将大肠杆菌的细胞体积提高至 52.6 μm^3，并以此使聚乳酸-3-羟基丁酸 [PLH, poly(lactate-*co*-3-hydroxybutyrate)] 的产量提高至 14.3 g/L。此外，调控细胞的分裂进程同样能改变细菌的形态。细菌的分裂主要由 Z 环及其他调控蛋白决定，而这些蛋白负责细胞骨架的合成，并决定着细胞形态的拉长与子细胞的形成。例如，过表达 *minC*、*minD* 后，细胞的分裂进程被破坏，进而使细胞拉长形成纤维状形态，并以此将 PHA 的颗粒体积提高至 10 μm^3（Shen et al., 2019）。

（3）微生物细胞的生长密度的调控策略

微生物细胞的生长密度由营养条件与培养方式决定。因此，提高细胞生长密度的策略主要有：优化营养比例、发展自主营养供给系统以及调节培养模式等。营养物质如碳、氮、磷与硫主要参与微生物细胞的生长与增殖，在这些营养成分中碳氮比是影响细胞密度的最关键因素。例如，在产油酵母 *Cutaneotrichosporon oleaginosus* 中，脂质的产量与细胞的生物量密切相关。为了提高酵母细胞的密度，研究人员首先利用计算机模拟了营养物质比例对细胞生长性能的影响，然后通过实验确定了当碳氮比为 120∶1 时能达到最大的生长密度（18.4 g/L）。利用该营养物质比例，使得 *C. oleaginosus* 获得最大产油得率，达到 49.74 g/g（以细胞干重计）。

然而，优化营养比例是一项费时费力的工作。因此，为了提高优化营养比例的效率，研究人员设计了一种根据培养环境中残留葡萄糖浓度与 pH 值来实时调整营养供给的自动化系统。利用该系统，使得双歧杆菌 CCFM626 与长崎杆菌 CCFM643 的菌体浓度分别提高了 2.3 倍与 4.2 倍。此外，为了使培养环境中底物与营养物质控制在合适的浓度范围内，需要对培养模式（如分批培养、分批补料培养与连续培养等）进行优化。以嗜盐单胞菌为例，研究人员通过分批补料的策略实现了细胞的高密度生长（细胞生长密度提高至 90.5 g/L），并以此将 PHA 的产量提高至细胞总体积的 78.8%。

9.2.3 增加底物利用率

高效的底物利用是实现高效代谢产物合成的前提。在发酵过程中，微生物适应性与有效吸收和代谢限速生长营养物质的能力之间存在着非常直接的联系，因此，通过设计选择性的培养条件进行适应性进化，很容易筛选得到有助于底物利用的基因突变。此外，拓展底物利用范围，可以赋予微生物转化难利用或毒性底物的能力，从而合成高附加值化合物。酿酒酵母在发酵工业中广泛使用，强大的发酵能力和固有的乙醇耐受性使其成为研究焦点，研究者普遍利用适应性实验室进化策略 ALE 提高其底物利用率，其中以菌株 CEN.PK 及其衍生物最为常见。酿酒酵母不能代谢木糖或其他戊糖进行发酵，但是目前已有大量研究在构建可共同利用这些化合物的工程菌株。有学者尝试采用代谢工程方法构建利用木糖的酿酒酵母工程菌株，但最终并未得到可将木糖转化为乙醇的高产菌株，而且野生菌株和已有工程菌株均不能在厌氧条件下以木糖为底物。因此，通过 ALE 与代谢工程手段相结合，可有效解决底物利用问题。例如，采用两阶段进化工程，首先对异源表达木糖代谢基因的酿酒酵母工程菌株进行适应性进化实验，厌氧木糖发酵的进化实验筛选出生长较快但代谢副产物不理想的进化菌株，随后在分批培养条件下对该菌株继续进行进化实验，改善了菌株木糖发酵的表型缺陷，最终菌株的生长速度比出发菌株高出 5 倍以上。以马克斯克鲁维酵母（*Kluyveromyces marxianus* MTCC 1389）为出发菌株，通过 ALE 实验在 200 g/L 的乳糖浓度下适应 65 d，获得了具有高乳糖利用率的耐渗透性进化菌株，发酵合成乙醇产量高达 79.33 g/L，比出发菌株产量高出近 17.5%。

类似地，对 *Bacillus subtilis* 168 采用适应性进化手段获得了一株能高效利用木糖的突变菌株 E72，其最大比生长速率达到 0.45 h^{-1}。对以乙酸盐为唯一碳源的 *E. coli* ATCC 8739 采用恒化器连续培养方式进行进化，进化菌株比生长速率增加了 25%。在含有 0.5% 甘油的矿物盐培养基中对钩虫贪铜菌 *Cupriavidus necator* H16 菌株进行驯化，筛选了一株可同时利用葡萄糖酸盐和甘油的进化菌株 v6C6，进化菌株在甘油中的比生长速率比野生型菌株高 9.5 倍，在葡萄糖酸盐-甘油混合碳源中生长速度比单独葡萄糖酸盐快。

甲醇是一种极有潜力的工业发酵原料，近年来合成甲基化的研究逐渐深入，以实现基于甲醇的生物燃料和高附加值化学品的生物制造。Wang 等（2020）以基因工程的甲醇依赖谷氨酸棒杆菌 *Corynebacterium glutamicum* MX-11 为出发菌株进行进化实验，进化菌株可耐受 203.7 mmol/L 甲醇，比生长速率为 0.05 h^{-1}；基于甲醇的生物合成，发酵 144 h 后产生 230 mg/L 胞外 L-谷氨酸。

9.2.4 提高产物产量

在发酵工业中，对于毒性底物的适应性进化同样适应于高浓度毒性产物。在高产物浓度下改善微生物的生长表型是促进细胞工厂发展的一个重要设计目标。ALE 技术可以克服不利影响，增强菌株的稳定性，从而得到既能耐受不利的生长环境，又能在有利的培养条件下快速生长的微生物菌株。L-丝氨酸会抑制细胞分化、肽聚糖合成及细胞活性，这在很大程度上限制了丝氨酸的生产。适应性驯化是提高菌株耐受性的常用方法，通过敲除 *E. coli* 中 L-丝氨酸分解的 2 条途径的相关基因（敲除基因 *sdaA*、*sdaB*、*tdcG* 和 *glyA*），构建了工程菌株 Q1；采用适应性驯化的方法，在培养基中逐渐提高 L-丝氨酸的浓度（从 3 g/L 提升到 100 g/L），经过 45 d 驯化，进化菌株 ALE-5 对 L-丝氨酸耐受性明显提高；以葡萄糖为碳源，经过 50 h 的发酵，L-丝氨酸产量达 37 g/L，转化率为 24%。

此外，为了提高细胞的耐受性，研究人员开发了一种基于应激诱导突变（stress-induced mutagenesis, SIM）的新型适应性进化策略，具体而言，以 *E. coli* FC40 为出发菌株构建了 Δ*mutL* 突变菌株 *E. coli* SMB07，将该菌株进化 6 个月，其丁醇最低抑制性浓度仅由 9.5 g/L 增加至 10.5 g/L；而基于 SIM 自适应进化，3 个月内将丁醇 MIC 增加 13 g/L，并进一步通过基于 SIM 的自适应进化来提高 *E. coli* SMB07 渗透耐受能力和耐热性，获得了分别耐受 95 g/L NaCl 和 50℃高温的突变体 *E. coli* SMB95 和 *E. coli* SMB50。类似的研究包括以 *E. coli* ML115 为出发菌株，敲除 *fadD* 基因，中断脂肪酸 β 氧化途径，防止羧酸的降解，在含有辛酸的 MOPS 基本培养基中连续传代，同时保持培养基 pH 值为 7.0，以 10 mmol/L 的增量增加辛酸浓度，经过 714 h 的适应性进化筛选得到进化菌 LAR1，辛烷酸耐受性增加至 30 mmol/L；除耐受辛酸外，还可耐受丁醇和异丁醇，在 65 mmol/L 丁醇条件下比生长速率比对照菌株大 15%；进化菌株不仅改变了细胞膜的流动性和完整性，还具有明显更长的膜脂质。

9.2.5 微生物代谢途径激活

传统的代谢工程策略，是通过调控目标代谢途径、过表达途径限速酶、增加前体物供给等达到内源代谢产物的过量合成，但对于异源代谢产物的生物合成，需要在胞内构建外源代谢途径或者激活自身潜在合成途径，而这些途径需经激活和优化才能满足需求。特别是对重要生物燃料或化学品合成的非天然途径的激活优化，ALE 能发挥巨大作用。例如，通过对酿酒酵母 *Saccharomyces cerevisiae* 代谢进行重新编程，提高了目标产物的产量，他们以 *S. cerevisiae* Y&Z053 为出发菌株，30℃条件下进行两阶段适应性进化培养：第一阶段，在含

0.5% 葡萄糖和 2% 乙醇的基本培养基上培养，每 48 h 或 72 h 连续传代一次，乙醇浓度逐渐降低，葡萄糖浓度逐渐升高，连续传代 45 d；随后，将菌株转移到含有 2% 葡萄糖作为唯一碳源的基本培养基上，并通过每 48 h 或 72 h 连续传代促进生长，持续 50 d；进化菌株大约 200 代之后，在葡萄糖上实现生长，获得的进化菌株能够产生 33.4 g/L 的细胞外游离脂肪酸（Yu et al., 2018）。代谢通量分析表明，使用独立的葡萄糖摄取系统，磷酸烯醇丙酮酸-糖磷酸转移酶（phosphoenolpyruvate-sugar phosphotransferase system, PTS），即半乳糖渗透酶 / 葡萄糖激酶（GalP/Glk）系统在理论上可以使葡萄糖的色氨酸（Trp）产量增加 1 倍。为了验证该分析的可行性，以 Trp 生产菌株 *E. coli* S028 为出发菌株，构建了一株 PTS 和 GalP/Glk 依赖性大肠杆菌菌株，获得更高效的 Trp 生产菌株，通过将 CRISPR-Cas9 促进的靶基因工程与生长偶联和传感器引导的体内筛选相结合，开发了一种新型的连续 ALE 系统。利用该自动系统与细胞生长实时测量和荧光强度在线监测的结合，作为细胞内 Trp 浓度的指标，获得了一个产量高、比产率高的 Trp 工程菌株 T5，该菌株能产生 38.77 g/L 的色氨酸（Minliang et al., 2021）。

研究人员以谷氨酸棒杆菌 *C. glutamicum* ATCC 13032(Δ*argF*Δ*proB*) 为出发菌株，利用基因过表达、基因敲除及适应性进化等手段，构建了高产 L-鸟氨酸的工程菌株 ΔAPE451；其采用不断增加葡萄糖浓度（5%、7%、10%）和鸟氨酸浓度（1.5%、2.0%）的方式进化，同时以不加鸟氨酸的发酵培养基进化，对每隔约 10 代的菌株进行鸟氨酸发酵筛选，获得了一株 L-鸟氨酸产量较出发菌株高约 20% 的菌株 ΔAPE6937；同时，以该菌株为出发菌株，敲除阻遏蛋白编码基因 *argR*，获得了一株适用于工业发酵生产 L-鸟氨酸的工程菌株 ΔAPE6937R42，L-鸟氨酸产量比进化菌株 ΔAPE6937 提高 27%，在 5 L 发酵罐中发酵 33 h 后鸟氨酸产量达到 24.1 g/L。Seong 等（2020）以敲除乙酰辅酶 A 消耗相关基因（*adhE*、*pta*、*ldhA* 和 *frdA*）的大肠杆菌 *E. coli* DSM01 为出发菌株，在 5 g/L 乙酸钠的 M9 基本培养基中连续传代 40 代获得一株进化菌株 SBA01；进化菌株在 48 h 内消耗 2.14 g/L 的醋酸盐，摄取量分别比亲本菌株 MG1655(DE3) 和 DSM01 增加了 2.8 倍和 7.6 倍；在添加醋酸盐的 M9 基本培养基中，SBA01 醋酸盐消耗率为 76 mg/（L · h），并发现 SBA01 可耐 250 mmol/L 的醋酸盐，比生长速率为 0.05 h^{-1}。

9.3 进化工程常用策略及原理

9.3.1 直接适应性进化

适应性进化是通过利用生长速率和环境压力之间的联系来选择耐受性增强的突变体的进化工程策略。该方法能够在不了解微生物的任何潜在遗传机制的条件下，仅需将所需的特性与生长相结合来改善常见工业菌株的特定表型（如抑制剂耐受性、底物利用率、生长温度）。直接适应性进化的核心是进化过程仅涉及菌株在所需的选择压力下经过数百代的扩展繁殖。随着时间的推移，由于耐受性的增强或有限营养物质的快速消耗，生长速度加快的突变株会在种群中出现并扩大。通过对这些突变株的重复分离、鉴定和测序可获得性能增强型菌株。与物理和化学诱变相比，适应性进化具有更强的目的性，可以控制突变的方向和性质，并且操作相对简易。

然而，直接适应性进化需要长时间的培养来积累连续的突变。过程中，种群大小、突变率和有益突变的频率等因素使得种群内出现有益突变体的竞争现象，从而决定了种群结构的复杂程度。因此，一些来自特定突变体的个体常常从种群中丢失，由于无法确定它们从种群中分离的时间，这些突变体所出现的适应性突变可能无法被识别。对于以应用适应性进化作为工具来识别特定性状的基因型基础为最终目标的实验，有益突变体的缺失限制了对适应性机制的检测。

9.3.2 基因组全局扰动与多位点快速进化

目前，绝大多数重要的工业微生物是通过长期的人工驯化和诱变筛选获得的。基于物理和化学诱变的育种技术，尽管在一定程度上有效，但是存在改造周期长、非定向、遗传机制不清晰和不能突破代谢网络刚性的缺点。在高效研发具有工业级别生产性能的微生物方面，还存在着许多无法逾越的障碍（蔺玉萍等，2019）。伴随分子生物学的发展，针对单基因的基因工程或针对单一代谢途径的代谢工程的学术研究已经很多，但对生产性能的提升效果有限，较难在工业生产上推广使用。由于工业微生物的高产性状通常对应着复杂的基因型，传统育种手段对涉及十几个，甚至是数十个基因的表达优化无能为力。伴随着基因组学、系统生物学、合成生物学的发展和高通量分析技术的进步，以全局转录机器工程（gTME）、多位点自动基因组工程（MAGE）、可跟踪多轮重组工程（TRMR）和核酸酶介导的基因组编辑为代表的基因组工程技术日益成熟，可以在单一宿主细胞中实现多个不同性状的同时改造，大幅度地缩短了改造时间（图 9-5）。基因组尺度的理性设计、途径重建、网络重构、全局扰

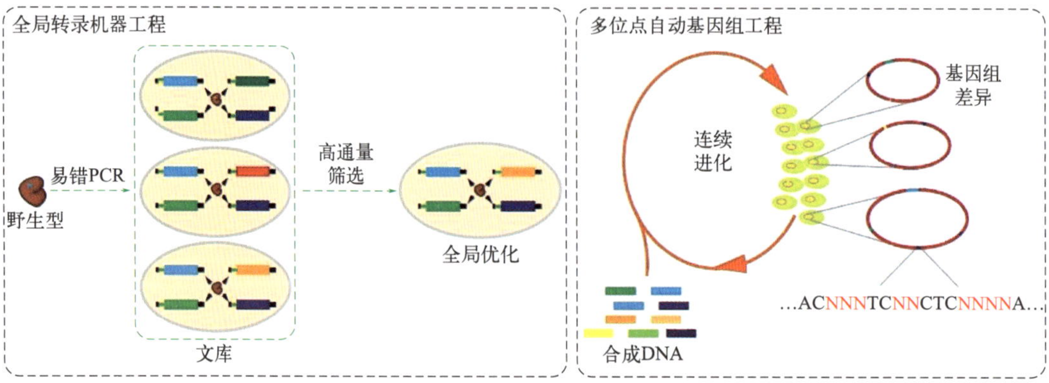

(a) (b)

图 9-5 全局转录机器工程和多位点自动基因组工程工作原理

动、多位点快速进化和基因组删减技术可以对工业微生物基因组进行多位点、高通量、高效率修饰，赋予了工业微生物粗原料利用、新产品合成等新型生产功能，优化工业微生物的发酵生产能力，极大加快工业微生物的改造进程，显著提升改造效果。这些改造技术已经在氨基酸、大宗化学品、天然化合物药物、蛋白质工程等生产领域取得了一系列标志性成果，为系统改造工业微生物的生产性状提供了全新手段（蔺玉萍等 , 2019）。

（1）转录因子全局扰动

针对细胞非特定生化途径所关联的复杂性状，比如高产和胁迫抗性，其改造提升往往需要对细胞内在的代谢进行彻底的重编程，这就需要同时改变很多基因的表达水平，难以通过连续的多基因修饰来实现。gTME 是通过改造和进化全局转录因子、转录机器等关键蛋白，构建高度多样、复杂的转录调控突变文库，在转录水平上产生新型的丰富多样性，实现对基因表达网络和细胞代谢重编程，并以定向进化方式加以迭代，从而使细胞获得所期望的表型。gTME 是一种从转录全局角度工程改造复杂性状的普适性方法，已成功地应用于原核生物和真核生物系统，比如酿酒酵母、马克斯克鲁维酵母、大肠杆菌、植物乳杆菌和运动发酵单胞菌等（表 9-1），从而改善细胞的环境胁迫耐受性、代谢产物产量和底物利用效率（蔺玉萍等 , 2019）。

表9-1　转录因子全局扰动

来源	转录因子	增强表型
酿酒酵母	Spt15, Taf25	乙醇耐受性
酿酒酵母	Spt15	木糖发酵
酿酒酵母	Spt15	玉米秸秆酸水解物耐受性
酿酒酵母	Rpb7	乙醇产量及耐受性
马克斯克鲁维酵母	Spt15	乙醇产量及耐受性
大肠杆菌	α 因子，环腺苷酸受体蛋白（cAMP receptor protein，CRP）	乙醇耐受性、番茄红素产量
大肠杆菌	CRP	异丁醇耐受性
大肠杆菌	分解代谢物阻遏 / 激活因子（Cra）	琥珀酸盐生产
大肠杆菌	α 因子 g70	溶剂容许溶解度
大肠杆菌	组蛋白样类核结构因子（H-NS）	耐酸性
乳酸杆菌	α 因子	耐乳酸和无机酸
运动发酵单胞菌	α 因子 g70	乙醇耐受性

（2）基因组进化动力扰动

在自然界没有人工参与的情况下，生物体受自然诱变剂的作用或在 DNA 复制、转录、修复时以一定频率（10^{-9} ～ 10^{-6}）自然发生突变，产生遗传和表型多样性，推进生物进化。但这个过程非常缓慢，通过人工模拟自然进化过程，改造和突变基因组的进化动力，可以建立加快进化速率的基因组全局扰动新技术。该技术会让上百种或上千种变异同时进行，从而制造出十亿种不同的 DNA 序列。利用细胞自身的进化机制，经过无数次的变异，使得细胞在短期内被赋予所期望的特性，使其生产特定产物具有更为低廉的成本和更短的研发周期。

多位点自动基因组工程（MAGE）是近年来发展的针对基因组中多条相关代谢途径进行快速改造的重要方法。MAGE 基于 λ 噬菌体 Red 重组酶的同源重组系统，针对某条特定的代谢途径或局部的代谢网络进行理性设计，人工合成的多个兼并寡核苷酸靶向基因组上的特定序列，通过同源重组的方式靶向序列，将许多已知具有最为优良功能的基因整合在一起，从而获得具有最优工业性能的工业微生物。例如，现已知至少有 20 种基因影响番茄红素的生产，一次改写一个或一部分基因的常规基因工程技术显然不能满足需求。为了解决这一问题，哈佛大学的研究人员利用 MAGE 改造大肠杆菌生产番茄红素。此外，为了进一步提高 MAGE 进行基因组进化的效率，通过引入共标记物（co-mark）建立改进后的共选择 MAGE，可以修饰大肠杆菌基因组 80 个位点。通过破坏复制体中引发酶和解旋酶之间的相互作用，提高 ssDNA 在复制叉处的丰度，进一步提高了每轮操作的修饰效率。MAGE 技术应用于酿酒酵母中，建立的 eMAGE 技术独立于 Rad51 介导的同源重组，避免了 DNA 双链断裂造成的意外突变，一次可以同时转化具有 60 个靶向突变的 12 个寡核苷酸，迭代转化寡核苷酸混合库，能够快速产生大于 10^5 个的基因组组合突变。该技术在异源胡萝卜素生物合成途径基因的启动子、基因和终止子引入精确突变，产生遗传多样性，从而调控类胡萝卜素的产物水平。为了同时鉴定 MAGE 基因组进化过程中与性状相关联的遗传基础，进而发展了 TRMR 技术，通过合成带有条形码的突变序列，转化宿主细胞，然后利用分子条码和微阵列技术追踪相关突变，量化突变率，并对遗传性状进行定位。该技术能在一天之内修饰大肠杆菌 95% 的基因，并在一周内完成影响细胞不同培养基（丰富、基础和纤维素水解液）和抑制物（β-糖苷、D-岩藻糖、缬氨酸和丙酮醛）条件下生长的近 4000 个基因的遗传定位。

（3）基因组删减优化

模式生物基因组测序和分析揭示了大量的生存非必需的序列，以及大量未知功能的基因。为了理解基因组的功能，构建最小基因组的细胞工厂，在大肠杆菌、枯草芽孢杆菌、酿酒酵母、裂殖酵母等模式微生物和有工业应用价值的微生物，如谷氨酸棒杆菌中已经开展了基因组删减优化的工作。所采用的 DNA 敲除技术从早期的转座子随机整合 / 缺失、转座子协同 Cre/loxP 切除，到最近发展的 Red 介导 / 双链断裂促进的重组、无疤痕缺失等。如 Cre/loxP 系统可以用于染色体间的基因重排，为研究多种最小基因组的可能性提供了一个很好的技术手段。新的技术能够做到高效、精确和连续的 DNA 片段的敲除，目前最多的已敲除了约 30% 的基因组序列。随着基因组计算机辅助设计软件的开发以及大片段 DNA 拼接合成技术的发展，可以在计算机上进行基因组的删减优化，包括删除转座子、去除冗余 DNA 片段以及重新安置易造成基因组不稳定的 tRNA 基因等方式，之后采取大片段 DNA 从头合成并转入酵母细胞逐步置换的方法，创建数字化基因组删减与逐步置换合成相结合的基因组改造创新技术体系（Wang et al., 2018）。Ikeda 研究小组将一株原来不产链霉素、头霉素和普拉地内酯的链霉菌，分别改造为高产这 3 种抗生素的工业菌株，并使其基因组缩小至原野生菌株的 81.46% ～ 83.12%，极大地提高了菌株的生长速度。

（4）基因组多位点编辑进化

近年来，基于核酸酶的基因组编辑技术，特别是CRISPR技术，被广泛应用于基础研究、生物技术、基因治疗等领域。基因组多位点编辑进化，包括在全基因组尺度上搜索有利于目标产物合成的基因表达或基因敲除，并通过循环筛选得到优化的基因表达和敲除组合；快速实现在基因组上多个位点同时进行突变、缺失或插入短序列等修饰。根据是否引入DNA损伤以及细胞内源组分的参与情况，核酸酶介导的基因组编辑技术在生物技术领域中的应用归纳为以下四个方面（图9-6）。

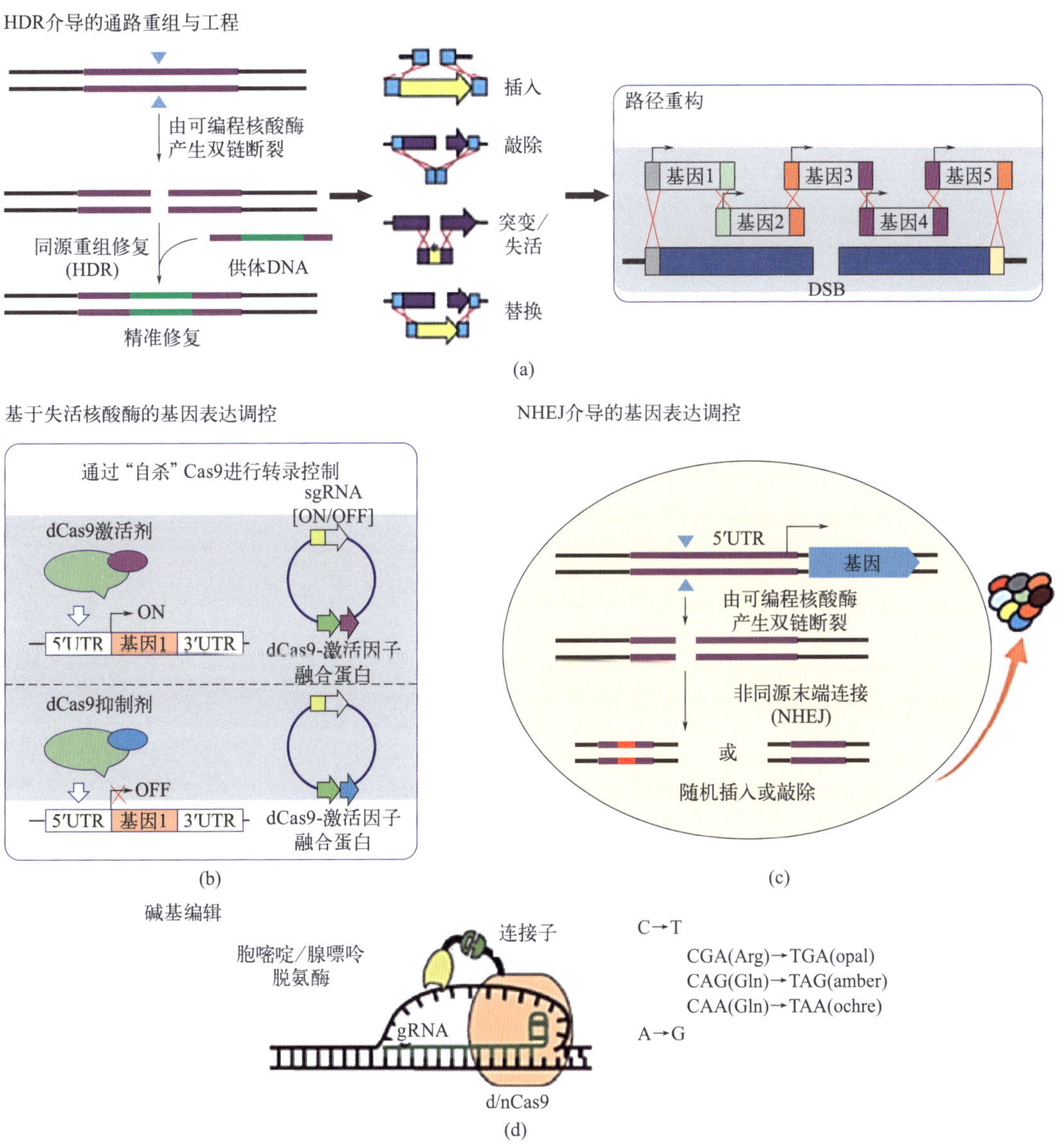

图9-6 核酸酶介导的基因组编辑技术在生物技术领域的应用（蔺玉萍等，2019）

图（a）为HDR介导的通路重组与工程；图（b）为基于失活核酸酶的基因表达调控；图（c）为NHEJ介导的基因表达调控；图（d）为碱基编辑

① 同源重组介导的通路重组与工程［图 9-6（a）］：编辑系统的核酸酶切割靶向 DNA 位点，产生 DNA 双链断裂（DSB），在有靶向位点同源臂的外源 DNA 片段供体存在的情况下，DSB 经由细胞内源同源重组系统（HDR）进行修复，实现同源片段的整合、敲除、突变、失活或者替换，进而实现生物合成途径的构建与改造。

② 基于失活核酸酶的基因表达调控［图 9-6（b）］：利用失活的核酸酶，融合细胞内源激活子或抑制子，对基因表达进行调控，从而实现外源生物合成途径以及与之适配的底盘细胞的优化。最近，哈佛大学 Church 实验室通过 CRISPRi 确定了需钠弧菌快速生长所需的最小基因集。

③ 非同源末端重组介导的基因表达调控［图 9-6（c）］：在没有外源同源重组 DNA 片段存在的情况下，核酸酶切割产生的 DSB 主要经由细胞内源非同源末端重组（NHEJ）系统进行修复，插入或缺失随机突变，当靶向基因启动子区时，能够引起编辑基因的差异表达，形成多性状突变库，从而为工业微生物突变育种提供了新策略。本实验室基于 TALENs 特异性识别修饰真核启动子区保守序列 TATA 框与 GC 框之间的关键区域，引起不同基因的差异表达，形成多性状菌体库，在酿酒酵母中建立了 TALENs 介导的多位点基因组编辑技术，并辅助酵母胁迫抗性进化育种，提高了工业菌株耐受高温和高渗的性能。

④ 碱基编辑［图 9-6（d）］：将 CRISPR-Cas9（或 Cpf1）系统中的核酸酶失活或突变为切口酶，并融合胞嘧啶或腺苷酸脱氨酶，利用 CRISPR 系统的定位功能与脱氨酶的碱基编辑功能，可在染色体靶位点实现 C 到 T 或 A 到 G 的编辑，实现碱基突变，当碱基位于基因编码区时则有可能造成氨基酸突变，当靶向基因编码区中编码精氨酸的 CGA、编码谷氨酰胺的 CAG 和 CAA 中的 C 突变为 T 时，分别会产生 TGA、TAG 和 TAA 终止密码子，从而造成基因失活。最近，在重要工业平台微生物谷氨酸棒杆菌中开发的多元自动化基因组编辑方法 MACBETH，结合 CRISPR-Cas9 系统的定位功能与胞嘧啶脱氨酶（AID）的碱基编辑功能，可在染色体靶位点实现 C 到 T 的编辑，效率高达 90%。MACBETH 可同时在多个基因中生成提前的终止密码子，以失活靶基因。同时借助自动化平台，可实现从质粒构建、基因组编辑、获取正确突变株和表型验证的全流程自动化操作，编辑能力可达到每月数千突变株，为将谷氨酸棒杆菌改造为通用的微生物底盘提供强大的技术支持。

（5）基因组适应性进化

对于遗传基础复杂难以确定的性状改造，基因组适应性进化也是一种行之有效的方法，同时通过蛋白质、转录和基因组学技术解析在适应性进化过程中发生的响应与调控机制，再通过反向代谢工程等手段，进一步稳定或增强这种特性以达到获得优良性状的目的。借助于基因组适应性进化，一些大肠杆菌、酿酒酵母、谷氨酸棒杆菌、肠膜明串珠菌等细胞工厂的工业生产效率和胁迫耐受性都得到了很大的提升（Mavrommati et al., 2022）。系列传代和连续培养是适应性进化的两种经典设计，针对特定的工业性状育种目标，施加单一的或多重的或变化的环境筛选压力，使得突变在全基因组尺度上广泛积累，然后通过特定的生理指标检测筛选目标突变体（Van den Bergh et al., 2018）。值得一提的是，相关自动化设备以及高通量的突变体分离和筛选方法已被大量开发和应用，从而节省适应性进化实验的人力成本并提高筛选效率（Van den Bergh et al., 2018）。国内王钦宏课题组设计了一款自动化程序控制、培养体积小且可并行运行多种筛选培养条件的微生物适应性进化培养设备。该设备包括中央控制系统与若干执行单元（培养条件控制单元、培养瓶单元、原料储罐及培养物收集罐单元），具有程序编辑与控制模块以及若干个蠕动泵。该设备能够用来进行细菌、真菌等微生物及可悬浮培养细胞的系列传代培养工作，适用于生物、医药、农业等科研实验室或工厂实验室中，并用来替代目前常用的传统的适应性进化培养实验工作，节省人力成本并实现实验过程的标准化高效运行。利用该设备，可以对工业酿酒酵母菌株进行模拟工业发酵条件的适应性进化，获得一系列适应性进化菌株，同时利用基因组重测序揭示了进化菌株中积累的非同义突变和大片段缺失。相较于普通产乙醇工业酵母发酵生产乙醇，进化菌株的乙醇产量均明显提高，能够耐受高温、高浓醪和抑制物等多重胁迫，解决高温浓醪发酵淀粉生产酒精中酵母细胞多重胁迫耐性不足的缺陷。在高温下发酵生产乙醇，可大幅度降低工业用水的用量，从而减少能量消耗，降低乙醇生产成本，而且进化菌株能够利用工业用水进行大规模发酵生产乙醇，进一步降低了乙醇的生产成本，在大规模工业生产中具有很大的潜力。

9.3.3 连续自动化进化策略及培养平台

传统的适应性实验室进化大都只针对自然进化中每个步骤的频繁干预，这往往限制了进化过程的多样性和扩展性。因此，近年来研究人员利用自动化技术与连续进化相结合，无需人工干预，并保持宿主细胞的稳定及样本的多样性（李祎等 , 2021）。

（1）连续自动化进化策略

在 DNA 的复制过程中，DNA 聚合酶的校对和错配修复对保持生物基因组的稳定起着关键作用。研究人员在酵母中发现与基因组复制正交的质粒复制系统，通过改变正交质粒的 DNA 聚合酶校对和错配修复的效率能够有效提高正交质粒上 DNA 序列的突变效率，通过连续培养能够快速获得大量多样性群体（Zhong et al., 2020）。正交易错复制系统是由细胞质中的线性 DNA 质粒 pGKL1（p1）及相应的 DNA 聚合酶 TP-DNAP1 组成的，p1 质粒的复制受到 TP-DNAP1 严格控制且不依赖于宿主 DNA 聚合酶（Rix et al., 2020）。通过对 TP-DNAP1 进行突变，提高了 TP-DNAP1 依赖 p1 质粒复制过程中的突变率，并使正交质粒上目标靶点的单碱基突变率提高到 4×10^{-8}(Ravikumar et al., 2014)。进一步，将 Rd3 突变体与核酸外切酶结构域部分基序的突变体杂交构建了突变体 TP-DNAP1-4-2，其单碱基突变率提高了 1000 倍，达到约 10^{-5}(Ravikumar et al., 2018)。

在酿酒酵母中利用正交复制系统 OrthoRep 对二氢叶酸还原酶进行连续进化，可将其针对乙胺嘧啶的耐受性提高 4 万倍。2018 年，研究人员发现了 pGKL2/TP-DNAP2 的质粒 / DNA 聚合酶与 pGKL1 质粒 /TP-DNAP1 正交，将 pGKL1 质粒 /TP-DNAP1 与 pGKL2 质粒 /TP-DNAP2 两套正交的 DNA 复制系统成功导入酿酒酵母中，利用正交 DNA 复制系统中不同 DNA 聚合酶的突变率实现同时针对多基因进行不同突变频率的进化。类似地，利用 OrthoRep 中两个正交的 DNA 复制系统，能够在多种酿酒酵母（如 BY4741、W303-1A、

CEN.PK2-1C 和 BY4743 等）进行进化（Javanpour et al., 2019）。由此可见，OrthoRep 可在不同的酿酒酵母中实现生物分子和细胞功能的高通量进化，为构建高效生物细胞工厂提供了新方法。

基因组复制工程辅助的连续进化（GREACE）方法是利用诱变与筛选相结合的原理发展起来的一种适应性进化方法。它通过在微生物细胞中引入一系列经遗传修饰的 DNA 聚合酶校正元件使细胞进入一种高突变率的状态，从而在筛选压力条件下加速进化过程，显著提高了诱变筛选的效率。经过一段时间的进化后，将校正元件从细胞中移除，这时细胞能维持稳定的基因型，同时能将这种优势表型遗传下去。GREACE 可用于改善工业菌株对高浓度底物的复杂表型和对产物浓度的高耐受性。基于 GREACE 技术显著提高了大肠杆菌的耐热性，当携带突变基因的大肠杆菌菌株在逐渐升高的温度下培养时，基因组复制过程中不断产生全基因组的突变，自主选择耐热性较好的突变株。在两个月内获得了一株能在 50℃条件下生长的耐热突变株 *E. coli* HR50。通过基因组测序，*E. coli* HR50 中发现了分布均匀的、覆盖了所有的突变类型的 361 个突变，与野生型菌株 *E. coli* DH5α 相比，封闭的物质转运、松散的基因组构象、可能改变的细胞壁结构和转录模式可能是耐热性提高的主要原因。这项研究证明了 GREACE 技术在改善微生物复杂生理特性方面的有效性。同时有研究报道利用该技术可以提高大肠杆菌甲醇利用能力。基于合成染色体和 Cre-loxP 位点特异性重组机制，最近开发的基因组重排系统（SCRaMbLE）可以产生全基因组尺度的、大片段的 DNA 缺失、重复、易位、倒位和复杂的基因组重排事件，实现酿酒酵母基因组的快速进化。利用该技术可以提高底盘细胞与外源路径间的适配性，实现代谢通路的优化，提高了酿酒酵母细胞工厂类胡萝卜素、紫罗兰素、紫色杆菌素、青霉素的生产能力以及耐受环境胁迫的能力。

与 DNA 聚合酶相比较，生物体内逆转录酶没有高效的校对活性，从而导致逆转录过程低保真复制。研究人员基于逆转录过程引起的突变开发出体内连续进化技术（*in vivo* continuous evolution, ICE）。Ty1 逆转录酶可将 Ty1 识别区域的 mRNA 逆转录为 cDNA，再通过 Ty1 整合酶整合到 Ty1 识别位点以进行下一轮突变，通过多轮迭代可产生大量突变的基因。使用中等强度的 pTEF1 启动子控制逆转录元件的转录、敲除 *rrm3* 基因并过表达 tRNAiMet 可以优化连续进化系统并将目标靶点的突变率提高 50 倍。利用 ICE 技术在酵母中生成 Spt15 文库，两次迭代后获得了在 3.5% 的丁醇中耐受性提高 2 倍的突变株。ICE 技术可以扩展到含有长末端重复逆转录转座子的真核生物中，并随着细胞数量而扩展，但该技术依赖于逆转录的转座频率在连续的进化中定向位点的使用可能会对基因组的稳定性造成影响；依赖特定的逆转录机制限制了该技术的应用。

（2）连续自动化培养平台

连续培养是一种定量表征工程菌株以及跟踪适应性实验室进化中遗传变化的方法，可实现在精确控制的培养参数下进行连续进化。因此，为了加速模拟自然进化的进程，连续自动化培养技术的开发在适应性实验室进化中显得尤为重要。

2018 年，研究人员提出了可扩展的高通量自动化细胞培养的集成平台（eVOLVER）(Wong et al., 2018)，此平台利用 Python 自主编程控制系统可将多个智能套管并联，通过流体控制阀门、LED+ 二极管进行光密度监控，比例积分微分（proportional integral derivative, PID）控制加热器用来调节温度，调整磁力控制搅拌速率，实现了实时检测光密度、温度等各种培养参数及参数的自动控制。利用 eVOLVER 系统将菌体浓度维持在恒定区域内（设定光吸收的上下阈值），通过改变 78 个酵母菌种群的 OD 值上限和下限，可获得酵母种群的进化参数图，包括种群增长率-平均基因组复制与光密度-增长率的关系。eVOLVER 系统作为自动化连续进化工具有极强的吸引力，但该系统复杂的组装和应用计算机语言设计培养程序对初学者是很大的挑战。2020 年，研究人员将 OrthoRep 系统和 eVOLVER 系统结合起来搭建了自动化连续进化（automated continuous evolution, ACE）平台（Zhong et al., 2020），该平台将 eVOLVER 系统的严格选择性、实时反馈和控制，与 OrthoRep 系统对目标基因连续突变的特性相结合。通过 ACE 平台对二氢叶酸还原酶进行连续进化，在 3 mmol/L 乙胺嘧啶中只经过 550 h 的连续进化就达到与 Ravikumar 等相同的试验结果。ACE 为酿酒酵母自动化连续进化提供了前所未有的速度、深度和可扩展性，由此可见体内连续进化与体外自动化连续进化系统相结合，大大提高了进化的速度。连续自动化培养平台的构建改变了适应性实验室进化的方式，通过翻译、突变、选择和复制的连续循环促进了复杂途径的进化，同时在研究适应性进化机制等方面具有广阔的前景。

9.4 细胞进化工程目前存在的技术问题与解决思路

9.4.1 过程耗时问题

在 ALE 过程中，进化源自微生物本身自然突变或人工施加诱变；微生物为保持自身基因组完整性，细胞内存在严格的错配修复机制，用以消除复制和重组事件中产生的错配区域，大大降低基因突变率，使自然突变率维持在极低水平（通常＜ 10^{-6}），因此 ALE 面临一个重要问题，即进化周期通常较长，从几个月至数年不等，进化时间越久，传代培养或连续培养等过程越容易出现染菌现象，进而导致实验失败。此外，实验发现，传统物理化学诱变在 ALE 实验中对于突变率的提升不具有持续性。针对该问题，目前已有多个可行的研究思路。文献表明，将微生物 DNA 错配修复机制进行人工修饰，可大幅度提升自然突变率，将突变率维持在较高水平，以缩短进化周期。Luan 等通过失活丙酮丁醇梭菌 *Clostridium acetobutylicum* 基因组错配修复机制操纵子 MutSL，使得菌株自然突变率提升了 250 倍；与对照菌株相比，突变率提升的工程菌株在丁醇耐受性进化实验中显示出更好的存活能力，同时进化速率得到了大幅度提升（Luan et al., 2013）。

通过向培养基中添加不同浓度诱导物，可控制工程菌株所需突变率水平，在不添加木糖诱导物时枯草芽孢杆菌 MutSL 菌株与出发菌株相比突变率提高了 58.4 倍，而在木糖诱导物浓度分别为 0.5%、1.0% 和 2.0% 时，菌株的相对突变率分别提高了 27.1 倍、4.2 倍和 0.8 倍，所以通过合适的木糖浓度可将菌株维持在所需的突变率水平，同时毒性产物苯乙醇耐受实验的结果表明，该高突变率工程菌株具有较好的进化性和适应性；对底物粗甘油进行 35 代的连续实验室进化筛选，获得了具有优异生长特性的 Y100 菌株，相较于出发菌株，进化菌株延迟期缩短了 10 h，最大生物量提升了 17%，比生长速率提升了 13%，说明进化菌株具有更好的生长特性。结果表明，该突变工程菌株具有广泛应用前景，如扩大底物利用范围、提高代谢物产量及提高底物或产物耐受性等。

有研究报道利用适应性进化可以提高大肠杆菌的甲醇利用能力，在 *E. coli* 中异源表达核酮糖单磷酸（RuMP）途径关键酶甲醇脱氢酶、3-己酮糖-6-磷酸合成酶和 6-磷酸-3-己酮糖异构酶（MDH、HPS 和 PHI），构建甲醇同化途径；进一步采用 GREACE 技术，利用修复矫正功能缺失的 DNA 聚合酶复合体（由 *dnaQ* 突变基因编码），降低细胞基因组复制过程错配修复效率，提升自然突变率，结合以甲醇为碳源的针对性压力筛选，最终获得了 2 株生长特性优异的进化菌株；其中，25113*ΔfrmA*/pZWM1-13 突变株较原始菌株 25113*ΔfrmA*/pZWM1 菌体生物量增加了 27.6%，对该菌株进行 ^{13}C 示踪分析结果表明，适应性进化有效地提升了甲醇利用率，为工业微生物提高突变率、缩短进化周期提供了一种行之有效的解决方法。

9.4.2 非预期进化表型问题

因为基因突变的随机性，随着进化过程的连续进行，进化菌株在积累有益突变的同时，也在不断地积累中性和有害突变，而这些突变的数量通常远大于有益突变的数量，这导致进化菌株遗传背景不清晰，同时给进化机理的阐明也带来难题。随着组学技术的发展，采用全基因组测序、转录组学、代谢组学等组学技术结合逆向代谢工程的研究方法，可有效鉴定进化菌株中的有益基因突变，并可进一步重构出仅携带有益基因突变的工程菌株，使之具有遗传特性稳定、遗传背景清晰的优点，并可针对有益基因突变阐明进化机理。

例如，通过对 *E. coli* MDS42 进行 24 d（大约 210 代）连续传代的适应性进化，提高了 *E. coli* 对于毒性代谢物异丙醇的耐受性，并减弱了异丙醇对细胞生长的不利影响，通过对进化菌株的基因组重测序和转录组学分析，并最终鉴定出和异丙醇耐受特性相关的 5 个突变基因 *relA*、*marC*、*proQ*、*yfgO* 和 *rraA*(Horinouchi et al., 2017)；为了解这些菌株的表型变化，通过微阵列对这些耐性菌株进行了全面的基因表达分析，并鉴定了在耐性菌株中表达明显上调或下调的基因和功能类别；使用单基因敲除收集来量化基因删除对大约 100 个与氧化应激反应、琥珀酸脱氢酶、甘油-3-磷酸脱氢酶、NADH 脱氢酶Ⅰ和受 Fur 调节相关基因的异丙醇耐受性的影响；并且发现 *acnA*（编码乌头酸水合酶 A）、*degP*（编码丝氨酸蛋白酶）、*fur*（编码铁离子摄取全局转录抑制物）、*gpmA*（编码 2,3-二磷酸甘油酸依赖性磷酸甘油酸变位酶）、*ndh*（编码 NADH：醌氧化还原酶Ⅱ）和 *tfaQ*（编码预测的尾纤维组装蛋白）的缺失，在异丙醇存在下耐性菌株生长显著下降，结果表明这些基因在异丙醇耐受机制中起重要作用，同时阐明在进化菌株中发生改变的氨基酸代谢、能量代谢和铁稳态等和耐受性呈正相关。

有课题组通过全基因组测序和转录组学分析研究方法，在整体水平上系统分析了诱变获得的核黄素合成菌株枯草芽孢杆菌 24/pMX45 的基因突变及转录表达行为，以逆向代谢工程和无痕等位基因置换技术为手段，筛选出多个与核黄素过量积累相关的有益基因突变，分别是 $RibC^{G199D}$、$ribD+^{G39A}$、$PurA^{P242L}$、$CcpN^{A44S}$、$YvrH^{R222Q}$、$YhcF^{R90*}$ 和 $YwaA^{Q68*}$，并阐明这些有益基因突变导致核黄素过量积累的遗传机制；将有益基因突变进行菌株重构，重构菌株达到测序菌株 80% 核黄素合成能力，并具有遗传背景清晰及易于进一步代谢工程改造等优点，并对首次发现的有益基因突变 $YvrH^{R222Q}$ 进行了详细研究；转录组学研究发现该突变致使转录调控因子 *YvrH* 部分失性，并最终导致受其负调控的关键酶 *N*-乙酰胞壁酸-L-丙氨酸酰胺酶（LytC）的过表达，而代谢组学的数据表明，LytC 的过表达最终解除了枯草芽孢杆菌嘌呤从头合成途径的调控，提升了核黄素合成前体物 GTP 的供给，导致了核黄素的过量积累。此外，在 5-氨基丙酸（5-ALA）过量合成的谷氨酸棒状杆菌工程菌株 Δ4-PPC 中诱导表达 LytC 同工酶（cgl13092），显著增强了其 5-氨基丙酸的合成能力，发现该机制具有一定普遍适用性，可应用于其他生物基产品合成菌株的理性代谢工程修饰。

9.4.3 遗传不稳定问题

适应性进化不涉及对菌株内部基因的理性改造，利用适宜的培养条件和培养过程，通过菌株自身积累突变或者代谢组等变化，获得目标表型菌株。不过通过适应性进化改良性状的菌株存在表型不稳定的现象，菌株的应激环境改变后，性状可能会发生退化。非理性耐受进化工程（传统的工业微生物育种、基因组改组、ALE）筛选鲁棒性增强的微生物在一定程度上有效，但尚存在改造周期长、非定向、遗传机制不清晰和不能突破代谢网络刚性的缺陷。

工业微生物高产和胁迫抗性受复杂遗传调控网络控制，鉴于非理性耐受进化工程的局限性，半理性耐受进化工程利用系统生物学和合成生物学的方法，以序列模块化和元件化进行组装，同时结合自动化和高通量分析手段，对工业微生物从全基因组尺度进行系统的、全局的、多位点的扰动，多次迭代，以达到快速积累多样性基因型突变并获得期望表型的目的。经典诱变主要依赖于随机的突变，而合成进化的新方法是借助合成生物学技术如 CRISPR 技术迭代的多样化和选择一个或多个具有期望功能或表型的目标基因位点，在特定基因位点加速进化，最终允许在自然界中出现从未见过的表型的“超定向”进化，避免经典方法的适应度负担。

根据原理的不同，基于 CRISPR 的进化工具、基于重组酶的进化工程、MAGE、TRMR 和基因组复制工程辅助的连续进化 GREACE 为代表的半理性耐受进化工程技术日益成熟。CRISPR-Cas 系统介导的基因组编辑和 DNA 组装方法使靶向基因修饰能够快速、精确地导入微生物细胞工厂（Gao et al., 2021）。Cas9 和 Cas12a 蛋白已经发展成为探索细菌遗传机制、优化工业微生物代谢途径以及其他基因修饰的有力工具（Jung et al., 2021）。如基于 CRISPR 工具和适应性进化，提高了 *S. cerevisiae* CEN PK2-1 对卡帕藻水解物的发酵性能及对半乳糖的消耗率（Sunwoo et al., 2019）。EERE 是基于合成染色体和 Cre-loxP 位点特异性重组机制，其中基因组重排系统 SCRaMbLE 可以产生全基因组尺度范围内大片段的 DNA 缺失、重复、易位、倒位和复杂的基因组重排事件，实现基因组的快速进化。携带一条或两条合成染色体的单倍体酵母菌株使用 SCRaMbLE 技术进行基因组重排，通过多次 SCRaMbLE 实验，筛选出了 7 株在 pH 8.0 条件下耐碱能力增强的 *S. cerevisiae* 进化菌株（Ma et al., 2019）。

MAGE 针对基因组中多条相关代谢途径进行快速改造，是一种利用短寡核苷酸无选择地修改基因组，针对单个细胞或整个细胞群体中染色体的多个位置进行修饰，从而产生组合基因组多样性（Ren et al., 2020）。TRMR 可以构建全基因组文库，在每个基因上游插入合成 DNA 盒和分子条形码，对染色体整合突变。GREACE 是将保真性下降的 DNA 聚合酶元件引入 *E. coli* 中，诱发细胞进入高突变状态，从而在复制过程中不断产生基因组突变，在环境压力下积累有益突变的子代细胞被筛选出来。不断提高环境压力就可以使 *E. coli* 不断地适应新的压力，达到连续进化的目的。智能微生物工程构建自动进化系统，突变率可以使用反馈调节回路与期望的表型相耦合（Gao et al., 2019）。

半理性耐受进化工程可以在单一宿主细胞的基因组水平实现多个不同性状的同时改造，大幅度缩短了进化时间。基于 CRISPR 的进化工具介导的全基因组编辑以构建高通量多样性文库，可实现微生物在实验室条件下的快速进化。EERE 可提高底盘细胞与外源代谢路径间的适配性，实现代谢通路的优化，提高微生物细胞工厂对环境胁迫的耐受能力。MAGE 的应用需要代谢途径的特定基因的知识，如果目标基因是未知的，TRMR 可能是一种更好的选择，其创建的数千个特定基因修饰和构建的基因组突变文库，可用于定量分析全基因组尺度生长表型，准确绘制环境耐受幅度，大幅提高目标产品产量。GREACE 可用于改善工业菌株对高浓度底物的复杂表型和对产物浓度的耐受性。

综上所述，细胞通过非理性或半理性进化工程策略促使微生物细胞工厂不断地重塑基因组进化至耐受胁迫环境。从全基因组尺度对微生物细胞工厂进行的全局多位点扰动，有望加速获得优良性状的细胞表型。

9.5 应用案例：枯草芽孢杆菌自适应进化提高 3-羟基丁酮产量

9.5.1 高产 3-羟基丁酮芽孢杆菌的传统突变选育

诱变育种是指在人为的条件下，通过物理、化学等诱变剂诱发微生物遗传物质发生突变，得到突变菌株，经由筛选获得目的菌株。尽管传统的诱变技术能够在一定程度上提高菌株突变率，并且操作简便，但是正向突变出现较少。为了获得更多的有益突变株，常压室温等离子体（ARTP）技术引起了人们的广泛关注。ARTP 是一种大气压非平衡放电等离子体源。使用 ARTP 处理细胞时，细胞的遗传物质遭到化学活性物质的破坏，导致多种或复杂类型的 DNA 损伤，引发细胞自身的 SOS 修复机制，最终导致细胞的遗传物质产生突变（Zhang et al., 2014）。相比于传统诱变，ARTP 能够提高突变率，另外还具有条件易控、操作简单、环保高效多种优点。ARTP 诱变技术已广泛应用于微生物的诱变，不过单一的诱变方法使得突变率较低，因此整合多种不同诱变方法的复合诱变可以有效提高突变率。

从甘油管保藏的解淀粉芽孢杆菌 *Bacillus amyloliquefaciens* FMME088 取 200 μL 菌液接种于装有 50 mL 无菌种子培养基的 500 mL 锥形瓶中，37℃、200 r/min 培养 12 h 至对数生长期中后期，将菌液 4℃、6000 r/min 离心 5 min，弃去培养基，菌体用 PBS 溶液洗涤 3 次，再次使用生理盐水重悬，将菌悬液 OD_{600} 调节至 3.0。吸取 10 μL 上述菌悬液滴在灭菌后的金属载片中央，并将载片置于 ARTP 中进行诱变，诱变条件见表 9-2。将诱变处理后的载片放入装有 990 μL 种子培养基的 1.5 mL 离心管中，用涡旋振荡仪振荡菌体至少 100 s，彻底洗脱菌体，而后转入装有 50 mL 种子培养基的 500 mL 锥形瓶中，37℃、200 r/min 培养 12 h，适当稀释后取 100 μL 涂布于固体筛选培养基，置于 37℃恒温培养 12 ～ 36 h。将由 ARTP 筛得的突变株制备菌悬液分置于 4 支试管中，每管 10 mL，直接进行 γ 射线处理，辐照剂量分别为 0、0.6、0.8 和 0.9 kGy，适当稀释辐照后的菌悬液，取 100 μL 悬液涂布于固体筛选培养基上，置于 37℃恒温箱中培养 12 ～ 36 h。

表9-2　正突变株的首轮筛选结果

菌株名称	3-羟基丁酮产量 /(g/L)	3-羟基丁酮的葡萄糖产率 /(g/g)	3-羟基丁酮生产强度 /[g/(L·h)]	2,3-丁二醇的产量 /(g/L)	突变体增量 /%
FMME088	53.20±1.66	0.30	1.21	11.61±1.66	—
A-1	63.04±1.79	0.35	1.43	13.15±1.79	18.50±0.40
A-6	60.03±1.28	0.33	1.36	10.23±1.28	12.83±0.50
A-19	61.14±0.99	0.34	1.39	10.78±0.99	14.92±0.41
A-21	66.36±1.68	0.37	1.51	9.42±1.68	24.74±0.32
A-23	61.68±1.23	0.34	1.40	8.14±1.23	15.94±0.38
A-31	65.71±3.79	0.37	1.49	6.77±3.79	23.52±0.53
A-35	67.48±2.94	0.37	1.53	8.17±2.94	26.84±0.43

从含有不同浓度 3-羟基丁酮的平板上分别挑选新长出的单菌落接种于装有 50 mL 种子培养基的 500 mL 锥形瓶中，37℃、200 r/min 发酵 48 h，将 3-羟基丁酮生产能力较出发菌株优良的突变株再次进行摇瓶发酵验证，所得发酵液进行 3-羟基丁酮产量的分析检测，生产能力最优的菌株即为筛得的最佳突变株。首先，对 ARTP 诱变的处理时间进行优化，正

突变株主要集中出现在经 ARTP 处理 120 s 和 150 s 的突变株中，可知该处理时间为本研究中 ARTP 诱变的最适条件（图 9-7）。在此基础上，以 *B. amyloliquefaciens* FMME088 为出发菌株进行 ARTP 诱变，根据 3-羟基丁酮产量，对筛选平板上长出的 140 株 ARTP 突变株进行首轮筛选，获得 39 株突变株，其中 27 株的 3-羟基丁酮产量高于出发菌株，正突变率达 19.3%。

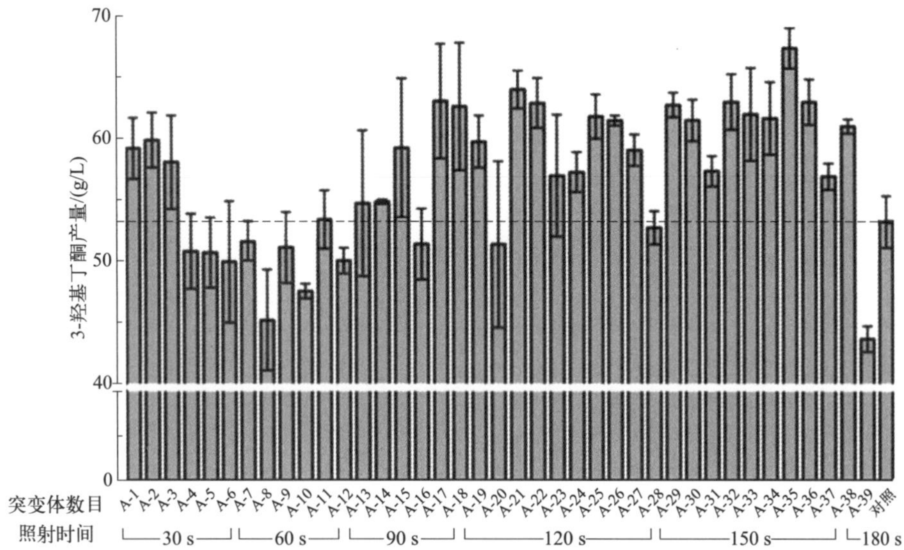

图 9-7 ARTP 诱变首轮初筛结果（王诗卉，2019）

将初筛得到的正突变株进行首轮复筛，全部突变株的 3-羟基丁酮产量均高于出发菌株。突变株 A-21 和 A-35 较出发菌株的 3-羟基丁酮产量分别提高了 24.74% 和 26.84%，产率较出发菌株均提高了 18.92%，生产强度分别提高了 24.79% 和 26.44%。突变株 A-21 的副产物 2,3-丁二醇为 9.42 g/L，略高于 A-35，发酵后期转化为 3-羟基丁酮的潜能更大，且由于 A-21 的 3-羟基丁酮产量较 A-35 稳定。因此，选择 A-21 作为后续 ^{60}Co γ 射线辐照的出发菌株。

使用 ^{60}Co γ 射线诱变方法对上一轮突变中获得的最优菌株 *B. amyloliquefaciens* A-21 进行诱变，并对诱变菌株进行筛选。首先，对 ^{60}Co γ 射线诱变的辐照剂量进行优化，得到最佳辐照剂量为 0.8 kGy。在此基础上，以突变株 A-21 为出发菌株进行 ^{60}Co γ 射线诱变，根据 3-羟基丁酮产量，对筛选平板上长出的 250 株 ^{60}Co γ 射线突变株进行二轮筛选，获得 136 株突变株，其中 62 株的 3-羟基丁酮产量高于出发菌株［图 9-8（a）］，正突变率为 24.8%。将全部正突变株进行二轮复筛，其中 23 株正突变株的 3-羟基丁酮产量较高［图 9-8（b）］，突变株 H-5 的 3-羟基丁酮产量提高最显著，摇瓶水平达到 68.2 g/L，比 *B. amyloliquefaciens* FMME088 提高了 30.4%。

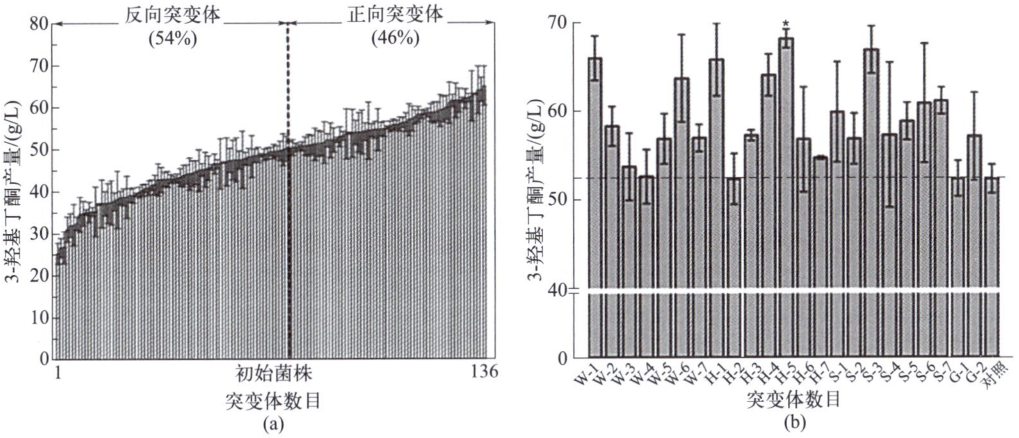

图 9-8　复合诱变筛选结果（王诗卉，2019）

图（a）为复合诱变二轮初筛结果；图（b）为复合诱变二轮复筛结果；虚线代表出发菌株的 3-羟基丁酮产量，星号代表最优突变株

将复筛获得的突变株 *B. amyloliquefaciens* H-5 进行 5 ～ 20 代的传代发酵验证，并分析其遗传稳定性。以摇瓶水平发酵中 3-羟基丁酮的产量作为检验指标，可知经复合诱变筛选获得的 *B. amyloliquefaciens* H-5 的 3-羟基丁酮产量不仅优于出发菌株且产量变化幅度小（表 9-3）。该结果表明，突变株 *B. amyloliquefaciens* H-5 具有良好的遗传稳定性。

表9-3　H-5突变株的遗传稳定性（王诗卉，2019）

菌株	3-羟基丁酮产量 /(g/L)		
	第五代	第十代	第二十代
初始菌株	55.13±1.33	57.32±2.0	54.58±1.08
H-5	67.06±0.99	68.24±0.56	69.60±1.05

为了进一步提高 3-羟基丁酮的产量和改善发酵过程中细胞的生长，首先在 5 L 发酵罐水平上探究了发酵过程中葡萄糖补加浓度对 3-羟基丁酮生产的影响。发酵 24 h 时流加 20 g/L 和 30 g/L 葡萄糖［图 9-9（a）］，3-羟基丁酮产量分别为 70.71 g/L 和 76.60 g/L（表 9-4），较未补加葡萄糖时分别提高了 4.72% 和 13.45%。但是产率及生产强度并没有得到提升。可能原因在于当补加葡萄糖时，细胞生长已经进入稳定期，此时细胞糖耗速率相对减小，导致发酵周期延长。当葡萄糖补加浓度增大到 40 g/L 时，3-羟基丁酮产量下降，与未补加葡萄糖时无显著差异，可能是由于发酵体系中葡萄糖的浓度过高，对菌体造成渗透压胁迫。因此，选择 30 g/L 为葡萄糖最适补加浓度，后续优化以此为基础进行。

较低浓度的乙酸在低 pH 条件下能够诱导调控子 AlsR 的表达，从而正向调控 3-羟基丁酮合成路径中两个关键酶：α-乙酰乳酸合酶（ALS）和乙酰乳酸脱氢酶（ALDC）的表达，以促进 3-羟基丁酮的合成。因此，在发酵过程中流加 30 g/L 葡萄糖的基础上，考察了添加乙酸钠对突变株 *B. amyloliquefaciens* H-5 发酵生产 3-羟基丁酮的影响。乙酸钠的添加对 3-羟基丁酮发酵影响较小［图 9-9（b）］，当添加 0.25 g/L 和 0.5 g/L 乙酸钠时，3-羟基丁酮产量提高至

78.44 g/L 和 80.39 g/L，较未添加乙酸钠时仅仅提高了 2.40% 和 4.95%。另外，当添加 0.5 g/L 乙酸钠时，副产物 2,3-丁二醇的生成量相对减少，而当添加量增加到 1.0 g/L 时，3-羟基丁酮产量与未添加乙酸钠时产量无明显差异。因此，选择 0.5 g/L 为乙酸钠最适添加量。经上述培养条件优化，突变株 *B. amyloliquefaciens* H-5 在 5 L 发酵罐中发酵 52 h 时 3-羟基丁酮产量为 80.39 g/L，较优化之前产量提高了 19.06%。

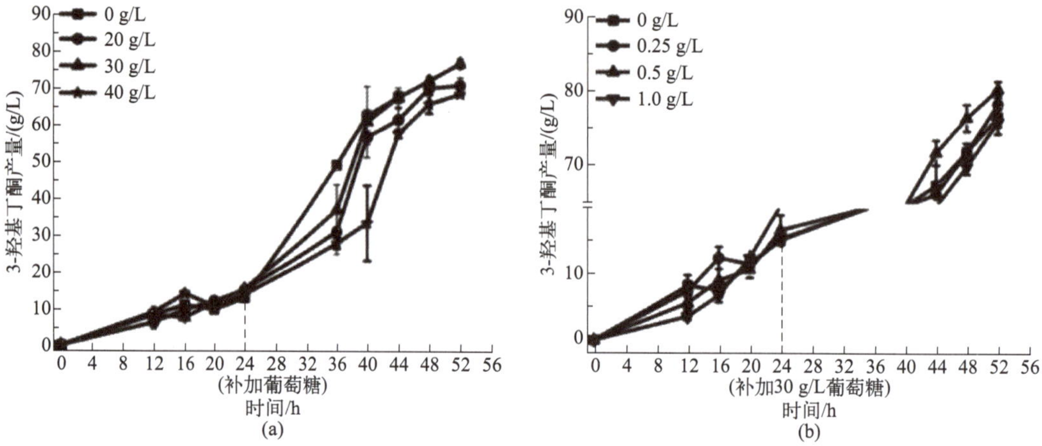

图 9-9 葡萄糖的补加浓度及乙酸钠添加量对 3-羟基丁酮产量的影响（王诗卉, 2019）

图（a）为葡萄糖的补加浓度对 3-羟基丁酮产量的影响；图（b）为乙酸钠添加量对 3-羟基丁酮产量的影响；虚线代表葡萄糖补加的时间节点

表9-4 葡萄糖补加浓度及乙酸钠添加量对突变株发酵的影响（王诗卉, 2019）

发酵条件		3-羟基丁酮产量 /(g/L)	3-羟基丁酮对葡萄糖的产率 /(g/g)	3-羟基丁酮生产强度 /[g /(L·h)]	2,3-丁二醇的产量 /(g/L)	突变体增量 /%
葡萄糖添加量 /(g/L)	0	67.52±1.61	0.38	1.53	9.64±1.61	—
	20	70.71±2.12	0.35	1.36	17.43±2.12	4.72±0.53
	30	76.60±1.27	0.36	1.47	13.87±1.27	13.45±0.47
	40	68.28±0.28	0.31	1.31	20.71±0.28	1.13±0.38
乙酸钠添加量 /(g/L)	0	76.60±1.27	0.36	1.47	13.87±1.27	13.45±0.40
	0.25	78.44±1.35	0.37	1.51	13.98±1.35	16.17±0.45
	0.5	80.39±1.06	0.38	1.55	10.20±1.06	19.06±0.46
	1.0	76.02±1.69	0.36	1.46	12.63±1.69	12.59±0.52

采用上述优化后的培养条件对突变株 *B. amyloliquefaciens* H-5 进行 30 L 发酵罐的扩大培养。*B. amyloliquefaciens* H-5 在 30 L 发酵罐发酵 0 ～ 12 h 时（图 9-10），菌体生长迅速，溶氧急剧下降至 1.6%；发酵 12 ～ 24 h 时，细胞生长进入稳定期，2,3-丁二醇大量产生，并在流加 30 g/L 葡萄糖后继续缓慢积累；发酵 36 h 时，葡萄糖基本耗尽，此时提高搅拌速度，使 2,3-丁二醇转化为 3-羟基丁酮；发酵 52 h 时，3-羟基丁酮的最大产量为 85.24 g/L。较出发菌株 *B. amyloliquefaciens* FMME088 提高了 26.8%。

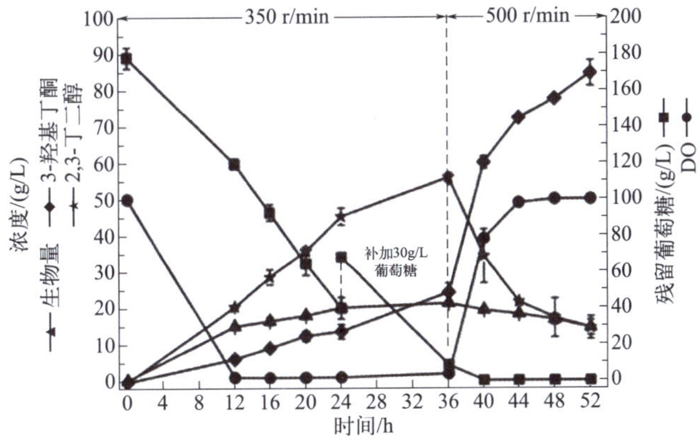

图 9-10　突变株 *B. amyloliquefaciens* H-5 发酵生产 3-羟基丁酮过程曲线（王诗卉，2019）

在 30 L 发酵罐中（表 9-5），3-羟基丁酮的产率较 5 L 发酵罐都有所提高。另外，在 30 L 发酵罐中单位细胞的 3-羟基丁酮产量比 5 L 发酵罐提高了 6%，可能是由于发酵后期主要通过 2,3-丁二醇脱氢酶催化 2,3-丁二醇转化为 3-羟基丁酮。因此，当菌体量较低时，间接使得发酵过程中 2,3-丁二醇积累量增加，但是后期转化并不彻底，从而降低了 3-羟基丁酮的产量。上述结果表明发酵罐上扩大培养的分析结果与摇瓶筛选结果趋势一致，本研究采用的 ARTP 和 ^{60}Co γ 射线复合诱变的策略能够有效选育 3-羟基丁酮高产菌株，经过发酵条件优化，实现了 3-羟基丁酮产量的显著提升。

表9-5　突变株*B. amyloliquefaciens* H-5发酵生产3-羟基丁酮过程参数（王诗卉，2019）

参数	初始葡萄糖 180 g/L；添加葡萄糖 30 g/L	
	5 L 发酵罐	30 L 发酵罐
残留葡萄糖 /(g/L)	0	0
3-羟基丁酮产量 /(g/L)	80.4	85.2
最大干重 /(g/L)	25.9	21.6
3-羟基丁酮对葡萄糖的产率 /(g/g)	0.38	0.4
3-羟基丁酮生产强度 /[g/(L·h)]	1.6	1.6
2,3-丁二醇的产量 /(g/L)	10.2	14.9

9.5.2　自主进化突变系统的设计

（1）杂合启动子 PsrfAxylO^{m} 的设计与构建

细菌群体感应（QS）系统是细胞密度依赖性调节网络，当细胞密度达到阈值水平时，它可以协调细菌从低细胞密度的单细胞生物到多细胞生物的行为变化（Guan et al., 2015）。枯草芽孢杆菌的 QS 系统中，ComX 信息素是介导枯草芽孢杆菌的群体感应控制能力和孢子形成的多肽之一（Yang et al., 2015）。当细胞达到一定密度时，ComX 信息素达到一定浓度，激活由两组分调控蛋白 ComP 和 ComA 组成的信号转导系统，最终磷酸化的 ComA 与 srf 操纵子的启动子 PsrfA 结合，激活相应的基因表达的转录，使得转录具有时间可控性［图 9-11（a）］(Guan et al., 2016)。为了检验启动子 PsrfA 是否满足 QS 响应的特性，通过全质粒 PCR 的方法将启动子 PsrfA 替换载体 pP43NMK 上原有启动子 Pp43，以编码增强型绿色荧光蛋白 EGFP 作为报告基因，得到重组质粒 pQS-egfp。将构建的重组质粒 pQS-egfp 采用化学转化法转入 *B. subtilis* 168，获得重组菌株 QS01-egfp，在 96 孔细胞培养板中培养，每 15 min 进行一次荧光检测。结果显示见图 9-11（b），重组菌株 QS01-egfp 的荧光表达强度随细胞生长状态的变化而变化，并在细胞生长至对数中后期（8～12 h），OD_{600}=1.0～2.2 时表达量显著增加。上述结果表明，启动子 PsrfA 作为群体感应的自诱导型启动子，满足 QS 的自诱导性能。

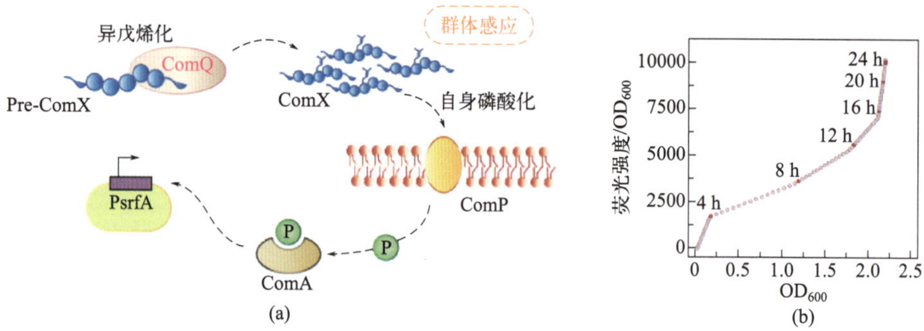

图 9-11　QS 启动子 PsrfA 作用原理及特性表征（王诗卉，2019）

图（a）为 QS 启动子 PsrfA 作用原理；图（b）为重组菌株 QS01-egfp 的荧光表达强度随细胞密度变化曲线

启动子 PsrfA 是一种 σA 依赖型启动子，主要核心区域包括 −35 区（GTGATA）和 −10 区（TAAACT）。为了提高启动子 PsrfA 的转录活性，采用保守序列 TTGACA 和 TATAAT 分别替换启动子 PsrfA 的 −35 区和 −10 区［图 9-12（a）］，得到启动子 PTH11（单独替换 −35 区）、PTH12（单独替换 −10 区）和 PTH13（同时替换 −35 和 −10 区）。

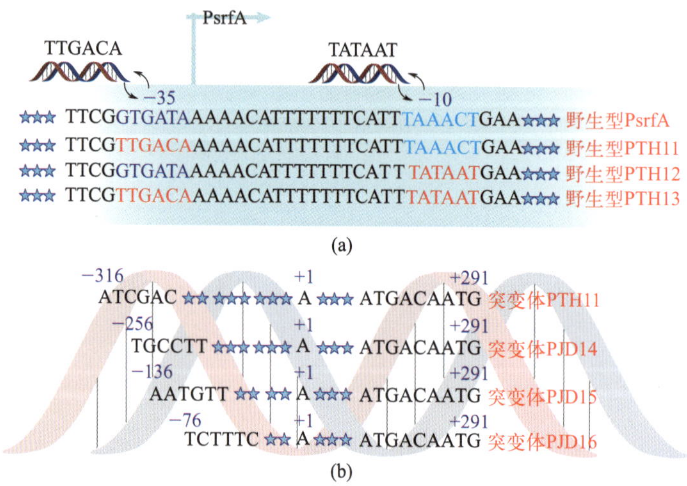

图 9-12　启动子 PsrfA 的理性改造策略（王诗卉，2019）

图（a）为替换启动子核心区域序列；图（b）为截断启动子上游序列

将含有突变启动子的质粒 pTH11-egfp（PTH11）、pTH12-egfp（PTH12）和 pTH13-egfp（PTH13）采用化学转化法分别转入枯草芽孢杆菌，获得重组菌株 TH11-egfp、TH12-egfp 和 TH13-egfp，在 96 孔细胞培养板中培养 16 h 后，检测荧光表达强度。结果表明，改造的启动子活性较野生型启动子 PsrfA 均有不同程度的改善［图 9-13（a）］，其中，启动子 PTH11 荧光强度提高幅度最大。启动子上游序列含有特殊元件结合位点，对启动子活性具有重要影响。为了进一步提高启动子强度，对 PTH11 上游序列进行不同长度的截断（图 9-12b），得到含有不同长度启动子的质粒 pJD14-egfp（PJD14, −256 ～ +291）、pJD15-egfp（PJD15, −136 ～ +291）和 pJD16-egfp（PJD16, −76 ～ +291），采用化学转化法分别转入枯草芽孢杆菌 168，获得重组菌株 JD14-egfp、JD15-egfp 和 JD16-egfp，在 96 孔细胞培养板中培养 16 h 后，检测荧光表达强度。结果表明，重组菌株 JD14-egfp 和 JD15-egfp 的荧光表达强度较原始菌株 TH11-egfp 均有提高，其中 JD15-egfp 提高幅度最大为 48%，相较于菌株 QS01-egfp 则提高了 107%［图 9-13（a）］。另外，SDS-PAGE 分析同样显示出启动子 PJD15 具有最强的转录活性［图 9-13（b）］。

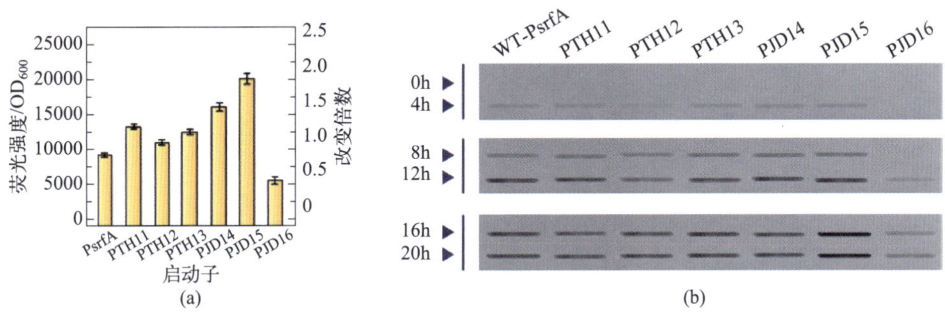

图 9-13　启动子突变体的表征（王诗卉，2019）

图（a）为改造启动子转录活性的比较；图（b）为重组菌株表达 EGFP 的 SDS-PAGE 分析

为了实现对启动子 PJD15 的精细调控以及减轻泄露表达，将启动子 *PJD15* 和木糖操纵子相结合，设计了由细胞密度和木糖共同诱导的杂合启动子 PsrfAxylO^{m}［图 9-14（a）］。以 *B. subtilis* 168 基因组 DNA 为模板，扩增得到木糖异构酶操纵子，包括阻遏蛋白 XylR 与其自身携带的启动子 PxylR，以及调控元件 XylO。采用融合 PCR 的方法在启动子 PJD15 的上游添加启动子 PxylR 和 *xylR* 序列下游添加 *xylO* 基因序列。在没有木糖诱导的情况下，由组成型启动子 PxylR 驱动 *xylR* 表达生成阻遏蛋白 XylR，与木糖操纵子中两个控件 OL 和 OR 相互交错重叠形成的 XylO 区域相结合产生 XylR-XylO 复合物，阻碍启动子 PJD15 转录的开启，从而抑制下游基因的表达；添加木糖后，同时当细胞密度达到激活启动子 PJD15 转录的阈值时，木糖与阻遏蛋白 XylR 的结合使得 XylR 从 XylR-XylO 复合物中解离，允许下游基因进行转录。

为了表征杂合启动子 PsrfAxylO^{m}，以质粒 pQS-egfp 为载体，通过全质粒 PCR 的方法将杂合启动子 PsrfAxylO^{m} 替换载体上原有启动子 PsrfA，得到重组质粒 pSA-egfp。将重组质粒 pSA-egfp 采用化学转化法转入 *B. subtilis* 168，获得重组菌株 QS02-egfp，用 96 孔细胞培养板进行培养，在不同浓度的木糖诱导下，每 4 h 检测一次 EGFP 的荧光强度。相较于未添加木糖的对照组，实验组的荧光强度显著增加。当木糖诱导浓度为 5 g/L 时相对荧光强度最大。此外，通过调节木糖的诱导时间能够精细调控杂合启动子 PsrfAxylO^m 的 QS 响应时间（图 9-15）。

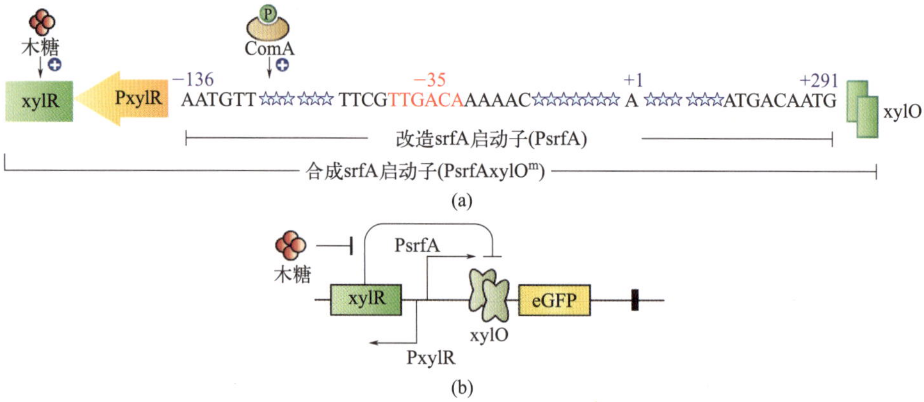

图 9-14 杂合启动子 PsrfAxylO^m 的设计与构建（王诗卉，2019）

图（a）为杂合启动子 PsrfAxylO^m 的设计原理；图（b）为重组质粒 pSA-egfp 的构建

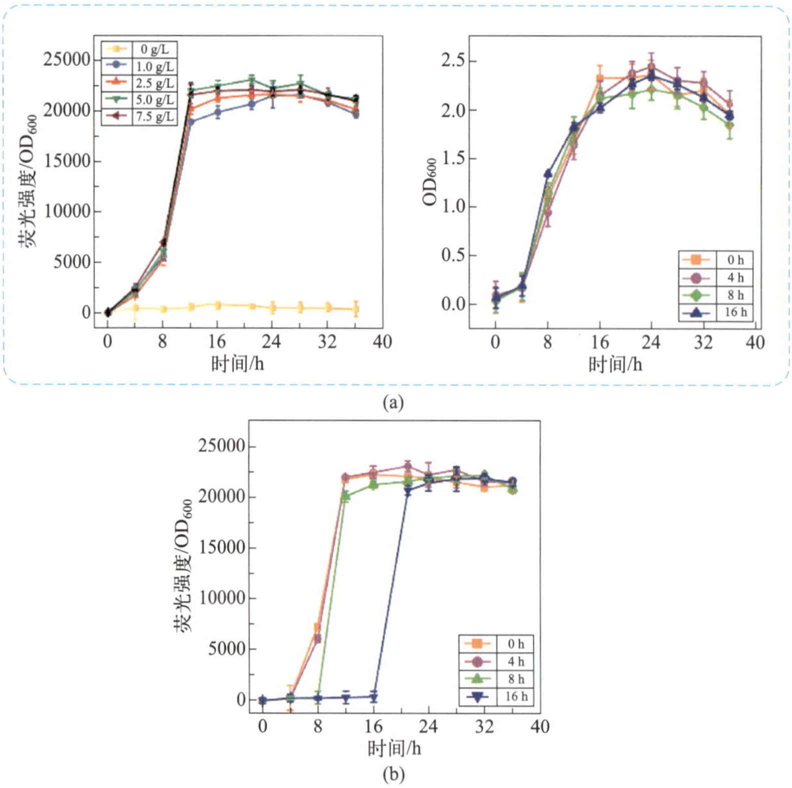

图 9-15 杂合启动子 PsrfAxylO^m 的表征（王诗卉，2019）

重组菌株 QS02-egfp 在不同浓度木糖诱导（a）和在不同诱导时间（b）下的相对荧光强度

（2）分层动态调控系统的设计与构建

采用与杂合启动子 PsrfAxylO^{m} 类似的构建方法，以 *E. coli* K-12 基因组 DNA 为模板，扩增得到乳糖操纵子，包括阻遏蛋白 LacI 与其自身携带的启动子 PLacI，以及操纵序列 LacO。采用融合 PCR 的方法在启动子 Pgrac 的上游添加启动子 PLacI 和 *lacI* 序列下游添加 *lacO* 基因序列，从而将乳糖操纵子和启动子 Pgrac 相结合，设计了由 IPTG 诱导的杂合启动子 PgraclacO［图 9-16（a）］。在此基础上，结合杂合启动子 PsrfAxylO^{m} 的调控范围，将两种不同层次的动态调控回路进行整合，即由杂合启动子 PsrfAxylO^{m} 控制的基因表达回路和杂合启动子 PgraclacO 控制的基因表达回路，构建了分层动态调控系统。为了实现分层动态调控系统中两层级间的转换，通过融合 PCR 的方法将连接蛋白 SspB 和经修饰的 ssrA 标签（AANDENYSENYALGG）分别与启动子 PsrfAxylO^{m} 和 PgraclacO 驱动的 EGFP 和 mKate2 的末端融合。当 IPTG 存在时，启动子 PgraclacO 启动 mKate2 表达；当细胞密度达到阈值并且木糖同时存在时，启动子 PsrfAxylO^{m} 启动 EGFP 表达，同时也表达 SspB 连接蛋白，通过识别 SsrA 标签将靶蛋白 mKate2 传递给内源性 ClpXP 蛋白酶，从而通过蛋白酶降解消除 mKate2 的表达，最终实现两层级间的转换调控［图 9-16（b）］。为了表征该分层动态调控系统，以质粒 pHT01 为载体，通过全质粒 PCR 的方法将杂合启动子 PgraclacO 替换载体上原有启动子 Pgrac，以编码远红外荧光蛋白的 *mkate2* 作为报告基因，得到重组质粒 pGC-mkate2。将重组质粒 pSA-egfp 和 pGC-mkate2 采用化学转化法转入 *B. subtilis* 168，获得重组菌株 QS03-egfp-mkate2，用 96 孔细胞培养板进行培养，改变木糖的诱导时间，每 4 h 检测并分析 mKate2 的荧光强度变化。当培养 4 h 时添加 IPTG 诱导，mKate2 的表达量开始上升，

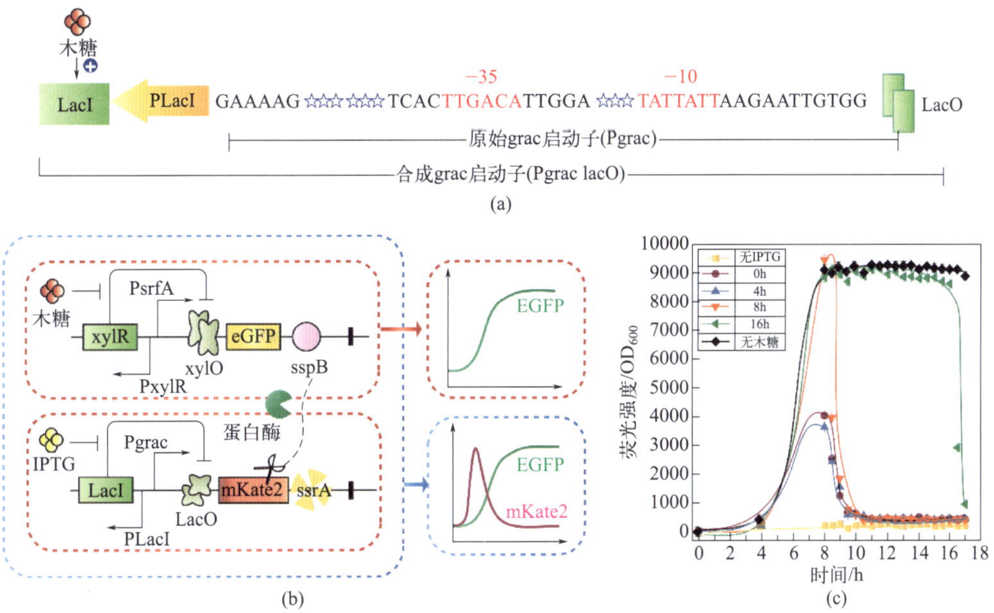

图 9-16　分层动态调控系统的设计与构建（王诗卉，2019）

图（a）为杂合启动子 PgraclacO 的设计原理；图（b）为分层动态调控系统的设计；图（c）为重组菌株 QS03-egfp-mkate2 在不同诱导时间下的相对荧光强度

由于启动子 PsrfAxylO^m 是由细胞密度与木糖共同诱导的，0 ～ 8 h 间添加木糖不能使 mKate2 完全降解，但荧光强度随木糖诱导时间的不同而显示出不同程度的下降。培养 8 h 时，细胞密度达到启动子 PsrfAxylO^m 的响应阈值，此后 mKate2 的降解时间与木糖的添加时间相关联，通过改变木糖的诱导时间，可以调控双层系统的转换时间［图 9-16（c）］。上述结果表明，该分层动态调控系统不仅能够实现单一层级的自我调控，并且能够实现两层级间的完全转换。

（3）自主进化突变模块基因的筛选

枯草芽孢杆菌和其他细菌的遗传突变与 DNA 修复的各种胞内网络反应有关，包括：SOS 反应的上调、膜应激反应（RopE 或 σ^E 反应）、热休克反应，以及错配修复（MMR）的下调。上述反应一方面能够增强 DNA 的损伤修复作用，提高细胞存活率和突变率（Zhu et al., 2015）；另一方面能够纠正碱基对错配以确保高 DNA 复制保真性。为了提高枯草芽孢杆菌在非自然胁迫条件下的进化速率，设计了突变模块（MUM）和高保真模块（HFM），以控制对 SOS 反应的上调和错配修复的下调。

为了获得高保真模块（HFM）基因，以 3-羟基丁酮的耐受性为检验指标，分析了三种编码错配修复蛋白基因 *mutL*、*mutS*、*mutH* 和一种编码修复内源性烷基化剂损伤蛋白基因 *alkA* 缺失的情况下，菌株对突变频率的影响。采用基于 PCR 介导的 Cre/lox 系统的基因编辑方法对 *B. subtilis* 168 进行基因敲除，以 *B. subtilis* 168 基因组 DNA 为模板扩增待敲除基因的上游序列和下游序列各 1000 bp，分别作为敲除框左臂和右臂；以质粒 p7Z6 为模板扩增序列 *lox71-zeo-lox66*，通过融合 PCR 的方法将左臂和右臂序列与 *lox71-zeo-lox66* 序列融合，得到敲除框序列。采用电击转化法将敲除框片段导入 *B. subtilis* 168 感受态细胞中，敲除框 *zeo* 抗性基因替换原来基因组上的待敲除基因。随后将 pTSC 质粒转化至获得的 *zeo* 抗性重组菌株中，通过表达环化重组酶（Cre）促进 *lox71* 位点与 *lox66* 位点发生重组，以消除 *zeo* 抗性基因。将细胞在 50℃高温培养 12 h 使质粒 pTSC 丢失。挑取单菌落进行 PCR 验证，得到单基因敲除菌株 *B. subtilis* 168-Δ*mutL*、*B. subtilis* 168-Δ*alkA*、*B. subtilis* 168-Δ*mutS* 和 *B. subtilis* 168-Δ*mutH*，并分别命名为 HS110、HS111、HS112 和 HS113。采用 40 g/L 的 3-羟基丁酮作为筛选压力，四种单基因敲除菌株产生 3-羟基丁酮耐受性的突变频率分别比 *B. subtilis* 168 提高了 9.8 倍、8.3 倍、5.4 倍和 6.8 倍。在 HS110 的基础上，进一步采用上述基因敲除方法敲除 *alkA*，得到双基因敲除菌株 *B. subtilis* 168-Δ*mutL*-Δ*alkA*，并命名为 HS114，其产生 3-羟基丁酮耐受性的突变频率比 *B. subtilis* 168 提高了 14.6 倍［图 9-17（a）］。上述结果表明，*mutL*、*alkA*、*mutS* 和 *mutH* 四个基因均能不同程度地影响枯草芽孢杆菌体内的错配修复作用，其中 *mutL* 和 *alkA* 的影响程度最大。因此，选择 *mutL* 和 *alkA* 作为 HFM 基因。

为了获得易突变模块（MUM）基因，以 3-羟基丁酮的耐受性为检验指标，分析了两种编码损伤反应蛋白基因 *recA* 和 *ssbA* 以及编码两种主要易错 DNA 聚合酶基因 *bstG* 和 *polY1* 对菌株突变频率的影响。以枯草芽孢杆菌基因组 DNA 为模板，扩增得到目的基因 *recA*、*ssbA*、*bstG* 和 *polY1*，将其分别与表达载体 pP43NMK 连接，构建重组质粒 pP43NMK-recA、pP43NMK-ssbA、pP43NMK-bstG 和 pP43NMK-polY1，将重组质粒利用化学转化法转入枯草芽孢杆菌 168，获得单基因过表达的重组菌株 *B. subtilis* 168-recA、*B. subtilis* 168-ssbA、*B. subtilis*

168-bstG 和 *B. subtilis* 168-polY1，分别命名为HS115、HS116、HS117 和 HS118。采用 40 g/L 的 3-羟基丁酮作为筛选压力，三种单基因过表达菌株 HS115、HS116 和 HS117 产生 3-羟基丁酮耐受性的突变频率分别比枯草芽孢杆菌 168 提高了 9.1 倍、17.5 倍和 10.5 倍。在 HS116 的基础上，进一步过表达 *bstG*，得到双基因过表达菌株 *B. subtilis* 168-ssbA-bstG，并命名为 HS119，其产生 3-羟基丁酮耐受性的突变频率比 *B. subtilis* 168 提高了 26.5 倍［图 9-17（b）］。上述结果表明，*recA*、*ssbA*、*bstG* 和 *polY1* 四个基因均能不同程度地影响枯草芽孢杆菌 168 体内的 SOS 反应，其中 *ssbA* 和 *bstG* 的影响程度最大。因此，选择 *ssbA* 和 *bstG* 作为 MUM 基因。

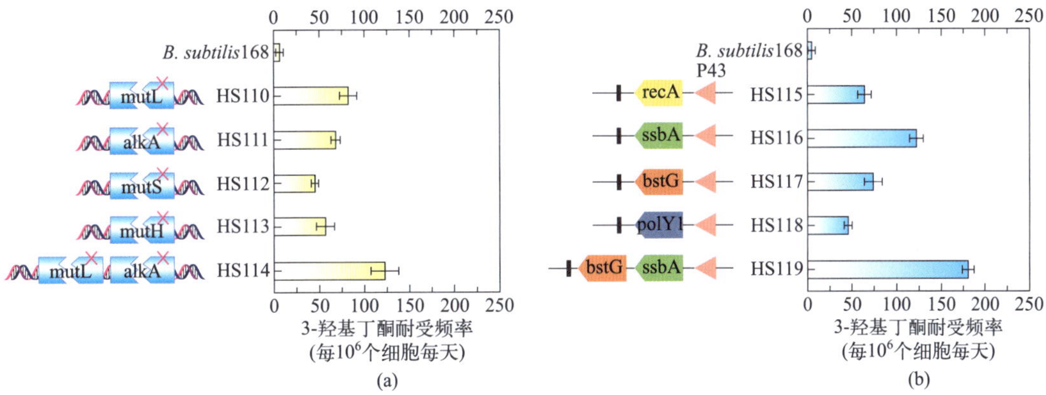

图 9-17　自主进化突变模块基因的筛选（王诗卉，2019）

图（a）为 HFM 基因的筛选；图（b）为 MUM 基因的筛选

9.5.3　自主进化突变系统（AEMS）的构建

将高保真模块（HFM）和突变模块（MUM）与分层动态调控系统相偶联，分别由启动子 PgraclacO 和 PsrfAxylO^{m} 调控，构建 AEMS［图 9-18（a）］。以质粒 pP43NMK-ssbA-bstG 为模板，扩增得到 MUM，纯化后通过双酶切、连接的方法替换质粒 pSA-egfp 上的 *egfp*，构建重组质粒 pMUM；同理，以质粒 pMD19-T-mutL-alkA 为模板，扩增得到 HFM，纯化后通过双酶切、连接的方法替换质粒 pGC-mkate2 上的 *mkate2*，构建重组质粒 pHFM。在进化初期，同时加入 IPTG 和木糖，IPTG 首先诱导 HFM 的表达。由于细胞密度未达到阈值，PsrfAxylO^{m} 不能启动 MUM 表达，此时菌株处于高保真状态。当细胞达到对数生长期时，木糖和细胞密度共同诱导 MUM 的表达，ClpXP 蛋白酶快速降解 HFM，此时细胞处于突变状态。以 3-羟基丁酮耐受性或产量为分析指标，借助 3-羟基丁酮压力平板，筛选优良表型。在发酵验证过程中，发酵系统中只添加 IPTG，而不添加木糖，以避免菌株处于持续突变状态。最终，将之前敲除的 HFM 基因，即 *mutL* 和 *alkA* 重新回补至最优突变株的基因组上，并消除该菌株中所有系统质粒［图 9-18（b）］。

为了验证 AEMS 是否可以加速适应性进化，利用化学转化法向双基因敲除菌株 HS114 中分别转入 AEMS（即导入双质粒 pMUM 和 pHFM）和 MUM，获得重组菌株枯草芽孢杆菌 168-AEMS 和枯草芽孢杆菌 168-MUM，并分别命名为 HS011 和 HS012，以含有 40 g/L 的 3-羟基丁酮压力平板上产生 3-羟基丁酮耐受性菌株的频率为指标进行评估，结果表明：

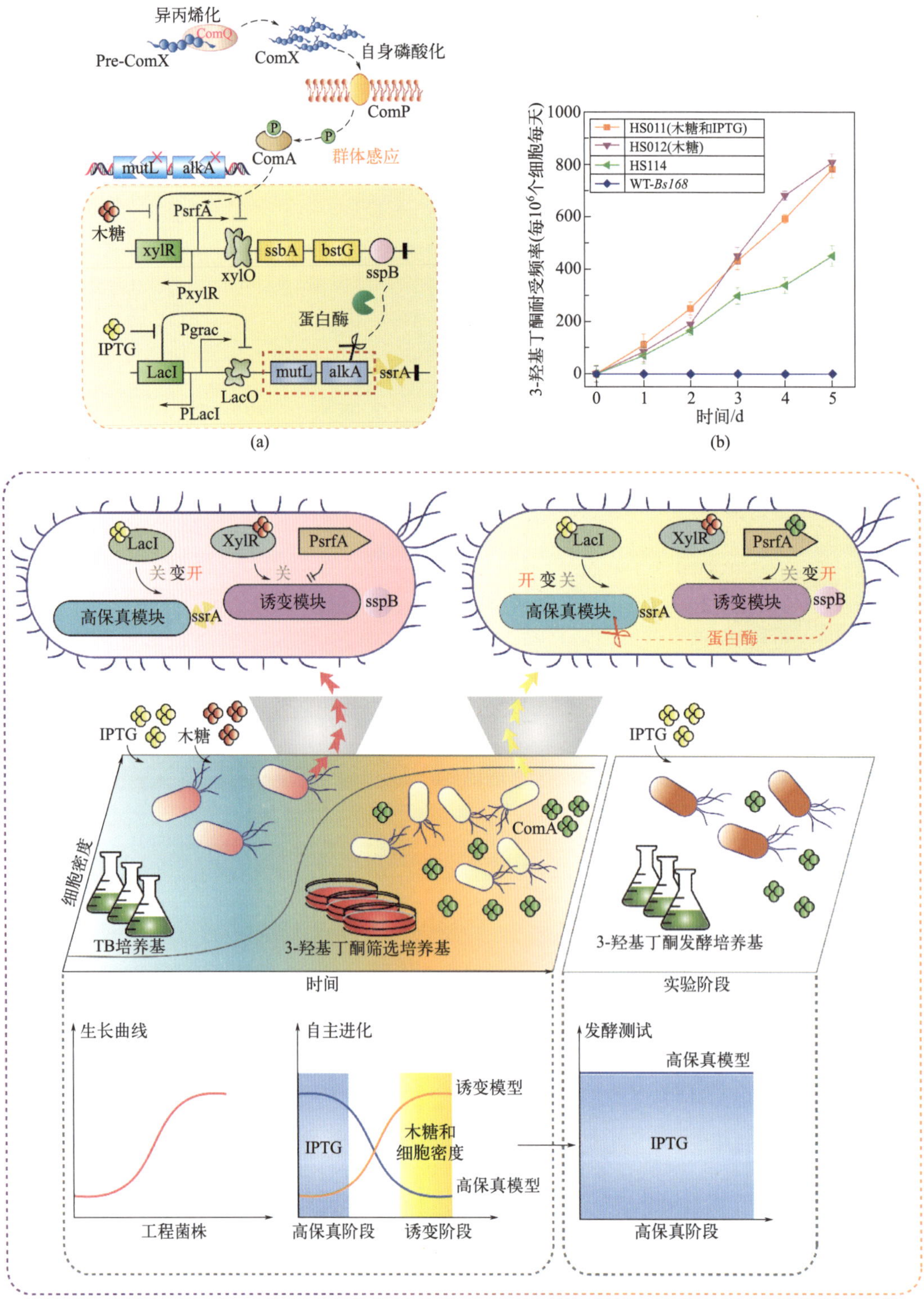

图 9-18　AEMS 的设计与构建（王诗卉，2019）

图（a）表示 AEMS 的原理；图（b）为 AEMS 的作用机制；图（c）为重组菌株产生 3- 羟基丁酮耐受性菌株的突变频率

HS011 和 HS012 比 HS114 和枯草芽孢杆菌 168 具有更高的突变率。然而，由于 HS012 中缺乏 HFM，细胞一直处于突变状态，可能影响菌株的稳定性并降低其存活率［图 9-18（c）］。因此，HS011 在耐受性和稳定性方面表现最佳。

9.5.4 自主进化突变系统强化菌株对 3-羟基丁酮的耐受性

3-羟基丁酮发酵过程中，高浓度 3-羟基丁酮会影响菌体的生长、活性与生产能力，进而限制了 3-羟基丁酮的积累。因此，提高生产菌株对 3-羟基丁酮的耐受性是首要任务。通过检测 *B. subtilis* 168 的 3-羟基丁酮耐受性，表明当 3-羟基丁酮浓度增加至 40 g/L 时，细胞生长受到显著抑制，并且存活率急剧下降（图 9-19）。

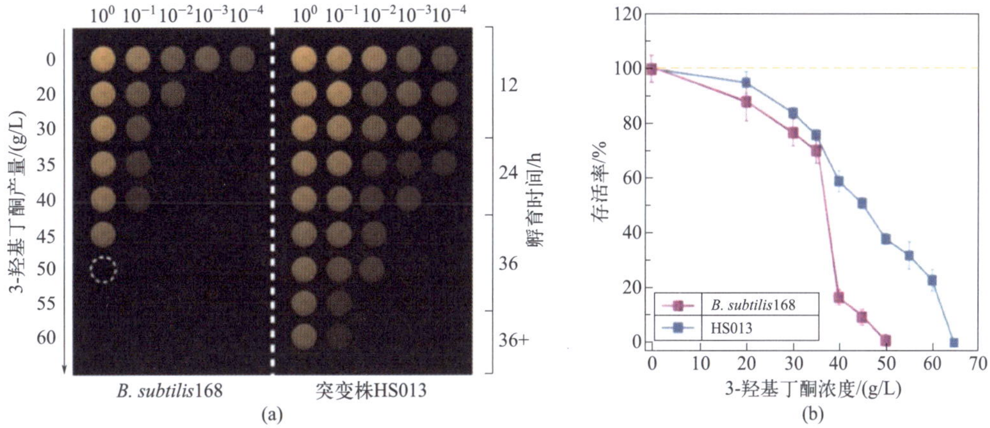

图 9-19 枯草芽孢杆菌及其突变株对高浓度 3-羟基丁酮的耐受性（王诗卉，2019）

图（a）为突变株与野生型的产物耐受能力比较；图（b）为突变株与野生型在不同浓度产物中的存活率比较

为了快速提高菌株对 3-羟基丁酮的耐受性，借助 AEMS 对重组菌株 HS114 进行适应性进化，以 60 g/L 作为 3-羟基丁酮的第一轮筛选压力，细胞存活率作为筛选指标，从 165 个突变株中筛选出 74 个突变株，正突变率为 44.8%［图 9-20 和图 9-21（a）］。随后，以相同的筛选压力和指标对 74 个突变株进行复筛，获得突变株 HS013，与枯草芽孢杆菌 168 相比对 3-羟基丁酮具有更强的耐受性［图 9-21（b）］。

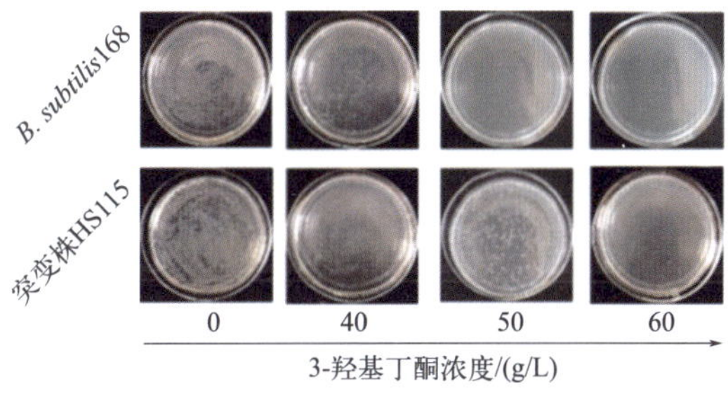

图 9-20 利用 AEMS 进化筛选耐受表型（王诗卉，2019）

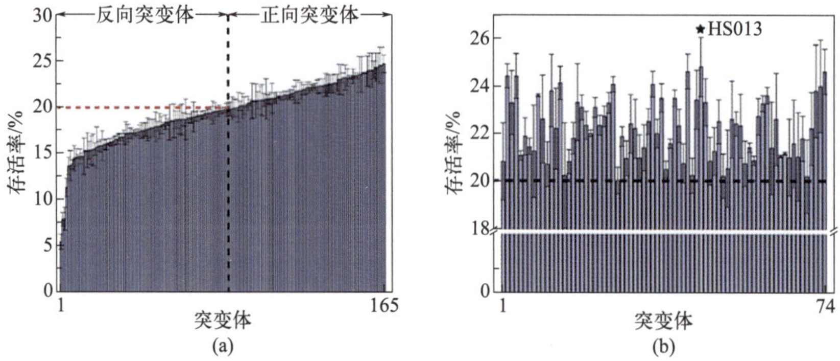

图 9-21　3-羟基丁酮耐受株的筛选结果（王诗卉，2019）

图（a）为借助 AEMS 筛选耐受性突变株的初筛结果；图（b）为复筛结果

9.5.5 自主进化突变系统强化菌株的 3-羟基丁酮产量

为了将更多的代谢流导向 3-羟基丁酮，在枯草芽孢杆菌 HS013 中过表达编码三个关键路径酶基因：6-磷酸果糖激酶（*pfkA*）、*α*-乙酰乳酸合成酶（*alsS*）和 *α*-乙酰乳酸脱羧酶（*alsD*）。以枯草芽孢杆菌 168 基因组为模板，将扩增得到的目的基因 *pfkA* 和 *alsSD* 与使用相应限制性内切酶处理后的表达载体 pMA0911 进行同源重组，得到重组质粒 pMA0911-pfkA-alsSD，利用化学转化法将其导入 3-羟基丁酮耐受性突变枯草芽孢杆菌 HS013 中，获得重组菌株枯草芽孢杆菌 HS013- pfkA-alsSD，命名为 HS014。随后，通过电转化法将 AEMS 转入 HS014，构建重组菌株枯草芽孢杆菌 HS014-AEMS，命名为 HS015，作为定向适应性进化的出发菌株。通过对 HS015 进行适应性进化，以 3-羟基丁酮产量作为指标进行第一轮筛选，从 187 个突变株中筛选出 31 个突变株，正突变率为 16.6%［图 9-22（a）］。随后，对 81 个正突变株进行第二轮筛选，获得突变株 HS016，摇瓶发酵生产 64.5 g/L 的 3-羟基丁酮［图 9-22（b）］。

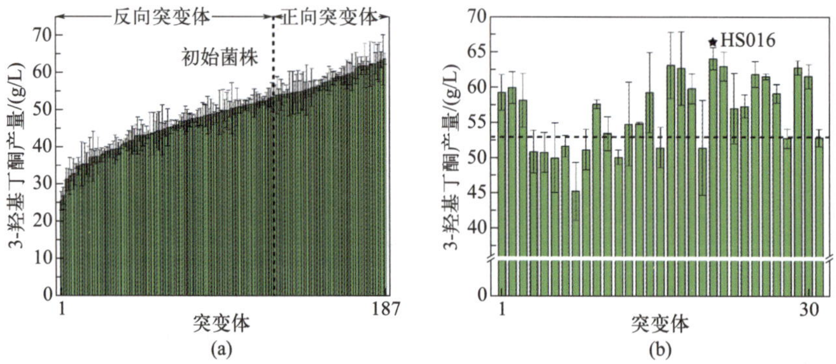

图 9-22　3-羟基丁酮高产突变株的筛选结果（王诗卉，2019）

图（a）为借助 AEMS 筛选 3-羟基丁酮高产菌株的初筛结果；图（b）为复筛结果

为了进一步提高 3-羟基丁酮的合成能力，在枯草芽孢杆菌 HS016 中过表达转录调控子 CcpA 和 AlsR。在重组质粒 pMA0911-pfkA-alsSD 的基础上，以枯草芽孢杆菌基因组为模板，将扩增得到的目的基因 *ccpA* 和 *alsR* 与之进行同源重组，得到重组质粒 pMA0911-pfkA-alsSD-ccpA-alsR，利用化学转化法将其转入上述进化获得的较优突变株枯草芽孢杆菌 HS016 中，获得重组菌株枯草芽孢杆菌 HS016-ccpA-alsR，命名为 HS017。随后，通过电转化法将 AEMS 转入 HS017，构建重组菌株枯草芽孢杆菌 HS017-AEMS，命名为 HS018，作为定向适应性进化的出发菌株。通过对 HS018 进行适应性进化，以 3-羟基丁酮产量作为指标进行第一轮筛选，从 138 个突变株中获得 14 个正突变株进行复筛，最终得到突变株 HS019，其 3-羟基丁酮产量达到 76.3 g/L，与 HS017 相比增加了 17.2%（图 9-23）。

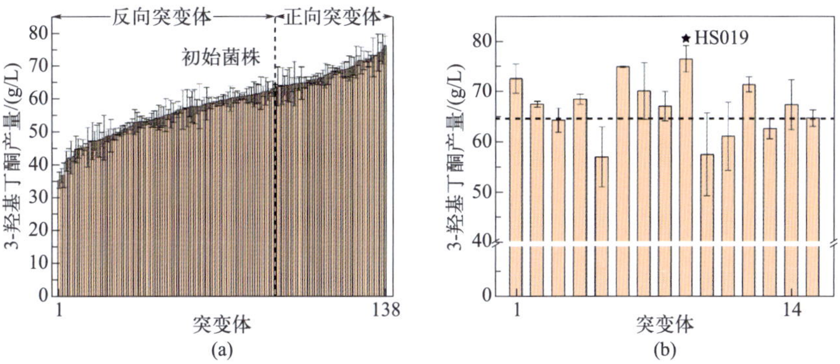

图 9-23　3-羟基丁酮高产突变株的筛选结果（王诗卉，2019）

图（a）为借助 AEMS 筛选 3-羟基丁酮高产菌株的初筛结果；图（b）为复筛结果

9.6 参考文献

李祎，林振泉，刘子鹤，2021. 酿酒酵母适应性实验室进化工具的最新进展. 合成生物学，2(2): 287-301.

蔺玉萍，王钦宏. 2019. 工业微生物遗传和环境扰动的调控和适应进化. 生物工程学报，35(10): 1925-1941.

刘晖，2021. 多维环境中酵母细胞生长性能调控的研究. 无锡：江南大学.

王诗卉，2019. 进化工程改造芽孢杆菌生产 3-羟基丁酮. 无锡：江南大学.

张丽，高健，刘长青，等，2022. 耐受性工程调控微生物细胞工厂胁迫抗性. 生物工程学报，38(04): 1373-1389.

Ahn J H, Lee J A, Bang J, et al, 2018. Membrane engineering via trans-unsaturated fatty acids production improves succinic acid production in *Mannheimia succiniciproducens*. Journal of Industrial Microbiology & Biotechnology, 45(7): 555-566.

Çetin H, Cakar Z P, Ülgen K O, 2022. Understanding the adaptive laboratory evolution of multiple stress-resistant yeast strains by genome-scale modeling. Yeast, 39(8): 449-465.

Cunha J T, Costa C E, Ferraz L, et al, 2018. HAA1 and PRS3 overexpression boosts yeast tolerance towards acetic acid improving xylose or glucose consumption: unravelling the underlying mechanisms. Appl Microbiol Biotechnol, 102(10): 4589-4600.

Gao C, Xu P, Ye C, et al, 2019. Genetic circuit-assisted smart microbial engineering. Trends in Microbiology, 27(12): 1011-1024.

Gao X, Xu K, Ahmad N, et al, 2021. Recent advances in engineering of microbial cell factories for intelligent pH regulation and tolerance. Biotechnol J, 16(9): e2100151.

Gomez-Pastor R, Burchfiel E T, Thiele D J, 2018. Regulation of heat shock transcription factors and their roles in physiology and disease. Nature Reviews Molecular Cell Biology, 19(1): 4-19.

Guan C, Cui W, Cheng J, et al, 2015. Construction and development of an auto-regulatory gene expression system in *Bacillus subtilis*. Microb Cell Fact, 14: 150.

Guan C, Cui W, Cheng J, et al, 2016. Development of an efficient autoinducible expression system by promoter engineering in *Bacillus subtilis*. Microb Cell Fact, 15: 66.

Guo L, Diao W, Gao C, et al, 2020. Engineering *Escherichia coli* lifespan for enhancing chemical production. Nature Catalysis, 3(3): 307-318.

Hegde R S, Keenan R J, 2022. The mechanisms of integral membrane protein biogenesis. Nat Rev Mol Cell Biol, 23(2): 107-124.

Horinouchi T, Sakai A, Kotani H, et al, 2017. Improvement of isopropanol tolerance of *Escherichia coli* using adaptive laboratory evolution and omics technologies. J Biotechnol, 255: 47-56.

Javanpour A A, Liu C C, 2019. Genetic compatibility and extensibility of orthogonal replication. ACS Synthetic Biology, 8(6): 1249-1256.

Jiang T, Li C, Teng Y, et al, 2020. Recent advances in improving metabolic robustness of microbial cell factories. Current Opinion in Biotechnology, 66: 69-77.

Joutsen J, Da Silva A J, Luoto J C, et al, 2020. Heat shock factor 2 protects against proteotoxicity by maintaining cell-cell adhesion. Cell Rep, 30(2): 583-597.

Jung S W, Yeom J, Park J S, et al, 2021. Recent advances in tuning the expression and regulation of genes for constructing microbial cell factories. Biotechnol Adv, 50: 107767.

Kahar P, Itomi A, Tsuboi H, et al, 2022. The flocculant *Saccharomyces cerevisiae* strain gains robustness via alteration of the cell wall hydrophobicity. Metab Eng, 72: 82-96.

Kocaefe-Özşen N, Yilmaz B, Alkım C, et al, 2022. Physiological and molecular characterization of an oxidative stress-resistant *Saccharomyces cerevisiae* strain obtained by evolutionary engineering. Front Microbiol, 13: 822864.

Luan G, Cai Z, Gong F, et al, 2013. Developing controllable hypermutable *Clostridium* cells through manipulating its methyl-directed mismatch repair system. Protein Cell, 4(11): 854-862.

Ma L, Li Y, Chen X, et al, 2019. SCRaMbLE generates evolved yeasts with increased alkali tolerance. Microb Cell Fact, 18(1): 52.

Mavrommati M, Daskalaki A, Papanikolaou S, et al, 2022. Adaptive laboratory evolution principles and applications in industrial biotechnology. Biotechnol Adv, 54: 107795.

Minliang C, Chengwei M, Lin C, et al, 2021. Integrated laboratory evolution and rational engineering of GalP/Glk-dependent *Escherichia coli* for higher yield and productivity of L-tryptophan biosynthesis. Metab Eng Commun, 12: e00167.

Mitchell A M, Silhavy T J, 2019. Envelope stress responses: balancing damage repair and toxicity. Nat Rev Microbiol, 17(7): 417-428.

Ravikumar A, Arrieta A, Liu C C, 2014. An orthogonal DNA replication system in yeast. Nature Chemical Biology, 10(3): 175-177.

Ravikumar A, Arzumanyan G A, Obadi M K A, et al, 2018. Scalable, continuous evolution of genes at mutation rates above genomic error thresholds. Cell, 175(7): 1946-1957.

Ren J, Lee J, Na D, 2020. Recent advances in genetic engineering tools based on synthetic biology. J Microbiol, 58(1): 1-10.

Rix G, Watkins-Dulaney E J, Almhjell P J, et al, 2020. Scalable continuous evolution for the generation of diverse enzyme variants encompassing promiscuous activities. Nature Communications, 11(1): 5644.

Rocha-Roa C, Orjuela J D, Leidy C, et al, 2021. Cardiolipin prevents pore formation in phosphatidylglycerol bacterial membrane models. FEBS Lett, 595(21): 2701-2714.

Seong W, Han G H, Lim H S, et al, 2020. Adaptive laboratory evolution of *Escherichia coli* lacking cellular byproduct formation for enhanced acetate utilization through compensatory ATP consumption. Metab Eng, 62: 249-259.

Shen R, Ning Z Y, Lan Y X, et al, 2019. Manipulation of polyhydroxyalkanoate granular sizes in *Halomonas bluephagenesis*. Metabolic Engineering, 54: 117-126.

Sunwoo I Y, Sukwong P, Jeong D Y, et al, 2019. Enhancement of galactose consumption rate in *Saccharomyces cerevisiae* CEN.PK2-1 by CRISPR Cas9 and adaptive evolution for fermentation of *Kappaphycus alvarezii* hydrolysate. J Biotechnol, 297: 78-84.

Tan Z, Black W, Yoon J M, et al, 2017. Improving *Escherichia coli* membrane integrity and fatty acid production by expression tuning of FadL and OmpF. Microbial Cell Factories, 16(1): 38.

Tye B W, Churchman L S, 2021. Hsf1 activation by proteotoxic stress requires concurrent protein synthesis. Mol Biol Cell, 32(19): 1800-1806.

Van den Bergh B, Swings T, Fauvart M, et al, 2018. Experimental design, population dynamics, and diversity in microbial experimental evolution. Microbiol Mol Biol Rev, 82(3): e00008-18.

Wang L, Maranas C D, 2018. MinGenome: an in silico top-down approach for the synthesis of minimized genomes. ACS Synth Biol, 7(2): 462-473.

Wang Y, Fan L, Tuyishime P, et al, 2020. Adaptive laboratory evolution enhances methanol tolerance and conversion in engineered *Corynebacterium glutamicum*. Communications Biology, 3(1): 217.

Wong B G, Mancuso C P, Kiriakov S, et al, 2018. Precise, automated control of conditions for high-throughput growth of yeast and bacteria with eVOLVER. Nature Biotechnology, 36(7): 614-623.

Yang Y, Wu H J, Lin L, et al, 2015. A plasmid-born Rap-Phr system regulates surfactin production, sporulation and genetic competence in the heterologous host, *Bacillus subtilis* OKB105. Applied Microbiology and Biotechnology, 99(17): 7241-7252.

Yu T, Zhou Y J, Huang M, et al, 2018. Reprogramming yeast metabolism from alcoholic fermentation to lipogenesis. Cell, 174(6): 1549-1558.

Zhang X, Zhang X F, Li H P, et al, 2014. Atmospheric and room temperature plasma (ARTP) as a new powerful mutagenesis tool. Appl Microbiol Biotechnol, 98(12): 5387-5396.

Zhang X C, Guo Y, Liu X, et al, 2018. Engineering cell wall synthesis mechanism for enhanced PHB accumulation in *E. coli*. Metab Eng, 45: 32-42.

Zhong Z, Wong B G, Ravikumar A, et al, 2020. Automated continuous evolution of proteins *in vivo*. Acs Synthetic Biology, 9(6): 1270-1276.

Zhu L, Li Y, Cai Z, 2015. Development of a stress-induced mutagenesis module for autonomous adaptive evolution of *Escherichia coli* to improve its stress tolerance. Biotechnol Biofuels, 8: 93.

SYNTHETIC
BIOLOGY
ENGINEERING
TECHNOLOGY
SERIES

合成生物学
工程技术丛书

第 10 章 中介体工程改善细胞渗透压耐受

10.1 微生物中介体概述

中介体复合物（mediator complex）最初是在 20 世纪 90 年代初由 Kornberg 实验室和 Young 实验室各自独立在酵母中鉴定的（Biddick et al., 2005）。Kornberg 实验室从一种独特的粗酵母部分纯化的蛋白质中生化分离得到中介体（mediator），其可以在体外刺激激活剂依赖性转录。Young 实验室使用酵母遗传筛选，并确定了第一个中介体基因作为 RNA 聚合酶 Ⅱ（RNAP Ⅱ）羧基末端结构域（CTD）截断的抑制因子。四种显性抑制因子 Srb2、Srb4、Srb5 和 Srb6（Srb 为 RNA 聚合酶 B 的抑制因子）的产物被证明是与 RNAP Ⅱ紧密结合的高分子量多亚基复合物的一部分。不久后分离出一种活性蛋白质复合物，以 20 亚基复合物的形式刺激体外转录，包括 Srb2、Srb4、Srb5 和 Srb6。具有类似活性的复合物随后被许多实验室在后生动物中纯化。起初，尚不清楚这些复合物是否都与酵母中介体有关，但比较基因组学和多维蛋白质鉴定技术（MudPIT）确定了一组在所有真核生物中保守的中介体亚基（Verger et al., 2019），并于 2004 年采用了统一的命名法，包括 MED1 至 MED31，以及细胞周期蛋白依赖性激酶（CDK）8-细胞周期蛋白 C 对和几个准类群，如 MED1-like（MED1L）、MED12L、MED13L 和 CDK19。中介体是由多个在进化上高度保守的蛋白质组成的复合物，从酵母到人类都具有高度保守性，该复合物如图 10-1 所示由 25（酵母）或 30（人类）个多肽组成。

酵母

头部	中部	尾部	激酶模块
Med6	Med1	Med2	Med12
Med8	Med4	Med3	Med13
Med11	Med7	Med5	Cdk8
Med17	Med9	Med14	CycC
Med18	Med10	Med15	
Med20	Med19	Med16	
Med22	Med21		
	Med31		

人类

头部	中部	尾部	激酶模块
MED6	MED1	MED14	MED12/12L
MED8	MED4	MED15	MED13/13L
MED11	MED7	MED16	CDK8/CDK19
MED17	MED9	MED23	CycC
MED18	MED10	MED24	
MED20	MED19	MED25	
MED22	MED21		
MED27	MED26		
MED28	MED31		
MED29			
MED30			

(a)

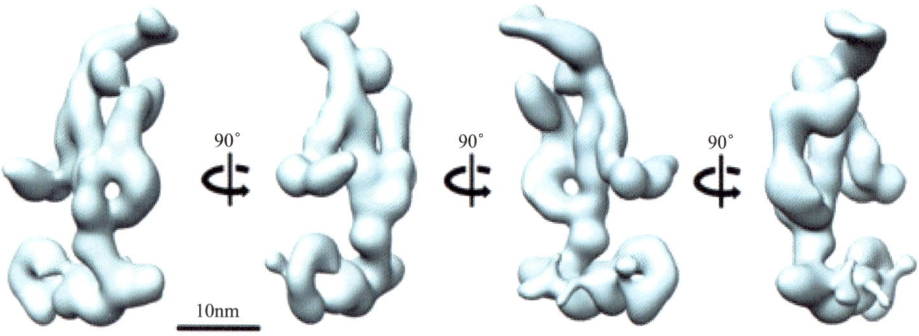

(b)

图 10-1　酵母和人类中介体的组成成分

中介体复合物至少可以分为两种不同的形式，酵母中介体复合物如图 10-2 所示：大中介体（L-mediator）和核心中介体（C-mediator）。L-mediator 由 C-mediator 和 CDK 模块组成。C-mediator 具体可分为三个不同的模块：头部（head）、中部（middle）和尾部（tail）三个核心模块通过支架亚单元 Med14 连接，它们没有酶的活性。还有一个可分离的 Cdk8 激酶模块（CKM），包含 Med12/Srb8、Med13/Srb9、细胞周期蛋白（CycC/Srb11）和细胞周期蛋白依赖性激酶 Cdk8/Srb10(Harper et al., 2018)。尽管中介体在真核生物中通常是保守的，但其序列和亚基组成存在显著差异，中介体的亚单位组成可以变化，并不限于单一的异构体，每个中介体至少有两种主要的异构体。此外，Med1 ～ Med26 也并不存在于所有分离的异构体中。在裂殖酵母中，中介体由 19 个亚基组成，大小约 0.8 MDa，而在酿酒酵母中，中介体包含 21 个亚基，分子质量约为 0.9 MDa。相比之下，人类中介体包含 26 个亚单位，分子质量约 1.4 MDa，其中 5 个亚单位（MED23、MED25、MED26、MED28 和 MED30）似乎是后生动物特有的，其总分子质量超过 1 MDa(Harper et al., 2018)。

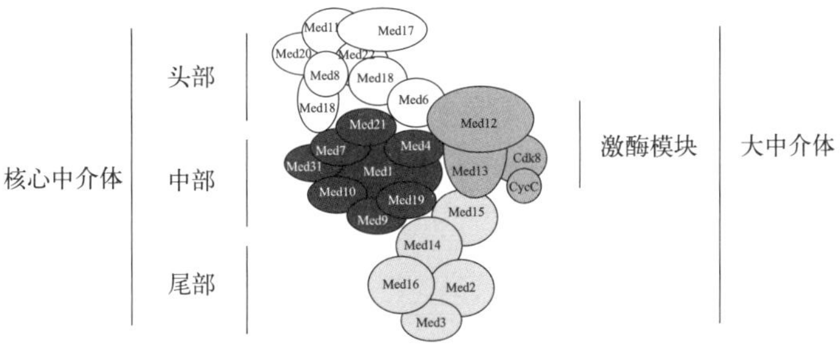

图 10-2　酵母中介体复合物的不同存在形式及其组成成分

中介体是一种重要的、高度保守的转录辅激活因子，头部和中部模块对于细胞的生存能力和几乎所有蛋白质编码基因的表达都是必不可少的（Kemmeren et al., 2014）。它们与 RNA 聚合酶Ⅱ (RNAP Ⅱ) 和转录前起始复合物（PIC）的其他成分相互作用，其中 head/middle/Med14 核心由尾部和 CKM 模块调节。中介体最具特征的功能是促进转录前起始复合物的组装，中介体与 PIC 的瞬态关联在很大程度上是尾部独立的，在 PIC 组装过程中，CKM 从中介体中被释放，并且在与启动子相互作用之前，CKM 对中介体的调节发生在上游激活序列 UAS 中（Jeronimo et al., 2016），这一功能似乎从酵母到人类都是保守的。中介体也被证明可以调节转录起始后的事件，如延伸、mRNA 剪接、转录终止、DNA 环化、染色质结构以及组蛋白和 DNA 甲基化。这些额外的作用大多出现在后生动物中，通常涉及后生动物特有的中介体亚基，这表明中介体通过进化获得了新的功能（Jeronimo et al., 2016）。此外，中介体复合物还可以与各种辅因子相互作用，而这些相互作用最终使得中介体复合物可以整合接收到各种信息并输出为下游基因的激活或沉默，进而控制细胞的增殖、分化及各种生理功能。

10.1.1 头部亚基分类、结构与功能

头部模块构成了重要的中介体核心的一半（Liu et al., 2001），并由高度保守的 7 个亚单位 Med6、Med8、Med11、Med17、Med18、Med20 和 Med22 组成（Morse, 2022），与中间模块一起，它在 PIC 组装过程中起着至关重要的作用，接触 RNA 聚合酶Ⅱ（RNAP Ⅱ）并稳定其与一般转录因子（GTF）的相互作用。这些特征后来被酿酒酵母头部模块的结构所证实，并且在 3.4 Å❶ 分辨率下（图 10-3）裂殖酵母头部模块的晶体结构中进一步得到了证实。这种后来的结构导致了头部模块的优化和更完整的架构，并通过八个不同的元素对总体上进行了描述。头部结构的一个显著特征是颈部结构域，通过形成涉及五个不同亚基的多螺旋束来稳定模块 Med6、Med8、Med11、Med17 和 Med22［图 10-3（c）］。重要的是，这些研究强调了这样一个事实，即当单独表达时，重组介质亚基通常是不溶的，并强调了构成模块或亚模块的亚基共表达的严格要求（Verger et al., 2019）。

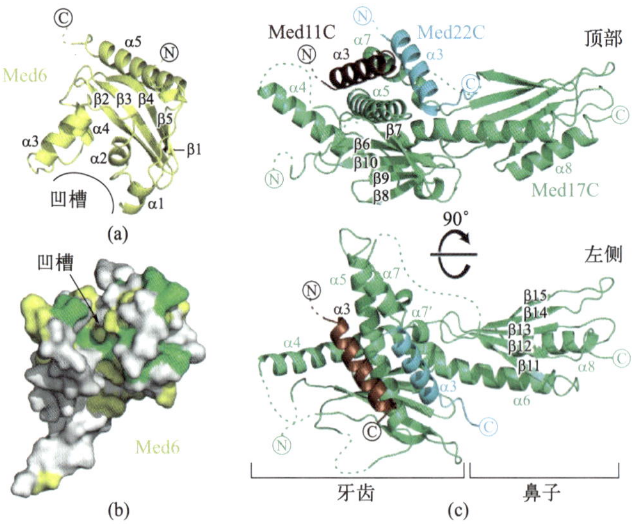

图 10-3 Med6 和 Med17C－Med11C－Med22C 的结构

图（a）为 Sp Med6 晶体结构的带状模型；图（b）为 Med6 中的守恒表面凹槽；七种酵母中不变或保守的残基分别为绿色或黄色；图（c）为 Sc 亚复合物 Med17C-Med11C-Med22C 晶体结构的带状模型。指示“牙齿”和“鼻子”域。虚线表示无序区域

头部模块的一些细节可以参考裂殖酵母的研究，研究表明其头部模块结构（图 10-4）经显示为一个不对称的多蛋白组合，类似于有一个肢体的鳄鱼的头部。该结构揭示了所有的褶皱和以前没有观察到的区域，并被划分为八个元素。颈部子模块包括 Med6、Med8、Med11、Med17 和 Med22 的部分结构，形成了“脊柱、肩部、手臂和手指”等元素。脊柱包括七个

❶ 1 Å=0.1 nm。

螺旋，六个形成一个长束（其中包括 Med8α5、Med17α3、Med11N-Med22N 等结构），以及第七个垂直螺旋（Med8α4）。臂由一个短的四螺旋束（Med6α5、Med8α1/2、Med17α1）、两对螺旋（Med17η1/α2、Med8α2′/α3）和一个双链片（Med8β1、Med17β1）组成。臂与肩结合，肩由 Med6 核心组成。手指是 Med6 中一个暴露的 C 端 β 发夹结构。固定颚和可动颚分别由 Med17C-Med11C-Med22C 和 Med8C-Med18-Med20 亚复合体组成。两个颚部都与脊柱相连。固定颚是通过“关节”连接的，它包含一个由 Med17 中 215 ～ 259 位的残基形成的四链 β 片，以及 Med11 和 Med22 的短连接体。该接头可能会改变其结构，因为它包含许多保守的甘氨酸和丝氨酸残基。删除关节的 Med17 部分并不导致酵母失活，但基本上失去了体外的激活转录。可动颚通过 Med8C 与脊柱结合，这是一条从 Med18-Med20 异源二聚体延伸出来的螺旋线，也与关节和齿接触。模块表面的保护在肩部和手臂处最高，可能是因为这个区域与中间模块结合，肩部的缺失会致死。裂殖酵母（Sp）和酿酒酵母（Sc）头部模块的结构是很保守的，尽管结构区只显示了 15% 的序列相同。Sc 特有的差异体现在六个螺旋上：三个较短（Med8αC、Med17α5、Med22α1），一个较长（Med11α1），两个旋转（Med17α7、Med22α3）(Larivière et al., 2012)。

结构比较显示了头部模块内的灵活性。在不同的 Sp 模块晶体中，肩部的位置会发生变化，这是由于与 Med6 螺旋 α5 的灵活连接。在自由的 Med6 结构中，该手指是可移动的。鼻子相对于牙齿的移动是通过 Sc 模型与自由固定颌骨结构的比较显示的。Sp 结构与 Sc 模型的比较表明，颈部可以相对于颌骨旋转。这种旋转可能被关节所容纳，它使用保守的疏水残基将牙齿固定在脊柱上。因此，头部模块至少包含四个可移动的外围元素，即肩膀、手指、可移动的下巴和鼻子。

头部模块在调节转录中发挥重要作用，与 RNAP Ⅱ附近的亚单位 Rpb3 相互作用，这种接触是调节转录所必需的。导致与 Rpb3 突变 Rpb3-2 共同致死的突变在固定颚上。突变体 med17-208 和 med17-257 都含有突变 Glu669Asp，该突变位于鼻子表面，可能会阻断头部-聚合酶的相互作用，而这种作用会因 Rpb3 突变而减弱。突变体 med17-sup1 恢复了 Rpb3 突变 Ala159Gly 的表型，并在固定颚部含有两个突变。与头部模块和 Rpb3 周围的 RNAP Ⅱ区域之间的相互作用相一致，相邻的聚合酶对接结构域的突变具有冷敏感性的表型，该表型被关节和可动颚的 SRB 突变所恢复。突变体 med17-68、med17-158 和 med17-327 都含有预测会破坏固定颚稳定的突变（Knoll et al., 2018）。

中介体还与 RNAP Ⅱ羧基末端结构域（CTD）相互作用，该结构域从聚合酶核心延伸到对接域附近。CTD 截断会导致冷敏感的表型，接头处的突变恢复了该表型。突变 SRB4-1 在关节-齿界面，而突变 SRB6-1 可能稳定脊柱和邻近的关节。Med18 螺旋体 α1 中的突变 SRB5-1 可能加强关节与可动颚的相互作用，而突变 SRB2-1 则改变了可动颚的表面。这些结果表明，关节和可动颚参与了 CTD 的结合，并且 / 或者它们是使 CTD 结合的中介体的结构变化所需要的。然而，其他中介体区域可能有助于与 CTD 的相互作用，因为头部模块不足以在体外与 CTD 结合。头部模块具有灵活性和扩展性，即 170 Å 长、95 Å 高和 65 Å 宽，可能不仅允许与 RNAP Ⅱ，而且允许与转录因子 TFIIB6,29、TFIIH12,19 和 TATA 盒结合蛋白发生若干相互作用（Lee et al., 2013）。

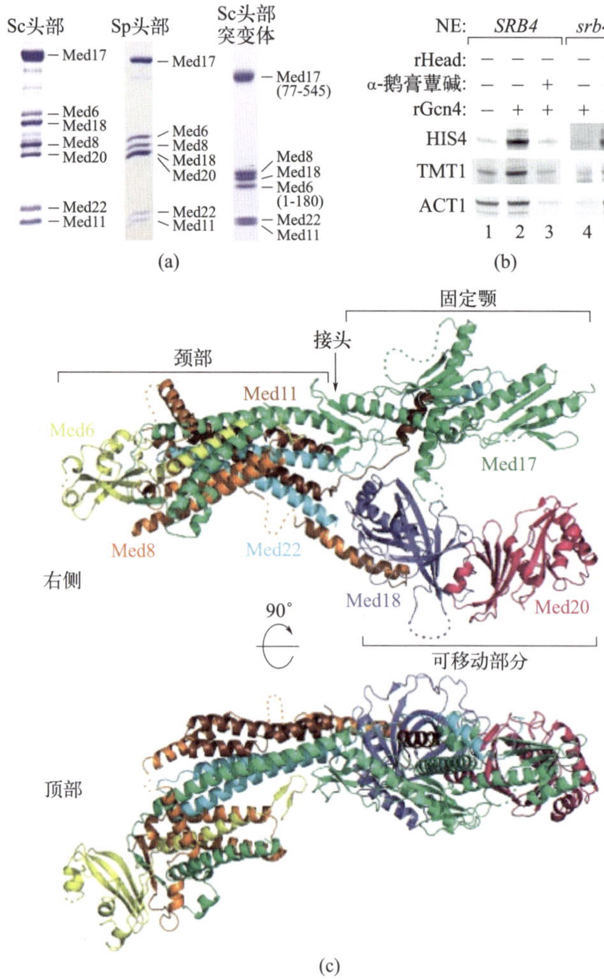

图 10-4　Sp 中介体头部模块的结构

10.1.2 中部亚基分类、结构与功能

中部模块包括多达 9 个亚基（Med1、Med4、Med7、Med9、Med10、Med19、Med21、Med31 及哺乳动物中的 Med26）。中部模块的结构在很长一段时间内仍然未知，对酵母中的详细结构信息的认知直到 2017 年才仅限于两个小的亚复合物，Med7N/Med31(Koschubs et al., 2009) 和 Med7C/Med21 异二聚体（Med7N 和 Med7C 代表 Med7 的 N 端和 C 端区域）(Baumli et al., 2005)。2010 年，Cramer 实验室成功使用异源共表达策略纯化出重组酵母的 7 亚基中间模块（Koschubs et al., 2010）。三年后，细菌共表达缺乏 Med1 的 6 亚基中部模块结合交联实验和同源模型，提出了中部模块的三维模型（Larivière et al., 2013）。同时，2014 年还获得了人重组 Med5 亚基中部模块（Med4、Med7、Med10、Med21 和 Med31），并在昆虫细胞中重建（Cevher et al., 2014）。同样，与人类（中介体）头部模块一样，这些研究中尚未出现人

类（中介体）中部模块的结构数据。人类中介体中部模块亚基的唯一已知结构是 Med26 的 N 端结构域，它在哺乳动物中用作包含 ELL/EAF 家族成员以及 TFⅡD 的超伸长复合物（SEC）的重叠对接位点（Verger et al., 2019）。

中部模块可细分为五个子模块：梁、板、钩和钮，以及新定义的“连接器”。梁主要由 Med14 的中心区域构成，支撑着头部模块，含有两个类似 RWD 和两个类似 UBC 的褶皱结构。Med14 的 N 端和 C 端区域分别延伸至钩子和尾部模块，符合其作为中介体“骨架”的功能。钩状模块包括 Med4 和 Med9，预测形成四螺旋束结构。钩子包含两个这样的束状结构域，一个在其暴露的一端由 Med10 和 Med14N 形成，另一个在 Med7C-Med21 二聚体中，它略微打开以适应 Med10 的 C 端区域。Med19 在钩子周围呈蜿蜒状。钩子通过 Med7C-Med21 亚复合体中的一个保守铰链与连接器灵活连接，该铰链对中介体与 RNAPⅡ的相互作用至关重要。旋钮是一个高度保守的结构，涉及绑定 CTD 的 cMed 的核心元素，包含 Med7N-Med31 亚复合物、Med4C 端的四个短螺旋以及 Med14 的三个短螺旋。近期模型显示旋钮旋转了 180°，对中介体如何与 CTD 互动提出了质疑。此外，之前的头部模块-CTD 肽复合体结构与最新的 cMed 结构叠加时，发现 CTD 肽与 Med4 发生了冲突。因此，CTD 的位置或 cMed 的结构，或两者在中介体与 CTD 结合时都可能发生变化（Nozawa et al., 2017）。

头部和中部模块形成了基本保守的界面，包括四个接触区（界面Ⅰ～Ⅳ）和两个蛋白连接线。接口Ⅰ位于头部模块的 Med20 和 Med14 之间，稳定了可移动的钳口，用于结合 RNAPⅡ和 TFⅡB5。接口Ⅱ形成于头部模块固定钳的 Med17 和 Med14 之间。接口Ⅲ在旋钮和头部模块的脊柱和肩部之间形成。接口Ⅳ位于 Med6 肩部和钩子之间，当钩子因铰链变化而远离头部模块时，接口Ⅳ便会消失。头部模块亚单位 Med6 和 Med17 含有灵活连接的末端区域，形成梁的一部分，进一步拴住了中间模块。Med6 中的 C 端螺旋 α6（Med6C 系带）和 Med17 中形成 N 端区域的两个螺旋（Med17N 系带）都与中部模块中的 Med14 梁相关联。

10.1.3 尾部模块及其亚单位的定位

尾部模块由 Med2、Med3、Med5、Med15 和 Med16 组成，通过 Med14 亚基的 C 端区域锚定在核心中介体上（Zhu et al., 2015）。上层尾部形成了核心中介体（特别是 MED14 的头部和 C 端部分）和下层尾部之间的延伸连接。形成上层尾部的四个亚单位（MED27 ～ 30）在大小和结构上都相似。尽管它们的结构相似，但上层尾部亚单位可以相互区分，并根据特定的螺旋和环的长度差异以及侧链密度来识别。上层尾部亚单位成对组织（MED27-MED29 和 MED28-MED30），形成一个双括号状结构。正如观察到的那样，MED27 的 C 端球状结构域位于头部模块的颚部之间，增加了尾部-核心界面的复杂性。在所有四个蛋白中，N 端的两个螺旋后有一个短环和第三个 α 螺旋，与 N 端的螺旋大致垂直排列。MED27-29 的 N 端螺旋线圈与下尾部的 MED16 的 C 端部分接触，然后绕过 MED14 的 C 端背面向中介体核心缠绕。在 MED27 和 MED29 中，跟随 N 端螺旋的 α 螺旋与 MED28-30 的螺旋相互咬合，形成一个 6 螺旋束。最后，MED28-30 中的 C 端螺旋向头部颚部移动，在那里它们与来自 MED11 和 MED22 的 C 端螺旋形成一个 4 螺旋束。尾部上部的螺旋束被广泛的疏水作用所稳定。

尾部的亚基形成了底层结构域及其与 yMED 结构顶部的连接。然而，尽管 Med14 是 yMED 中最大的蛋白质之一（123 kDa），它的精确定位仍然是不确定的。研究表明，Med14 的 C 端位于包含大多数尾部亚基的 yMED 底部结构域的远端，但大部分 Med14 的密度并不位于 yMED 结构的那一部分内。通过对一个工程化的 3xHA 标签进行抗体标记来判断 Med14N 端的定位，发现它靠近 yMED 结构的中心。因此，Med14 的 N 端和 C 端位于 yMED 结构顶部一个相对较大的密度的两端。在拟合头部和中部的 X 射线结构后，这个密度仍未被完全解释。Med14 形成了这个大的、中央的“核心”界面，连接了头部模块的固定颚、中部模块的中央部分和由其他尾部亚单位形成的底域。

正如在酿酒酵母的中介体中观察到的那样，哺乳动物的下层中介体亚基是围绕 Med16 组织的，它与所有其他下层中介体亚基单位建立联系。Med16 的结构是两段式的，其 N 端部分形成一个大的 β 螺旋桨，而 C 端部分完全是 α 螺旋形的。下部尾部的巨大远端，与 Med16 的 β 螺旋桨相邻，由 Med23 和 Med24 形成，它们的结构和组织大致相同。位于 Med23、Med24 和 Med16 之间的是 Med25 的 N 端折叠的 von Willebrand 结构域。尾部模块的主要功能是通过在上游激活序列 UAS 募集中介体，增加核心启动子附近的局部中介体浓度，从而促进中介体-转录前起始复合物（PIC）的相互作用，增加 PIC 的组装 / 稳定性和转录起始。CKM 通过 CDK8 激酶活性调节 Mediator-UAS 中介体-上游激活序列相互作用。虽然尾部模块对 PIC 组装 / 稳定性中介体有利，但不是必需的，尾部亚基中没有一个是生存能力所必需的，它们的缺失、单独或组合，只会导致基因亚基的表达缺陷（Jeronimo et al., 2016）。这些基因倾向于更依赖于 SAGA 而不是 TFⅡD 共激活子，这表明尾部模块具有特定基因类的功能。在核心启动子中，中介体的基本功能是由头部和中部介导的，而尾部和 CKM 起调控作用，中介体的功能端似乎位于头部和中部模块中，与核心启动子中的 PIC 组件相互作用，而尾部和 CKM 则作为附属模块，尾部和 CKM 本质上是中介体功能的正调节因子和负调节因子，分别促进和削弱了中介体-上游激活序列（Mediator-UAS）的相互作用，从而影响了中介体-转录前起始复合物（Mediator-PIC）的相互作用。中介体可以通过接触非尾亚基的激活子被招募到某些基因中，或通过直接与 PIC 组分相互作用（Jeronimo et al., 2016）。

10.2 中介体工程应用场景

中介体可以充当关键的主协调器，在基因表达调控和转录异构体产生的多个阶段协调不同的因子和机制。考虑到中介体复合体包含多个亚基，并且具有可移动的结构和巨大的表面，可以想象中介体作为一个平台，在转录过程的多个阶段参与不同的动态蛋白质相互作用。涉及中介体复合物的这些动态相互作用的时间、空间和基因特异性特征对于未来的研究仍然具有挑战性。

10.2.1 参与基因转录调控

中介体在真核生物中广泛存在，并且从低等单细胞真核生物酵母到高等多细胞生物的人类都具有一定的保守性，其基本功能是在转录因子与 RNA 聚合酶Ⅱ及通用转录因子之间架起通信桥梁，所以中介体也被认为是一种转录激活辅因子，并且是结合 DNA 转录因子的通用靶标，即整个基因组范围内，基因转录都是转录因子招募中介体到相应的调控位点上行使基因转录职能的，具体调控机制见图 10-5。除了在转录起始中的作用外，中介体还参与了募集后步骤中 RNA 合成的刺激，如转录前起始复合物的异构化、启动子清除、染色质重塑，以及 mRNA 加工。尽管已明确中介体发挥作用是以转录因子依赖方式进行的，但也有研究表明存在不依赖转录因子的情况，例如人的中介体在没有转录因子的情况下甚至可以刺激基础转录。通过中介体，转录因子可显著加强 RNAPⅡ的招募及维持转录复合物在启动子上的稳定性。总之，中介体这种通用调控功能可以归纳为四点：一是促进 RNAPⅡ招募和转录激活；二是协调转录起始复合物的装配；三是控制 TFⅡH 依赖的 RNAPⅡCTD 磷酸化；四是通过 CDK8 模块与中介体相互作用持续或暂时抑制转录起始（Harper, 2018）。

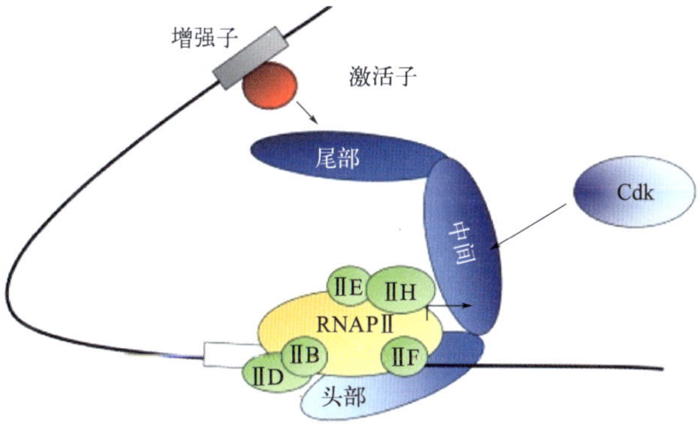

图 10-5 介质将调节信号从基因特异性激活蛋白传递到一般转录机制

黄色代表 RNA 聚合酶Ⅱ，浅绿色代表一般转录因子（Ⅱ B, Ⅱ D, Ⅱ E, Ⅱ F, Ⅱ H）尾部与各种激活剂 / 抑制剂相互作用，调节信号通过中间模块传输到物理接触 RNAP Ⅱ的头部。中间还接收来自 CDK 模块的信号，这些信号在转录之前解离。蓝色的阴影与本工作里计算的酿酒酵母不同模块中的无序水平相关

真核 mRNA 合成是一个复杂的过程，它通过前体 mRNA（pre-mRNA）的合成和共转录加工来形成成熟的、可翻译的 mRNA。pre-mRNA 的转录由进化上保守的多亚基酶 RNA 聚合酶Ⅱ (RNAP Ⅱ) 催化。转录通过称为起始、延伸和终止的离散阶段发生，所以这些现在都被认为是基因表达调控的位点。真核生物的基因的转录激活模型：首先，核小体离开染色质，转录激活子结合到基因调控区的同源位点并招募一系列的辅助转录激活子对核小体上的特定组蛋白进行修饰使染色质变成疏松状态；其次，由核心和激酶模块组成的中介体复合物被招募到转录激活子上，与此同时，通用转录因子（TFⅡA、TFⅡB、TFⅡD、TFⅡE、TFⅡF、TFⅡH）和 RNA 聚合酶Ⅱ进入基因的启动子范围组装成转录前起始复合物（PIC）；

然后，在转录起始阶段，RNA 聚合酶Ⅱ招募中介体复合物，中介体复合物进行重组导致激酶模块的去除；最后，RNA 聚合酶Ⅱ脱离基因的启动子和相关延伸因子 DSIF 和 P-TEFb 结合形成转录延伸复合物（TEF）进入转录延伸阶段，其间伴随着新生 RNA5′端加帽和 RNA 聚合酶 RPB1 亚基 C 端结构域（CTD）的 Ser2 和 Ser5 磷酸化。整个基础转录机制的核心是全酶 RNA 聚合酶Ⅱ (RNAP Ⅱ)，由 12 个亚基组成，介导 DNA 转录为信使 RNA (mRNA)。反过来，RNAP Ⅱ是由一种称为转录前起始复合物（PIC）的大分子复合物调控的，PIC 由 TFⅡA、TFⅡB、TFⅡE、TFⅡF、TFⅡD、TFⅡH、SAGA、P-TEFb 和 Mediator 组 成。RNAP Ⅱ调控的一个核心方面涉及 PIC 复合体中不同激酶直接（RNAP Ⅱ磷酸化）或间接调节 RNAP Ⅱ活性的能力。这些激酶最保守的功能之一是 RNAP Ⅱ的 C 端结构域（CTD）的磷酸化，这是调节转录起始、延伸和 RNA 加工的关键事件。这一过程从酵母到人高度保守，涉及周期蛋白依赖性激酶家族的三个不同成员 CDK7、CDK8 和 CDK9（Dannappel et al., 2019）。

RNAP Ⅱ转录的启动是一种复杂的生化反应，由大量一般和基因特异性转录因子的协同作用控制。RNAP Ⅱ启动的基础是五种进化上保守的一般转录因子的集合，它们被称为 TF Ⅱ B、TFⅡD、TFⅡE、TFⅡF 和 TFⅡH，它们包括支持 RNAP Ⅱ合成基础水平的体外准确启动的转录本所需的最小转录因子集。机理研究表明，RNAP Ⅱ与其启动子处的一般因子聚集在一起，形成稳定的转录前起始复合物，当提供核糖核苷三磷酸时，该复合物能够启动转录。

对酵母和高等生物中介体的作用机制的研究表明，中介体通过与 DNA 结合转录因子和 RNAP Ⅱ转录前起始复合物的直接相互作用促进 RNAP Ⅱ转录的激活。中介体处于 RNAP Ⅱ转录启动后阶段的实验研究揭示了中介体的作用：①绕过或克服负调节延伸因子；②招募 RNAP Ⅱ转录延伸因子和前 mRNA 加工因子；③控制 RNAPⅡC 端结构域（CTD）中七肽重复序列的磷酸化。延长 RNAP Ⅱ的磷酸化 CTD 已被证明在染色质重塑的某些步骤中起作用，它充当支架，将组蛋白修饰酶募集到基因转录区域。磷酸化的 CTD 在协调前 mRNA 加工中也起着核心作用，它招募了许多对前 mRNA 的适当加帽、剪接和聚腺苷酸化以及成熟 mRNA 的适当核输出和定位至关重要的酶和蛋白质。因此，中介体可以通过调节 CTD 磷酸化间接参与所有这些过程。

中介体还通过将信息从与增强子结合的调节因子传递到 RNAP Ⅱ转录机制，起到共激活剂、共阻遏剂和一般转录因子的作用。中介体由启动子和 / 或增强子结合的激活剂招募，然后将一般转录因子和 RNAP Ⅱ与体内启动子结合（如图 10-6）。中介体在启动后与 RNAP Ⅱ分离，并一直附着在启动子上为重新启动提供支架（Jacobson et al., 2008）。DNA 环的形成在基因激活过程中起着重要的作用，它促进了增强子结合的转录因子与核心启动子区域的通用转录机器之间的交流。Remeseiro 等人（2013）发现这种环化可以部分地由凝集素复合物介导。2010 年 Kagey 等人（2010）研究表明，染色质免疫共沉淀测序（ChIP-seq）和生化分析显示中介体与黏结蛋白复合体协作将增强子连接到核心启动子，从而激活小鼠胚胎干细胞（ESCs）和小鼠胚胎成纤维细胞（MEFs）中不同基因的转录。短发夹 RNA(shRNA) 介导的中介体复合物或黏结蛋白复合物组分的减少产生了类似的表型：ESC 状态的丧失，表现为 Oct4 表达降低和 ESC 集落的破坏。中介体与黏结蛋白的直接相互作用，以及中介体-黏结蛋白复合物在不同基因组区域的细胞类型特异性共定位，表明中介体-黏结蛋白复合物通过增强子-启动子 DNA 环化促进细胞类型特异性基因激活。

在 PIC 组装和开放配合物形成后，RNAP Ⅱ必须解除与调节剂和 PIC 的联系，以离开启动子并过渡到 RNA 伸长过程。尽管许多机制细节仍有待发现，但 RNAP Ⅱ的 CTD 磷酸化在破坏中介体-RNAP Ⅱ相互作用中起着关键作用。特别是，RNAP Ⅱ CTD 被 TF Ⅱ H（通过其 CDK7 激酶亚基）磷酸化，并伴随着 RNAP Ⅱ（以及转录）启动（Eick et al., 2013）。TF Ⅱ H 磷酸化 RNAP Ⅱ CTD 的能力取决于调节器（Boeing et al., 2010），但尚不清楚中介体是否调节 TF Ⅱ H 内的其他酶促功能。目前也不知道必须磷酸化多少个 CTD 重复序列才能充分破坏中介体 RNAP Ⅱ结合，以使 RNAP Ⅱ从启动子中逃逸。关于酵母的最新研究结果表明，RNAP Ⅱ CTD 的 TF Ⅱ H 依赖性磷酸化有助于启动子处中介体-RNAP Ⅱ接触的破坏，但不是必需的（Wong et al., 2014）。所以说中介体在调节 RNAP Ⅱ从启动子上逃逸方面发挥了保守作用。

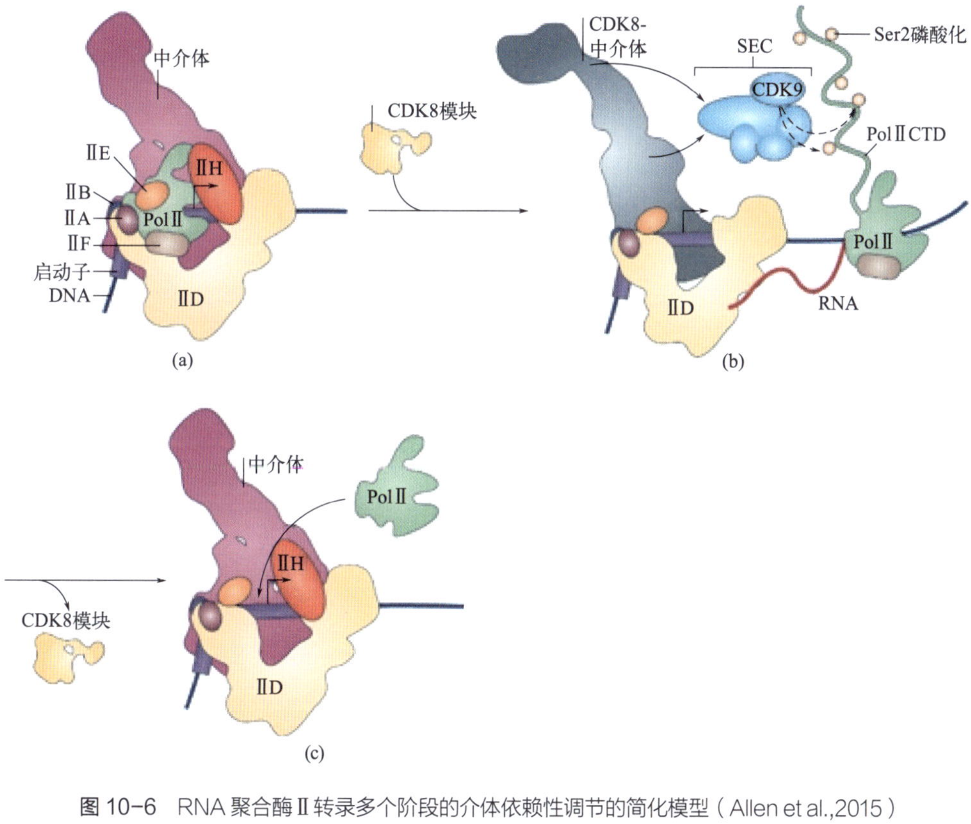

图 10-6　RNA 聚合酶Ⅱ转录多个阶段的介体依赖性调节的简化模型（Allen et al.,2015）

图（a）表示中介体在转录前起始复合物（PIC）的组装中起着关键作用。中介体有助于将 RNA 聚合酶Ⅱ（图中 Pol Ⅱ）和其他 PIC 因子募集到启动子中，在这个阶段，Pol Ⅱ羧基末端结构域（CTD）没有高度磷酸化，但转录因子ⅡH（TF Ⅱ H）在转录起始过程中将其磷酸化，之后 Pol Ⅱ“逃逸”启动子并开始转录基因，在某些基因上，Pol Ⅱ可能在转录约 60 个核苷酸后暂停；这个“暂停的 Pol Ⅱ”是否仍然与中介体有关尚不清楚。图（b）表示细胞周期蛋白依赖性激酶 8（CDK8）模块可能在 Pol Ⅱ -中介体接触断开后与中介体结合，这可能会调节 Pol Ⅱ伸长或在某些基因处从暂停状态释放，CDK8 中介体可以调节超伸长复合物（SEC，含有 CDK9）的募集或活性，以促进 Pol Ⅱ暂停释放和伸长。图（c）表示由于 CDK8-中介体不能与 Pol Ⅱ相互作用，因此重新启动转录需要释放 CDK8 模块，支架 PIC 复合物可能由转录因子稳定，可促进快速重新启动。虚线箭头表示酶活性不仅 RNA 聚合酶Ⅱ（RNAP Ⅱ）转录的起始阶段长期被视为前 mRNA 合成的主要调控节点，其伸长阶段同样是一个关键的调控点。对 RNAP Ⅱ在伸长过程中的调节的早期证据来源于识别出的一些基因，这些基因的激活至少部分通过释放适当启动且暂停的 RNAP Ⅱ进入转录延伸阶段来完成。最初被认为以这种方式调节的基因包括果蝇的热休克基因、人类的 c-Myc 和人类免疫缺陷病毒（HIV-1）的早期基因。随着染色质免疫沉淀（如 ChIP-ChIP 或 ChIP-seq）、新生转录本测序及核内转录流测定（GRO-seq）等基因组规模技术的发展，现在明显地发现在许多活跃与非活跃基因的起始位点下游 30 ～ 50 个核苷酸处存在启动和启动子近端暂停的 RNAP Ⅱ，从而推断大部分基因的转录在伸长过程中得到调节（Conaway et al., 2013）。

已有多种证据表明，RNAP Ⅱ从启动子近端暂停的释放需要依赖细胞周期蛋白依赖性激酶 P-TEFb 的介入，P-TEFb 由 CDK9 和细胞周期蛋白 T 组成。P-TEFb 激酶的靶标包括 RNAP Ⅱ的 CTD 和 DSIF 的 SPT5 亚基。尽管 P-TEFb 促进 RNAP Ⅱ从暂停中释放的详细机制尚不完全明确，但有证据显示，P-TEFb 依赖的磷酸化至少部分通过促进转录延伸因子复合体 NELF 与暂停的 RNAP Ⅱ解离，并将 DSIF 从阻碍因子转变为提高 RNAP Ⅱ伸长速率的因素来促进 RNAP Ⅱ从暂停中的释放。最近的研究发现，P-TEFb 在 RNAP Ⅱ释放中的作用涉及其作为超伸长复合物（SECs）的更大多亚基复合物中的一个组成部分，这些复合物由 P-TEFb、三个 ELL 家族成员之一、两个 EAF 家族成员之一、两个 AF4 家族成员之一（AFF1 和 AFF4），以及 ENL 或 AF9 构成。ELL 和 EAF 家族成员在这些复合物中与转录中的 RNAP Ⅱ直接相互作用，有效地提高体外转录本伸长速率（Conaway et al., 2013）；ELL 和 EAF 家族成员也是所谓的小伸长复合物（LECs）的组成部分，它们与 snRNA 基因调控有关（Smith et al., 2011）。除 P-TEFb 以及 ELL 和 EAF 家族成员以外的 SEC 亚基的生化功能尚未明确定义。编码 ELL 和其他 SEC 成分的基因，包括 *AFF1*、*AFF4*、*ENL* 和 *AF9*，已被发现为各种白血病中 *MLL* 基因的易位伴侣。由此产生的 MLL 融合蛋白可以组装成 SEC，并且已经发现由产生的突变 SEC 激活的异常 RNAP Ⅱ转录有助于白血病的发展（Conaway et al., 2013）。

RNAP Ⅱ的启动子附近的暂停和暂停的 RNAP Ⅱ释放到转录延伸是转录控制的一个重要机制。中介体参与释放暂停的 RNAP Ⅱ，并促进了转录延伸。例如，2011 年，有研究结果表明，RNAP Ⅱ的延伸与中介体依赖的超延伸复合物（SECs）的募集有关，这些 SECs 包括白血病（ ELL）家族中的富含 11 ～ 19 个赖氨酸的成员及其结合伙伴 ELL 相关因子（EAFs）、正转录延伸因子 b（P-TEFb）和其他蛋白。MED26 的 N 端含有 SEC 和另一个含有 ELL / EAF 的复合物的对接位点，以及一般的转录起始因子 TFⅡD。因此，它可能是一个分子开关，首先与转录前起始复合物中的 TFⅡD 结合，然后与 SECsfor RNAP Ⅱ延伸交换。

研究表明 CDK8 模块也参与转录延伸。最初，CDK8 模块被描述为转录的辅阻遏物，因为 CDK8 对 RNAPⅡC 端结构域和 TFⅡH 的磷酸化，可以阻断转录起始复合物的组装和功能。然而，以前发现 CDK8 也存在于血清激活的基因启动子，这表明 CDK8 在转录过程中具有积极的功能。CDK8 的缺失并不影响 RNAP Ⅱ对基因启动子的募集或 RNAP Ⅱ的整体基因内占位，而是导致 P-TEFb 和 BRD4 对 RNAP Ⅱ延伸所需的 CDK7 和 CDK9 的募集受损。CDK8

对于 HIF1A 染色质结合是可有可无的，但对于低氧应答中 SEC 与 RNAP Ⅱ延伸的结合是必需的。

MED23 亚基也调控转录，即在募集后步骤控制 MAPK - Elk1 激活的 *Egr1* 基因。有研究表明，在血清刺激下，MED23 缺失破坏 Elk1 -中介体相互作用，阻止预结合的 RNAP Ⅱ释放到延伸体。研究证明，在未受刺激的条件下，*Egr1* 的表达在 MED23 缺失的细胞中大量减少，而 RNAP Ⅱ、GTFs、Mediator 或 Egr1 启动子上的激活剂 Elk1 的占有率保持不变。MED23 通过与 CDK9 亚基的直接相互作用招募延伸因子 P - TEFb 来控制转录的基础水平。最近，中介体和转录终止之间的关系也被揭示。MED18 在酵母中具有终止作用。在没有 MED18 的情况下，终止因子和 RNAP Ⅱ招募到基因的 3′ 端受到影响，并且在体外发现了一个通读表型。因此，中介体不仅调控转录延伸，也调控转录终止（Soutourina, 2018）。

在后生动物中，RNAP Ⅱ酶在转录 30 ～ 60 个核苷酸后可以暂停；这些暂停的 RNAP Ⅱ复合物在整个基因组的启动子近端位点被广泛观察到，从而将暂停的 RNAP Ⅱ复合物建立为常见的调节中间体。尽管中介体似乎调节 RNAP Ⅱ暂停和 / 或暂停释放，但分子机制尚不清楚。

虽然已有证据显示，在 POLR2M 的存在下，中介体能够调节转录前起始复合物（PIC）的组装，但生化分析、基因表达测定、染色质免疫沉淀测序（ChIP-seq）等数据进一步表明，中介体可能在 RNA 聚合酶Ⅱ（RNAP Ⅱ）的暂停及其伸长过程中发挥调控作用。体外转录实验揭示，POLR2M 至少在一定程度上通过转录终止因子 2（TTF2）来阻断暂停终止，从而稳定 RNAP Ⅱ的暂停状态。此外，POLR2M 在整个基因组中与暂停的 RNAP Ⅱ共定位，并且其表达抑制导致暂停位点下游的 RNAP Ⅱ密度显著增加（Cheng et al., 2012）。这些发现凸显了中介体在激活含有 RNAR2M 的 PIC 中的关键作用，并暗示了中介体在调节 RNAP Ⅱ暂停和伸长方面可能具有更广泛的功能。

关于中介体促进调节 RNAP Ⅱ暂停和延伸机制的更多细节尚未完全揭示。除 POLR2M 和 SEC 外，已有研究表明其他多个因素也与调节因子在机制上存在联系，包括内聚素、ELL3、TF Ⅱ S 以及 DRB 敏感性诱导因子（DSIF）。这种复杂且不断扩展的因子网络及其调控作用的持续出现，以及 RNAP Ⅱ引发和伸长机制的动态性和显著的组合特性，表明详细描述特定机制细节将需要结合结构、细胞和生化研究，包括重建体外转录系统的进一步研究（Allen, 2015）。综上所述，中介体在转录起始、延伸、终止、mRNA 剪接加工和表观遗传学调控等多个方面都发挥了重要作用。

10.2.2 提高细胞渗透压胁迫耐受

在真核细胞中，应激激活蛋白激酶（SAPKs）扮演着至关重要的角色，以适应细胞外刺激。在高渗透压环境下，一个保守的 SAPKs 家族，包括哺乳动物的 p38 和酵母的 Hog1，迅速激活，启动了适应性反应。在酿酒酵母中，Hog1 SAPK 触发一系列细胞程序，使细胞能够在极端渗透压下生存，这主要通过调整基因表达来实现。据研究，SAPKs 能够通过直接磷酸化转录因子（包括激活因子和抑制因子）来调控基因表达，并且影响染色质重塑和结构。特别是在酵母中，Hog1 在渗透压应激下被密集招募到染色质，并参与基因表达的调节。Hog1 结合到染色质后，不仅在转录延伸中起作用，还通过多种机制调节转录起始：包括对转录因子（如 Sko1 和 Smp1）的直接磷酸化，招募 Rpd3 组蛋白去乙酰化酶复合体，促进启动子处染色质的修饰，以及刺激 RNA 聚合酶Ⅱ（RNAPⅡ）的招募。因此，Hog1 在应激反应启动子的特异性染色质结合中显示出其在转录起始调控中的关键作用。基因表达的调控是细胞响应环境变化的关键。应激激活蛋白激酶（SAPK）控制的基因表达对细胞的适应和生存至关重要。系统的遗传分析确定了在高渗透压下支持细胞活力所需的三种主要转录复合体：Hog1 介导的转录起始的 Rpd3 复合体、SAGA 和中介体复合体。SAGA 是一个多亚基蛋白复合物，参与多个转录过程，包括 TATA 结合蛋白的递送。尽管 SAGA 和 TFⅡD 共享一组亚基，但它们似乎调控不同类型的基因。SAGA 调控的基因涉及多种应激反应，对适当的渗透压反应至关重要。以前的研究表明，Sko1 依赖性基因激活时，SAGA 被招募。然而，SAGA 在渗透应激转录中的作用以及其如何定位到渗透压启动子尚不清楚。研究表明，SAGA 被招募到由 Sko1 控制的基因中，同时也被其他转录因子（如 Hot1 或 Msn2 和 Msn4）招募。因此，SAGA 在渗透压应激基因表达中起着重要作用，其功能独立于存在于启动子上的激活因子。值得注意的是，Hog1 在压力下被招募至应激启动子，与渗透反应启动子结合后，它充当转录激活蛋白。ChIP 分析表明，Hog1 的招募先于并独立于 SAGA 和中介体，而这两种复合体的招募都依赖于 Hog1。相应地，Hog1 能够与 SAGA 和中介体共同存在。

最近研究显示，除了与渗透应激启动子结合外，Hog1 还存在于应激基因的编码区域（Proft et al., 2006）。Hog1 与 SAGA 和中介体的募集共存并介导的事实表明，这些复合物的结合可能不仅限于启动子。ChIP 分析表明，SAGA 和中介体的结合也确实发生在渗透应激基因的编码区域。中介体和 SAGA 存在于活跃转录基因的许多编码区域（Govind et al., 2007）。

中介体对于轻度和重度的渗透胁迫均是必不可少的，而 SAGA 在严重的渗透压下才显得不可或缺。尽管 SAGA 在轻度至重度的渗透压下都被募集，但它主要对严重应激下的细胞存活起决定性作用，SAGA 的缺失会改变轻度渗透压下的基因表达模式。因此，SAGA 和中介体的招募与应激基因的招募模式相似，它们的招募过程依赖于 Hog1 的活动。有趣的是，虽然 SAGA 的结合总是独立于介质在渗透应激下的观察结果，但在严重的渗透应激条件下，SAGA 突变株中的中介体结合会减少。值得注意的是，SAGA 和中介体在严重的渗透压条件下能够相互作用，并且这种相互作用似乎与 Hog1 无关。归纳出 SAGA 和中介体在渗透压下基因表达中的作用机制：Hog1 被招募到启动子中可以促进 SAGA 和中介体与启动子的结合。在轻度应激条件下，存在一个冗余机制导致中介体的招募，这既依赖又独立于 SAGA（可能通过与 RNA 聚合酶Ⅱ直接绑定）。在严重的应激条件下，SAGA 提供了一条独特的路径，使得中介体的招募成为可能，这表明 Hog1 与中介体的结合是间接的，且由 SAGA 介导，至少在严重的渗透压下是这样。在这种情况下，缺乏 SAGA 会导致启动子的中介体招募减少，进而影响到 RNA 聚合酶Ⅱ的招募，从而严重损害转录活动。此外，中介体尾部亚基 MED3 或 MED15 的缺失会降低对渗透应激的抵抗力（Zhu et al., 2015）。

10.2.3 提高细胞酸胁迫耐受

为了适应环境变化以确保生存和繁衍，自然界的生物体必须对环境压力作出响应。当细胞遭受环境压力，如有毒物质 [包括有毒金属离子如银离子（Ag^+）、汞离子（Hg^{2+}）等以及有机溶剂如乙醇、甲醇等]、温度波动或环境 pH 的变化时，将触发一系列生化和基因表达的变化。例如，酿酒酵母能在各种 pH 条件下生存，但酸性环境相较于碱性环境更有利于其生长。研究发现，约 100 个基因的表达随 pH 的变化而变化。特别地，在酵母细胞中，研究人员通过将细胞人工暴露于弱有机酸中（这些弱有机酸常用作食品防腐剂和除草剂）来研究其对酸胁迫的反应。在弱酸环境下，酵母细胞膜的通透性增加、阴离子的排除能力增强，以及分解防腐剂的能力提升，并且基因表达也发生了改变。全基因组分析和功能性筛选揭示了参与响应乳酸、醋酸和盐酸的基因，这些基因调控的过程涉及细胞壁结构的改变、金属代谢相关基因的表达调控，以及液泡 H^+-ATP 酶（V-ATPase）和高渗透压响应（HOG）MAPK 途径蛋白质的水平变化。实验室进化、诱变育种和全局转录机器工程也常被用于提高微生物的酸胁迫耐受能力（Fletcher et al., 2017）。但是，这些改进微生物适应性能的方法，存在不定向性、工作量大和最终获得的优良性能难以应用到其他菌株的缺点，限制了这些方法的应用性。所以，为了更好地解决上述问题，需要开发简便的新策略——中介体工程，从基因水平和转录水平上调控细胞的胁迫响应途径，增强微生物胁迫耐受能力。

已有研究发现中介体对酵母响应环境胁迫起重要作用，如酿酒酵母中中介体头部亚基 Med18、Med19 和 Med20，以及尾部亚基 Med3 和 Med15 参与激活氧胁迫和高渗胁迫响应基因的表达，进而影响细胞的胁迫耐受能力（Lee et al., 2013; Zhu et al., 2015）。研究发现，光滑球拟酵母中的中介体 Med15 参与调节药物外排蛋白编码基因的表达，影响细胞的药物胁迫耐受能力。

最近有研究表明 *Med15B* 基因对于酸性条件下酵母细胞耐受具有重要作用。*Med15B* 基因的缺失强烈影响酸性环境下膜脂的生物合成和代谢。Med15B 会影响麦角甾醇的生物合成。缺乏 *Med15B* 基因的细胞不能催化酶甾醇转化为粪甾醇和麦角甾醇，这会导致酶甾醇的积累。Med15B 蛋白对从酶甾醇到粪甾醇和麦角甾醇的甾醇生物合成至关重要，对调节细胞膜甾醇的类型和数量具有重要意义。在低 pH 值下，Med15B 似乎有助于磷脂酸（PA）的生物合成，从而可能增强其他磷脂的生物合成。Med15B 在低 pH 胁迫诱导条件下对膜功能至关重要。细胞膜的组成成分是膜结构和功能的基础，以下从细胞膜结构的完整性、细胞膜的流动性和细胞膜质子转运泵三个方面来详细介绍：①细胞膜是微生物抵御外界环境胁迫的天然生物屏障，细胞膜脂质组分的组成、比例和结构的改变会影响其生理功能，Med15B 对低 pH 条件下维持细胞膜完整性起重要作用，敲除 *Med15B* 基因导致低 pH 胁迫下细胞膜显著损伤，而过表达 *Med15B* 能增强细胞膜的完整性；②随着环境 pH 下降，细胞膜的流动性降低，而过表达 *Med15B* 能够提高低 pH 胁迫下细胞膜的流动性；③随着环境 pH 降低，菌株能够通过提高细胞膜 H^+-ATPase 的活性来响应酸胁迫引起的胞内质子堆积，过表达 *Med15B* 能够提高

细胞膜 H^+-ATPase 活性，增强菌株响应低 pH 胁迫的能力。

总的来说，特别是在酸性条件下，缺乏 *Med15B* 基因的细胞在细胞膜的完整性和流动性以及 H^+-ATP 酶的活性方面存在缺陷。所以维持 *Med15B* 基因的高水平表达对于提高酸胁迫耐受具有关键性作用。

10.2.4 提高细胞氧化胁迫耐受

在衰老或对环境压力的反应中，通常会观察到活性氧（ROS）水平升高。高 ROS 水平会导致脂质氧化、蛋白质聚集和 DNA 损伤，导致应激反应途径的激活。如果损伤太大，细胞将启动程序性细胞死亡（PCD）途径。应激反应途径的早期步骤是广泛的线粒体碎裂或裂变。一些研究支持一种模型，即超裂变有助于促进线粒体外膜通透性，导致促凋亡因子的释放和半胱天冬酶活化。

调控中介体亚基可能是增强微生物胁迫耐受能力的一种有效方法。如在酿酒酵母中，中介体亚基 Med18、Med19 和 Med20 激活细胞色素 C1 (*CYC1*) 基因的表达，细胞色素 C1 是一种凋亡调控和凋亡信号转导相关蛋白，它的表达促进了细胞凋亡，导致细胞在氧胁迫下的存活能力下降（Lee et al., 2013）。另外，中介体的一部分，称为“Med15 模块”，由 Med2、Med3（别名 Pgd1）和 Med15（别名 Gal11）组成，这三种蛋白质对许多基因的调控转录非常重要，可与许多转录激活子相互作用，包括 Gal4、Gcn4、Pdr1、Oaf1 和 Oaf1。在氧胁迫条件下，中介体尾部亚基 Med2、Med3 和 Med15 能形成类淀粉复合体，使得 Med15 模块失活，而 Med15 模块亚基缺失又导致模块的不稳定和对环境变化的转录反应减弱，进而导致酿酒酵母对氧胁迫的耐受能力下降（Zhu et al., 2015）。

与氧化胁迫相关的中介体成分还包括 CDK8 激酶模块。在酵母和哺乳动物细胞中，细胞周期蛋白 C-CDK8 通过与 RNA 聚合酶Ⅱ全酶结合来调节转录。除了 CDK8p 之外，细胞周期蛋白 C 还与 CDK8 模块的复合物中的另外两种蛋白质（Med12p 和 Med13p）相关。该模块高度保守，其游离或与中介体相关。在细胞经历氧化胁迫时，细胞周期蛋白 C 会从细胞核转移到细胞质，从而触发线粒体裂变并促进程序性细胞死亡，而从细胞核释放细胞周期蛋白 C 涉及其被 Slt2p 磷酸化和 Med13p 的破坏（Khakhina et al., 2014）。

综上所述，可能会提高细胞的氧化胁迫耐受能力的方法有三种：①改造 Med15 模块亚基，防止淀粉样复合体的出现；②改造 Med18、Med19 和 Med20 结构来抑制 CYC1 的表达；③维持 Med13p 的稳定性，减少细胞周期蛋白 C 从细胞核转移到细胞质。

10.2.5 调节细胞生长

中介体复合体与细胞命运的主调控因子之间的相互作用具有极其重要的意义。一些被称为“主调控因子”的转录因子能够确定特定的细胞谱系。例如，MyoD、PPARγ 和 Runx2 分别负责控制骨骼肌、脂肪细胞和骨细胞的分化过程。此外，Oct4（也称为 Pou5f1）、Sox2、 c-Myc 和 Klf4 能够重编程多种体细胞，使其转变为多能干细胞。2010 年的研究进一步发现，多种转录因子能够将成纤维细胞转化为心肌细胞、血细胞、神经元和肝细胞等。一旦鉴定并过度表达了这些关键的转录调控因子，细胞的命运便可被重新编程。自从中介体复合体被发现以来，已经有多个主调控因子被发现能够靶向中介体的一个或多个亚基，从而调节其转录活性。因此，中介体复合体被认为是细胞命运决定过程中的主要协调者。例如，脂肪细胞的主调控因子 PPARγ 靶向的 MED1，以及与红细胞调节因子 GATA1 之间的相互作用，是决定血细胞谱系发展的关键。PPARγ 和 GATA1 的作用在发展的时间和空间上分开，因此不太可能同时影响同一细胞系，这样避免了细胞身份的混乱。此外，中介体尾部亚基 MED23 的存在或缺失可调节间充质干细胞分化为脂肪细胞或平滑肌细胞。其他例子包括软骨形成主调控因子 Sox9 与 MED12 和 MED25 的相互作用。

中介体复合体还与“超级增强子”的形成密切相关。研究表明，中介体复合体能够促进由其和主调控因子共同占据的“超级增强子”的形成，这些增强子控制关键的细胞身份基因，在不同的细胞类型中发挥作用。例如，减少中介体或主转录因子的水平会优先降低谱系特异性基因的表达，这为中介体在发育中的功能提供了新的机制见解。在表观遗传调控方面，细胞特异性的转录模式不仅由主要调节因子的活性或表达决定，表观遗传学也发挥了关键作用。

最近的研究发现了中介体复合体与表观遗传调控因子之间的联系。例如，神经元特异性阻遏蛋白 REST 与中介体亚基 MED19 和 MED26 结合，通过与 MED12-G9a 的相互作用招募组蛋白 H3K9 甲基转移酶 G9a（也称为 Ehmt2），抑制非神经元细胞中的神经元基因的表达。此外，中介体的激酶亚基 CDK8 和 CDK19 与组蛋白精氨酸甲基转移酶 PRMT5 和 WD 重复蛋白 77（也称为 MEP50）相互作用，这对招募 DNA 甲基转移酶 DNMT3A 并抑制 C/EBPβ 调控的基因至关重要。这些研究揭示了中介体成分在不同表观遗传事件中的特异性作用，通过招募特定的组蛋白或 DNA 修饰物来影响表观遗传修饰中介体复合体与细胞命运的主调节因子之间的相互作用具有极其重要的意义。

10.3 中介体工程常用策略及原理

10.3.1 中介体表达水平调节

Med15 是酿酒酵母中对环境胁迫反应至关重要的信号传递途径的组成部分，其 KIX 结构域能够通过改造来增强酿酒酵母的胁迫耐受能力，有效地调控酿酒酵母对乙酸、H_2O_2 和 NaCl 等胁迫的反应。为了提升工业菌株的环境胁迫耐受性，已经开发了多种策略，包括适应性实验室进化、人工诱变、工程修复途径和抗性基因表达等。尽管这些策略在一定程度上帮助菌株抵抗环境压力，但由于其耗时、工作量大且表型基因操作复杂，最终难以实现耐受性的进一步提高。因此，研究人员转而关注全局转录调节因子（如 H-NS39、Spt157）、信号通路受体蛋白（如 CRP）和特定的转录因子（如 Cst641 和 Haa142）等。基于此，已经开发出一系列增强细胞生理功能的全局调控策略，包括敲除、过表达、随机诱变和 DNA 编辑等方法。例如，通过表达突变形式的 Spt15[具有 Lys31 → Glu（K31Q）突变]，实现了突变菌株的乙醇耐受性相比野生型提高约 12.6 倍。同样，作为酵母中抵抗环境胁迫的重要全局转录调节因子，中介体尾亚基 Med15 的 KIX 结构域能与转录因子的活性结构域（AD）相互作用，从而改变在环境胁迫响应过程中依赖 Med15 的基因表达水平。例如，在光滑球拟酵母中，Med15 的 KIX 结构域与 Pdr1 的 AD 相互作用，使得外排泵 Pdr5 的表达水平增加了 2.6 倍，进而提高了药物外排速率，并增强了细胞对唑类药物的抗性。

10.3.2 中介体蛋白质结构调节

2020 年齐艳利的研究中，借助蛋白质工程策略，合理操纵 Med15 的 KIX 结构域，有效地增强了酵母对乙酸、H_2O_2 和 NaCl 胁迫的耐受能力，为提高工业菌株耐受性提供了一种潜在的可行方法（齐艳利 , 2020）。

中介体复合物是一种多亚基保守蛋白质复合物，几乎参与真核细胞中所有基因的表达，它组织成四个模块：头、中、尾和周期蛋白依赖性激酶 8 (CDK8)。尾部模块用于招募中介体来激活特定转录因子的基因表达，以响应环境应激（包括氧化、盐、酸和药物）。中介体尾亚基 Med15 最早作为 Gal11 在酿酒酵母中被发现，它包含四个结构域：KIX 结构域和激活子结合结构域（ABD1、ABD2、ABD3）。在哺乳动物和酵母之间，Med15 亚基中转录因子靶向的三螺旋束 KIX 结构域结构是保守的。为了提高酿酒酵母的多维胁迫耐受力，有研究将中介体尾亚基 Med15 的 KIX 结构域确定为关键调控因子，并通过蛋白质工程技术对其进行改造。最后的突变菌株 Med15V76R/R84K 可以增强 Med15 与转录因子之间的相互作用，改变膜的流动性、完整性和通透性，从而提高细胞对酸、氧化和渗透胁迫的耐受性。

研究发现中介体复合物在环境应激反应的基因表达中起着重要作用。为了进一步探索同时调节酸、氧化和渗透胁迫的关键介质复合亚基，检测了 13 个介质亚基对酿酒酵母对乙酸、H_2O_2 和 NaCl 胁迫耐受性的影响。其中，位于尾部模块的亚基 Med15 被发现对酵母的耐受力至关重要。Med15 由一个 KIX 结构域、三个激活子结合结构域（ABD1/2/3）和结构域之间的 Q-rich 连接子组成。Med15 KIX 结构域可以与多种转录因子相互作用，调节应激反应和多药耐药等过程。因此，进一步研究了 KIX 结构域的缺失是否导致了与 Med15 缺失类似的表型，发现 KIX 结构域的缺失降低了细胞对乙酸、H_2O_2 和 NaCl 的耐受性，这与 Med15D 菌株的表型相似。

重要的是，通过补充具有 KIX 结构域的 Med15D 和 KIXD 菌株，细胞在乙酸、H_2O_2 和渗透胁迫下恢复了生长。最后，检测了 Med15D 和 KIXD 菌株中 ARV1、GIT1 和 ntt1 的表达水平，发现这些基因在醋酸、H_2O_2 和 NaCl 条件下被强烈下调，而在用 KIX 结构域补充 Med15D 和 KIXD 时，这些基因的表达水平得到恢复。这些结果表明，Med15 KIX 结构域可以帮助酿酒酵母抵抗乙酸、H_2O_2 和 NaCl 胁迫。

因此，利用 ZDock 分析方法分析了 Med15 KIX 结构域与四种转录因子（Crz1、Hal9、Msn2 和 Asg1) ADs 的相互作用界面。这 4 个转录因子 ADs 靶向的是相同的 Med15 KIX 结构域的疏水性沟槽，Med15 KIX 结构域的残基与 4 个转录因子 ADs 相互作用的残基重叠较强。在此基础上，对 Med15 和从相互作用界面中选择 1 号螺旋上的 6 个残基（N22、L24、L28、I31、N32 和 N35），2 号螺旋上的 6 个残基（K44、I45、H48、N51、F52 和 L56），3 号螺旋上的 8 个残基（E65、M67、S69、E72、V76、M77、Y81 和 R84），然后用丙氨酸取代。

在这些突变中，突变菌株 Med15I31A、Med15H48A、Med15N51A、Med15E72A、Med1 5V76A、Med15Y81A 和 Med15R84A 在乙酸、H_2O_2 和 NaCl 胁迫下的最终生物量均高于 BY4742-13(带有 pY13 质粒的 BY4742)。选择残基 I31、H48、N51、E72、V76、Y81、R84 进行进一步的饱和诱变，得到候选突变体 672 个。其中，在乙酸、H_2O_2 和 NaCl 胁迫下，突变菌株 $Med15^{V76R}$ 和 $Med15^{R84K}$ 的最终生物量均优于突变菌株 $Med15^{V76A}$ 和 $Med15^{R84A}$。在体积分数为 0.3% 的乙酸条件下，突变菌株 $Med15^{V76R}$ 和 $Med15^{R84K}$ 的最终生物量分别为 0.99 和 1.03，分别比 $Med15^{V76A}$(0.89) 和 $Med15^{R84A}$(0.94) 增加了 11.2% 和 9.6%。在 4 mmol/L H_2O_2 条件下，突变菌株 $Med15^{V76R}$ 和 $Med15^{R84K}$ 的最终生物量分别为 1.04 和 1.02，分别比 $Med15^{V76A}$(0.98) 和 $Med15^{R84A}$(0.95) 增加了 5.8% 和 7.5%。在 1.2mol/L NaCl 条件下，突变菌株 $Med15^{V76R}$ 和 $Med15^{R84K}$ 的最终生物量分别为 0.89 和 0.83，分别比 $Med15^{V76A}$(0.82) 和 $Med15^{R84A}$(0.78) 增加了 8.5% 和 6.4%。此外，还研究了双突变体是否进一步提高了抗应力能力。构建了突变菌株 $Med15^{V76R/R84K}$，并在应力条件下进行了广泛的特性分析。在体积分数为 0.3% 的乙酸条件下，双突变菌株 $Med15^{V76R/R84K}$ 的最终生物量为 1.19，分别比 $Med15^{V76R}$、$Med15^{R84K}$ 和 BY4742-13 的生物量增加了 20.2%、15.5% 和 67.6%。在 4 mmol/L H_2O_2 条件下，双突变菌株 $Med15^{V76R/R84K}$ 的最终生物量为 1.10，分别比 $Med15^{V76R}$、Med1 5^{R84K} 和 BY4742-13 的生物量增加 5.8%、7.8% 和 44.7%。在 1.2 mol/L NaCl 条件下，双突变菌株 $Med15^{V76R/R84K}$ 的最终生物量为 0.96，分别比 $Med15^{V76R}$、$Med15^{R84K}$ 和 BY4742-13 的生物量增加了 7.9%、15.7% 和 52.4%。

与 BY4742-13 相比，突变菌株 $Med15^{V76R/R84K}$ 对乙酸、H_2O_2 和 NaCl 的半数抑制浓度（IC_{50}）分别提高了 28.0%、21.4% 和 27.8%。细胞内活性氧（ROS）水平受所有胁迫条件的影响，发现突变菌株 $Med15^{V76R/R84K}$ 的 ROS 水平在乙酸、H_2O_2 和 NaCl 条件下分别比 BY4742-13 降低了 40.2%、48.7% 和 30.8%。此外，突变菌株 $Med15^{V76R/R84K}$ 在醋酸、H_2O_2 和 NaCl 条件下细胞存活率分别提高了 18.4%、36.7% 和 22.5%，这也得到了场发射扫描电镜（FE-SEM）的证实。值得注意的是，BY4742-13 和突变菌株 $Med15^{V76R/R84K}$ 在无应力条件的 YNB 培养基中表现出相似的健康膜形态。BY4742-13 在乙酸、H_2O_2 和 NaCl 条件下表现出粗糙破碎的膜形态，而突变菌株 $Med15^{V76R/R84K}$ 几乎没有膜损伤的迹象。这些结果表明，$Med15^{V76R/R84K}$ 可以同时增强酵母对酸、氧化和渗透胁迫的耐受性。

10.4 应用案例：工程 Med15 调节细胞高渗胁迫耐受能力

10.4.1 Med15 对光滑球拟酵母高渗耐受能力的影响

光滑球拟酵母是一种兼性厌氧的单倍体酵母，广泛用于工业生产苹果酸、富马酸和丙酮酸等有机酸。在有机酸生产的过程中，发酵液渗透压会随着有机酸的积累和 pH 中和剂的流加而不断升高，不仅会抑制菌体的生长还会导致生产能力的下降，从而成为限制光滑球拟酵母生产有机酸的关键因素。微生物耐受高渗胁迫的生理机制主要包括：增强细胞壁和细胞膜保护功能，在胞内积累相容性溶质，修复受损伤的 DNA，级联激活信号转导系统，表达调控特定转录因子或全局转录因子。而中介体复合物作为真核生物中的转录共激活因子，可以从转录全局角度参与功能基因的表达，从而使菌株耐受环境胁迫（Allen et al., 2015）。

（1）Med15B 对光滑球拟酵母高渗胁迫耐受性的影响

根据文献调研，发现中介体尾部模块的亚基对微生物响应环境胁迫起重要作用。为了研究高渗胁迫下，中介体尾部亚基对光滑球拟酵母耐受能力的影响，以光滑球拟酵母 ATCC55（*HTU*Δ）为出发菌株，敲除尾部亚基 Med2、Med3A、Med3B、Med15A、Med15B 和 Med16 的编码基因，构建相应的单亚基敲除菌株：*med2*Δ、*med3A*Δ、*med3B*Δ、*med15A*Δ、*med15B*Δ 和 *med16*Δ。并通过平板生长实验，检测高渗胁迫条件下，这些亚基缺失菌株的生长情况。如图 10-7 所示，发现：当培养基中的 NaCl 浓度为 1.2 mol/L 时，与 *HTU*Δ 相比，*med15B*Δ 的生长受到最显著抑制。上述结果表明，Med15B 可能是参与光滑球拟酵母高渗胁迫响应的关键亚基。

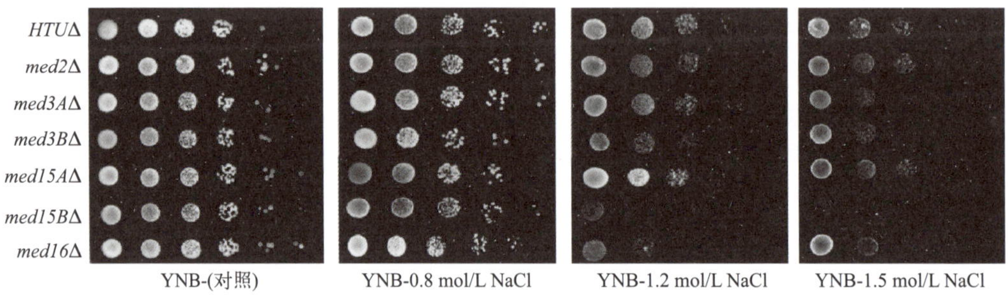

图 10-7　不同中介体亚基对 NaCl 耐受的影响

（2）Med15B 对光滑球拟酵母高渗胁迫下生长能力的影响

为了研究过表达 Med15B 对光滑球拟酵母高渗耐受能力的影响，在出发菌株光滑球拟酵母 ATCC55（*HTU*Δ）中过表达基因 *Med15B*，构建了过表达菌株（*HTU*Δ/*CgMed15B*）。检测在不添加NaCl或NaCl浓度为1.2 mol/L时 *HTU*Δ、*med15B*Δ 和 *HTU*Δ/*CgMed15B* 的生长曲线。如图 10-8 所示，发现：在不添加 NaCl 的条件下，与 *HTU*Δ 相比，*med15B*Δ 的最终生物量降低了 7.2%，而 *HTU*Δ/*CgMed15B* 的最终生物量提高了 30.7%［图 10-8（a）］；在 1.2 mol/L 的 NaCl 条件下，与 *HTU*Δ 相比，*med15B*Δ 与 *HTU*Δ/*CgMed15B* 的最终生物量分别降低了 24.9% 和 52.9%［图 10-8（b）］；与不添加 NaCl 条件下相比，在 1.2 mol/L 的 NaCl 条件，*HTU*Δ、*med15B*Δ 与 *HTU*Δ/*CgMed15B* 的最终生物量分别降低了 56.9%、65.1% 和 84.5%。上述结果表明，Med15B 对菌株响应高渗胁迫起重要作用；过表达 Med15B 能够增强光滑球拟酵母在无胁迫条件下的生长能力；而敲除和过表达 Med15B 都会降低菌株在高渗胁迫条件下的生长能力，其中过表达菌株的生长能力低于敲除菌株。分析过表达 Med15B 显著降低菌株对高渗胁迫的耐受能力原因，可能是强启动子高水平表达 Med15B 蛋白，对菌体产生负荷，抑制了菌体在高渗胁迫条件下的生长能力。

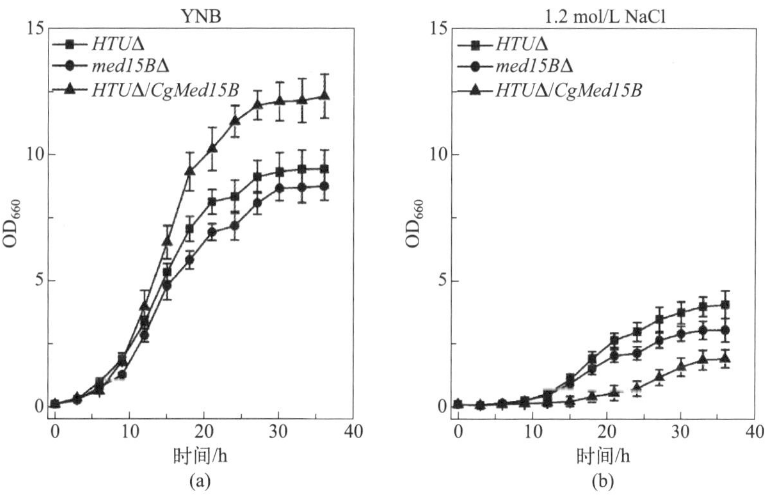

图 10-8　Med15B 对菌株在高渗胁迫下生长的影响

（3）Med15B 对光滑球拟酵母高渗胁迫下存活率的影响

为了研究高渗胁迫下，Med15B 对光滑球拟酵母存活率的影响，检测了不同 NaCl 浓度下 *HTU*Δ、*med15B*Δ 与 *HTU*Δ/*CgMed15B* 的存活率。如图 10-9 所示，研究发现：①随着培养基中 NaCl 浓度的增加，*HTU*Δ、*med15B*Δ 与 *HTU*Δ/*CgMed15B* 的存活率都呈现急剧下降；②在 1.2 mol/L 的 NaCl 条件下，*HTU*Δ、*med15B*Δ 与 *HTU*Δ/*CgMed15B* 的存活率分别为 43.5%、32.8% 和 26.8%；与 *HTU*Δ 相比，*med15B*Δ 和 *HTU*Δ/*CgMed15B* 的存活率分别下降了 24.6% 和 38.4%。结果表明：Med15B 对光滑球拟酵母在高渗胁迫下的生长能力和耐受能力起重要作用，敲除和过表达 *CgMed15B* 基因都降低了菌株在高渗胁迫下的存活率。

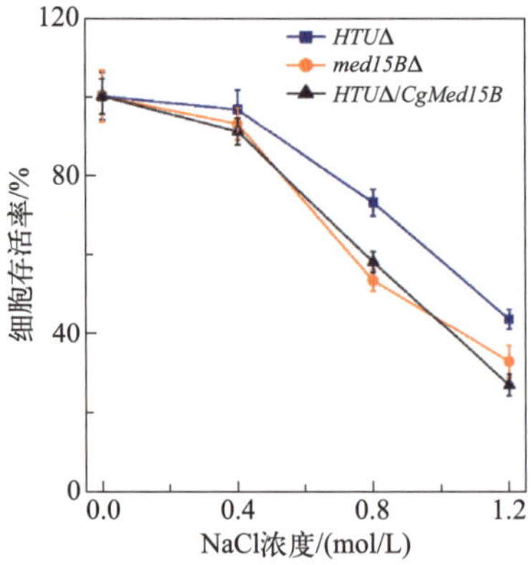

图 10-9　Med15B 对菌株在高渗胁迫下存活率的影响

10.4.2　高渗胁迫下 Med15B 对光滑球拟酵母生理参数的影响

（1）Med15B 对高渗胁迫下光滑球拟酵母胞内 Na^+/K^+ 水平的影响

酵母细胞中存在钠钾泵（sodium-potassium pump）简称钠泵，即 Na^+, K^+-ATP 酶为细胞膜中存在的一种特殊蛋白质，可以分解 ATP 获得能量，并利用此能量进行 Na^+、K^+ 的主动转运，即能逆浓度梯度把 Na^+ 从细胞内转运到细胞外，把 K^+ 从细胞外转运入细胞内，ATP 酶的主要作用是控制细胞膜内外的 K^+、Na^+ 的浓度差，维持细胞内外液的渗透压。

为了研究高渗胁迫下，Med15B 对光滑球拟酵母胞内环境的影响，检测了在不添加 NaCl 或 NaCl 浓度为 1.2 mol/L 时 *HTU*Δ、*med15B*Δ 与 *HTU*Δ/*CgMed15B* 的胞内 Na^+/K^+ 水平。如图 10-10（a）所示，发现：①在无胁迫条件下，*HTU*Δ、*med15B*Δ 与 *HTU*Δ/*CgMed15B* 的胞内 Na^+/K^+ 无显著差异，均小于 0.2；②添加 1.2 mol/L 的 NaCl，随着胁迫时间增长，*HTU*Δ、*med15B*Δ 与 *HTU*Δ/*CgMed15B* 的胞内 Na^+/K^+ 都呈上升趋势，与 *HTU*Δ 相比，*med15B*Δ 和 *HTU*Δ/*CgMed15B* 的胞内 Na^+/K^+ 上升更快；③胁迫处理 6 h 后，与 *HTU*Δ 相比，*med15B*Δ 的胞内 Na^+/K^+ 提高了 61.7%，*HTU*Δ/*CgMed15B* 的胞内 Na^+/K^+ 提高了 72.4%；④胁迫处理 8 h 后，*med15B*Δ 和 *HTU*Δ/*CgMED15B* 的胞内 Na^+/K^+ 均有回落，与 *HTU*Δ 相比，分别上升 13.9% 和 23.1%。结果表明：Med15B 的缺失和过表达导致菌株在高渗胁迫下无法有效地应对 Na^+ 的涌入，导致胞内 Na^+/K^+ 升高，抑制了细胞的生长。

（2）Med15B 对高渗胁迫下光滑球拟酵母 Na^+/K^+-ATPase 活性的影响

进一步检测 Med15B 对光滑球拟酵母在高渗胁迫下 Na^+/K^+-ATPase 活性的影响。如图 10-10（b）所示，发现：①在不添加 NaCl 的条件下，与 *HTU*Δ 相比，*med15B*Δ 的 Na^+/K^+-ATPase 活性降低了 7.2%，而 *HTU*Δ/*CgMed15B* 的 Na^+/K^+-ATPase 活性提高了 22.2%；②在 1.2 mol/L 的 NaCl 条件下，与 *HTU*Δ 相比，*med15B*Δ 与 *HTU*Δ/*CgMed15B* 的 Na^+/K^+-ATPase 活性分别降低了 45.3% 和 26.2%；③与不添加 NaCl 条件下相比，1.2 mol/L 的 NaCl 胁迫条件下，*HTU*Δ、*med15B*Δ 与 *HTU*Δ/*CgMed15B* 的 Na^+/K^+-ATPase 分别提高了 186.5%、116.5% 和 73.3%。结

果表明：缺失和过表达 Med15B 都会降低菌株在高渗胁迫下的 Na^+/K^+-ATPase 活性，这可能是高渗胁迫下敲除和过表达菌株胞内 Na^+/K^+ 急剧升高的原因。

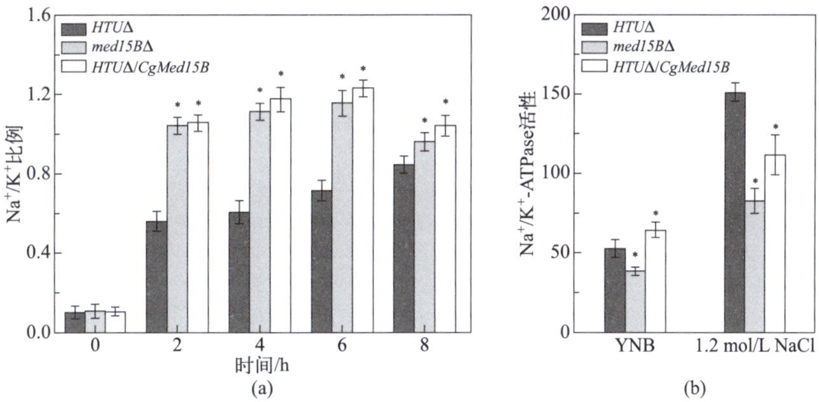

图 10-10　Med15B 对菌株在高渗胁迫下生理参数的影响

10.4.3　Med15B 对光滑球拟酵母在高渗胁迫下细胞膜生理特性的影响

微生物细胞膜作为天然的保护屏障能够将细胞质与外界环境分隔开，形成一个相对稳定的微环境区域，维持胞内各种生化反应的正常进行（Robertson, 2018）。在工业生产过程中，复杂的环境胁迫主要通过损伤细胞膜，引起细胞膜功能紊乱，来抑制微生物细胞的正常生长和代谢。常见的工业生产的有毒物质对细胞膜的影响，主要表现为细胞膜损伤，引起细胞膜生理功能（完整性、流动性和通透性）紊乱，从而影响工业微生物的存活能力，这是因为微生物细胞的存活能力很大程度上依赖于细胞膜稳态和细胞膜中脂质与蛋白质的相互作用。细胞膜参与多种生理活动，比如能量代谢、溶质转运、信号转导、胁迫抗性、细胞生长和化学品生产。

（1）Med15B 对高渗胁迫下光滑球拟酵母细胞膜脂肪酸合成的影响

已有研究发现改变细胞膜脂肪酸组分可以改善细胞膜生理特性，有助于增强菌株的高渗耐受能力（Zhu et al., 2020），所以，检测了在不添加 NaCl 或 NaCl 浓度为 1.2 mol/L 时 *HTU*Δ、*med15B*Δ 与 *HTU*Δ/*CgMed15B* 的细胞膜脂肪酸组分，对主要脂肪酸成分 $C_{16:0}$、$C_{16:1}$、$C_{18:0}$ 和 $C_{18:1}$(Holthuis et al., 2014) 进行了分析。如图 10-11 所示，发现：①在不添加 NaCl 的条件下，与 *HTU*Δ 相比，$C_{16:0}$、$C_{16:1}$、$C_{18:0}$ 和 $C_{18:1}$ 的比例在 *med15B*Δ 中分别提高了 −46.9%、7.2%、0.3% 和 31.2%，在 *HTU*Δ/*CgMed15B* 中分别提高了 6.3%、4.6%、51.6% 和 35.3%；与 *HTU*Δ 相比，*med15B*Δ 中不饱和脂肪酸与饱和脂肪酸的比值（UFA/SFA ratio）提高了 50.8%，而在 *HTU*Δ/*CgMed15B* 中降低了 10.7%；另外与 *HTU*Δ 相比，*med15B*Δ 和 *HTU*Δ/*CgMed15B* 中 C_{18} 与 C_{16} 的比值分别提高 22.9% 和 30.8%（图 10-11)；②在 1.2 mol/L 的 NaCl 条件下，与 *HTU*Δ 相比，$C_{16:0}$、$C_{16:1}$、$C_{18:0}$ 和 $C_{18:1}$ 的比例在 *med15B*Δ 中分别提高了

35.9%、6.0%、86.0% 和 −9.3%，在 *HTUΔ/CgMed15B* 中分别提高了 153.6%、−2.6%、46.2% 和 −27.8%；与 *HTUΔ* 相比，*med15BΔ* 和 *HTUΔ/CgMed15B* 中不饱和脂肪酸与饱和脂肪酸的比值分别降低 36.8% 和 57.4%，C_{18} 与 C_{16} 的比值分别降低 10.9% 和 26.8%（图 10-11）。结果表明：在高渗胁迫条件下，敲除和过表达 *Med15B* 基因都会降低菌株的长链脂肪酸和不饱和脂肪酸的含量，可能会影响菌株细胞膜的生理特性。

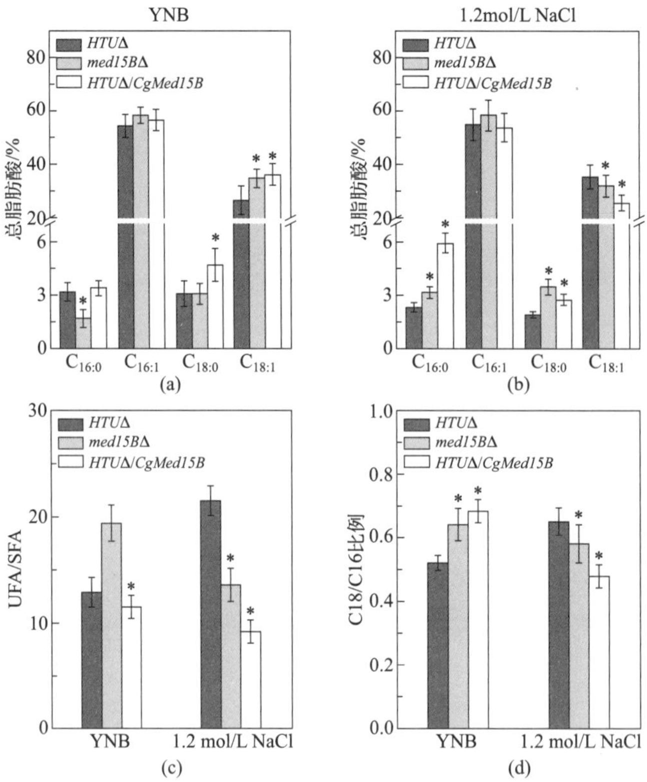

图 10-11 Med15B 对菌株脂肪酸含量的影响

（2）Med15B 对高渗胁迫下细胞膜完整性的影响

为了研究敲除和过表达 *Med15B* 基因引起的高渗胁迫下脂肪酸组分的变化是否会引起细胞膜生理功能变化，检测了在不添加 NaCl 或 NaCl 浓度为 1.2 mol/L 时 *HTUΔ*、*med15BΔ* 与 *HTUΔ/CgMed15B* 的细胞膜完整性。如图 10-12（a）所示，发现：①在不添加 NaCl 的条件下，*HTUΔ*、*med15BΔ* 与 *HTUΔ/CgMed15B* 的细胞膜完整性之间无显著差异，且 PI 染色细胞所占比例均小于 2%；②在 1.2 mol/L 的 NaCl 条件下，与 *HTUΔ* 相比，*med15BΔ* 和 *HTUΔ/CgMed15B* 的细胞膜完整性分别下降了 19.5% 和 8%；③与不添加 NaCl 的条件下相比，在 1.2 mol/L 的 NaCl 条件下，*HTUΔ*、*med15BΔ* 和 *HTUΔ/CgMed15B* 的细胞膜完整性分别下降了 16.0%、35.1% 和 7.9%。结果表明：高渗胁迫下菌株的细胞膜完整性显著下降，敲除 *Med15B* 降低了菌株在高渗胁迫下的细胞膜完整性，而过表达 *Med15B* 能增强菌株的细胞膜完整性。

（3）Med15B 对高渗胁迫下细胞膜流动性的影响

利用 TMA-DPH 作为荧光探针，进一步检测了 Med15B 对细胞膜流动性的影响。如图 10-12（b）所示，发现：①在不添加 NaCl 的条件下，与 *HTU*Δ 相比，*med15B*Δ 的细胞膜流动性下降 5.2%，而 *HTU*Δ/*CgMed15B* 的细胞膜流动性无显著变化；②在 1.2 mol/L 的 NaCl 条件下，与 *HTU*Δ 相比，*med15B*Δ 和 *HTU*Δ/*CgMed15B* 的细胞膜流动性分别下降了 12.7% 和 18.2%；③与不添加 NaCl 的条件相比，在 1.2 mol/L 的 NaCl 条件下，*HTU*Δ、*med15B*Δ 和 *HTU*Δ/*CgMed15B* 的细胞膜流动性分别下降了 7.9%、16.8% 和 31.3%。结果表明：在高渗胁迫下，光滑球拟酵母的细胞膜流动性降低，敲除和过表达 *CgMed15B* 都会显著降低细胞膜的流动性。

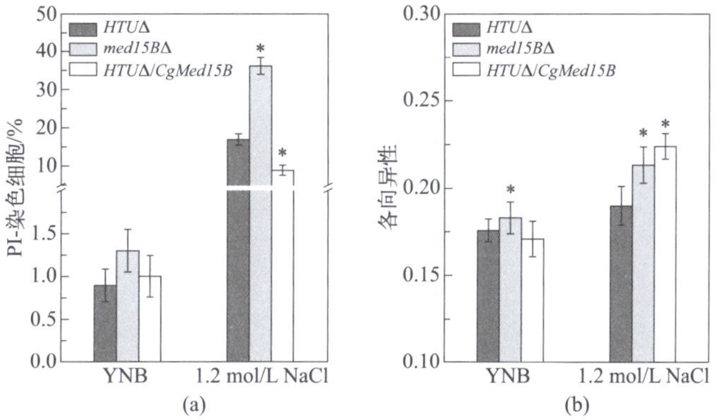

图 10-12　Med15B 对菌株细胞生理特性的影响

10.5 参考文献

齐艳利, 2020. 中介体亚基 Med15 影响酵母胁迫耐受能力的研究. 无锡：江南大学.

Allen B L, Taatjes D J, 2015. The Mediator complex: a central integrator of transcription. Nat Rev Mol Cell Biol, 16(3): 155-166.

Baumli S, Hoeppner S, Cramer P, 2005. A conserved mediator hinge revealed in the structure of the MED7.MED21 (Med7.Srb7) heterodimer. J Biol Chem, 280(18): 18171-18178.

Biddick R, Young E T, 2005. Yeast mediator and its role in transcriptional regulation. C R Biol, 328(9): 773-782.

Boeing S, Rigault C, Heidemann M, et al, 2010. RNA polymerase Ⅱ C-terminal heptarepeat domain Ser-7 phosphorylation is established in a mediator-dependent fashion. J Biol Chem, 285(1): 188-196.

Cevher M A, Shi Y, Li D, et al, 2014. Reconstitution of active human core Mediator complex reveals a critical role of the MED14 subunit. Nat Struct Mol Biol, 21(12): 1028-1034.

Cheng B, Li T, Rahl P B, et al, 2012. Functional association of Gdown1 with RNA polymerase Ⅱ poised on human genes. Mol Cell, 45(1): 38-50.

Conaway R C, Conaway J W, 2013. The Mediator complex and transcription elongation. Biochimica Et Biophysica Acta-Gene Regulatory Mechanisms, 1829(1): 69-75.

Dannappel M V, Sooraj D, Loh J J, et al, 2019. Molecular and *in vivo* functions of the CDK8 and CDK19 kinase modules. Frontiers in Cell and Developmental Biology, 6: 171.

Eick D, Geyer M, 2013. The RNA polymerase Ⅱ carboxy-terminal domain (CTD) code. Chem Rev, 113(11): 8456-8490.

Fletcher E, Feizi A, Bisschops M M M, et al, 2017. Evolutionary engineering reveals divergent paths when yeast is adapted to different acidic environments. Metabolic Engineering, 39: 19-28.

Govind C K, Zhang F, Qiu H, et al, 2007. Gcn5 promotes acetylation, eviction, and methylation of nucleosomes in transcribed coding regions. Mol Cell, 25(1): 31-42.

Harper T M, Taatjes D J, 2018. The complex structure and function of Mediator. J Biol Chem, 293(36): 13778-13785.

Holthuis J C, Menon A K, 2014. Lipid landscapes and pipelines in membrane homeostasis. Nature, 510(7503): 48-57.

Jacobson M P, Tóth-Petróczy Á, Oldfield C J, et al, 2008. Malleable machines in transcription regulation: the mediator complex. PLoS Computational Biology, 4(12): e1000243.

Jeronimo C, Langelier M F, Bataille A R, et al, 2016. Tail and kinase modules differently regulate core mediator recruitment and function *in vivo*. Mol Cell, 64(3): 455-466.

Kagey M H, Newman J J, Bilodeau S, et al. 2010. Mediator and cohesin connect gene expression and chromatin architecture. Nature, 467(7314): 430-435.

Kemmeren P, Sameith K, van de Pasch L A, et al, 2014. Large-scale genetic perturbations reveal regulatory networks and an abundance of gene-specific repressors. Cell, 157(3): 740-752.

Khakhina S, Cooper K F, Strich R, 2014. Med13p prevents mitochondrial fission and programmed cell death in yeast through nuclear retention of cyclin C. Mol Biol Cell, 25(18): 2807-2816.

Knoll E R, Zhu Z I, Sarkar D, et al, 2018. Role of the pre-initiation complex in Mediator recruitment and dynamics. Elife, 7: e39633.

Koschubs T, Lorenzen K, Baumli S, et al, 2010. Preparation and topology of the Mediator middle module. Nucleic Acids Res, 38(10): 3186-3195.

Koschubs T, Seizl M, Larivière L, et al, 2009. Identification, structure, and functional requirement of the Mediator submodule Med7N/31. Embo j, 28(1): 69-80.

Larivière L, Plaschka C, Seizl M, et al, 2012. Structure of the Mediator head module. Nature, 492(7429): 448-451.

Larivière L, Plaschka C, Seizl M, et al, 2013. Model of the Mediator middle module based on protein cross-linking. Nucleic Acids Res, 41(20): 9266-9273.

Lee S K, Chen X, Huang L, et al, 2013. The head module of Mediator directs activation of preloaded RNAP Ⅱ *in vivo*. Nucleic Acids Research, 41(22): 10124-10134.

Liu Y, Ranish J A, Aebersold R, et al, 2001. Yeast nuclear extract contains two major forms of RNA polymerase Ⅱ mediator complexes. 276(10): 7169-7175.

Morse R H. 2022. Function and dynamics of the Mediator complex: novel insights and new frontiers. Transcription, 13(1-3): 39-52.

Nozawa K, Schneider T R, Cramer P, 2017. Core Mediator structure at 3.4 Å extends model of transcription initiation complex. Nature, 545(7653): 248-251.

Proft M, Mas G, de Nadal E, et al, 2006. The stress-activated Hog1 kinase is a selective transcriptional elongation factor for genes responding to osmotic stress. Mol Cell, 23(2): 241-250.

Remeseiro S, Cuadrado A, Losada A, 2013. Cohesin in development and disease. Development, 140(18): 3715-3718.

Robertson J L, 2018. The lipid bilayer membrane and its protein constituents. J Gen Physiol, 150(11): 1472-1483.

Smith E R, Lin C, Garrett A S, et al, 2011. The little elongation complex regulates small nuclear RNA transcription. Mol Cell, 44(6): 954-965.

Soutourina J, 2018. Transcription regulation by the Mediator complex. Nat Rev Mol Cell Biol, 19(4): 262-274.

Verger A, Monte D, Villeret V, 2019. Twenty years of Mediator complex structural studies. Biochemical Society Transactions, 47: 399-410.

Wong K H, Jin Y, Struhl K, 2014. TF Ⅱ H phosphorylation of the Pol Ⅱ CTD stimulates mediator dissociation from the preinitiation complex and promoter escape. Mol Cell, 54(4): 601-612.

Zhu G, Yin N, Luo Q, et al, 2020. Enhancement of sphingolipid synthesis improves osmotic tolerance of *Saccharomyces cerevisiae*. Appl Environ Microbiol, 86(8): e02911-02919.

Zhu X, Chen L, Carlsten J O, et al, 2015. Mediator tail subunits can form amyloid-like aggregates *in vivo* and affect stress response in yeast. Nucleic Acids Res, 43(15): 7306-7314.